Jetzt helfe ich mir selbst

Motor
buch
Verlag

Umschlagentwurf und Buchgestaltung: Anita Ament.
Umschlagfotos: Audi.

ISBN 3-613-01066-6

Auflage Nr. 1043901

Manuskriptbearbeitung: Redaktion »Jetzt helfe ich mir selbst«.
Fotos: Archiv Verfasser 1, Audi 1, Axmann 1, Lautenschlager 268, Thaer 1, VW 5.
Zeichnungen: Augros 1, autopress 3, Audi 29, Bosch 2, DB 1, Lautenschlager 2, Pierburg 4, VDO 1, VW 18.
Schaltpläne: Audi.
Satz: Maisch + Queck, 7016 Gerlingen.
Druck: KN Digital Printforce GmbH, Schockenriedstr. 37, 70565 Stuttgart
Printed in Germany.

Dieter Korp
Thomas Lautenschlager

Audi 100

September '82 bis November '90
ohne Turbo und Diesel

Motorbuch Verlag
Stuttgart

Fundgrube

Mit Rat und Tat

Mit dem Audi 100 besitzen Sie ein Fahrzeug, das, gemessen an Größe und Fahrleistungen, mit relativ niedrigen Betriebs- und Wartungskosten auskommt. Diese Bilanz soll unser Buch noch verbessern und das gleich auf zweierlei Art: Zum einen möchten wir Ihnen durch ein breites Angebot an Information über die Funktion der verschiedenen Bauteile eine Art Wissensgerüst zur Seite stellen, das Ihnen bei Verhandlungen mit der Werkstatt, bei der Fehlersuche oder ganz einfach bei der persönlichen Weiterbildung in Sachen Audi 100 behilflich sein soll. Zum anderen bietet dieses Buch eine Vielzahl an Arbeits- und Reparaturbeschreibungen. Weit mehr, als Sie dies möglicherweise von früheren Bänden aus dieser Reihe gewohnt sind.

Nicht überall ist bekannt, daß die einzelnen Bände dieser Buchreihe bei jeder Neuauflage auf den aktuellen Stand gebracht werden. Bei zahlreichen Änderungen an den behandelten Fahrzeugmodellen entsteht dabei nicht selten fast ein neues Buch. So auch beim Audi 100, der zusätzlich zu den ständig einfließenden Neuerungen zum Januar 1988 eine gründliche Modernisierung mit neuer Innenausstattung, neuen Getrieben, neuen Motoren und einer neuen Mono-Jetronic-Einspritzung erfuhr.

Damit Sie sich im Innern dieses Bandes leichter zurechtfinden, ist bereits im Inhaltsverzeichnis auf den vorhergehenden Seiten eine kleine Auswahl der Stichworte herausgegriffen, die in den einzelnen Kapiteln zur Sprache kommen. Weitere Orientierungshilfen bietet der Wartungsplan innen auf der hinteren Umschlagseite, das Verzeichnis der Störungsbeistände auf Seite 263 sowie das Stichwortverzeichnis auf Seite 269.
Ebenfalls der besseren Orientierung dient die Buchgestaltung auf den einzelnen Seiten. So sind Passagen, die der Information dienen, stets einspaltig abgedruckt, während reine Arbeitsschritte generell zweispaltig erscheinen. Je nach Interessenlage können Sie sich also mehr dem einen oder dem anderen Wissensgebiet zuwenden.

Natürlich konnten wir uns alle im Buch genannten Tips und Tricks nicht einfach aus dem Ärmel schütteln. Viele hilfsbereite Menschen aus allen Bereichen der Automobilbranche haben uns deshalb mit Rat und Tat unterstützt. Ihnen wollen wir an dieser Stelle herzlich danken.

Die Verfasser

Quartett

Ein Blick in den Motorraum des Vierzylinders bei abgenommenem Luftfilter (hier der 66-kW-Motor mit 2E2-Vergaser): 1 – Unterdruckbehälter der Startautomatik; 2 – Scheibenwaschwasserbehälter; 3 – Zahnstangenlenkung; 4 – Ventildeckel; 5 – Zündspule; 6 – Hydraulikölbehälter; 7 – Bremsflüssigkeitsbehälter; 8 – Kupplungszug; 9 – Kühlmittel-Ausgleichsbehälter; 10 – Vergaser; 11 – Öleinfüllstutzen; 12 – Zahnriemenabdeckung; 13 – Kraftstoff-Vorratsbehälter; 14 – Lichtmaschine.

Die Kräftigen nach vorn

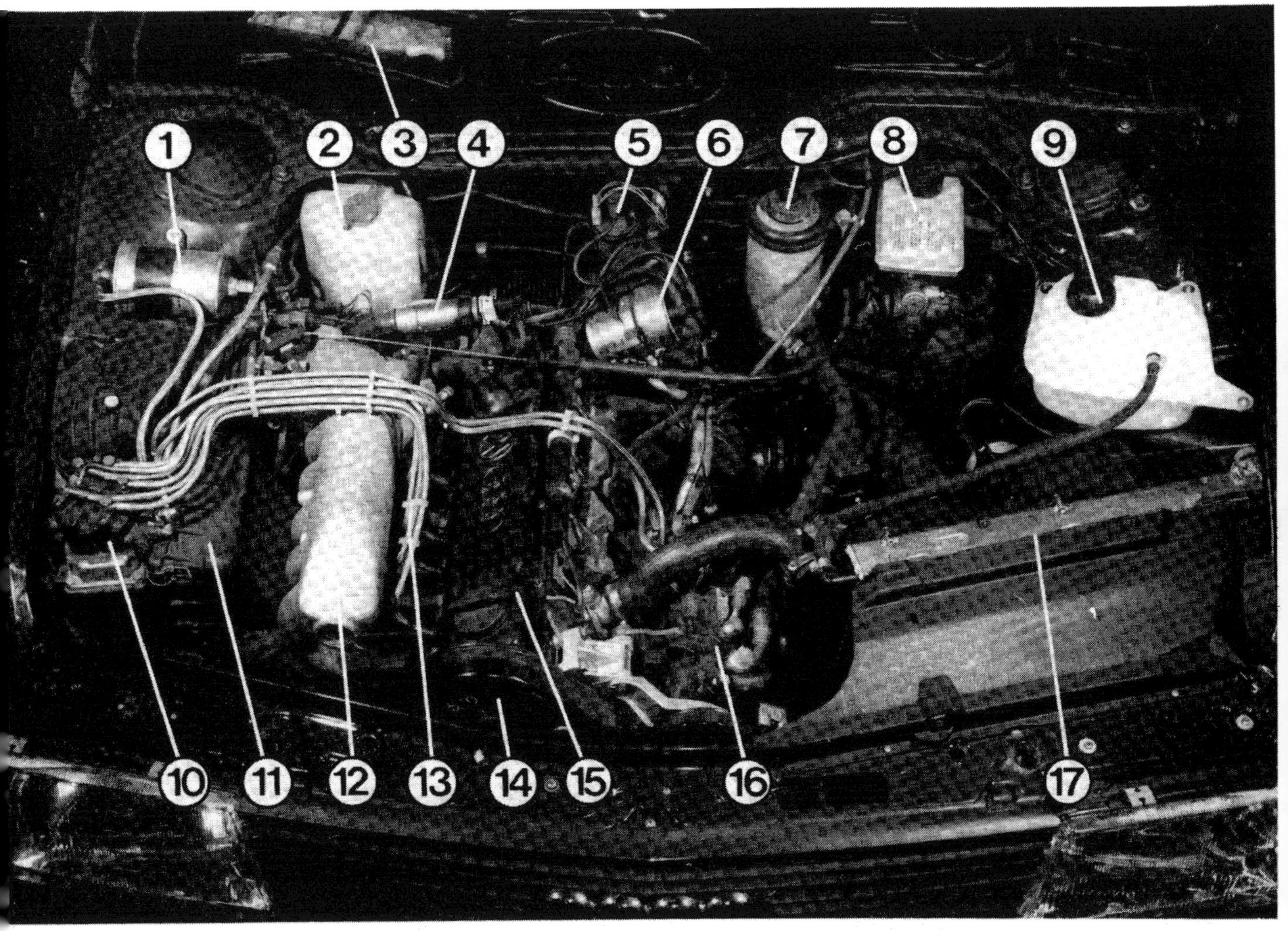

Im Motorraum dieses Fünfzylinders mit K-Jetronic-Einspritzung sehen Sie: 1 – Kraftstoff-Hauptfilter; 2 – Scheibenwaschwasserbehälter; 3 – Batterie; 4 – Steuerventil für Leerlaufstabilisierung; 5 – Zündspule; 6 – Verteiler; 7 – Hydraulikölbehälter; 8 – Bremsflüssigkeitsbehälter; 9 – Kühlmittel-Ausgleichsbehälter; 10 – Gemischregler; 11 – Luftfiltergehäuse; 12 – Ansaugkrümmer; 13 – Einspritzleitungen; 14 – Zahnriemenabdeckung; 15 – Ventildeckel; 16 – Pumpe der Zentralhydraulik; 17 – Kühler.

Räumliches Denken

Wenn Autopflege Hobby bleiben soll, müssen die äußeren Voraussetzungen stimmen.

Wagen immer abstützen!

Wagenheber sind – wie ihr Name schon sagt – nur dazu da, das Fahrzeug anzuheben. Sie sind keine ausreichende Abstützung für Arbeiten an der Wagenunterseite. Lassen Sie es auch in der größten Eile nie an der fachgerechten Abstützung des aufgebockten Fahrzeugs fehlen!
Zum richtigen Abstützen gehört natürlich auch das Unterlegen der Räder mit Steinen oder Holzkeilen, damit der Wagen beim Anheben nicht wegrollen kann.

Womit abstützen?

Hohlblocksteine haben sich als preisgünstige Abstützmöglichkeit erwiesen. Sie dürfen allerdings nicht feucht oder rissig sein, sonst könnten sie unter Belastung in sich zusammenbrechen. Zwischen Stein und Karosserie muß ein Brett gelegt werden, damit sich die Last gleichmäßig über den ganzen Stein verteilen kann. Der Hohlblockstein selbst muß unbedingt mit den Öffnungen senkrecht auf ebenem und tragfähigem Grund (Beton oder Asphalt) stehen.
Unterstellböcke stellen eine ideale Ergänzung zum Rangierwagenheber dar. Bei allen anderen Hebern – aber auch bei seitlich angesetztem Rangierheber – besteht allerdings die Gefahr, daß der auf der gegenüberliegenden Seite angesetzte Dreibeinbock einfach zur Seite weggedrückt wird. Am günstigsten steht der Bock, wenn eines seiner Beine nach außen und zwei zur Wagenmitte hin zeigen. Böcke dürfen keine zu kleine Standfläche haben!
Auffahrrampen sind die schnellste Aufbockmöglichkeit, da kein Wagenheber gebraucht wird. Auch steht der Wagen dann absolut sicher.

Wagenheber

Wagenheber gibt es für jeden Geldbeutel und Einsatzzweck. Hier die verschiedenen Typen:
Bordwagenheber: Immer ein kleines Brett unterlegen, damit sich der Wagenheberfuß nicht in den Untergrund drücken kann.
Scherenwagenheber: Hiervon ist nur eine stabile Ausführung ratsam. Solch ein Wagenheber bewährt sich bei einem Fahrzeug, dessen Karosserie an den Anhebepunkten schon etwas morsch ist. Man kann den Scherenwagenheber dann etwas weiter zur Karosseriemitte hin ansetzen.
Hydraulischer Stempelwagenheber: Vor dem Kauf sollten Sie die Hubhöhe kontrollieren. Bei einer zu kurzen Ausführung werden die Räder nicht weit genug vom Boden abgehoben. Ein zu hoher Heber läßt sich erst gar nicht am Wagenboden ansetzen.
Rangierwagenheber: Für den Heimwerker gut geeignet ist ein kurzer, kleiner Rangierheber, der sich leicht verstauen läßt.

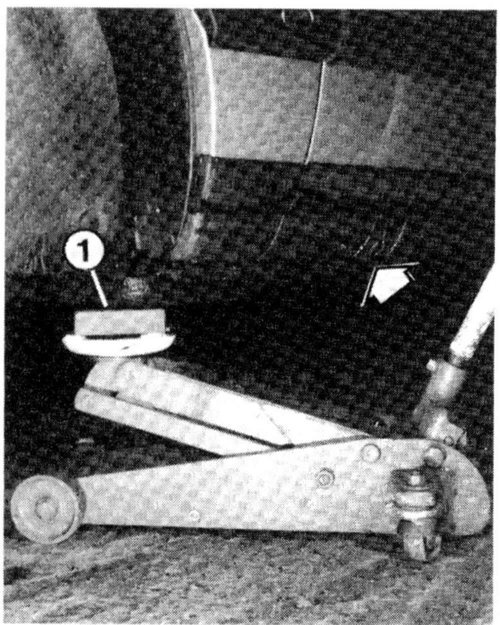

Der Bordwagenheber darf nur an den dazu vorgesehenen Stellen an der Karosserie angesetzt werden. Einprägungen am Schwellerblech (Pfeile) zeigen, wo der Blechfalz entsprechend verstärkt ist. Zum Ansetzen von Rangierwagenhebern und Unterstellböcken besitzt der Audi vorn (1) und hinten (2) Gummiplatten bzw. -blöcke am Wagenboden. Beim Rangierheber evtl. ein Brettchen zwischenlegen.

Alles nach Plan

Zuverlässigkeit und Fahrsicherheit erfordern Pflege und Wartung. Wo und wann nach dem Rechten gesehen werden soll, hat Audi in detaillierten Wartungsanweisungen zusammengestellt.

Zwei Wartungssysteme

Für unsere Audi-100-Modelle gelten je nach Baujahr unterschiedliche Wartungsanweisungen. Bis einschließlich Modelljahr 1985 sieht es so aus:
- ○ Regel Service alle 15000 km oder spätestens nach einem Jahr;
- ○ Regel Service mit Zusatzarbeiten alle 30000 km.

Im August 1985 wurde der wartungsarme Modelljahrgang 1986 eingeführt. Bei diesen Fahrzeugen werden Verschleißteile nur noch alle 30000 km ersetzt, und durch Hydrostößel entfällt das Ventilspieleinstellen (Ausnahme: 55-kW-Motor bis 10/86). Jetzt gilt:
- ○ Inspektions Service mit Abgas-Sonderuntersuchung einmal im Jahr;
- ○ Inspektions Service mit Zusatzarbeiten alle 30000 km;
- ○ Ölwechsel Service, wenn im Jahr mehr als 15000 km zurückgelegt werden.

Für Vielfahrer (über 15000 km im Jahr), welche die Wartung in der Werkstatt durchführen lassen, ergeben sich möglicherweise ungünstige Überschneidungen. Unser Tip: Bei 20000 Jahreskilometern kann man den Ölwechsel notfalls um 5000 km überziehen und dann die Inspektion durchführen lassen. Wer 25000 km fährt, sollte nach Jahresfrist dagegen die 30000er-Inspektion vorziehen. Anderes gilt für den Selbsthelfer, der flexibel entscheiden kann, was er wann ausführen will.

Wartungsplan für den Selbsthelfer

Auf den Empfehlungen von Audi basiert auch der Wartungsplan dieses Buches, wobei wir die Reihenfolge speziell für den Heimwerker zusammengestellt haben.
Damit Sie zu unserem **Wartungsplan** während der Arbeit nicht ständig zurückblättern müssen, haben wir ihn **innen auf der hinteren Umschlagseite** abgedruckt.
Ganz zu Anfang finden Sie eine Anzahl von Arbeiten unter der Überschrift »Ständige Kontrollen«. Diese Wartungspunkte lassen sich in kein Kilometerintervall pressen.

Wer soll was machen?

Fast alle Wartungsarbeiten am Audi können Sie selbst ausführen. Das entsprechende Wissen hierzu liefert unser Handbuch. Wenn dennoch Werkstatt oder Tankstelle den einen oder anderen Wartungspunkt rationeller erledigen können, so haben wir das im Wartungsplan vermerkt. Die »Selbsthelfer-Ampel« weist Ihnen dabei den richtigen Weg:
Grün: Freie Fahrt für den Selbsthelfer. Diese Arbeit können Sie mit den Kenntnissen aus diesem Buch fachgerecht durchführen und Geld sparen.
Gelb: Die Arbeit ist zwar nicht schwierig, doch es fehlen meist die nötigen Einrichtungen. In diesem Fall sind Sie an der Tankstelle am besten aufgehoben.
Rot: Halt, hier lassen Sie am besten die Werkstatt ran. Spezielle Werkzeuge oder Meßgeräte sind erforderlich. Der Aufwand an Eigenarbeit lohnt sich nicht, weil die Werkstatt wesentlich schneller arbeitet oder weitergehende Kenntnisse erforderlich sind.

Einschränkungen innerhalb der Garantiezeit

Solange Ihr Wagen jünger als ein Jahr ist oder wenn ein Austauschmotor eingebaut wurde, verlangt das Werk, daß die Wartungsarbeiten termingerecht in einer V.A.G.-Werkstatt erledigt werden. Andernfalls können auch berechtigte Garantieansprüche abgelehnt werden.

Schmiermaxe

Die Teile des Motors zu schmieren ist bei weitem nicht die einzige Aufgabe des Motoröls. Sein Tätigkeitsfeld ist weitaus breiter. Was alles dazugehört, lesen Sie im folgenden Abschnitt:

Was das Motoröl leistet

○ Aufgabe des Motoröls ist natürlich in erster Linie die Vermeidung der Reibung zwischen Zylindern und Kolben, an den Lagern und den Teilen des Ventiltriebs.
○ Ferner hilft das Öl, den winzigen Spalt zwischen Kolbenringen, Zylindern und Kolben abzudichten.
○ Auch bei der Kühlung des Motors hilft das Öl. Die an den Motorteilen aufgenommene Wärme gibt es über die Ölwanne an den Fahrtwind bzw. die Umgebungsluft ab.
○ Bei alledem darf das Motoröl auch bei hohen Temperaturen nicht verdampfen oder gar den Schmierfilm auf den gleitenden Teilen abreißen lassen.
○ Ruß und Schmutz muß das Öl binden und in der Schwebe halten, denn nur so bleibt der Motor innen sauber.
○ Zuletzt muß es noch die Eigenschaft besitzen, rückstandsarm zu verbrennen. Denn auch bei bester Abdichtung gelangen (was durchaus gewollt ist) geringe Ölmengen in den Brennraum.

Motorölstand prüfen

Ständige Kontrolle

Zum Ölpeilstab sollten Sie nach jeder zweiten Tankung greifen. In der Einfahrzeit oder bei einem älteren Motor mit erhöhtem Ölverbrauch erfolgt die Kontrolle sicherheitshalber schon bei jedem Volltanken. Der Peilstab sitzt – in Fahrtrichtung gesehen – an der linken Motorseite.

- Wagen auf waagrechtem Untergrund abstellen.
- Nach dem Abstellen des vorher warmgefahrenen Motors mindestens fünf Minuten warten, damit alles Öl in die Ölwanne abtropfen kann. Besser ist die Kontrolle vor dem ersten Start bei noch kaltem Motor.
- Peilstab ziehen – Vorsicht bei heißem Motor, die benachbarten Kühlmittelschläuche sind sehr heiß –, mit sauberem fusselfreien Lappen oder Papiertuch abwischen, bis zum Anschlag wieder hineinschieben, kurz warten und erneut herausziehen.
- An der Peilstabspitze können Sie nun den Ölstand ablesen: Der Pegel muß sich **zwischen den Markierungen** befinden; dann ist alles in Ordnung.
- Reicht die Schmiermittelmenge nur noch bis zur unteren Markierung, muß Motoröl nachgefüllt werden.

Öl nachfüllen

Die Ölmenge zwischen oberer und unterer Peilstabmarke beträgt bei allen Motoren **1 Liter.** Unter die untere Marke sollte der Ölstand nicht fallen. Ein Viertelliter zu wenig ist für den Motor noch nicht gefährlich. Fehlt mehr Öl und wird der Audi scharf gefahren, kann der Öldruck gefährlich abfallen, was die dynamische Öldruckkontrolle mit Warnsummer auch sofort anzeigt.

Innerhalb der geriffelten oder mit Kerben markierten Fläche (Pfeile) muß sich der Ölstand abzeichnen. Ist das Niveau an der unteren Markierung angelangt, läßt sich 1 Liter Öl nachfüllen.

Unsinnig ist aber auch zu viel Schmiermittel im Motor. Es gelangt bei hohen Drehzahlen über die Kurbelgehäuse-Entlüftung in den Luftfilter und verstopft dessen Papiereinsatz (Vergasermotoren).
Bei welchem Ölstand Sie nachfüllen sollten, hängt von Ihrer Fahrweise ab:
○ Bei gemäßigtem Fahrstil genügt Nachfüllen – wie schon gesagt –, wenn das Niveau an der unteren Peilstabmarke angelangt ist.
○ Lediglich bei sehr scharfer Fahrweise empfiehlt sich Auffüllen, wenn der Ölstand sich im unteren Viertel zwischen den beiden Peilstabmarken befindet. Die etwas größere Ölmenge kann die Kühlungsaufgaben besser erfüllen.
○ Sie erweisen dem Motor jedoch keinen Gefallen, wenn Sie weit über die obere Peilstabmarke hinaus Öl einfüllen. Dann gelangt zu viel Öl bei hohen Drehzahlen über die Kurbelgehäuse-Entlüftung in den Luftfilter bzw. ins Ansaugsystem.

Darf man die Öle mischen?

Die Motorölsorten aller Hersteller lassen sich ohne Gefahr mischen, auch Einbereichs- mit Mehrbereichsölen. Diese Mischbarkeit ohne schädliche Folgen ist eine Grundforderung der internationalen Öl-Normen. Entscheidend ist lediglich, ob die **Spezifikation** (siehe unten) ausreicht.

Ölverbrauch

Ein Teil des Motoröls verbrennt bei seiner Schmiertätigkeit. Ölverbrauch ist also völlig natürlich. Gut eingefahrene Motoren kommen mit **0,2 Liter Öl auf 1000 km** aus, bei Audi gilt als **höchstzulässiger Wert** ein Verbrauch von **1,5 Liter je 1000 km.**

Ölverbrauch messen

Wenn Sie den Ölverbrauch auf den Hundertstel-Liter genau messen wollen, muß der Wagen jeweils auf einer absolut waagrechten Stelle stehen und der Motor mindestens fünf Minuten stillstehen. Am einfachsten geht das vor dem ersten Start. Dann wird der Ölstand ganz genau angezeigt, und Sie müssen nicht einmal den Peilstab abwischen, da über Nacht alles Öl in die Ölwanne zurückgesickert ist.

Zu hoher Ölverbrauch

Wieviel Öl Ihr Audi verbraucht, hängt von folgenden Umständen ab:
○ Ölverlust wird häufig mit Ölverbrauch verwechselt. Bevor also der Ölverbrauch kritisiert wird, müssen erst die illegalen Ölquellen beseitigt werden (siehe Seite 26).
○ Wer Öl bis weit über die obere Peilstabmarke einfüllt, hat automatisch höheren Ölverbrauch, denn der übrige Schmierstoff wird zur Kurbelgehäuse-Entlüftung hinausgeblasen (und verstopft den Luftfilter).
○ Dünnflüssiges Öl verbrennt schneller als dickflüssiges. Wenn das Einbereichsöl sehr heiß wird, fließt es »dünn wie Wasser«. Mehrbereichsöl bleibt dagegen dickflüssiger und kann so vor allem bei Langstreckenfahrern den Verbrauch senken.
○ Motoröl (vor allem Mehrbereichsöl), das zu lange im Motor bleibt, hat einen höheren Nachfüllbedarf.
○ Scharfe Fahrweise treibt nicht nur den Kraftstoffkonsum in die Höhe. Nach unseren Erfahrungen hängt auch der Ölverbrauch davon ab, ob bevorzugt in den höchsten Drehzahlen gefahren wird.
○ Einlaufvorgang noch nicht abgeschlossen (mindestens 5000 km).
○ Defekt im Motor; z. B. Ventilschaftabdichtungen defekt, Spiel zwischen Ventilführung und Ventilschaft zu groß, Kolbenringe falsch eingebaut oder schadhaft, beschädigte Zylinderwand durch Kolbenfresser.

Ihr Motor verbraucht kein Öl?

Im winterlichen Kurzstreckenbetrieb kann es vorkommen, daß der Ölstand steigt, statt wie normal leicht abzufallen. Sie haben dann nicht etwa eine Ölquelle entdeckt, sondern der Ölwanneninhalt wurde durch Kraftstoffkondensat verdünnt, das sich – bedingt durch die nun länger geschlossene Starterklappe – an den Kolbenringen vorbeigemogelt hat. Sie riechen den Benzingehalt im Öl sogar am herausgezogenen Ölpeilstab. Die Schmiereigenschaften des Öls sind dadurch beträchtlich herabgesetzt. Ein zusätzlicher Ölwechsel zwischen den Intervallen (oft schon nach 3000 km) ist da kein Luxus, denn er kann Ihnen schwere Motorschäden ersparen. Der Ölfilter braucht dabei natürlich nicht gewechselt zu werden.
Bei geringerer Ölverdünnung kann auch eine längere Fahrt Ölstand und Schmierfähigkeit des Öls wieder ins Lot bringen. Bei Öltemperaturen über 100°C verdunsten die Kondensatanteile nach etwa einer halben Stunde. Wichtig ist jetzt die sofortige Ölstandskontrolle! Durch die Verdunstung kann der Ölpegel erheblich absinken.

Die Ölqualität

Die richtigen Ölspezifikationen für den Audi

Da bei den relativ langen Ölwechselintervallen von 15000 km die Gefahr von Ölschlammbildung besteht, gibt es von Audi strenge Ölvorschriften.
○ Herkömmliches Motoröl auf Mineralölbasis muß der **VW-Norm 501 01** entsprechen. Dann besitzt es die notwendigen Reinigungseigenschaften zur Verhinderung von Ölschlamm.
○ Leichtlauföle verringern die innere Reibung im Motor. Sie müssen der **VW-Norm 500 00** entsprechen.

○ Nur wenn kein Öl der genannten Spezifikation verfügbar ist, darf Mehrbereichs- oder Einbereichsöl der Kategorie »API SF« oder »API SG« zum Nachfüllen verwendet werden.
Früher durfte es auch Markenöl sein, das nach den API-Kriterien (vom American Petroleum Institute) mit der Qualitätsstufe SF oder SG bezeichnet ist. Neben dieser Bezeichnung gibt es noch weitere von der Vereinigung der europäischen Autohersteller (CCMC) und vom US-Militär (MIL). Geeignet waren die Qualitätsstufen CCMC-G3 bzw. MIL-L-46152B. Solche Öle sollen im Audi **nur in Ausnahmefällen** (zum Nachfüllen) verwendet werden.

Zähflüssigkeit des Öls

Damit der Anlasser den kalten Motor durchdrehen kann, darf das Öl keinen großen Widerstand dagegensetzen. Außerdem soll es schnellstmöglich an die Schmierstellen gelangen; dazu muß es dünnflüssig sein. Bei hohen Temperaturen und Drehzahlen muß der Schmiersaft dagegen ausreichend zäh sein, damit der Schmierfilm nicht abreißt. Das Mineralöl ist leider umgekehrt veranlagt: Bei Kälte ist es dickflüssig, mit zunehmender Erwärmung fließt es leicht.
Das Öl und die vorherrschenden Betriebstemperaturen des Motors müssen daher genau aufeinander abgestimmt werden. Das Fließverhalten, also die Dick- oder Dünnflüssigkeit, wird durch die Viskositätsklasse angegeben. Die entsprechenden Klassen wurden von der amerikanischen **S**ociety of **A**utomotive **E**ngineers (SAE) festgelegt. Die Viskositätsklassen reichen von den Winterölen SAE 5W, 10W, 15W über die Übergangsstufe SAE 20W/20 zu den Sommerölen SAE 30, 40 und 50.
○ Am billigsten ist **Einbereichsöl,** das aber mittlerweile kaum mehr erhältlich ist.
Für einwandfreie Motorschmierung muß es entsprechend der Jahreszeit dick- oder dünnflüssiger sein. Das bedeutet, daß im Herbst Winteröl und im Frühjahr Sommeröl in den Motor gefüllt werden muß.
○ Wesentlich aufwendiger in der Herstellung und deshalb auch teurer ist **Mehrbereichsöl.** Es besitzt Viskositätsindex-(VI)-Verbesserer – lange Molekülketten, die beim Erhitzen quellen und beim Abkühlen wieder schrumpfen. Das Öl kann sich damit den Temperaturen elastisch anpassen und mehrere Viskositätsklassen überspannen. Ein Öl SAE 15W-50 entspricht bei einer Temperatur von –15°C der Zähflüssigkeitsklasse 15W und bei 100°C der Klasse 50.
Problematisch ist bei manchen Mehrbereichsölen, daß die Molekülketten ihrer Viskositäts-Verbesserer mit der Zeit regelrecht kleingehackt (abgeschert) werden können. Dann ist die obere Zähflüssigkeitsklasse nicht mehr voll erhalten, das Öl also nicht mehr so temperaturbeständig. Aus diesem Grund sind z. B. Mehrbereichsöle der Klassen SAE 10W-30 und 10W-40 in der warmen Jahreszeit für die Audi-Motoren nicht freigegeben.

Die richtige Ölviskosität

Bei welchen Temperaturen der Audi-Motor welche Öl-Zähflüssigkeit verlangt, zeigt die **Grafik rechts oben.** Der Blick in die Tabelle zeigt, daß Audi auch das preiswertere Einbereichsöl freigibt. Einbereichsöle sind nicht schlechter als Mehrbereichsöle, aber sie können nur geringere Temperaturspannen überbrücken. In der kalten Jahreszeit mit ihren starken Temperaturdifferenzen erscheint uns dagegen Mehrbereichsöl günstiger. Bei Hochleistungsölen tritt das Temperaturproblem nicht mehr in Erscheinung (siehe Text unten).

Hochleistungsöle

Seit es in den Jahren 1986 und 1987 vermehrt zu Motorschäden infolge von Ölschlamm in den Motoren kam, setzt man bei VW und Audi stärker auf sogenannte Hochleistungsöle. Dieser Schmierstoff wird auch bevorzugt in den Werkstätten eingefüllt – einerseits wegen der überlegenen Schmiereigenschaften, andererseits des höheren Preises wegen.
Hochleistungsöle sind synthetische oder teilsynthetische Schmierstoffe, die durch ihren molekularen Aufbau bedingt sehr alterungsbeständig und vor allem sehr scherstabil sind. Bei diesen Ölen reißt also der Schmierfilm auch bei höchsten Temperaturbeanspruchungen nicht so schnell wie bei herkömmlichen Mineralölen. Dabei sind sie ebenfalls mineralischen Ursprungs. Nur wurden die bestehenden Molekülketten bei der Herstellung gewissermaßen aufgetrennt und neu zusammengefügt.
Hochleistungsöle sind heute in aller Regel gleichzeitig Leichtlauföle. Das war nicht immer so: In zurückliegender Zeit liefen die beiden Gruppen getrennt nebeneinander. Die Leichtlaufeigenschaften der Hochleistungsöle bewirken vor allem bei kaltem Motor erheblich verminderte Reibung, wodurch sich eine Benzinverbrauchs-Reduzierung von rund 3% ergibt. Ein Wert, der sich aber aufgrund des höheren Ölpreises kaum rechnet.
Ein weiterer Vorteil der Hochleistungsöle ist ihre Eigenschaft, weite Temperaturbereiche abzudecken, wie in der Grafik zu sehen ist. Fazit: Füllt man Hochleistungsöl ein, kostet das zwar eine schöne Stange Geld, doch kann man das Thema Öl weitgehend vergessen.

Motoröl für den Audi

Hier die Zusammenfassung der beiden entscheidenden Kriterien für den Kauf des richtigen Motoröls. Das Öl muß haben:

Die Grafik zeigt die Ölviskositätsempfehlungen von Audi:
A – Mehrbereichsöle
B – Leichtlauföle nach VW-Norm 50000
C – Einbereichsöle
Die genannten Temperaturen verstehen sich als Dauertemperaturen. Kurzzeitige Schwankungen spielen keine Rolle.

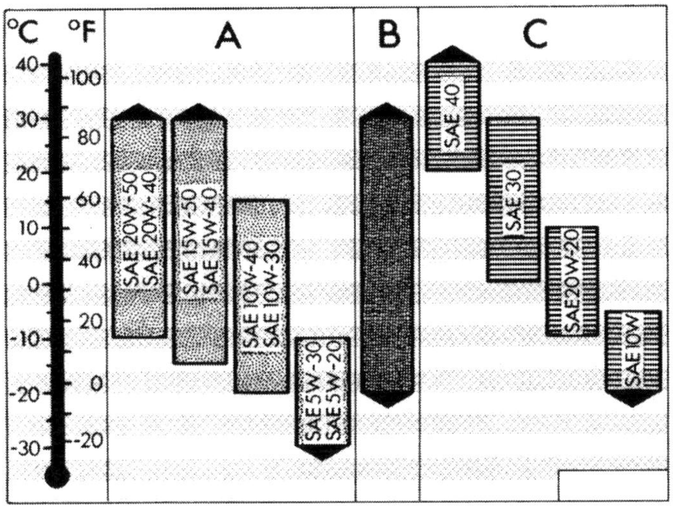

○ Die richtige **Ölspezifikation.** Etikettenschwindel auf der Packung ist da äußerst selten, denn die Ölfirmen überwachen sich gegenseitig.
○ Die richtige **Ölviskosität** (Zähflüssigkeit). Sie hängt von der überwiegenden Außentemperatur ab und kann aus der Grafik oben entnommen werden.
Andere Faktoren, wie Ölpreis oder Herkunft, sagen nichts über die Ölqualität aus!

Zusätze zum Motoröl

»Das Verwenden von Zusatzmitteln – gleich welcher Art – in Schmierölen verstößt gegen die Betriebsanleitung und kann im Garantie- bzw. Kulanzfall zu Auseinandersetzungen führen.« Das ist die Meinung von VW/Audi zu Ölzusatzmitteln. Ob die Mehrkosten für Ölzusätze eine entsprechende Lebensverlängerung des Motors bewirken, bleibt – vor allem bei Verwendung von Hochleistungsölen – fraglich.

Alles über den Ölwechsel

Wo Öl wechseln?

○ In den Werkstätten kostet der Ölwechsel nach unseren Erfahrungen das meiste Geld, weil nur sehr teure Ölsorten vorrätig sind. Außerdem ist der Motor oft schon wieder kalt, bis das alte Öl abgelassen wird, so daß nicht aller Schmutz herausgeschwemmt wird. Manche Werkstätten berechnen die Arbeit für den Ölfilterwechsel zusätzlich zum Ölpreis.
○ An Tankstellen kommt der Wagen dagegen meist sofort dran. Sie können auch ein billigeres Öl aus dem Tankstellenverkaufsprogramm auswählen, und im Ölpreis ist die Arbeit des Tankwarts inbegriffen.
○ Gegen den SB-Ölwechsel mit Absauggerät an der Tankstelle bestehen keine Bedenken, vorausgesetzt der Ölfilter wird ebenfalls ausgetauscht.
○ Ölwechsel zu Hause lohnt sich, wenn Sie das Öl preisgünstig einkaufen (Zubehörhandel, Großmarkt, Warenhaus oder Mitnahme-Öl an der Tankstelle).

Wie oft Öl wechseln

Die Werkvorschrift fordert für den Audi einmal jährlich einen Ölwechsel. Oder alle 15000 km, sofern die Jahresfahrleistung wesentlich über 15000 km liegt (siehe dazu auch Seite 11).

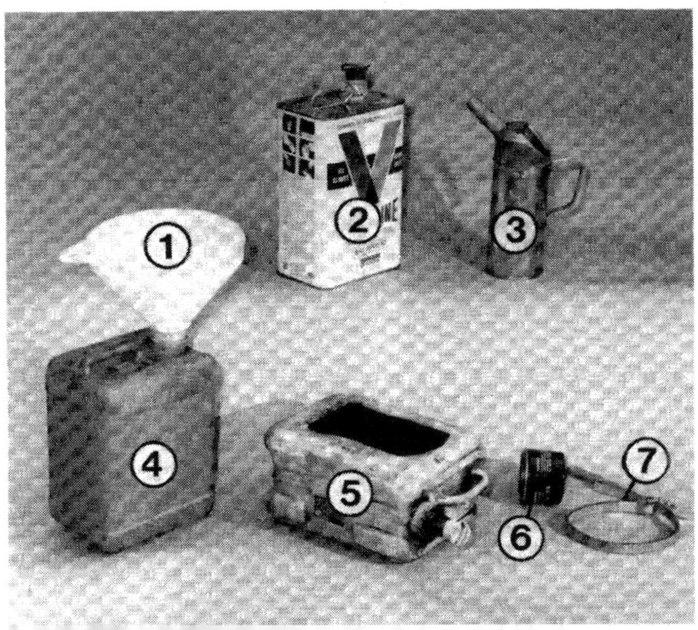

Ausstattung für den Heimwerker-Ölwechsel: 1 – Trichter zum Umfüllen des Altöls; 2 – Motoröl in ausreichender Menge; 3 – Öleinfüllkanne; 4 – Altölkanister; 5 – Ölkanister mit herausgeschnittener Seitenwand zum Auffangen des Ablaßöls; 6 – Ölfilter; 7 – Spannbandschlüssel zum Lösen des Ölfilters.

Was wird gebraucht?

Folgende »Zutaten« benötigen Sie zum Ölwechsel:

○ Auffanggefäß für das Altöl. Ein alter Ölkanister mit herausgeschnittener Seitenwand oder eine ausgediente Spülschüssel leisten hier gute Dienste.

○ Eine Ölkanne vereinfacht das Einfüllen des neuen Motoröls.

○ Ein Altölkanister dient zum Wegschaffen des Altöls.

○ Motoröl darf natürlich nicht fehlen. Nach den Spezifikationen auf Seite 13/14 kann es (meist im 5-Liter-Kanister) preisgünstig eingekauft werden.

○ Ein Ölfilter V.A.G.-Nr. 056 115 561 G; Bosch 0 451 103 033; Mann W719/5; Knecht AW29/9; Purolator PC252.

○ Ein Spannbandschlüssel zum Lösen des Filters.

○ Eine neue Dichtung für die Ölablaßschraube.

Wohin mit dem Altöl?

Das beim Ölwechsel anfallende Altöl muß ordnungsgemäß beseitigt werden. Wer es einfach im Erdreich versickern läßt, vergräbt oder in die Kanalisation schüttet, verunreinigt das Grundwasser, gefährdet die Trinkwasserversorgung und muß mit hohen Geldstrafen rechnen. Altöl kann man kostenlos dort abgeben, wo man Motoröl kauft oder bei einer nahegelegenen Altölsammelstelle. Deren Adresse erfahren Sie von der Gemeindeverwaltung, der örtlichen Polizei oder einer Autoclub-Geschäftsstelle.

Motoröl und Ölfilter wechseln

Wartung Nr. 4

- Öl nur bei betriebswarmem Motor wechseln! Deshalb den Wagen evtl. warmfahren.
- Den Audi möglichst waagrecht aufbocken (abstützen!) oder über eine Rampe fahren.
- Geeignetes Gefäß unter die Ölwanne stellen.
- Ablaßschraube mit Ringschlüssel SW 19 öffnen, Öl auslaufen lassen. Vorsicht, es ist heiß!
- Haben Sie den Wagen nur vorn aufgebockt, sollten Sie ihn zum völligen Auslaufenlassen des Altöls nochmals ablassen. Aufpassen, daß dabei das Auffanggefäß nicht beschädigt oder umgekippt wird.
- Ölfilter mit dem unten gezeigten Bandschlüssel lösen. Bei sehr festsitzendem Filter einen scharfen Schraubenzieher durch das Blechgehäuse des Filters treiben (Vorsicht, heißes Öl läuft aus) und Filter mit dem Schraubenzieher losdrehen.
- Dichtring am neuen Ölfilter mit etwas Fett einreiben. Kein Öl nehmen, das bei der Sichtkontrolle zum Schluß oft fälschlicherweise für austretendes Öl gehalten wird.
- Filter ohne irgendwelches Werkzeug von Hand festdrehen.
- Ölablaßschraube sauberreiben und mit neuem Dichtring eindrehen; nicht anknallen, sonst wird das Führungsgewinde in der Ölwanne beschädigt.
- Öl einfüllen (siehe Tabelle unten).
- Motor kurz laufen lassen, Öldichtheit kontrollieren.

Die Ölfüllmenge

Motoröl	Vierzylindermotor	Fünfzylindermotor
Ölfüllmenge ohne Filterwechsel[1]	2,5 Liter	4,0 Liter
Ölfüllmenge mit Filterwechsel	3,0 Liter	4,5 Liter

[1] nur bei Ölwechsel zwischen den Intervallen

Getriebe auf Dichtheit prüfen

Wartung Nr. 14

Im Getriebe wird das Schmiermittel nicht wie im Motor verbraucht, sondern kann allenfalls durch undichte

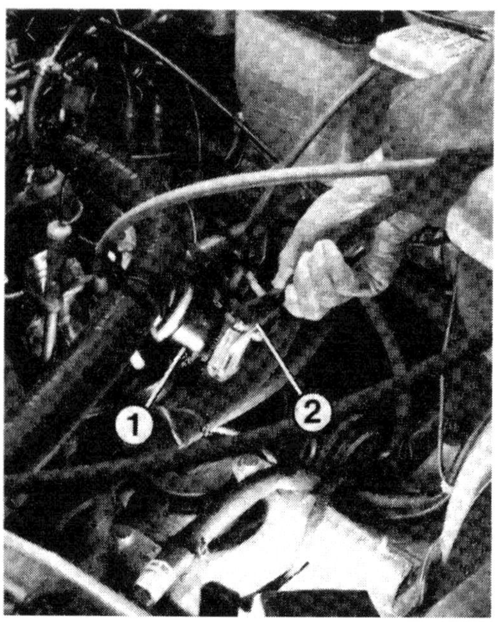

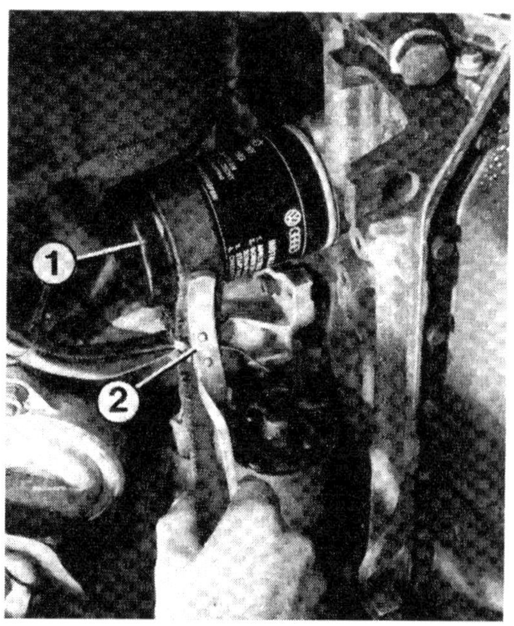

So wird der Ölfilter (1) mit dem Spannbandschlüssel (2) losgedreht. Links im Bild der Vierzylinder, rechts der Fünfzylinder.

Die Ölablaßschraube (Pfeil) sitzt bei allen Motoren in Fahrtrichtung links an der Ölwanne. Zum Lösen ist ein Ringschlüssel das am besten geeignete Werkzeug.

Stellen ins Freie gelangen. Zeigt das Getriebegehäuse von außen keine öldurchtränkte Schmutzkruste, ist dieser Wartungspunkt schon erledigt. Andernfalls muß der Ölstand geprüft werden. Die Kontroll- und Einfüllschraube sitzt in Fahrtrichtung links in halber Höhe im Getriebegehäuse hinter der Antriebswelle.

- Fahrzeug waagrecht aufbocken.
- Innensechskantschraube SW 17 herausdrehen.
- Läuft nun bereits etwas Getriebeöl heraus, stimmt der Ölstand.
- Ansonsten Finger in das Schraubengewinde stekken und fühlen, ob die Schmierflüssigkeit bis an die Öffnung heranreicht: Ausreichender Ölstand.
- Bei größerem Ölmangel an der Tankstelle oder in der Werkstatt die vorgeschriebene Getriebeölsorte einfüllen lassen.

Fingerzeig: Das eigenhändige Einfüllen des sehr zähflüssigen Getriebeöls mittels Trichter und langem Schlauch ist selbst bei angewärmtem Öl eine gehörige Geduldsprobe. Nicht empfehlenswert!

Die richtige Getriebeölsorte

An einen Getriebeölwechsel brauchen Sie nicht mehr zu denken. Das Getriebe ist mit einer Dauerfüllung versehen, aus der eventueller Abrieb durch Magnete herausgefischt wird.
Allerdings muß das Getriebeöl bestimmten Anforderungen entsprechen. Audi schreibt folgende Öle vor:

○ **Getriebe bis 12/87:** Spezifikation API GL 4; Zähflüssigkeit SAE 80. Oder Synthetiköl der Spezifikation G 50; Viskosität SAE 75 W-90.
○ **Getriebe ab 1/88:** Nur Synthetiköl G 50 der Viskositätsklasse SAE 75 W-90.

ATF-Stand im automatischen Getriebe kontrollieren

Ständige Kontrolle

Die Getriebeautomatik ist mit einer synthetischen Flüssigkeit namens **A**utomatic **T**ransmission **F**luid befüllt. Sie dient als Schmiermittel und zur Steuerung des hydraulischen Drucks im Getriebe. Damit sie den Anforderungen gerecht wird, muß die ATF geprüft sein und die Bezeichnung Dexron® (mit einer nachfolgenden Kontrollzahl) tragen. Falsche Flüssigkeit kann einen Getriebetotalschaden verursachen!

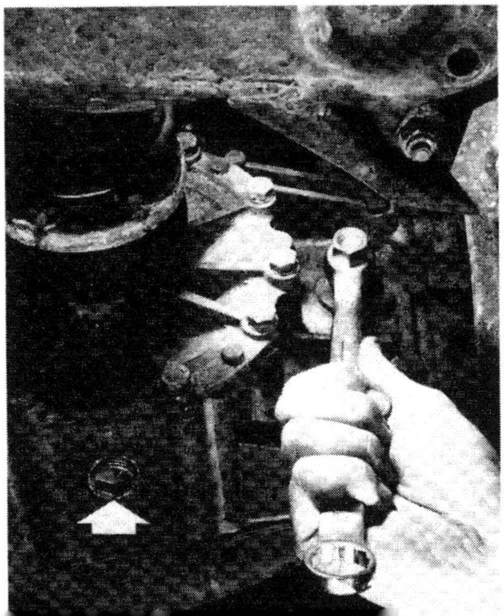

Die Ölkontrollschraube für das Schaltgetriebe sitzt in Fahrtrichtung links hinter der Antriebswelle. Hier ist jeweils ein »Öldienstschlüssel« darauf angesetzt. Die Pfeile zeigen auf die Getriebeöl-Ablaßschrauben. Links im Bild der Vierzylinder, rechts der Fünfzylinder (bis 12/87).

● Die ATF soll zur Prüfung handwarm sein, das entspricht einer Fahrt von fünf bis zehn Minuten. Die Flüssigkeitsmenge verändert sich temperaturabhängig. Im kalten Zustand wird zu wenig angezeigt und nach längerer Fahrt ein zu hoher Stand.
● Handbremse anziehen, Wählhebel in Stellung »P« legen, Motor im Leerlauf drehen lassen.
● ATF-Peilstab – in Fahrtrichtung links hinten am Motor; erkennbar an seiner Grifföse teilweise mit Kunststoffahne – herausziehen. Er darf nur mit einem völlig sauberen und fusselfreien Tuch abgewischt werden.
● Peilstab einschieben und nochmals herausziehen. Die Flüssigkeitsmenge zwischen oberer und unterer Marke beträgt **beim Peilstab mit Kunststofffahne 0,33 Liter,** beim neueren **Peilstab ohne Fahne** dagegen nur **0,23 l.**
● Zwischen beiden Markierungen muß ATF sichtbar sein. Die unterste Marke beim neueren Peilstab gilt nur für das Einfüllen beim ATF-Wechsel.
● Bis Mitte 1985 war ATF hellrot und klar. Heute kommt eine Flüssigkeit zum Einsatz, die sich im Betrieb ohne Qualitätseinbuße schwarzbraun verfärbt.
● Riecht die ATF (egal welche Sorte) verbrannt, liegt ein Getriebeschaden vor.
● Bei zu niedrigem Flüssigkeitsstand sollte nicht einfach ATF nachgefüllt werden, sondern das Getriebe auf Undichtigkeiten hin kontrolliert werden. Notwendige Abdichtarbeiten sollten Sie der Werkstatt überlassen.
● Zu hoher Flüssigkeitsstand kann daher rühren, daß die Abdichtung zwischen dem Planetengetriebe und dem Achsantrieb schadhaft ist.
● Ölstand im Achsantrieb kontrollieren.
● Ist dort zu wenig Schmiermittel vorhanden, muß die Werkstatt die Teile neu abdichten und die ATF wechseln.
● Stimmt der Schmiermittelstand im Achsantrieb, wird das Zuviel an ATF in der Getriebeautomatik lediglich abgesaugt. Zu hoher ATF-Stand kann ebenfalls einen Getriebeschaden verursachen.

Achsantrieb des automatischen Getriebes

Für den Achsantrieb der Getriebeautomatik wird ein anderes Öl als für das Schaltgetriebe gebraucht. Es muß die Viskosität SAE 90 und eine der beiden folgenden Spezifikationen aufweisen:
○ API GL 5 bzw.
○ MIL-L-2105 B
Weder eine Ölstandskontrolle noch ein Ölwechsel sind vorgesehen. Eine Überprüfung kann aber notwendig werden
○ wenn das Achsantriebsgehäuse außen ölverschmiert ist oder
○ der ATF-Stand in der Getriebeautomatik angestiegen bzw. abgefallen ist ohne Anzeichen äußerer Undichtigkeiten. Dann hat möglicherweise ein Schmiermittelaustausch zwischen Planetengetriebe und Achsantrieb stattgefunden, wie im vorangegangenen Abschnitt beschrieben. Die Ölstandskontrolle geschieht, wie unter »Getriebe auf Dichtheit prüfen« beschrieben.

ATF wechseln

Wartung Nr. 43

Bei normalem Fahrbetrieb sieht der Wartungsplan den ATF-Wechsel alle 45000 km vor. Wird der Audi hauptsächlich im Kurzstreckenbetrieb oder viel mit Anhänger bzw. im Gebirge gefahren, soll schon nach 30000 km der Flüssigkeitswechsel stattfinden. Dazu wird die alte ATF abgesaugt, und gleichzeitig müssen Ölwanne und -sieb gereinigt werden – Arbeiten für die V.A.G.-Werkstatt.

Flüssigkeitsstand der Zentralhydraulik prüfen

Ständige Kontrolle

Fahrzeuge mit Servolenkung und/oder Niveauregulierung besitzen die Audi-Zentralhydraulik. Der Stand der Hydraulikflüssigkeit – Ersatzteil-Nr. AOE 041 020 10 oder Aral-Hydrauliköl 1010 – wird im durchsichtigen Behälter hinten im Motorraum geprüft.
Seit Mitte 1986 wird ein anderes Hydrauliköl Ersatzteil-Nr. G 002 000 eingefüllt. Die neue Hydraulikflüssigkeit kann ohne Einschränkung mit der alten gemischt werden.
● Zum Kontrollieren des Flüssigkeitsstands den Motor im Leerlauf drehen lassen.
● Wagen ohne Niveauregulierung besitzen einen runden Ausgleichsbehälter. Das Hydrauliköl muß zwischen den beiden Markierungen stehen. Beim Nachfüllen wird bis zur Markierung »Max« aufgefüllt.
● Wagen mit Niveauregulierung sind mit einem größeren Ausgleichsbehälter ausgestattet, der je ein Markierungspaar für leeren und für vollbeladenen Wagen besitzt.
● Ist der Wagen leer, muß der Flüssigkeitspegel zwischen den oberen beiden Markierungen stehen, ist er voll beladen, gelten die beiden unteren Marken.
● Auch hier wird beim Nachfüllen bis zur jeweils zuständigen »Max«-Marke aufgefüllt.
● Generell deutet Flüssigkeitsverlust auf eine Leckstelle im Hydrauliksystem. Also in diesem Fall nicht einfach Hydrauliköl nachkippen, sondern erst die Leckstelle ermitteln!

Zündverteiler schmieren

Obwohl der Audi eine wartungsfreie Transistorzündanlage besitzt, sollte der Verteiler gelegentlich geschmiert werden (Ausnahme: Fahrzeuge mit vollelektronischer Zündung): Wartung Nr. 12

● Verteilerdeckel, -finger und Staubschutzdeckel abnehmen, siehe Seite 199.

● Zwei Tropfen Haushalts- oder Motoröl in den Schmierfilz der hohlgebohrten Verteilerwelle träufeln. Den Schmierfilz zeigt das Bild Seite 193.

Züge, Gelenke und Schlösser schmieren

Der Serviceplan von Audi sieht nur einige wenige Schmierarbeiten an der Audi-100-Karosserie vor. Es hat sich aber gezeigt, daß eine gelegentliche Schmierration manches auf Dauer leichtgängig hält, was sonst quietscht, klemmt, reißt oder rostet. Wartung Nr. 37

Türen und Kofferraumdeckel

● Die Türscharniere sind beim Audi wartungsfrei. Trotzdem sind sie gelegentlich für einen Spritzer Öl dankbar.

● Die Schloßfallen an Türen und Kofferraumdeckel bzw. Heckklappe können mit etwas Sprühfett behandelt werden.

● Die Kofferraumdeckelscharniere (Audi Avant: Heckklappenscharniere) besprühen Sie mit etwas Öl. Vorsichtshalber einen Lappen dahinterhalten, damit kein Schmiermittel in den Kofferraum tropft.

Schließzylinder

● Sprühen Sie spätestens zu Beginn der kalten Jahreszeit etwas Rostlöser-Isolierspray in den Schlüsselschlitz. Es schmiert, verdrängt Feuchtigkeit und schützt vor Rost sowie Einfrieren im Winter.

Motorhaube

● Entriegelungszug der Motorhaube von einem Helfer im Wageninnern ziehen lassen. An der Stelle, wo der Seilzug aus der Umhüllung kommt, etwas Fett anstreichen und durch mehrmalige Hebelbewegung in die Zugumhüllung ziehen.

● Die Schließzapfen der Motorhaube und die beiden Schließhebel im Frontblech mit etwas Fett bestreichen oder Schmierspray auftragen.

● Die Motorhaubenscharniere und der Fanghaken der Haube erhalten etwas Öl oder Schmierspray.

Kupplungszug

● Im Motorraum am Getriebe den Kupplungshebel etwas hochziehen, so daß das Endstück locker an der Hebelnase hängt.

● In den Zwischenraum etwas Fett oder Schmierpaste streichen.

● Am Ende der Seilzugumhüllung etwas Fett um den Seilzug auftragen und durch mehrmaliges Kupplungspedaltreten in die Zugumhüllung ziehen.

Gasbetätigung

● Von einem Helfer bei ausgeschaltetem Motor das Gaspedal durchtreten lassen.

● An allen sich hierbei bewegenden Stellen die eventuell anhaftende Schmutzkruste abreiben und anschließend etwas Öl ansprühen, während ein Helfer ein paar Mal das Gaspedal bewegt.

● Nicht geschmiert werden dürfen dagegen die Wellen und Lagerungen am Vergaser bzw. am Drosselklappenstutzen der Einspritzung; das Schmiermittel verbunden mit Staub läßt sie sonst vorzeitig ausschlagen.

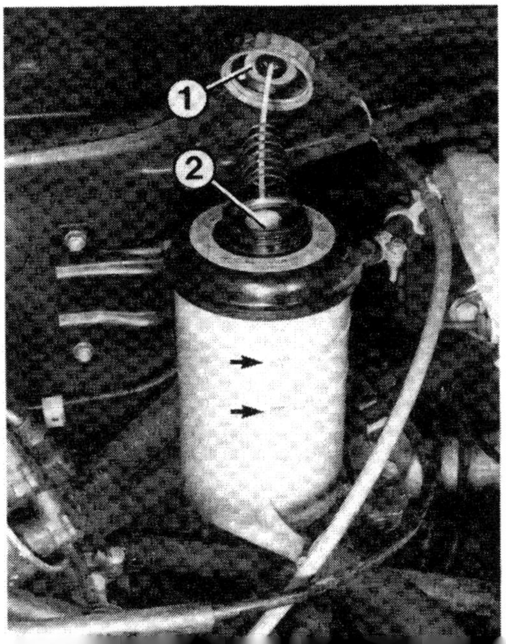

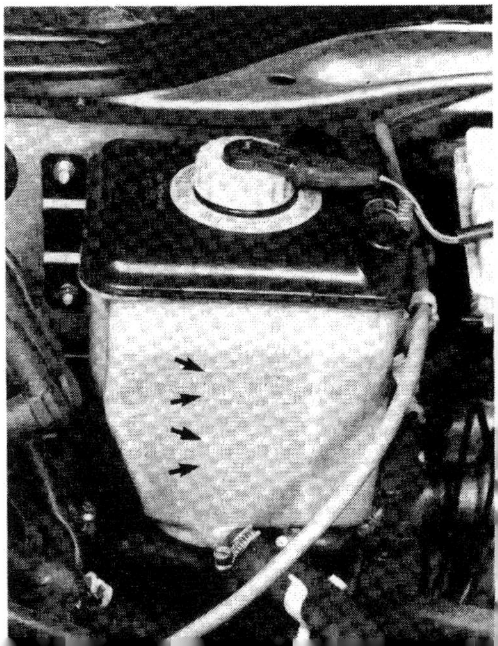

Der Hydraulikölbehälter – links bei einem Wagen ohne, rechts mit Niveauregulierung. Die Pfeile zeigen auf die Füllstandsmarken. Bei abgeschraubtem Deckel (1) ist der Schwimmer (2) der Füllstandskontrolle zu sehen.

Treibende Kräfte

Die unterschiedlichen Leistungsstufen der Audi 100-Motorisierung basieren auf zwei grundsätzlich verschiedenen Motorversionen: dem Vierzylinder- und dem Fünfzylindertriebwerk. Trotz unterschiedlicher Zylinderzahl sind beide Maschinen jedoch eng miteinander verwandt.

Verschiedene Leistungsstufen

In dieser Tabelle finden Sie die wichtigsten technischen Daten der im Audi 100 eingebauten Vier- und Fünfzylindermotoren zusammengestellt:

Motor	Vierzylinder							
Motor-Kennbuchstaben[1]	DR[2]	RS	SH	SH	DS	JW[3]	PH	4B
Fertigung von–bis	9/82–9/86	10/86–8/87	3/86–7/88	8/88–	8/83–2/88	4/83–7/87	8/85–	2/88–9/89
Leistung kW/PS	55/75	55/75	65/88	66/90	66/90	66/90	66/90	66/90
bei Drehzahl 1/min	4600	4500	5200	5500	5200	5200	5300	5500
Hubraum l	1,8	1,8	1,8	1,8	1,8	1,8	1,8	1,8
Gemisch-Aufbereitung	Pierburg-1B3-Vergaser	Keihin-II-Vergaser	Keihin-I-Vergaser	Keihin-II-Vergaser	Pierburg-2E2-Vergaser	Keihin-I-Vergaser	KE-Jetronic-Einspritzung	Mono-Jetronic-Einspritzung
ungeregelter Kat	–	+	+	+	–	–	–	–
geregelter Kat	–	–	–	–	–	–	+	+
Abgasrückführung	–	–	–	–	–	+	–	–

Motor	Fünfzylinder					
Motor-Kennbuchstaben	WH	KP	SL	RT	RT	WU
Fertigung von–bis	8/82–4/84	7/84–12/87	4/86–12/87	1/88–	1/88–	8/82–4/84
Leistung kW/PS	74/100	85/115	83/113	83/113	85/115	77/105
bei Drehzahl 1/min	5600	5200	5200	5400	5400	5500
Hubraum l	1,9	2,0	2,0	2,0	2,0	2,14
Gemisch-Aufbereitung	Keihin-Vergaser	K-Jetronic-Einspritzung	K-Jetronic-Einspritzung	KE-Jetronic-Einspritzung	K-Jetronic-Einspritzung	K-Jetronic-Einspritzung
ungeregelter Kat	–	–	+	–	–	–
geregelter Kat	–	–	–	+	–	+
Abgasrückführung	–	–	+	–	+[4]	–
Motor-Kennbuchstaben	WC	KF[3]	KZ	KU	HX[3]	NF
Fertigung von–bis	8/82–6/84	8/82–4/84	8/84–10/86	9/84–	7/84–11/87	8/86–
Leistung kW/PS	100/136	96/130	85/115	101/138	101/138	100/136
bei Drehzahl 1/min	5700	5750	5500	5700	5700	5600
Hubraum l	2,14	2,14	2,23	2,23	2,23	2,30
Gemisch-Aufbereitung	K-Jetronic-Einspritzung	K-Jetronic-Einspritzung	KE-Jetronic-Einspritzung	K-Jetronic-Einspritzung	K-Jetronic-Einspritzung	KE-III-Jetron.-Einspritzung
ungeregelter Kat	–	–	–	–	–	–
geregelter Kat	–	–	+	–	–	+
Abgasrückführung	–	+	–	–	+	–

[1] die Motor-Kennbuchstaben sind links vorn in den Motorblock eingeschlagen
[2] Österreich-Version »DRA«: 51 kW/70 PS
[3] Schweiz-Version
[4] bei Automatikgetriebe

Ein Blick in den Vierzylinder: 1 – Öleinfüllstutzen; 2 – Nockenwellenrad; 3 – Zahnriemen-Schutzhaube; 4 – Zahnriemenspanner; 5 – Zahnriemen; 6 – Keilriemen; 7 – Zwischenwellenrad; 8 – Kurbelwellen-Keilriemenscheibe; 9 – Wasserpumpen-Keilriemenscheibe; 10 – Ölwanne; 11 – Kolben; 12 – Thermostat; 13 – Zwischenwelle; 14 – Kurbelwelle mit Gegengewichten; 15 – Ölpumpe; 16 – Antriebswelle für Ölpumpe und Verteiler (20); 17 – Ölfilter; 18 – Pleuel; 19 – Kraftstoffpumpe; 21 – Einlaßventil des 3. Zylinders; 22 – Zündkerze; 23 – Tassenstößel mit Ventilfedern; 24 – Nockenwelle; 25 – Kurbelgehäuse-Entlüftung.

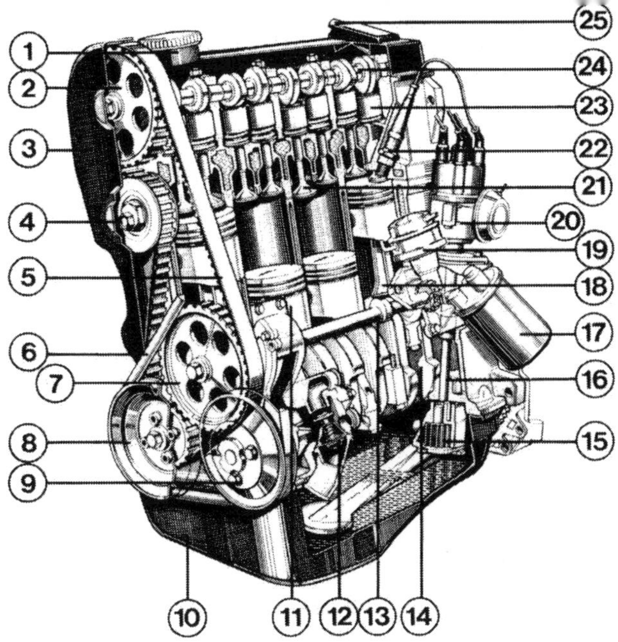

Die Motorenkonstruktion

Vierzylindermotor

Der Vierzylindermotor im Audi 100 ist ein bewährtes Großserientriebwerk, das den Beweis seiner Langlebigkeit längst erbracht hat. Ursprünglich bei Audi für den Audi 80 konstruiert, wurde diese Maschine ebenso für den VW Passat, den Golf, Santana und Jetta verwendet.
Seine wichtigsten Konstruktionsmerkmale: Vierzylinder mit obenliegender Nockenwelle. Ventilbetätigung über Tassenstößel. Eine Zwischenwelle treibt Ölpumpe und Verteiler. Antrieb von Nockenwelle und Zwischenwelle über Zahnriemen.

Fünfzylindermotor

Audi übernahm wesentliche Konstruktionsmerkmale des Vierzylinders auf den schon 1976 erstmals im Audi 100 vorgestellten Fünfzylinder. So besitzt auch diese Maschine einen Zahnriemen zum Antrieb der Nockenwelle (die Wasserpumpe ist hier auch zahnriemengetrieben), und auch hier wurden Tassenstößel zur Ventilbetätigung herangezogen, um nur zwei der Gemeinsamkeiten zu nennen.
Wirklich schwerwiegende Probleme waren jedoch im Bereich der Fünfzylinder-Kurbelwelle zu lösen. Um einen ruhigen Lauf des Kurbeltriebs zu erreichen, müssen die während der schnellen Rotation der Welle auftretenden Kräfte durch Gegengewichte gebändigt werden. Bei Vier- und vor allem bei Sechszylindertriebwerken sind diese Kräfte leichter beherrschbar als beim Fünfzylinder, dem aus Mangel an Raum gegenüber dem Vierzylinder nur ein weiterer Zylinder gegönnt wurde.
Audi hat das Problem gelöst: Die Kurbelwellen-Zapfen stehen in einem Winkel von 72° zueinander und die Welle besitzt für jeden Zylinder 2 Gegengewichte. Ferner bewirkt eine gezielt angebrachte Unwucht in der Schwungscheibe und ein ebenso ausgelegter Schwingungsdämpfer am vorderen Schwungscheibenende eine Verlagerung der verbleibenden Restschwingungen, so daß diese nicht mehr störend in Erscheinung treten.

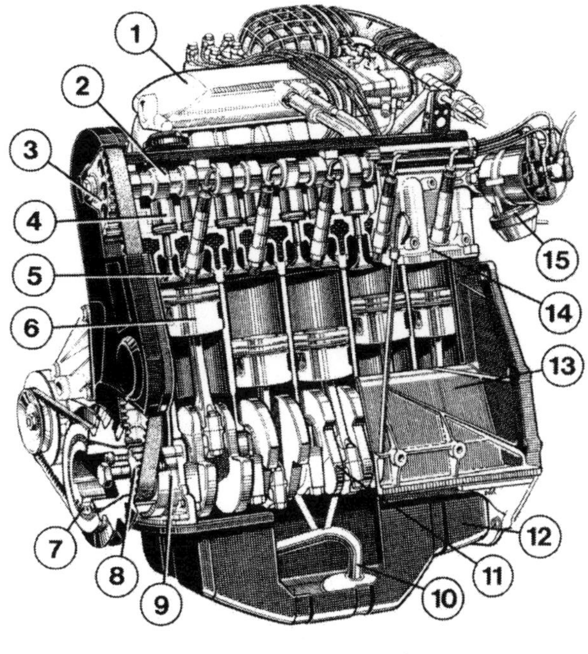

Der Fünfzylinder-Einspritzermotor aufgeschnitten: 1 – Ansaugrohr; 2 – Nockenwelle; 3 – Nockenwellen-Zahnriemenrad; 4 – Tassenstößel; 5 – Ventil; 6 – Kolben; 7 – Kurbelwellen-Keilriemenscheibe mit Schwingungsdämpfer; 8 – Kurbelwellen-Zahnriemenrad; 9 – Ölpumpe; 10 – Ölpumpen-Ansaugschnorchel; 11 – Kurbelwelle; 12 – Ölwanne; 13 – Kurbelgehäuse; 14 – Zylinderkopf; 15 – Verteiler.

Die Einzelteile der Motoren

Wer sich für die Funktion der Motoren interessiert, findet im folgenden die wichtigsten Teile herausgegriffen und beschrieben, bevor wir zu den Wartungs- und Reparaturarbeiten kommen.

Kolben und Zylinder

Die aus Leichtmetall gegossenen Kolben besitzen eine Stahleinlage, welche die Wärmedehnung verringert. Im oberen Drittel jedes Kolbens sind drei Kolbenringe elastisch in entsprechende Nuten im Kolben eingebettet. Sie drücken federnd gegen die Zylinderwand. Die beiden oberen Kolbenringe verwehren dem Gasgemisch den Weg aus dem Verbrennungsraum nach unten ins Kurbelgehäuse, während der untere Ölabstreifring verhindert, daß allzuviel Schmiersaft vom Kurbelgehäuse in den Brennraum gelangt.
Der Kolbenboden ist zu einer mehr oder minder tiefen Mulde ausgeformt. Die Brennräume befinden sich also in den Kolben.
Die Zylinder, in denen die Kolben auf und ab laufen, sind in das Graugußmaterial des Motorblocks eingearbeitet. Die Zylinderbohrungen sind im sogenannten Kreuzschliff gehont (geschliffen). Die Wandungen dürfen nicht völlig glatt sein, weil sonst das zur Schmierung notwendige Öl nicht daran haften kann. Die Bohrungen der Zylinder sind um 0,03 mm weiter als die zugehörigen Kolben. Bis zu zwei (Vierzylinder) bzw. drei Mal (Fünfzylinder) können die Zylinderlaufbahnen bei Motorüberholungen ausgeschliffen werden.

Die Kurbelwelle

Aufgabe der Kurbelwelle ist es, die geradlinige Bewegung der in den Zylindern auf und ab laufenden Kolben in eine Drehbewegung umzusetzen. Die zu den Kolben führenden Verbindungsstangen – die Pleuel – wirken deshalb, wie bei einer Andrehkurbel, versetzt zur Mittelachse der Kurbelwelle. Die einzelnen Kurbeln sind zueinander versetzt angeordnet. Beim Vierzylinder-Motor sind sie um 180° zueinander versetzt, stehen sich also entgegengesetzt gegenüber. Anders beim Fünfzylinder: Für einen ausgewogenen Lauf haben die Kurbelwellen-Kröpfungen einen Abstand von 72°. Für vibrationsarmen Betrieb sitzen an der gegenüberliegenden Seite der Kurbelzapfen Gegengewichte – acht bei den Vier- und zehn bei den Fünfzylindermotoren.
Um ein Durchbiegen der Kurbelwelle im Betrieb zu vermeiden, ist sie bei den Vierzylindern an fünf und bei den Fünfzylindern an sechs Stellen im Motorblock gelagert. Jede »Kurbel«, auf der eine Pleuelstange sitzt, ist also rechts und links durch ein Motorlager gestützt.
In Fahrtrichtung hinten sitzt auf der Kurbelwelle eine Scheibe mit dem Zahnkranz für das Ritzel des Anlassers. Das ist entweder die Schwungscheibe, auf welche die Kupplung und damit die Verbindung zum Getriebe montiert wird, oder die Mitnehmerscheibe, an die der Drehmomentwandler der Getriebeautomatik geschraubt ist. Am anderen Ende der Kurbelwelle sind das Antriebsrad für den Zahnriemen angeschraubt sowie die Keilriemenscheibe(n).

Die Pleuel

Die vier bzw. fünf Pleuel sind mit auswechselbaren Lagerschalen auf den Kurbelwellenzapfen montiert. In ihrem anderen Ende tragen sie Bronzebuchsen für die Kolbenbolzen, die »schwimmend« gelagert sind. Darunter ist zu verstehen, daß sich Kolben und Kolbenbolzen auf dem Pleuel etwas vor und zurück bewegen können.

Zylinderkopf und Nockenwelle

Der Zylinderkopf ist gewissermaßen der Deckel des Motors. In ihm stecken die Ventile, und auch die Kanäle für Frischgas und Auspuffgase sind in ihn eingearbeitet. Er ist übrigens aus einer Aluminium-Legierung gegossen und wird in seinem Innern – wie der Zylinderblock – von Kühlwasser durchflossen.
Ganz oben im Zylinderkopf sitzt die Nockenwelle. Mit ihren eiförmigen Nocken veranlaßt sie die Ventile zum

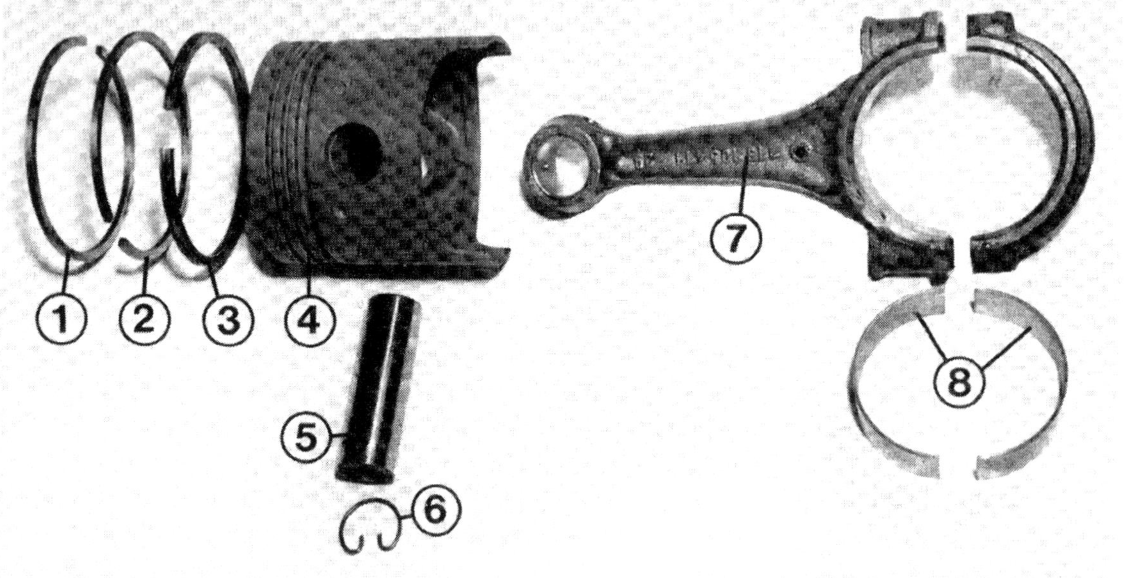

Teile des Kurbeltriebs: 1 – oberer Kolbenring; 2 – unterer Kolbenring; 3 – Ölabstreifring; 4 – Kolben; 5 – Kolbenbolzen; 6 – Kolbenbolzen-Sicherungsring; 7 – Pleuel; 8 – Lagerschalen des Pleuellagers.

Zur Ventilbetätigung gehören: 1 – äußere Ventilfeder; 2 – innere Ventilfeder; 3 – Ventil; 4 – Tassenstößel; 5 – Einstellplättchen; 6 – Nocke auf der Nockenwelle.

Öffnen und Schließen bei bestimmten Kolbenstellungen. Sie bestimmt damit die sogenannten Ventilsteuerzeiten. Den Nockenwellenantrieb besorgt die Kurbelwelle über einen Zahnriemen.
Die Betätigung der Ventile erfolgt jedoch nicht direkt über die Nockenwelle. Zwischenstation sind die sogenannten Tassenstößel. Je ein Tassenstößel ist – wie eine auf den Kopf gestellte Tasse – über den Ventilschaft und die beiden Ventilfedern gestülpt, wie in der Zeichnung oben gezeigt. Die Nocken berühren die Tassenstößel nicht genau in der Mitte, sondern leicht versetzt. Dadurch wird erreicht, daß sich die Ventile bei jedem Niederdrücken ein klein wenig um ihre Achse drehen. Das verhindert, daß sie sich ungleichmäßig einschlagen und mit der Zeit undicht werden. Das ist auch der Grund, weshalb das Ventilspiel nur alle 30000 km geprüft werden muß. Die Reihenfolge der Ventile im Zylinderkopf zeigen die Bilder Seite 32 und 33.
Beim Fünfzylinder treibt die Nockenwelle über einen Exzenter die Benzinpumpe und über einen Winkelantrieb den Zündverteiler an.

Hydrostößel

In der Zeit zwischen 8/84 und 9/85 (Verlängerung der Wartungsintervalle) wurden fast alle Audi-Motoren auf Tassenstößel mit hydraulischem Ventilspielausgleich umgestellt. Außenseiter blieb der 55-kW-Motor, der erst 10/86 nachzog.
Zur Vermeidung von Unsicherheiten, ob nun die Hydrostößel eingebaut waren oder nicht, erhielten in dieser Zeit die Hydrostößel-Motoren der fraglichen Baujahre **Hinweis-Aufkleber am Zylinderkopfdeckel**. Nach Umrüstung aller Motoren auf die neue Technik entfielen die Aufkleber wieder.
Der hydraulische Ventilspielausgleich bewirkt, daß bei so ausgestatteten Motoren die Kontrolle des Ventilspiels entfallen kann. Der Ventiltrieb arbeitet spielfrei, aber dennoch ist dafür gesorgt, daß die geschlossenen Ventile fest auf dem Ventilsitz aufliegen und damit einwandfrei abdichten.

Fingerzeig: Lagerschadenähnliche Klappergeräusche kann ein Motor mit Hydrostößeln nach längeren Standzeiten kurz nach dem ersten Motorstart verursachen. Dieser Effekt tritt auf, wenn alles Öl aus den Hydrostößeln ausgelaufen und dadurch wieder Spiel im Ventiltrieb entstanden ist (siehe folgenden Abschnitt). Bei alledem besteht kein Grund zur Besorgnis: Das Geräusch verschwindet nach kurzer Zeit, und der Ventiltrieb arbeitet wieder geräuschfrei. Klappert ein einzelner Hydrostößel längere Zeit oder sogar noch bei warmem Motor, muß er kontrolliert werden (siehe Seite 35).

Funktion der Hydrostößel

Bei geschlossenem Ventil gelangt Öl aus dem Schmierkreislauf des Motors über eine Ringnut in den Tassenstößel. Nach Passieren des Rückschlagventils im Stößel fließt der Schmierstoff in den momentan noch völlig drucklosen Hochdruckraum und füllt diesen ganz aus.
Parallel zu diesem Vorgang drückt die Druckfeder den Tassenstößel spielfrei an die Nockenwelle bzw. den Zylinder gegen das Ende des Ventilschafts.
Dreht sich nun die Nockenwelle und drückt ihr exzentrischer Nocken gegen den Tassenstößel, so steigt der Druck im Hochdruckraum. Das Rückschlagventil verschließt die Zulaufbohrung und sorgt dafür, daß kein Öl mehr entweichen kann. Da sich das Öl nicht komprimieren (in sich zusammendrücken) läßt, ist damit eine starre Verbindung zwischen Tassenstößel und Zylinder hergestellt. Das Ventil kann also durch die Kraft der Nocke niedergedrückt werden.
Nach dem Schließen des Ventils entsteht durch Leckölverlust ein geringfügiges Ventilspiel, das aber durch die Druckfeder – sie drückt den Tassenstößel nach oben – sofort wieder ausgeglichen wird. In das vergrößerte Volumen des Druckraums strömt nun bei geöffnetem Rückschlagventil wieder Öl nach. Damit ist der Hydrostößel bereit zur nächsten Ventilbetätigung.

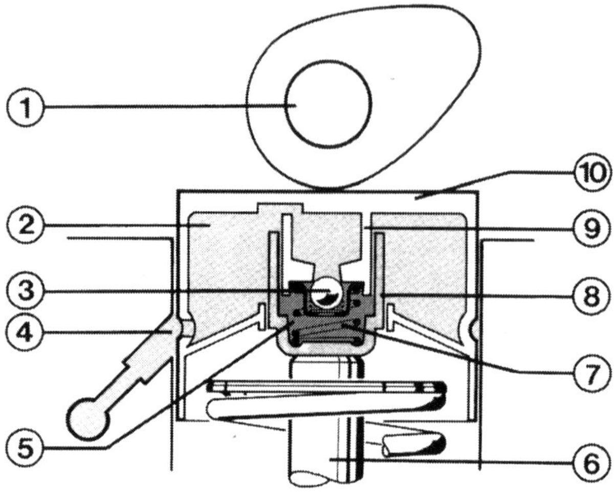

Der Hydrostößel als Schnittbild. Es bedeuten: 1 – Nockenwelle; 2 – Ölvorratsraum; 3 – Rückschlagventil; 4 – Ölzulauf mit Ringnut; 5 – Hochdruckraum; 6 – Ventilschaft; 7 – Druckfeder; 8 – Zylinder; 9 – Kolben; 10 – Tassenstößel.
Das unter Druck stehende Öl ist hier rot dargestellt. Hellrot eingezeichnet ist die zur Ventilbetätigung nicht gebrauchte Ölmenge.

Die Ventilsteuerung

Bekanntlich haben wir im Audi einen Viertaktmotor, der das Gemisch aus Kraftstoff und Luft ansaugt, verdichtet, zündet und die verbrannten Gase wieder ausstößt. Fürs Ansaugen der Frischgase und das Ausschieben der Altgase bleibt dem ventilgesteuerten Verbrennungsmotor nur wenig Zeit. Weder kann die Nockenwelle die Ventile schlagartig öffnen noch vermögen sie die Ventilfedern derartig schnell zu schließen. Deshalb sind die Nocken so geformt, daß das Einlaßventil bereits gegen Ende des Auslaßtakts öffnet und erst dann schließt, wenn der Kolben nach Beendigung des Ansaughubs wieder verdichtend aufwärtsstrebt. Das Auslaßventil öffnet schon vor Abschluß des Arbeitstakts und schließt erst, wenn der Kolben bereits wieder Frischgas ansaugt. Beide Ventile sind deshalb einen Sekundenbruchteil gleichzeitig geöffnet, wenn der Kolben im Oberen Totpunkt (OT) vom Ausstoßen zum Ansaugen umkehrt. Diese Zeitspanne wird mit Ventilüberschneidung bezeichnet.

Der Zahnriemen

Als geräuscharmes Antriebselement für die obenliegende Nockenwelle dient der von der Kurbelwelle in Bewegung gesetzte Zahnriemen. Der gezähnte Gummiriemen mit Stahldrahteinlage arbeitet verschleißfrei, zumal die Gummimischung des Zahnriemens überdies für eine Trockenschmierung der Riemenscheiben sorgt.
Neben der Nockenwelle treibt der Zahnriemen beim Fünfzylinder die Wasserpumpe an, die gleichzeitig als Riemenspanner dient. Beim Vierzylinder wird der Zahnriemen dagegen durch eine spezielle Spannrolle gestrafft. Zusätzlich treibt der Riemen hier die Zwischenwelle, die ihrerseits Ölpumpe, Zündverteiler und Kraftstoffpumpe in Bewegung versetzt.

Die Zylinderkopfdichtung

Die Dichtung zwischen Motorblock und Zylinderkopf hat einen schweren Stand: Sie hat dafür zu sorgen, daß die Verbrennungsräume und die Kanäle für Kühlmittel und Öl voneinander getrennt bleiben. Dabei muß sie enormen Temperatur- und Druckschwankungen widerstehen.

Das Schmiersystem

Im Motor verlangen eine ganze Reihe von Lagerstellen und Reibpartnern nach Schmierung. Das Motoröl muß dorthin unter Druck gepumpt werden – von der Ölpumpe. Sie saugt den Schmiersaft durch einen siebbewehrten Schnorchel an und drückt ihn in den Hauptstromfilter. Ist das Filterpapier von Schmutz zugesetzt, weil das Filter nicht rechtzeitig gewechselt wurde, tritt ein Sicherheitsventil in Aktion. Es öffnet, der Filter wird umgangen, die Ölversorgung ist sichergestellt. Allerdings bewirkt ungefiltertes Motoröl höheren Verschleiß an den Lagerstellen. Vom Filter aus gelangt das schmierfähige Naß über Bohrungen im Zylinderblock zu den Schmierstellen der Kurbelwelle, der Zwischenwelle (nur Vierzylinder) und des Zylinderkopfes mit der Nockenwelle. Das Öl fließt durch Bohrungen zurück in die Ölwanne und kann für einen erneuten Durchlauf von der Ölpumpe angesaugt werden.

Die Ölpumpe

Rund 30 Liter Öl werden bei Vollgas in der Minute durch den Motor gepumpt:
○ Im Vierzylindermotor ist die bereits erwähnte Zwischenwelle das Antriebselement für die nach unten verlängerte Zündverteilerwelle, auf der die Ölpumpe sitzt.
○ Am Fünfzylinder ist die Ölpumpe in Fahrtrichtung vorn direkt auf die Kurbelwelle aufgesetzt.
Auch die Arbeitsweise der Pumpen ist bei unseren Audi-Motoren unterschiedlich:
○ Der Vierzylindermotor besitzt eine Zahnrad-Ölpumpe. Zwei ineinandergreifende Zahnrädchen gleicher Größe schaufeln das Öl einfach von der Saugseite zur Druckseite.
○ Der Fünfzylinder bis 7/83 besitzt eine sogenannte Sichelpumpe. Ein kleineres Zahnrad sitzt direkt auf der Kurbelwelle und wird von einem größeren innenverzahnten Rad umhüllt. Zwischen beiden befindet sich ein halbmondförmiges Trennstück – die Sichel –, die Kammern veränderlicher Größe entstehen läßt. Beim Umlauf der miteinander kämmenden Räder kann so das Öl angesaugt und weitergepumpt werden.

○ Der Fünfzylinder ab 8/83 wird von einer Rotorölpumpe System Eaton geschmiert. Hier ist ein Außenzahnrad in einem innen verzahnten Rad untergebracht (das sind die beiden Rotoren). Durch die spezielle Formgebung und die außermittige Anordnung des Innenrotors wird erreicht, daß sich bei der gemeinsamen Drehung der beiden Zahnräder immer wieder neue Freiräume bilden, in denen ein Unterdruck herrscht. So wird Motoröl angesaugt. Von den sich drehenden Rädern wird das Öl nun zur Ausgangsseite der Pumpe und von dort aus in die Schmierkanäle gedrückt. Der Antrieb der Rotorpumpe erfolgt – wie bei der Sichelpumpe – direkt von der Kurbelwelle.

Öltemperatur

Für das Wohlbefinden des Motors ist die Öltemperatur ausschlaggebend. Diese Information wird dem Audi-Fahrer jedoch mangels Öltemperaturanzeige vorenthalten. Zu Vergleichszwecken interessant ist die Motoröltemperatur am Ölfilterflansch oder in der Ölwanne; dort ist der Schmiersaft am kühlsten. Dagegen können an den Kolbenringen Temperaturen bis 300°C auftreten. Falls Sie nachträglich ein Ölthermometer eingebaut haben: Audi nennt 145°C in der Ölwanne als höchstzulässige Temperatur. Voraussetzung ist dabei allerdings ein wirklich hochwertiges Motoröl.
Schädlich für den Motor ist auch eine zu niedrige Öltemperatur. Das Öl hat dann seine volle Schmierfähigkeit noch nicht erreicht. Deshalb sollten Sie nach Möglichkeit den Motor nach dem Kaltstart nicht über 3500/min drehen lassen, bis das Öl etwa 60°C erreicht hat. Für den Audi gilt als Anhaltspunkt, daß das Motoröl gegenüber dem Kühlmittel etwa doppelt so lange braucht, bevor es seine Betriebstemperatur erreicht hat.

Der Öldruck

Wer nachträglich einen Öldruckmesser in den Audi eingebaut hat, kann den Öldruck genau kontrollieren: Prüfbedingungen: Einbereichsöl der Klasse SAE 20 W/20, 80°C Öltemperatur, Motor dreht mit 2000/min. Mindestens **2,0 bar Überdruck** muß das Instrument jetzt anzeigen.
Der Öldruck ist jedoch auch ohne Instrument im Audi gut überwacht. Zwei Öldruckschalter sorgen dafür:
○ Schalter 1 (weißes Gehäuse) schließt seinen Kontakt, wenn der Druck unter 1,8 bar abgefallen ist. Ist gleichzeitig die Motordrehzahl höher als 2100/min (ein Schaltgerät kontrolliert das), wird am Armaturenbrett durch Warnleuchte und Summer Alarm geschlagen.
○ Schalter 2 (braunes Gehäuse) schließt unter 0,3 bar den Kontakt. Die Kontrolleuchte brennt dann unabhängig von der Motordrehzahl.
Mehr zu diesem Kontrollsystem erfahren Sie auf Seite 224. Übrigens: Wenn Sie den Öldruck Ihres Motors messen wollen, muß einer der Öldruckschalter herausgeschraubt und stattdessen ein Manometer angeschlossen werden.

Die Kurbelgehäuse-Entlüftung

Auch ein gesunder Motor bläst in der Minute 50 bis 70 Liter Verbrennungsgase an den Kolbenringen vorbei ins Kurbelgehäuse. Dieser Druck muß aus dem Motor entweichen können, damit die Dichtungen nicht zu stark beansprucht werden. Das geschieht über die Kurbelgehäuse-Entlüftung. Die giftigen Gase aus dem Motorinnern werden zum Schutz der Umwelt in das Luftfiltergehäuse und zum Ansaugstutzen zurückgeleitet. Von dort werden die Gase zur vollständigen Verbrennung nochmals vom Motor angesaugt.

Fingerzeig: Bläst der Motor kräftig Öldunst zur Kurbelgehäuse-Entlüftung hinaus, sind die Kolben und Zylinder schon erheblich verschlissen.

Die Ölpumpen im Fünfzylinder: Links die Rotorölpumpe, rechts die Sichelpumpe. Es bedeuten: 1 – Innenrotor; 2 – Außenrotor; 3 – Zahnrad mit Außenverzahnung; 4 – Sichel; 5 – Zahnrad mit Innenverzahnung.

Sichtprüfung des Motors

Wartung Nr. 1

- Betrachten Sie den Motor von oben und unten.
- Geringfügig ölfeuchte Stellen sind nicht bedenklich, alle Motoren »schwitzen« gelegentlich etwas Schmiermittel aus.
- Ölflecken unter dem geparkten Wagen und deutlichen Ölnässen sollten Sie aber auf den Grund gehen.
- Motor mit einem Dampfstrahlgerät oder Motorreiniger säubern.
- Nach einer Probefahrt von wenigen Kilometern wird kontrolliert, wo Öl austritt.

Mögliche Leckstellen

An welchen Stellen beim Audi-Motor Öl austreten kann, haben wir hier zusammengestellt:

- ○ Abdichtung von Kurbelwelle, Nockenwelle und Zwischenwelle (nur Vierzylinder). Diese Stellen sind vom Zahnriemenschutz verdeckt;
- ○ Dichtungen am Zylinderkopfdeckel;
- ○ Zylinderkopfdichtung;
- ○ Dichtung am Benzinpumpenfuß;
- ○ Dichtung am Zündverteiler;
- ○ Öldruckschalter;
- ○ Ölfilterdichtung;
- ○ Dichtung am Ölfilterhalter (nur Vierzylinder);
- ○ Dichtung der Ölwanne;
- ○ Wellendichtung der Kurbelwelle hinten (Öl tritt an der Trennfuge Motor-/Getriebegehäuse aus).

Fingerzeig: Manche Tankstellen bieten Dampfstrahlgeräte mit Münzeinwurf zur Selbstbedienung für ihre Kunden an. Wer noch den Motorreiniger selbst mitbringt, kommt zu einer äußerst preiswerten Motorwäsche. Allerdings sollte man sich nur in Arbeitskleidung ans Werk machen.

Einfahren des neuen Motors

Während der ersten **1000 km** sollen die gleitenden Teile des Motors (Kolben und Zylinder; Gleitlager und Wellen) Gelegenheit haben, sich an das jeweilige Gegenstück anzupassen. Das muß bei niedriger Belastung bzw. bei niedrigen Drehzahlen geschehen. Die spätere Motorleistung und die Lebensdauer hängen davon ab. Deshalb:

- ○ Kein Vollgas geben; bei Getriebeautomatik Vollgas- und Kickdown-Stellung vermeiden. Höchstdrehzahl: 4200/min!
- ○ Bei betriebswarmem Motor kann man sich an die folgenden Geschwindigkeitsempfehlungen halten; bei kaltem Motor früher schalten:

alle Benzinmotoren	4-Gang-Getriebe	5-Gang- bzw. 4+E-Getriebe
1. Gang	30	30
2. Gang	55	55
3. Gang	80	80
4. Gang	110	110
5. Gang	–	120
	Automatikgetriebe	
Fahrbereich 1	45	
Fahrbereich 2	80	
Fahrbereich D	115	

- ○ In der Laufzeit von **1000–1500 km** den Motor allmählich bis zur Höchstgeschwindigkeit bzw. zur höchstzulässigen Drehzahl steigern.

Fingerzeig: Was hier für den neuen Motor gesagt wurde, gilt erst recht für ein überholtes Triebwerk, das erfahrungsgemäß noch empfindlicher auf falsche Einfahrweise reagiert.

Die Motor-Lebensdauer

Die nachstehend genannten Kilometerleistungen stellen nur Anhaltspunkte dar. Je nach Fahrweise und Pflege werden Sie den unteren oder den oberen Wert erreichen:

- ○ Vierzylindermotor: 100 000–150 000 km;
- ○ Fünfzylinder: 120 000–180 000 km.

Der Fahrer entscheidet durch seinen Umgang mit der Maschine, ob der Exitus schon früh erfolgt oder 150 000

km und mehr auf den ersten Motor kommen. Von entscheidender Bedeutung ist hierbei die Motoröltemperatur. Während die Kühlmittel-Temperaturanzeige schon relativ früh Betriebstemperatur signalisiert, ist das Motoröl frühestens nach etwa 10 Minuten Fahrt völlig einwandfrei schmierfähig.
Nach wochenlangem Kurzstreckenverkehr ist es ebenfalls nicht ratsam, gleich voll aufs Gaspedal zu treten. Bei den langen Leerlaufminuten in der Stadt bilden sich in den Brennräumen und an den Ventilen Ablagerungen, die bei voller Betriebstemperatur und zügiger, aber nicht scharfer Fahrt langsam abgebrannt werden sollen. Für Fahrzeuge mit Drehzahlmesser: Das entspricht 4000–5000/min.

Nenndrehzahl

Ein Verbrennungsmotor gibt seine höchste Leistung bei einer bestimmten Drehzahl ab – der sogenannten Nenndrehzahl. Höher als diese hinauszudrehen bringt keine Mehrleistung. Allerdings kann unter günstigen Umständen durch die höhere Motordrehzahl und vermehrte Radumdrehungen eine höhere Geschwindigkeit erreicht werden. Hohes Ausdrehen kann allenfalls zum besseren Anschließen in den nächsthöheren Gang von Vorteil sein.

Drehzahl-Begrenzung

Die absolute Drehzahl-Höchstgrenze liegt etwa bei 6700/min. Spätestens ab dieser Tourenzahl geraten die Ventilfedern so stark ins Schwingen, daß ein einwandfreies Öffnen und Schließen der Ventile nicht mehr gewährleistet ist. Die Ventilfedern können brechen, was zur Folge hat, daß das betreffende Ventil auf dem Kolben aufschlägt und gewaltige Zerstörungen anrichtet.
Damit es gar nicht so weit kommen kann, ist in den meisten Audi-Motoren eine Drehzahlbegrenzung eingebaut, die schon vor der genannten Drehzahl weiteres Hochdrehen stoppt. Die Funktion ist je nach Motortyp unterschiedlich:

○ Bei Vergaser- und Einspritzmotoren ohne Katalysator leitet eine Fliehkraft-Einrichtung im Verteilerfinger den Zündfunken an den Motorblock ab, so daß er nicht mehr zur Zündkerze gelangt.
○ Andere Einspritzmotoren – generell aber solche mit Katalysator – besitzen eine Drehzahlbegrenzung, bei der vom Steuergerät bzw. vom Kraftstoffpumpenrelais die elektrische Kraftstoffpumpe abgeschaltet wird.
○ Bei der Mono-Jetronic wird der Kraftstoffaustritt am Einspritzventil gesperrt.
○ Keine Drehzahlbegrenzung besitzen die Vergasermotoren mit Katalysator.

Sollten Sie sich also über Zündaussetzer in sehr hohen Drehzahlen gewundert haben, so ist das keine Störung, sondern der eingebaute Selbstschutz des Motors.

Kompressionsdruck messen

Die Messung des Kompressionsdrucks in den Motorzylindern gibt Aufschluß darüber, ob Ventile und Kolbenringe noch gut abdichten. Leistung, Kaltstartverhalten sowie Öl- und Kraftstoffverbrauch unseres Motors hängen davon ab. Wartung Nr. 13

● Motor warmfahren. Die Kolbenringe dichten bei warmem Öl besser ab.
● Bei Einspritzer-Motoren das Kraftstoffpumpenrelais abziehen (siehe Seite 231). Andernfalls wird der Motor bei der Druckprüfung mit Kraftstoff überflutet, was auch dem Katalysator schaden kann (Seite 48).

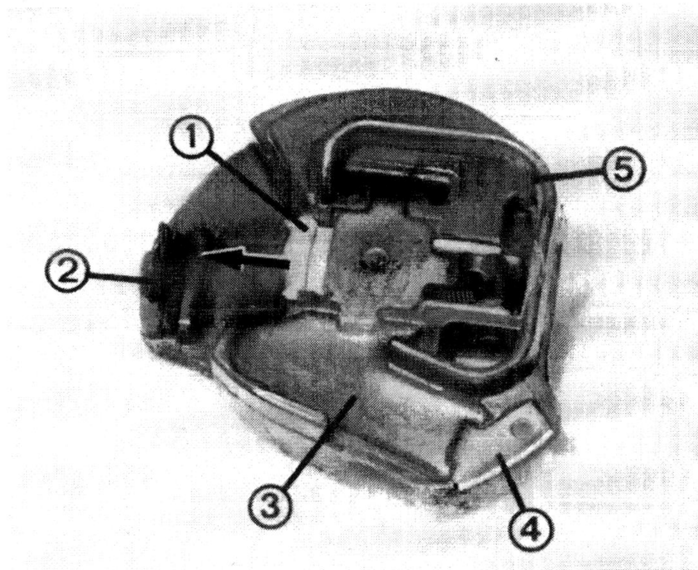

So sieht der Drehzahlbegrenzer-Verteilerfinger (5) aus. Das Fliehkraftgewicht (1) wandert bei Überdrehzahlen in Pfeilrichtung zum Massekontakt (2). Ferner bedeuten: 3 – vergossener Entstörwiderstand; 4 – Kontaktplättchen.

- Zündung »lahmlegen«, siehe Seite 195.
- Alle Zündkerzen herausschrauben.
- Gummikonus des Druckprüfers auf das Kerzenloch des 1. Zylinders (in Fahrtrichtung der vorderste) pressen bzw. Anschlußleitung ins Zündkerzengewinde schrauben.
- Handbremse anziehen, Schalthebel in Leerlauf bzw. Automatik-Wählhebel in Stellung »P« drücken.
- Von Helfer den Motor mit dem Anlasser durchdrehen lassen. Das Gaspedal muß er dabei voll durchtreten (zwecks besserer Zylinderfüllung).
- Steigt der Druckwert nicht mehr wesentlich an, Anzeigewert notieren und am nächsten Zylinder weitermessen.

Druckwerte

Hier die Kompressionsdruckwerte, wie sie Audi angibt:

Motor-Kennbuchstaben[1]	DR[2]	RS	SH	SH	DS	JW[3]	PH	4B
Leistung (kW/PS)	55/75	55/75	65/88	66/90	66/90	66/90	66/90	66/90
Kompressionsdruck Sollwert (bar)	10–12	9–12	9–12	9–12	10–13	10–13	9–12	9–12
Mindestwert (bar)	7	7	7	7	7,5	7,5	7	7
Max. Druckunterschied (bar)	3	3	3	3	3	3	3	3

Motor-Kennbuchstaben[1]	WH	KP	SL	RT	RT	WU
Leistung (kW/PS)	74/100	85/115	83/113	83/113	85/115	77/105
Kompressionsdruck Sollwert (bar)	10–14	11–16	11–16	11–16	11–16	8–11
Mindestwert (bar)	8	9	9	9	9	6,5
Max. Druckunterschied (bar)	3	2	2	2	2	2

Motor-Kennbuchstaben[1]	WC	KF[3]	KZ	KU	HX[3]	NF
Leistung (kW/PS)	100/136	96/130	85/115	101/138	101/138	100/136
Kompressionsdruck Sollwert (bar)	10–14	10–14	8,5–12	11–16	11–16	11–16
Mindestwert (bar)	8	8	6,5	9	9	9
Max. Druckunterschied (bar)	3	3	2	2	2	2

[1] die Motor-Kennbuchstaben sind links vorn in den Motorblock eingeschlagen

[2] Österreich-Version »DRA« mit 51 kW

[3] Schweiz-Versionen

Beim Messen des Kompressionsdrucks muß das Prüfgerät absolut dicht mit dem Zündkerzenloch abschließen. Der hier gezeigte Kompressionsdruckprüfer mit Meßkärtchen und Schreiber ist für den Heimwerker in der Anschaffung zu teuer. Billiger sind spezielle Heimwerkergeräte.

Zu niedrige Druckwerte

Gleichmäßig niedriger Kompressionsdruck ist nicht unbedingt ein Alarmzeichen; Ursache können Meßtoleranzen zwischen verschiedenen Prüfgeräten sein. Bedenklich ist es dagegen, wenn zwischen den vier bzw. fünf Meßwerten für die Zylinder Unterschiede von mehr als 3 bar bestehen. Das kann bedeuten:
○ Kolben- und Kolbenringverschleiß;
○ festsitzende Kolbenringe durch Rückstandsbildung;
○ unrunde Zylinder als Folgeerscheinung von Kolbenklemmern;
○ Ablagerungen an den Ventilschäften oder -sitzen durch Verbrennungs- bzw. Schmierölrückstände;
○ verbrannte Ventile durch zu knappes Ventilspiel. In den meisten Fällen sind undichte Ventile die Ursache für mangelhaften Kompressionsdruck und damit geringere Motorleistung. Abhilfe bringt entweder Einschleifen der Ventile oder die Überholung des Zylinderkopfes.

Um bei zu niedrigem Kompressionsdruck den Fehler lokalisieren zu können, wendet man folgenden Trick an: Ins Zündkerzenloch mit einer Spritzkanne etwas Motoröl träufeln und Kompressionsdruck nochmals messen.
○ Sind die Werte weiterhin schlecht, liegt es an den Ventilen.
○ Erhalten Sie höhere Druckwerte, liegt es an den Kolbenringen und vielleicht auch an den Zylindern. Das eingefüllte Öl hat kurzfristig zwischen Kolben und Zylinderwänden besser abgedichtet, so daß das komprimierte Gas dort kaum noch entweichen konnte.

Fingerzeig: Der Kompressionsdruck ist nicht mit dem Verdichtungsverhältnis zu verwechseln, das etwa beim 55-kW-Vierzylindermotor 8,75 beträgt. Bei einwandfreiem Motorzustand sollen dagegen 10–12 bar Kompressionsdruck erreicht werden. Das Verdichtungsverhältnis ist bei der Konstruktion festgelegt durch den Kolbenhub und das Volumen des Verbrennungsraumes. Dagegen variiert der Kompressions- oder Verdichtungsdruck je nach Motorzustand.

Der Druckverlusttest

Genauere Erkenntnisse liefert der Druckverlusttest, den manche Werkstätten durchführen können. Das Testgerät besteht aus zwei Kammern, wobei in einer ein gleichbleibender Druck herrscht. Die zweite Kammer ist über einen Schlauch zur Zündkerzenbohrung mit dem Verbrennungsraum, durch eine Düse mit der ersten Kammer und außerdem mit einer Anzeigeskala verbunden.

Verliert der geprüfte Brennraum Druck, wird dies auf der Skala angezeigt. Eine größere Leckstelle läßt sich durch Abhorchen erkennen:
○ Blasgeräusche am Auspuff lassen auf ein undichtes Auslaßventil schließen.
○ Strömt Druckluft aus dem Luftfiltergehäuse, ist das Einlaßventil defekt.
○ Bei einer defekten Zylinderkopfdichtung oder einem Riß im Zylinderkopf gelangt Druckluft durch das benachbarte Zündkerzenloch oder aus dem geöffneten Kühlmittel-Ausgleichsbehälter ins Freie.
○ Verschlissene Zylinderwände, Kolbenlaufbahnen oder Kolbenringe lassen Druck ins Kurbelgehäuse strömen und am geöffneten Öleinfüllstutzen oder am Rohr für den Ölpeilstab austreten.

Motor durchdrehen

Zu manchen Arbeiten muß man den Motor entweder in eine bestimmte Stellung bringen oder durchdrehen.
● Dazu auf ebener Fläche den 4. Gang einlegen und den Wagen vor- oder zurückschieben. Oder:
● Beim **Vierzylinder** einen gekröpften SW-22-Ringschlüssel auf der Zentralmutter der Lichtmaschinen-Riemenscheibe ansetzen und den Motor jetzt über den Keilriemen durchdrehen. Rutscht der Riemen

Zum Durchdrehen der Kurbelwelle von Hand wird beim Vierzylinder ein SW-22-Schlüssel auf der Lichtmaschinen-Riemenscheibe angesetzt. Rutscht der Riemen durch, wird er mit der Hand belastet (Pfeil links). Beim Fünfzylinder kann nach Demontage des unteren Grills an der Kurbelwellen-Riemenscheibe gedreht werden (Pfeil rechts).

durch, wird er mit der freien Hand zwischen den Riemenscheiben belastet und damit gestrafft.

● Beim **Fünfzylinder** das Grillteil unter der Stoßstange abschrauben (Seite 245). Stecknuß SW 27 auf der Zentralmutter der Kurbelwellen-Riemenscheibe ansetzen und den Motor mit Rätsche und Verlängerung durchdrehen.

● **Niemals** bei abgenommener Zahnriemenabdeckung den Motor an der Befestigungsschraube des Nockenwellen-Zahnriemenrads durchdrehen! Der Zahnriemen könnte sonst überspringen.

Oberen Totpunkt suchen

Beim Viertaktmotor kommt der Kolben während der vier Arbeitstakte zweimal in den Oberen Totpunkt (OT): Einmal beim Zünden des angesaugten Gemisches und zum zweiten Mal nach dem Ausstoßen der Altgase mit anschließend beginnendem Wiederansaugen von Kraftstoff/Luft-Gemisch. Üblicherweise wird bei verschiedenen Einstellarbeiten die Stellung während des Zündzeitpunkts gebraucht.

● Verteilerkappe, Verteilerfinger und Schutzdeckel abnehmen (siehe Seite 199). Verteilerfinger wieder aufstecken und Motor so lange durchdrehen, bis das Kontaktstück des Verteilerfingers über der kleinen Kerbe am Verteilerrand steht. Der OT ist nun gefunden.

● Damit die Sache ganz genau wird, Kurbelwelle möglicherweise ein kleines Stückchen hin- oder herdrehen, bis

● beim **Vierzylinder** im Schauloch der Getriebeglocke die Markierung »O« auf der Schwungscheibe der Gußnase am Gehäuse gegenübersteht (Bild unten) bzw. ab 1/88 an der Schaulochkante steht;

● beim **Fünfzylinder** im Schauloch der Getriebeglocke die Schwungscheibenmarkierung »O« der Bezugskante in Schaulochmitte gegenübersteht. Oder die Markierung an der Keilriemenscheibe (Bild unten rechts) verwenden.

Zylinderkopfdeckel abnehmen

Der Zylinderkopfdeckel – oft Ventildeckel genannt – wird bei unseren Motoren folgendermaßen abgebaut:

● Beim **Vierzylinder** mit Vergaser bzw. Mono-Jetronic evtl. Luftfilter ausbauen (Seite 67).

● Kabelstrang ausclipsen, Kurbelgehäuse-Entlüftungsschlauch abnehmen.

● Zahnriemenabdeckung oben lösen und nach oben ziehen (Seite 35).

● Restliche Haltemuttern lösen.

● Verstärkungsleisten abnehmen.

● Deckel entfernen.

● Beim **Fünfzylinder-Vergasermotor** den Luftfilter ausbauen (Seite 67). Übrige Arbeiten teilweise identisch wie beim nachfolgend beschriebenen Einspritzer:

● Beim **Fünfzylinder-Einspritzermotor** den Gaszug aushängen und aus dem Widerlager ziehen.

● Kabelhalter am hinteren Deckelende lösen.

● Zwei Kraftstoffleitungen der Einspritzung aus dem Halter am Zündleitungsrohr heben.

● Schlauch der Kurbelgehäuse-Entlüftung am Steuerventil der Leerlaufstabilisierung vom Zylinderkopfdeckel abbauen.

● 12 Muttern rund um den Zylinderkopfdeckel herausdrehen.

● Am hinteren Zylinderkopfende Massekabel und Halter für Wasserschlauch abnehmen.

● Zündleitungsrohr abnehmen.

● Unterlegscheiben und Verstärkungsbleche entfernen.

● Deckel abnehmen.

● Beim **Einbau** die Blech-Verstärkungsleiste unter den Haltemuttern nicht vergessen.

● Muttern an der Deckelmitte beginnend über Kreuz zuerst mit **5 Nm**, dann mit **10 Nm** und zum Abschluß mit jeweils **12 Nm** anziehen.

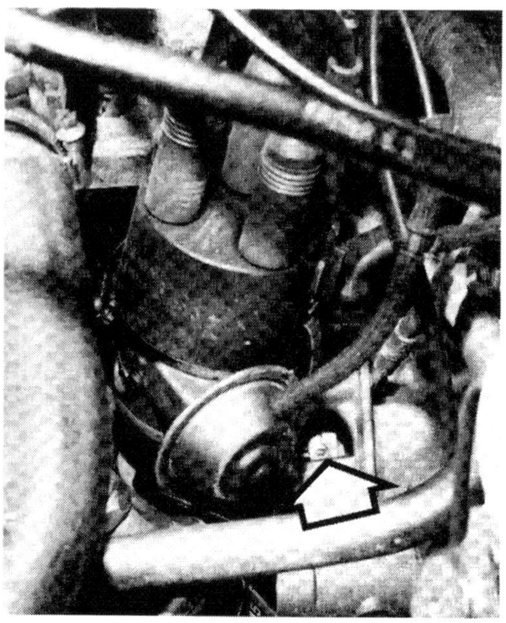

Der OT ist gefunden, wenn die Marke »O« auf der Schwungscheibe dem Pfeil bzw. der Bezugskante in der Kupplungsglocke des Getriebes gegenübersteht (weißer Pfeil). Zusätzlich besitzt der Fünfzylinder an der Kurbelwellen-Riemenscheibe eine Kerbe (2), die der Marke (1) am Zahnriemendeckel gegenüberstehen muß. Auch nach dieser Marke können Sie sich richten.

Für öldichten Sitz des Zylinderkopfdeckels sorgt eine große Dichtung (3) und eine Dichtung vorn (1) sowie die sogenannte Halbrunddichtung (2) hinten am Zylinderkopf.

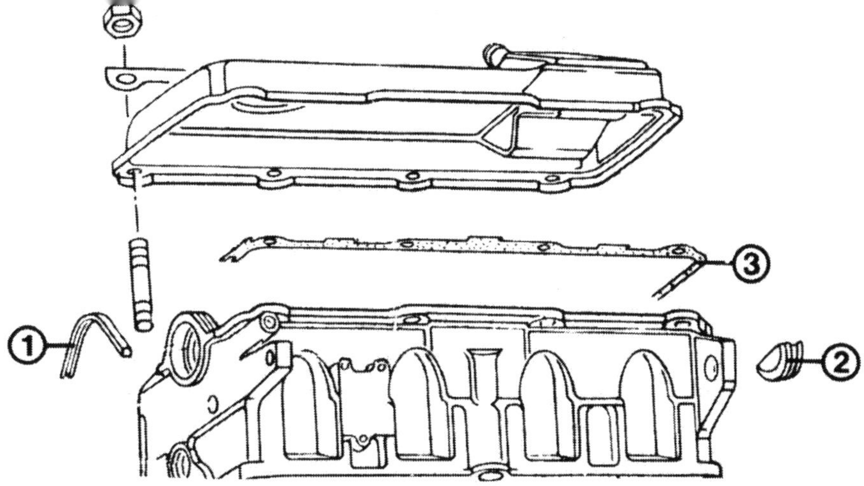

Fingerzeig: Seit 12/88 besitzen die Fünfzylindermotoren die Gummi-Zylinderkopfdeckeldichtung 034103483H. Diese Dichtung wird in Verbindung mit Stehbolzen ohne Bund verbaut. Vor 12/88 gebaute Motoren besitzen Stehbolzen mit Bund. Diese bekommen weiterhin die Korkdichtung. Bei Öilundichtigkeit an den älteren Motoren Zylinderkopfdeckel ersetzen und Gummidichtung 034103483J einbauen.

Das Ventilspiel

Durch die Erwärmung des Motors dehnen und längen sich die einzelnen Teile des Ventiltriebs. Deshalb muß – damit auch bei warmem Motor die Ventile trotz ihrer etwas länger gewordenen Schäfte richtig abdichten – etwas »Luft« oder »Spiel« zwischen der Nockenwelle und den Tassenstößeln vorhanden sein. Das Prüfen dieses Spiels gehört demzufolge zu den wichtigsten Wartungsarbeiten an den Motoren **ohne Hydrostößel.** Was sind die Folgen von verkehrt eingestelltem Ventilspiel?

Zu kleines Ventilspiel: Die Ventile liegen nicht satt auf den Ventilsitzringen, und vor allem die sehr heiß werdenden Auslaßventile können dadurch ihre Wärme nicht mehr an die Sitzringe abgeben. Dann verbrennen die Ventile und ihre Sitze, weil an den Ventilsitzen laufend heiße Verbrennungsgase vorbeistreichen. In leichteren Fällen verziehen sich die Ventile, darunter leidet die Abdichtung, und in der Folge brennt auch bald der Sitz ab. Die Kompression sinkt, der Motor verliert an Leistung, springt schlechter an und verbraucht mehr Kraftstoff.

Zu großes Ventilspiel: Die Ventile öffnen etwas später als normal, die Zylinder werden schlechter gefüllt, und der Motor kommt nicht auf volle Leistung. Der Verschleiß an der Nockenwelle und an den oben in die Tassenstößel eingelegten Einstellplättchen wird größer. Das wird durch lauteres Ventilgeräusch hörbar.

Ventilspiel prüfen

Das Ventilspiel muß nur an den Motoren **ohne Hydrostößel** geprüft werden (siehe dazu Text Seite 23). An den neueren Motoren **entfällt** also diese Wartungsarbeit. Das eigentliche Prüfen des Spiels können Sie problemlos selbst durchführen – das evtl. fällige Einstellen jedoch nur bedingt (siehe übernächster Abschnitt). Wartung Nr. 40

Zur Ventilspielkontrolle soll der Motor mindestens handwarm sein (35°C Kühlmitteltemperatur); das entspricht etwa 5 Minuten Leerlauf des kalten Motors. Beim Wiederaufsetzen des Ventildeckels muß eine neue Abdichtung (drei Teile) verwendet werden.

- Ventildeckel abnehmen (siehe links).
- Gemessen werden gleichzeitig das Einlaß- und das Auslaßventil eines Zylinders. Dazu müssen beide Ventile entlastet sein (also Spiel haben).
- Deshalb Motor von Hand durchdrehen (Seite 29), bis an der Nockenwelle die Spitzen beider Nocken von Zylinder 1 (das ist der in Fahrtrichtung ganz vorn sitzende) **gleichmäßig nach oben** zeigen (siehe Bild auf der folgenden Seite).
- Zwischen Nockenwelle und Tassenstößel zuerst das dem höchsten Toleranzwert entsprechende Lehrenblatt (siehe Tabelle) durchzuziehen versuchen, dann jeweils 0,05 mm dünnere Blätter nehmen.

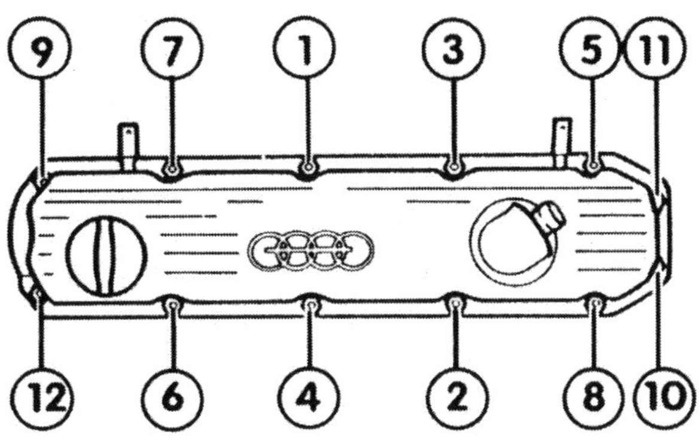

In dieser Reihenfolge sollen die Muttern des Zylinderkopfdeckels beim Fünfzylinder mit 5 Nm, dann mit 10 Nm und zuletzt mit 12 Nm festgezogen werden.

Zum Messen des Ventilspiels mit der Fühlerblattlehre müssen die Nocken der Nockenwelle am jeweiligen Zylinder spiegelbildlich nach oben zeigen (Pfeile).

● Zumindest das Lehrenblatt für den untersten Wert soll sich mit leichtem Widerstand durchziehen lassen, sonst ist das Ventilspiel zu klein.
● Seltener tritt zu großes Spiel auf, dann läßt sich noch ein größeres Fühlerblatt durchziehen.
● Entsprechend der Zündfolge wird weitergeprüft:
● Beim **Vierzylinder** kommt entsprechend der Zündfolge 1 – 3 – 4 – 2 als nächstes Zylinder 3 dran. Dazu den Motor ½ Umdrehung weiterdrehen. Bei geöffnetem Zündverteiler bewegt sich der Verteilerfinger in diesem Fall um 90° (= rechter Winkel).
● Beim **Fünfzylinder** mit der Zündfolge 1–2–4–5–3 wird als nächster der Zylinder 2 überprüft. Dazu wird der Motor eine knappe halbe Umdrehung weitergedreht, genau 72°.

● Eindeutiges Erkennungsmerkmal für die richtige Stellung des Motors: An der Nockenwelle müssen die beiden Nocken des einzustellenden Zylinders – wie zuerst bei Zylinder 1 – gleichmäßig nach oben zeigen.
● Restliche Zylinder prüfen, dazu den Motor entsprechend weiterdrehen.

as richtige entilspiel

Innerhalb dieser Toleranzwerte muß das Ventilspiel liegen, dann braucht nicht eingestellt zu werden:

Alle Motoren	Einlaß	Auslaß
Ventilspiel bei mindestens 35° C Kühlwassertemperatur	0,20–0,25 mm	0,40–0,50 mm
Ventilspiel bei kaltem Motor (nur nach Zylinderkopfreparaturen!)	(0,15–0,25 mm)	(0,35–0,45 mm)

Beim Vierzylinder lautet die Reihenfolge der Einlaß- (E) und Auslaßventile (A) A-E-A-E-E-A-E-A. Aus Gründen der Wärmeverteilung liegen die Auslaßventile jeweils an den Motoraußenseiten. Der Pfeil zeigt in Fahrtrichtung.

Einstellen der Ventile: Die Tassenstößel werden mit dem Niederhalter (3) nach unten gedrückt. So können die Einstellplättchen (1) mit der Spezialzange (2) ausgewechselt werden. Die Maßangabe auf den Plättchen soll beim Einbau nach unten zeigen!

Ventile einstellen

Zum Einstellen der Ventile werden oben in die Tassenstößel Distanzplättchen unterschiedlicher Stärke (siehe Tabelle folgende Seite) eingelegt. Ob dickere oder dünnere Plättchen zu wählen sind, hängt davon ab, ob das Ventilspiel zu groß oder zu klein ist. Leider wird zum Auswechseln der Distanzplättchen Spezialwerkzeug nötig, denn nur so lassen sich die Tassenstößel gegen die Kraft der Ventilfedern nach unten drücken bzw. anschließend die Plättchen herausnehmen. Vielleicht können Sie sich bei der Anschaffung der Werkzeuge mit anderen Audi- oder VW-Fahrern zusammentun. Gebraucht wird die Spezialzange VW 10-208 sowie ein Niederhalter VW 2078. Erhältlich sind die Werkzeuge über den Zubehörhandel z. B. von der Fa. Hazet. Ventileinstellplättchen erhalten Sie im V.A.G.-Ersatzteillager.

- Am Zylinder, bei dem das Ventilspiel korrigiert werden muß, den betreffenden Tassenstößel so drehen, daß die Kerben von rechts und links zugänglich sind.
- Kurbelwelle jetzt etwa ¼ Umdrehung weiterdrehen. Der Kolben steht dann nicht mehr im OT. Die Ventile können also nicht mehr zusammenstoßen, wenn die Tassenstößel mit dem Niederhalter nach unten gedrückt werden.
- Niederhalter zwischen den beiden Nocken des betreffenden Zylinders ansetzen, beide Tassenstößel werden heruntergedrückt.
- Die Spezialzange in den Kerben des Tassenstößels ansetzen und das Einstellplättchen herausheben.
- Bei korrekter Montage liegt das Plättchen mit der Beschriftung seiner Dicke nach unten im Tassenstößel.
- War es falsch herum eingelegt, dürften die Ziffern nicht mehr erkennbar sein. Dann hilft nur das Mikrometer der Werkstatt weiter.
- Stärke des erforderlichen Plättchens errechnen (siehe nächsten Abschnitt).
- Neues Einstellplättchen mit den Zahlen nach unten in den Tassenstößel einlegen.

Welches Einstellplättchen wird gebraucht?

Wenn das Ventilspiel korrigiert werden muß: Das Plättchen für ein Auslaßventil wird wegen der auftretenden höheren Temperaturen so ausgewählt, daß anschließend der obere Toleranzwert von 0,50 mm erreicht wird. Bei einem Einlaßventil stellen wir auf den mittleren Toleranzwert von 0,25 mm ein. Ist das Spiel zu gering,

Die Reihenfolge der Ventile beim Fünfzylinder (der Pfeil zeigt in Fahrtrichtung): A – Auslaßventil; E – Einlaßventil.

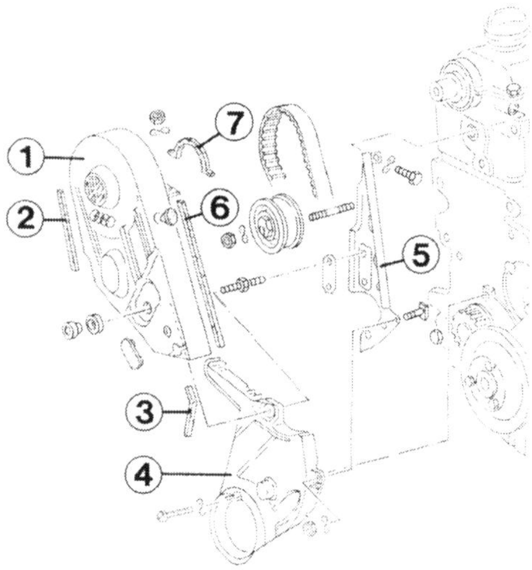

Die im Lauf des Jahres 1988 gegen Kunststoff ersetzte Blech-Zahnriemenabdeckung beim Vierzylinder: 1 – Abdeckung oben; 2 – Dichtstreifen 130 mm; 3 – Dichtstreifen 105 mm; 4 – Abdeckung unten; 5 – Abdeckblech hinten; 6 – Dichtstreifen 145 mm; 7 – Dichtstreifen 215 mm.

brauchen Sie ein dünneres Einstellplättchen, bei zu großem Spiel muß das Plättchen dicker sein. Hierzu zwei Beispiele:

	Meßwert	angestrebter Toleranzwert	Differenz	Dicke des alten Einstellplättchens	Neues Einstellplättchen
Auslaßventil	0,35 mm	0,50 mm	−0,15 mm	3,85 mm	3,60 mm
Einlaßventil	0,35 mm	0,25 mm	+0,10 mm	3,15 mm	3,25 mm

Folgende Einstellscheiben stehen zur Verfügung:

Dicke	Ersatzteile-Nr.	Dicke	Ersatzteile-Nr.	Dicke	Ersatzteile-Nr.	Dicke	Ersatzteile-Nr.
3,00	056 109 555	3,30	056 109 561	3,65	056 109 568	3,95	056 109 574
3,05	056 109 556	3,45	056 109 562	3,70	056 109 569	4,00	056 109 575
3,10	056 109 557	3,40	056 109 563	3,75	056 109 570	4,05	056 109 576
3,15	056 109 558	3,45	056 109 564	3,80	056 109 571	4,10	056 109 577
3,20	056 109 559	3,50	056 109 565	3,85	056 109 572	4,15	056 109 578
3,25	056 109 560	3,55	056 109 566	3,90	056 109 573	4,20	056 109 579
		3,60	056 109 567			4,25	056 109 580

Die Dicke der Einstellscheiben ist auf der Unterseite eingeätzt.

Die Hydrostößel

Ventilgeräusche

Allgemein deuten Ventilgeräusche an Fahrzeugen mit hydraulischem Ventilspielausgleich (Seite 23) auf einen oder mehrere defekte Hydrostößel hin. Der betreffende Stößel wird dann nicht repariert, sondern ausgetauscht.

Links: Vierzylinder mit Kunststoff-Zahnriemenabdeckung: Die Abdeckung (1) wird nach Lösen der Haltespangen (Pfeile) vom Rückteil (2) abgenommen.
Rechts: Die hier mit Pfeilen bezeichneten Schrauben und Muttern müssen zum Abnehmen der gesamten Zahnriemenverkleidung beim Fünfzylinder gelöst werden.

Ventilgeräusch kann jedoch auch bei intakten Hydrostößeln auftreten, wenn:
○ kurz nach dem Starten die Ölversorgung der Stößel noch nicht gewährleistet ist,
○ der Wagen zuvor bei hohen Außentemperaturen voll belastet wurde,
○ der Wagen lange Zeit nicht gefahren wurde. Das Ventilgeräusch muß dann spätestens bei betriebswarmem Motor verstummen.

Defekten Hydrostößel ermitteln

● Motor starten und laufen lassen, bis der elektrische Kühlerventilator das erste Mal losläuft.
● Drehzahl für 2 Minuten auf ca. 2500/min anheben.
● Verstummt das Ventilgeräusch noch nicht, Motor abstellen und Zylinderkopfdeckel abbauen (Seite 30).
● Einen Zylinder (wie beim Ventileinstellen) auf OT drehen. Die Nocken der Nockenwelle zeigen nach oben.
● Zu prüfenden Tassenstößel mit einem Holzstab nach unten drücken. Ist ein Nachgeben um mehr als 0,1 mm spürbar, Stößel ersetzen.
● Gleiche Prüfung am nächsten Stößel.
● Nach Einbau eines neuen Tassenstößels darf der Motor 30 Minuten lang nicht gestartet werden! Die Ventile setzen sonst auf den Kolben auf. U. a. deshalb den Austausch lieber in der Werkstatt vornehmen lassen.

Arbeiten am Zahnriemen

Die Ventilsteuerung erfolgt, wie bereits angesprochen, über einen Zahnriemen. Dieser versetzt die Nockenwelle in die halbe Umdrehungszahl der Kurbelwelle. Ferner vom Zahnriemen getrieben: Die Wasserpumpe (nur Fünfzylinder) und die Zwischenwelle (nur Vierzylinder).

Zahnriemenabdeckung ausbauen

● Beim **Vierzylinder mit Blech-Zahnriemenabdeckung** die beiden vorderen Muttern der Zylinderkopfhaube lösen sowie die Innensechskant-Bundschraube an der Stirnseite der oberen Abdeckung. Letztere kann jetzt abgenommen werden.
● Meist reicht der Ausbau des oberen Abdeckungsteils. Soll auch das untere Teil abgenommen werden:
● Keilriemen abnehmen (Seite 187).
● Keilriemenscheiben an der Kurbelwelle und der Wasserpumpe abschrauben.
● Halteschraube(n) und Mutter der unteren Zahnriemenabdeckung lösen und diese abziehen.
● Beim Zusammenbau werden die Schrauben der Keilriemenscheiben mit 20 Nm, die Muttern und Schrauben der Zahnriemenabdeckung mit 10 Nm angezogen.
● **Vierzylinder mit Kunststoff-Zahnriemenabdeckung:** Zwei Haltespangen oben an der Abdeckung abdrücken.
● Oberes Abdeckungsteil nach oben abziehen.
● Beim Wiedereinbau darauf achten, daß die Abdeckung an der Unterkante richtig ins Gegenstück eingesetzt wird, sonst kein sicherer Halt.
● Ausbau des unteren Teils der Abdeckung wie bei der älteren Version aus Blech.
● Am **Fünfzylinder** zunächst Kühlergrill ausbauen.
● Beide Innensechskant-Bundmuttern in der Stirnseite der Abdeckung losdrehen, obere Zahnriemenabdeckung abnehmen.
● Halteschrauben der unteren Abdeckung losdrehen und diese abnehmen.
● Beim Einbau werden alle Schrauben mit 10 Nm angezogen.

Fingerzeig: Achten Sie beim Zusammenbau darauf, daß die Dichtungen der Zahnriemenabdeckung richtig sitzen.

Der Zahnriemen (2) ist richtig gespannt, wenn er sich beim Vierzylinder zwischen den Zahnriemenrädern der Nokkenwelle (1) und der Zwischenwelle (3) bei kaltem Motor um 90° verdrehen läßt. Beim Fünfzylinder wird zwischen den Rädern der Nokkenwelle (1) und der Wasserpumpe (4) geprüft.

Zahnriemenzustand prüfen

- Zahnriemenabdeckung abnehmen.
- Der gezähnte Riemen darf nicht verölt oder rissig sein.
- Die Flanken der Verzahnung müssen intakt sein und dürfen keine Abnutzungserscheinungen zeigen.
- Damit Sie den Riemen auf seiner gesamten Länge begutachten können, den Motor durchdrehen, siehe Seite 29.
- Einen schadhaften Zahnriemen unbedingt ersetzen!

Zahnriemenspannung kontrollieren

- Zahnriemenabdeckung abnehmen.
- Die Riemenspannung wird bei unseren Audi-Motoren an folgenden Stellen geprüft:
- **Vierzylindermotor:** Zwischen Nockenwellen- und Zwischenwellenrad.
- **Fünfzylinder:** Zwischen Nockenwellen- und Wasserpumpenrad.
- Der kalte Zahnriemen muß sich bei richtiger Spannung nur mit Daumen und Zeigefinger um 90° (= rechter Winkel) in sich verdrehen lassen.

Fingerzeig: Ein Pfeifgeräusch nach dem Kaltstart, das mit höheren Drehzahlen kräftiger wird, deutet auf einen zu strammen Zahnriemen hin.

Zahnriemen spannen

- Generell zuerst die Zahnriemenabdeckung ausbauen.
- Beim **Vierzylinder** an der Spannrolle des Zahnriemens den Sechskant mit einem 27er-Schlüssel gegenhalten.
- Bei neueren Motoren muß statt des Gabelschlüssels ein Mutterndreher (Matra V 159) verwendet werden.
- Klemmutter vorn auf der Spannrolle lösen.
- Drehen des Spannrollen-Exzenters im Uhrzeigersinn spannt den Zahnriemen.
- Klemmutter mit 45 Nm festdrehen.
- Beim **Fünfzylinder** die Halteschrauben der Wasserpumpe etwas lockern und jetzt das Wasserpumpengehäuse zum Spannen nach links (also nach oben) schwenken.
- Nach Erreichen der richtigen Riemenspannung Schrauben mit 20 Nm wieder festziehen.

Fingerzeig: Wer keinen Mutterndreher besitzt, kann die Zahnriemenspannung bei neueren Vierzylindermotoren wie folgt einstellen: Stabilen Schraubenzieher in eines der Löcher im Nockenwellen-Zahnriemenrad stecken und so das Rad geringfügig nach links drehen, damit sich der Zahnriemen entlastet. Klemmutter jetzt lösen und kleinen Schraubenzieher schräg an einem der Löcher des Exzenters ansetzen. Auf diese Weise kann er gedreht werden, bis die Riemenspannung stimmt. Das Nockenwellenrad muß natürlich währenddessen weiter festgehalten werden. Zuletzt Klemmutter festziehen und Riemenspannung nochmals prüfen.

Zahnriemen auswechseln

Diese Arbeit ist am **Fünfzylindermotor** nur mit V.A.G.-Spezialwerkzeug durchführbar. Zum Abnehmen des Zahnriemens muß der Schwingungsdämpfer vorn auf der Kurbelwelle gelöst und anschließend mit einer besonderen Verlängerung für den Drehmomentschlüssel und einem Gegenhalter wieder angeschraubt werden. Beim **Vierzylinder** geht man so vor:

Zahnriemen spannen: Links Vierzylinder: Verstellen der Spannrolle (1) nach Lösen der Klemmutter (3) durch Verschieben des Exzenters (2) mittels Schraubenzieher. Rechts Fünfzylinder: Nach Lösen der mit Pfeilen bezeichneten Halteschrauben Wasserpumpe drehen (wobei häufig Undichtigkeiten auftreten). Weiter bedeuten: 1 – Zahnriemen; 2 – Nockenwellen-Zahnriemenrad; 3 – Wasserpumpen-Zahnriemenrad; 4 – Kurbelwellen-Keilriemenscheibe, darunter Zahnriemenrad; 5 – Umlenkrolle.

Vierzylinder: Beim Auflegen des Zahnriemens muß die Markierung (2) an der Rückseite des Nockenwellen-Zahnriemenrads mit der Bezugskante (1) auf gleicher Höhe stehen.
Gleichzeitig werden die Kurbelwellen-Keilriemenscheibe und die Zwischenwelle so gedreht, daß die Kerbe auf der Keilriemenscheibe mit der Körnermarkierung auf dem Zwischenwellenrad fluchtet (Pfeile).

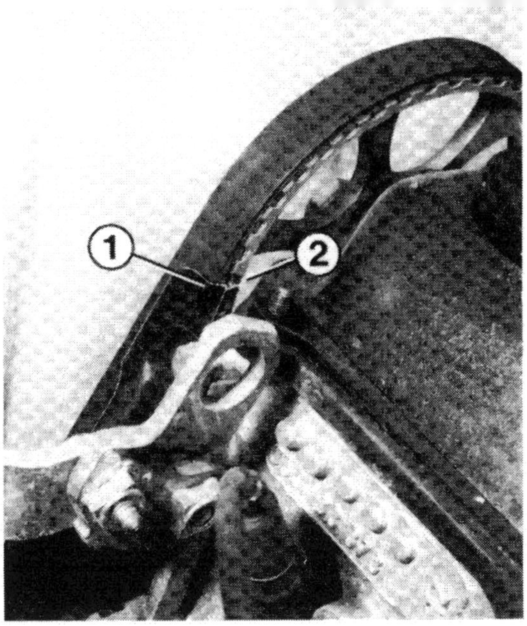

- Kolben im Zylinder 1 auf Zündzeitpunkt stellen, siehe Seite 29.
- Zahnriemenabdeckung ausbauen.
- Riemen entspannen, siehe vorangegangenen Abschnitt, und abnehmen.
- Neuen Zahnriemen auflegen. Wurde die Stellung von Kurbelwellen- und Nockenwellenrad nicht verändert, stimmen die Ventilsteuerzeiten noch. Sicherheitshalber sollte man dies jedoch vor dem endgültigen Zusammenbau kontrollieren (siehe folgenden Abschnitt).
- War der Zylinderkopf abgenommen, müssen die Steuerzeiten in jedem Fall eingestellt werden.

Steuerzeiten einstellen

Nur bei richtig eingestellten Steuerzeiten klappt das Zusammenspiel von Ventilsteuerung und Kurbeltrieb (siehe Seite 24). Falsche Steuerzeiten ergeben schlechte Motorleistung und können im Extremfall sogar schwerste Motorschäden verursachen, wenn der Kolbenboden auf die nicht rechtzeitig geschlossenen Ventile aufschlägt. Das Einstellen erfolgt bei Vier- und Fünfzylindermotoren unterschiedlich.

Vierzylindermotor

- Zahnriemenrad der Nockenwelle so drehen, daß die Markierung an der Rückseite des Rades in Höhe der linken Zylinderkopfhaubenkante steht (Bild oben).
- Muß hierzu die Nockenwelle gedreht werden, darf dies nur dann geschehen, wenn kein Kolben im OT steht, sonst können Ventile oder Kolbenböden beschädigt werden.
- Zahnriemen auf Kurbel- und Zwischenwellenrad auflegen.
- Kurbelwellen-Keilriemenscheibe mit einer Schraube befestigen. Dabei richtige Stellung beachten: Je nach Motorversion muß entweder der Fixierungs-Stift in die Riemenscheibe einrasten. Oder die Befestigungslöcher der Riemenscheibe sind asymmetrisch angebracht. In diesem Fall müssen alle Befestigungslöcher mit den Kurbelwellenbohrungen fluchten.

Ähnlich wie beim Vierzylinder: Das Einstellen der Steuerzeiten beim Fünfzylinder: Die Körnermarke (2) am Nockenwellenrad muß links mit der Dichtung des Zylinderkopfdeckels (1) fluchten. An der Kurbelwelle muß die Kerbe (4) auf der Riemenscheibe mit der Bezugskante (3) fluchten. Zusätzlich OT-Marke an der Schwungscheibe kontrollieren (Seite 30).

- Kurbelwelle so drehen, daß die Kerbe in der Keilriemenscheibe nach oben zeigt.
- Körnermarkierung auf dem Zwischenwellenrad mit der Keilriemenscheibenkerbe in eine Flucht bringen (auf der Vorseite).
- Zahnriemen auflegen, dabei darauf achten, daß sich die Stellung der verschiedenen Räder nicht verändert.
- Zahnriemen spannen.
- Verteilerdeckel abnehmen und prüfen, ob der Verteilerfinger auf die Kerbe im Verteilergehäuserand zeigt.
- Wenn nicht, Verteilerhalteschraube lösen.
- Verteiler so drehen, bis Verteilerfinger und Kerbe übereinstimmen, evtl. Zündverteiler herausnehmen und neu einsetzen, siehe Seite 199.
- Halteschraube wieder festziehen.
- Motor zweimal voll durchdrehen und die Einstellung nochmals überprüfen.
- Vor dem Einbau der unteren Zahnriemenabdekkung die Kurbelwellen-Keilriemenscheibe nochmals abnehmen.
- Riemenscheibe (richtige Montage siehe Vortext) mit 20 Nm festziehen.
- Zündung einstellen.

Fünfzylindermotor

Nockenwellen-Zahnriemenrad so drehen, daß an dessen Rückseite die Körnermarkierung mit der linken Zylinderkopfhauben-Oberkante übereinstimmt (Bild auf der Vorseite). Dabei darf kein Kolben im OT stehen, sonst können beim Drehen der Nockenwelle Ventile oder Kolbenböden beschädigt werden.
- OT-Markierung auf der Schwungscheibe der Markierung im Schauloch der Kupplungsglocke gegenüberstellen. Oder die Einstellmarke an der Keilriemenscheibe verwenden.

Zahnriemen auflegen, dabei die Stellung von Nokken- und Kurbelwelle nicht mehr verändern.
- Zahnriemen spannen.
- Stellung des Zündverteilers kontrollieren, wie beim Vierzylinder beschrieben.
- Zündung einstellen.

Störungsbeistand

Zylinderkopfdichtung

Erkennungsmerkmal	Ursache/Besonderheiten
1 Kühlflüssigkeit nimmt stetig langsam ab	Kühlmittel gelangt in sehr geringer Menge in die Brennräume. Diese Erscheinung kann sich ohne weitere Merkmale längere Zeit hinziehen. Andere Möglichkeit: Kühlanlage undicht
2 Der Wagen zieht bei Betriebstemperatur des Motors einen weißen Abgasschleier hinter sich her, großer Wasserverlust	Kühlmittel dringt in großer Menge in einen Verbrennungsraum, verdampft dort und entweicht als weiße Fahne durch den Auspuff
3 Aus dem geöffneten Ausgleichsbehälter steigen bei laufendem Motor Luftblasen auf bzw. beim Öffnen des Deckels sprudelt eine größere Menge Kühlmittel heraus	Verbrennungsgase werden ins Kühlsystem gedrückt. Aus der Öffnung des Ausgleichsbehälters riecht es nach Abgasen
4 in Regenbogenfarben schillernde oder schwarze Verfärbung an der Oberfläche des Kühlmittels	Öl aus dem Schmierkreislauf gelangt ins Kühlsystem
5 Grau oder braun aussehende Emulsion am herausgezogenen Ölpeilstab oder Öl von Wasserbläschen durchsetzt	Kühlflüssigkeit ist in den Schmierkreislauf geraten. Achtung: Wasser im Motoröl kann einen Lagerschaden verursachen. Zylinderkopfdichtung sofort wechseln. Motor nicht mehr starten; Wagen zur Reparatur abschleppen

Zylinderkopf aus- und einbauen

Zu dieser Montagearbeit ist ein Drehmomentschlüssel unerläßlich. Ferner benötigen Sie einen langen Innenvielzahnschlüssel M 11 und zum Wiedereinbau des Zylinderkopfes eine neue Zylinderkopfdichtung.

Ausbau

- Minuskabel der Batterie abnehmen.
- Luftfilter ausbauen (Seite 67).
- Kühlflüssigkeit ablassen und auffangen (Seite 52).
- Kühlwasserschläuche am Zylinderkopf lösen.
- Hauptzündkabel am Verteiler (Fünfzylinder) bzw. Zündkerzenstecker (Vierzylinder) abziehen.
- Gaszug aushängen.
- Beim Fünfzylinder die Servopumpe ausbauen (Seite 135) und im Motorraum ablegen, die Schläuche bleiben angeschlossen.
- Sämtliche elektrische Leitungen am Zylinderkopf und Vergaser bzw. Ansaugrohr kennzeichnen und abziehen.

Die Zylinderkopfschrauben müssen in der Reihenfolge der Zahlen angezogen werden (oben Vierzylinder, unten Fünfzylinder). Der Pfeil zeigt in Fahrtrichtung.

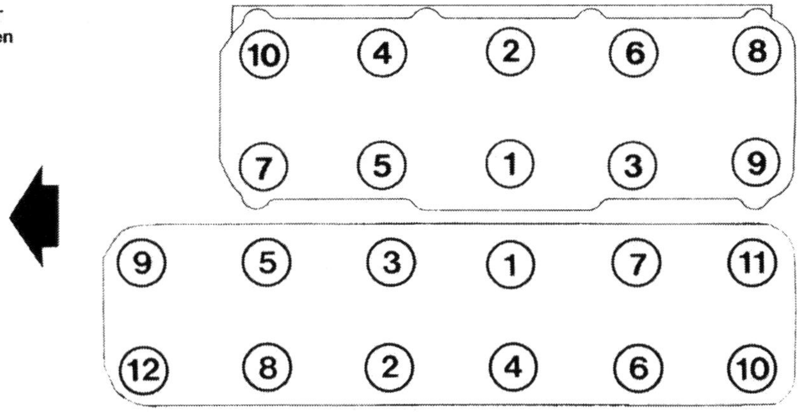

- Benzinleitungen vom Vergaser abklemmen.
- Unterdruckschläuche am Vergaser bzw. am Drosselklappenstutzen des Einspritzmotors kennzeichnen und abnehmen.
- Einspritzventile (K-, KE-Jetronic) mit Zange herausziehen, Benzinschläuche hierzu nicht abnehmen.
- Warmlaufregler am Einspritzmotor (K-Jetronic) abschrauben; die Kraftstoffleitungen bleiben angeschlossen.
- Kabelstecker vom Kaltstartventil abziehen, Ventil abschrauben und mit angeschlossener Benzinleitung ablegen.
- Anschlußstecker der Einspritzanlage markieren und abziehen. Einbauhilfe: die Stecker sind unterschiedlich eingefärbt.
- Luftschlauch zwischen Drosselklappenstutzen und Luftmengenmesser abbauen.
- Auspuffrohr vom Auspuffkrümmer losschrauben (Seite 44).
- Zahnriemenabdeckung abnehmen (Seite 35).
- Zahnriemen entspannen (Seite 36) und vom Nokkenwellenrad abstreifen.
- Zylinderkopfdeckel abnehmen.
- Zylinderkopfschrauben in umgekehrter Reihenfolge wie in den Zeichnungen oben gezeigt lösen. Dazu muß der Motor abgekühlt sein, denn ein warmer Zylinderkopf kann sich nach dem Abbau verziehen.
- Zylinderkopf mit Ansaug- und Auspuffkrümmer sowie Verteiler (Fünfzylinder) abheben. Löst er sich nicht gleich, helfen leichte Schläge mit einem Kunststoffhammer.
- Alte Kopfdichtung abnehmen. Die Dichtflächen am Motorblock und Zylinderkopf müssen absolut sauber und frei von Dichtungsresten sein. Nicht mit hartem Werkzeug auf der weichen Zylinderkopf-Dichtfläche kratzen. Riefen können den nächsten Kopfdichtungsschaden verursachen.
- Zylinderkopf auf Verzug prüfen, besonders dann, wenn der Kopfdichtungsschaden durch Überhitzung entstanden ist.
- Langes Metallineal oder garantiert geraden Metallwinkel längs über die gereinigte Dichtfläche des Zylinderkopfes legen.
- Mit einer Fühlerlehre prüfen, ob der Durchhang an irgendeiner Stelle größer als 0,1 mm ist. Dann muß der Zylinderkopf vor der Montage plangeschliffen werden.

Einbau

- Die Gewinde an den Zylinderkopfschrauben und in den Schraubenlöchern des Motorblocks müssen sauber und ohne Beschädigung sein, sonst stimmt das Drehmoment beim Anziehen der Schrauben nicht.
- In den Schraubenlöchern im Motorblock darf kein Öl oder Wasser stehen, sonst kann das Gußmaterial im Bereich der Gewindelöcher reißen.
- Die Kurbelwelle so drehen, daß kein Kolben im OT steht, sonst könnte ein geöffnetes Ventil beim Aufsetzen des Zylinderkopfes mit einem Kolben zusammenstoßen.
- Zylinderkopfdichtung so auf den Motorblock auflegen, daß beim Fünfzylinder die Ersatzteilnummer und beim Vierzylinder die Kennzeichnung »oben« zum Zylinderkopf hin zeigt.
- Zylinderkopf aufsetzen. Dazu verwendet die Werkstatt zwei Führungsbolzen. Ohne Hilfsmittel verrutschen Dichtung und Kopf beim Aufsetzen ständig.
- Dieses Werkzeug können Sie sich aus zwei alten Zylinderkopfschrauben selbst bauen: Schraubenkopf absägen und einen Schlitz (zum anschließenden Herausdrehen mit dem Schraubenzieher) oben einsägen.
- Sämtliche Zylinderkopfschrauben eindrehen und in der gezeigten Reihenfolge festziehen:
- 1. Durchgang mit **40 Nm.**
- 2. Durchgang mit **60 Nm.**
- Jetzt die Schrauben mit einem starren Schlüssel in derselben Reihenfolge um eine **halbe Umdrehung**

(= 180°) **weiterdrehen** ohne abzusetzen. Es dürfen auch zwei Vierteldrehungen sein.

- Damit sind die Schrauben endgültig festgezogen, sie dürfen keinesfalls nochmals nachgezogen werden.
- Beachten Sie beim Zusammenbau die Einstellung des Gaszugs (Seite 81 bzw. 98) und den Einbau der Einspritzventile (Seite 108).
- Außerdem ggf. Ventilspiel (Seite 31) und Zündeinstellung (Seite 201) kontrollieren.

Lagerschäden

Klopfgeräusche aus dem Motorraum, die mit wärmer werdendem Öl lauter werden, sind Anzeichen für einen Lagerschaden.

Ursachen

○ Mangelnde Schmierung durch zu niedrigen Ölstand;
○ Wasser im Motoröl als Folge einer defekten Zylinderkopfdichtung;
○ zu hohe Drehzahlen bei kaltem Motor und daher zähflüssigem Öl;
○ abgerissener Schmierfilm bei hohen Öltemperaturen, evtl. durch falsche Ölviskosität.

Maßnahmen bei einem Lagerschaden

Um es vorweg zu nehmen – fast immer sind die Gleitlager der Pleuel defekt. Ganz selten liegt der Schaden an den Hauptlagern der Kurbelwelle. Normalerweise bedeutet ein Lagerschaden eine umfangreiche Motorreparatur. Wenn Sie ein defektes Pleuellager aber bereits im Frühstadium erkennen, kann der Austausch der Lagerschalen genügen. Deshalb:

○ Bei harten Klopfgeräuschen aus dem Motorraum den Motor sofort abstellen. Oft leuchtet zusätzlich die Ölkontrollampe auf und der Warnsummer ertönt.
○ Motor nicht mehr starten, Wagen jetzt in die Werkstatt schleppen lassen.
○ Ist der Motor noch jünger als 100 000 km, kann sich eine Teilreparatur lohnen:
○ Ölwanne ausbauen und Lagerdeckel aller Pleuellager abschrauben lassen.
○ Sind nur einzelne Lagerschalen beschädigt, die Zapfen der Kurbelwelle aber noch glatt, reicht Austauschen der Lagerschalen.
○ Eventuell muß anhaftendes Lagermetall vom Kurbelwellenzapfen entfernt werden.
○ In jedem Fall die Pleuelbohrung am defekten Lager vermessen lassen. Meist muß die Pleuelbohrung nachgebohrt werden – ein Fall für den Motoreninstandsetzer.

Motorschaden

Ein Schaden am Motor muß die Haushaltskasse nicht gleich plündern. Unsere Liste soll Ihnen helfen, die wirtschaftlichste Methode herauszufinden, wie Sie Ihrem Audi wieder auf die Sprünge helfen können.

○ Der Motor wird selbst repariert. Das lohnt sich z. B. bei Schäden im Bereich der Zylinderkopfdichtung. Die Reparaturen, die Sie selbst ausführen können, sind hier im Buch beschrieben.
○ Der Motor wird selbst teilweise zerlegt und dann zu einem Motor-Reparateur gebracht, der den eigentlichen Schaden behebt. Beispiel: Der Motor wird selbst ausgebaut, der Zylinderkopf abgenommen, und die Werkstatt lagert die Kurbelwelle neu. Wichtig ist hier allerdings ein Kostenvergleich.
○ Komplett- oder Teilüberholung des Motors durch eine Motorinstandsetzungsfirma. Viele Werkstätten dieser Branche haben sich zu einer Gütegemeinschaft zusammengeschlossen: Verband der Motorinstandset-

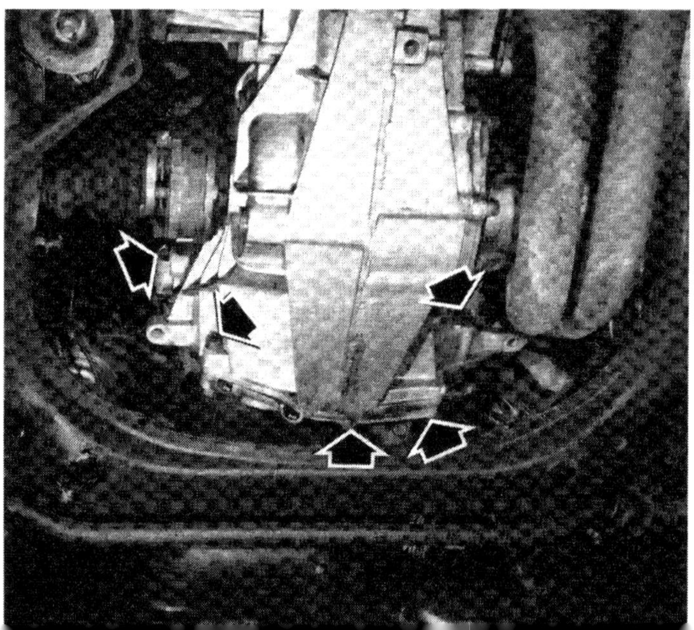

Die Pfeile auf diesem Bild zeigen diejenigen Schrauben, die zum Motorausbau von der Unterseite her an der Verbindung Motor/Getriebe gelöst werden müssen. Im Bild sehen Sie das Getriebe des Fünfzylindermotors.

zungsbetriebe e.V., Goldene Pforte 1, 5800 Hagen. Sie garantieren Motorreparaturen nach bestimmten Qualitätsrichtlinien.

○ Kauf eines »Teilmotors« im Tausch bei einer V.A.G.-Werkstatt oder Instandsetzungsfirma. Der Teilmotor besteht aus Motorblock mit Kurbeltrieb, Kolben und Ölwanne, jedoch ohne Zylinderkopf und ohne alle Nebenaggregate. Die letztgenannten Teile baut man selbst um und bringt den alten Motor zurück.

○ Kauf eines »Teilkomplettmotors« im Tausch bei einer V.A.G.-Werkstatt oder Instandsetzungsfirma. Hier erhalten Sie denselben Lieferumfang wie beim Teilmotor, jedoch ist der Zylinderkopf zusätzlich enthalten und bereits montiert.

○ Kauf eines kompletten Austauschmotors bei der V.A.G.-Werkstatt. In diesem Fall wird der Motor mit allen Zusatzaggregaten ausgetauscht. Das lohnt sich bei einem älteren schlecht erhaltenen Fahrzeug nicht mehr.

○ Ein gebrauchter Motor von der Autoverwertung. Achten Sie in diesem Fall unbedingt auf die Motorkennbuchstaben (Seite 20), damit Sie kein falsches Triebwerk einbauen. Angegebene Kilometerlaufleistungen sind mit einer gewissen Skepsis zu betrachten. Günstig ist es, wenn Sie den Motor noch im eingebauten Zustand laufen hören können. Seriöse Firmen geben eine Garantie auf die Motoren oder legen ein (hoffentlich echtes) Kompressionsdiagramm vor.

Motor aus- und einbauen

Der Motor wird ohne Getriebe nach oben herausgehoben. Dazu brauchen Sie einen Flaschenzug, den Sie in ausreichender Höhe stabil aufhängen können. Günstig ist auch ein »vorbelasteter« Helfer. Schauen Sie sich vor der Arbeit die Motorraum-Schaubilder auf den Seiten 8 und 9 an, damit Sie wissen, wo die hier angesprochenen Teile im Motorraum sitzen.

Da im Audi eine Vielzahl von elektrischen und Unterdruckleitungen eingebaut ist, sollten Sie als erstes alle diese Leitungen so kennzeichnen, daß sie anschließend wieder an der richtigen Stelle angeschlossen werden.

Ausbau Vierzylinder

- Minuskabel der Batterie abklemmen.
- Motorhaube abbauen (Seite 246).
- Kühlmittel ablassen und auffangen (Seite 52).
- Motorhauben-Entriegelungszug am vorderen Ende lösen und zur Seite biegen (Seite 247).
- Kupplungszug aushängen (Seite 114) bzw. Nehmerzylinder der hydraulischen Kupplungsbetätigung am Getriebe abbauen.
- Kühler komplett mit Lüftermotor ausbauen (Seite 51).
- Kraftstoffvor- und Rücklaufleitung am Rohrstück abziehen und evtl. mit M-6-Schraube verschließen.
- Beim Einspritzer Kraftstoffleitungen abschrauben.
- Alle elektrischen Leitungen, die vom Motor zur Karosserie führen, kennzeichnen und ausstecken.
- Hauptzündkabel abziehen.
- Alle Kühlmittelschläuche, die vom Motor zur Karosserie führen, kennzeichnen und abbauen.
- Genauso ist mit den Unterdruckleitungen zu verfahren.
- Vergaser- und Mono-Jetronic-Motor: Luftfilter abbauen (Seite 67).
- Vergaserdurchlaß mit Lappen verstopfen, damit nichts hineinfällt.
- Bei K-/KE-Jetronic-Einspritzung Luftmengenmesser samt Luftfiltergehäuse ausbauen. Dazu Einspritzventile (Seite 108) und Kaltstartventil ausbauen. Die Kraftstoffleitungen bleiben angeschlossen.
- Gaszug aushängen und vom Widerlager trennen.
- Abdeckblech für Motorlager rechts ausbauen.
- Auspuff-Hosenrohr vom Auspuffkrümmer abschrauben.
- Anlasser ausbauen.
- Leitungsführung der Anlasserkabel vom Motorträger abbauen.
- Bei Fahrzeugen mit Zentralhydraulik die Servopumpe vom Motor abbauen. Die Schläuche bleiben jedoch angeschlossen.
- Befestigungsschraube unten am rechten Motorlager etwa 2 Umdrehungen lockern.
- Auspuff-Hosenrohr vorn an seiner Getriebehalterung lösen.
- Verbindungsschrauben Motor/Getriebe unten herausschrauben (siehe Bild Seite 40).
- An der Trennfuge Motor/Getriebe das Abdeckblech für die Schwungscheibe ausbauen.
- Befestigungsmutter unten am linken Motorträger etwa 2 Umdrehungen lockern.
- Bei automatischem Getriebe die drei Befestigungsschrauben Schwungscheibe/Drehmomentwandler durch die Einbauöffnung des Anlassers hindurch herausdrehen. Zum Erreichen aller Schrauben muß der Motor langsam von Hand durchgedreht werden (siehe Seite 29).
- Getriebegehäuse von unten stabil unterbauen, damit es beim Herausheben des Motors nicht nach unten absackt.
- Kerzenstecker an Zylinder 1 abziehen.
- Stabile Drahtseile oder Ketten an den Halteösen vorn und hinten am Zylinderkopf einhängen und mit dem Haken des Flaschenzugs verbinden.
- Motor etwas anheben, bis die Motorlager entlastet sind.
- Unterbauung des Getriebes gegebenenfalls etwas erhöhen.
- Obere Verbindungsschrauben Motor/Getriebe herausdrehen.
- Masseband am linken Motorträger abbauen.
- Beide Motorträger am Zylinderblock abschrauben und nach vorn schwenken.

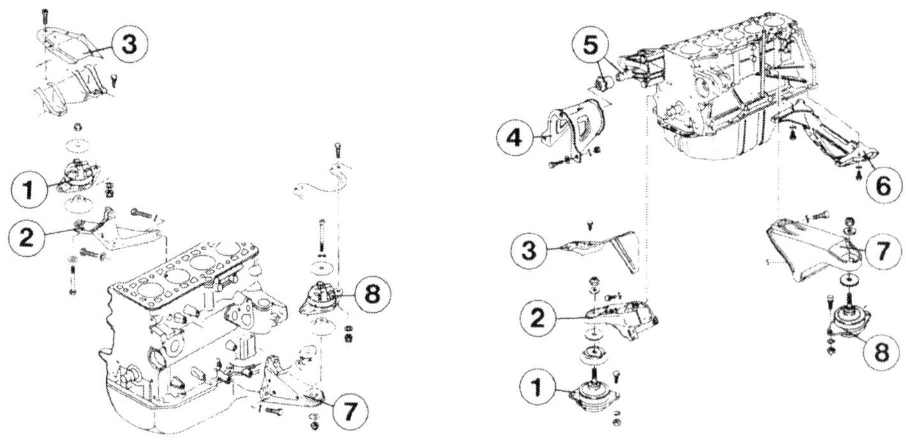

Die Teile der Motorhalterung – links der Vierzylinder, rechts der Fünfzylinder: 1 – Gummimetallager rechts; 2 – Motorstütze rechts; 3 – Abdeckblech; 4 – Anschlag; 5 – Anschlagpuffer; 6 – Stütze hinten; 7 – Motorstütze links; 8 – Gummimetallager links.

- Motor vom Getriebe abdrücken und nach oben herausheben.
- Bei automatischem Getriebe darauf achten, daß der Drehmomentwandler nicht aus dem Getriebe fällt. Evtl. nach dem Ausbau mit Draht sichern.

Ausbau Fünfzylinder-Einspritzmotor

Da vom Fünfzylindermotor anteilmäßig wesentlich mehr Einspritzer als Vergasermotoren verkauft wurden, hier zunächst die Ausbau-Beschreibung für den Einspritzer. Abweichende Ausbau-Schritte für den Vergaser finden Sie im folgenden Abschnitt.

- Minuskabel der Batterie abklemmen.
- Motorhaube abbauen (Seite 246).
- Kühlmittel ablassen und auffangen (Seite 52).
- Kühlerverkleidung oben ausbauen.
- Masseband am Motorträger links lösen.
- Stecker am Warmlaufregler abziehen.
- Oberen Kühlwasserschlauch am Motor abbauen.
- Kühlwasserschlauch hinten am Motorblock lösen.
- Behälter der Scheibenwaschanlage aushängen und nach hinten ablegen.
- Servopumpe der Zentralhydraulik ausbauen (Seite 135) und seitlich ablegen. Die Schläuche bleiben angeschlossen.
- Bei Klimaanlage den Klimakompressor ausbauen und mit angeschlossenen Schläuchen seitlich mit Draht aufhängen.
- Kabel zu den Thermoschaltern abziehen.
- Unterdruckschläuche am Warmlaufregler (K-Jetronic) abziehen.
- Unterdruckschläuche am Thermoventil abziehen.
- Hauptzündkabel an der Zündspule herausziehen.
- Verteilerkappe abnehmen.
- Stecker am Hallgeber des Zündverteilers abziehen, dazu Drahtsicherung ausklinken.
- Unterdruckschlauch am Zündverteiler abziehen.
- Luftfilterdeckel ausbauen (Seite 67).
- Einspritzventile ausbauen (Seite 108). Die Kraftstoffleitungen bleiben angeschlossen.
- Luftschlauch vom Zylinderkopfdeckel abziehen.
- Stecker vom Steuerventil für Leerlaufstabilisierung abziehen.
- Gaszug aushängen (Seite 201) und aus dem Widerlager ziehen.
- Stecker vom Kaltstartventil, dem Drosselklappenschalter und – wo vorhanden – dem Vollastschalter und der Lambdasonde abziehen.
- Bei automatischem Getriebe Gasgestänge aushängen.
- Unterdruckschlauch am Drosselklappenteil abziehen.
- Luftschlauch zwischen Drosselklappenstutzen und Luftmengenmesser abbauen.
- Kurbelgehäuse-Entlüftungsschlauch vom Zylinderkopfdeckel abziehen.
- Schläuche am Steuerventil für Leerlaufstabilisierung abbauen und freilegen.
- Kaltstartventil abschrauben (Kraftstoffleitung bleibt angeschlossen).
- Stecker vom Thermozeitschalter und Temperaturgeber abziehen.
- Verbindungsschrauben Motor/Getriebe – soweit von oben erreichbar – herausschrauben.
- Obere Anlasser-Halteschraube herausdrehen.
- Bei einem Fahrzeug mit Automatikgetriebe die Schläuche vom Getriebeölkühler abnehmen.
- Abdeckblech auf dem Motorlager rechts abschrauben.
- Lichtmaschine samt Halter vom Motor abbauen und mit angeschlossenen Leitungen mittels Draht seitlich aufhängen.
- Anlasser ausbauen (Seite 189).
- Bei automatischem Getriebe die drei Befestigungsschrauben Schwungscheibe/Drehmomentwandler durch die Einbauöffnung des Anlassers hindurch herausdrehen.
- Auspuff-Hosenrohr am Auspuffkrümmer und am Getriebehalter abschrauben.
- Von unten erreichbare Verbindungsschrauben Motor/Getriebe herausschrauben.
- Getriebe stabil unterbauen, damit es nicht nach unten absacken kann.
- Motorträger links und rechts vom Motorlager abschrauben.

● Stabile Drahtseile oder Ketten in die Halteösen vorn am Zylinderkopf und hinten am Zylinderblock einhängen und mit dem Haken des Flaschenzugs verbinden.
● Motor anheben bis der Motorträger frei hängt.
● Motorträger links ausbauen.
● Unterbauung des Getriebes gegebenenfalls etwas erhöhen.
● Motor vom Getriebe abdrücken und Motor nach oben herausheben.
● Dabei den frei hängenden Motor sorgfältig führen, damit Beschädigungen an Getriebewelle, Kupplung und Karosserie vermieden werden.
● Bei automatischem Getriebe darauf achten, daß der Drehmomentwandler nicht aus dem Getriebe fällt. Evtl. nach dem Ausbau mit Draht sichern.

Abweichende Arbeiten beim Fünfzylinder-Vergasermotor

● Kupplungszug aushängen (Seite 114) und Widerlager des Kupplungsseils am Motorträger abschrauben.
● Unterdruckschlauch zur Verbrauchsanzeige und – wo vorhanden – zum pneumatischen Bremskraftverstärker abbauen.
● Steckerverbindung zur Schaltanzeige abziehen.
● Luftfilter ausbauen (Seite 67).
● Schlauch am Unterdruckbehälter abziehen.
● Steckerverbindungen abziehen an: Thermoschaltern im Kühlmittelrohr und hinten am Zylinderkopf, an der Saugrohrvorwärmung, der Startautomatik, der Startdrehzahlanhebung und an der Schubabschaltung.
● Leitungen freilegen.
● Kraftstoffvor- und -rücklaufleitungen an Kraftstoffpumpe und Rücklaufventil abziehen und mit M-6-Schraube verschließen.
● Kraftstoffpumpe abschrauben.
● Verbindungsschraube Motor/Getriebe hinter dem Kupplungshebel lösen.

Einbau

● Sinngemäß wird in umgekehrter Reihenfolge des Ausbaus vorgegangen.
● Sämtliche selbstsichernden Muttern ersetzen.
● Ausrücklager auf Verschleiß prüfen; wenn es rauh läuft, ersetzen (Seite 117).
● Ausrücklager und Verzahnung der Antriebswelle mit MoS_2-Fett schmieren.
● Eventuell gleich den Verschleiß der Kupplungs-Mitnehmerscheibe prüfen (Seite 114). Bei Verschleiß sollte sie gleich ersetzt werden. Dann muß allerdings die Kupplung neu zentriert werden (Seite 114).
● Zwischenplatte des Vierzylinders auf die Paßhülsen aufsetzen und an einigen Punkten mit etwas Fett am Motorblock anheften.
● Elektrische Leitungen am Anlasser so anklemmen, daß sie nicht mit dem Motor in Berührung kommen können.
● Motoraufhängungen noch nicht endgültig festziehen.
● Auspuff spannungsfrei einbauen.
● Eingestellt werden müssen: Gaszug (Seite 81 bzw. 98), Kupplungsspiel bei mechanischer Kupplungsbetätigung (Seite 114), Leerlaufdrehzahl und CO-Gehalt (Seite 79, 80, 88, 98, 109, 111), zusätzlich bei automatischem Getriebe den Gaspedalzug bzw. -betätigung einstellen lassen.
● Zuletzt Motor im Leerlauf drehen lassen und die Verschraubungen der Motoraufhängungen anziehen.
● Treten Brummgeräusche auf, muß die Auspuffanlage neu ausgerichtet werden (siehe Seite 45).
● Ist das Brummgeräusch damit nicht beseitigt, Motor und Getriebe in der Werkstatt auf die genaue Einbaulage einrichten lassen.

Anzugs-drehmomente

Drehmoment in Nm	Vierzylinder	Fünfzylinder
Abdeckblech an Getriebe/Motor	10	–
Auspuff-Hosenrohr an Auspuffkrümmer	25	30
Auspuff-Hosenrohr an Getriebehalter	25	25
Motor an Getriebe	55	20 (M 8) 45 (M 10) 65 (M 12)
Motorträger an Motor	25 (M 8) 45 (M 10)	–
Motorlager an Motorträger	35	45
Drehmomentwandler an Schwungrad	30	30
Drehmomentstütze (Lichtmaschinenhalter) an Motor	–	45

Müllabfuhr

Die Auspuffanlage hat ein saures Leben: geplagt von aggressiven Säuren (innen), von Spritzwasser (außen) und von hohen Temperaturen muß sie die Auspuffgase mit genau definierter Geschwindigkeit (zu Gunsten der Motorleistung) zum Wagenheck leiten.

Die Teile der Auspuffanlage

Vier- und Fünfzylindermotor besitzen ähnlich gestaltete Auspuffanlagen. Hier die Auflistung der Teile:

- Am Zylinderkopf ist der **Auspuffkrümmer** befestigt.
- Es folgt das **Abgasrohr vorn,** das je nach Motorversion als Einfach- und Doppelrohr ausgeführt ist.
- Der **Katalysator** mit einem kurzen Rohrstück ist die nächste Abgas-Station. Fahrzeuge ohne Kat besitzen stattdessen einen kleinen **Vorschalldämpfer** bzw. ein gerades Rohrstück.
- **Mittel- und Nachschalldämpfer** schließen sich an, die bei der Original-Auspuffanlage mittels eines durchgehenden Rohrstücks fest miteinander verbunden sind. Für den Reparaturfall gibt es die beiden Schalldämpfer auch einzeln.

Das Rohrstück vor dem Mittelschalldämpfer besitzt für die bis Herbst 1987 gebaute Österreich-Version (Motorkennbuchstabe DRA) eine Querschnittsverengung zur Leistungsreduzierung.

Die Auspuff-Lebensdauer

Die Auspuffkorrosion nimmt mit sinkender Abgastemperatur zu. Langstreckenbetrieb mit voll durchgewärmtem Motor und heißen Abgasen setzt der Auspuffanlage kaum zu. Anders dagegen andauernde Stadtfahrten mit meist unterkühltem Triebwerk. Das bewirkt, daß in den Schalldämpfern Kondenswasser auftritt. Es vermischt sich mit Verbrennungsrückständen zu aggressiven Säuren und läßt das Auspuffblech von innen nach außen durchrosten.

Unabhängig von der Fahrweise fördern Spritz- und Salzwasser den Rostfraß von außen. Steinschlag oder Aufsetzen auf hartem Untergrund wirkt ebenso lebensverkürzend wie Schwingungen durch defekte oder fehlende Aufhängungsgummis bzw. eine schadhafte Motoraufhängung.

Aufhängung und Zustand der Auspuffanlage kontrollieren

Wartung Nr. 29

Die Auspuffanlage ist starr mit dem Auspuffkrümmer und durch einen Halter mit dem Getriebe verbunden. Am Fahrzeugboden hängt sie frei schwingend in Gummischlaufen.

- Haltegummis auf Brüchigkeit, Einrisse oder sonstige Schäden überprüfen, ggf. ersetzen.
- Verschraubungen am Auspuffkrümmer und an der Halterung am Getriebe auf festen Sitz kontrollieren, aber nicht mit Gewalt »anknallen«.
- Mit einem Lappen in der Hand bei laufendem Motor das Auspuffendrohr zuhalten. Der Motor muß nach kurzer Zeit stehenbleiben.
- Hören Sie zischende Geräusche und läuft der Motor ungestört weiter, ist die Anlage an der Geräuschstelle undicht.
- Ein dumpferer Auspuffton als gewöhnlich und Knallen im Schiebebetrieb weist auf einen durchgerosteten Auspuff hin.
- An den Nahtstellen sind die Schalldämpfer zuerst rostgefährdet. Sollen sie noch einige Zeit halten, muß dieser Bereich auch einer sanften Klopfprobe mit dem Schraubenzieher standhalten.

Auspuffanlage erneuern

Reparaturen an einer durchgerosteten Auspuffanlage ist meist nur kurzer Erfolg beschieden. Auf rostgeschwächtem Blech kann nicht mehr geschweißt werden. Auspuffkitt und Bandagen sind zwar recht dauerhaft, aber das Blech bricht bald neben der Reparaturstelle aus.

Ganz selten sind alle zwei bzw. drei Schalldämpfer gleichzeitig austauschreif. Hat man einen Schalldämpfer

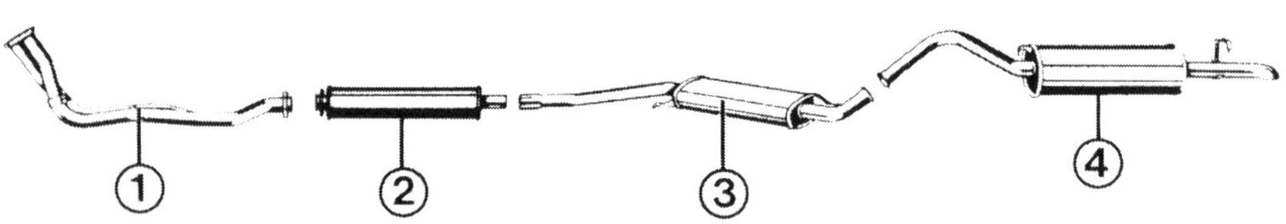

Die Auspuffanlage: 1 – Abgasrohr vorn oder Hosenrohr; 2 – Vorschalldämpfer oder Katalysator, an den schwächeren Motoren ohne Kat sitzt hier ein einfaches Rohrstück; 3 – Hauptschalldämpfer; 4 – Nachschalldämpfer.

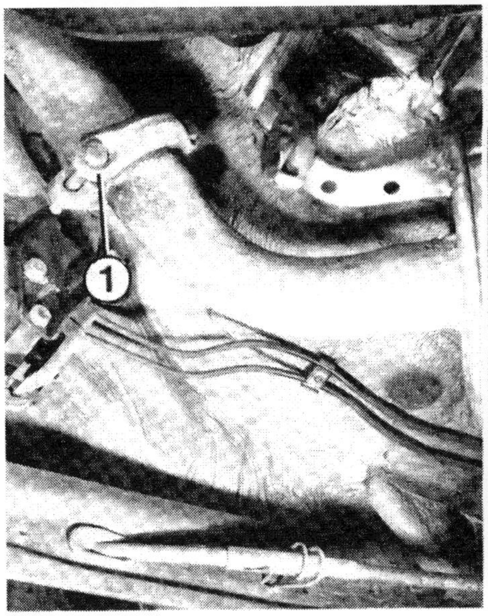

Die Verbindungen an der Auspuffanlage sind allesamt relativ leicht lösbar: 1 – Verbindung Hauptschalldämpfer / Nachschalldämpfer;

2 – Verbindung Vorschalldämpfer / Hauptschalldämpfer;

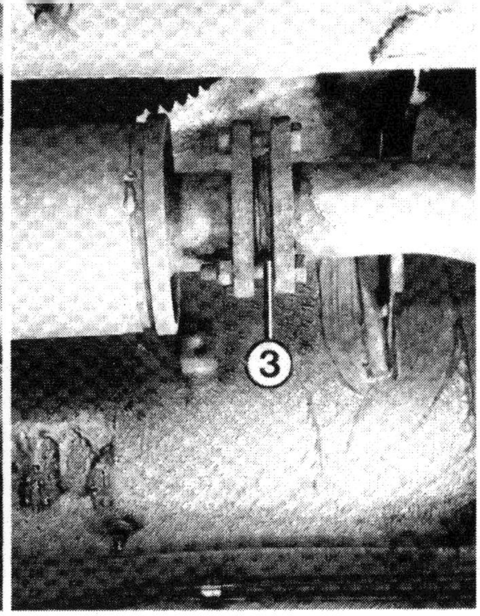

3 – Verbindung Hosenrohr / Vorschalldämpfer bzw. Katalysator.

ersetzt, gibt boshafterweise wenige Monate später ein anderer den Geist auf. Werkstätten wechseln deshalb die Auspuffanlage gleich komplett aus. Das empfehlen wir nicht so unbesehen, denn alle Einzelteile an der Audi-Auspuffanlage sind intelligenterweise miteinander verschraubt und nicht ineinandergesteckt. Die Demontage eines einzelnen Rohrstücks oder Schalldämpfers kann also ohne großen Aufwand erfolgen. Also erst prüfen, dann wechseln:

- Klopfen Sie den bzw. die noch intakten Schalldämpfer mit einem Hammer rundum gründlich ab, auch an den Stirnseiten. Dabei nicht zu zaghaft hämmern.
- Klingt es bei jedem Schlag hell, ist das Blech noch gesund.
- Wird das Klopfgeräusch an manchen Stellen dumpfer, ist die Außenhaut bereits geschwächt und wird bald durchbrechen; besonders wenn die streusalzhaltige kalte Jahreszeit herrscht.
- Für den Ersatzteilkauf gilt, daß Dichtung(en) und selbstsichernde Muttern durch neue ersetzt werden müssen.

Auspuffanlage ausbauen

An dieser Stelle seien nur die grundsätzlichen Tips und Tricks zum Auspuffausbau erwähnt. Lage und Ausführung der Verschraubungen und Aufhängungen entnehmen Sie bitte der Zeichnung links bzw. den Bildern oben.

- Wagen absolut rüttelsicher aufbocken (siehe Seite 10).
- Wenn sich beim Demontieren eine Verschraubung nicht lösen läßt, niemals den Sechskant der Schraube bzw. Mutter runddrehen, sondern die Verbindung durch Überdrehen der Schraube (sie reißt dann ab) lösen. Ausnahme: Verschraubungen am Auspuffkrümmer des Motors.
- Die Muttern auf den Stehbolzen des Auspuffkrümmers werden im Ernstfall am besten mit einem scharfen Meißel zerstört. Sie bestehen in der Regel aus sehr weichem Material mit eingelegter Gewindespirale. Das Gewindeteil muß dann noch einzeln vom Gewinde des Stehbolzens »gepopelt« werden. Die neuen Muttern im »Auspuff-Befestigungssatz« bestehen ebenfalls aus diesem »weichen« Material. Also keine anderen Muttern aus der heimischen Schraubenkiste verwenden.
- Die Verschraubungen der Auspuffanlage lassen sich beim nächsten Mal leichter lösen, wenn die Gewinde beim Einbau mit Kupferfett bestrichen wurden.
- Beim Einbau ist auf spannungsfreie Ausrichtung der Anlage zu achten.
- Dazu alle Teile der Auspuffanlage zwar einbauen, doch die Verschraubungen zunächst nur lose festziehen.
- Auspuffanlage mit ihren Halteschlaufen am Wagenboden aufhängen. Alle Gummiringe müssen unter gleichmäßigem Zug stehen, andernfalls Auspuffteile neu ausrichten oder Befestigungshaken vorsichtig nachbiegen. Wichtig: Alle Teile der Auspuffanlage müssen ausreichenden Abstand zur Karosserie haben.
- Alle Verschraubungen der Auspuffanlage – vorn beginnend – anziehen. Anzugsdrehmoment für alle Auspuff-Verschraubungen: **25 Nm.**

Endkontrolle

Benzin besteht im wesentlichen aus den Elementen Kohlenstoff und Wasserstoff. Wenn der Kraftstoff im Motor verbrannt wird; verbindet sich der Kohlenstoff mit dem Luftsauerstoff zu **Kohlendioxid** (chemische Kurzformel CO_2), und der Wasserstoff vereinigt sich mit Sauerstoff zu **Wasserdampf** (H_2O).
Diese Verbrennungsprodukte bilden sich, wenn Luft und Kraftstoff im optimalen Verhältnis (14,6:1) gemischt sind. Das ist leider fast nie der Fall. Deshalb entstehen auch Schadstoffe:
○ **Kohlenmonoxid** (CO) ist wohl die bekannteste Verbindung, denn der CO-Gehalt im Abgas wird bei der Abgas-Sonderuntersuchung gemessen. Es entsteht um so mehr, je fetter, also kraftstoffreicher das Benzin/Luft-Gemisch ist.
○ Unverbrannte **Kohlenwasserstoffe** (HC) entstehen, wenn die von der Zündkerze entzündete Flammenfront an kalten Wandungen und engen Winkeln im Brennraum erlöscht. Zu fettes oder zu mageres Gemisch erhöht den Ausstoß der Kohlenwasserstoffe.
○ **Stickoxide** (NO_x) bilden sich vor allem durch den zu über ¾ in der Verbrennungsluft enthaltenen Stickstoff. Ihr Anteil ist besonders hoch bei einer Auslegung des Motors für geringen Kraftstoffverbrauch und niedrigen CO- sowie HC-Ausstoß: Hohe Verbrennungstemperaturen und mageres Kraftstoff/Luft-Gemisch.
○ **Bleiverbindungen** werden dem herkömmlichen, bleihaltigen Kraftstoff als Antiklopfmittel zugesetzt, siehe Seite 61. Rund 75% davon werden zum Auspuff hinausgeblasen.

Was ist wie gefährlich?

○ Kohlenmonoxid ist giftig und kann beim Einatmen in geschlossenen Räumen zum Tod führen. In der Luft verbindet sich das Kohlenmonoxid relativ schnell mit Sauerstoff zu dem ungefährlichen Kohlendioxid (CO_2).
○ Die Kohlenwasserstoff-Verbindungen sind der Übersichtlichkeit wegen zusammengefaßt, wobei die Bandbreite von harmlos bis – bei bestimmten Verbindungen (Diesel) – möglicherweise krebserregend reicht. In der Luft sind die Kohlenwasserstoffe mit den Stickoxiden für Bildung von Smog (schwer auflösbare Abgasnebelwolken) verantwortlich.
○ Stickoxide können entsprechend konzentriert zu Reizungen der Atmungsorgane führen.
○ Die Bleiverbindungen lagern sich in der Umgebung ab und werden u. a. mit der Nahrung im Körper aufgenommen, aber nicht mehr ausgeschieden. Das ist bei höheren Konzentrationen gesundheitsgefährlich.

Abgas-Entgiftung

Zur Verbesserung der Abgaswerte oder gar zur fast vollständigen Entgiftung führen unterschiedliche Wege. Im folgenden sind die gängigsten angeführt:

Abgasrückführung

Eine vergleichsweise einfache, aber zur Verminderung der Stickoxide wirksame Maßnahme. Aus dem Abgasstrom wird durch ein ventilgeregeltes System bei bestimmten Lastzuständen des Motors ein Teil abgezweigt und ins Ansaugrohr zurückgeleitet.
Da das Abgas kaum noch verbrennungsfähige Stoffe enthält, bewirkt dies eine Absenkung der Temperaturen im Verbrennungsraum und damit eine Verringerung des Stickoxidanteils.
Im Audi findet die Abgasrückführung bei einigen Schweiz-Versionen Anwendung.

Ungeregelter Katalysator

Fahrzeuge mit ungeregeltem Katalysator (siehe Tabelle Seite 20) erfüllen die sogenannte Euro-Abgasnorm. Dabei kann von einem um 65% reduzierten Schadstoffausstoß ausgegangen werden.

Geregelter Katalysator

Rund 90% der Schadstoffe eliminiert der geregelte Kat. Geregelt wird dabei nicht der Katalysator selbst, sondern das Kraftstoff/Luft-Gemisch. Womit dem Kat die Möglichkeit zum optimalen Arbeiten gegeben wird. Ob das Gemisch stimmt, ermittelt die Lambdasonde anhand der Zusammensetzung der Abgase. Mehr über die Funktion in den folgenden Abschnitten.

Funktion des Katalysators

Ein Katalysator ist in der Chemie ein Stoff, der eine chemische Reaktion einleitet oder beschleunigt. Dabei bleibt der Katalysator in seiner Zusammensetzung unverändert.
Im Auto verstehen wir unter dem Katalysator ein mit den Edelmetallen Platin und Rhodium beschichtetes Keramik-Bauteil samt der Umhüllung, die einem Auspufftopf ähnelt. Das auf Drahtgeflecht gelagerte Keramik-Bauteil ist von mehreren tausend parallel verlaufenden Kanälen durchzogen. Auf die Wandungen der Kanäle

ist eine Zwischenschicht zur Oberflächenvergrößerung (der sogenannte wasch-coat) aufgetragen. Er vergrößert die aktive Katalysatorfläche etwa auf die Größe eines Fußballfeldes.
Die katalytisch wirkenden Substanzen sind Platin (5 Teile) und Rhodium (1 Teil). Von diesen Edelmetallen enthält der Katalysator 2–3 Gramm. Wobei das Platin die Oxidation und das Rhodium die Stickoxidreaktion unterstützt.
Mit dem Dreiwege-Katalysator rückt man den Schadstoffen Kohlenmonoxid, Kohlenwasserstoff und den Stickoxiden zu Leibe:

○ Es werden **Kohlenmonoxid und Kohlenwasserstoffe** durch Oxidation mit Sauerstoff zu ungefährlichem Kohlendioxid (CO_2) umgewandelt.

○ Zum Abbau der **Stickoxide** wird ein Mittel gebraucht, welches den Sauerstoff entzieht. Wie aus der Reaktionsgleichung im Bild unten zu sehen ist, kann der Schadstoff Kohlenmonoxid dieses Mittel sein. Dabei entsteht Stickstoff (N_2) und wieder CO_2. Beides ungefährlich.

Fingerzeig: Im Zusammenhang mit dem Katalysator tauchen oft weitere Begriffe auf: »Einbett«-Katalysator bedeutet, daß der Keramikkörper des Katalysators in ein geschlossenes Gehäuse (mit einer Metallwolle-Zwischenlage) eingebettet ist. Ein »Zweiwege«-Katalysator kann nur zwei Schadstoffen im Abgas zu Leibe rücken, der »Dreiwege«-Katalysator (im Audi eingebaut) dagegen drei.

Arbeitsbereich

Der Katalysator arbeitet nur in einem schmalen Bereich mit hohem Wirkungsgrad. Das Kraftstoff/Luft-Verhältnis muß dazu in einem genauen Verhältnis zueinander stehen. Ideal ist die Zusammensetzung bei $\lambda = 1$. Die größte Schwierigkeit bei der Katalysatortechnik ist es, dieses Verhältnis bei jedem Betriebszustand einzuhalten. Das ist Sache der Lambda-Regelung (siehe folgenden Abschnitt).
Ehe der Kat arbeiten kann, muß er eine Anspringtemperatur von etwa 300° C erreichen. Die sind normalerweise nach 25–80 Sekunden erreicht, im Stadtverkehr können aber auch drei Minuten vergehen, ehe die notwendige Temperatur erreicht ist. Der Katalysator ist aber andererseits überhitzungsempfindlich. Steigen die Temperaturen im Kat über 900° C, setzt eine verstärkte Alterung ein. Ab 1200° C wird er auf Dauer zerstört.
Für den Katalysator ist unverbleiter Kraftstoff unbedingt erforderlich. Blei würde die Oberfläche im Katalysator schnell verstopfen und die Abgase könnten die katalytisch wirkenden Substanzen nicht mehr erreichen. Versuche haben gezeigt, daß bereits nach einer Tankfüllung Kohlenmonoxid kaum noch abgebaut wird. Nach 2–3 Tankfüllungen werden auch die restlichen Schadstoffe nicht mehr abgebaut. Der Katalysator ist vergiftet.

Funktion der Lambdasonde

Die Lambdasonde (auch Sauerstoffsonde bzw. O_2-Sonde genannt) ist vor dem Katalysator in den Auspuff eingeschraubt. Die Sonderkeramik der Sonde ist außen dem Abgas ausgesetzt und steht an ihrer Innenseite mit der Umgebungsluft in Verbindung. Durch den unterschiedlichen Sauerstoffgehalt in Abgas und Außenluft erzeugt die Sonde eine Spannung, die bei einem bestimmten Rest-Sauerstoffgehalt im Abgas steil ansteigt. Dieser Spannungssprung findet genau bei einem Kraftstoff/Luft-Verhältnis von $\lambda = 1$ statt. Bei Sauerstoffmangel (λ kleiner 1), also bei fettem Gemisch, beträgt die Spannung 0,8–1 Volt. Bei magerem Gemisch (λ größer 1) werden um 0,1 Volt erreicht.
Die Lambdasignale werden zum Steuergerät der Einspritzung bzw. des elektronischen Vergasers geleitet. Von dort aus wird die Gemischaufbereitung beeinflußt, um das Kraftstoff/Luft-Verhältnis möglichst nahe an $\lambda = 1$ zu halten.
Die Lambdasonde reagiert auf Sauerstoffschwankungen in Abhängigkeit ihrer Betriebstemperatur unterschiedlich schnell: Bei 300° C hat sie ca. 1 Sekunde, bei 600° C hat sie weniger als 50 Millisekunden Reaktionszeit.
Durch die eingebaute Heizung wird die günstigste Betriebstemperatur von ca. 600° C schneller erreicht. Eine Lambdasondenheizung besitzt der stärkste Vierzylinder sowie alle Fünfzylinder.

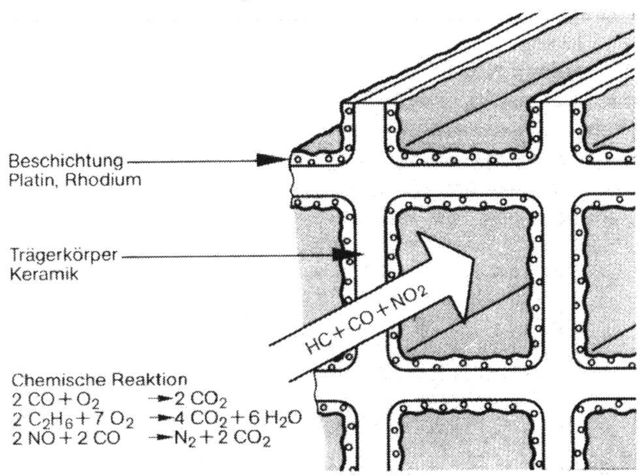

Hier wird die Wirkungsweise des Dreiwege-Katalysators gezeigt: Das Abgas mit seinen Schadstoffen (Pfeil) strömt durch die vielen Kanäle im Keramikteil und kommt dort mit den katalytisch wirksamen Edelmetallen Platin und Rhodium in Berührung.
Die Reaktionsgleichung beschreibt, wie durch Oxidation CO und HC unschädlich gemacht werden. Das Stickoxid (NO) wird durch Abspaltung von Sauerstoff (Reduktion) in harmlose Verbindungen umgewandelt.

Der Abgaskrümmer (3) des Vierzylinders von unten gesehen. Hier sitzt die Lambdasonde (2), und auch das Abgas-Meßrohr (1) ist hier eingeschraubt. Sinn dieses Rohres ist es, den Abgas-CO-Gehalt zum Zweck der Motoreinstellung bzw. -kontrolle vor dem Kat messen zu können. Dazu muß die Verschlußkappe (Pfeil) abgenommen werden.

Fahren mit Katalysator-Fahrzeugen

In der Betriebsanleitung sind zahlreiche Hinweise für Katalysator-Fahrzeuge aufgeführt. Besonders **gefährlich ist unverbranntes Gemisch,** das sich im heißen Katalysator entzündet und so die Temperaturen in gefährliche Höhen ansteigen läßt. Folge: Der Katalysator kann teilweise schmelzen und wird dadurch funktionsunfähig.
Deshalb:
○ Das Anrollenlassen, Anschieben oder Anschleppen des Wagens ist problemlos, wenn der Anlasser wegen einer leeren Batterie den Motor nicht zum Laufen brachte.
○ Anschleppen über längere Distanzen – was z. B. bei defekter Zündung der Fall sein könnte – ist nicht zulässig. Denn so gerät eine große Menge unverbrannten Kraftstoffs in die Abgasanlage, was besonders bei noch betriebswarmem Kat schädliche Folgen hat.
○ Lassen Zündaussetzer oder Fehlzündungen auf einen Defekt an der Zündanlage schließen, diese sofort überprüfen (lassen). Auf der Weiterfahrt hohe Drehzahlen vermeiden.
○ Ungefährlich sind kleine Mengen unverbrannten Gemisches, besonders, wenn sie in den kalten Kat gelangen. Das passiert oft bei Werkstattarbeiten, wie z. B. Messen des Kompressionsdrucks.
○ Zu einem Überhitzen des Kat kann es auch bei Dauervollgas nicht kommen, denn der höhere Gasdurchsatz wirkt gewissermaßen kühlend auf den Katalysator. Dieser ist nämlich durch die »Nachverbrennung« in seinem Innern stets viel heißer als die vom Motor kommenden Abgase.
Außerdem:
○ Im Hochsommer nach wochenlanger Trockenheit beim Parken den Wagen nicht über trockenem Laub, Heu o. ä. abstellen. Unter besonders ungünstigen Umständen könnte es zu einer Entzündung unter dem Wagen kommen.
○ Beim Auftragen von Unterbodenschutz darf nichts davon an den Katalysator oder die Hitzeschutzschilde über die Auspuffanlage geraten.
○ Kontrollieren Sie gelegentlich bei aufgebocktem Fahrzeug, ob die Hitzeschutzbleche nicht beschädigt oder verloren gegangen sind.
Was sonst noch wissenswert ist:
○ Hoher Ölverbrauch ist für den Kat weitgehend unschädlich. Da Motoröl wie Kraftstoff aus Kohlenwasserstoffen besteht, behandelt der Kat verbranntes Öl genauso wie verbrannten Kraftstoff.
○ Additive in Kraftstoffen und Motorölen schädigen den Kat nicht. Ganz sicher ist das, wenn die Betriebsstoffe von VW/Audi freigegeben sind.
○ Defekte an Kat oder Lambdasonde lassen sich leider nur in recht aufwendigen Abgastests nachweisen. Ein thermisch beschädigter Katalysator ist dagegen an Klappergeräuschen zu erkennen. Der Keramik-Träger des Kat schrumpft durch das teilweise Schmelzen, was zur Folge hat, daß er sich lose im Blechmantel bewegt.

Fingerzeig: Kat-Fahrzeuge machen gelegentlich durch stechenden Geruch auf sich aufmerksam. Was da übel riecht, sind kleinste Mengen der aus »Stinkbomben« bekannten Schwefelverbindung H_2S (Schwefelwasserstoff), die im Katalysator entstehen kann. In den im Auto auftretenden Konzentrationen ist dieses Gift jedoch völlig unschädlich. Abhilfe: Keine. Versuchsweise an einer anderen Tankstelle tanken, um weniger schwefelhaltigen Kraftstoff zu erwischen.

On the rocks

Im Fahrzeug ist zumeist die Kraft- und nicht die Wärmeentfaltung des Motors gefragt. Überschüssige Wärme – sofern sie nicht zum Heizen des Innenraums verwendet wird – muß also über die Kühlung an die Umwelt abgeführt werden.

So wird gekühlt

Durch den Motor werden ständig **7 bzw. 8 Liter Kühlmittel** (Vierzylinder bzw. Fünfzylinder) gepumpt. Das veranlaßt die Wasserpumpe. Vom Keilriemen (Vierzylinder) bzw. vom Zahnriemen (Fünfzylinder) angetrieben beschleunigt sie den Wasserstrom durch ein kleines Schaufelrad an ihrer Rückseite.
Auf welchem Weg das Kühlmittel durch die zahlreichen Schläuche und Kanäle strömt, hängt von seiner momentanen Temperatur ab:

○ Bei noch nicht betriebswarmem Motor fließt das Kühlmittel im »kleinen Kreislauf«, der durch den Motor und durch den Wärmetauscher führt. Der Ansaugkrümmer und die Startautomatik (nur Vergasermotoren) sind zusätzlich an den kleinen Kühlwasserkreislauf angeschlossen.

○ Über etwa 85–87°C öffnet der Thermostat den »großen Kühlwasserkreis«, der den Kühler mit einbezieht. Steigt die Wassertemperatur noch weiter, so daß selbst im Kühler über ca. 93°C gemessen werden, tritt der Kühlerventilator in Aktion und hilft beim Abkühlen.

Überdruck-Kühlsystem

Im Kühlsystem herrscht bei Betriebstemperatur ein Überdruck von **1,2–1,5 bar,** was die Siedetemperatur des Kühlmittels deutlich über 100°C erhöht. Somit ist eine gewisse Reserve geschaffen. Der Motor kann also Betriebstemperaturen von über 100°C erreichen, ohne daß »Kochgefahr« im Kühlsystem besteht.
Zuständig für den richtigen Systemdruck ist der Verschlußdeckel des Ausgleichsbehälters, der ein Überdruckventil (1,2–1,5 bar) und ein Unterdruckventil (0,06–0,1 bar) enthält. Das Unterdruck-Ventil läßt Luft einströmen, wenn das Kühlmittel kälter wird und damit weniger Raum einnimmt.

Stand der Kühlflüssigkeit prüfen

Ständige Kontrolle

Trotz der Kontrollampe für Kühlmitteltemperatur/Kühlmittelstand sollten Sie sich nicht ausschließlich auf die Leuchte verlassen, sondern hin und wieder den Flüssigkeitsstand im Ausgleichsbehälter im Motorraum prüfen:

● Nur bei stehendem Motor läßt sich der Kühlmittelstand exakt kontrollieren.

● Der Flüssigkeitsstand läßt sich im durchscheinenden Ausgleichsbehälter auch bei geschlossenem Deckel leicht von außen ablesen. Er muß bei kaltem Motor bis zur **Spitze der Pfeilmarkierung** seitlich am Behälter bzw. bei neueren Wagen bis zu der **abgesenkten Stelle** des Ausgleichsbehälters mit der Aufschrift »Minimum« reichen.

● Bei warmem Motor ist der Pegel naturgemäß etwas höher.

Kühlmittel nachfüllen

Merklicher Kühlmittelverlust ist ein Zeichen für eine Störung oder einen Defekt. Die Kühlflüssigkeit wird nicht verbraucht und kann im geschlossenen Kühlsystem auch nicht verdampfen. Lediglich bei Überhitzung des Motors kann etwas Kühlmittel zum Verschlußdeckel herausdrücken. Was bei Kühlmittelverlust zu tun ist, steht auf Seite 51.

● Wird der Verschlußdeckel des Ausgleichsbehälters bei heißem Motor geöffnet, besteht **Verbrühungsgefahr** – deshalb äußerste Vorsicht walten lassen:

● Deckel mit Handschuh oder Lappen langsam zunächst eine Umdrehung öffnen und den Überdruck aus dem Kühlsystem entweichen lassen. Erst dann den Deckel vollends abschrauben.

● Wird nur Wasser nachgefüllt, verdünnen Sie den Frostschutz allmählich, daher evtl. gleich etwas Frostschutz mit einfüllen.

● Nicht über die Markierung (siehe vorigen Abschnitt) nachfüllen; das Kühlmittel dehnt sich bei Erwärmung aus, und die Mehrmenge entweicht aus dem System.

● Kleinere Flüssigkeitsmengen können Sie sowohl bei warmem wie kaltem Motor in den Nachfüllbehälter eingießen.

● Bei erheblichem Wasserverlust und heißer Maschine kein kaltes Wasser in den Ausgleichsbehälter nachfüllen. Durch den »Kälteschock« kann sich der Zylinderkopf verziehen oder der Motorblock reißen.

Das Frostschutzmittel

Im Kühlsystem sorgt nicht allein klares Wasser für die notwendige Abkühlung des Motors, sondern eine Mischung von Frost- und Korrosionsschutz sowie Wasser. Man spricht daher auch besser von Kühlflüssigkeit oder Kühlmittel. Das Mischungsverhältnis beträgt für europäische Verhältnisse 2:3, in nordischen Ländern 1:1.

Motor	Gefrierschutz bis	Wasser	Frostschutz
Vierzylinder	–25°C –35°C	4,2 l 3,5 l	2,8 l 3,5 l
Fünfzylinder	–25°C –35°C	4,8 l 4,0 l	3,2 l 4,0 l

Als Frostschutz dient gewöhnlich Äthylenglykol – eine Flüssigkeit auf Alkoholbasis, die nicht verdampft oder verdunstet. Ebenso wichtig wie der Gefrierschutz ist auch der Korrosionsschutz. Er verhindert, daß sich im Kühlsystem Kesselstein, Rost und andere Korrosionsprodukte bilden. Das Kühlmittel verbleibt deshalb ganzjährig in der Kühlanlage. Vorgeschrieben ist das Frostschutzmittel »G 11 V8 B« aus der VW/Audi-Organisation oder ein gleichwertiges Mittel, das der Spezifikation »TL VW 774 B« entspricht.

Frostschutz prüfen

Wartung Nr. 8

Zum Nachprüfen der Kühlmittel-Frostfestigkeit brauchen Sie einen Hebe-Messer (Spindel, Aräometer, siehe Bild unten). Damit wird das spezifische Gewicht der Flüssigkeit gemessen. Durch unterschiedliche Zugabe von Korrosionsschutzmitteln sind die spezifischen Gewichte der einzelnen Frostschutzprodukte nicht gleich. Für eine absolut genaue Messung brauchen Sie eine auf das eingefüllte Gefrierschutzmittel abgestimmte Spindel. Im Zweifelsfall ziehen Sie vom ermittelten Wert eine Meßtoleranz von 2–3°C ab.

- Etwas Kühlmittel aus dem Ausgleichsbehälter ansaugen, die Spindel muß frei schwimmen können.
- Je nach spezifischem Gewicht der Flüssigkeit taucht die Spindel mehr oder minder tief ein.
- An der Skala ablesen, wie weit der Gefrierschutz reicht.
- Manche Frostschutzprüfer haben Zeiger, an denen die Frostfestigkeit abgelesen werden kann.

Frostschutzkonzentration einstellen

Meist stellt sich heraus, daß die Konzentration des Gefrierschutzmittels nicht mehr ausreicht. Dann muß etwas Frostschutz nachgefüllt werden; grob über den Daumen gepeilt etwa 1¼ Liter für einen um 10°C erweiterten Gefrierschutz.

- Wanne unter den Kühler stellen.
- Unteren Wasserschlauch am Kühler abnehmen, 1 bis 2 Liter Kühlmittel ablassen.
- Schlauch wieder montieren.
- Entsprechende Menge unverdünnten Frostschutz eingießen und mit der aufgefangenen Kühlflüssigkeit nachfüllen.

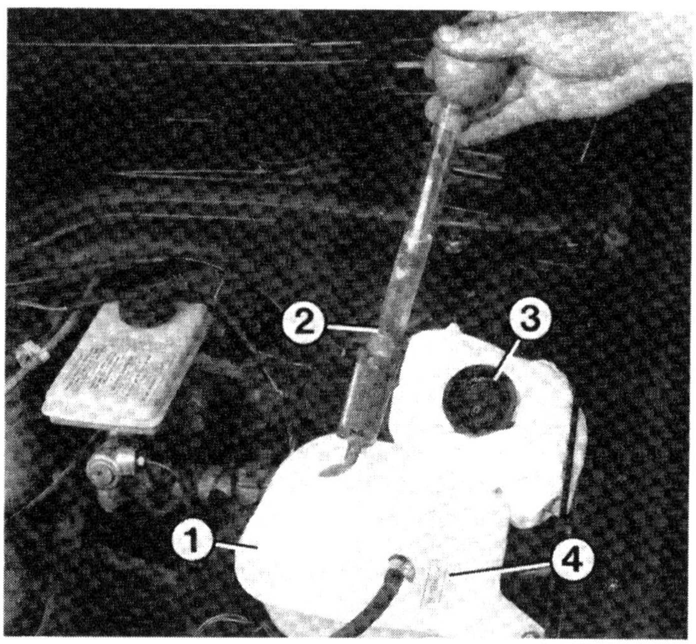

Bei abgeschraubtem Verschlußdeckel (3) wird hier mit dem Frostschutzprüfer (2) die Gefrierschutzmittel-Konzentration im Ausgleichsbehälter (1) kontrolliert. Gut zu sehen ist hier auch die Füllstandsmarkierung (4).

Kühlsystem auf Dichtheit prüfen

- Schläuche am Kühler und Motor dicht, auch die dünneren zur Heizanlage bzw. zum Ansaugrohr und zur Startautomatik (Vergasermotoren)?
- Schläuche rissig? Durch Kneten feststellen, ob die Wasserschläuche hart und spröde sind – dann umgehend austauschen.
- Sitzen die Schlauchenden nicht zu knapp auf ihren Stutzen?
- Sind die Spannschrauben der Schlauchschellen festgezogen?
- Verrostete Schlauchschellen können unvermutet während der Fahrt und bei vollem Betriebsdruck im Kühlsystem nachgeben. Auswechseln!
- Die Werkstatt kontrolliert die Dichtheit der Kühlanlage mit einer speziellen Handluftpumpe mit Druckmesser.
- Dieses Gerät wird auf die Ausgleichsbehälteröffnung gesetzt und ein Druck von 1 bar aufgepumpt.
- Fällt der Skalenzeiger nicht innerhalb von ein bis zwei Minuten, ist das Kühlsystem dicht.

Der Kühler

Der Kühler besitzt ein Kunststoffgehäuse und innen Röhren und Rippen aus Leichtmetall. Zu- und Ablauf des Kühlers sind durch eine Vielzahl dünnwandiger Röhrchen verbunden, die zur Vergrößerung ihrer Oberfläche (und damit der Kühlfläche) mit Kühlrippen versehen sind.
Bei Verdacht auf einen undichten Kühler sollten Sie in der Werkstatt die beschriebene Druckprüfung durchführen lassen. Bei einem offenkundigen Defekt können Sie den Kühler auch gleich selbst ausbauen und zur Reparatur bringen. Es gibt spezielle Kühlerwerkstätten (Branchentelefonbuch!), oder vielleicht befindet sich in Ihrer Nähe eine Kühlerfabrik, die ebenfalls Reparaturen durchführt.

Kühler ausbauen

- Kühlmittel ablassen.
- Alle Kühlmittelschläuche am Kühler abbauen.
- Kabelstecker am Thermoschalter für Kühlerventilator abziehen.
- **Vierzylinder:** Seilzug der Haubenentriegelung vorn losschrauben.
- Unten am Kühler den Kabelstrang ausclipsen.
- Beide Halteschrauben unten rechts und links herausdrehen.
- Kühler ein Stück nach unten ziehen und zusammen mit dem Ventilator abnehmen.
- Beim **Fünfzylinder** die Kühlerverkleidung oben abbauen.
- In Fahrtrichtung links am Kühler eine der Muttern am Gummimetallager lösen.
- Haltestrebe des Kühlers in Fahrtrichtung rechts oben ausbauen.
- Unter dem Wagen zwei Halteschrauben der Kühlerverkleidung herausdrehen.
- Haltemuttern des unteren Gummimetallagers lösen.

Fingerzeig: Beim Fünfzylinder keine längeren als die Original-Halteschrauben der Kühlerverkleidung unten verwenden. Längere Schrauben dringen zu weit in den Kühler ein und können damit Undichtigkeiten hervorrufen.

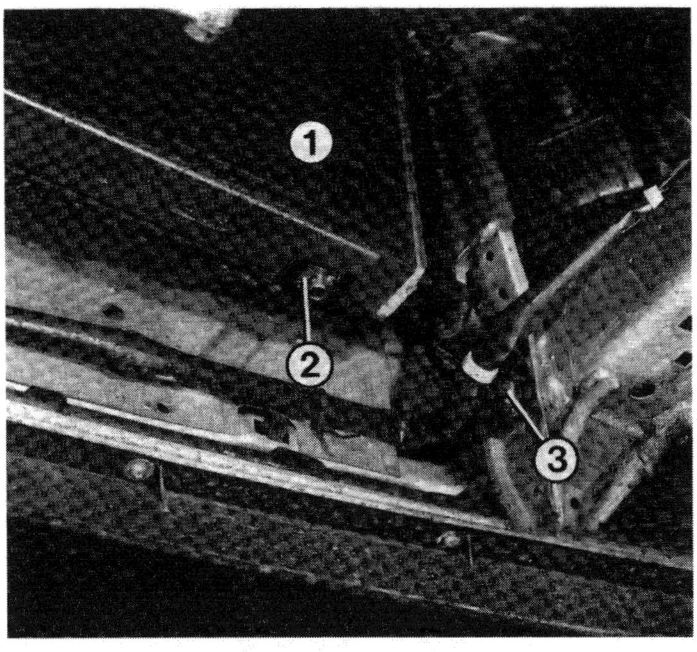

Zum Ausbau des Kühlers (1) muß beim Vierzylinder unter anderem die untere Kühlerverkleidung aus ihren Halterungen (2) gelöst werden. Ferner müssen Sie die Halter (3) rechts und links abschrauben.

Kühler reinigen

Vor und nach dem Sommerhalbjahr sollten die Kühlerlamellen von den dort festgesetzten Insektenleichen gesäubert werden, sonst wird die Kühlwirkung verschlechtert.

- Beim Vierzylinder das Kühlergrill ausbauen (Seite 245), beim Fünfzylinder die Kühlerabdeckung oben abbauen.
- Angetrocknete Insektenreste mit einem eiweißlösenden Mittel einsprühen, z. B. »Summer Screen« von Holts.
- Nach einer gewissen Einwirkzeit von der Kühlerrückseite her abspülen. Durch die Kühlerlamellen mit nicht zu starkem Strahl spritzen. Hartes Bürsten oder scharfes Werkzeug kann die Kühlerlamellen beschädigen.
- Den Wasserschlauch auch in die Öffnung um den Kühlerventilator halten. Beim Fünfzylinder zusätzlich die Gummilappen rechts und links an der Kühlerverkleidung hochheben und durch die darunterliegenden Löcher sprühen.

Kühlmittelschläuche ausbauen

Besorgen Sie sich als Ersatz Originalschläuche in der richtigen Bogenform und grundsätzlich neue Schlauchschellen.

- Kühlmittel ablassen und auffangen.
- Schlauchschellen lösen, Schläuche abziehen.
- Festsitzende Schlauchenden mit einem Schraubenzieher lockern, den man zwischen Schlauch und Stutzen schiebt und dann vorsichtig hebelt.
- Neue Schläuche weit genug auf die Stutzen schieben, damit sie nicht wieder abrutschen können.
- Schraubschellen nicht mit Gewalt anziehen, sonst wird das Gewinde überdreht.

<u>Fingerzeig:</u> Unterwegs kann man einen gerissenen Wasserschlauch selten ersetzen. Hier hilft das »Pannenband« von Weyer, Düsseldorf oder Holts »Hoseweld Bandage«. Beide kleben auf gesäuberten und trockenen Gummischläuchen recht gut. Bei einem großen Leck kann es vorteilhaft sein, den Verschlußdeckel des Ausgleichsbehälters eine Umdrehung zu öffnen, damit sich im Kühlsystem kein Druck aufbauen kann, dem die Bandage dann nicht mehr standhält. Jetzt nur noch sehr schonend bis zur Werkstatt weiterfahren. Temperaturanzeige und Kühlmittelstand im Auge behalten!

Kühlmittel ablassen

- Motor abkühlen lassen, sonst **Verbrühungsgefahr!**
- Verschlußdeckel am Ausgleichsbehälter öffnen.
- Wanne zum Auffangen des Kühlmittels unter den Motor stellen.
- Am **Vierzylinder** in Fahrtrichtung links am Motor den dicken Schlauch zum Kühler und den dünneren zum Heizungs-Wärmetauscher jeweils am Wasserpumpen-Gehäuse abziehen und leerlaufen lassen.
- Beim **Fünfzylinder** in Fahrtrichtung links am Motor den kurzen Verbindungsschlauch zwischen Thermostatgehäuse und Kühlmittelrohr lösen. Befestigungsschraube des Kühlmittelrohrs herausdrehen und Schlauch abziehen.
- Evtl. zusätzlich den Wasserschlauch zwischen Kühler und Thermostat abbauen.

<u>Fingerzeige:</u> Abgelassenes Kühlmittel darf aus Gründen des Gewässerschutzes nicht einfach in den Ausguß gekippt werden. Es muß – zum späteren Recycling – in einem eigenen Gefäß ohne Beimischung anderer Flüssigkeiten zum Sondermüll gegeben werden. Annahmestelle bei der Gemeindeverwaltung erfragen.

Kühlerausbau beim Fünfzylinder: Nach Abnehmen der oberen Kühlerverkleidung (2) sind die beiden oberen Befestigungspunkte (Pfeile) des Kühlers (1) zugänglich.

Die in den Kühlmittelzusätzen enthaltenen Korrosionsschutzanteile setzen sich im Laufe der Zeit an den Leichtmetallteilen des Kühlsystems ab und bilden dort eine Schutzschicht. Dadurch verbraucht sich ein Teil des Korrosionsschutzes. Wird nun ein großflächiges Teil im Kühlsystem ersetzt, genügen die Korrosionsschutzanteile im Kühlmittel nicht mehr, um dieses neue Teil ausreichend zu schützen. Deshalb ist nach Ersetzen des Zylinderkopfs, des Kühlers, des Wärmetauschers oder des ganzen Motors das Kühlmittel komplett auszuwechseln.

Kühlsystem neu befüllen

Da eine gewisse Restmenge von Kühlflüssigkeit im Motor zurückbleibt, kann möglicherweise nicht die gesamte in der Tabelle auf Seite 50 genannte Flüssigkeitsmenge eingefüllt werden.

● Zuerst Gefrierschutzmittel, dann möglichst kalkarmes Wasser einfüllen, bis der Ausgleichsbehälter randvoll ist.

● Beim Vierzylinder zusätzlich den großen Thermoschalter (siehe Bild Seite 70) im Schlauchstutzen links am Zylinderkopf herausdrehen. Thermoschalter erst wieder einschrauben, wenn an dieser Stelle Kühlmittel austritt.

● Verschlußdeckel zudrehen.

● Motor starten und so lange laufen lassen, bis der elektrische Kühlerventilator anläuft.

● Motor abstellen und Kühlflüssigkeit ergänzen. Bei warmem Motor muß der Flüssigkeitspegel etwa 2 cm über der Marke am Ausgleichsbehälter stehen.

Der Kühlsystem-Verschlußdeckel

Im Überdruck-Kreislauf spielt der Kühlsystem-Verschlußdeckel auf dem Ausgleichsbehälter eine wichtige Rolle:

○ Die Dichtfläche wird bei aufgeschraubtem Deckel fest auf den Rand der Ausgleichsbehälteröffnung gedrückt. Es kann kein Druck entweichen.

○ Wenn bei Erwärmung der Druck im Kühlsystem **1,2–1,5 bar** übersteigt, öffnet das Überdruckventil. Jetzt kann zum Druckausgleich etwas Wasserdampf entweichen.

○ Beim Abkühlen zieht sich die Kühlflüssigkeit wieder zusammen, und es entsteht ein Unterdruck in der Kühlanlage. Für diesen Unterdruckausgleich sitzt im Deckel ein zweites Ventil. Es öffnet bei einem Unterdruck von **0,06–0,1 bar,** so daß Außenluft in den Ausgleichsbehälter strömen kann.

Überdruckventil prüfen

Wer sich die Mühe der Kontrolle nicht machen will, wechselt den relativ preisgünstigen Verschlußdeckel im Verdachtsfall einfach aus. Die Werkstatt prüft ihn mit einem Druckprüfgerät:

● Druck aufpumpen.

● Zwischen **1,2–1,5 bar** muß das Ventil öffnen.

Unterdruckventil prüfen

Ob das Unterdruckventil richtig arbeitet, läßt sich nur behelfsmäßig feststellen.

● Bei abgenommenem Verschlußdeckel einen dicken Wasserschlauch fest zusammendrücken.

● Deckel aufsetzen und festdrehen.

● Schlauch loslassen.

● Rundet sich der zusammengepreßte Schlauch wieder, dürfte das Ventil intakt sein.

● Sind die Kühlwasserschläuche morgens vor dem ersten Start plattgedrückt, streikt sicher das Unterdruckventil.

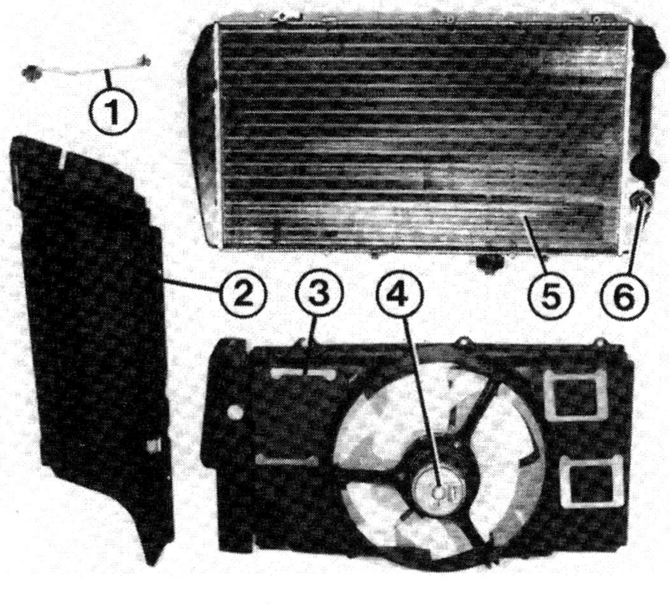

Der Fünfzylinder-Kühler (5) ausgebaut: 1 – Haltestrebe oben; 2 – Kühlerverkleidung oben; 3 – hintere Kühlerverkleidung, die sogenannte Lüfterzarge; 4 – Kühlerventilator; 6 – Thermoschalter für Kühlerventilator.

Der Thermostat

Vereinfacht gesagt bestimmt der Thermostat darüber, ob das Kühlwasser im Kühler abgekühlt werden soll oder nicht. Er hat also das Sagen darüber, ob das Kühlwasser im »kleinen« oder im »großen Kühlwasserkreislauf« zirkulieren soll (siehe dazu Seite 49).

Natürlich steuert der Thermostat den Kühlwasserfluß in Abhängigkeit der Kühlwassertemperatur. Das geschieht durch eine mit Spezialwachs gefüllte Büchse und den daran befestigten Ventilteller. Bei Erwärmung des Kühlmittels verflüssigt sich das Wachs, es dehnt sich aus und öffnet zwangsläufig durch sein größeres Volumen den Ventilteller. Solange die Kühlwassertemperatur steigt, wird vom Thermostat der Kaltwasserzufluß aus dem Kühler zunehmend geöffnet. Fällt dagegen die Betriebstemperatur, drückt eine Feder am Thermostat den Ventilteller wieder in Richtung »Zu« und sperrt damit den Kaltwasserzufluß, bis wieder Betriebstemperatur herrscht.

Störungsbeistand

Thermostat

Erkennungsmerkmal	Ursache/Auswirkungen
A Temperaturanzeige steigt langsam, Betriebstemperatur wird später erreicht, Heizwirkung ungenügend	**Thermostat-Ventilteller ist in »Offen«-Stellung blockiert (etwa durch Ablagerungen); der Zugang zum Kühler bleibt ständig offen. Motor bleibt zu lange im Kaltlaufbetrieb. Es kommt jedoch kurzfristig zu keinen Schäden. Trotzdem Thermostat in Bälde wechseln**
B Temperaturanzeige steht trotz richtigem Kühlmittelstand im roten Bereich bzw. am rechten Anschlag, Kühlmittel-Warnlampe brennt bzw. blinkt	**Thermostat-Ventilteller ist in »Geschlossen«-Stellung blockiert (etwa durch eine defekte bzw. undichte Thermostatbüchse). Auf keinen Fall weiterfahren, sonst entstehen schwere Hitzeschäden am Motor! Thermostat auswechseln**

Fingerzeig: Wenn der Motor unterwegs wegen defektem Thermostat ins Kochen kommt, hilft nur noch Abschleppen oder der komplette Ausbau des Thermostaten an Ort und Stelle. Sollten Sie sich für den Ausbau entscheiden, müssen Sie erst abwarten, bis die Kühlmitteltemperatur abgesunken ist. Besorgen Sie sich derweil Gefäße zum Auffangen des Kühlmittels.

Thermostat ausbauen

Einen klemmenden Thermostat unterwegs auszubauen ist problematisch. Er sitzt ziemlich weit unten, so daß beinahe die gesamte Kühlmittelmenge abgelassen werden muß. Zudem dauert es bei heißem Motor recht lange, ehe Sie mit der Arbeit beginnen können, ohne Gefahr zu laufen, daß Sie sich die Hände verbrühen. Beim Einbau eines neuen Thermostats soll auch der Dichtring am Thermostat- bzw. Wasserpumpengehäuse erneuert werden.

Nach Abschrauben des Gehäusedeckels (3) an der linken Motorseite ist beim Fünfzylinder der Thermostat (2) zugänglich. Die Position »1« zeigt das Gehäuse der Wasserpumpe.

Beim Vierzylinder sitzt das sogenannte Lagergehäuse (2) der Wasserpumpe am Wasserpumpengehäuse (4). Außerdem abgebildet: 1 – Keilriemenscheibe; 3 – Dichtung; 5 – Deckel mit Schlauchflansch; 6 – Dichtring; 7 – Thermostat.

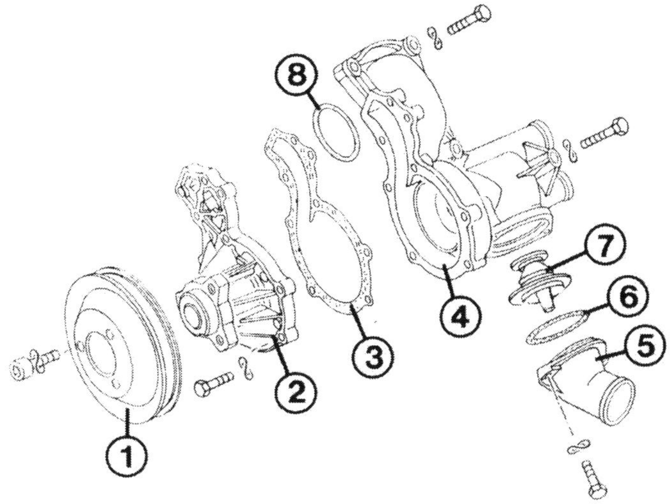

● Kühlmittel vollständig ablassen, Wagen mit Vierzylindermotor evtl. vorn aufbocken und sichern.
● Schlauchflansch unten am Wasserpumpengehäuse bzw. am Thermostatgehäuse abschrauben und zur Seite drücken.
● Beim Einbau des neuen Thermostats muß dessen kleinere Abdichtplatte zum Motor hin zeigen.
● Schrauben am Thermostat- bzw. Wasserpumpengehäuse mit 10 Nm anziehen.

Thermostat prüfen

Mit einem Einmachthermometer können Sie selbst kontrollieren, ob der Kühlwasserregler bei der vorgeschriebenen Temperatur öffnet. Die Öffnungsdaten hängen von der Motorversion ab:

Motor	Öffnungsbeginn	Öffnungsende	Öffnungshub min.
Vierzylinder	85°C	105°C	7 mm
Fünfzylinder	87°C	102°C	8 mm

● Thermostat ausbauen.
● Thermostat in einen Topf mit Wasser hängen und Wasser erhitzen.
● Kontrollieren, ob der Ventilteller bei den genannten Temperaturen vom Sitz abhebt bzw. voll geöffnet hat.
● Gesamt-Öffnungshub kontrollieren.

Die Wasserpumpe

Die Kühlflüssigkeit wird von der Wasserpumpe beschleunigt, damit sie im Kühlsystem zirkulieren kann. Sie sitzt je nach Motor an unterschiedlichen Stellen:
○ Am **Vierzylinder** sitzt die Pumpe in Fahrtrichtung vorn links am Motor und wird vom Keilriemen in Schwung versetzt.
○ Der **Fünfzylinder** hat seine Wasserpumpe ebenfalls vorn links sitzen, aber vom Zahnriemen angetrieben.
Die Wasserpumpe ist auf Lebenszeit wartungsfrei. Wird sie undicht oder produziert sie mahlende Geräusche, muß sie ausgetauscht werden – eine Reparatur ist nicht möglich.

Wasserpumpe ausbauen

Gebraucht wird zusätzlich eine neue Dichtung (Vierzylinder) bzw. ein neuer Dichtring (Fünfzylinder). Nachgearbeitete Wasserpumpen für den Fünfzylinder – man erkennt sie an der eingeschlagenen Zahl 5 im Dichtflanschbereich – müssen mit einem Übermaß-Dichtring mit 5 mm Durchmesser eingesetzt werden.
● Beim **Vierzylinder** zuerst den Keilriemen abnehmen.
● Wagen evtl. vorn hochbocken und sichern.
● Zahnriemenabdeckung ausbauen (Seite 35).
● Insgesamt sieben Verschraubungen zwischen dem vorderen Lagergehäuse und dem Wasserpumpengehäuse lösen. Das Pumpenrad sitzt im Lagergehäuse.
● Dichtung zwischen Lagergehäuse und Wasserpumpengehäuse erneuern.
● Falls das komplette Wasserpumpengehäuse ausgebaut wird, muß beim Einbau die Dichtung zwischen dem Gehäuse und dem Motorblock ebenfalls ersetzt werden.
● Lagergehäuse mit 10 Nm festschrauben, Halteschrauben der Keilriemenscheibe mit 20 Nm anziehen.
● Beim **Fünfzylinder** ist der Ausbau der Wasserpumpe alles andere als einfach:
● Zuerst die Servopumpe samt Keilriemen ausbauen (Seite 135).

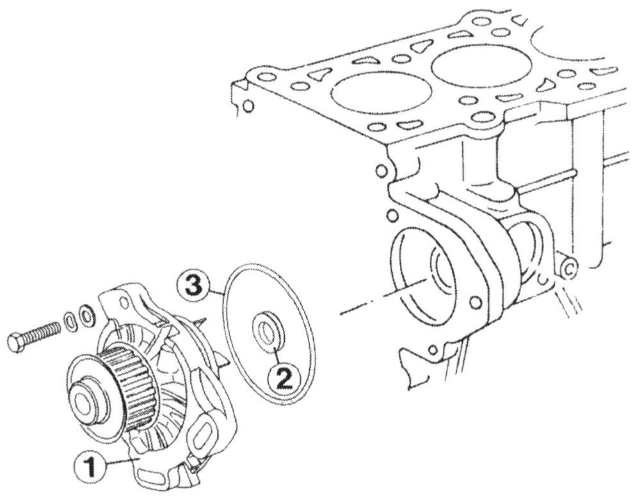

Die Wasserpumpe (1) des Fünfzylinders ist von vorn in den Motorblock eingeschraubt. Ferner bedeuten: 2 – Anlaufring; 3 – Dichtring.

- Zahnriemenabdeckung ausbauen (siehe Seite 35).
- Zahnriemen entspannen und vom Wasserpumpen-Zahnriemenrad abnehmen (Bild Seite 36).
- Hinteres Zahnriemen-Schutzblech abbauen, dazu Nockenwellen-Zahnriemenrad ausbauen.
- Halteschrauben der Wasserpumpe herausdrehen, Pumpe abnehmen.
- Neue Pumpe mit neuem Dichtring einbauen, Schrauben leicht anziehen.
- Hinteres Zahnriemenschutzblech einbauen, Nockenwellen-Zahnriemenrad mit seiner Nut auf dem Keil der Nockenwelle einrasten lassen und Halteschraube mit 80 Nm anziehen.
- Zahnriemen auflegen, Steuerzeiten einstellen (Seite 37).
- Zahnriemen spannen (Seite 36).
- Der übrige Zusammenbau verläuft problemlos.

Der Wasserpumpen-Keilriemen

Den Antrieb der Wasserpumpe besorgt beim Fünfzylindermotor der Zahnriemen – beim Vierzylindermotor dagegen der Keilriemen. **Deshalb darf der Vierzylinder niemals ohne Keilriemen und damit ohne Wasserpumpe betrieben werden!** Sie riskieren sonst einen schweren Motorschaden. Mehr über den Keilriemen – auch wie man sich ohne ihn behilft – steht auf Seite 185 bis 188.

Der Kühlerventilator

Der Audi besitzt einen elektrisch angetriebenen Kühlerventilator, der sich nur im Bedarfsfall zuschaltet. Dadurch wird Motorleistung und damit Kraftstoff gespart.
Am Vierzylinder-Kühler links unten bzw. am Fünfzylinder-Kühler rechts hinten (jeweils in Fahrtrichtung gesehen) ist deshalb ein temperaturempfindlicher Schalter eingeschraubt. Wenn er »spürt«, daß die an ihm vorbeirauschende Flüssigkeit nach Durchfluß des Kühlers noch zu heiß ist, schaltet er den Ventilator ein. Ebenso

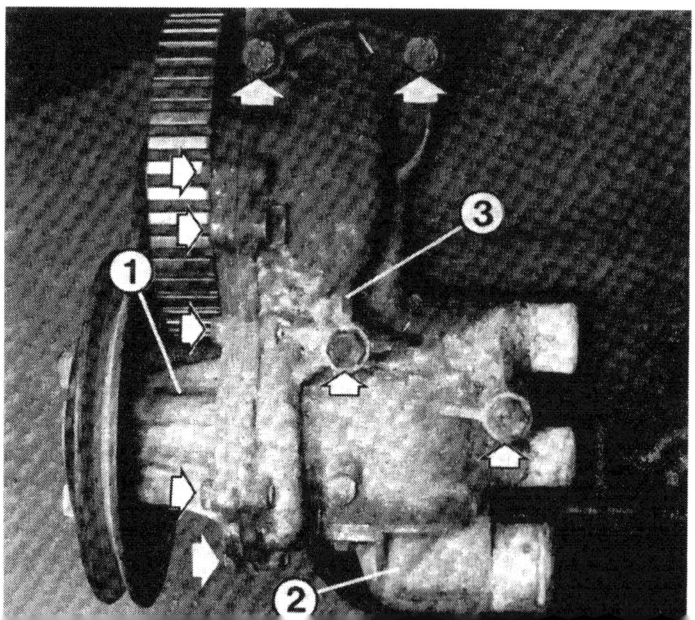

Zur besseren Übersicht ist die Wasserpumpe des Vierzylinders hier am ausgebauten Motor gezeigt. Sie besteht aus dem sogenannten Lagergehäuse (1), in dem das Pumpenrad läuft, dem Thermostat- oder Pumpengehäuse (3) und dem unteren Deckel (2) des Thermostatgehäuses. Die Pfeile zeigen auf die Mehrzahl der Schrauben, die bei einer Reparatur zu lösen sind.

schaltet er den Elektroventilator wieder aus, wenn die Temperatur unten im Kühler auf einen bestimmten Wert abgesunken ist. Die Schalttemperaturen lauten:

Lüfterversion	Einschalttemperatur	Ausschalttemperatur
einstufig	92–97°C[1]	84–91°C[2]
zweistufig 1. Stufe 2. Stufe	92–97°C[1] 99–105°C	84–91°C[2] 91–98°C

[1] ältere Version: 93–98°C [2] ältere Version: 88–93°C

Zweistufiger Kühlerventilator

In einigen Motor- und Ausstattungsversionen besitzt der Audi einen zweistufigen Kühlerventilator. Bei starker Motorbelastung und entsprechend hoher Kühlwassertemperatur schaltet der Thermoschalter eine höhere Lüftergeschwindigkeit. Möglich macht's der zweistufige Thermoschalter (siehe Tabelle oben), der den zweiten Stromweg zum Ventilator über ein weiteres Relais schaltet (siehe Seite 231).

Elektrische Verschaltung

Die elektrische Schaltung sieht so aus:

○ Der Thermoschalter steuert den Lüftermotor nicht direkt, sondern über ein Relais (Seite 231). Er sitzt also im Steuerstromkreis (Seite 230) des Relais und bestimmt darüber, wann die Kontakte geschlossen werden, die Strom von der Klemme 30 (ständig stromführend) zum Ventilator fließen lassen.
Der Steuerkreis selbst erhält aber nur bei eingeschalteter Zündung über Klemme X Strom, so daß die Relaiskontakte auch nur bei »Zündung an« geschlossen werden können.

○ Bei zweistufigem Lüfter ist gewissermaßen doppelte Verschaltung eingebaut: Der Doppelthermoschalter steuert über das Relais die zweite Motorstufe.

Fingerzeig: Aus der elektrischen Verschaltung über Klemme X (siehe Seite 230) ergibt sich, daß der Kühlerventilator – ob ein- oder zweistufig – niemals bei ausgeschalteter Zündung loslaufen kann. Anders ist das, wenn der Wagen eine Lüfternachschaltung eingebaut hat, wie im folgenden Text beschrieben. Dann kann der Lüfter auch bei stehendem Motor plötzlich losbrausen. Vorsicht beim Hantieren im Motorraum!

Lüfternachlaufschaltung

Teilweise sind die Einspritzmotoren mit einer sogenannten Lüfternachlaufschaltung ausgestattet. Entsteht nach dem Abstellen des Motors ein Hitzestau im Motorraum, sorgt der Kühlerventilator für kühle Luft. So wird Dampfblasenbildung in den Einspritzleitungen vermieden – Gründe für Startprobleme bei heißem Motor.
Bei dieser Schaltung »fühlt« ein Thermoschalter am Zylinderkopf die Temperatur und setzt über das »Steuergerät für Lüfternachlauf« (Seite 231) den Ventilator in Gang.

Störungen am Kühlerventilator

Nach klemmendem Thermostat und gerissenem Keilriemen kann ein ausgefallener Kühlerventilator zu hohe Kühlmitteltemperatur verursachen, allerdings nur bei längerem Leerlauf, etwa im stockenden Feierabendver-

Der Thermoschalter (Pfeil) für den Kühlerventilator ist beim Vierzylinder von unten in den Kühler eingeschraubt. Die angeschlossenen Kabel können in beliebiger Weise aufgesteckt werden. Beim Fünfzylinder sitzt der Thermoschalter dagegen links hinten am Kühler (vgl. Bild Seite 53).

kehr oder in einer Autobahnstauung. Ein ausgefallener Ventilator muß aber nicht das Ende der Fahrt bedeuten:
○ Nachdem der Motor einigermaßen abgekühlt ist, kann man mit mittleren Drehzahlen und einigermaßen zügigem Tempo die nächste Werkstatt anlaufen. Dabei die Temperaturanzeige und Warnleuchte im Auge behalten.
○ Leerlauf und Schleichfahrt dagegen sind für den Motor gefährlich. Da strömt kaum ein kühlender Lufthauch durch die Kühlerlamellen. Muß verkehrsbedingt mit niedriger Geschwindigkeit weitergefahren werden, sollten Sie sofort nach der Störungsursache forschen und gegebenenfalls den Thermoschalter überbrücken (siehe folgenden Abschnitt).

Störungssuche

● Kontrollieren Sie zuerst die zuständige **Sicherung** (siehe Seite 164).
● War diese in Ordnung, ziehen Sie am **Thermoschalter** die beiden aufgesteckten Kabel bzw. den Doppelstecker ab.
● Halten Sie die Steckkontaktzungen zusammen oder überbrücken Sie die Kabelstecker mit einem Stück Draht.
● Bei zweistufigem Thermoschalter alle drei Stekkerzungen überbrücken.
● Wenn jetzt der Ventilator bei eingeschalteter Zündung losbraust, ist der hier aus dem Stromkreislauf herausgenommene Thermoschalter defekt.
● Zur Weiterfahrt die losen Kabelstecker durch einen sogenannten Verteilerstecker, in den beide Kabelschuhe eingesteckt werden können, verbinden. Oder die Kabelbrücke im Doppelstecker gut festklemmen.
● Damit die locker hängenden Kabel keinen Unfug stiften können, umklebt man sie kurzschlußsicher mit Klebeband oder Heftpflaster.
● Half die Überbrückung des Thermoschalters nicht weiter, kontrollieren Sie das **Lüfter-Relais** in der Zentralelektrik (siehe Seite 231): Wenn die beiden Anschlußkabel des Thermoschalters zusammengehalten bzw. überbrückt werden, müssen die Schaltkontakte im Relais bei eingeschalteter Zündung hörbar schließen.
● Ist das nicht der Fall, wird das Relais behelfsmäßig überbrückt. Dazu die Relaissteckerzungen der Klemmen 30/14 und 87/17 mit einem Drahtstück (Büroklammer) verbinden und das Relais einstecken.
● Der Kühlerventilator muß nun auch bei ausgeschalteter Zündung loslaufen. Tut er das jetzt, ist das Relais defekt.
● Die Drahtbrücke kann als Notbehelf für unterwegs eingesetzt bleiben. Nach der Fahrt muß sie entfernt werden.
● War auch so kein Erfolg zu erzielen, prüfen Sie nun den **Lüftermotor:**
● Kabelstecker am Ventilatormotor abziehen und stattdessen am Kontakt der rot/schwarzen Leitung Hilfskabel zum Batterie-Pluspol legen. Die Steckverbindung für das braune Kabel wird direkt mit dem Minuspol verbunden.
● Dreht sich der Propeller immer noch nicht, ist der Ventilatormotor defekt – austauschen.
● Läuft der Ventilator jedoch, müssen das Relais (siehe Seite 231), die Kabelstecker sowie sämtliche Kabelverbindungen von Thermoschalter und Elektrolüfter überprüft werden.
● Auch mit direkt von der Batterie gespeistem Kühlerventilator können Sie unbesorgt weiterfahren, sofern die Hilfskabel gut gesichert sind.
● Wo vorhanden, ist die zweite Lüfterstufe bzw. die Lüfternachlauf-Einrichtung über ein rot/blaues Kabel mit Strom versorgt. Zum Prüfen dieser Lüfterstufe das +-Kabel am Motorsteckkontakt des rot/blauen Kabels anschließen.

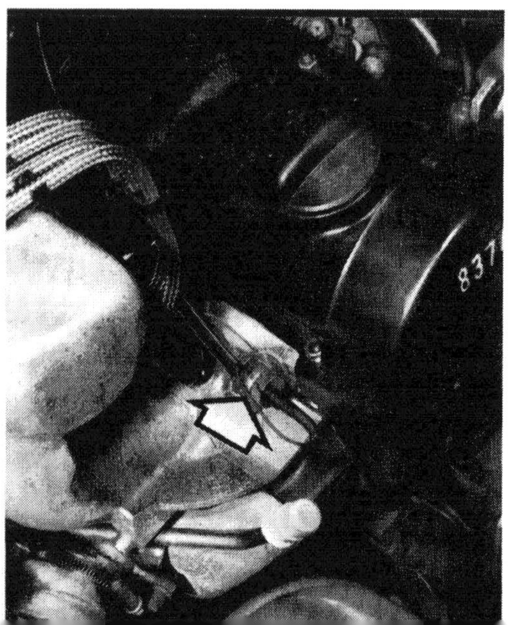

Der Thermoschalter der Lüfternachlaufschaltung (Pfeil) sitzt beim Vierzylinder rechts vorn am Zylinderkopf (Bild links), beim Fünfzylinder hat er seinen Platz links hinten (Bild rechts).

Kühlerventilator ausbauen

Der Kühlerventilator muß gemeinsam mit der hinteren Kühlerverkleidung – der sogenannten Lüfterzarge – vom Kühler abgebaut werden:

- Die bei eingebautem Kühler schwer erreichbaren unteren Halteschrauben der Lüfterzarge herausdrehen.
- Kabelstrang ausclipsen.
- Beim Vierzylinder den Hauben-Entriegelungszug aushängen.
- Beim Fünfzylinder die Kühlerbefestigung links (Gummimetallager) lösen.
- Obere Halteschrauben der Lüfterzarge herausdrehen.
- Ventilatormotor mit Zarge herausnehmen.
- Zum Trennen von Motor und Zarge drei Haltemuttern lösen.

Störungsbeistand

Kühlsystem

Die Störung	– ihre Ursache	– ihre Abhilfe
A Temperatur-Anzeigenadel steht im roten Bereich bzw. am rechten Anschlag; rote Warnleuchte brennt bzw. blinkt	1 Nur Vierzylinder: Keilriemen zu schwach, gespannt oder gerissen	Keilriemenspannung kontrollieren oder Riemen ersetzen
	2 Zu wenig Flüssigkeit im Kühlsystem	Auffüllen, notfalls aus der Scheibenwaschanlage
	3 Kabel zur Temperaturanzeige hat Massekontakt	Kabel am Temperaturfühler abziehen, Zeiger muß zurückgehen bzw. rote Lampe muß verlöschen, sonst Masseschluß; Kabelverlauf kontrollieren
	4 Termostat öffnet den Kaltwasserzufluß aus dem Kühler nicht (Kühler kalt)	Thermostat ausbauen und ohne ihn weiterfahren oder Wagen abschleppen lassen
	5 Kühlerventilator schaltet nicht ein	Siehe Seite 57
	6 Überdruckventil im Verschlußdeckel defekt	Deckel prüfen (lassen), ggf. austauschen
	7 Spannungs-Konstanter defekt	Austauschen (siehe Seite 220)
	8 Kühlerlamellen zugesetzt	Kühler reinigen
B Temperaturanzeige spricht sehr langsam an, schwache Heizleistung	Thermostat schließt nicht völlig, aufgeheiztes Kühlwasser strömt zu früh durch den Kühler	Thermostat säubern, ggf. ersetzen

Flüssiges Brot

Ohne brauchbares Essen sinkt die Arbeitsleistung bei Mensch und Auto gleichermaßen. Was der Audi als brauchbar ansieht, erfahren Sie hier.

Normal- oder Superbenzin

Die Bezeichnungen »Normal« und »Super« stimmen eigentlich nicht, denn beide Kraftstoffarten sind von durchaus gleicher Qualität. Weder im Reinheitsgrad noch im Verdampfungsverhalten (das für die Entzündbarkeit sehr wichtig ist) noch in der Energieentfaltung (Heizwert bezogen je Kilogramm Kraftstoff) zeigen sich Differenzen. Das wesentliche Unterscheidungsmerkmal ist die Klopffestigkeit. Sie wird durch die Oktanzahl gekennzeichnet und liegt bei Eurosuper bleifrei etwa 4 Punkte höher als bei Normalbenzin. Außerdem ist der Heizwert bei Super um rund 1,5% höher.

Superkraftstoff kann höhere Kompressionsdrücke aushalten, ohne sich selbst zu entzünden, was sonst zu Motorklopfen führt. Zur Selbstentzündung des Kraftstoff/Luft-Gemisches kommt es durch die Hitze, die jedes Gas erzeugt, wenn es komprimiert (zusammengedrückt) wird. Sie kennen das vielleicht von der Fahrrad-Luftpumpe beim Aufpumpen eines Reifens.

Je höher das Kompressionsverhältnis ist, desto stärker erwärmt sich das Gemisch. Es kann also um so leichter zu Selbstzündungen im Verbrennungsraum kommen, wenn der Kraftstoff nicht klopffest genug ist. Je nach Verdichtungsverhältnis brauchen unsere Motoren demzufolge Normal- oder Superbenzin. Hier die genaue Auflistung:

Motor	Vierzylinder						
Motor-Kennbuchstaben	DR[1]	RS	SH	DS	JW[3]	PH	4B
Hubraum l	1,8	1,8	1,8	1,8	1,8	1,8	1,8
Leistung kW/PS	55/75	55/75	65/88, 66/90	66/90	66/90	66/90	66/90
Verdichtung	9,0	9,0	9,0	10,0	10,0	9,0	9,0
ROZ mind.	91	91	91	98	98	91	91
Kraftstoff	Normal[3] Normal bleifrei	Normal bleifrei[4]	Normal bleifrei	Super Plus[6]	Super Plus[6]	Normal bleifrei	Normal bleifrei

Motor	Fünfzylinder					
Motor-Kennbuchstaben	WH	KP	SL	RT mit Kat	RT ohne Kat	WU
Hubraum l	1,9	2,0	2,0	2,0	2,0	2,14
Leistung kW/PS	74/100	85/115	83/113	83/113	85/115	77/105
Verdichtung	10,0	10,0	10,0	10,0	10,0	8,2
ROZ mind.	98	98	95	95	98	91
Kraftstoff	Super Plus[6]	Super Plus[6]	Eurosuper[5]	Eurosuper[5]	Super Plus[6]	Normal bleifrei
Motor-Kennbuchstaben	WC	KF[2]	KZ	KU	HX[2]	NF
Hubraum l	2,14	2,14	2,23	2,23	2,23	2,30
Leistung kW/PS	100/136	96/130	85/115	101/138	101/138	100/136
Verdichtung	9,3	9,3	8,5	10,0	10,0	10,0
ROZ mind.	98	98	91	98	98	95
Kraftstoff	Super Plus[6]	Super Plus[6]	Normal bleifrei	Super Plus[6]	Super Plus[6]	Eurosuper[5]

[1] Österreich-Version »DRA«: 51 kW/70 PS
[2] Schweiz-Version
[3] in der BRD, Österreich und Schweiz nicht erhältlich
[4] kann ohne Kat auch mit Normal verbleit gefahren werden
[5] wenn nicht erhältlich, auch Normal bleifrei möglich
[6] bei Wagen ohne Kat auch Super verbleit möglich

Das »Blei« im Kraftstoff dient nicht nur als Klopfbremse. An den Ventilsitzringen der Auslaßventile wirkt es außerdem wie ein Schmiermittel – es federt den Aufschlag des Ventils beim Schließen ab. Mit bleifreiem Benzin ist dieser Dämpfeffekt nicht gegeben. Doch alle Audi-100-Modelle besitzen seit Produktionsbeginn entsprechend gefertigte Ventilsitze, so daß bleifreier Kraftstoff gefahren werden kann.
Die älteren auf Super verbleit (98 ROZ) ausgelegten Motoren müssen mit Super Plus gefüttert werden. Denn unverbleites Eurosuper hat lediglich 95 ROZ und ist damit nicht ausreichend. Wer dennoch diesen Kraftstoff verwenden will (oder ihn verwenden muß, wie die als »schadstoffarm« umgerüsteten Fahrzeuge es laut ABE verlangen), muß den Zündzeitpunkt (Seite 191, 201) wie folgt in Richtung »Spät« verstellen:

Motorkennbuchstaben	DS	KP	KU	WC
Zündzeitpunkt für Super bleifrei 95 ROZ	14° vor OT	10° vor OT	10° vor OT	10° vor OT

Warum bleifrei?

Was der Katalysator überhaupt nicht mag, ist Blei. Kommt er mit Blei oder Bleiverbindungen – was ja die schon beschriebenen Klopfbremsen letztlich sind – in Berührung, wird er binnen kurzem wirkungslos.

Fingerzeig: Fahrzeuge mit Katalysator besitzen im Tankeinfüllstutzen ein Sicherheitsventil, das nur von der schlanken Bleifrei-Zapfpistole aufgestoßen werden kann. So soll versehentliches Einfüllen von verbleitem Kraftstoff verhindert werden. Damit im Notfall auch bleifreies Benzin aus dem Reservekanister eingefüllt werden kann, benötigen Sie einen geeigneten Trichter. Oder man drückt während des Einfüllens die Ventilklappe mit einem sauberen Schraubenzieher nach unten.

Die Kraftstoffqualität

Die Klopffestigkeit eines Kraftstoffes – und damit seine Qualität – hängt zum einen von der Güte und der Verarbeitung des verwendeten Rohöls ab. Zum anderen wird die Klopffestigkeit durch sogenannte Klopfbremsen gesteigert, bei dem herkömmlichen bleihaltigen Benzin das hochgiftige Blei-Tetraäthyl. Zur Kennzeichnung der Klopffestigkeit dient die Oktanzahl. Das ist eine Vergleichsgröße, die in einem speziellen Prüfmotor mit Meßkraftstoffen ermittelt wird.
Häufig genannt ist die »Research-Oktanzahl«, kurz ROZ. Seltener findet man dagegen die »Motor-Oktanzahl« (MOZ). Die hierzulande geforderten Mindest-Oktanwerte für Kraftstoff sind vom **D**eutschen **I**nstitut für **N**ormung in der DIN-Norm 51 600 bzw. 51 607 festgehalten:

Verbleiter Kraftstoff Super		Unverbleiter Kraftstoff Normal		Eurosuper		Super Plus	
ROZ 98	MOZ 88	ROZ 91	MOZ 82,5	ROZ 95	MOZ 85	ROZ 98	MOZ 88

Klingeln und Klopfen

Bei hierzulande verkauften Kraftstoffen ohne DIN-Kennzeichnung oder im Ausland kann sich Motorklingeln oder -klopfen bemerkbar machen. Normalerweise verbrennt das Kraftstoff/Luft-Gemisch im Zylinder auf »Befehl« des Zündkerzenfunkens. Ein »klingelfreudiger« Kraftstoff kann es aber nicht erwarten, bis ihn der Zündfunke restlos entflammt hat. Er detoniert von selbst durch den hohen Druck und die große Hitze zum Teil schon in einer Ecke des Verbrennungsraums. Dabei knallt er der von der Zündkerze auf ihn zueilenden Flammenfront entgegen. Das gibt einen gewaltigen Druckanstieg im Zylinder. Der Kolben erhält einen Schlag auf den Boden und leitet ihn über sein Pleuel an die Lager der Kurbelwelle weiter.
Tritt dieser Effekt bei hohen Motordrehzahlen auf, werden die harten Verbrennungsgeräusche von den Fahrgeräuschen übertönt. Das ist für den Motor ausgesprochen gefährlich. Dieses Hochdrehzahlklopfen bewirkt eine erhebliche Motorüberhitzung. Bis aber die Kühlmittelanzeige anspricht, ist es meist zu spät, und ein oder mehrere Kolbenböden sind bereits geschmolzen.
Bekannter, weil besser zu hören, ist das Beschleunigungsklingeln. Es macht sich bemerkbar, wenn Sie mit nicht genügend klopffestem Kraftstoff aus niedrigen Drehzahlen heraus voll beschleunigen.

Motorklopfen: Die Verbrennung beginnt wie gewünscht, doch im entscheidenden Augenblick (Abwärtsbewegung des Kolbens) entsteht eine unkontrollierte Detonation.

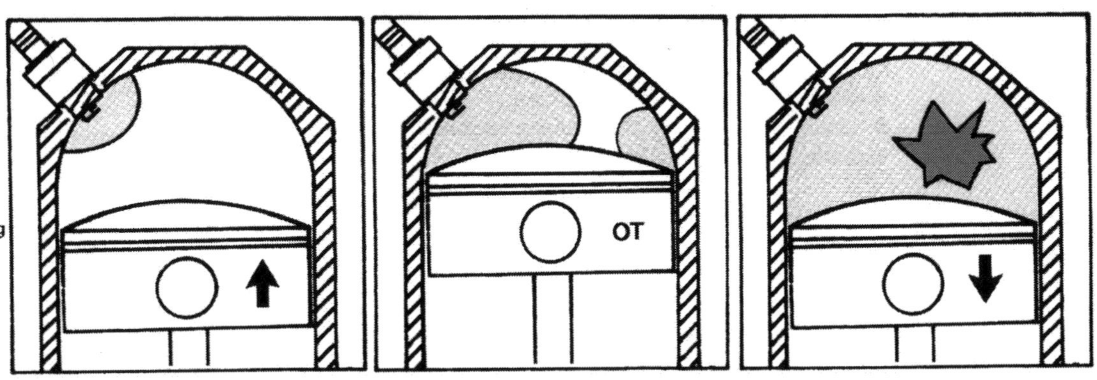

Lebensmittelversorgung

Bis zu 80 Liter Kraftstoff kann der Audi 100 in seinem Tank spazierenfahren. Nach vorn zum Motor gelangt das kostbare Naß durch die Mitwirkung von Kraftstoffleitungen und Benzinpumpe.

Der Tank

Der **80-Liter-Kraftstofftank** – hinter der Rücksitzbank ist von unten zwischen den Hinterachs-Längslenkern im bestgeschützten Teil des Fahrzeugs untergebracht. Er besteht bei Wagen mit Vergasermotor ab Baudatum ca. 10/84 aus Kunststoff. Früher gebaute Vergaser- und alle Einspritzversionen des Audi 100 besitzen dagegen einen herkömmlichen Blechtank.
Als Besonderheit ist bei Wagen mit Benzineinspritzung auch die elektrische Kraftstoffpumpe direkt im Tank untergebracht.

Fingerzeig: Bevor Sie irgendwelche Arbeiten an der Kraftstoffanlage in Angriff nehmen, sollten Sie unbedingt das Batterie-Massekabel abnehmen. Unbeabsichtigte elektrische Verbindungen können zu gefährlicher Funkenbildung führen.

Wozu Tankentlüftung?

Wichtig für den einwandfreien Kraftstoffnachschub ist die Belüftung des Tanks: In dem Maß wie Kraftstoff verbraucht wird, muß Luft nachströmen können, sonst würde sich im Tank ein Vakuum bilden, und der Kraftstofffluß würde stocken. Ferner muß der Tank belüftet werden, um dem Inhalt Gelegenheit zum Ausdehnen bei Erwärmung zu geben. Auch muß beim Betanken genug Luft aus dem Tank austreten können, damit der hineingeschüttete Kraftstoff nicht wieder zum Einfüllstutzen heraussprudelt.

Die Tankentlüftung im Audi

○ Im Tankeinfüllrohr befindet sich eine zweite dünnere Rohrleitung, durch die Luft nach oben entweichen kann, während der Tank gefüllt wird. Das ist die sogenannte Schnellentlüftung.
○ Die zweite Entlüftungsleitung sitzt oben am Tankgeber an einer kraftstofffreien Stelle. Sie soll die ständig und unvermeidlich sich bildenden Benzindämpfe ableiten. Während der Fahrt strömt durch diese Leitung entsprechend der verbrauchten Kraftstoffmenge von außen Luft in den Tank hinein, so daß sich kein Unterdruck bilden kann.

Aktivkohlebehälter

Bei Fahrzeugen mit geregeltem Kat führt die Entlüftungsleitung nicht einfach ins Freie, sondern mündet in einen Aktivkohlebehälter im Motorraum. Zweck der Sache ist es, die durch diese Leitung austretenden umweltschädlichen Kraftstoffdämpfe (entstanden durch Erwärmung des Tankinhalts) aufzufangen. Bei laufendem Motor werden die Gase bei bestimmter Motorlast wieder aus dem Aktivkohlebehälter herausgesaugt. Was dann geschehen muß, bestimmt ein lastabhängiges Unterdruckventil.

Tank ausbauen

Vor dem Ausbau sollten Sie den Tank möglichst weit leerfahren. Ist das nicht möglich, muß der Tankinhalt über die Kraftstoffleitung abgelassen werden, da keine Ablaßschraube vorgesehen wurde. Eine langwierige Arbeit. Ansonsten geht der Ausbau so:

- Batterie abklemmen.
- Wenn noch vorhanden: restlichen Kraftstoff ablassen.
- Blechdeckel unter der Kofferraummatte (siehe Bild Seite 64) abschrauben.
- Am jetzt sichtbaren Tankgeber die Elektrosteckverbindung abziehen und die Schläuche für Kraftstoffvorlauf und -rücklauf sowie für die Tankentlüftung kennzeichnen und abziehen bzw. abschrauben.
- Wagen hochbocken und sichern.
- Unter dem Wagen die Schlauchschelle an der Verbindung Tank/Einfüllrohr lösen.
- Unten am Tankeinfüllstutzen den Überlauf- und den Entlüftungsschlauch abziehen.
- Verschlußkappe des Tankeinfüllstutzens öffnen. Oberhalb des Einfüllstutzens befindet sich eine Kreuzschlitzschraube, die herausgedreht werden muß.
- Unter dem Wagen nun die Haltebänder des Tanks abschrauben.
- Tank absenken und herausnehmen.

Das Schwerkraftventil

Am Entlüftungsrohr im Tankgeber sitzt ein Schwerkraftventil. Es verschließt bei schrägstehendem Wagen die

Benzinleitung. Dadurch wird verhindert, daß selbst bei randvollem Tank und schräg geparktem Fahrzeug oder nach einem Unfall Benzin durch die Entlüftungsleitung austreten kann.

Schwerkraftventil prüfen

- Tankdeckel abschrauben.
- Entlüftungsleitung vom Tankgeber abziehen und Hilfsschlauch aufstecken.
- Wenn Sie jetzt bei waagrecht stehendem Wagen durch diesen Schlauch blasen, muß dies leicht gehen.

Geber für die Tankanzeige

Der Tankgeber ist oben in den Kraftstoffbehälter eingesetzt. Wie er funktioniert, ist auf Seite 219 beschrieben. Die Anzeige für den Benzinstand ist kein Präzisionsinstrument. Einen falsch anzeigenden Geber kann man durch Nachstellen des Zeigerinstruments im Armaturenbrett korrigieren (ebenfalls Seite 219).

Tankgeber ausbauen

- Kofferraummatte ganz vorn fassen und ein Stück zurückziehen (Vorsicht, verklebt).
- Drei Kreuzschlitzschrauben des nun sichtbaren Blechdeckels herausdrehen, Stecker am Geber abziehen.
- Leitungen am Geber bezeichnen und abziehen bzw. abschrauben.
- Zwei lange Schraubenzieher über Kreuz in die Aussparungen am Haltering des Tankgebers einsetzen und damit den Haltering linksdrehend lösen.
- Haltering abnehmen und Tankgeber herausziehen.
- Beim **Einspritzer** die Schläuche für Vor- und Rücklaufleitung kennzeichnen und an der Innenseite des Tankgebers abschrauben. Ferner das Kabel zur Kraftstoffpumpe ausstecken und das Schwerkraftventil ausclipsen.
- Zum **Einbau** muß bei der **Vergaserversion** kontrolliert werden, ob sich der Saugkorb auf der Ansaugleitung leicht verschieben läßt. Ferner ist darauf zu achten, daß der elektrische Anschluß oben am Geber nach dem Einbau nach vorn zeigt.
- Generell neuen Dichtring verwenden.

Die Kraftstoffleitungen

○ Bei den Vergasermotoren wird der Kraftstoff in einfachen Schläuchen und Leitungen vom Tank nach vorn gepumpt. Damit der Druck auf das Schwimmernadelventil im Vergaser nicht zu groß werden kann, gelangt zuviel geförderter Kraftstoff durch eine Rücklaufleitung in den Tank zurück.

○ Beim Einspritzmotor müssen die Schläuche und Leitungen einem Druck von mehr als 5 bar (K-/KE-Jetronic) widerstehen. Die Schläuche bestehen daher aus besonders druckfestem Werkstoff und sind an den Verbindungsstellen fest verschraubt. Lediglich die Rücklaufleitung am Tankgeber wird von Schlauchschellen gehalten.

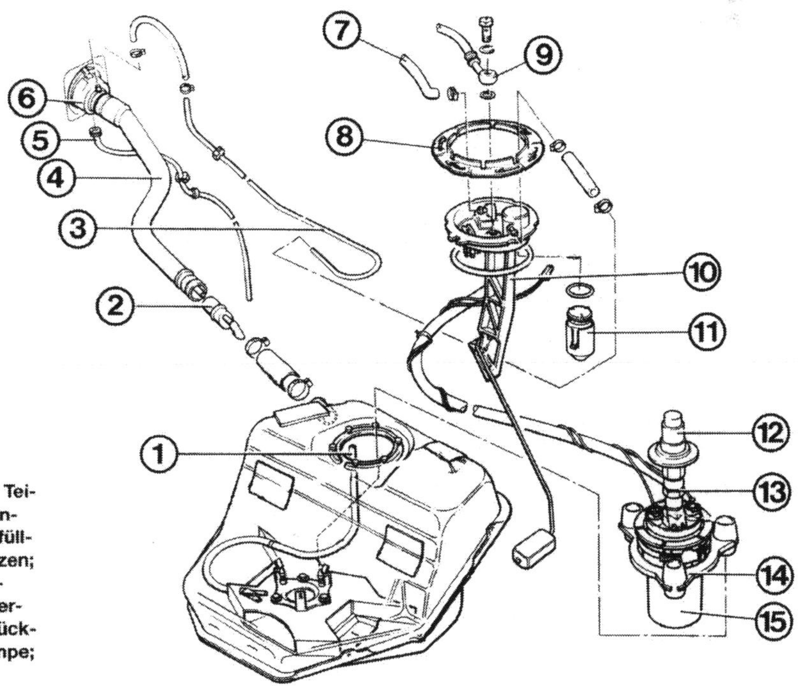

Der Tank (hier beim Einspritzermotor) mit Teilen: 1 – Rücklaufleitung; 2 – Einsatz für Einfüllstutzen; 3 – Entlüftungsleitung; 4 – Einfüllrohr; 5 – Überlaufschlauch; 6 – Einfüllstutzen; 7 – Rücklaufleitung; 8 – Verschlußring; 9 – Vorlaufleitung; 10 – Tankgeber; 11 – Schwerkraftventil; 12 – Geräuschdämpfer; 13 – Rückschlagventil; 14 – Halter der Kraftstoffpumpe; 15 – Kraftstoffpumpe.

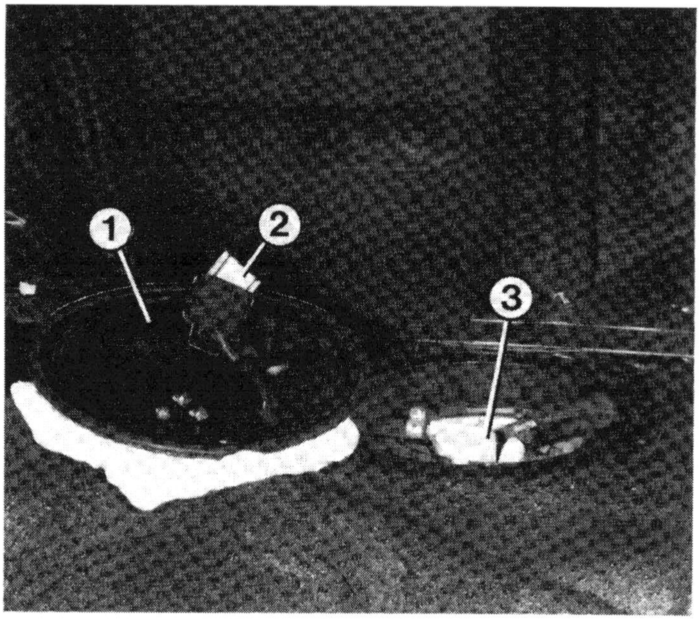

Ganz vorn im Kofferraum unter der Bodenmatte sitzt der Blechdeckel (1), der zum Ausbau des Tankgebers (3) abgeschraubt werden muß. Durch den Deckel führt das Anschlußkabel (2) zum Tankgeber und (beim Einspritzer) zur elektrischen Kraftstoffpumpe.

Kraftstoffleitungen und -schläuche ausbauen

● Sauberkeit ist oberstes Gebot bei Arbeiten an der Kraftstoffanlage. Besonders bei der Benzineinspritzung sollten Sie zumindest den Bereich, in dem gearbeitet wird, vorher reinigen, damit kein Schmutz in die offenen Leitungen gelangen kann.
● Bei den **Vergasermotoren** sind die Kraftstoffleitungen meist mit Klemmschellen befestigt.
● Um sie zu lösen, muß mit einer Zange die Blechschlaufe an ihrem Umfang plattgedrückt werden. Dadurch weitet sich die Klemmschelle und der Kraftstoffschlauch kann unter Drehbewegungen abgezogen werden.
● Ist dies nicht möglich, kleinen Gabelschlüssel am Schlauchende ansetzen und damit abdrücken.
● Beim Einbau sollten Sie statt der Klemmschellen solche zum Schrauben verwenden.
● Bei den **Einspritzmotoren** ist zu beachten, daß das Kraftstoffsystem auch längere Zeit nach dem Abschalten des Motors noch unter Druck steht.
● Beim Losschrauben einer Benzinleitung einen Lappen bereithalten, damit kein Kraftstoff in die Augen spritzen kann.

Die Kraftstoffpumpe

Vergasermotoren

○ Beim **Vierzylinder** ist die Benzinpumpe an der linken Seite des Motorblocks angeflanscht. Angetrieben wird sie von der schon erwähnten Zwischenwelle über ein Exzenter.
○ Beim **Fünfzylinder** sitzt die Benzinpumpe links hinten am Zylinderkopf. Ein Exzenter auf der Nockenwelle sorgt für den Antrieb der Pumpe.

Funktion

Die Benzinpumpen funktionieren an beiden Motoren gleich: Im Oberteil der Pumpe ist das Saug- und das Druckventil eingebaut, im Unterteil sitzt der Steuermechanismus. Die Membrane zwischen Ober- und Unterteil dient gleichzeitig als Dichtung. Eine Feder am Pumpenstößel zieht diesen und damit die daran befestigte Membrane nach unten, das Saugventil öffnet, und aus dem Tank wird Benzin abgesaugt. Der Exzenter drückt

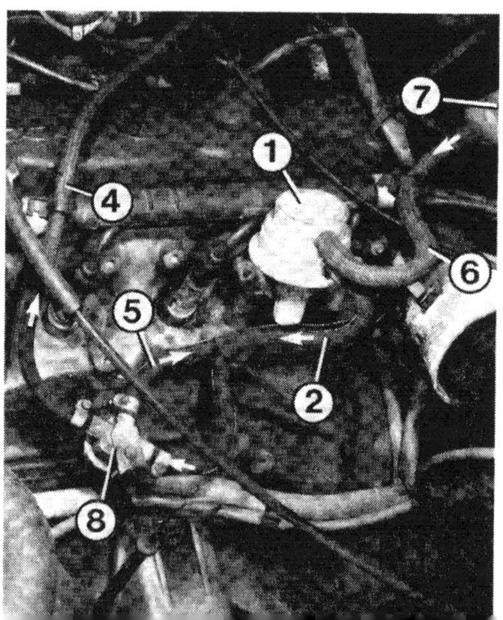

Links der Vierzylinder-, rechts der Fünfzylinder-Vergasermotor: 1 – Benzinpumpe; 2 – Druckleitung von der Pumpe; 3 – Vorratsbehälter; 4 – Leitung zum Vergaser; 5 – Rücklaufleitung zum Tank; 6 – Zulaufleitung vom Tank; 7 – Kraftstoffilter; 8 – Rücklaufventil.

den Pumpenstößel mit der Membrane zurück, das Druckventil öffnet, und Kraftstoff wird in den Vergaser gefördert.
Diese Pumpe ist voll gekapselt und kann deshalb nicht mehr zerlegt werden. Bei einem Defekt hilft nur der Austausch.

Störungssuche an der mechanischen Benzinpumpe

Kommt bei einer Motorstörung ein Fehler im Bereich Kraftstoffversorgung in Betracht, gehen Sie folgendermaßen vor:

- Benzinschlauch am Vergaser abziehen und in einen kleinen Behälter (Kappe der Warndreieck-Hülle) halten.
- Von Helfer mit dem Anlasser den Motor durchdrehen lassen.
- Spritzt Benzin aus der Leitung? Wenn ja, ist die Kraftstoffzufuhr in Ordnung.
- Kommt kein Benzin, prüfen Sie die Pumpe.
- Beide Benzinschläuche abziehen und Ersatzbenzinschlauch aufstecken: Am Tankanschluß der Pumpe muß Durchblasen mit dem Mund möglich sein, jedoch kein Absaugen.
- Am Vergaseranschluß ist es umgekehrt. Ansaugen muß möglich sein. Durchblasen nicht. Sonst ist die Benzinpumpe defekt.
- Wer's ganz genau wissen will, läßt in der Werkstatt den Benzinpumpendruck messen. Hier die Sollwerte: Vierzylinder: **0,2–0,25 bar,** Fünfzylinder: **0,35–0,40 bar.**

Benzinpumpe ausbauen

- Schläuche an der Pumpe abnehmen (siehe Vorseite).
- Vom Tank kommenden Schlauch durch Hineindrehen einer M-6-Schraube verschließen.
- Zwei Halteschrauben losdrehen.
- Beim Einbau Dichtring unter der Pumpe erneuern.
- Halteschrauben mit 20 Nm anziehen.

Die elektrische Kraftstoffpumpe

Einspritzmotoren

Sie sitzt direkt im Tank, von kühlendem Benzin umgeben. So können sich auch bei hohen Betriebstemperaturen keine Dampfblasen bilden, die zu Aussetzern führen. Zur Vermeidung der Brandgefahr bei einem Unfall läuft die Pumpe nur dann, wenn sich der Motor dreht – natürlich auch beim Anlassen. Plusstrom erhält sie über das Kraftstoffpumpenrelais (siehe Seite 231). Dieses Relais sorgt auch dafür, daß erst bei den ersten Zündimpulsen des Motors Kraftstoff gefördert wird.

Störungssuche an der Kraftstoffpumpe

- Als erstes die Sicherung kontrollieren (Seite 164).
- War diese intakt, geht die Suche weiter:
- **K-/KE-Jetronic-Einspritzung:** Hohlschraube am Kaltstartventil (Bild Seite 262 unten) lösen – Lappen gegen herausspritzendes Benzin bereithalten.
- Schon bei nicht laufendem Motor müßte etwas Benzin austreten, da das Kraftstoffsystem vom Druckspeicher unter Druck gehalten wird.
- Kommt nichts, von Helfer Anlasser betätigen lassen.
- Die Benzinpumpe müßte jetzt fördern.
- **Mono-Jetronic:** Zuleitung an der Einspritzung abbauen und in Gefäß halten.
- Von Helfer den Anlasser betätigen lassen, jetzt müßte Kraftstoff gefördert werden.
- **Alle:** Tut sich nichts, wird im Kofferraum das Tankgeber-Abdeckblech abgebaut und das Anschlußkabel am Tankgeber ausgesteckt.
- Mit Voltmeter oder Prüflampe kontrollieren, ob zwischen den Kontakten des grün/gelben und des braunen Kabels ca. 12 Volt Spannung anliegen. Zur Messung muß der Anlasser betätigt werden.

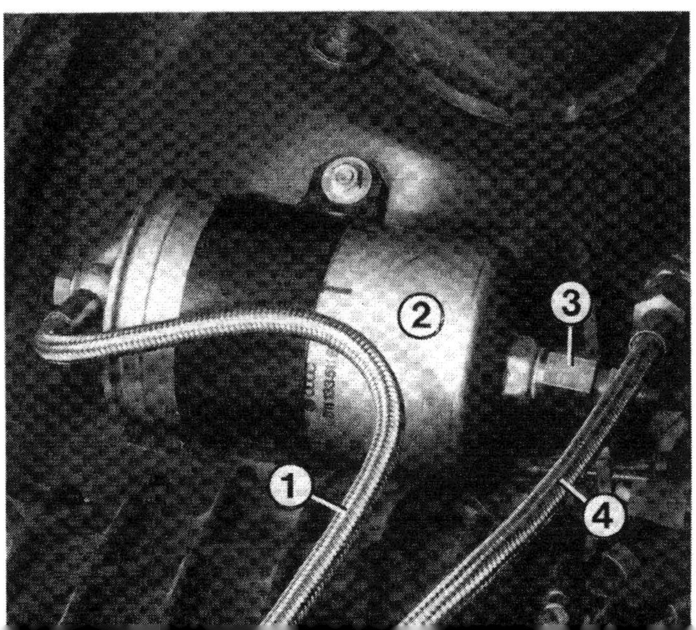

Im Motorraum am rechten Federbeintopf sitzt bei den Einspritzermotoren der Kraftstoff-Hauptfilter (2). Folgende Kraftstoffleitungen sind hier sichtbar: 1 – Leitung zur Einspritzanlage; 3 – Leitung vom Tank kommend; 4 – Rücklaufleitung von der Einspritzanlage zum Tank.

● Läuft die Pumpe trotz richtiger Spannung nicht, ist sie defekt – ausbauen und wechseln.
● Fehlt es am Strom, gerät das Pumpenrelais in der Zentralelektrik (siehe Seite 231) in Verdacht. Prüfung: Fühlen Sie mit der Hand, ob es beim Betätigen des Anlassers klickt. Wenn nicht, ist es defekt.
● An weiteren Fehlerquellen wäre zu nennen: Kabelzuleitung zum Relais oder zur Pumpe defekt, Kraftstoffleitung verstopft oder geknickt, Hauptfilter oder Druckspeicher verstopft.

Elektrische Benzinpumpe ausbauen

● Kraftstofftank möglichst weit leerfahren.
● Tankgeber ausbauen (siehe Seite 63).
● Durch die Tankgeberöffnung fassen und die Kraftstoffpumpe aus ihren Haltern am Tankboden ausclipsen und herausziehen.

Kraftstoffilter wechseln

Wartung Nr. 41

Vergasermotoren

Bei den Vergasermotoren sitzt der Kraftstoffilter im Motorraum in der Kraftstoffleitung vom Tank zur Benzinpumpe. Alle 30000 km muß der Wegwerffilter gewechselt werden:
● Neuen Filter bereitlegen, Schlauchschellen öffnen (Seite 64) oder Schellen durchzwicken.
● Alten Filter von den Leitungen abziehen und sofort den neuen aufschieben, damit möglichst wenig Benzin ausläuft (evtl. Lappen unterlegen).
● Der neue Filter muß so eingesetzt sein, daß der Pfeil auf dem Filtergehäuse (er gibt die Durchflußrichtung an) zur Benzinpumpe zeigt.

Einspritzmotoren

Rechts im Motorraum sitzt der Kraftstoff-Hauptfilter der Einspritzmotoren. Bis Baujahr 7/85 wird er alle 30000 km ausgewechselt. Bei neueren Wagen entfällt der regelmäßige Austausch.
● Verschraubungen der Kraftstoffleitungen lösen (Vorsicht, Benzin spritzt heraus; evtl. Lappen bereitlegen).
● Halteschelle losschrauben, alten Filter herausziehen, neuen hineinstecken und festschrauben.
● Wichtig ist die Durchflußrichtung: Der Pfeil auf dem Filter muß zum rechten Kotflügel zeigen.
● Während der Arbeit darf keinesfalls Schmutz in die Leitungen geraten.

Weitere Bauteile

Vorratsbehälter: Er ist bei den Vierzylindermotoren in die Kraftstoffleitung von der Benzinpumpe zum Vergaser »zwischengeschaltet«. Durch die Kraftstoffreserve in seinem Innern soll er bei diesen Motoren auch dann den sicheren Start bei heißem Motor gewährleisten, wenn das Benzin in der Vergaser-Schwimmerkammer verdunstet ist. Gleichzeitig ist am Vorratsbehälter die Rücklaufleitung angeschlossen, durch die überschüssiges Benzin in den Tank zurückgelangt. Anschließen der Kraftstoffschläuche siehe Bild Seite 64.
Rücklaufventil: Nur der 74-kW-Fünfzylinder besitzt dieses Bauteil, das bei starkem Druckanstieg in der Leitung zum Vergaser das überschüssige Benzin in den Tank zurückfließen läßt. Anschließen der Benzinschläuche siehe Bild Seite 64.
Druckspeicher (oder Kraftstoffspeicher): Er ist nur bei Wagen mit K- und KE-Jetronic-Einspritzung eingebaut. Er hält den Kraftstoffdruck in der Vorlaufleitung auch bei stehendem Motor längere Zeit aufrecht und gewährleistet damit den sofortigen Wiederstart des Motors.

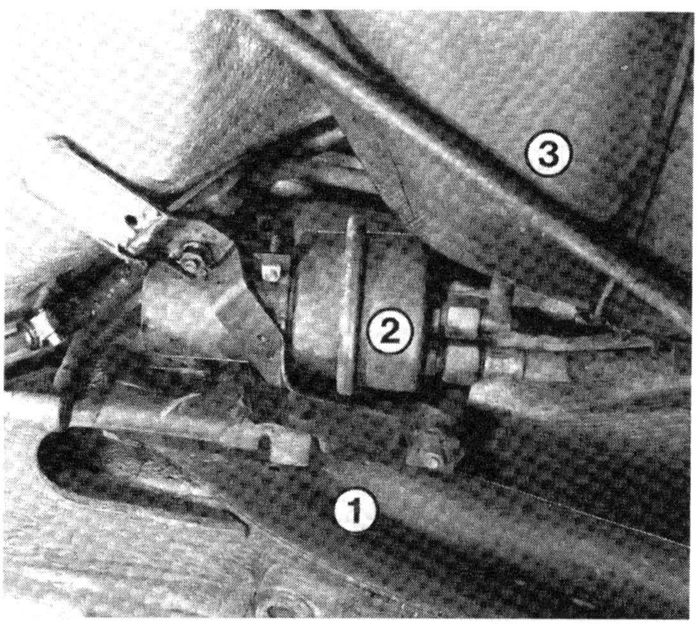

Rechts vor dem Hinterrad, zwischen Kurbellenker (1) der Hinterachse und Tank (3), ist der Kraftstoff-Druckspeicher (2) untergebracht. Er sorgt dafür, daß in der Kraftstoffleitung zur K-/KE-Jetronic-Einspritzung für längere Zeit der zum sofortigen Wiederstart nötige Kraftstoffdruck erhalten bleibt.

Gesiebte Luft

Die Ansaugluft des Motors enthält Staub und Schmutzteilchen, die nicht in die Verbrennungsräume gelangen sollen, da sie an den Zylinderwänden wie Schmirgel wirken. Das würde frühzeitigen Verschleiß von Kolben und Zylinderlaufbahnen verursachen. Der Luftfilter sorgt deshalb für den notwendigen Schutz des Motors.

Luftfiltereinsatz ausbauen

Vergasermotoren

- Zwei Kreuzschlitzschrauben oben am Luftfilterdeckel lösen.
- Spannklammern rund um das Filtergehäuse öffnen.
- Deckel abnehmen, Filtereinsatz herausheben.
- Beim Einbau auf die richtige Stellung von Filtergehäuse zu Deckel achten: Der aufgedruckte Pfeil am Deckel zeigt zum Ansaugschnorchel des Gehäuses.

Mono-Jetronic-Motor

- Zwei Kreuzschlitzschrauben oben am Luftfilterdeckel lösen.
- Spannklammern rund um das Filtergehäuse öffnen.
- Deckel abnehmen, Filtereinsatz herausheben.
- Beim Einbau auf die richtige Stellung von Filtergehäuse zu Deckel achten: Die Aussparung am Deckelrand gehört über die Nase am Gehäuse.

Vier-/Fünfzylinder mit K-/KE-Jetronic

- Schraubschelle am Ansaugschlauch lösen, Schlauch abziehen.
- Vier Spannklammern am Luftfiltergehäuse lösen.
- Gehäusedeckel und Luftfiltereinsatz abnehmen.
- Beim Einbau des neuen Luftfiltereinsatzes müssen die Filterlamellen zum Gehäusedeckel hin zeigen. Außerdem sollen die Lamellen waagrecht liegen.

Luftfiltergehäuse ausbauen

Vergasermotoren, Mono-Jetronic

- Luftfiltereinsatz ausbauen (siehe oben).
- Drei Muttern in Gehäusemitte abschrauben und – wo vorhanden – Haltering herausnehmen.
- Alle Schläuche abziehen, bei Mono-Jetronic Ventil und Kraftstoffschläuche aushängen.
- Gehäuse abnehmen.
- Beim Einbau beachten: Der Unterdruckschlauch zur Warmluftklappe im Ansaugstutzen des Luftfilters kommt auf den Schlauchanschluß aus Messing bzw. auf den Anschluß mit Kerbe. Der zum Vergaser bzw. zur Einspritz-Einheit kommt auf den Kunststoff-Stutzen ohne Kerbe.

Fingerzeig: Rechts am Radkasten sitzt bei Wagen mit Mono-Jetronic ein zusätzlicher Ansauggeräuschdämpfer. Er bedarf keiner Wartung.

Luftfiltereinsatz ausblasen

Wartung Nr. 9

Alle 15000 km bzw. jährlich empfehlen wir die Reinigung des Papierfiltereinsatzes von gröberer Verschmutzung. Bei einer Reise über extrem staubige Straßen kann dieses Intervall bis hin zur täglichen Reinigung verkürzt werden.

Zum Ausbau des Luftfiltereinsatzes (3) müssen zwei Kreuzschlitzschrauben (2) im Deckel (1) des Luftfiltergehäuses herausgedreht werden. Zusätzlich die am Gehäuse-Unterteil (4) befestigten Spannklammern (Pfeile) lösen.

● Papierfiltereinsatz ausbauen, wie vorstehend beschrieben.
● Filter auf harter Unterlage ausklopfen, damit sich die groben Schmutzteilchen lösen.
● Soll auch der feine Staub entfernt werden, muß mit Preßluft seitlich an den Filterlamellen vorbeigeblasen werden. Niemals den Preßluftstrahl direkt auf das Filterpapier richten! Sonst drückt sich ein Teil der Staubkörnchen fest in die Filterporen.
● Filtergehäuse mit sauberem Lappen auswischen.
● Filter wieder einbauen.

Luftfiltereinsatz wechseln

Wartung Nr. 39

Audi ordnet den Wechsel des Filtereinsatzes alle 30000 km an. Das reicht unter normalen Fahrbedingungen längst aus; zumal, wenn der Einsatz zwischendurch gereinigt wird.
Andererseits muß bei Reisen über unbefestigte Straßen trotz häufigerer Reinigung des Filters schon wesentlich früher an Ersatz gedacht werden. Aus- und Einbau siehe Vorseite.

Die Ansaugluft-Vorwärmung

Vergasermotoren

Die Vergasermotoren des Audi besitzen im Ansaugrohr des Luftfiltergehäuses eine automatische Vorwärmung. Sie hat die Aufgabe, die Luft, die der Motor über den Vergaser ansaugt, auf günstiger Temperatur zu halten. Das hat zwei Gründe:
○ Bei kühlem Wetter vergast das Gemisch besser, wenn die Ansaugluft vorgewärmt zugeführt wird. Allerdings soll der Motor bei höheren Außentemperaturen keine vorgewärmte Luft erhalten: Dieselbe Menge warmer Luft besitzt ein größeres Volumen als kalte Luft. Da der Motor nur eine bestimmte Luftmenge ansaugen kann, erhält er bei eingeschalteter Ansaugluft-Vorwärmung etwas weniger Luft – das Gemisch wird fetter, der Verbrauch steigt. Nur bei kühlen Temperaturen ist dies für gleichmäßigen Motorlauf notwendig.
○ Der Vergaservereisung soll vorgebeugt werden. Diese Vereisung entsteht durch den Druckabfall im Vergaser bei laufendem Motor, wobei ein Teil des Kraftstoffs verdunstet und sich dabei erheblich abkühlt. Davon wird auch das Vergasergehäuse abgekühlt, und bei Temperaturen zwischen +3 und +8°C (in Extremfällen auch darüber) und hoher Luftfeuchtigkeit kann sich im Vergaser eine dünne Eisschicht bilden, welche eine einwandfreie Gemischbildung verhindert.

Funktion

Die Ansaugluft-Vorwärmung wird von zwei verschiedenen Systemen geregelt:
○ Um Vergaservereisung bei Vollast zu vermeiden, ist die Klappe der Ansaugluft-Vorwärmung über ein Thermostat geregelt, das dafür sorgt, daß die Warmluftzufuhr bei –20°C voll geöffnet ist. Bei steigender Temperatur wird die Klappe langsam geschlossen, bis sie schließlich bei +5°C den Warmluftstrom voll verschließt.
○ Damit auch bei Teillast – also im Bereich von etwa 3500/min Motordrehzahl – keine Vergaservereisung auftritt, wird die Ansaugluft-Vorwärmung zusätzlich über Unterdruck gesteuert. Der Unterdruck wird dem Vergaser entnommen und wirkt auf eine Unterdruckdose, die wiederum die Warmluftklappe im Ansaugstutzen des Luftfilters öffnet.
Ein Temperaturregler im Luftfiltergehäuse ist in die Unterdruckleitung zur Warmluftklappe zwischengeschaltet und unterbricht den freien Durchgang in diesem Schlauch, wenn die Umgebungstemperatur an dieser Stelle +18 bis +23°C erreicht hat.

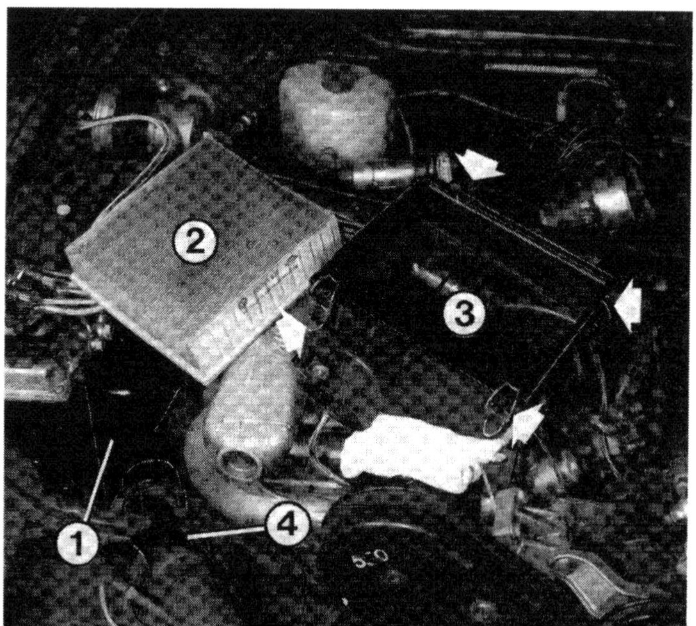

Luftfilter-Ausbau am Fünfzylinder-Einspritzermotor: 1 – Luftfiltergehäuse; 2 – Filtereinsatz; 3 – Deckel des Luftfiltergehäuses; 4 – Ansaugschlauch. Die Pfeile zeigen auf die Spannklammern, die zum Trennen der Gehäusehälften gelöst werden müssen.

○ In der Praxis überlagern sich die beiden Steuersysteme und vermeiden so Vergaservereisung bei allen Drehzahlen und Temperaturen.

Störungen

Funktioniert die Ansaugluft-Vorwärmung nicht wunschgemäß, kann das zu Betriebsstörungen führen. Winters:
○ Schlechter Leerlauf nach dem Kaltstart in der sogenannten Warmlaufphase.
○ Schlechter Übergang, Motor neigt zum Stottern.
In der warmen Jahreszeit:
○ Mangelhafte Leistung, übliche Höchstgeschwindigkeit wird nicht erreicht.
○ Höherer Kraftstoffverbrauch.

Ansaugluft-vorwärmung prüfen

● Im Luftfilter-Unterteil befindet sich der Temperaturregler. Seine Schlauchanschlüsse sind von der Luftfilter-Unterseite her zugänglich.
● Schlauch vom Messinganschluß bzw. dem Anschluß mit Kerbe abziehen.
● Mit dem Mund kräftig am Schlauch saugen: Die Warmluftklappe muß hörbar öffnen bzw. zufallen.
● Falls nicht: Klappe auf Leichtgängigkeit prüfen, Schlauch und Unterdruckdose auf Dichtheit prüfen.
● Als nächstes den Temperaturregler prüfen. Dazu muß die Lufttemperatur niedriger als 20°C sein.
● Luftfilter ausbauen und neben den Wagen legen.
● Den Schlauchanschluß »Vergaser« mittels langem Schlauch mit dem Unterdruckanschluß des Vergasers verbinden.
● Motor starten (Leerlauf).
● Die Warmluftklappe muß aufgezogen werden.
● Schlauch am Vergaser abziehen: Die Klappe muß nach max. 20 Sekunden ihre Ausgangslage eingenommen haben.
● Sonst Temperaturregler wechseln.

Ansaugluft-Vorwärmung

Mono-Jetronic

Hier funktioniert die Ansaugluft-Vorwärmung wie bei den Vergasermotoren. Unterschied: Die thermostatische Regelung fehlt. Es wird nur mit Unterdruck geregelt. Und der Temperaturregler hat andere Schaltpunkte:
○ Unter 35°C: Temperaturregler offen, Kaltluftzufuhr verschlossen.
○ Über 45°C: Temperaturregler zu, Warmluftzufuhr verschlossen.

Ansaugluft-Vorwärmung prüfen

● Der Arbeitsgang ist ähnlich wie für den Vergasermotor beschrieben.
● Dabei die anderslautenden Schalttemperaturen beachten.

Ansaugluft-Vorwärmung

K- und KE-Jetronic

Der Ansaugstutzen des Luftfilters ist bei den Fünfzylindermotoren teilweise mit einer einfachen Warmluftregelklappe ausgestattet. Sie wird nur durch einen Thermostaten gesteuert. Funktion:
○ Unter 0°C ist die Kaltluftzufuhr geschlossen. Die Verbrennungsluft wird dann in der Nähe des heißen Auspuffkrümmers angesaugt.
○ Über +10°C verschließt die Regelklappe die Warmluftzufuhr. Es wird nur noch Kaltluft angesaugt.

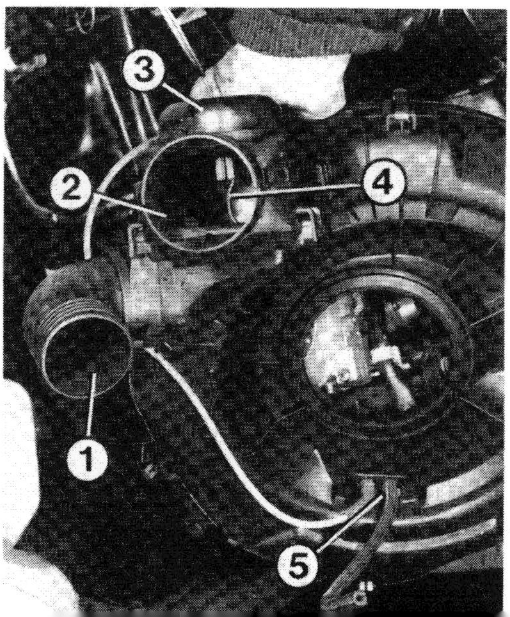

Links: Das Filtergehäuse am Vergaser-Motor: 1 – Warmlufteintritt; 2 – Kaltlufteintritt; 3 – Unterdruckdose; 4 – Betätigungsstange für Luftklappe; 5 – Temperaturregler.
Rechts: Der Thermoschalter für den Igel (1) sitzt bei diesem Motor oben im Wasserschlauch-Flansch. Je nach Ausführung kann er aber auch unten eingebaut sein. 2 und 3 – weitere Temperaturgeber.

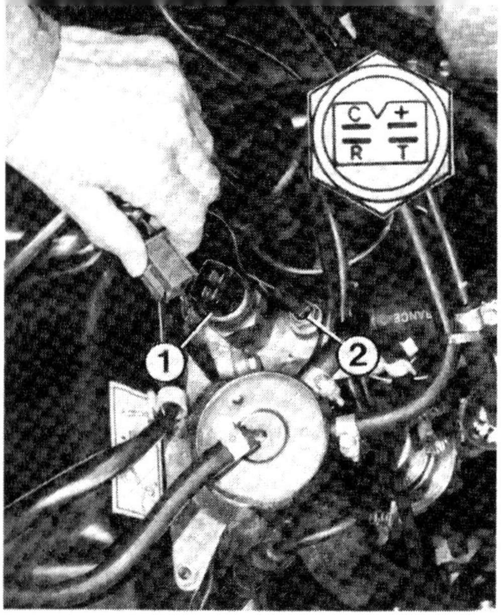

Die Ansaugrohr-Vorwärmung: 1 – Thermoschalter für Vorwärmung, Startautomatik und Kühlmittel-Kontrolleuchte (die Kontaktbelegung zeigt die Zeichnung); 2 – Geber für Temperaturanzeige; 3 – »Igel«; 4 – Ansaugkanal; 5 – Anschlußkabel für »Igel«.

Ansaugluft-Vorwärmung prüfen

● Ansaugschlauch hinter der Lampenabdeckung abziehen.
● In den Schlauchstutzen sehen:
● Je nach Umgebungstemperatur (siehe Text Seite 68) muß die Luftklappe die Warm- oder die Kaltluftzufuhr verschließen.

Die Ansaugrohr-Vorwärmung

Vom Vergaser aus gelangt das Kraftstoff/Luft-Gemisch durch den Ansaugkrümmer in die Zylinder. Ist das Ansaugrohr kalt, kondensiert ein beachtlicher Anteil des Gemisches an den Innenwänden des Rohrs und gelangt so nicht mehr dampfförmig zu den Brennräumen. Es entstehen Verluste und damit erhöhter Kraftstoffverbrauch. Durch eine zweifache Ansaugrohr-Vorwärmung wurde diesem Übel abgeholfen:

Vergaser- und Mono-Jetronic-Motoren

○ Bei kaltem Motor tritt die elektrische Ansaugrohr-Vorwärmung in Aktion. Sie besteht aus einem elektrisch beheizten »Igel«, der von unten in den Ansaugkrümmer eingeschraubt ist. Unser Igel hat mit dem Stacheltier aus der hiesigen Fauna nur die Stacheln gemeinsam. Im Audi dienen sie jedoch weniger der passiven Selbstverteidigung als vielmehr der Vergrößerung der Oberfläche eines elektrischen Heizelements. Wirksam ist die Igel-Heizung nur bis ca. 65°C Kühlwassertemperatur. Dann schaltet der Thermoschalter (siehe Bilder oben und Vorseite) den Strom ab.
○ Bei höheren Temperaturen übernimmt das Kühlwasser die Ansaugrohr-Beheizung. Ein Abzweig des Kühlwasserstroms wird dazu durch einen Kanal im Ansaugkrümmer geleitet.

Ansaugrohr-Vorwärmung prüfen

● **»Igel« prüfen:** Bei kaltem Motor das Anschlußkabel zum »Igel« unterhalb des Ansaugkrümmers an der Steckverbindung trennen.
● Am Kabel zum »Igel« und an Masse ein Ohmmeter anschließen: Werden 0,25–0,50 Ω abgelesen, ist der »Igel« in Ordnung.
● Wer kein Ohmmeter hat, baut bei kaltem Motor den Vergaser bzw. die Einspritzeinheit (Mono-Jetronic) ab, schaltet die Zündung ein und prüft mit nassem Finger, ob sich die »Igel«-Stacheln erwärmen.
● Heizt der »Igel« trotz richtiger Widerstandswerte nicht, kann auch das Relais defekt sein (siehe Seite 231).
● **Elektronische Thermoschalter prüfen** (Bild oben):
● Schutzkappe zurückstreifen, die Kabel bleiben angeschlossen.
● Leuchtdioden-Spannungsprüfer an Kontakt »R« anklemmen, gegen »Masse« messen:
● Zündung einschalten: Unter ca. 55°C Kühlmitteltemperatur bleibt die Lampe im Spannungsprüfer dunkel.
● Über ca. 65°C Kühlmitteltemperatur leuchtet die Lampe.
● **Standard-Thermoschalter prüfen** (Bild auf der Vorseite): Stecker am Thermoschalter mit transparenter Isolierung abziehen.
● Ohmmeter zwischen den Kontakten am Schalter anschließen.
● Unter ca. 55°C Kühlwassertemperatur müssen 0 Ω abgelesen werden. Über 65°C müssen ∞ Ω abgelesen werden, sonst ist der Schalter defekt.
● **Thermoschalter am Fünfzylinder** (Bild Seite 73): Prüfung wie bei Standard-Thermoschalter.

Cocktailstunde

Die Motoren ohne Katalysator sind mit anderen Vergasern versehen, als es später an den Kat-Motoren der Fall war. Wir sprechen deshalb von der ersten Vergaser-Generation.

Welcher Vergaser ist eingebaut?

Damit Sie aus den folgenden Typenbezeichnungen auf Anhieb die für Ihren Motor richtige heraussuchen können, hier eine Aufstellung:

Motor	Vierzylinder 55 kW	Vierzylinder 66 kW	Fünfzylinder 74 kW
Kennbuchstaben	DR	DS	WH
Vergaser-Hersteller	Pierburg	Pierburg	Keihin
Typ-Bezeichnung	1 B 3	2 E 2	22/28

Die wichtigsten Teile des Vergasers

Beschleunigungspumpe: Beim Durchtreten des Gaspedals spritzt sie zusätzlich Benzin in den Saugkanal ein, damit bei plötzlichem Gasgeben das Kraftstoff/Luft-Gemisch durch das schlagartige Öffnen der Drosselklappe nicht zu sehr abmagert.
Drosselklappe: Sie sitzt ganz unten im Vergaser. Sie regelt die Menge des Kraftstoff/Luft-Gemisches, das der Motor ansaugen soll. Wie weit sie geöffnet wird, bestimmt der Fahrer beim Treten des Gaspedals, denn Drosselklappe und Pedal sind über den Gaszug direkt verbunden.
Hauptdüse: Sie ist in die Schwimmerkammer eingeschraubt und sorgt mit ihrer genau bemessenen Bohrung für den Abfluß der richtigen Kraftstoffmenge aus der Schwimmerkammer.
Leerlaufdüse: Sie liefert dem Leerlaufsystem eine stets gleichbleibende Kraftstoffmenge zur Aufbereitung des Leerlaufgemisches.
Luftkorrekturdüse: Sie mischt den von der Hauptdüse kommenden Kraftstoff mit Luft vor.
Lufttrichter: Im Saugkanal (Vergaserdurchlaß) sitzt der Lufttrichter. Charakteristisch ist seine Einschnürung im Innendurchmesser, wodurch die angesaugte Luft beschleunigt und das Gemisch aus dem Austrittsarm stärker abgesaugt wird.
Mischrohr: Es nimmt Kraftstoff von der Hauptdüse und durch Bohrungen Luft von der Luftkorrekturdüse entgegen und führt beides vermischt in den Austrittsarm im Saugkanal weiter.
Bei höheren Drehzahlen wird das Gemisch durch freiwerdende Bohrungen zusätzlich mit Luft versorgt, um das sonst durch höheren Kraftstoffdurchsatz fetter werdende Mischungsverhältnis konstant zu halten.
Schwimmerkammer: Die Speicherung des Kraftstoffes wird in der Schwimmerkammer durch Schwimmer und Schwimmernadelventil geregelt. Hat das Benzin eine bestimmte Höhe erreicht, drückt der Schwimmer

Der 1B3-Vergaser. Es bedeuten: 1 – Unterdruck-Rückschlagventil; 2 – Startautomatik; 3 – Starterklappe; 4 – Gaszug; 5 – Drosselklappen-Betätigung; 6 – Pulldowndose.

durch seinen Auftrieb über einen Hebel gegen die Ventilnadel. Deren spitz zulaufendes Ende sperrt dann den weiteren Zufluß ab.
Starterklappe: Sie sitzt ganz oben im Vergaser-Einlaß. Bei kaltem Motor muß sie geschlossen werden. So baut sich bei laufender Maschine im Vergaserdurchlaß ein stärkerer Unterdruck als im normalen Betrieb auf. Deshalb wird auch mehr Benzin aus den Vergaserdüsen gesaugt. Das Gemisch wird also kraftstoffreicher (fetter), und das mag der kalte Motor. Steigt die Betriebstemperatur, muß die Starterklappe wieder geöffnet werden.
Schauen Sie sich zu diesen Stichworten die Zeichnungen auf Seite 74, 75 und 76 an. Dort können Sie genau erkennen, wo die Teile ihren Platz im Vergaser haben.

Pierburg-1 B3-Vergaser

Funktion

Start: Zum Einschalten der Startautomatik muß das Gaspedal vor dem Start ein- oder zweimal durchgetreten werden. Dadurch wird die Starterklappe von einer Bimetallfeder geschlossen und gleichzeitig die Drosselklappe einen kleinen Spalt geöffnet. Der Unterdruck – von den im Motor auf und ab laufenden Kolben erzeugt – kann nun das fette Startgemisch ansaugen.
Sofort nach dem Anspringen des Motors zieht eben jener Unterdruck die außermittig gelagerte Starterklappe wieder ein Stück auf. Das ist gewollt und verhindert die Überfettung des Startgemisches. Die unterdruckgesteuerte Pulldown-Einrichtung bezweckt dasselbe: Sie öffnet die Starterklappe nunmehr auf ein festgelegtes Spaltmaß.
Das Öffnen geschieht übrigens mit gewollter Verzögerung, denn bevor der Unterdruck an der Pulldown-Membran wirksam werden kann, muß er erst den grünen Unterdruckbehälter hinten rechts im Motorraum »luftleer saugen«.
Warmlauf: Jetzt vergrößert die Pulldown-Dose den Spalt nochmals, denn das Behälter-Volumen ist jetzt nicht mehr wirksam. Das Gemisch magert etwas ab.
Parallel dazu arbeitet die Bimetallfeder im Starterdeckel ständig an der Vergrößerung des Starterklappenspalts. Sie wird elektrisch (bei Einschalten der Zündung) und durch das Motor-Kühlwasser beheizt. Durch die Erwärmung dehnt sie sich und drückt die Starterklappe allmählich in »Offen«-Stellung. Ab ca. 42°C Wassertemperatur wird die elektrische Beheizung nicht mehr gebraucht und vom Thermoschalter (siehe Bild Seite 70) abgeschaltet. Die Kaltlauf-Phase ist damit für den Vergaser beendet.
Leerlauf: Das Leerlaufgemisch wird gebildet aus einem Grund- und einem Zusatz-Leerlaufsystem. Eine kombinierte Kraftstoff/Luft-Düse erhält Benzin von der Hauptdüse und sorgt für die erforderliche Grundmischung. Das Zusatzgemisch bildet eine gleichfalls kombinierte Zusatz-Kraftstoff/Luft-Düse. Luft aus dem Mischrohr strömt dazu. Beide Leerlaufgemische durchlaufen jeweils eigene Regulierschrauben und gelangen dann aus einer gemeinsamen Bohrung unterhalb der Drosselklappe in das Ansaugrohr.
Übergang: Damit beim Tritt auf das Gaspedal aus dem Leerlauf heraus kein »Loch« entsteht, führen kleine Bohrungen bei sich öffnender Drosselklappe eine zusätzliche Menge Kraftstoff/Luft-Gemisch vom Grundleerlauf-Gemisch hinzu.
Beschleunigen: Beim Niederdrücken des Gaspedals wird zusätzlich Benzin in den Saugkanal eingespritzt, da das Hauptdüsensystem nicht gleich genügend Kraftstoff liefern kann. Das geschieht über einen mit der Drosselklappe verbundenen Hebel und eine kleine, separate Membranpumpe.
Teillast: Das Benzin fließt durch die Hauptdüse in den nach unten geneigten Austrittsarm und erhält auf dem

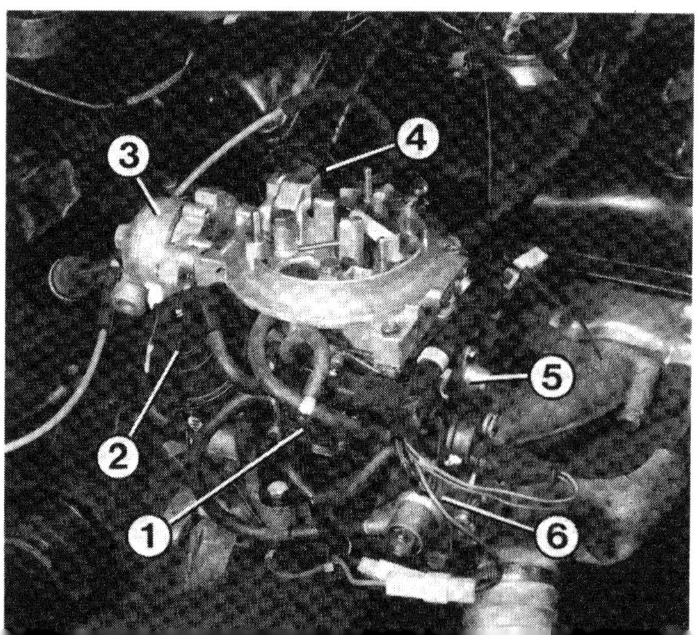

Der 2E2-Vergaser. Es bedeuten: 1 – Leerlauf-/Schub-Steuerventil; 2 – Unterdruckdose für Drosselklappe der zweiten Vergaserstufe; 3 – Startautomatik; 4 – Pulldown-Dose; 5 – Teillast-Anreicherungsventil; 6 – Dreipunktdose.

So fließt der Kraftstoff beim Leerlauf durch den 1 B 3-Vergaser: 1 – Leerlauf-Abschaltventil; 2 – Leerlaufgemisch-Regulierschraube; 3 – Zusatzgemisch-Regulierschraube; 4 – Hauptdüse; 5 – Kraftstoff-Zufluß; 6 – Schwimmernadelventil; 7 – kombinierte Kraftstoff/Luftdüse; 8 – kombinierte Zusatzkraftstoff/Zusatzluftdüse; 9 – Mischrohr; 10 – Starterklappe; 11 – Drosselklappe; 12 – Übergangsbohrungen.

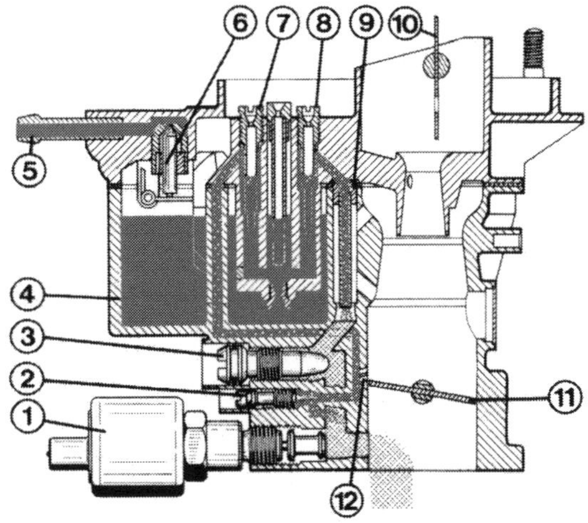

Weg dorthin durch Luftkorrekturdüse und Mischrohr Luft zugemischt. Der Austrittsarm mündet in den Vorzerstäuber im Lufttrichter.
Mit fortschreitender Öffnung der Drosselklappe wird zusätzlicher Kraftstoff gebraucht. Dazu gibt ein unterdruckgesteuertes Anreicherungsventil einen Kraftstoffkanal frei.
Vollast: Bei voll geöffneter Drosselklappe und hohen Drehzahlen gelangt zusätzlicher Kraftstoff in den Saugkanal, damit der Motor auf seine volle Leistung kommt. Das vom Unterdruck im Ansaugrohr gesteuerte Anreicherungsventil öffnet hierzu den entsprechenden Kraftstoffkanal. Außerdem bleibt die Teillastanreicherung weiterhin wirksam.

Pierburg 2 E 2

Der Pierburg 2 E 2 ist ein sogenannter Register- oder Stufenvergaser. Er besitzt im Gegensatz zum 1 B 3-Vergaser zwei Mischkammern und kann dadurch – je nach Lastzustand – die jeweils benötigte Gemischmenge günstiger zuteilen. Zum Einsatz kommt die zweite Stufe erst, wenn die Drosselklappe der ersten Stufe zu etwa ⅔ geöffnet ist.
Eine eingebaute Schubabschaltung macht diesen Vergaser besonders interessant. Sie unterbricht bei höheren Drehzahlen und losgelassenem Gaspedal die Benzinzufuhr und spart dadurch Sprit. Folgende Einrichtungen sind Bestandteil:
Dreipunktdose: Sie kann die Drosselklappe in drei bestimmte Stellungen bringen – für Kaltstart, Leerlauf und Schiebebetrieb. Diese Membrandose ersetzt den sonst üblichen festen Drosselklappenanschlag. Die Dreipunktdose besitzt eine Unterdruckleitung zum Elektro-Umschaltventil. Die zweite Unterdruckleitung führt zum Thermozeitventil und über ein T-Stück außerdem zum Saugkanal im Vergaser. Der Stößel der Dreipunktdose als Drosselklappenanschlag wird je nach Unterdruckeinwirkung in eine der vorgegebenen Stellungen (Punkte) bewegt.
Elektro-Umschaltventil: Es erhält seine elektrischen Befehle vom Schaltgerät. Entsprechend öffnet oder schließt das Ventil eine Unterdruckleitung zur Dreipunktdose, die nun ihrerseits den Drosselklappenanschlag-Stößel bewegt.
Schaltgerät: Es sitzt in der Zentralelektrik (siehe Abbildung Seite 231). Übermittelt werden ihm die Motordrehzahl und die Kühlmitteltemperatur. Entsprechend wird die Schubabschaltung reguliert.

Der Keihin-Vergaser: 1 – Unterdruck-Rückschlagventil; 2 – Thermoschalter für Saugrohrvorwärmung; 3 – Unterdruckdose für Drosselklappe der zweiten Vergaserstufe; 4 – Unterdruckventil für Schubabschaltung; 5 – Unterdruckventil für Startdrehzahlanhebung; 6 – Unterdruckdose für Startdrehzahlanhebung; 7 – Startautomatik; 8 – Unterdruckdose für Schubabschaltung; 9 – Pulldown-Dose.

Funktion

Start: Der Kaltstart läuft beim 2 E 2-Vergaser vollautomatisch. Die Starterklappe wird von der Bimetallfeder im Starterdeckel je nach Umgebungstemperatur in eine bestimmte Schließstellung gebracht. Der Stößel der Dreipunktdose steht in Kaltstartstellung, so daß die Drosselklappe einen definierten Spalt geöffnet ist. Der Motor kann jederzeit gestartet werden und saugt dann angefettetes Startgemisch an.
Gleich nach dem Start zieht der Starterklappen-Pulldown die Klappe in eine festgelegte Öffnungsstellung. Weiterhin wird der Stößel der Dreipunktdose in Leerlaufstellung gezogen. Die Drosselklappe muß aber für das sogenannte Durchlaufen nach dem Start noch etwas weiter geöffnet sein. Das übernimmt einerseits das Thermozeitventil. Dieses temperaturabhängige Ventil läßt den nach dem Anspringen des Motors wirksam werdenden starken Unterdruck erst verzögert auf die Dreipunktdose einwirken, so daß für eine gewisse Zeit noch eine etwas höhere Leerlaufdrehzahl erhalten bleibt. Zum anderen bestimmt ein kühlwasserbeheiztes Dehnstoffelement über einen Schieber und Hebel den Drosselklappenspalt unabhängig von dem in Leerlaufstellung stehenden Stößel der Dreipunktdose.
Warmlauf: Jetzt kommt die zweite Pulldown-Stufe zum Einsatz. Der Starterklappenspalt wird dadurch vergrößert, das Gemisch abgemagert. Weiter wird die Bimetallfeder durch die elektrische und später kühlwassergesteuerte Beheizung des Starterdeckels veranlaßt, die Starterklappe allmählich in Offen-Stellung zu drehen. Zusätzlich wandert der Schieber am Dehnstoffelement zurück, so daß die Drosselklappe in Leerlaufstellung zurückgehen kann.
Leerlauf: Von der Hauptdüse kommend wird der Kraftstoff zur Leerlaufkraftstoffdüse geleitet, die mit dem Mischrohr kombiniert ist. Hier entsteht das Leerlaufgemisch, wobei die Luftzufuhr und damit die Gemischzusammensetzung durch eine Einstellschraube geregelt werden kann. In den Saugkanal der 1. Stufe gelangt das Gemisch durch den unteren Teil eines T-förmigen Schlitzes in Höhe der Drosselklappe.
Übergang Leerlauf/Teillast: Aus der Leerlaufstellung heraus gibt die Drosselklappe den querliegenden Austritt im T-Schlitz für den Eintritt weiteren Kraftstoff/Luft-Gemisches frei.
Beschleunigen: Siehe 1 B 3-Vergaser.
Teillast: Benzin fließt durch die Hauptdüse und wird mit Luft aus der Luftkorrekturdüse vermischt. Durch den Austrittsarm gelangt das Gemisch in den Vorzerstäuber der ersten Stufe und damit in die Mischkammer. Das Leerlaufsystem bleibt auch bei Teillast im Einsatz.
Mit fortschreitender Öffnung der Drosselklappe wird zusätzlicher Kraftstoff gebraucht. Ein unterdruckgesteuertes Anreicherungsventil gibt deshalb einen zusätzlichen Kraftstoffkanal frei.
Übergang Teillast/Vollast: Für den Übergang in die 2. Stufe wird ein eigenes Gemisch von Mischrohr und Luftkorrekturdüse gebildet.
Vollast: In der 1. Stufe bleibt die Teillastanreicherung wirksam, während in der 2. Stufe das Übergangssystem und eine Vollastanreicherung das geforderte Mehr an Kraftstoff herbeiführen.
Schiebebetrieb: Wenn der Fuß vom Gaspedal genommen wird, geht die Drosselklappe der 1. Stufe zunächst in Leerlaufstellung. Das Schaltgerät veranlaßt aufgrund der höher als Leerlauf liegenden Motordrehzahl über

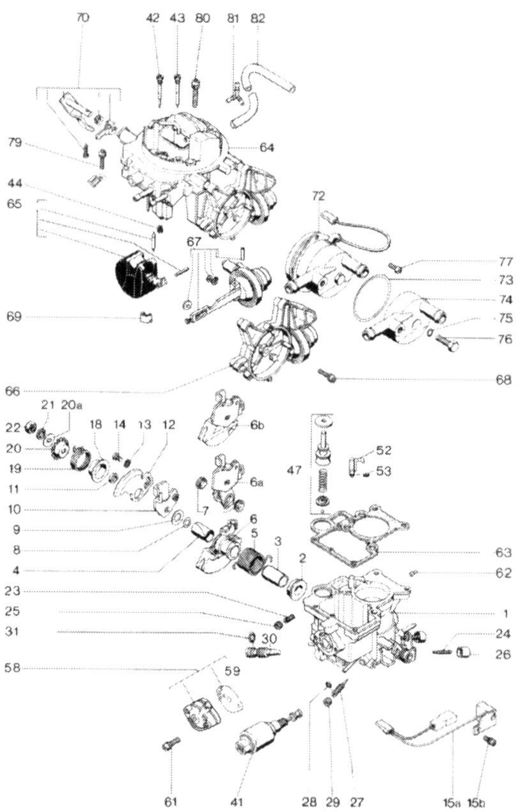

Der Pierburg-Vergaser 1 B 3 mit seinen Einzelteilen: 1 – Vergasergehäuse; 2–14 – Drosselklappenwelle mit Teilen; 15a, b – Heizelement mit Schraube; 18–22 – Befestigungsteile und Drehfeder; 23, 25 – Gewindestift mit Stopfen; 24, 26 – Drosselklappen-Anschlagschraube mit Kappe; 27–29 – Leerlaufgemisch-Regulierschraube mit O-Ring und Stopfen; 30, 31 – Zusatzgemisch-Regulierschraube mit O-Ring; 41 – Leerlauf-Abschaltventil; 42 – Zusatzkraftstoff-/Luftdüse; 43 – Leerlauf-/Luftdüse; 44 – Hauptdüse; 47 – Pumpenkolben mit Teilen; 52, 53 – Einspritzrohr mit O-Ring; 58, 59 – Teillast-Anreicherungsventil mit Dichtung; 61 – Schraube; 63 – Vergaserdeckeldichtung; 64 – Vergaserdeckel; 65 – Schwimmer und Schwimmernadelventil; 67 – Pulldowndose mit Teilen; 69 – Klemmstück; 70 – Pumpenhebel mit Teilen; 72, 73 – Starterdeckel mit Dichtung; 74 – Wasseranschlußstutzen; 75–80 – Befestigungsteile; 82 – Schlauch.

Die Wege des Kraftstoffes im Leerlauf beim 2 E 2-Vergaser: 1 – Drosselklappe der 1. Stufe; 2 – Hauptdüse der 1. Stufe; 3 – Drosselklappe der 2. Stufe; 4 – Luftkorrekturdüse mit Mischrohr; 5 – Vorzerstäuber; 6 – Starterklappe; 7 – Leerlaufkraftstoffdüse mit Mischrohr; 8 – Leerlaufluft-Einstellschraube.

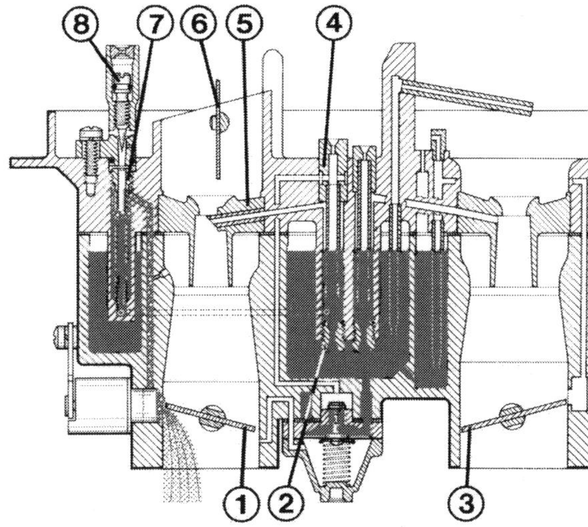

das Elektro-Umschaltventil, daß die Dreipunktdose ihren Stößel ganz herausfährt. Hierdurch wird die Drosselklappe völlig geschlossen, wobei sie den Austritt für das Leerlaufgemisch verschließt. Der Kraftstoffzufluß ist damit unterbrochen. Knapp oberhalb der Leerlaufdrehzahl wird die Drosselklappe in Leerlaufstellung zurückbewegt und die Gemischzufuhr wieder geöffnet, damit der Motor nicht abstirbt.

Keihin 22/28

Funktion

Bei diesem japanischen Vergaser handelt es sich – wie beim 2 E 2 – ebenfalls um einen Registervergaser mit zwei Mischkammern. Aufbau und Funktion dieses Gemischbildners ähneln dem 2 E 2-Vergaser stark, so daß die Funktionsdetails hier nicht nochmals wiederholt werden müssen. Was grundsätzlich anders ist, lesen Sie hier:

Start: Für höhere Motordrehzahl nach dem Start (Startanhebung) sorgt eine Unterdruckdose mit Betätigungsstange, die einen bestimmten Öffnungswinkel der Drosselklappe sofort nach dem Anlassen bewirkt. Gesteuert wird die Dose über ein Ventil (Zweiwegventil) von einem Steuergerät in der Zentralelektrik. Übersteigt die Motordrehzahl 1900/min, unterbricht das Steuergerät die Minusverbindung zum Ventil – die Startanhebung wird abgeschaltet.

Über 65° C Motortemperatur kommt die Startanhebung nicht mehr zum Einsatz. Dazu unterbricht der Thermoschalter über das Relais in Steckfeld 10 (beide Bauteile sind auch für die Ansaugrohr-Vorwärmung zuständig) die Plus-Verbindung zum Zweiwegventil.

Wird die eben beschriebene pneumatisch gesteuerte Startanhebung abgeschaltet, tritt die thermostatisch gesteuerte in Kraft: Ein kühlwasserdurchflossenes Wachsthermostat öffnet dazu über eine Betätigungsstange

Die Einzelteile des Pierburg-Vergasers 2 E 2: 1 – Vergasergehäuse; 2–22 – Drosselklappenwelle mit Teilen; 23 – Anreicherungsventil mit Teilen; 24–26 – Dreipunktdose mit Befestigungsteilen; 27–29 – Thermoventil mit Teilen; 30 – Elektro-Umschaltventil; 31–34 – Befestigungsteile; 35 – Gewindestift; 37, 38, 84 – Schläuche und Verbinder; 40, 41 – Buchse mit Bolzen; 42 – Beschleunigungspumpe mit Teilen; 48, 49 – Pumpenspritzrohr mit O-Ring; 50, 50a, 51 – Befestigungsteile; 52–54 – Unterdruckdose mit Schraube und Schlauch; 55, 56 – Wasseranschlußstutzen mit Befestigung; 57, 58 – Gemischkanalbeheizung mit Befestigung; 59 – Vergaserdeckeldichtung; 60 – Vergaserdeckel; 61 – Schwimmer mit Teilen; 62 – Pulldowndose mit Teilen; 63, 64 – Hauptdüse 1. bzw. 2. Stufe; 65 – Leerlaufdüse; 66 – Leerlaufgemisch-Regulierschraube mit Teilen; 71 – Kraftstoff-Filtersieb; 75, 76 – Schrauben; 77 – Rohr; 78, 79 – Starterdeckel mit Dichtring; 80, 81 – Wasseranschlußstutzen; 82, 83 – Schrauben; 86 – Massekabel; 87 – Klappe.

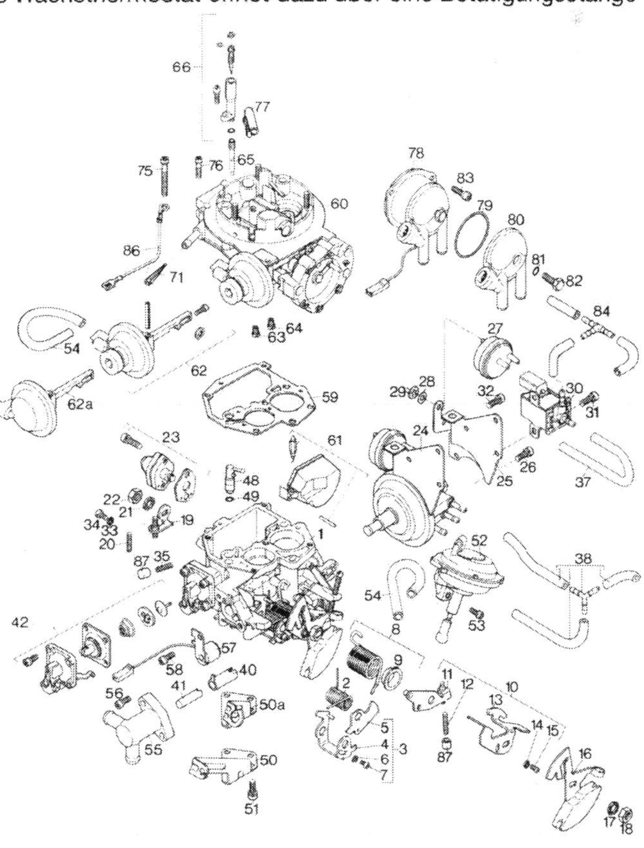

und eine Kurvenscheibe die Drosselklappe in Abhängigkeit der Kühlmitteltemperatur und sorgt so für ausreichende Leerlaufdrehzahl bis zum Erreichen der Betriebstemperatur.

Leerlauf: Ein gesondertes Leerlaufgemisch braut sich der Keihin-Vergaser mittels Leerlaufdüse und Leerlauf-Luftdüse im Leerlauf-Mischrohr.

Vollast: Die Drosselklappe der zweiten Vergaserstufe ist unterdruckgesteuert. Die Unterdruckdose bezieht den Saugrohrunterdruck über ein kühlwassergesteuertes Thermoventil, das unter 48°C einen reduzierten, über 58°C dagegen den vollen Unterdruckdurchgang freigibt. So ist die zweite Vergaserstufe nur bei warmem Motor voll betriebsbereit.

Schubabschaltung: Bei einer Motordrehzahl höher als 1200–1400/min und losgelassenem Gaspedal schiebt die Betätigungsstange einer separaten Unterdruckdose die Drosselklappe in »Geschlossen«-Stellung, so daß kein Kraftstoffgemisch mehr in den Motor gelangen kann. Das Steuergerät in der Zentralelektrik (siehe Seite 231) öffnet dazu oberhalb dieser Drehzahl durch elektrischen Kontakt ein weiteres Zweiwegventil. So gelangt Saugrohrunterdruck zur Unterdruckdose, die dann in genannter Weise in Aktion tritt.

Fingerzeig: An älteren Wagen mit 74-kW-Motoren konnte es beim Wiederstart nach längeren Vollgasfahrten wegen Dampfblasenbildung im Kraftstoffsystem zu Startproblemen kommen. Deshalb wurde ab 5/83 ein anderes Kühlergrill mit größerer Öffnung (Et.-Nr. 443853655A) und ab 11/83 zusätzlich ein Kraftstoff-Vorratsbehälter (Et.-Nr. 026127177B) eingebaut. Beide Teile können auch in ältere Wagen nachträglich eingesetzt werden. Die Werkstatt weiß über diese Möglichkeit Bescheid.

Das Leerlauf-Abschaltventil

1 B 3-Vergaser

Nur der 1 B 3-Vergaser besitzt ein Leerlauf-Abschaltventil. Sinn dieser Einrichtung ist es, sofort nach Abschalten der Zündung die Leerlaufgemischkanäle zu verschließen, um ein Nachlaufen des Motors ohne Zündfunken zu vermeiden. Bei diesem Effekt (oft Nachdieseln genannt) entzündet sich der Kraftstoff an den noch heißen Auslaßventilen und verbrennt unkontrolliert, was dem Motor schadet.

Die anderen Vergaser kommen ohne Abschaltventil aus. Mit Abstellen der Zündung geht die Drosselklappe in die Position »Schubabschaltung« und verschließt damit den Gemischaustritt.

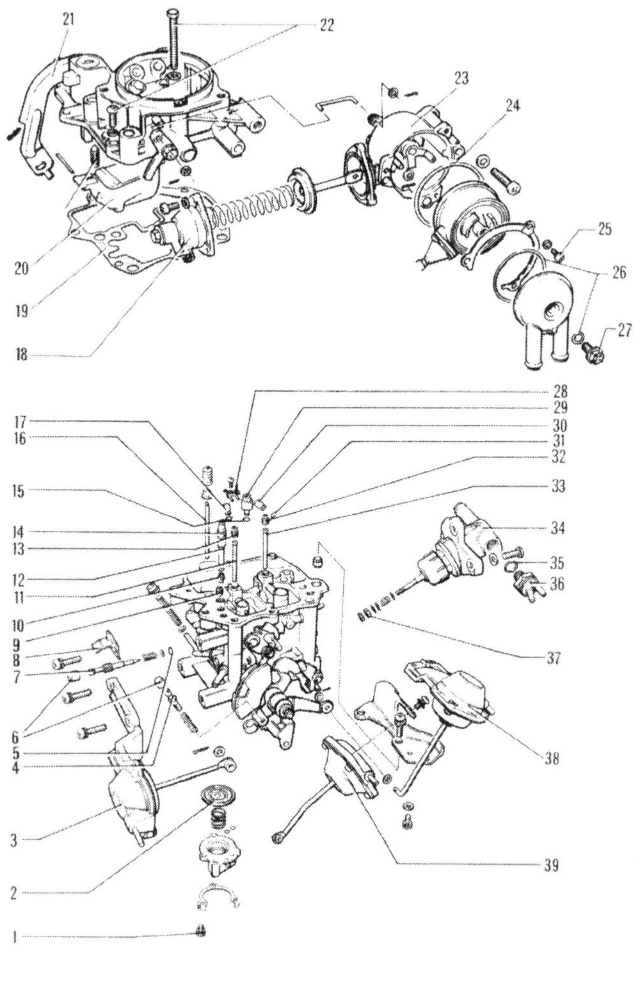

Die Teile des Keihin-Vergasers (Fünfzylindermotor):
1 – Schraube; 2 – Beschleunigungspumpe; 3 – Unterdruckdose für Schubabschaltung; 4 – Leerlaufdrehzahl-Einstellschraube; 5 – Dichtring; 6 – Sicherungskappen; 7 – CO-Einstellschraube; 8 – Anschlag; 9 – Leerlaufluftdüse; 10 – Leerlaufdüse; 11 – Mischrohr Stufe I; 12 – Leerlaufmischrohr; 13 – Luftkorrekturdüse Stufe I; 14 – Verschlußschraube; 15 – Dichtringe; 16 – Betätigungsstange für Beschleunigungspumpe; 17 – Hauptdüse Stufe I; 18 – Pulldowndose; 19 – Dichtung; 20 – Schwimmer; 21 – Betätigungshebel für Beschleunigungspumpe; 22 – Schrauben für Vergaserdeckel; 23 – Startautomatik-Gehäuse; 24 – Dichtung; 25 – Schraube für Vergaserdeckel; 26 – Dichtringe für Wasseranschlußstutzen; 27 – Schraube für Wasseranschlußstutzen; 28 – Halteplatte; 29 – Anreicherungsventil; 30 – Hauptdüse Stufe II; 31 – Dichtring; 32 – Luftkorrekturdüse Stufe II; 33 – Mischrohr Stufe II; 34 – Thermostat für Drosselklappenanhebung; 35 – Dichtring; 36 – Thermopneumatisches Ventil für Stufe II; 37 – Einstellmutter für Drosselklappen-Durchlaufspalt; 38 – Unterdruckdose für Startdrehzahlanhebung; 39 – Unterdruckdose für Stufe II.

Das Leerlauf-Abschaltventil (2) mit seinem elektrischen Anschluß (3) und dem Ventilstöpsel (1). Im Bild rechts sehen wir seine Einbaulage im 1 B 3-Vergaser (Pfeil).

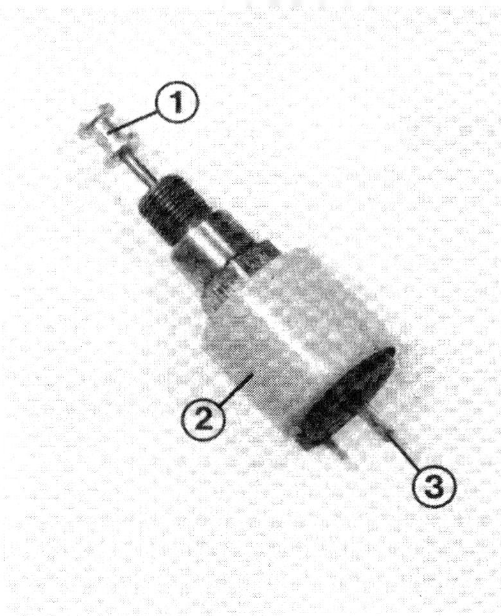

Störungssuche am Leerlauf-Abschaltventil

● Läuft der Motor nach, hat sich das Abschaltventil gelockert oder die Ventilnadel hängt. Gang einlegen, Motor abwürgen. Oder bei Getriebeautomatik mit dem Gaspedal pumpen, bis der Motor »abgesoffen« ist.

● In diesem Fall Ventil aus dem Vergaser herausschrauben, gegen Masse halten und von Helfer Zündung an- und abschalten lassen. Bei aufgestecktem Kabel muß sich die Ventilnadel hin- und herbewegen, sofern die Stromzuführung in Ordnung ist (Prüflampe). Ansonsten ist das Teil defekt. Austauschen.

● Natürlich kann die Ventilnadel auch in »Geschlossen«-Stellung hängen. Dann stirbt der Motor im Leerlauf ab.

● Stirbt der Motor ab bzw. dreht er im Leerlauf hoch, kann sich das Ventil auch gelockert haben. Der Motor zieht dann falsche Luft.

Teillastkanal-Beheizung

Bei ungünstigen Witterungsbedingungen (Temperaturen wenig über dem Gefrierpunkt und hohe Luftfeuchtigkeit) können die Kanäle des Leerlauf- und Übergangssystems durch Vereisung verstopfen. Das verhindert beim 1 B 3- und beim 2 E 2-Vergaser ein elektrisches Heizelement (siehe Zeichnungen Seite 74 und 75).

Heizelement prüfen

Leerlaufprobleme oder mangelhafter Übergang beim Gasgeben können durch ein defektes Heizelement verursacht werden.

● Kontrollieren, ob das Heizelement am Vergaser fest angeschraubt ist.

● Evtl. Anlageflächen säubern, damit eine gute Masseverbindung sichergestellt ist.

● Elektro-Steckverbindung zum Heizelement auseinanderziehen.

● Am Pluspol der Batterie eine Prüflampe anschließen und mit der zum Heizelement führenden Leitung verbinden.

● Brennt die Prüflampe, ist das Heizelement in Ordnung, andernfalls austauschen.

Einbau des Starterdeckels (1) beim 2 E 2-Vergaser: Die Öse an der Bimetallfeder (2) muß auf den Mitnehmer am Vergaser geschoben werden (Pfeil). Bei richtiger Einstellung müssen die Kerben am Starterdeckel (3) und am Vergaser (4) fluchten.

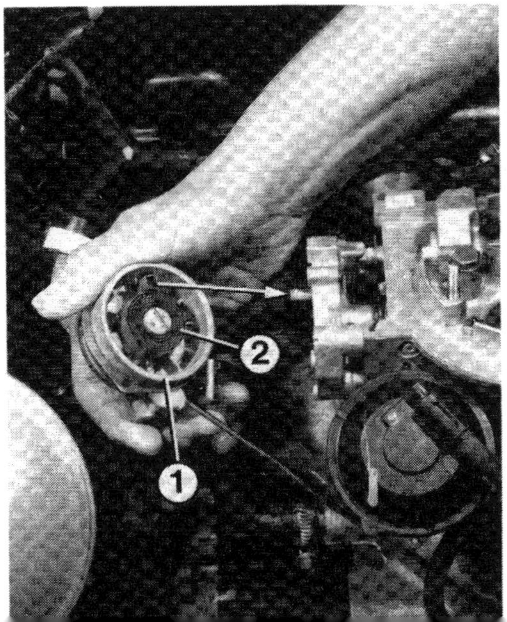

Doppelt beheizte Startautomatik

Der Starterdeckel wird beheizt, damit die Bimetallfeder die Starterklappe öffnen kann. Das geschieht auf zweierlei Weise:

○ Damit die Beheizung schnell wirkt, wird der Starterdeckel zunächst elektrisch beheizt. Das ermöglicht schnelles Öffnen der Starterklappe.

○ Beim **1 B 3-** und beim **2 E 2-Vergaser** wird die elektrische Starterdeckelbeheizung ab 33–42° C Kühlwassertemperatur abgeschaltet. Das ebenfalls durch den Deckel fließende Kühlwasser übernimmt nun die Beheizung. Bei vorübergehendem Abstellen des Motors hält die Warmwasserbeheizung die Starterklappe offen und verhindert so Gemischüberfettung beim Wiederstart.

○ Beim **Keihin-Vergaser** wird die elektrische Beheizung nicht abgeschaltet. Sie bleibt parallel zur Wasserheizung bei eingeschalteter Zündung im Einsatz.

Starterdeckel prüfen

Läuft der Motor kurz nach dem Kaltstart unwillig und stößt der Auspuff auffallend schwarze Auspuffgase aus? Wenn dieser Effekt mit zunehmender Motortemperatur wieder verschwindet, kann dafür die elektrische Beheizung des Starterdeckels verantwortlich sein. So wird geprüft:

● Die Motoren mit 55 und 66 kW müssen zur Prüfung kalt sein.

● Steckverbindung zum Starterdeckel trennen.

● Prüflampe am Zuleitungskabel anschließen, gegen Masse halten und Zündung einschalten. Brennt die Lampe, ist die elektrische Zuleitung in Ordnung. Brennt sie nicht, liegt der Fehler am Thermoschalter (nur 55- und 66-kW-Motoren), an der Sicherung oder der Zuleitung.

● Bei intakter Zuleitung eine Prüflampe zwischen abgezogenes Zuleitungskabel und Anschluß des Starterdeckels klemmen. Die Lampe muß bei eingeschalteter Zündung brennen. Tut sie's nicht: Starterdeckel austauschen.

Thermoschalter für Starterdeckel

Die Thermoschalter zum Zu- und Abschalten der Ansaugrohrvorwärmung bzw. der elektrischen Starterdekkelbeheizung sitzen in einem gemeinsamen Gehäuse (siehe Bild Seite 70). Wie die vier Klemmen des Schalters bezeichnet sind, entnehmen Sie der Zeichnung.

Thermoschalter prüfen

● Schutzkappe am Thermoschalter zurückstreifen, die Kabel bleiben angeschlossen.

● Leuchtdioden-Spannungsprüfer am Kontakt »C« (Bild Seite 70) anschließen; gegen »Masse« messen.

● Zündung einschalten: Unter 33° C Motortemperatur leuchtet der Spannungsprüfer auf.

● Über 42° C Kühlmitteltemperatur darf er nicht leuchten.

Startautomatik prüfen

Die Startautomatik von Grund auf neu einzustellen und durchzuprüfen überschreitet die Möglichkeiten des Selbsthelfers. Die benötigten Geräte sind keine lohnende Anschaffung.

In der Praxis hat sich überdies gezeigt, daß die leicht selbst auszuführenden Prüfungen in fast allen Fällen völlig ausreichen, wenn nicht zuvor der Vergaser unsachgemäß zerlegt wurde.

● Luftfilterdeckel abnehmen: Ist die Starterklappe im Vergaser bei kaltem Motor – je nach Umgebungstemperatur – ganz oder zumindest teilweise geschlossen? Beim 1 B 3-Vergaser vor der Kontrolle Gaspedal einmal ganz durchtreten.

● Bleibt die Klappe offen, prüfen Sie von Hand (1 B 3-Vergaser: Gaspedal leicht antippen), ob sie sich leicht bewegen läßt.

● Wenn nicht, Wellenlagerung mit Pinsel und Spiritus reinigen. Nicht ölen!

● Kontrolle von Bimetallfeder und elektrischer Starterdeckelbeheizung: Zündung einschalten. Nach einiger Zeit muß sich die Starterklappe selbsttätig öffnen. Beim 1 B 3-Vergaser dazu Gaspedal hin und wieder antippen.

● Rührt sich nichts, Starterdeckel prüfen: Die Kerben von Starterdeckel und Vergasergehäuse müssen sich gegenüberstehen (siehe Bild rechts). Diese Grundeinstellung kann jedoch nach Lösen der Dekkel-Halteschrauben variiert werden, wenn früheres oder späteres Öffnen der Klappe erwünscht ist.

Schubabschaltung kontrollieren

Leider ist die Schubabschaltung kein Feld für den Selbsthelfer, denn auch hier wird die Anschaffung teurer Vakuumgeräte nötig, was sich sicher nicht lohnt.

Fingerzeig: Wenn es an die Auffindung komplexer Fehler im Bereich Vergaser geht, ist oft nicht nur der Selbsthelfer, sondern vereinzelt auch die V.A.G.-Werkstatt überfordert. Dann empfiehlt sich der Besuch bei einer Vergaser-Spezialwerkstatt. Ein Adressenverzeichnis hält der Vergaserhersteller Pierburg GmbH & Co. KG, Postfach 838, 4040 Neuss 13 bereit. Ebenso verstehen sich die Bosch-Dienste auf Reparaturen und Einstellarbeiten am Vergaser. Ein Werkstättenverzeichnis erhalten Sie vom Bosch-Kundendienst, Postfach 106050, 7000 Stuttgart 10.

Abgas-Sonder-Untersuchung

Seit 1985 ist in der Bundesrepublik eine jährliche Abgaskontrolle vorgeschrieben, zu der auch die Überprüfung der Zündeinstellung gehört. Diese Kontrolle führen neben der V.A.G.-Werkstatt auch freie Werkstätten, Tankstellen, DEKRA und TÜV durch. Zur ASU muß die Auspuffanlage intakt sein, und die Luftschläuche um den Vergaser dürfen nicht undicht sein. Wie läßt man die ASU sinnvollerweise durchführen?

○ **ASU mit TÜV-Kontrolle:** Wenn beide Plaketten dieselbe Fälligkeit zeigen, gehen Sie folgendermaßen vor: Erkannten Sie in letzter Zeit eine unerklärliche Aufwärtstendenz beim Kraftstoffverbrauch, dürfte ein Fehler am Vergaser vorliegen oder die CO-Einstellung stimmt nicht mehr. Da muß die Werkstatt mit dem Abgastester helfen. Bei der Gelegenheit kann dort auch die ASU durchgeführt werden. Mit der neuen ASU-Plakette geht die Fahrt zum TÜV oder DEKRA für die übliche Hauptuntersuchung.

Scheint mit Verbrauch und Abgas alles in Ordnung zu sein, erübrigt sich der Werkstattbesuch vor dem TÜV-Termin. Kontrollieren Sie zur Sicherheit Zündzeitpunkt und Leerlaufdrehzahl. Sofern ohnehin bald fällig, Zündkerzen prüfen.

Wenn jetzt der Abgaswert bei der Kontrolle noch etwas abweicht, läßt Sie der Prüfer sicher eine kleine Korrektur bei angeschlossenem CO-Tester vornehmen (Schraubenzieher bereithalten).

○ **ASU ohne TÜV-Kontrolle:** Werkstätten führen die ASU in vielen Fällen sofort durch, während bei DEKRA und TÜV für die Überprüfung oft Anmeldefristen oder Wartezeiten nötig sind. Zur Zeitersparnis kommt hinzu, daß in der V.A.G.-Werkstatt immer die neuesten Einstelldaten vorliegen.

○ **ASU mit Fahrzeuginspektion:** Wenn Sie die Wartung Ihres Audi immer in der Werkstatt durchführen lassen, gehört die ASU zum Umfang der spätestens einmal jährlich fälligen Wartung dazu.

Fingerzeig: Vergleichen Sie die verschiedenen Werkstatt-Angebote für die ASU! Der genannte Preis kann Messung sowie Einstellung umfassen oder lediglich die reinen Prüfarbeiten. Dann kostet das Einstellen noch Extrageld.

Leerlauf einstellen

Wartung Nr. 6

Vor der Kontrolle der Leerlaufdrehzahl soll sichergestellt sein, daß Ventilspiel (Fahrzeuge ohne Hydrostößel), Zündzeitpunkt und Zündkerzen in Ordnung sind. Gebraucht wird ein Motortester mit Drehzahlmesser.

Vorsicht: Wegen der hohen Spannungen an den Klemmen der Zündanlage (TSZ) Drehzahlmesser nur bei stehendem Motor an- und abklemmen (siehe auch Seite 195).

- Motor warmfahren.
- Der Kühlerventilator darf während der Prüfung nicht laufen.
- Luftfilter nicht abnehmen.
- Alle elektrischen Verbraucher ausschalten.
- Kontrollieren Sie beim 1 B 3-Vergaser die Drosselklappen-Anschlagschraube: Sie darf nicht mehr auf der Starterklappen-Stufenscheibe stehen. Die Starterklappe hat dann geöffnet.
- Prüfen Sie beim 2 E 2, ob sich die Dreipunktdose in Leerlaufstellung befindet. Die Betätigungsstange liegt dann an der Einstellschraube für Kaltleerlaufdrehzahl (die wir nicht verdrehen!) an.
- Die Leerlaufdrehzahl kann jetzt nach der Tabelle auf der nächsten Seite eingestellt werden.
- An welchen Einstellschrauben wie gedreht wird, erläutern die Bilder.
- Die Abgaswerte werden bei dieser Einstellung nicht bzw. nur geringfügig verändert.

1 B 3-Vergaser: Die Bilder zeigen die Leerlauf-Einstellschraube (1) und die CO-Einstellschraube (2). Der Luftfilter bleibt zur Einstellung eingebaut.

Motor	1,8 l / 55 kW	1,8 l / 66 kW	1,9 l / 74 kW
Kennbuchstaben	DR	DS	WH
Leerlaufdrehzahl	700–800 /min	700–800 /min	750–850 /min

Fingerzeig: Wenn trotz aller Einstellversuche kein gleichmäßiger Leerlauf erzielt wird, sollten Sie sämtliche Unterdruckschläuche vom Ansaugrohr zu den verschiedenen unterdruckgesteuerten Aggregaten, wie Bremskraftverstärker und Zündverteiler, kontrollieren. Die Schläuche müssen fest aufgesteckt sein und dürfen keine Beschädigungen zeigen. Eine Undichtigkeit liefert dem Motor »falsche Luft«, die den Leerlauf durcheinanderbringt.

Abgastest

Wartung Nr. 7

Normalerweise verstellt sich der Abgaswert nicht, und deshalb braucht auch nicht – wie Audi es empfiehlt – alle 15000 km an der Einstellschraube herumgedreht zu werden. Zum Nachmessen fahren Sie mit betriebswarmem Motor bei einer geeigneten Tankstelle oder Werkstatt vor. Das CO-Meßgerät muß dann **0,5–1,5 Vol. % CO** anzeigen.

CO-Gehalt behelfsmäßig einstellen

Auch wer kein Abgas-Meßgerät besitzt, kann den CO-Gehalt einigermaßen genau einstellen. Das wird beispielsweise dann nötig, wenn der Vergaser total zerlegt wurde oder wenn sich im fernen Ausland ein »Fachmann« am Vergaser versucht hat.

- Die Prüf- und Einstellbedingungen sind beim CO-Einstellen dieselben wie beim Korrigieren der Leerlaufdrehzahl (siehe Vorseite).
- Sicherungskappe an der Einstellschraube abnehmen (siehe Bilder).
- Beim 2 E 2-Vergaser den Luftfilterdeckel abnehmen.
- Leerlaufdrehzahl leicht erhöhen (siehe Vorseite).
- Mit feinem Schraubenzieher und viel Gefühl die Regulierschraube hineindrehen (Keihin-Vergaser: herausdrehen), bis der Motor unrund zu laufen beginnt oder abzusterben droht.
- Jetzt Schraube wieder so weit linksdrehen (Keihin-Vergaser: rechtsdrehen), bis der Motor gerade anfängt, wieder schön rund zu drehen. Sie können sich dabei auf Ihr Gehör verlassen.
- Drehzahl wieder auf Sollwert zurückstellen.
- Gegebenenfalls im Wechsel Drehzahl und CO-Wert regulieren, bis der Motor ruhig läuft.
- Diese Einstellung sollte alsbald mit einem CO-Tester überprüft werden.

Fingerzeige: Wenn beim 2 E 2-Vergaser der CO-Wert erheblich über dem Sollwert liegt, kann das an einer verschmutzten Einstellschraube liegen. Abhilfe: Schraube ganz herausdrehen, Spitze vorsichtig reinigen, wieder hineindrehen und CO-Gehalt neu einstellen.
Wenn nach dem Aufstecken des Schlauchs der Kurbelgehäuse-Entlüftung der CO-Wert sprunghaft ansteigt, befindet sich Kraftstoff-Kondensat im Motoröl (Abhilfe siehe Seite 13).

Der 2 E 2-Vergaser: Links das Einstellen der Leerlaufdrehzahl (1) an der Dreipunktdose – der Luftfilter bleibt dazu eingebaut. Rechts das Einstellen des CO-Gehalts (2) bei abgenommenem Luftfilterdeckel.

Der Keihin-Vergaser des Fünfzylinders: Die Bilder zeigen die Leerlauf-Einstellschraube (1) und die CO-Einstellschraube (2). Zur Einstellung muß der hier zur besseren Darstellung abgebaute Luftfilter eingebaut bleiben.

Der Gaszug

Gaszug auswechseln

- Ablage links unter dem Armaturenbrett abbauen (Seite 258).
- Darunter den Heizkanal abschrauben (2 Kreuzschlitzschrauben).
- Nippel des Gaszugs vom oberen Ende des Gaspedals nach oben abdrücken.
- Kunststoff-Durchführung des Zugs im Zwischenblech zum Motorraum nach vorn durchstoßen. Dazu die beiden Haltespangen der Durchführung zusammendrücken.
- Zugende von hinten in den Motorraum schieben.
- Gaszugnippel am Drosselklappengestänge aus der Kurvenscheibe aushängen. Dazu die Haltespange abhebeln.
- Gaszughülle aus dem Widerlager ziehen.
- Beim Einbau die Kunststoff-Durchführung evtl. mit Dichtmittel einsetzen.

Gaszug einstellen

- Von einem Helfer das Gaspedal voll durchtreten lassen.
- Drosselklappenhebel am Vergaser in Vollgasstellung drücken.
- Gaszughülle straffziehen und die Stecksicherung in die entsprechende Kerbe am Ende der Gaszughülle stecken.
- Kontrolle: Bei voll getretenem Gaspedal darf sich der Drosselklappenhebel höchstens noch 1 mm in Richtung Vollgasanschlag bewegen lassen.

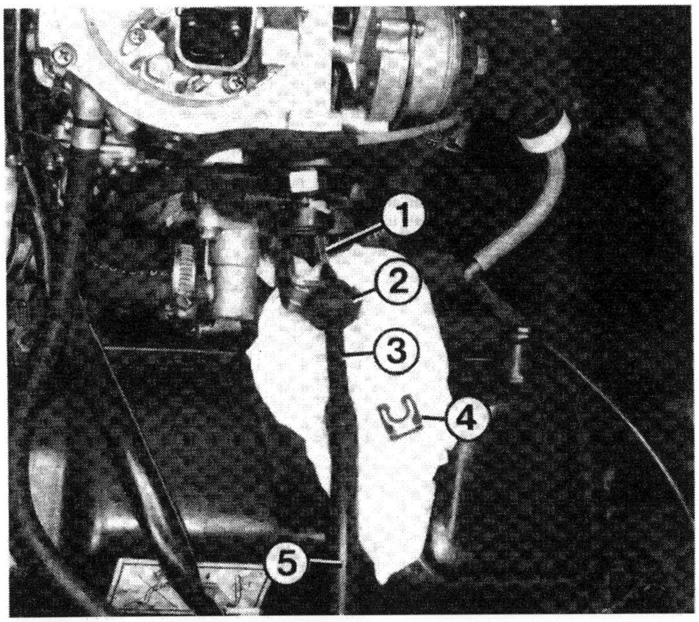

Der Gaszug (1) vorn im Motorraum. Die Zahlen bedeuten: 2 – Widerlager mit Gummitülle; 3 – Rastensegment an der Seilzughülle; 4 – Stecksicherung; 5 – Gaszughülle.

Gaszug bei Getriebeautomatik

Bei Wagen mit Getriebeautomatik führt der Gaszug vom Pedal aus zunächst an den Betätigungshebel des automatischen Getriebes. Von dort aus verläuft ein zweiter Bowdenzug (Vierzylinder) bzw. eine Betätigungsstange (Fünfzylinder) wieder nach oben an den Vergaser.

Ausbauen und Einstellen

● Der Ausbau des Zugs am Gaspedal erfolgt wie bei Wagen mit Schaltgetriebe.

● Am Betätigungshebel des Getriebes den Schraubnippel lösen und Zug herausziehen.

● Am Widerlager des Getriebes ist die Zughülle mit einer Durchführung gehalten. Zum Ausbau die Haltespangen zusammendrücken und Durchführung samt Zughülle abnehmen.

● Nach Einbau des neuen Zugs diesen mit dem Schraubnippel so festklemmen, daß auch in Kickdownstellung noch ein geringes Spiel im Zug vorhanden ist. Der Betätigungshebel muß sich also trotz Gaspedal-Kickdown noch etwas nach oben drücken lassen.

● Diese Einstellung reicht aus für die Fahrt in die Werkstatt, wo der Zug nochmals richtig eingestellt werden muß.

● Die restliche Einstellung gestaltet sich für den Selbsthelfer zu schwierig, da z. B. beim 2 E 2-Vergaser ein Unterdruckgerät an der Dreipunktdose angesetzt werden muß, um diese in »Schub«-Stellung zu bringen.

Störungsbeistand

Vergaser

Diese umfangreiche Liste sollten Sie erst dann durcharbeiten, wenn Sie zuvor die Zündanlage überprüft haben, die trotz der serienmäßigen Transistorzündung noch andere Störungsherde bilden kann.

Die Störung	– ihre Ursache	– ihre Abhilfe
A Kalter Motor springt nicht oder schlecht an	1 Kraftstoffweg zum Vergaser nicht in Ordnung	Prüfung: Zuleitung am Vergaser abziehen, in ein Gefäß halten und Motor starten. Kommt kein Benzin, siehe unter Kraftstoffpumpe
	2 Kraftstoffweg im Vergaser nicht in Ordnung	
	a) Schwimmernadelventil klemmt oder Schwimmer defekt	Gegen Schwimmerkammerdeckel klopfen, evtl. Vergaserdeckel abnehmen, Schwimmer und Nadelventil überprüfen
	b) Bohrungen, Düsen und Kanäle im Vergaser verstopft	Vergaser reinigen
	3 Leerlauf-Abschaltventil defekt	Prüfen
	4 Startautomatik defekt (nur Pierburg-Vergaser und Fünfzylinder)	Prüfen
	5 Stellung der Drosselklappe falsch	Einstellen lassen
	6 »Falsche Luft« tritt am Ansaugflansch ein bzw. an einem der Unterdruckschläuche	Kontrollieren, schadhafte Dichtungen bzw. Schläuche ersetzen
	7 Kraftstoffabschaltung defekt (nur Keihin II)	Prüfen
B Kalter Motor geht nach dem Start wieder aus	1 Siehe A 4, 5 und 6	
	2 Starterklappenspalt falsch eingestellt	Einstellen lassen
	3 Starterdeckel falsch eingestellt (nur Pierburg-Vergaser und Fünfzylinder)	Einstellmarken gegenüberstellen
	4 Pulldowneinstellung gestört	Prüfen lassen
	5 Kaltleerlaufdrehzahl zu niedrig	Einstellen lassen
	6 2 E 2- und Fünfzylinder: Startanhebung (pneumatisch und/oder thermostatisch) defekt	Prüfen lassen
	7 Bypasskanal-Beheizung defekt	Stromversorgung und Heizelement prüfen
C Kalter Motor hat zu hohe oder zu niedere Leerlaufdrehzahl	1 Siehe A 5 und 6	
	2 Ansaugrohrvorwärmung gestört	Prüfen
	3 Starterdeckelbeheizung gestört (nur Pierburg-Vergaser und Fünfzylinder)	Prüfen
	4 Siehe B 5 und 7	
D Kalter Motor nimmt schlecht Gas an und ruckelt	1 Ansaugluft-Vorwärmung gestört	Prüfen
	2 Siehe A 4 und 6	
	3 Siehe B 2 und 4	
	4 Siehe C 2, 3, 4 und 5	

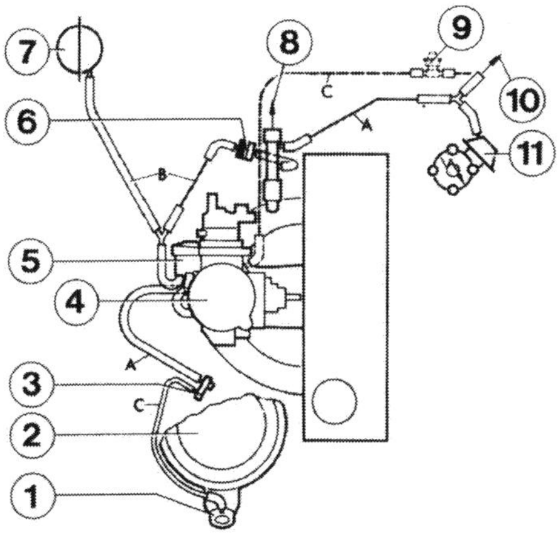

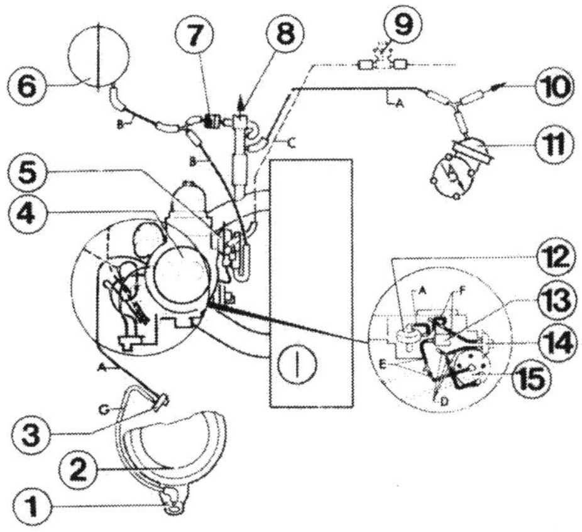

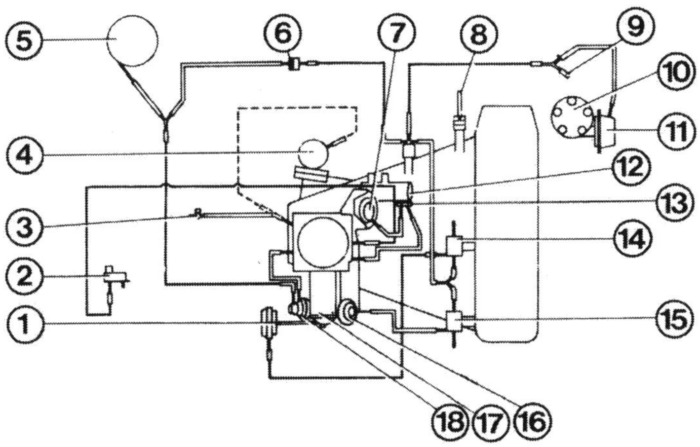

Unterdruckeinrichtungen an den Vergasern:
Links oben der 1 B 3-Vergaser: 1 – Ansaugluftvorwärmung; 2 – Luftfilter; 3 – Temperaturregler; 4 – Vergaser; 5 – Pulldown; 6 – Rückschlagventil; 7 – Unterdruckbehälter; 8 – Verteilerstück; 9 – Unterdruckschalter (Schaltanzeige); 10 – zur Verbrauchsanzeige; 11 – Zündverstellung.
Rechts oben der 2 E 2-Vergaser: 1 – Ansaugluftvorwärmung; 2 – Luftfilter; 3 – Temperaturregler; 4 – Vergaser; 5 – Pulldown; 6 – Unterdruckbehälter; 7 – Rückschlagventil; 8 – Verteilerstück; 9 – Unterdruckschalter (Schaltanzeige); 10 – zur Verbrauchsanzeige; 11 – Zündverstellung; 12 – Unterdruckdose Stufe II; 13 – Leerlauf-/Schub-Steuerventil; 14 – Thermozeitventil; 15 – Dreipunktdose.
Links der Keihin-Vergaser: 1 – Unterdruckdose Schubabschaltung; 2 – Temperaturregler; 3 – Unterdruckschalter (Schaltanzeige); 4 – Abgasrückführungsventil (nur bei Automatik); 5 – Unterdruckbehälter; 6 – Rückschlagventil; 7 – Unterdruckdose Stufe II; 8 – zum Bremskraftverstärker; 9 – zur Verbrauchsanzeige; 10 – Verteiler; 11 – Zündverstellung; 12 – Thermostat für Drosselklappenanhebung; 13 – Thermopneumatisches Ventil Stufe II; 14 – Unterdruckventil für Schubabschaltung; 15 – Unterdruckventil für Startdrehzahlanhebung; 16 – Unterdruckdose für Startdrehzahlanhebung; 17 – Startautomatik; 18 – Pulldown.

Die Störung	– ihre Ursache	– ihre Abhilfe
D Kalter Motor nimmt schlecht Gas an und ruckelt (Fortsetzung)	5 Beschleunigungssystem arbeitet nicht	Prüfung: Luftfilterdeckel abnehmen. Wird Benzin eingespritzt, wenn Sie den Drosselklappenhebel bewegen?
	a) Kanäle verstopft	Vergaser reinigen
	b) Membrane defekt	Auswechseln
	6 Beschleunigungs-Einspritzmenge falsch	Einstellen lassen
	7 Ansaugrohr-Vorwärmung defekt	Siehe Seite 70
E Warmer Motor springt schlecht oder gar nicht an	1 Siehe A 3	
	2 Dampfblasen im Kraftstoffsystem	Mit durchgetretenem Gaspedal starten. Kontrollieren, ob ein Kraftstoffschlauch am Motor anliegt und sich dadurch bei Stillstand ungewollt aufheizen kann
	3 Schwimmernadelventil undicht	Ersetzen
	4 Schwimmer defekt	Prüfen, ggf. austauschen
	5 Schwimmerstand falsch	Einstellen lassen
F Leerlauf ungleichmäßig bzw. zu hoch oder zu niedrig	1 Siehe A 6	
	2 Siehe C 5 und 7	
	3 Düsen im Leerlaufsystem verschmutzt oder lose	Düsen reinigen bzw. festziehen
	4 Anreicherungsventil defekt (nur 2 E 2-Vergaser)	Ersetzen
G Leerlaufdrehzahl oder CO-Gehalt nicht einstellbar	1 Siehe A 4 und 5	
	2 Grundeinstellung der Drosselklappe falsch (nur Pierburg-Vergaser und Fünfzylinder)	Einstellen lassen
	3 Siehe F 4	
H Schlechte Übergänge bei höheren Drehzahlen (nur 2 E 2- und Keihin-Vergaser)	Unterdruckdose der 2. Stufe undicht	Austauschen

Vernebelungs-Taktik

Für optimalen Verbrennungsablauf verlangt der Motor ein fein vernebeltes Kraftstoff/Luft-Gemisch – nicht etwa reinen Kraftstoff. Welches Verhältnis bei dieser Mischung eingehalten werden muß, hängt vom Belastungszustand des Motors und seiner Temperatur ab. Viel Arbeit also für den Vergaser.

Welcher Vergaser ist eingebaut?

Die Vergaser im Audi mit ungeregelten Katalysator stammen vom japanischen Vergaserhersteller Keihin, ein Lieferant, der schon seit langem für Audi tätig ist. Eingebaut sind die Versionen Keihin I und Keihin II. Bei beiden Ausführungen handelt es sich um zweistufige Vergaser mit von Hand zu bedienender Starteinrichtung. Die Version II ist besonders auf die Anforderungen des schadstoffarmen Motorbetriebs abgestimmt. Hier die Zuordnung zu den Motoren:

Motor	1,6 l / 55 kW	1,8 l / 65 kW	1,8 l / 65 kW	1,8 l / 66 kW
Motor-Kennbuchstaben	RS	JW[1]	SH bis 7/88	SH ab 8/88
Katalysator	+	–	+	+
Vergaser	Keihin II	Keihin I	Keihin I	Keihin II

[1] Schweiz-Version mit Abgas-Rückführung

Die wichtigsten Teile des Vergasers

Erklärung zu den Grund-Bestandteilen des Vergasers finden Sie im ersten Vergaser-Kapitel auf Seite 71.

Funktion

Keihin-Vergaser

Start: Mehrere Einrichtungen wirken beim Kaltstart zusammen:

○ Die Starterklappe. Bei tiefen Außentemperaturen muß sie über den Choke-Knopf am Armaturenbrett ganz und bei mittleren Temperaturen teilweise geschlossen werden.

○ Die Pulldown-Membran. Sie wird über Unterdruck gesteuert und öffnet die Starterklappe sofort nach dem Anspringen des Motors um einen festgelegten Spalt. Der Motor bekommt jetzt mehr Luft und somit ein etwas magereres Gemisch. Die Starterklappe wird außerdem beim Beschleunigen über einen Hebel ein Stück weit geöffnet.

○ Der Drosselklappen-Ansteller bewirkt bei Wagen mit Schaltgetriebe und Keihin II-Vergaser bis 65°C Kühlmitteltemperatur eine leichte Anhebung der Motordrehzahl durch geringfügiges Öffnen der Drosselklappe. Er ist ebenfalls über Unterdruck gesteuert. Bei Automatikgetriebe ist die Leerlaufanhebung bis zur gleichen Temperatur, aber nur bei eingelegter Fahrstufe wirksam (Keihin I und II).

Leerlauf: Das Kraftstoff/Luft-Gemisch für den Leerlauf besteht aus dem Leerlaufgemisch sowie aus einer geringen Menge Normalgemisch aus der ersten Vergaserstufe (durch die leicht geöffnete Drosselklappe).

○ Das Leerlaufgemisch entsteht im Mischrohr des Leerlaufsystems aus Kraftstoff von der Leerlaufkraftstoffdüse (bei Keihin II im Mischrohr eingesetzt) und Luft aus der Leerlaufluftdüse. Das so entstandene Gemenge gelangt – vorbei am Leerlauf-Abschaltventil – an die CO-Einstellschraube, wo die gewünschte Menge eingestellt werden kann. Damit das Gemisch nicht an den kalten Vergaser-Bohrungen kondensiert, sorgt ein Heizelement für leichte Temperierung.

○ Wieviel Normalgemisch aus der ersten Stufe gebraucht wird, um den Motor mit der richtigen Leerlaufdrehzahl am Laufen zu halten, bestimmen wir durch Verstellen der Drosselklappen-Anschlagschraube. Mit ihr wird die Drosselklappe einen kleinen Spalt breit offen gehalten.

Übergang: Damit beim Übergang von Leerlauf auf Normalbetrieb kein »Loch« entsteht, zweigen kleine Bohrungen oberhalb der Drosselklappe eine zusätzliche Menge Kraftstoff/Luft-Gemisch vom Leerlaufgemisch ab.

Beschleunigen: Bei plötzlichem Gasgeben öffnet sich die Drosselklappe schlagartig – es wird spontan mehr Luft angesaugt. Damit das richtige Kraftstoff/Luft-Gemisch erhalten bleibt, fördert die Beschleunigungspumpe in diesem Moment zusätzlichen Kraftstoff.

Teillast und Vollast: Die Drosselklappe der ersten Vergaserstufe ist direkt mit dem Gaspedal verbunden. Wird sie geöffnet, entsteht in der Mischkammer ein Unterdruck, der Kraftstoffgemisch aus dem Vorzerstäuber

absaugt. Zur Aufbereitung dieses Gemisches wird Kraftstoff aus der Schwimmerkammer durch die Hauptdüse in das Mischrohr gesaugt und dort mit der Luft aus der Luftkorrekturdüse vermischt.
Entsteht bei höherer Drehzahl und Last ein höherer Unterdruck im Saugrohr, fließt über die unterdruckgesteuerte Düse der Teillastanreicherung zusätzlicher Kraftstoff zur Hauptdüse: Anfettung des Gemisches. Über den Vorzerstäuber im Vergaserdurchlaß wird das Gemisch abgesaugt.
Die zweite Vergaserstufe wird nicht über das Gaspedal, sondern von einer Unterdruckdose geöffnet. Diese Unterdruckdose ist über einen Schlauch mit der ersten Stufe verbunden. Ist dort der Unterdruck auf ein bestimmtes Maß angestiegen und ist damit genügend Unterdruck in der Membrandose vorhanden, kann diese die zweite Drosselklappe aufziehen. Ein Kurvenhebel sorgt weiterhin dafür, daß die zweite Stufe erst bei mehr als halb durchgetretenem Gaspedal geöffnet wird. Gleichzeitig sorgt der Kurvenhebel dafür, daß sich die zweite Stufe bei losgelassenem Gaspedal zwangsweise schließt.
Um den Einsatz der zweiten Stufe möglichst weich zu gestalten, wird im Moment des Öffnens der zweiten Drosselklappe ein kleiner Kraftstoff-Vorrat aus der Übergangs-Anreicherung in den Vergaserdurchlaß geführt – das Gemisch wird dadurch kurzzeitig »fetter«, der Motor kann kraftvoll durchziehen.
Bei vollem Betrieb der zweiten Stufe entspricht die Arbeitsweise derjenigen der ersten Stufe.

Zusatzfunktionen am Vergaser

Das Leerlauf-Abschaltventil

Beide Vergasertypen besitzen ein Leerlauf-Abschaltventil. Sinn dieser Einrichtung ist es, sofort nach Abschalten der Zündung den Leerlaufgemischkanal zu verschließen. So wird ein Nachlaufen des Motors ohne Zündfunken vermieden. Bei diesem Effekt (oft Nachdieseln genannt) entzündet sich der Kraftstoff an den noch heißen Auslaßventilen und verbrennt unkontrolliert, was dem Motor schadet.

Kraftstoff-abschaltung

Nach Abstellen der Zündung verschließt das Abschaltventil im Keihin-II-Vergaser über zwei Dichtungsplättchen die beiden Hauptdüsen. Diese Einrichtung soll verhindern, daß bei stehendem Motor Kraftstoff in den Katalysator gelangt, was aber in den dabei vorkommenden Mengen ohnehin nicht sehr gefährlich wäre.

Schubanhebung

Während des Schubbetriebs (bergab ohne Gas) soll der Schadstoffanteil der Abgase gering bleiben. Um das zu erreichen, wird bei Wagen mit Schaltgetriebe die Vergaser-Drosselklappe oberhalb 1800/min bei betriebswarmem Motor etwas geöffnet. Eingeleitet wird dieser Vorgang vom »Relais für Schubanhebung« im Zusatzrelaisträger (Seite 230), das aber nur wirksam werden kann, wenn der Thermoschalter über 65°C (nur Keihin II) den Stromweg zum Zweiwege-Ventil freigibt. Dieses Ventil öffnet dann den Durchgang im Unterdruckschlauch zum Drosselklappen-Ansteller – die Drosselklappe wird etwas aufgezogen.

Leerlauf-anhebung

Über diese Zusatzfunktion lasen Sie schon in der Funktionsbeschreibung: Sie verhindert das Absterben des noch nicht betriebswarmen Motors (nur Keihin II bzw. Automatikgetriebe).

Störungen an den Teilen des Vergasers

Leerlauf-Abschaltventil defekt

- Läuft der Motor nach, hängt die Ventilnadel des Abschaltventils, oder es hat sich gelockert. Gang einlegen, Motor abwürgen. Oder bei Wagen mit Getriebeautomatik so lange mit dem Gaspedal pumpen, bis der Motor »abgesoffen« ist.
- In diesem Fall Ventil abschrauben, gegen Masse

Unterdruck aus dem Ansaugkrümmer sorgt mit Hilfe der folgenden Bauteile für zahlreiche Funktionen am Keihin-II-Vergaser: 1 – Steuerventil für Schubanhebung; 2 – Drosselklappen-Ansteller; 3 – Pulldown-Membran; 4 – Unterdruckdose Stufe II.

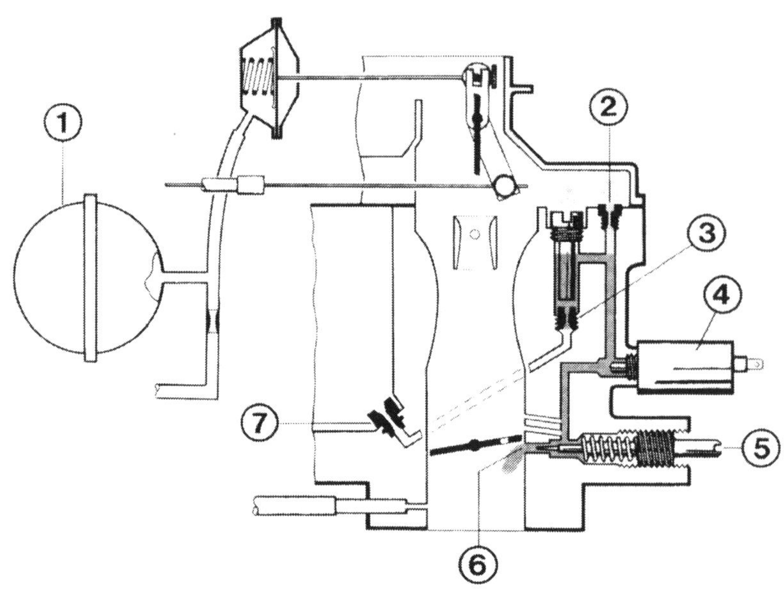

So entsteht das Leerlaufgemisch im Vergaser: Kraftstoff aus der Schwimmerkammer fließt durch die Hauptdüse (7) zur Leerlauf-Kraftstoffdüse (3). Im Leerlaufkanal kommt Luft von der Leerlauf-Luftdüse (2) dazu. Das fertige Gemisch strömt vorbei am geöffneten Leerlauf-Abschaltventil (4) und kann an der CO-Einstellschraube (5) in seiner Menge reguliert werden. Was übrig bleibt, strömt unterhalb der leicht geöffneten Drosselklappe aus der Leerlaufaustrittsbohrung (6). Weiter in der Zeichnung zu sehen: Der Unterdruck-Vorratsbehälter (1) für die Pulldown-Membran.

halten und von Helfer Zündung an- und abschalten lassen. Bei angeschlossenem Kabel muß sich die Ventilnadel hin- und herbewegen, sofern die Stromzufuhr in Ordnung ist (bei eingeschalteter Zündung prüfen). Ansonsten ist das Teil defekt. Austauschen.

● Natürlich kann die Ventilnadel auch in »Geschlossen«-Stellung hängen. Dann stirbt der Motor im Leerlauf ab.

● Stirbt der Motor ab bzw. dreht er im Leerlauf hoch, kann sich das Ventil auch gelockert haben. Dann zieht der Motor »falsche Luft«.

Kraftstoffabschaltung defekt
nur Keihin-II-Vergaser

● Springt der Motor nicht mehr an, obwohl Kraftstoff zum Vergaser kommt und die Zündanlage in Ordnung ist, kann die Kraftstoffabschaltung defekt sein.

● Im Zweifelsfall das »Magnetventil für Hauptdüsenabschaltung« herausschrauben und gegen Masse halten.

● Zündung einschalten: Die Ventilnadel muß zurückgezogen werden.

● Sonst ist die Stromversorgung (mit Prüflampe am Anschlußkabel kontrollieren) bzw. das Ventil defekt.

● Bei ausgebautem Ventil prüfen, ob die Ventildichtungen in Ordnung sind.

Schubanhebung defekt
nur Schaltgetriebe

● **Prüfung:** Motor starten und auf ca. 4000/min hochdrehen.

● Gaspedal loslassen.

● Die Drehzahl muß langsam auf 1800/min abfallen, kurz auf diesem Wert bleiben und dann auf Normal-Leerlauf zurückgehen.

● Reagiert der Motor anders, wie folgt weiterprüfen:

● **Drosselklappen-Ansteller prüfen:**

● Bewegt sich die Betätigungsstange, ist der Drosselklappen-Ansteller in Ordnung. Wenn nicht, auswechseln.

● **Stromversorgung für Steuerventil prüfen:**

● Motor muß warmgefahren sein.

● Luftfilter abbauen

● Stecker am Ventil abziehen, Voltmeter oder Dioden-Spannungsprüfer am Stecker anschließen.

● Motor starten: Das Meßgerät muß Batteriespannung (ca. 12–14 V) anzeigen. Wenn nicht: Kabel-Unterbrechung oder Defekt am Schaltgerät.

● Zur Prüfung des Schaltgeräts den Motor jetzt über 1900/min hochdrehen: Meßgerät muß 0 Volt anzeigen.

Der Keihin-II-Vergaser in eingebautem Zustand: 1 – Ventil für Hauptdüsenabschaltung; 2 – Beschleunigungspumpe; 3 – CO-Entnahmerohr; 4 – Leerlauf-Abschaltventil.

● Drehzahl wieder unter 1750/min fallen lassen: Das Meßgerät muß Batteriespannung anzeigen.
● Wenn nicht, Steuergerät ersetzen.
● Reagiert der Motor anders, wie folgt weiterprüfen:
● **Drosselklappen-Ansteller prüfen:**
● Luftfilter abbauen, Unterdruckschlauch am Drosselklappenansteller abziehen.
● Ersatzschlauch aufstecken und an dessen Ende mit dem Mund saugen:
● **Steuerventil prüfen:** Motor warmfahren, Luftfilter ausbauen.
● Stecker vom Steuerventil abziehen, Zündung einschalten (Motor steht).
● Belüftungskappe am leeren Anschluß des Steuerventils abziehen und dort einen Ersatzschlauch aufschieben.
● Mit dem Mund in den aufgesteckten Ersatzschlauch blasen: Das Ventil darf keinen Durchgang haben, sonst ist es defekt. Ersetzen.
● **Thermoschalter für Vergasersteuerung prüfen** (nur Keihin II):
● Schalter (Bild unten) ausbauen und in einem Wasserbad temperieren.
● Ohmmeter am Schalter anschließen und Meßwerte ablesen:
● Unter 60°C müssen ∞ Ω angezeigt werden; über 70°C müssen es 0 Ω sein.

Leerlaufanhebung prüfen
nur Keihin II

○ Die Leerlaufdrehzahlanhebung arbeitet mit denselben Bauteilen wie die Schubanhebung.
○ Geprüft wird demzufolge nach derselben Methode, wie im vorangegangenen Abschnitt beschrieben.

Unterdruckdose der zweiten Vergaserstufe prüfen

● Fehlt es dem Motor an der nötigen Leistung, muß geprüft werden, ob die Drosselklappe der zweiten Vergaserstufe geöffnet wird:
● Unterdruckschlauch an der Unterdruckdose der zweiten Vergaserstufe abziehen.
● Ersatzschlauch auf den freien Schlauchanschluß aufstecken und mit dem Mund kräftig daran saugen.
● Gleichzeitig mit der Hand am Vergaser »Vollgas« geben (Motor steht).
● Jetzt muß die Drosselklappe der zweiten Vergaserstufe durch den selbst erzeugten Unterdruck geöffnet werden.
● Läßt sich dagegen durch den Schlauch frei Luft ansaugen, ist die Unterdruckdose defekt.

Fingerzeig: Am und um den Vergaser gibt es zahlreiche Unterdruckschläuche, die an älteren Wagen porös sein können. Undichtigkeit führen dazu, daß »Nebenluft« angesaugt wird, was zu Fehlfunktionen oder unruhigem Leerlauf führen kann.

Kaltleerlaufdrehzahl einstellen

● Die Kaltleerlaufdrehzahl muß eingestellt werden, wenn der kalte Motor trotz gezogenem Chokeknopf am Armaturenbrett abzusterben droht.
● Zur Prüfung muß der Motor betriebswarm sein.
● Choke ziehen.
● Luftfilter ausbauen, Unterdruckschlauch für Temperaturregler verschließen.
● Starterzug (Choke) ganz herausziehen, bis der Betätigungshebel der Starterklappe am Anschlag anliegt.
● Motor starten: Die Drehzahl muß 4200 ± 200/min beim Keihin-I- bzw. 3500 ± 200/min beim Keihin-II-Vergaser betragen.
● Stimmt die Drehzahl nicht, ist Einstellen durch Verbiegen des Anschlaghebels möglich:
● Drehzahl zu hoch: Hebel zusammendrücken.
● Drehzahl zu niedrig: Hebel auseinanderbiegen.

Temperaturschalter und -geber am Schlauchstutzen links am Motor – hier bei einem Wagen mit Keihin-II-Vergaser: 1 – Geber für Temperaturanzeige; 2 – Thermoschalter für Ansaugrohr-Vorwärmung; 3 – Thermoschalter für das Steuerventil der Schubanhebung.

Leerlauf einstellen

Wartung Nr. 6

Die Kontrolle der Leerlaufdrehzahl ist Teil der ASU-Untersuchung, so daß man mit dieser Arbeit kaum mehr in Berührung kommt. Hier die Beschreibung, falls sich die Drehzahl verändert.
Vor dem Prüfen muß sichergestellt sein, daß Ventilspiel, Zündzeitpunkt und Zündkerzen in Ordnung sind. Gebraucht wird ein Motortester mit Drehzahlmesser.
Vorsicht: Wegen der hohen Spannungen an den Klemmen der Zündanlage (TSZ) Drehzahlmesser nur bei stehendem Motor an- und abklemmen (siehe Seite 195).

- Motor warmfahren.
- Luftfilter nicht abnehmen.
- Alle elektrischen Verbraucher ausschalten.
- Der Kühlerventilator darf bei der Prüfung nicht laufen.
- Der Choke muß ganz zurückgeschoben sein.
- Schlauch der Kurbelgehäuse-Entlüftung zur Prüfung abziehen.
- Die Leerlaufdrehzahl kann jetzt eingestellt werden.
- An welchen Einstellschrauben wie gedreht wird, zeigt das Bild unten.
- Die richtige Drehzahl beträgt bei den Motoren »RS« und »SH« bis 12/87 **750/min,** beim »SW« **800/min** und beim »SH« ab 1/88 **900/min** (Toleranz jeweils ± 50/min).

Fingerzeig: Wenn trotz aller Einstellversuche kein gleichmäßiger Leerlauf erzielt wird, sollten Sie sämtliche Unterdruckschläuche vom Ansaugrohr zu den verschiedenen unterdruckgesteuerten Aggregaten, wie Bremskraftverstärker und Zündverteiler, kontrollieren. Die Schläuche müssen fest aufgesteckt sein und dürfen keine Beschädigung zeigen. Eine Undichtigkeit liefert dem Motor »falsche Luft«, die den Leerlauf durcheinanderbringt.

Abgastest

Wartung Nr. 7

Normalerweise verstellt sich der Abgaswert nicht, und deshalb braucht auch nur selten anläßlich der ASU an der Einstellschraube herumgedreht zu werden. Wer vor der ASU sicherheitshalber den CO-Gehalt messen lassen will, fährt mit betriebswarmem Motor bei einer geeigneten Tankstelle oder Werkstatt vor. Das CO-Meßgerät muß dann **0,5–1,0 Vol.% CO** anzeigen.

CO-Wert behelfsmäßig einstellen

Die nachfolgenden Beschreibungen verstehen sich nur als Maßnahme für den Notfall – etwa, wenn der Vergaser total zerlegt wurde oder wenn sich im fernen Ausland ein »Fachmann« an der Einstellung versucht hat.

- Die Prüf- und Einstellbedingungen sind beim CO-Einstellen dieselben wie beim Korrigieren der Leerlaufdrehzahl (siehe oben).
- Sicherungskappe an der Einstellschraube abnehmen (siehe Abbildung unten).
- Leerlaufdrehzahl leicht erhöhen (siehe oben).
- Mit feinem Schraubenzieher und viel Gefühl die Regulierschraube hineindrehen, bis der Motor unrund zu laufen beginnt oder abzusterben droht.
- Jetzt Schraube wieder so weit linksdrehen, bis der Motor gerade anfängt, wieder schön rund zu drehen. Sie können sich dabei auf Ihr Gehör verlassen.
- Drehzahl wieder auf Sollwert zurückstellen.
- Gegebenenfalls im Wechsel Drehzahl und CO-Wert regulieren, bis der Motor ruhig läuft.
- Diese Einstellung sollte bald mit einem CO-Tester überprüft werden.

Leerlauf einstellen am Keihin-II-Vergaser:
1 – Einstellschraube für Leerlaufdrehzahl;
2 – Einstellschraube für Abgas-CO-Gehalt.

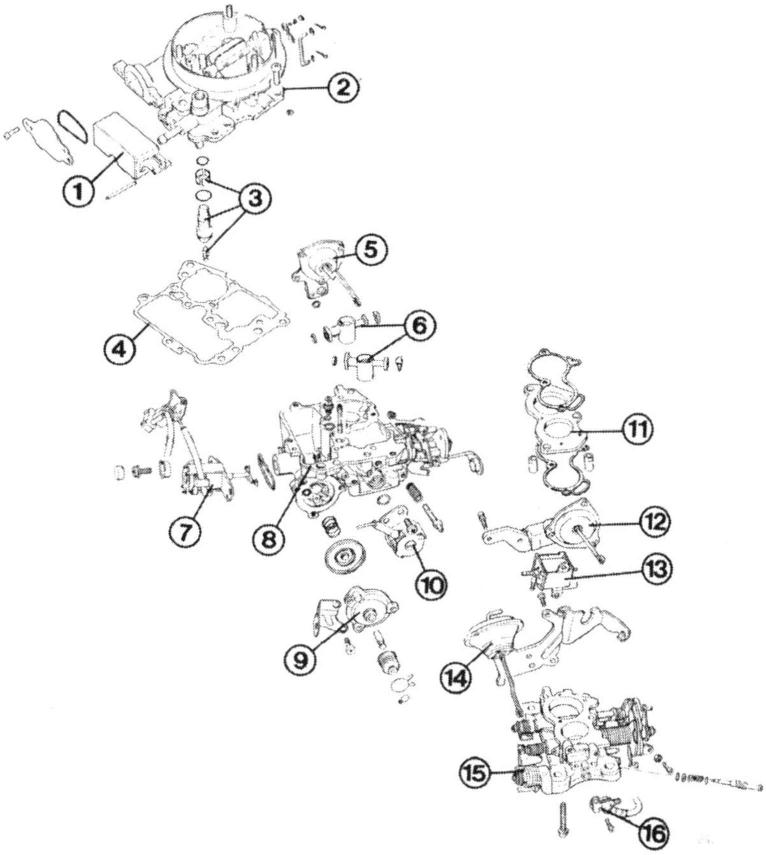

Die Teile des Keihin-II-Vergasers:
1 – Schwimmer; 2 – Vergaser-Oberteil; 3 – Schwimmernadelventil; 4 – Dichtung; 5 – Pulldown-Dose; 6 – Vorzerstäuber; 7 – Elektrisches Ventil für Hauptdüsenabschaltung; 8 – Vergaser-Unterteil; 9 – Beschleunigungspumpe; 10 – Leerlauf-Abschaltventil; 11 – Zwischenflansch; 12 – Drosselklappen-Ansteller; 13 – Steuerventil für Schubanhebung bzw. Leerlaufdrehzahlanhebung; 14 – Unterdruckdose für 2. Vergaserstufe; 15 – Drosselklappenventil; 16 – Teillastkanal-Beheizung.

Fingerzeig: Wenn nach dem Aufstecken des Schlauchs der Kurbelgehäuse-Entlüftung der CO-Wert sprunghaft ansteigt, befindet sich Kraftstoff-Kondensat im Motoröl (Abhilfe siehe Seite 13).

Der Gaszug

Einbau und Einstellung des Gaszugs erfolgt in gleicher Weise wie auf Seite 81 beschrieben.

Abgas-Sonder-Untersuchung

Zur ASU muß die Auspuffanlage intakt sein, und an den Luftschläuchen bzw. am Vergaser-Flansch darf keine Nebenluft eindringen. Wie Fahrzeuge ohne Kat am leichtesten zur ASU-Plakette am vorderen Nummernschild kommen, ist auf Seite 79 beschrieben.

Störungsbeistand

Störungen am Vergaser kommen Sie mit Hilfe des Störungsbeistands auf Seite 82 auf die Spur.

Betätigungszüge am Vergaser. Es bedeuten:
1 – Halteklammer für Gaszug-Ende; 2 – Klemmschraube für Chokezug; 3 – Anschlaghebel zum Einstellen der Kaltleerlaufdrehzahl; 4 – Gaszug; 5 – Rastensegment mit Stecksicherung zum Einstellen der Gaszuglänge; 7 – Klemmschraube für Chokezug-Länge.

Zwitter

Die Mono-Jetronic ist eine sogenannte Zentraleinspritzung. Sie besteht im wesentlichen aus einem Gehäuse, das dem eines Vergasers ähnelt, versehen mit einer einzigen Einspritzdüse, deren Funktion ein elektronisches Steuergerät bestimmt.
Die Mono-Jetronic ist damit eines der kompaktesten Einspritzsysteme, das im Preis fast mit einem vergleichbaren Vergaser konkurrieren kann, andererseits aber viele gute Eigenschaften einer vollwertigen Benzineinspritzung besitzt. Auch die Lambdaregelung für den Katalysator macht bei dieser Gemischaufbereitung keine Probleme.

Wo ist die Mono-Jetronic eingebaut

In der Zeit von 2/88 bis 9/89 wurde der 66 kW/90 PS-Motor mit geregeltem Katalysator mit der Mono-Jetronic-Einspritzung ausgerüstet. Die Motorenkennbuchstaben/-zahlen für diese Maschinen lauten »4 B«.

Die wichtigsten Teile

Das Verständnis für die Gesamtfunktion der Mono-Jetronic fällt leichter, wenn man die Einzelaufgaben der Bauteile kennt:

Das Steuergerät

Zwischen den Eingangsinformationen (durch die verschiedenen Geber) und der Kraftstoffzumessung (durch das Einspritzventil) steht – bildlich gesprochen – das Steuergerät. Seine Aufgabe ist es, für die verschiedenen Fahr- und Lastzustände die richtige Kraftstoffmenge zu ermitteln und dies dem Einspritzventil »in Auftrag zu geben«.
Dabei greift das Steuergerät auf ein Motorkennfeld zurück – eine Datei, in der alle nur denkbaren Motorsituationen gespeichert sind. Ebenfalls in diesem Kennfeld festgehalten sind die zugehörigen Kraftstoffmengen – selbstverständlich in Form von elektrischen Signalen.
Eingebaut ist das Steuergerät ganz vorn im rechten Fußraum, versteckt unter Handschuhfach und Heizungskanal.

Die zentrale Einspritzeinheit

Das ist das Gehäuse, in dem die Mehrzahl der Teile dieser kompakten Einspritzung zusammengefaßt sind. Es sieht nicht nur aus wie ein Vergaser, sondern hat auch wie dieser eine Drosselklappe – bewegt durch das Gaspedal.

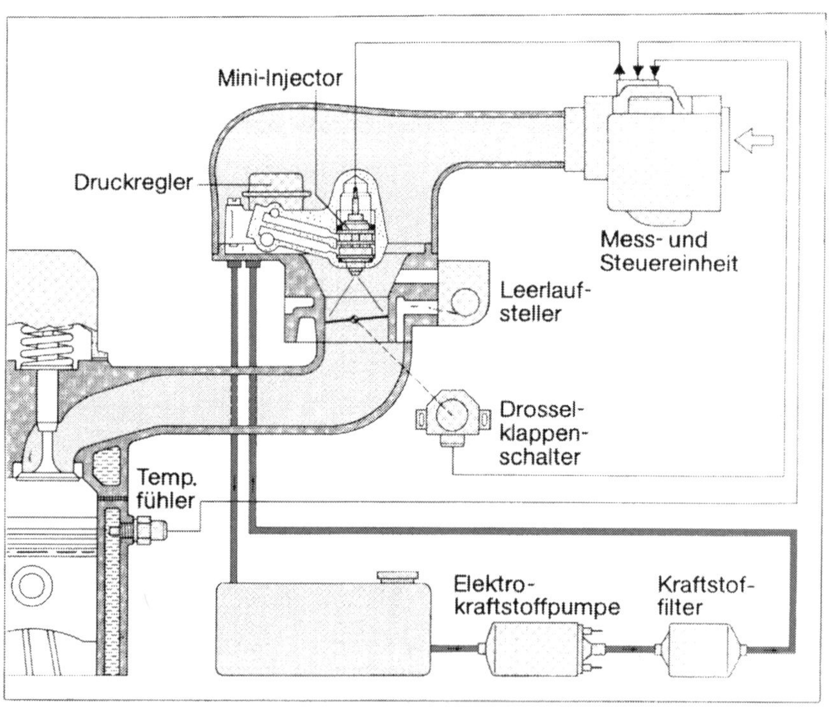

Funktionsschema der Mono-Jetronic. Rot dargestellt ist der Kraftstoff; die Ansaugluft ist rosafarben abgesetzt.

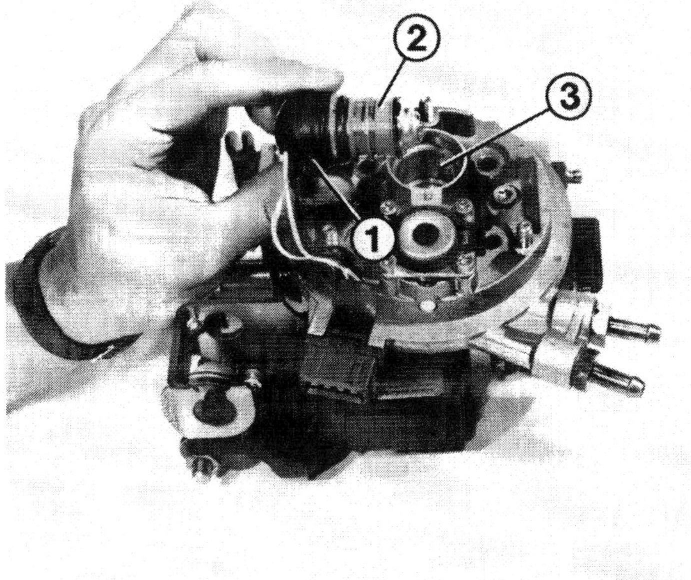

Hier ist das Einspritzventil (2) mit noch angeschlossenem Stecker (1) aus der Aufnahme (3) in der Einspritzeinheit ausgebaut. Am Ventil ist seitlich das Kraftstoffsieb sichtbar.

Durch dieses Gehäuse strömt die Ansaugluft, und hier wird – vom Einspritzventil – auch der Kraftstoff zugesetzt. Genau wie im Vergaser.
Die Einspritzeinheit beherbergt aber noch andere Bauteile, die allesamt wenig mit einem Vergaser zu tun haben. Es sind dies – neben dem schon erwähnten Einspritzventil – der Druckregler, der Lufttemperaturfühler, der Drosselklappensteller, der Leerlaufschalter und das Drosselklappen-Potentiometer.

Das Einspritzventil

Das Einspritzventil wird mittels Elektromagnet geöffnet. So kann Kraftstoff fließen oder auch nicht – je nach Befehl des Steuergeräts.
Damit der Kraftstoff optimal zerstäubt wird, besitzt das Ventil schräge Austrittsbohrungen, aus denen das Benzin gegen die konische Wandung der Austrittsbohrung prallt und dort verwirbelt wird.

Lufttemperaturfühler

Er sitzt seitlich am Gehäuse des Einspritzventils und kann so die Temperatur der Ansaugluft – wie sie an der Einspritzeinheit ankommt – genau erfassen.

Der Druckregler

Er sorgt dafür, daß der Kraftstoffdruck am Einspritzventil stets bei 1 bar liegt. Das macht er, indem er mehr oder weniger Benzin durch die Rücklaufleitung zum Tank zurückfließen läßt. Die Kraftstoffzufuhr bleibt nämlich weitgehend konstant.

Drosselklappensteller

Ein kleiner Elektromotor mit Winkelgetriebe fährt den Betätigungsstößel mehr oder weniger weit gegen den Leerlauf-Anschlag der Drosselklappe. So kann die Drosselklappe je nach Bedarf ein kleines oder etwas größeres Stück geöffnet werden. Was dazu dient, die Leerlaufdrehzahl bei unterschiedlichen Belastungen konstant zu halten.

Leerlaufschalter

Vorn im Betätigungsstößel des Drosselklappenstellers sitzt der Leerlaufschalter, der es dem Steuergerät mitteilt, wenn Sie das Gaspedal loslassen.

Drosselklappen-Potentiometer

Es meldet die Bewegungen der Drosselklappe und deren Stellung dem Steuergerät. So wird zum Beispiel plötzliches Gasgeben als Beschleunigung erkannt. Die Meldung erfolgt auf elektrischem Weg:
Ein Potentiometer ist nichts anderes als ein veränderbarer Widerstand.

Die Funktion

Zusammenspiel der Einzelteile

Grundfunktion: Die Kraftstoffpumpe schafft Benzin unter Druck zum Druckregler. Dieser sorgt dafür, daß am Einspritzventil stets derselbe Kraftstoffdruck (1 bar) »anliegt«.
Das Steuergerät erhält Informationen über den Motorlauf durch die Drehzahlimpulse von der Zündung und die Widerstandswerte vom Drosselklappen-Potentiometer (Drosselklappenstellung). Daraus zieht das Steuergerät Rückschlüsse auf den Lastzustand des Motors und mißt – über das Einspritzventil – die zur angesaugten Luft nötige Menge Kraftstoff bei.
Berücksichtigt ist bei dieser Zumessung das Kraftstoff/Luft-Verhältnis von $\lambda = 1$ für optimales Arbeiten des Katalysators. Dieses Verhältnis muß je nach Signal der Lambdasonde korrigiert werden (siehe dazu Seite 46).
Das Einspritzventil kann nur öffnen und schließen, nicht aber die Menge dosieren. Deshalb wird die Kraftstoffmenge über die Einspritzzeit variiert. Und das geht so: Bei jedem Zündimpuls der Zündanalge spritzt das

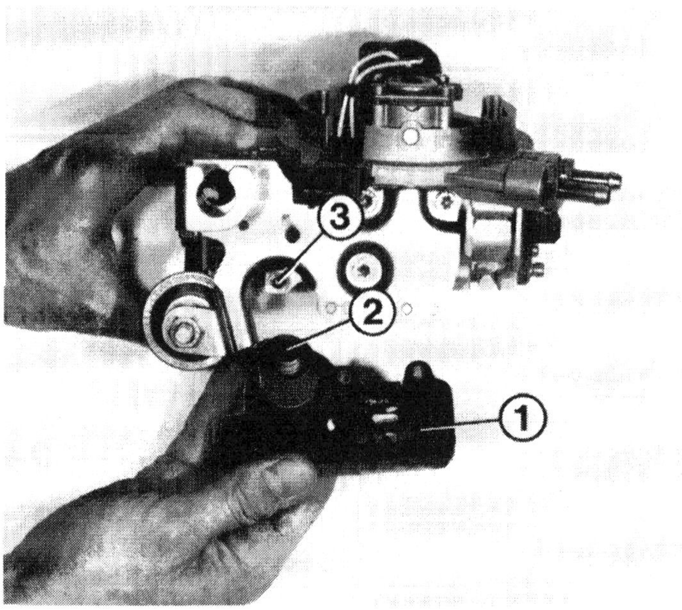

Der Drosselklappensteller (1) läßt sich einzeln auswechseln. Das ist auch nötig, wenn der Leerlaufschalter (2) an seinem Betätigungsstößel defekt ist. Weiter zu sehen: Die Drosselklappen-Anschlagschraube (3).

Ventil einmal ab. Wird wenig Kraftstoff gebraucht, öffnet das Ventil bei diesem Impuls nur ganz kurz – oft weniger als eine tausendstel Sekunde.

Benötigt der Motor dagegen mehr Kraftstoff (Vollast, kalter Motor), wird eben bei diesem Impuls länger abgespritzt. Das gilt natürlich für jeden Zündimpuls.

Kalter Motor: Über die Motortemperatur ist das Steuergerät durch den Kühlmittel-Temperaturgeber informiert. Je kälter der Motor, desto länger die Einspritzzeiten. Also kraftstoffreicheres Gemisch.

Bei diesem Betriebszustand muß das Lambdasignal ohne Beachtung bleiben, d. h. es kann kein für den Katalysator optimales Gemisch erzeugt werden.

Leerlauf: Der Leerlaufschalter am Drosselklappensteller informiert das Steuergerät über diesen Betriebszustand. Nun reguliert der Drosselklappensteller die Leerlaufdrehzahl.

Parallel dazu löst der Leerlaufschalter das Umschalten des Zweiwegeventils aus. So gelangt kein Unterdruck mehr an die Zündverstellung am Verteiler. Durch das Ausschalten der Unterdruck-Zündverstellung wird der Zündzeitpunkt etwas in Richtung »Spät« verlegt, was das Abgas verbessert.

Beschleunigen: Spontanes Gasgeben erkennt das Stuergerät durch die Signale vom Potentiometer als Beschleunigungsvorgang, weshalb das Gemisch sofort »angefettet« wird.

Vollast: Bei Vollgas – oder genauer gesagt ab ca. 72,5° Drosselklappenstellung – veranlaßt das Steuergerät die Vollastanreicherung.

Es wird also im Verhältnis mehr Kraftstoff beigemischt. Über die Drosselklappenstellung informiert das Potentiometer. Die Vollastanreicherung ignoriert natürlich das Lambda-Signal.

Schubbetrieb: Bergab mit losgelassenem Gaspedal spart die Mono-Jetronic Sprit und schaltet die Kraftstoffzufuhr ab. Das Steuergerät erkennt diesen Betriebszustand am losgelassenen Gaspedal (Leerlaufschalter) und der hohen Motordrehzahl.

Drehzahlbegrenzung: Oberhalb der Maximal-Drehzahl schaltet das Steuergerät zum Schutz des Motors die Kraftstoffzufuhr ab. Drehzahlbegrenzung kann bei Wagen mit Katalysator nicht mehr über Abschalten der Zündung erfolgen, denn sonst käme unverbrannter Kraftstoff in den Kat. Was dieser übelnimmt.

Der Drosselklappen-Potentiometer wird im Werk eingestellt und darf nicht zerlegt werden. Hier ist er lediglich zum Zeigen der Schleifkontakte (2) und der Widerstands-Leiterbahnen (1) geöffnet worden. Bei Defekt Einspritzeinheit ersetzen.

Selbsthilfe

Viele Prüfungen an der Einspritzung sind dem Selbsthelfer in Ermangelung der nötigen Prüfgeräte leider unmöglich gemacht. Dennoch bleibt ein breites Betätigungsfeld.

Vorgehensweise

Das Steuergerät selbst kann mit Heimwerkermitteln nicht kontrolliert werden. In der Praxis ist hier auch nur sehr selten mit Fehlern zu rechnen. Geber, Schalter und Kabelverbindungen geben ungleich häufiger Anlaß zu Beanstandungen.
Damit bietet sich bei einem Defekt folgende Vorgehensweise an:

- ○ Sicherstellen, daß die Zündung in Ordnung ist.
- ○ Kraftstoffversorgung prüfen (Seite 65).
- ○ Sichtprüfung an den Teilen der Einspritzanlage durchführen (siehe folgenden Abschnitt).
- ○ Wurde durch genannte Prüfungen kein Fehler gefunden, Fehlerspeicher abrufen (folgende Seite), mögliche Fehlerquelle ermitteln, verdächtiges Bauteil nach Prüfanleitung (folgende Seiten) kontrollieren.

Fingerzeig: Bei Totalausfall der Einspritzung zuerst Sicherung Nr. 13 bzw. die in der Zusatzleiste (Bild Seite 163) sitzende prüfen. Über sie läuft die gesamte Stromversorgung der Einspritzung.

Sichtprüfung

- ● Unterdruckschläuche auf Dichtheit prüfen. Alle Schläuche, die an der Einspritzeinheit oder am Ansaugkrümmer angeschlossen sind – vom dicken Schlauch des Bremskraftverstärkers bis zu den kleinen Unterdruckschläuchen zum Verteiler – müssen geprüft werden.
- ● Ist die Dichtung unter der Einspritzeinheit in Ordnung; ebenso die Flanschdichtungen der Ansaugkanäle?
- ● Undichtigkeiten lassen »Nebenluft« ins Ansaugsystem eindringen – Luft also, die in der Berechnung des Steuergeräts nicht enthalten ist und die deshalb die Gemischaufbereitung empfindlich stört. Das Gemisch magert unkontrolliert ab. Motorlaufstörungen – hauptsächlich im Leerlauf – sind die Folge.
- ● Sind an den Kraftstoffleitungen Undichtigkeiten zu erkennen?
- ● Wurden die Kabelstecker mehrfach auseinandergezogen und wieder verbunden? Korrosion oder ungeschicktes Reißen kann mangelnden Kontakt zur Folge haben.
- ● Sehen Sie sich die Stecker an den einzelnen Bauteilen der Einspritzung genau an. Mit einem schmalen Schraubenzieher lassen sich die Zungen ein wenig nachbiegen.

Störungen und Eigendiagnose

Das Steuergerät der Mono-Jetronic ist in der Lage, Fehler, die während des Motorbetriebs auftreten, zu erkennen und zu speichern.
Auf Wunsch kann der Fehlerspeicher abgerufen werden. Die Fehlerlampe am Armaturenbrett (wo vorhanden) blinkt dann in einem festgelegten Rhythmus je nach Art des Fehlers unterschiedlich.
Der Fehler bleibt über 8 Motorstarts hinweg gespeichert. Trat er in dieser Zeit nicht mehr auf – das kann beispielsweise bei einem Wackelkontakt der Fall sein –, wird er gelöscht.

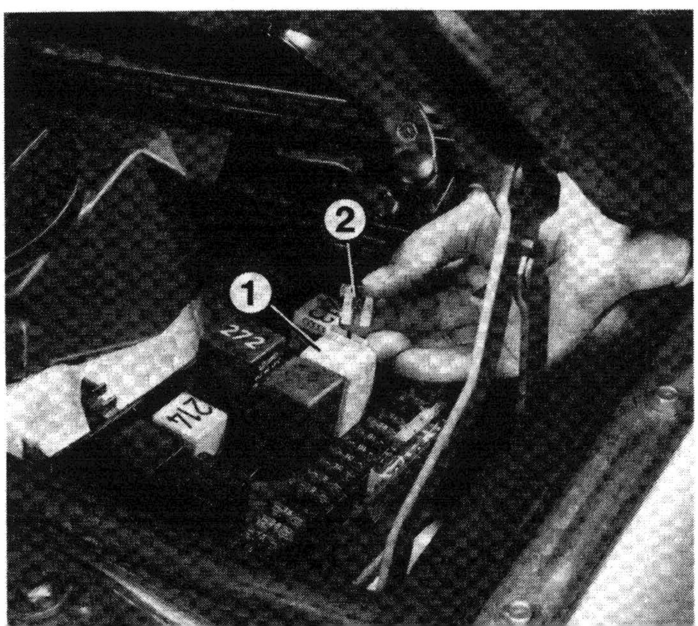

Bis Baujahr 7/88 konnte der Fehlerspeicher durch Einstecken einer Sicherung (2) in die dafür vorgesehenen Kontakte im Kraftstoffpumpenrelais (1) aufgerufen werden.

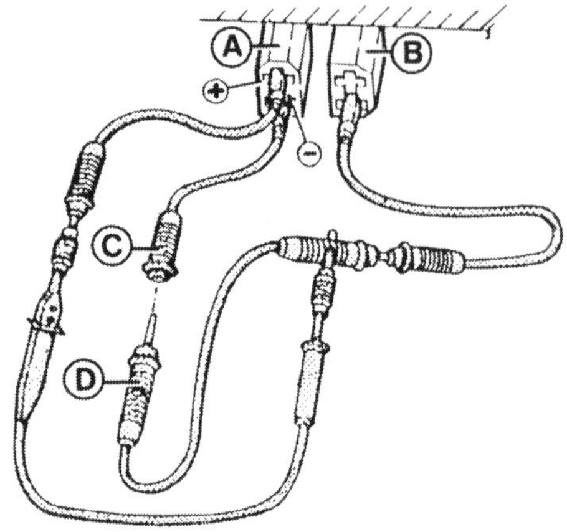

Seit Baujahr 8/88 besitzt der Audi keine Fehlerlampe mehr am Armaturenbrett. Auch das Relais mit Kontakten zum Abrufen des Fehlerspeichers ist entfallen. Bei diesen Wagen wird der Blinkcode mittels eines Leuchtdioden-Spannungsprüfers abgelesen der – wie hier gezeigt – an den Prüfkontakten (A und B) oben links im Fahrerfußraum angeschlossen wird. Zum Einleiten der Fehlerabfrage werden die – ebenfalls nach dieser Vorlage anzuschließenden – Prüfkabelenden C und D mindestens fünf Sekunden zusammengesteckt (statt Einstecken der Sicherung). Alles andere läuft wie gehabt.

Gespeichert wird immer nur ein Fehler. Sind mehrere vorhanden, müssen sie nacheinander abgefragt werden. Zwischendurch muß der Motor wieder laufen, damit der Fehler erkannt wird. Besser ist eine Probefahrt, weil ein Fehler an der Lambdaregelungn nur nach 10minütiger Fahrt erkannt werden kann.

Fehlerspeicher abrufen

- Motor starten und im Leerlauf drehen lassen.
- Läuft der Motor wegen eines Defekts gar nicht an, Anlasser ca. 6 Sekunden lang betätigen. Zündung danach nicht ausschalten.
- Stecksicherung in die Kontakte oben am Kraftstoffpumpen-Relais einstecken.
- Sicherung mindestens 5 Sekunden stecken lassen, danach wieder abziehen und die Fehlerlampe beobachten:
- Die Lampe brennt zunächst einmal lang, um den Beginn der Anzeige zu signalisieren. Danach folgen vier Blinksignale mit längeren Pausen dazwischen.
- Diese Blinksignale – sind unser Fehlercode. Also notieren.
- Was der Fehlercode bedeutet, zeigt die Tabelle unten.
- Das Blinksignal wird nach kurzer Pausenzeit wiederholt.
- Als nächste Maßnahme Zündung ausschalten. So vorhanden, Fehler beheben.
- Jetzt unbedingt den Fehlerspeicher löschen (siehe folgenden Absatz).
- Motor erneut starten, im Leerlauf drehen lassen und Fehlerabfrage wie gehabt wiederholen; vielleicht befindet sich ein weiterer Fehler im System.
- War ein weiterer Fehler vorhanden, wird dieser jetzt angezeigt. Reparieren und Fehlerspeicher löschen, wie gehabt.
- Kein Fehler mehr im System: Dann kommt das Blinkzeichen 4–4–4–4 »Kein Fehler gespeichert«.

Fehlerspeicher löschen

- Zündung ausschalten.
- Kontakte am Kraftstoffpumpenrelais mit Stecksicherung überbrücken.
- Zündung einschalten.
- Nach frühesten 5 Sekunden die Sicherung abziehen.
- Der Fehlerspeicher ist damit gelöscht.
- Ausnahme: Zum Löschen der Blinkcodes 2–3–4–1 und 2–3–4–3 den Stecker vom Steuergerät für min. 30 Sekunden bei **ausgeschalteter** Zündung abziehen.

Fehlertabelle

Mono-Jetronic

Blinkcode	Die Störung	– ihre Ursache	– ihre Abhilfe
1–1–1–1	Steuergerät defekt	Bauteil im Steuergerät schadhaft	Steuergerät ersetzen
2–1–2–1	Drosselklappenschalter gibt keine Signale	Leitungsunterbrechung oder Kurzschluß zur Masse	Prüfen
		Drosselklappenschalter oder Steuerventil für Zündzeitpunkt defekt	Drosselklappenschalter bzw. Steuerventil prüfen
	Drosselklappen-Potentiometer gibt keine Signale	Störung im Bauteil	Prüfen
2–1–2–2	Kein Drehzahlsignal vom TSZ-h-Schaltgerät	Leitungsunterbrechung bzw. Kurzschluß zur Masse	Leitung 1 prüfen
		TSZ-h-Schaltgerät bzw. Hallgeber defekt	Schaltgerät bzw. Hallgeber ersetzen
2–2–1–2	Drosselklappen-Potentiometer gibt keine Informationen	Leitungsunterbrechung bzw. Kurzschluß zur Masse	Leitungen prüfen
		Störung im Bauteil	Prüfen

Blinkcode	Die Störung	– ihre Ursache	– ihre Abhilfe
2–3–1–2	Kein Signal vom Temperaturgeber der Einspritzanlage	Leitungsunterbrechung bzw. Kurzschluß zur Masse	Leitungen prüfen
		Temperaturgeber defekt	Temperaturgeber ersetzen
2–3–2–2	Keine Meldung vom Ansaugluft-Temperaturgeber[1)]	Leitungsunterbrechung bzw. Kurzschluß zur Masse	Leitungen prüfen
		Temperaturgeber defekt	Halter für Einspritzventil mit Temperaturgeber ersetzen
2–3–4–1	Lambda-Regelung am Regelanschlag (außer Funktion) Wichtig: Dieser Fehler ist nur dann vorhanden, wenn vor Erscheinen des Blinkcodes 2–3–4–1 die Fehlerlampe geleuchtet hat. Andernfalls Fehlerspeicher löschen	Motor zieht Nebenluft an	Dichtheitsprüfung an Unterdruckanschlüssen, Ansaugrohr, Flansch der Einspritzeinheit
		Zündanlage schadhaft	Zündzeitpunkt, Zündkerzen, Verteilerkappe usw. prüfen
		Kraftstoffversorgung nicht in Ordnung	Druckregler prüfen
		Einspritzventil defekt	Abspritzstrahl des Einspritzventils prüfen
		Schlechter Motorzustand	Kompression prüfen
		Leitung für Lambda-Sonde hat Kurzschluß zur Masse oder Batterie-+	Leitung prüfen
		Lambda-Sonde gealtert oder beschädigt	Wenn kein Fehler gefunden wurde, Lambda-Sonde ersetzen
2–3–4–2	Lambda-Sonde gibt kein Signal zum Steuergerät	Leitungsunterbrechung zwischen Lambda-Sonde und Steuergerät	Leitungen prüfen
		Lambda-Sonde defekt	Lambda-Sonde ersetzen
2–3–4–3	Lambda-Regelung[1)] unter- bzw. überschritten (Regelanschlag fast erreicht)	Fehlerursache ist wie bei Fehlercode 2–3–4–1. Lambda-Regelung noch in Funktion	Fehlerbeseitigung wie bei Fehlercode 2–3–4–1, Lambda-Sonde jedoch in Ordnung
4–4–3–1	Drosselklappensteller funktioniert nicht	Leitungsunterbrechung	Leitung prüfen
		Drosselklappenschalter defekt	Drosselklappenschalter prüfen
4–4–4–4	Kein Fehler erkannt		
0–0–0–0	Ende der Fehlerausgabe durch Blinken in 2,5-Sekunden-Intervallen		

[1)] Dieser Fehler wird dem Fahrer nicht durch Dauerleuchten der Fehlerlampe angezeigt

Prüfen der Bauteile

Die folgenden Abschnitte beschreiben Prüfungen an den Komponenten der Einspritzanlage, die mit Heimwerkermitteln möglich sind.

Stecker der Einspritzanlage abziehen

Die Stecker der Einspritzanlage unterscheiden sich grundsätzlich von den übrigen im Wagen. Zunächst sind sie durch verschiedene Form oder Einfärbung kodiert. Man sieht sofort, wo welcher Stecker hingehört. Zum anderen besitzen sie eine Drahtsicherung, die beim Abziehen des Steckers gelöst werden muß:

- Sicherungsbügel niederdrücken.
- Stecker abziehen.
- Beim Aufstecken den Bügel nicht berühren.
- Stecker aufdrücken, bis der Sicherungsbügel einrastet.

Leerlaufschalter und Steuerventil prüfen

- **Elektrische Prüfung:**
- Zündung einschalten.
- Drosselklappe am Betätigungshebel von Hand öffnen und wieder schließen:
- Dabei muß das Steuerventil zweimal klicken.
- Ist das der Fall, ist der Leerlaufschalter in Ordnung. Außerdem schaltet das Steuerventil.

Einstellen des Leerlaufschalters: Das Fühlerlehrenblatt mit 0,5 mm Dicke wird zwischen Anschlagschraube (1) und Stößel (2) eingeschoben. Der Stößel muß dazu ganz zurückgefahren werden.

- Bleibt noch, die Dichtheit des Steuerventils zu prüfen:
- **Dichtheitsprüfung des Steuerventils:**
- Motor starten und im Leerlauf drehen lassen.
- Stecker am Steuerventil abziehen: Die Drehzahl muß ansteigen, weil sich der Zündzeitpunkt nach »Früh« verschiebt.
- Stecker wieder aufstecken: Die Drehzahl muß wieder abfallen.
- Ist das der Fall, ist das Steuerventil in Ordnung. Wenn nicht, Steuerventil ersetzen.
- **Leerlaufschalter einzeln prüfen:**
- Die eingangs beschriebene Prüfung läßt – sofern ein Defekt vorliegt – offen, ob der Leerlaufschalter oder die Elektrik des Ventils schadhaft ist. Das klärt man so:
- Stecker am Steuerventil abziehen und Leuchtdioden-Spannungsprüfer an den Steckerkontakten anschließen.
- Zündung einschalten: Die Leuchtdiode muß brennen.
- Drosselklappe von Hand am Betätigungshebel öffnen: Die Leuchtdiode muß verlöschen.
- Ist beides der Fall, ist der Leerlaufschalter in Ordnung.

Leerlaufschalter einstellen

- Wurde der Drosselklappenansteller samt Leerlaufschalter ausgewechselt, muß die Anschlagschraube für den Schalter eingestellt werden.
- Vor dem Einstellen muß der Leerlaufschalter ganz zurückgeschoben werden.
- Dazu Ladegerät auf **6 Volt** umstellen und an den oberen beiden Anschlußkontakten des Anstellers anschließen; +-Pol nach oben.
- Warten, bis der Stößel ganz zurückgefahren ist.
- Ohmmeter an den unteren beiden Anschlüssen des Drosselklappenstellers anschließen.
- Fühlerlehrenblatt mit 0,5 mm zwischen Stößel und Anschlagschraube einschieben, dabei Ohmmeter beobachten:
- Bei eingeschobener Fühlerlehre muß der Schalter geschlossen sein. Anzeige: 0 Ω.
- Fühlerlehre wieder herausziehen. Der Schalter muß jetzt offen sein. Anzeige: ∞ Ω.
- Gegebenenfalls die Einstellschraube mit einem kleinen Inbusschlüssel verdrehen und anschließend mit einem Lacktupfer sichern.

Prüfen des Drosselklappen-Potentiometers: Welche Widerstandswerte Sie an den hier bezeichneten Klemmen des Potentiometers messen müssen, entnehmen Sie der Tabelle auf der folgenden Seite.

Drosselklappensteller prüfen

- Stecker am Drosselklappensteller abziehen.
- Batterie-Ladegerät auf **6 Volt** umstellen und an den oberen beiden Anschlußkontakten des Anstellers anschließen; +-Pol nach oben.
- Der Stößel muß ganz zurückfahren.
- Anschlußkabel umpolen (--Pol an den oberen Kontaktstift):
- Der Stößel muß ganz ausfahren.
- Ist das der Fall, ist der Drosselklappensteller in Ordnung. Wenn nicht, ersetzen.
- Wer dem Frieden nicht traut, kann zusätzlich den Wicklungswiderstand des Stellmotors zwischen den beiden oberen Anschlüssen messen: Er muß 3–200 Ω betragen.

Drosselklappen-Potentiometer prüfen

- Stecker am Drosselklappen-Potentiometer abziehen.
- Ohnmeter laut Tabelle an je zwei der vier Steckkontakte anschließen (siehe dazu Abbildung unten auf der Vorseite).

Klemmen	Prüfbedingungen	Widerstand
1+5	–	520–1300 Ω
1+2	von Drosselklappe zu bis ca. ¼ offen: Widerstand ändert sich, danach konstant	600–3500 Ω
1+4	von Drosselklappe zu bis ca. ¼ offen: Widerstand konstant, danach sich ändernder Widerstand	600–6600 Ω

- Werden die genannten Werte nicht erreicht, ist das Drosselklappen-Potentiometer defekt. Leider kann es nicht einzeln ersetzt werden. Es muß das komplette Unterteil der Einspritzeinheit ausgewechselt werden.

Einspritzventil prüfen

- **Prüfung bei laufendem Motor:**
- Luftfilter-Oberteil abbauen (Seite 67).
- Motor starten und im Leerlauf laufen lassen.
- Spritzstrahl des Einspritzventils beobachten. Er muß ein gleichmäßiges Spritzbild haben und auf die Drosselklappe gerichtet sein.
- Motor abstellen, um die Dichtheit des Ventils zu prüfen.
- Es dürfen bei stehendem Motor nicht mehr als 2 Tropfen pro Minute austreten.
- **Wenn der Motor nicht anläuft:**
- Sicherung Nr. 6 kontrollieren.
- Luftfilter-Oberteil abbauen (Seite 67).
- Anlasser betätigen.
- Das Einspritzventil muß sichtbar Kraftstoff abspritzen.
- Wenn nicht, Luftfilter vollends ausbauen und braunen Stecker oben an der Einspritzeinheit abziehen.
- Ohmmeter an den beiden mittleren Anschlußkontakten (an der Einspritzeinheit) anschließen:
- Bei einer Umgebungstemperatur von +15–30°C müssen 1,2–1,6 Ω abzulesen sein.
- Andernfalls ist das Einspritzventil defekt. Befestigungsschraube (Torx-Schraube) lösen und Ventil wechseln.
- Wenn trotz richtiger Werte das Ventil nicht abspritzt:
- **Stromversorgung des Einspritzventils prüfen:**
- Leuchtdioden-Spannungsprüfer (siehe Seite 261) – nichts anderes verwenden – an die beiden mittleren Kontakte im abgezogenen Anschlußstecker anschließen.
- Anlasser betätigen: Die Leuchtdioden müssen flackern, sonst Leitungsunterbrechung oder Steuergerät defekt.

Schubabschaltung prüfen

- Luftfilter-Oberteil abbauen (Seite 67).
- Motor starten, kurz auf über 3000/min hochdrehen und schlagartig Drosselklappe schließen.
- Der gut sichtbare Sprühstrahl des Einspritzventils muß in diesem Augenblick kurz unterbrochen werden. Dann ist die Schubabschaltung in Ordnung.
- Wenn nicht, Leerlaufschalter und Steuergerät kontrollieren (lassen).

Temperaturgeber prüfen

- **Ansaugluft-Temperaturgeber:** Braunen Stecker oben an der Einspritz-Einheit abziehen.
- An den beiden äußeren Steckkontakten ein Ohmmeter anschließen.
- Widerstandswert ablesen.
- Im Diagramm rechts oben prüfen, ob die Werte für den Geber-Widerstand und die momentane Lufttemperatur ihren Schnittpunkt auf der Kurve haben.
- Wenn ja, Geber in Ordnung.
- **Temperaturgeber Motortemperatur:** Stecker am Geber unten am Kühlwasserstutzen (Bild auf der folgenden Seite) abziehen.
- An den beide Steckkontakten des Gebers ein Ohmmeter anschließen.
- Widerstandswert ablesen.
- Im Diagramm rechts oben prüfen, ob die Werte für den Geber-Widerstand und die momentane Lufttemperatur ihren Schnittpunkt auf der Kurve haben.
- Wenn ja, Geber in Ordnung.

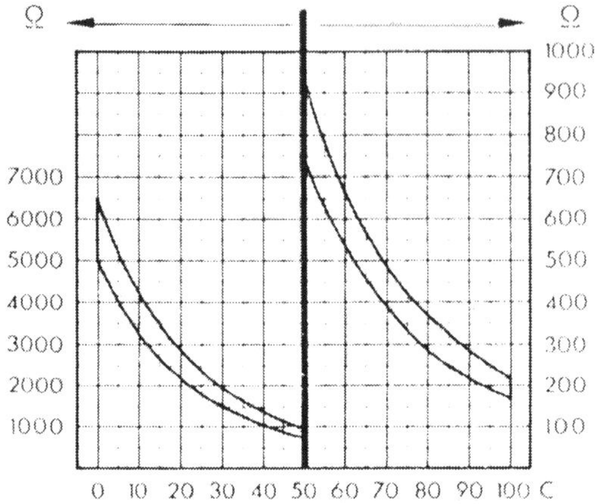

Dieses Diagramm gilt für den Ansauglufttemperaturgeber neben dem Einspritzventil sowie für den Kühlwasser-Temperaturgeber im Schlauchstutzen links am Motor (Bild unten). Es zeigt, bei welcher Temperatur welcher Widerstandswert angezeigt werden muß.

Kraftstoffdruck prüfen

- Der Kraftstoffdruck kann nur mittels Meßvorrichtung (Werkstatt) genau kontrolliert werden.
- Bei Verdacht auf falschen Kraftstoffdruck, den Druckregler zerlegen (siehe Bild rechts unten).
- Dazu vier Torx-Schrauben lösen.
- Prüfen, ob die Membran beschädigt ist oder ob sich Schmutz abgelagert hat.

Der Gaszug

- Ausbau und Einstellung des Gaszugs erfolgt wie auf Seite 81 für die Vergasermotoren beschrieben.
- Beim Einstellen muß der Stößel des Drosselklappenstellers ganz zurückgefahren sein. Wie das gemacht wird, ist auf Seite 96 unter »Leerlaufschalter einstellen« beschrieben.
- Unterläßt man das Zurückfahren des Stößels, funktioniert evtl. später die Schubabschaltung nicht mehr.

Abgas-Sonder-Untersuchung

Für Fahrzeuge mit geregeltem Katalysator (und das sind alle mit Mono-Jetronic) ist seit Mai 1988 in Sachen ASU eine Übergangsregelung in Kraft getreten. Wegen noch fehlender Voraussetzung für eine intensivere Prüfung (ASU II), in der auch eine Katalysator-Funktionsprüfung enthalten sein soll, werden diese Fahrzeuge vorläufig überhaupt nicht kontrolliert. Trotzdem muß die ASU-Plakette am vorderen Nummernschild aktuell sein. Deshalb vergeben die Werkstätten die Plaketten für Fahrzeuge der Kategorie »schadstoffarm« ohne Prüfung und berechnen auch nur den Preis der ASU-Plakette.

Leerlauf einstellen und Abgastest

Wartung Nr. 6 und 7

Diese Einstellarbeiten erübrigen sich bei der Mono-Jetronic, denn bei dieser Einspritzung gibt es nichts mehr einzustellen. Das Steuergerät übernimmt diese Aufgabe.
Nur in Zweifelsfällen wird die Leerlaufdrehzahl (750–950/min) bzw. der CO-Gehalt (0,2–1,2 Vol%, gemessen am CO-Entnahmerohr) nachgeprüft. Bei Nichterreichen der Sollwerte Unterdruckschläuche, Kraftstoffverdunstungsanlage (Seite 62) prüfen, Fehlerspeicher abfragen.

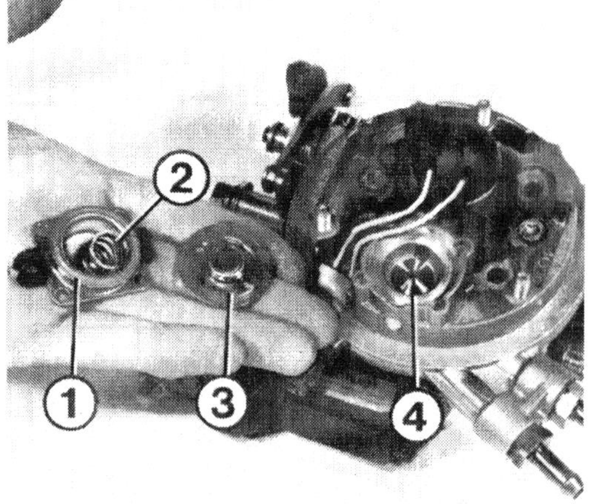

Links: Die Temperaturgeber/-schalter am Mono-Jetronic-Motor: 1 – Thermoschalter für Ansaugrohr-Vorwärmung; 2 – Geber für Kühlmittel-Temperaturanzeige/-Warnleuchte; 3 – Kühlmittel-Temperaturgeber für Einspritzanlage. Rechts: Der Druckregler zerlegt: 1 – Deckel; 2 – Feder; 3 – Membran; 4 – Anlagefläche.

Düsenjäger

Basierend auf dem Grund-Funktionsprinzip der K-Jetronic kommen an den verschiedenen Motoren des Audi unterschiedliche Versionen dieser Einspritzung zum Einsatz:

○ **Die K-Jetronic:** Die Urform dieser Einspritzung arbeitet rein mechanisch nach dem Prinzip »viel angesaugte Luft – viel Kraftstoff«. Ergänzend sorgen Zusatzeinrichtungen, wie Warmlaufregler und Kaltstartventil, für Anpassung in schwierigen Betriebssituationen. Eine Lambda-Regelung (für geregelten Kat) ist bei der K-Jetronic ohne Zusatzeinrichtungen nicht möglich. Deshalb besitzt z. B. der Kat-Motor »WU« ein sogenanntes Taktventil.

○ **Die KE-Jetronic:** Einzug der Elektronik in das mechanische Einspritzsystem. Kernstücke sind das elektronische Steuergerät und der sogenannte Drucksteller, ein elektrisch betätigtes Stellglied, das zusätzlichen Einfluß auf die Kraftstoffzumessung nimmt. Der Drucksteller ist hauptsächlich während des Warmlaufs aktiv, hat aber auch zentrale Funktion bei der Gemischanpassung über die Lambda-Regelung (geregelter Kat), die sich mit der KE-Jetronic sehr leicht realisieren läßt.

○ **Die KE-III-Jetronic** geht noch einen Schritt weiter in Sachen Elektronik. Sie stellt – zusammen mit der Vollelektronischen Zündung »VEZ« (Seite 192) – ein komplettes Motormanagement dar. Obwohl beide Bereiche eigene Steuergeräte besitzen, findet doch ein Datenaustausch statt. Außerdem stammen die Informationen für Zündung und Einspritzung oft von denselben Gebern. Ein Fehlerspeicher, der Störungen während des Fahrbetriebs abspeichert, rundet das Angebot der Elektronik ab. Der Fehlerspeicher kann zur Störungssuche abgerufen werden.

Welche Einspritzung in welchem Motor?

Unsere Tabelle zeigt, welche Einspritzung in den einzelnen Motorversionen eingebaut ist und gibt darüber hinaus Auskunft über die Einzelteile, die zu der jeweiligen Einspritzung gehören.

Motor	Vierzylinder	Fünfzylinder										
Leistung	1,8 l / 66 kW	2,0 l / 83 kW	2,0 l / 85 kW	2,0 l / 85 kW	2,0 l / 85 kW	2,14 l / 77 kW	2,14 l / 96 kW	2,14 l / 100 kW	2,23 l / 85 kW	2,23 l / 101 kW	2,23 l / 101 kW	2,3 l / 100 kW
Kennbuchstaben	PH	SL	KP	RT mit Kat	RT ohne Kat	WU	KF[1]	WC	KZ	KU	HX[1]	NF
Einspritzung	KE-Jetronic	K-Jetronic	K-Jetronic	KE-Jetronic	K-Jetronic	K-Jetronic	K-Jetronic	K-Jetronic	KE-Jetronic	K-Jetronic	K-Jetronic	KE-III-Jetronic
geregelter Kat	+	+	–	+	–	+	–	–	+	–	–	+
Gemischregler ohne Drucksteller	–	+	+	–	+	+	+	+	–	+	+	–
Gemischregler mit Drucksteller	+	–	–	+	–	–	–	–	+	–	–	+
Taktventil	–	+	–	–	–	+	–	–	–	–	–	–
Steuerventil für Leerlaufstabilisierung	–	+	+	+	+	+	+	+	+	+	+	+
Zweiwegeventil für Leerlaufanhebung	+	–	–	–	–	–	–	–	–	–	–	–
Zusatzluftschieber	+	–	–	–	–	–	–	–	–	–	–	–
Thermozeitschalter	+	+	+	+	+	+	+	+	+	+	+	–
Drosselklappenschalter	–	+	+	+	+	+	+	+	+	+	+	+
Drucksprungschalter	–	+	+	–	+	–	–	–	–	+	+	–
Ventil für Schubabschaltung	–	+	+	–	+	+	+	+	–	+	+	–
Schubabschaltung über KE-Jetronic	–	–	–	+	–	–	–	–	+	–	–	+

[1] Schweiz-Version

Die wichtigsten Teile und Begriffe

Zum besseren Verständnis der Gesamtfunktion unserer Einspritzanlage ist es wichtig, zunächst die Einzelaufgaben der Bauteile zu kennen:

Drosselklappen: Im Ansaugrohr sitzen in einem Stutzen zwei Drosselklappen. Die kleinere dieser Klappen ist über den Gaszug mit dem Pedal im Innenraum verbunden. Sie dosiert bis in Halbgasstellung den Ansaugluftstrom in den Motor. Mit zunehmend durchgetretenem Gaspedal öffnet ein Gestänge die zweite, größere Klappe, bis bei Vollgas beide Drosselklappen vollständig geöffnet sind.

Gemischregler: Er ist das Hauptbestandteil der Einspritzung und besteht aus dem Luftmengenmesser und dem Kraftstoffmengenteiler. Das funktioniert so:

○ Die leichtgewichtige Blechscheibe des **Luftmengenmessers** sitzt mitten im Luftstrom, der vom Motor angesaugt wird. Diese Stauscheibe wird durch den Sog der Kolben beim Ansaugtakt angehoben, und zwar um so mehr, je mehr Luft von der Drosselklappe freigegeben wird. Über ein Hebelsystem wird die Auslenkung der Scheibe zum Kraftstoffmengenteiler übertragen.

○ Der **Kraftstoffmengenteiler** besteht im wesentlichen aus dem **Steuerkolben** und dem **Schlitzträger.** Für jeden Zylinder des Motors ist im Schlitzträger ein Schlitz vorhanden, durch den der Kraftstoff an das jeweilige Einspritzventil gelangt. Der Steuerkolben verschließt oder öffnet diese Schlitze mehr oder weniger und läßt so – je nach Stellung der Stauscheibe – eine entsprechende Kraftstoffmenge strömen.

Systemdruck: Von der Kraftstoffpumpe im Tank wird Kraftstoff unter Druck nach vorn zum Mengenteiler gepumpt. Der dort eingebaute Systemdruckregler mindert den Überdruck und läßt für das Kraftstoffsystem nur noch 4,7 bis 5,4 bar übrig. Dieser Druck – der Systemdruck – wirkt damit im Mengenteiler, den Kraftstoffleitungen und in den Einspritzventilen.

Steuerdruck: Er wird vom Systemdruck abgezweigt und dient zur Reduzierung oder Steigerung der Kraftstoff-Einspritzmengen. Das funktioniert folgendermaßen: Der Steuerdruck wirkt von oben auf den Steuerkolben. Dort drückt er gegen die Kraft des Luftmengenmessers, der bestrebt ist, den Steuerkolben zu heben und damit (bei laufendem Motor) die Einspritzmenge möglichst groß zu halten.
Mit größerem Steuerdruck wird also die Einspritzmenge kleiner, bei kleinerem Steuerdruck (man könnte auch sagen: Gegendruck) erhöht sich die Einspritzmenge.

Warmlaufregler: Er verändert den Steuerdruck bis zum Erreichen der Betriebstemperatur. Der Druck wird direkt nach dem Kaltstart abgesenkt, wodurch mehr Kraftstoff aus den Steuerschlitzen austreten kann. Nach spätestens zwei Minuten steigt der Druck wieder auf seinen Normalwert an für entsprechend abgemagerte Kraftstoffzuteilung. Zur direkten Temperaturübermittlung ist der Warmlaufregler an den Motor angeschraubt, zusätzlich wird er elektrisch beheizt.

Einspritzventile: Sie spritzen Benzin in den Saugkanal vor das Einlaßventil ihres betreffenden Zylinders, sobald der Kraftstoffdruck 3,0 bar erreicht hat. Dabei öffnen sie bis zu 2000 Mal in der Sekunde, wodurch das Benzin besonders fein zerstäubt wird.

Steuergerät für Leerlaufstabilisierung: Weicht die Motordrehzahl im Leerlauf vom Sollwert ab, versorgt das Steuergerät das Steuerventil für Leerlaufstabilisierung mit mehr oder weniger Spannung, bis die Drehzahl wieder stimmt.

Steuerventil für Leerlaufstabilisierung: Dieses Ventil öffnet einen Luftschlauch, der die Drosselklappen umgeht. Der Luftmengenmesser »glaubt« durch die Mehrmenge an Luft, man habe die Drosselklappe geöffnet und sorgt deshalb für die zugehörige Mehrmenge an Kraftstoff – die Drehzahl erhöht sich. Wieviel Luft zusätzlich einströmen soll, bestimmt das eben erwähnte Steuergerät, das bestrebt ist, die Motordrehzahl wieder auf den Sollwert zu bringen.

Der Drosselklappenstutzen bei abgebautem Luftansaugschlauch: Über den Gaszug wird zunächst die kleine Drosselklappe (2) geöffnet. Wird das Gaspedal weiter durchgetreten, öffnet die Hebelmechanik (1) zusätzlich die große Drosselklappe (3), um mehr Luft durchströmen zu lassen.

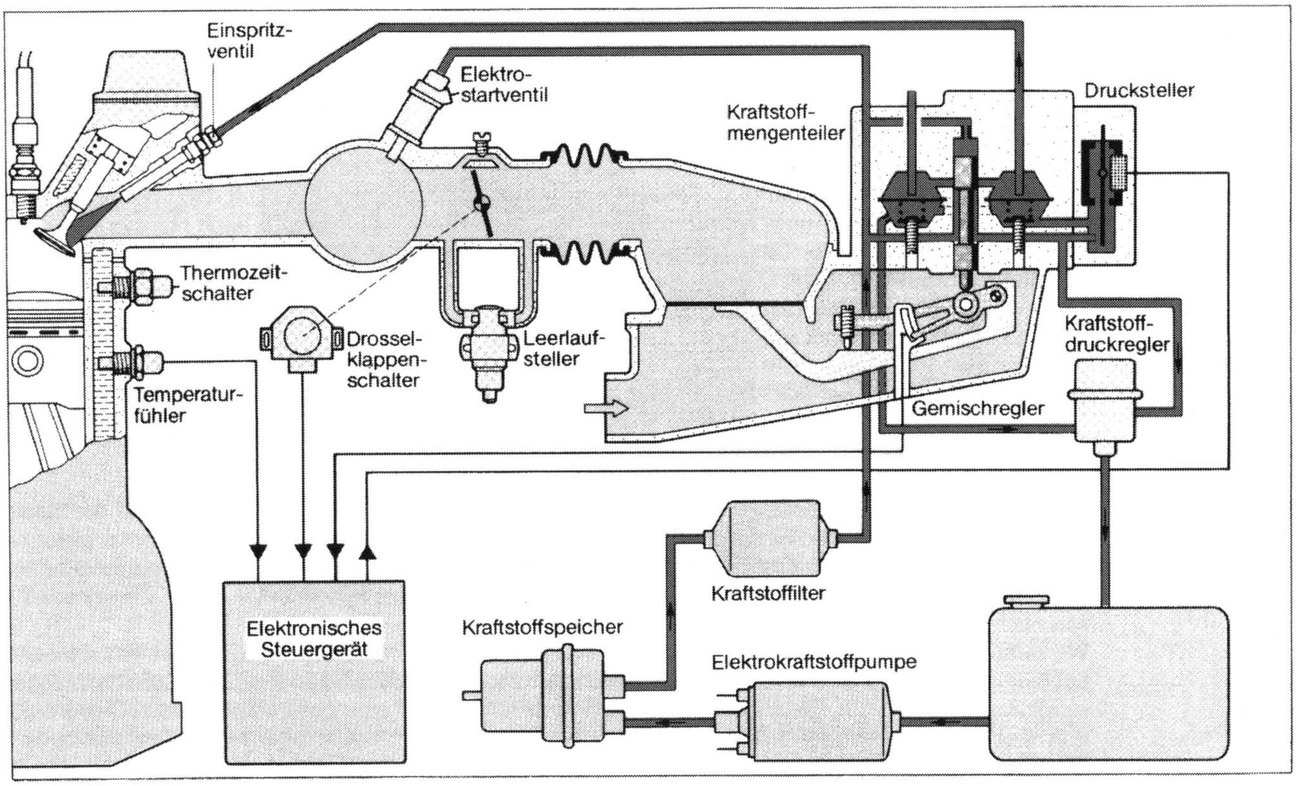

Die Teile der Bosch KE-Jetronic im Schema.

An Stelle des Steuerventils sitzt beim Vierzylinder der Zusatzluftschieber, der allerdings nur bei kaltem Motor wirksam ist.

Kaltstartventil: Das ist ein elektromagnetisch betätigtes Einspritzventil, das je nach Motortemperatur beim Anlassen für kurze Zeit zusätzlichen Kraftstoff fein zerstäubt ins Ansaugrohr spritzt. Zusätzlich tritt das Kaltstartventil in Verbindung mit dem Drucksprungschalter kurzzeitig in Aktion, wenn bei kaltem Motor spontan Gas gegeben wird.

Thermozeitschalter: Er begrenzt die Einschaltzeit des Kaltstartventils auch bei länger andauerndem Anlaßvorgang. Die Begrenzung erfolgt in Abhängigkeit von der Motortemperatur: Bei –25°C wird höchstens 11 Sekunden lang eingespritzt, bei +40°C wird das Abspritzen des Kaltstartventils gänzlich unterdrückt.

Drosselklappenschalter gibt es je nach Einspritzungs-Version einen oder zwei. Sie signalisieren – abhängig von ihrem Verwendungszweck bei der jeweiligen Einspritzung die Informationen

- Leerlauf; für Leerlaufregelung, Schubabschaltung, Vollelektronische Zündung etc.
- Vollgas; für Vollastanreicherung und Vollelektronische Zündung.

Drucksprungschalter: Er ist durch eine Unterdruckleitung mit dem Ansaugsystem verbunden und schaltet, wenn bei schnellem Gasgeben der Unterdruck in den Ansaugkanälen schlagartig zunimmt.
Bewirkt wird dadurch ein 0,4 Sekunden dauerndes Abspritzen des Kaltstartventils. Damit soll vermieden werden, daß der Motor bei plötzlichem Gasgeben durch Gemischabmagerung anfängt zu stottern.
Gebraucht wird diese zusätzliche Benzinmenge nur bei Kühlmitteltemperaturen von weniger als +18°C. Des-

Der Warmlaufregler (Pfeil) hat seinen Platz links am Motorblock oberhalb des linken Motorträgers.

halb ist die Unterdruckleitung zum Schalter in der Regel durch ein Thermoventil unterbrochen, das nur unter der genannten Temperatur öffnet. Oder die Temperaturbegrenzung erfolgt durch den Thermozeitschalter.
Ventil für Schubabschaltung: Ähnlich wie bei der Leerlaufstabilisierung wird auch hier der Denkprozeß der Einspritzung »ausgetrickst«: Das Ventil der Schubabschaltung öffnet einen Schlauch, der die Stauscheibe des Luftmengenmessers umgeht. Die Luft macht damit einen Umweg, die Stauscheibe wird nicht ausgelenkt und somit »glaubt« der Luftmengenmesser, es würde keine Luft angesaugt. Also veranlaßt er, die Kraftstoffzufuhr zu den Einspritzventilen zu schließen.
Das Ventil wird elektrisch vom Steuergerät für Leerlaufstabilisierung geöffnet, wenn dieses die Information »Drehzahl größer als Leerlaufdrehzahl« und »Drosselklappe geschlossen« erhält.

Die Funktion

Zusammenspiel der Bauteile

Start: Der Unterdruck der ansaugenden Motorkolben hebt die Stauscheibe an. Dadurch gibt der Steuerkolben den Kraftstoffzufluß zu den Einspritzventilen frei. Während der Anlasser betätigt wird, spritzt gleichzeitig das Kaltstartventil zusätzlichen Kraftstoff ins Ansaugsystem – vorausgesetzt die Kühlmitteltemperatur liegt unter 40°C. Darüber unterdrückt der Thermozeitschalter das Einspritzen. Auch richtet sich die maximale Einspritzzeit nach der Temperatur.
Warmlauf: Damit der Motor in den ersten Minuten nach dem Start rund läuft, öffnet das Steuerventil für Leerlaufstabilisierung einen Kanal, der unter Umgehung der Drosselklappe eine zusätzliche Menge an Ansaugluft einströmen läßt. Gleichzeitig senkt der Warmlaufregler für eine bestimmte Zeit den Steuerdruck. Mehr Luft und Kraftstoff ermöglichen eine erhöhte Warmlaufdrehzahl mit fetterem Gemisch. Mit zunehmender Erwärmung schließt das Steuerventil für Leerlaufstabilisierung seine Luftzufuhr, und der Steuerdruck steigt wieder auf den Normalwert an.
Solange die Kühlflüssigkeit kälter als 18°C ist, spritzt das Kaltstartventil bei spontanem Gasgeben kurzfristig Kraftstoff ab, damit der Motor nicht »stottert«. Das steuern der sogenannte Drucksprungschalter und der Schalter für die Beschleunigungsanreicherung bei den entsprechend ausgerüsteten Motoren.
Leerlauf: Für gleichmäßige Leerlaufdrehzahl und weiche Gasannahme in niedrigen Drehzahlen gelangt um jedes Einspritzventil Luft in den Brennraum. Das bewirkt eine feinere Zerstäubung des Kraftstoffes. Die Luft strömt über einen Anschlußstutzen im Zylinderkopf und einen speziellen Luftkanal zu den Einspritzventilen.
Normalbetrieb, Beschleunigen und Vollast erfordern keinerlei besondere Einrichtungen. Die Stauscheibe im Luftmengenmesser wird je nach angesaugter Luftmenge angehoben oder abgesenkt. Entsprechend ist der Kraftstoffzulauf zu den Einspritzventilen: Viel Luft – viel Kraftstoff, wenig Luft – wenig Kraftstoff. Ganz automatisch stellt sich immer das richtige, verbrennungsgünstigste Verhältnis ein. Bei Vollast senkt der Warmlaufregler (unterdruckgesteuert) den Steuerdruck. Folge: Etwas mehr Kraftstoff für höhere Leistung wird eingespritzt.

K-Jetronic mit Lambda-Regelung

An den K-Jetronic-Motoren mit Katalysator funktioniert die Einspritzung im großen und ganzen gleich wie an herkömmlichen Wagen. Hier die Abweichungen: Zur Gemischregelung wird bei Fahrzeugen mit Lambdaregelung ein zusätzlicher Steuerdruck, der sogenannte **Unterkammerdruck** herangezogen. Durch den Unterkammerdruck kann die Gemischzusammensetzung zusätzlich variiert werden. Das geschieht an den Differenzdruckventilen, die normalerweise anderen Aufgaben nachkommen.

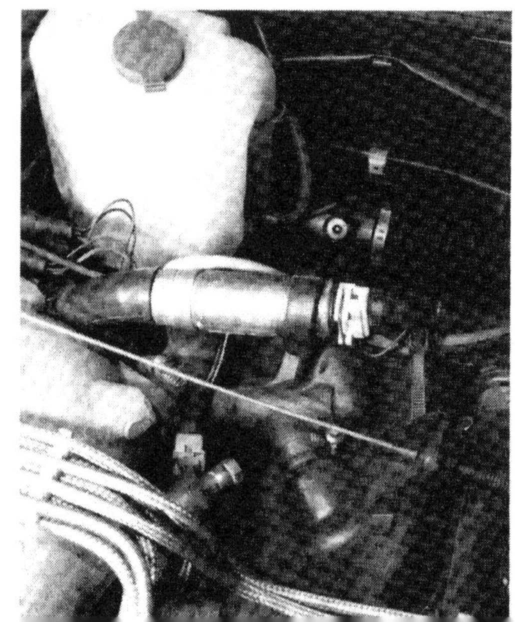

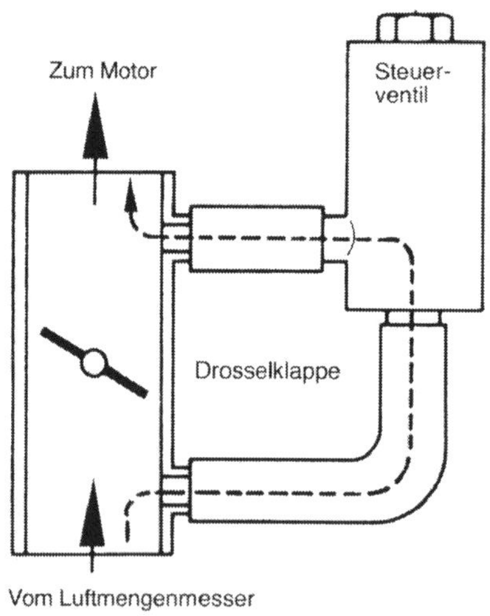

Das Steuerventil für Leerlaufstabilisierung sitzt an älteren Motoren ganz hinten auf dem Ventildeckel (Bild). Im Schema rechts ist seine Funktionsweise dargestellt. Die Pfeile symbolisieren die Ansaugluft.

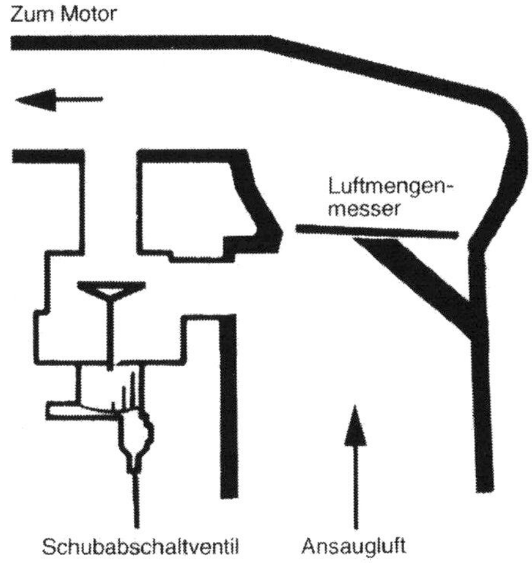

Das Schubabschaltventil (2) sitzt auf dem Luftfiltergehäuse (1) neben dem Gemischregler (3). Hier im Bild schauen wir bei ausgebautem Scheinwerfer von vorn in den Motorraum bzw. in den Hohlraum unter dem rechten Kotflügel. Im Schema rechts wird gezeigt, wie das Schubabschaltventil funktioniert. Lesen Sie dazu auch den Text auf der Vorseite.

Zurück zur Funktion: Der Kraftstoffzufluß zu den Unterkammern (von denen aus die Gemischmenge beeinflußt werden kann) geschieht konstant. Druck kann sich in den Unterkammern aufbauen, wenn der Abfluß – also die Rücklaufleitung – verschlossen ist.

Genau hier am Rücklauf sitzt das **Taktventil,** das stoßweise den Kraftstoff zurückfließen läßt. Fließt viel Kraftstoff zurück, verringert sich der Druck, bei wenig Kraftstoff steigt er an. Das Verhältnis von Öffnen und Schließen des Taktventils nennt Bosch das **Tastverhältnis.**

Wie lange die einzelnen Öffnungszeiten sind und wieviel Kraftstoff damit zurückfließen muß, um den gewünschten Unterkammerdruck zu erhalten, bekommt das Taktventil vom **Lambda-Steuergerät** befohlen, das rechts unter der Beifahrer-Fußraumverkleidung sitzt. Das Steuergerät regelt also auf dem Umweg über den Unterkammerdruck die Gemischzusammensetzung.

Damit der Regelkreis geschlossen ist, kontrolliert die **Lambda-Sonde** im Auspuffkrümmer, ob die Gemischzusammensetzung auch wirklich stimmt und meldet Abweichungen zum Steuergerät. Die Sonde mißt dazu den Sauerstoffgehalt im Abgas, was genaue Rückschlüsse auf das Gemisch zuläßt.

Die KE-Jetronic

Die KE-Jetronic besteht aus einer Kombination der mechanischen K-Jetronic mit einer Regelelektronik. Zu den schon genannten Bauteilen kommen hinzu:

Drucksteller: Er ersetzt den Warmlaufregler, wobei er nicht den Druck auf den Steuerkolben verändert, sondern den Druck an den Zumeßschlitzen für den Kraftstoff. So kann er je nach Stromfluß durch seine Spule die abgespritzte Benzinmenge im Verhältnis 1:2,5 variieren. Die notwendigen Informationen liefert ein

Elektronisches Steuergerät: Es sitzt unterhalb der Verkleidung des rechten vorderen Türpfostens (siehe auch Bild unten links).

Über einen Vielfachstecker erhält das Schaltgerät Informationen von folgenden Bauteilen:

○ Anlasser für Beginn und Ende des Startvorgangs

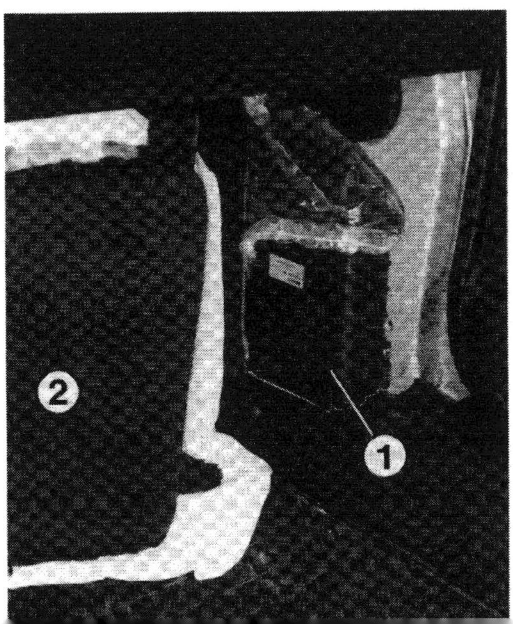

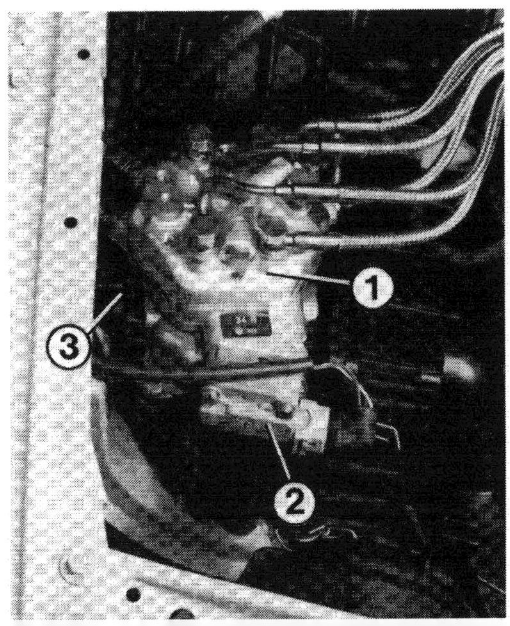

Links: Das Steuergerät (1) der KE-Jetronic sitzt unter der Verkleidung (2) des rechten vorderen Türpfostens.
Rechts: Der Kraftstoffmengenteiler (1) der KE-Jetronic mit Potentiometer (2) und Drucksteller (3).

- ○ Hallgeber im Zündverteiler für die Motordrehzahl
- ○ Lambdasonde im Auspuffkrümmer für den Sauerstoffgehalt im Abgas
- ○ Potentiometer am Luftmengenmesser für die Lage der Stauscheibe
- ○ Temperaturfühler für die Kühlwassertemperatur

Je nach Betriebsbedingung werden die Signale zu entsprechenden Stromgrößen verarbeitet und zur Spule im Drucksteller weitergeleitet.

Noch umfangreicher ist das Informationsangebot für das intelligentere Steuergerät der KE-III-Jetronic. Dieses Gerät bezieht zusätzliche Daten von der Zündung, vom Höhengeber und vom Automatikgetriebe. Untergebracht ist es – zusammen mit dem Höhengeber – ebenfalls rechts im Beifahrer-Fußraum.

Membrandruckregler: Er sitzt neben dem Gemischregler und hat die gleiche Aufgabe wie der Systemdruckregler der K-Jetronic. Bei der KE-Jetronic beträgt der Betriebsdruck 5,2–5,6 bar, bei der KE-III-Jetronic sind es 6,1–6,5 bar.

Potentiometer: Es ermittelt die Stellung der Stauscheibe im Luftmengenmesser und gibt die Information als Spannungssignal an das Steuergerät weiter.

Funktion der KE-Jetronic

Wir greifen hier lediglich die Unterschiede zur mechanischen Ausführung heraus.

Start: Nach dem Motorstart setzt für wenige Sekunden eine erhöhte Kraftstoffzufuhr ein, die sogenannte Nachstartanhebung. Ein Temperaturfühler übermittelt dem Steuergerät die Kühlmitteltemperatur, was den Drucksteller veranlaßt, den Druck auf die Steuerschlitze zu erhöhen. Höherer Druck bewirkt mehr Kraftstoffaustritt für fetteres Gemisch. Die Mehrmenge ist von der Kühlwassertemperatur abhängig.

Warmlauf: Mit wärmer werdendem Motor senkt der Drucksteller den Druck wieder ab. Es werden die Kraftstoff-Normalmengen geliefert.

Leerlauf: Beim 66-kW-Motor kann der Luftnebenkanal vom Steuergerät (in der Zentralelektrik) nur in Stellung »Auf« oder »Zu« gebracht werden. Die auf Seite 100 beschriebene, sensiblere Drehzahlstabilisierung wird bei den Fünfzylindern vom Steuergerät bewerkstelligt.

Beschleunigen: Bei kaltem Motor wird beim Tritt auf das Gaspedal etwas fetteres Gemisch eingespritzt. Das funktioniert gleich wie bei der Nachstartanhebung beschrieben.

Lambda-Regelung: Wie bereits im Kapitel »Abgas-Entgiftung« beschrieben, braucht der Katalysator für einwandfreies Arbeiten den ständigen Wechsel von leicht angefettetem bzw. abgemagertem Gemisch. Die augenblickliche Abgaszusammensetzung übermittelt die Lambdasonde im Auspuffkrümmer dem Steuergerät, das in Sekundenbruchteilen dem Drucksteller den Befehl zum Anheben oder Absenken des Kraftstoffdrucks und damit der zugeteilten Benzinmenge übermittelt.

Höhenkorrektur: Beim 2,3-Liter-Motor mit KE-III-Jetronic wird noch der Luftdruck bei der Gemischbildung berücksichtigt. Man verhindert dadurch, daß in höhergelegenen Gegenden, wo die Luft dünner ist, der Motor eine zu hohe Kraftstoffdosierung erhält.

Selbsthilfe an der Einspritzung

Allgemeine Störungssuche

Allzuviel Selbsthilfe ist bei der Einspritzanlage leider nicht möglich, denn tiefergreifende Prüfungen setzen eine gute Kenntnis der Materie und vor allem auch Meß- und Prüfgeräte voraus.

- Verweigert der Audi den Dienst, kontrollieren Sie zuerst, ob die Zündanlage in Ordnung ist (ab Seite 191).
- Als nächstes wird die Kraftstoffversorgung überprüft, siehe Seite 65).
- Überprüfen Sie folgende Schläuche und ihre Halteschellen auf festen Sitz sowie das Schlauchmaterial auf Risse:
- Alle Unterdruckschläuche; auch diejenigen, die z. B. zum Verteiler oder zum Drucksprungschalter führen, den stabilen Formschlauch vom Gemischregler zum Ansaugkrümmer, die Schläuche zu den Ventilen für Schubabschaltung und für Leerlaufstabilisierung. Schon geringe Nebenluftmengen können die Gemischaufbereitung empfindlich stören, da sie ja von der Stauscheibe im Luftmengenmesser nicht mitgemessen werden. Das Gemisch magert also bei Nebenluft unkontrolliert ab.
- Sind die Dichtungen unter dem Kaltstartventil und an den Einspritzventilen in Ordnung, ebenso die Flanschdichtungen der Ansaugkanäle?
- Sind an den Kraftstoffleitungen Undichtigkeiten zu erkennen?
- Wurden die Kabelstecker mehrfach auseinandergezogen und wieder verbunden? Ungeschicktes Reißen kann mangelnden Kontakt zur Folge haben.
- Sehen Sie sich die Stecker an den einzelnen Bauteilen der Einspritzung genau an. Mit einem feinen Schraubenzieher lassen sich die Zungen ein wenig nachbiegen.

Fingerzeig: Bei allen Arbeiten an der Einspritzung sollten Sie daran denken, daß das System auch längere Zeit nach dem Abschalten des Motors noch unter Druck steht. Deshalb immer einen Lappen bereithalten, wenn Schrauben oder Leitungen gelöst werden, damit kein Benzin in die Augen spritzen kann.

In den folgenden Abschnitten sind wir auf jene Möglichkeiten der Fehlersuche eingegangen, zu denen der Heimwerker keine besonderen Werkzeuge oder Meßgeräte benötigt. Haben Sie nach unserem Störungsbeistand auf Seite 117 ein bestimmtes Bauteil im Verdacht, können Sie hier die Prüfanleitung nachlesen.

Fingerzeig: Die Stromlaufpläne zur Motorelektrik finden Sie ab Seite 166.

Einspritzventile prüfen

- Zündung lahmlegen, wie auf Seite 195 beschrieben.
- Zur Überprüfung, ob ein Einspritzventil überhaupt Benzin erhält, am Kaltstartventil die Halteschraube der Kraftstoffleitung lösen.
- Lappen bereithalten und von Helfer Anlasser durchdrehen lassen.
- Tritt Kraftstoff aus, wird als nächstes das Ventil selbst kontrolliert.
- Einspritzventil ausbauen, siehe Seite 108.
- Dazu muß beim Fünfzylinder »RT« und »NF« das Ansaugkrümmer-Oberteil abgebaut werden.
- Gefäß oder Lappen für den austretenden Kraftstoff bereithalten.
- Großen Luftschlauch zwischen Gemischregler und Drosselklappenstutzen abbauen, damit die Stauscheibe zugänglich ist.
- In der Zentralelektrik das Kraftstoffpumpenrelais (siehe Seite 231) abziehen und auf dem Steckfeld die Steckkontakte 48 (bzw. 30) und 52 (bzw. 87) mit einem Drahtstück überbrücken. Die Kraftstoffpumpe läuft jetzt.
- Stauscheibe im Mengenteiler von Hand ein wenig anheben. Das Ventil muß jetzt kegelförmig abspritzen. Falls nicht
- Stauscheibe versuchsweise einmal bis zum Anschlag hochheben. Prüfung wiederholen.
- Auf die gleiche Weise läßt sich die Einspritzmengentoleranz zwischen den einzelnen Zylindern messen. Allerdings nur behelfsmäßig.
- Alle Einspritzventile in insgesamt vier bzw. fünf Meßgläschen halten, dabei die Einspritzleitungen nicht knicken.
- Stauscheibe ein wenig (ca. 2 cm) anheben.
- Die erwähnte Drahtbrücke von einem Helfer so lange einstecken lassen, bis im ersten Gläschen 20 cm^3 (ml) Kraftstoff schwappen.
- Einspritzmengen vergleichen: Die Abweichungen untereinander sollen nicht mehr als 3 cm^3 betragen.
- Bei größeren Abweichungen die Ventile mit dem höchsten und dem niedrigsten Wert gegeneinander austauschen. Messung wiederholen.
- Sind die Abweichungen mit den Ventilen »gewandert«, ist das Einspritzventil mit der entsprechenden Abweichung austauschreif.
- Haben Sie an den betreffenden Zylindern die gleichen Meßergebnisse wie zuvor, ist die Leitung zum Ventil möglicherweise verengt oder der Mengenteiler defekt.
- Dichtheitsprüfung an den Ventilen: Wird die Kraftstoffpumpe nach zweiminütiger Laufzeit mit angehobener Stauscheibe abgeschaltet (Drahtbrücke herausnehmen), dürfen die Ventile nicht nachtropfen.
- Zum Wiedereinbau der Einspritzventile siehe Seite 108.

Kaltstartventil

- Geprüft wird bei kaltem Motor.
- Zündung lahmlegen, siehe Seite 195.
- Kaltstartventil abschrauben, Kabelstecker und Kraftstoffleitung bleiben angeschlossen.
- Ventil in ein Gefäß halten, Motor von Helfer durchdrehen lassen.
- Das Ventil muß kegelförmig Benzin abspritzen.
- Die Spritzdauer ist (Motor-)temperaturabhängig: Bei 0°C zwischen 3 und 7½ Sekunden, bei 10°C zwischen 2 und knapp 6 Sekunden, bei 20°C zwischen 1 und 4 Sekunden.
- Nach dem Absprühen Zündung abschalten.
- Ventil sauber abtrocknen. Innerhalb von einer Minute darf kein Benzin nachtropfen.

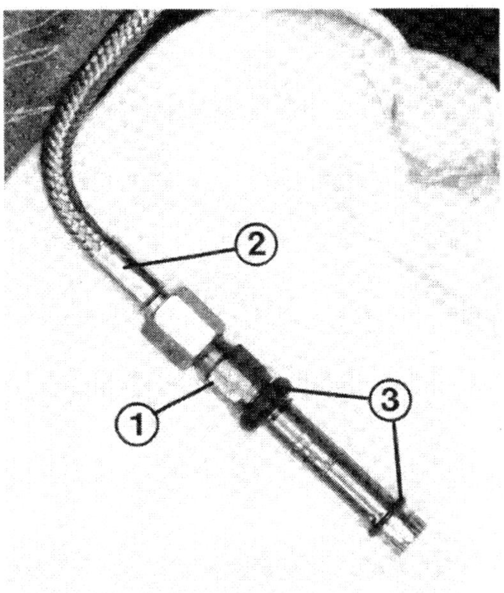

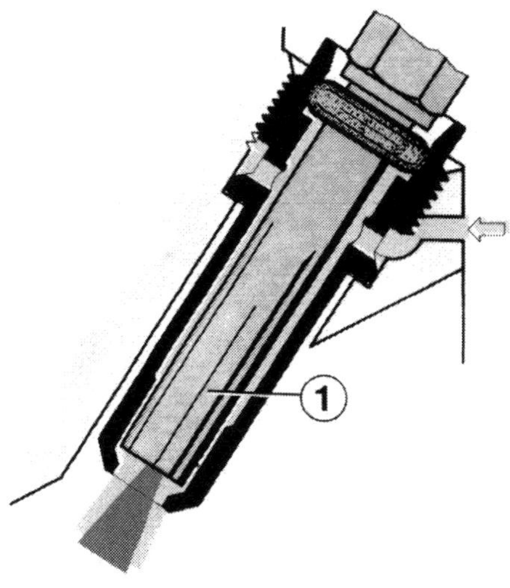

Das Einspritzventil (1) ist hier mit seinen Dichtringen (3) und der noch angeschlossenen Einspritzleitung (2) ausgebaut. Hier gezeigt ist ein Ventil ab Baujahr 8/84 mit zwei Dichtringen. In der Zeichnung rechts sehen wir die Wirkungsweise der luftumspülten Einspritzventile. Durch die zusätzliche Luftzufuhr (rosa dargestellt) wird eine bessere Zerstäubung des Kraftstoffs (rot) im Leerlaufbetrieb erzielt.

Kraftstoff-Mengenteiler

● Motor ca. eine Minute laufen lassen.
● Luftfilterdeckel und -einsatz ausbauen.
● Von unten durch den Ansaugschacht die Stauscheibe am Verstellhebel ganz nach oben drücken. Das muß über den gesamten Weg mit gleichem Widerstand möglich sein.
● Bei schnellem Herunterziehen der Stauscheibe darf kein Widerstand spürbar sein. Falls doch, muß der Luftmengenmesser ersetzt werden.
● Läßt sich die Stauscheibe nur schwer nach oben, aber leicht nach unten bewegen, hängt der Steuerkolben im Mengenteiler. Kraftstoffmengenteiler ersetzen.

Luftmengenmesser

● Motor warmfahren bzw. warmen Motor vor der Prüfung ca. 1 Minute laufen lassen.
● Luftansaugschlauch zwischen Gemischregler und Ansaugkrümmer nach Lösen der Spannbänder abnehmen.
● Stauscheibe kontrollieren: Sie muß bei Wagen mit K-Jetronic an der den Einspritzleitungen zugewandten Seite genau an der Oberkante des schmalen zylindrischen Teils im Lufttrichter stehen, höchstens 0,5 mm tiefer (siehe Zeichnung rechts unten).
● Wagen mit KE-Jetronic: Die Stauscheibe steht 1,9 mm unter der Oberkante, höchstens aber 3 mm tiefer.
● Steht die Scheibe falsch, kann sie hochgezogen und durch Verbiegen des Haltedrahtbügels unten im Schacht des Luftmengenmessers in der Stellung korrigiert werden. Keinesfalls die Blattfeder verbiegen!
● Prüfen Sie nun, ob die Stauscheibe an der Wandung streift.
● Wenn ja, die zentrale Befestigungsschraube lösen und die Scheibe neu zentrieren.
● Nach dieser Einstellung sollten Leerlaufdrehzahl und CO-Gehalt überprüft werden.

Thermozeitschalter

● Geprüft wird bei kaltem Motor.
● Zündung lahmlegen (Seite 195).
● Stecker am Kaltstartventil abziehen, Voltmeter oder Prüflampe an beiden Steckkontakten anschließen.
● Motor von Helfer mit dem Anlasser durchdrehen lassen.
● An den Kontakten muß temperaturabhängig Spannung anliegen: Bei 0° C zwischen 3 und 7½ Sekunden, bei 10° C zwischen 2 und knapp 6 Sekunden, bei 20° C zwischen 1 und 4 Sekunden.

Warmlaufregler
K-Jetronic

● Zündung lahmlegen (Seite 195).
● Stecker am Warmlaufregler und Zusatzluftschieber abziehen.
● Voltmeter an den Kontakten des stromzuführenden Kabelsteckers zum Warmlaufregler anschließen.
● Von Helfer Anlasser betätigen lassen. An den Kontakten müssen mindestens 8 Volt anliegen.
● Ohmmeter an den Steckkontakten des Warmlaufreglers anschließen.
● Die Heizwicklung muß einen Widerstand von 18–28 Ω haben.
● Ist die Wicklung unterbrochen, Warmlaufregler ersetzen.

Zusatzluftschieber prüfen
Vierzylinder

● **Spannungsversorgung prüfen:**
● Zündung lahmlegen (Seite 195).
● Stecker am Zusatzluftschieber abziehen.
● Prüflampe am Stecker anschließen.
● Von Helfer Anlasser betätigen lassen. Die Prüflampe muß brennen, sonst ist die Stromversorgung unterbrochen.
● **Funktionsprüfung:** Bei kaltem Motor und abge-

**Links: Der Thermozeitschalter (Pfeil) sitzt schwer zugänglich an der hinteren Schmalseite des Zylinderkopfs.
Rechts: An neueren Motoren sitzt das Steuerventil für Leerlaufstabilisierung vorn rechts am Zylinderkopf.**

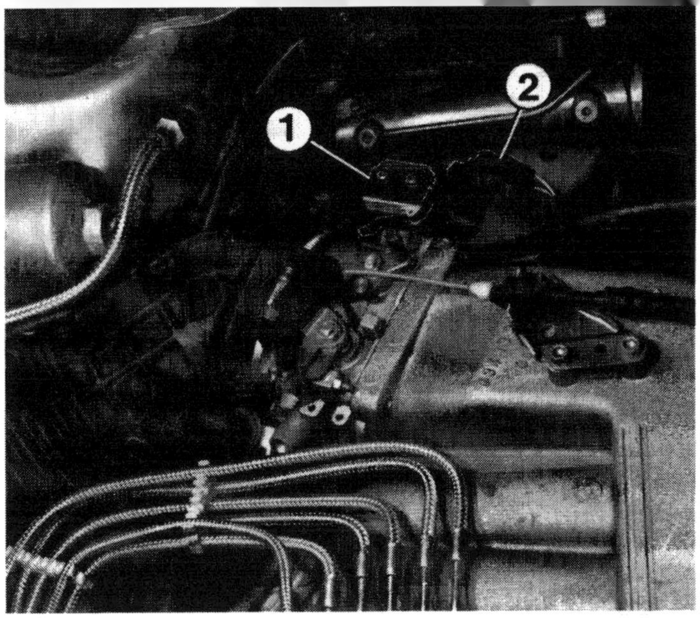

Position »1« zeigt den Drosselklappenschalter an einem neueren Fünfzylindermotor. Geprüft wird der Schalter – wie im Text beschrieben – nach Abziehen des Mehrfachsteckers (2).

zogenem Stecker am Zusatzluftschieber prüfen:
- Motor starten.
- Luftschlauch am Zusatzluftschieber mit Zange zusammendrücken. Die Drehzahl muß abfallen.
- Stecker aufstecken, Motor warmfahren.
- Luftschlauch erneut mit Zange zusammendrükken: Die Drehzahl muß konstant bleiben.
- Wenn nicht, klemmt die Lochblende im Zusatzluftschieber.
- Schlauch abnehmen, mit Taschenspiegel in die Öffnung schauen.
- Der Durchgang muß verschlossen sein. Wenn nicht, Zusatzluftschieber auswechseln.

Leerlaufstabilisierung prüfen
Fünfzylinder

- Einfache Funktionsprüfung:
- Zündung einschalten, Steuerventil mit der Hand berühren: Die Arbeitsschwingungen des Ventils müssen zu spüren sein, sonst ist das Steuerventil, der Temperaturgeber oder das Steuergerät für Leerlaufstabilisierung im Zusatzrelaishalter (K-Jetronic) defekt.
- Bei KE-Jetronic kommt als Fehlerquelle die Spannungsversorgung vom KE-Steuergerät in Betracht (prüfen lassen).

Leerlaufanhebung prüfen
Vierzylinder

- Ob das Zweiwegeventil der Leerlaufanhebung schaltet, wird bei betriebswarmem Motor geprüft.
- Motor im Leerlauf drehen lassen.
- Alle elektrischen Verbraucher einschalten.
- Leerlauf-Einstellschraube (Seite 109) ganz hineindrehen.
- Wenn die Drehzahl unter 700/min fällt, muß das Zweiwegeventil öffnen: Die Drehzahl steigt dann wieder an.
- Das kann mit dem Gehör oder mit dem Drehzahlmesser verfolgt werden.
- Schlauch zum Zweiwegeventil mit einer Zange abklemmen.
- Motordrehzahl muß abfallen.
- Jetzt die Leerlaufdrehzahl auf 900/min einstellen (Schlauch noch abgeklemmt).
- Zange jetzt im Schlauch abnehmen: Drehzahl steigt, bei 1050/min schließt das Ventil wieder, Drehzahl fällt auf Normalwert.
- Ist das nicht der Fall, Ventil bzw. Steuergerät im Relaisträger unter dem Armaturenbrett austauschen.

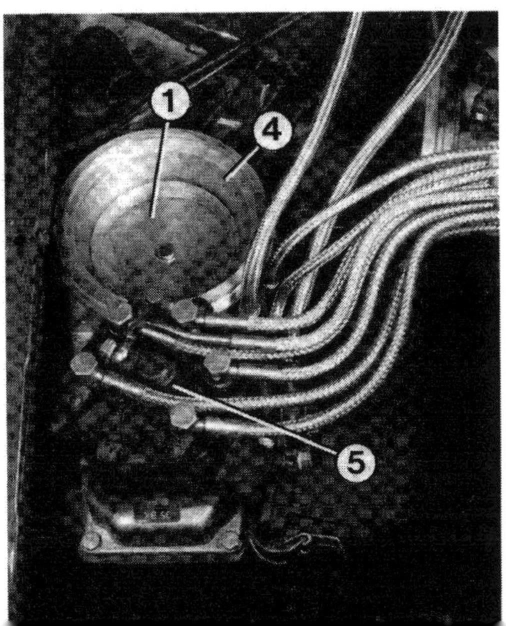

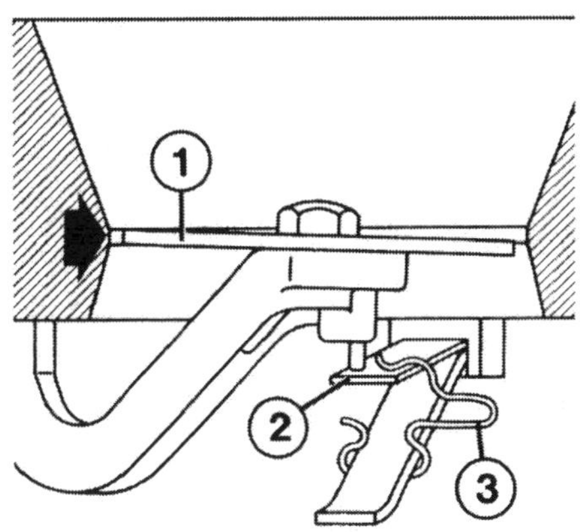

Im Stand muß die Oberkante der Stauscheibe (1) bei K-Jetronic bündig mit der Einschnürung im Lufttrichter (4) stehen (Pfeil). KE-Jetronic: Die Scheibe soll 1,9 mm tiefer stehen. Toleranz: +1,1 mm. Bei falscher Einstellung wird der Anschlag (2) durch leichtes Verbiegen der Feder (3) entsprechend verändert. Position 5 zeigt den Kraftstoff-Mengenteiler.

Drosselklappenschalter prüfen
Fünfzylinder mit Schaltgetriebe

Die Meßkabel des Ohmmeters können nicht direkt am Schalter, der teilweise unterhalb des Drosselklappenstutzens sitzt, angeschlossen zu werden. Man trennt lediglich die von oben erreichbare Steckverbindung. Gemessen wird in der Leitung zum Schalter:

- **Leerlaufschalter:**
- Ohmmeter an Kontakt 1 und 2 des Steckers anschließen.
- Drosselklappe in Leerlaufstellung: Es werden 0 Ω angezeigt. Drosselklappe leicht öffnen: Die Anzeige muß auf ∞ Ω springen.
- **Vollastschalter** (nur Fahrzeuge mit Kat):
- Ohmmeter an Kontakt 2 und 3 des Steckers anschließen.
- Drosselklappe in Vollgasstellung: Es werden 0 Ω angezeigt. Drosselklappe leicht schließen: Die Anzeige muß auf ∞ Ω springen.

Schubabschaltung der K-Jetronic prüfen

- Zur Prüfung muß der Motor mindestens 50°C Kühlmitteltemperatur haben.
- Nahe des Drosselklappenstutzens die Gummitülle der Steckverbindung zum Ventil für Schubabschaltung zurückschieben.
- Voltmeter an den beiden Steckerkontakten anschließen.
- Motor starten und im Leerlauf drehen lassen: Es werden 0 Volt angezeigt.
- Motor auf 2000/min hochdrehen, dann Drosselklappe schlagartig schließen: Jetzt werden kurzfristig ca. 12–14 Volt angezeigt.
- Fällt die Drehzahl unter 1200/min, werden wieder 0 Volt angezeigt.
- Sonst Steuergerät ersetzen.

Drucksprungschalter
K-Jetronic

- **Schalter prüfen:**
- Kabelstecker abziehen, Ohmmeter an den Kontakten des Schalters anschließen: Es müssen ∞ Ω abgelesen werden.
- Unterdruckleitung am Thermoventil »kurzschließen«. Dazu den Zuleitungsschlauch direkt am Drucksprungschalter anschließen.
- Motor starten und kurz Vollgas geben: Das Ohmmeter muß kurzzeitig 0 Ω anzeigen. Sonst Drucksprungschalter ersetzen.
- **Thermoventil prüfen:**
- Deckel des Ausgleichsbehälters öffnen (Kühlsystem-Druck abbauen).
- Thermoventil ausbauen und Öffnung mit Stopfen versehen, damit möglichst wenig Kühlwasser ausläuft.
- Thermoventil in den Kühlschrank (ca. +10°C) legen.
- Nach einiger Zeit prüfen, ob sich Luft mit dem Mund durch einen Anschluß des Ventils saugen oder blasen läßt.
- Ventil in Wasserbad mit ca. 30°C legen: Durchblasen darf nun nicht mehr möglich sein.

Taktventil
K-Jetronic mit Kat

Bei Fahrzeugen mit K-Jetronic und Katalysator kann das Taktventil mit einfachen Mitteln geprüft werden:

- Bei laufendem Motor muß das Taktventil hör- und fühlbar ticken.
- Tut es das nicht, Motor abstellen, Stecker am Taktventil abziehen und Steckerkontakte prüfen.
- Am Stecker statt des Taktventils eine Prüflampe anschließen und Motor starten: Die Prüflampe muß aufleuchten. Wenn nicht, Leitungszuführung prüfen bzw. Steuergerät ersetzen.
- Taktventil mit Ohmmeter prüfen: Zwischen seinen Anschlußkontakten muß ein Widerstand von 2–3 Ω abzulesen sein. Sonst Taktventil erneuern.

Einspritzventile aus- und einbauen

- Motoren »RT« und »NF«: Sammelsaugrohr-Oberteil ausbauen.
- Wo vorhanden, Stützbügel für Einspritzventile vom Zylinderkopfdeckel abschrauben.
- Einspritzventil mit einer Zange herausziehen.
- Die Kraftstoffleitung bleibt angeschlossen, damit kein Schmutz ins Ventil gelangt.
- Zum Einbau müssen die Gummidichtungen am Ventil mit Benzin bestrichen werden, um eine exakte Abdichtung zu erzielen.
- Wird das Ventil »trocken« eingesetzt, besteht die Gefahr, daß ein Gummiring gequetscht wird und nicht einwandfrei abdichtet. Das gibt dann Störungen im Fahrverhalten, z. B. unrunden Leerlauf.

Sammelsaugrohr-Oberteil ausbauen
Motoren »RT« und »NG«

- Luftansaugschlauch ausbauen.
- Gaszug aushängen und aus Widerlager nehmen.
- Stecker für Drosselklappenschalter ausstecken.
- Luftschläuche abnehmen.
- Inbus-Flanschbefestigungsschrauben lösen und Sammelsaugrohr abnehmen.
- Beim Einbau unbedingt neue Flanschdichtungen verwenden (Nebenluft).
- Flanschbefestigungsschrauben in zwei Durchgängen auf Endwert 20 Nm festziehen.

Gaszug

Einbau und Einstellung des Gaszugs erfolgt in gleicher Weise wie auf Seite 81 beim Vergaser beschrieben.

Abgas-Sonder-Untersuchung

Zur ASU muß die Auspuffanlage intakt sein, und an den Luftschläuchen der Einspritzanlage darf keine Nebenluft eindringen (Seite 104). Wie Fahrzeuge ohne Kat am leichtesten zur ASU-Plakette am vorderen Nummernschild kommen, ist auf Seite 79 beschrieben.

ASU für Kat-Fahrzeuge

Für Fahrzeuge mit geregeltem Katalysator ist ab Dezember 1993 ebenfalls eine regelmäßige Abgaskontrolle (ASU) sowie eine Funktionsprüfung des Katalysators vorgeschrieben. Am Neuwagen hat die Plakette der Abgas-Sonder-Untersuchung drei Jahre lang Gültigkeit, anschließend wird die Kontrolle für Kat-Fahrzeuge im Zweijahres-Rhythmus fällig.

Leerlauf einstellen

Wartung Nr. 6

Die Kontrolle der Leerlaufdrehzahl erfolgt bei den verschiedenen Motoren mit K-, KE- und KE-III-Jetronic unterschiedlich:

○ Nach altbekannter Methode mit Drehzahlmesser und Einstellschraube eingestellt wird nur der Vierzylindermotor **PH** und der Fünfzylinder **WU.**

○ Die Fünfzylinder **RT mit Kat,** und **KZ** besitzen eine automatische Leerlaufdrehzahlregelung. Die Leerlauf-Einstellschraube wird bei diesen Wagen nur noch verdreht, um den Grundleerlauf in die Mitte des »Regelbereichs« zu bringen. Damit die automatische Regelung ausreichend nach unten und oben regeln kann. Gemessen wird hier die pulsierende Spannung für die Ansteuerung des Leerlaufregelventils. Geeignetes Meßgerät ist ein guter Schließwinkeltester, wie er früher für die Unterbrecher-Zündanlagen gebraucht wurde. Normalerweise muß keine Leerlaufkorrektur vorgenommen werden.

○ Die **übrigen Fünfzylinder** besitzen ebenfalls eine Leerlaufregelung. Doch die wird mit konstantem Strom angesteuert. Zu messen mit einem Amperemeter, wie ihn Hobbyelektroniker besitzen.

○ Nichts einzustellen gibt es beim Motor **NF** mit KE-III-Jetronic (Prüfbedingungen wie »RT mit Kat«).

Nachfolgend sind die Arbeitsschritte – nach Motoren geordnet – beschrieben: Die Einstellwerte finden Sie in der **Tabelle Seite 111.**

Alle Motoren

● Voraussetzung für die Prüfung ist eine richtig eingestellte Zündung, ein betriebswarmer Motor sowie eine intakte Einspritz- und Zündanlage.

● Ferner werden alle Stromverbraucher im Wagen abgeschaltet.

● Der Kühlerventilator darf nicht laufen.

Motoren PH und WU

● Schlauch der Kurbelgehäuse-Entlüftung am Zylinderkopfdeckel abziehen und so verlegen, daß nur Frischluft angesaugt werden kann.

● Schlauch am Zweiwegeventil für Leerlaufstabilisierung mit Zange oder Schlauchklemme zusammendrücken.

● Drehzahlmesser anschließen.

● Motor starten.

● Wo vorhanden, Verschlußklappe am Aktivkohlebehälter abziehen.

● Drehzahl an der Einstellschraube (identisch wie im Bild unten gezeigt) korrigieren.

Motoren RT mit Kat und KZ

● Nur KZ: Schlauch der Kurbelgehäuse-Entlüftung am Zylinderkopfdeckel abziehen und verschließen.

● Nur RT mit Kat: Kurbelgehäuse-Entlüftungsschlauch mit Zange oder Schlauchklemme zusam-

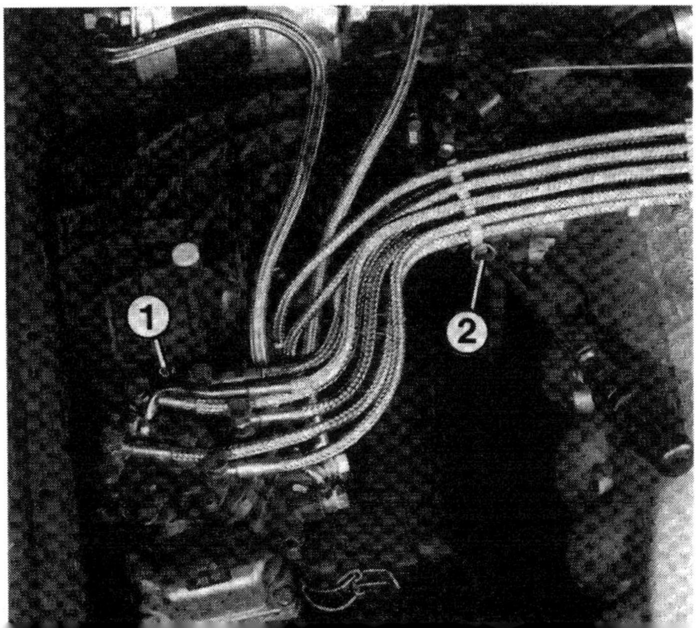

Die Einstellschrauben für den Abgas-CO-Gehalt (1) und die Leerlaufdrehzahl (2) an einem älteren Fünfzylindermotor. Die CO-Schraube sitzt unter einer Kunststoff-Sicherungskappe.

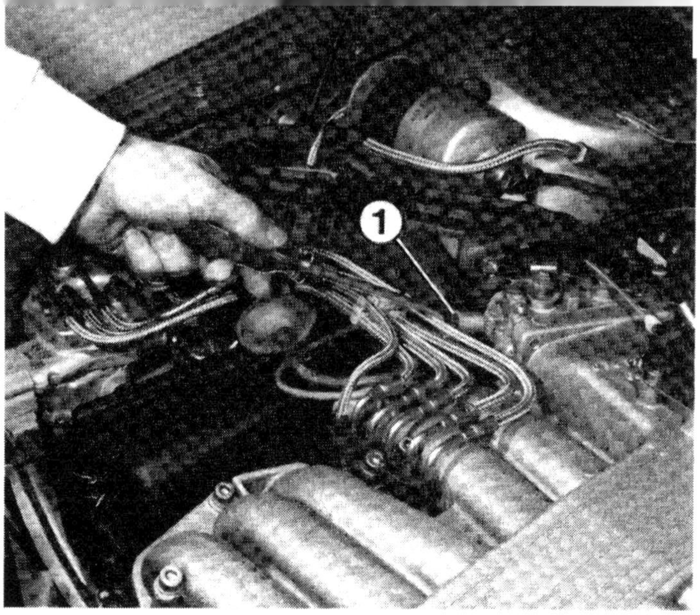

Position »1« zeigt auf die Einstellschraube der Fünfzylinder RT.

mendrücken. Damit der Überdruck trotzdem entweichen kann, Ölmeßstab herausziehen und Lappen über das Einsteckrohr legen.

● Bis 1/88: Schlauch vom Aktivkohlebehälter am Winkelstück an der Ansauglufthutze abziehen (Winkelstück bleibt stecken). Ab 2/88: Schlauch am Taktventil für Aktivkohlebehälter abziehen.

● Stecker am Steuerventil für Leerlaufstabilisierung abziehen und zwischen Stecker und Ventil das Adapterkabel von V.A.G. einstecken. Ersatzweise das selbstgefertigte Kabel siehe Bild rechts.

● Schließwinkeltester an den Meßanschluß des Adapterkabels anklemmen.

● Motor starten.

● Anzeigewert des Schließwinkeltesters ablesen. Wert ggf. durch Verdrehen der Leerlauf-Einstellschraube (Bild oben) korrigieren.

● Zum Vergleich die Leerlaufdrehzahl nachmessen.

Motoren SL, KP RT ohne Kat, WC KF, KU, HX

● KP, WC, KF, KU, HX: Schläuche der Kurbelgehäuse-Entlüftung abziehen und so verlegen, daß nur Frischluft angesaugt werden kann.

● SL: Kurbelgehäuse-Entlüftungsschläuche vom Zylinderkopfdeckel abziehen und dicht verschließen.

● RT: Kurbelgehäuse-Entlüftungsschlauch mit Zange oder Schlauchklemme zusammendrücken. Damit der Überdruck trotzdem entweichen kann, Ölmeßstab herausziehen und Lappen über das Einsteckrohr legen.

● Stecker am Steuerventil für Leerlaufstabilisierung abziehen und zwischen Stecker und Ventil das Adapterkabel von V.A.G. einstecken (Bild unten). Ersatzweise das selbstgefertigte Kabel verwenden.

● Amperemeter mit mA-Meßbereich an den Meßanschluß des Adapterkabels anklemmen.

● Motor starten.

● Anzeigewert des Amperemeters ablesen. Wert ggf. durch Verdrehen der Leerlauf-Einstellschraube (Bild oben) korrigieren.

● Zum Vergleich die Leerlaufdrehzahl nachmessen:

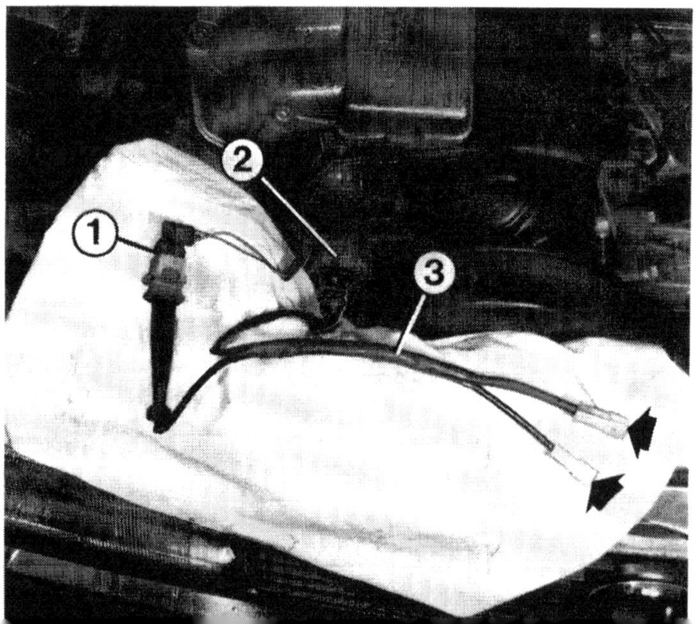

Leerlaufeinstellung prüfen – hier am Beispiel des Motors »RT ohne Kat« gezeigt. Der Stekker (1) am Steuerventil für Leerlaufstabilisierung (2) ist abgezogen, das Adapterkabel (3) ist angeschlossen. An den freien Enden (Pfeile) kann jetzt das Amperemeter angeschlossen werden.

Verschiedene Adapterkabel zur Leerlaufeinstellung:
1 – Kabel zur Milliampere-Messung. Eines der beiden Verbindungskabel zwischen den Steckern ist aufgetrennt, die Enden sind an die Meßstecker (Pfeile) geführt.
2 – Kabel zur Schließwinkel-(%)-Messung. Alle drei Kabel laufen von Stecker zu Stecker. Doch jedes einzelne ist mit einer Meßleitung angezapft (Pfeile). Gemessen wird zwischen einem der Kabel und Masse.
3 – Meist ist zur %-Messung beim Leerlauf-Einstellen ein eigenes Kabel im Wagen vorhanden (Nähe rechte Motorraumwand). Dann erübrigt sich Kabel 2. Es wird das einadrige Verlängerungskabel verwendet und das Meßgerät zwischen Kabel und Masse angeklemmt.

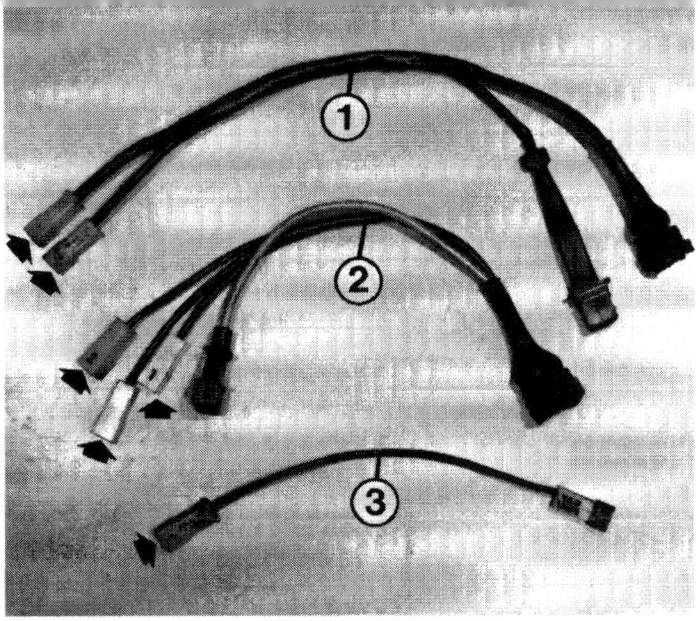

Einstellwerte

Motor	Vierzylinder	Fünfzylinder				
Leistung	1,8 l / 66 kW	2,0 l / 83 kW	2,0 l / 85 kW	2,0 l / 85 kW	2,0 l / 85 kW	2,14 l / 77 kW
Kennbuchstaben	PH	SL[1]	KP	RT mit Kat	RT ohne Kat	WU
Leerlaufdrehzahl (1/min)	900 ± 30	800 ± 50	800 ± 50	800	750–850	800 ± 50
Einstellwert	–	430 ± 10 mA	430 ± 10 mA	28 ± 1%	430 ± 10 mA	–
Abgas-CO-Gehalt (Vol.%)	0,3–1,2[2]	1,0 ± 0,5[2]	1,0 ± 0,5	0,3–1,2[2]	1,0 ± 0,5	0,3–1,2[2]
Einstellwert	10 mA schwankend	–	–	4–16 mA schwankend	–	50 ± 8%[5] schwankend

Motor	Fünfzylinder					
Leistung	2,14 l / 100 kW	2,14 l / 96 kW	2,23 l / 85 kW	2,23 l / 101 kW	2,23 l / 101 kW	2,3 l / 101 kW
Kennbuchstaben	WC	KF[1]	KZ	KU	HX[1]	NF
Leerlaufdrehzahl (1/min)	800 ± 50	800 ± 50	800 ± 50	800 ± 50	750–850	720 ± 50[4]
Einstellwert	470 ± 30 mA[3]	470 ± 30 mA[3]	28 ± 2%	430 ± 10 mA	430 ± 10 mA	28 ± 2%
Abgas-CO-Gehalt (Vol.%)	1,0 ± 0,5	0,5 ± 0,2[2]	0,7 ± 0,3[2]	0,5 ± 0,2[2]	1,0 ± 0,2	0,3–1,2[2]
Einstellwert	–	–	–	–	–	–

[1] Schweiz-Version [2] am Abgas-Meßrohr gemessen [3] ab 1984: 430 ± 10 mA [4] nicht einstellbar [5] am Taktventil

Abgastest

Für den Heimwerker ist der Abgastest mittlerweile kaum mehr von Interesse, da diese Arbeit zwangsläufig bei der ASU geschieht und außerdem ein Abgas-Meßgerät meist nicht zur Verfügung steht.

Wartung Nr. 7

Störungsbeistand

K- und KE-Jetronic

Die Störung	– ihre Ursache	– ihre Abhilfe
A Kalter Motor springt nicht an	1 a) K-Jetronic: Warmlaufregler regelt den Steuerdruck nicht oder falsch	Steuerdruck messen lassen
	b) KE-Jetronic: Drucksteller regelt den Druck zu den Steuerschlitzen nicht oder falsch	Drucksteller und Steuergerät prüfen lassen
	2 Zusatzluftschieber öffnet nicht	Prüfen

Die Störung	– ihre Ursache	– ihre Abhilfe
A Kalter Motor springt nicht an (Fortsetzung)	3 Kaltstartventil spritzt nicht ein 4 Kaltstartventil undicht, Dichtung defekt 5 Stauscheibe falsch eingestellt 6 Stauscheibe oder Steuerkolben schwergängig 7 Motor erhält Nebenluft	Kaltstartventil und Thermozeitschalter prüfen Dichtheit prüfen Stellung prüfen Prüfen Sämtliche Schlauchleitungen und Flanschverbindungen überprüfen
B Warmer Motor springt nicht an	1 Siehe A 1, 5 und 6 2 Einspritzventil(e) undicht, zu niedriger Öffnungsdruck 3 Haltedruck zu niedrig 4 Leerlauf zu fett eingestellt 5 Leerlauf zu mager eingestellt	 Prüfen lassen Messen lassen CO-Gehalt einstellen lassen CO-Gehalt einstellen lassen
C Kalter Motor schüttelt im Leerlauf	1 Siehe A 1, 2, 4, 5 und 7 2 Zusatzluftschieber schließt nicht 3 Siehe B 2	 Prüfen
D Kalter Motor stottert beim Beschleunigen	1 Siehe A 3 2 Druckspannungsschalter defekt bzw. Unterdruckschlauch undicht (K-Jetronic) 3 Drosselklappenschalter defekt	 Prüfen Prüfen
E Warmer Motor schüttelt im Leerlauf	1 Siehe A 1, 2, 6 und 7 2 Siehe B 4 und 5	
F Motor patscht ins Saugrohr	1 Siehe A 1 2 Siehe B 5	
G Motor patscht in den Auspuff	1 Siehe A 1 und 4 2 Siehe B 4 3 Kraftstoffpumpe fällt aus	 Siehe Seite 65
H Motor stottert, setzt aus	1 Kraftstoffpumpe fördert ungleichmäßig 2 Kraftstoffsystemdruck falsch	Fördermenge messen lassen Messen, einstellen lassen
I Motorleistung ungenügend	1 Siehe A 1, 4, 6 und 7 2 Siehe B 4 und 5 3 Kraftstoffpumpe fördert zu wenig 4 Drosselklappen gehen nicht in Vollgasstellung	 Fördermenge messen lassen Gaszug einstellen bzw. Drosselklappenverbindung kontrollieren
J Motor läuft nach	1 Siehe A 4, 5 und 6 2 Siehe B 2	
K Kraftstoffverbrauch zu hoch	1 Siehe A 1 und 4 2 Siehe B 4	
L Warmer Motor dreht im Leerlauf zu hoch	Siehe C 2	

Störungen und Eigendiagnose

Motoren RT mit Kat und NF

Das Steuergerät der Einspritzung kann an diesen Motoren Fehler, die während des Motorbetriebs auftreten, erkennen und speichern.
Auf Wunsch ist ein Abrufen des Fehlerspeichers möglich. Die Fehlerlampe am Armaturenbrett (bis Baujahr 7/88) oder ein zur Prüfung anzuschließender Dioden-Spannungsprüfer blinkt dann in einem festgelegten Rhythmus je nach Art des Fehlers unterschiedlich. Die Beschreibung des Prüfablaufs ist jedoch für die Beschreibung in diesem Buch zu umfangreich.

Verbindliches

In einem Wagen mit Schaltgetriebe wird die Kupplung für zweierlei gebraucht: Zum einen muß sich mit ihr die Verbindung Motor/Getriebe beim Schalten trennen lassen, denn nur ein nicht belastetes Getriebe läßt den Gangwechsel zu. Zum zweiten kann die Kupplung beim Anfahren den laufenden Motor sanft mit den zunächst noch stehenden Teilen des Antriebs »verbinden«.

Funktion der Kupplung

Die Kraftübertragung zwischen Motor und Getriebe erfolgt durch die Kupplung. Die arbeitet ausschließlich mit Reibung, und das kann man sich so vorstellen: Zwei Anlageflächen nehmen eine dritte in die Zange und halten sie so stark fest, daß sie sich mit den beiden anderen mitdrehen muß. Trick der Sache ist der, daß diese Verbindung jederzeit gelöst werden kann, denn sonst könnten beide Teile genausogut miteinander verschraubt werden. Um die Teile beim Namen zu nennen: Fest mit dem Motor verbunden sind die **Schwungscheibe** und die federbelastete **Druckplatte.** Dazwischen eingeklemmt ist die **Mitnehmerscheibe,** die mit der Getriebewelle fest verzahnt ist.
Eine weitere wichtige Funktion hat das **Ausrücklager** zu erfüllen: Beim Niedertreten des Kupplungspedals wird es mittels der Kupplungsbetätigung (siehe folgenden Abschnitt) gegen die Druckplatte gepreßt und übernimmt nun gewissermaßen die Federkraft der Druckplatte. Die Mitnehmerscheibe ist dadurch aus ihrer Zwangslage befreit und kann sich zwischen Druckplatte und Schwungscheibe frei drehen. Motor und Getriebe sind kraftmäßig getrennt.
Wird das Kupplungspedal wieder losgelassen, quetscht die Tellerfeder der Druckplatte die Mitnehmerscheibe wieder an die Schwungscheibe und aus ist's mit der Freiheit. Alle drei Teile stellen wieder eine feste, kraftschlüssige Verbindung dar. Die Motorkraft kann auf den Antrieb übertragen werden.

Die Kupplungsbetätigung

In den verschiedenen Modellen haben wir es mit zweierlei Übertragungsmethoden der Fußkraft vom Kupplungspedal zum Ausrücklager der Kupplung zu tun:
○ Bei den **Vierzylindermodellen bis 12/87** und beim **Fünfzylinder mit Vergasermotor** ist das Kupplungspedal durch einen Kupplungszug **mechanisch** mit dem Ausrückhebel verbunden. Beim Druck auf das Kupplungspedal wird der Seilzug straffgezogen und so über den Ausrückhebel das Ausrücklager betätigt.
○ Bei den übrigen **Fünfzylindern** sowie bei den **Vierzylindern ab 1/88** erfolgt die Pedalkraftübertragung **hydraulisch** – wie bei der Bremse. Während Sie das Kupplungspedal niedertreten, verdrängt der Kolben im Geberzylinder (am Kupplungspedal) eine gewisse Flüssigkeitsmenge und drückt sie zum Nehmerzylinder (am Getriebe). Dort tritt der Kolben ein Stück aus dem Zylinder heraus und bewegt so mit dem Ausrückhebel das Ausrücklager.

Kupplung prüfen

Der Verschleiß der Mitnehmerscheibe läßt sich im eingebauten Zustand nicht erkennen. Das erste Anzeichen für Verschleiß ist, wenn die Kupplung durchrutscht. Eine schleifende Kupplung bemerken Sie beim Fahren zuerst im höchsten Gang unter Last. Der Motor dreht hoch, ohne daß die Fahrgeschwindigkeit in gleichem

Die Teile der Kupplung: 1 – Mitnehmerscheibe; 2 – Kupplungsdruckplatte; 3 – Ausrücklager; 4 – Haltefeder; 5 – Ausrückwelle; 6 – Rückholfeder; 7 – Nadellager in der Kurbelwelle; 8 – Schwungscheibe; 9 – Ausrückhebel; 10 – Führungshülse für das Ausrücklager.

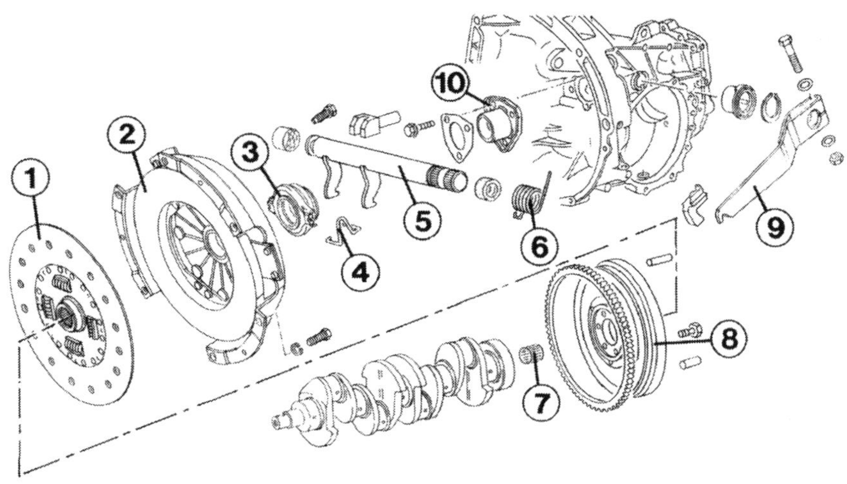

Maß zunimmt. Einen gewissen Aufschluß kann folgende Methode geben, die Sie aber nur gelegentlich anwenden sollten:

Schleift die Kupplung?

- Handbremse anziehen, Motor starten.
- 3. Gang einlegen, langsam einkuppeln und Gas geben.
- Bei einwandfreier Handbremse müßte der Motor abgewürgt werden.
- Dreht er durch, muß bei Wagen mit mechanischer Kupplungsbetätigung das Kupplungspedalspiel kontrolliert und ggf. eingestellt werden.
- Prüfung wiederholen. Dreht der Motor weiterhin durch, wird ein Kupplungstausch fällig.

Trennt die Kupplung richtig?

Läßt sich das Getriebe auch bei warmem Motor nur schwer durchschalten oder wird der Schaltvorgang sogar von kratzenden oder krachenden Geräuschen »untermalt«, trennt wahrscheinlich die Kupplung nicht mehr richtig. Nur selten ist dieser Effekt auf ein schadhaftes Getriebe zurückzuführen. Um sicherzugehen, machen wir die Probe mit dem Rückwärtsgang, der bei den Vergasermotoren nicht synchronisiert ist:

- Motor im Leerlauf drehen lassen.
- Kupplungspedal voll durchtreten, etwa drei Sekunden warten, dann versuchen den Rückwärtsgang einzulegen.
- Kratzt es jetzt bei den Vergasermotoren bzw. läßt sich der Gang bei den Einspritzmotoren nur sehr schwer einlegen, trennt die Kupplung nicht mehr sauber. Die Mitnehmerscheibe läuft also nicht ganz frei.
- Kupplungsspiel bzw. Kupplungshydraulik kontrollieren und nachstellen bzw. entlüften.
- Prüfung nochmals durchführen. Kratzt es immer noch, sollten Sie unseren Störungsbeistand auf Seite 117 zu Hilfe nehmen.

Wozu Kupplungspedalspiel?

Bei Wagen mit **mechanischer** Kupplungsbetätigung muß am Kupplungspedal ein kleiner Leerweg fühlbar sein, solange sich das Pedal in Ruhestellung befindet.

○ Ist dieses »Spiel« zu groß, geht ein Stück vom wirksamen Pedalweg verloren – die Kupplung trennt nicht mehr richtig.

○ Ist das Spiel dagegen zu klein oder ist kein Spiel mehr vorhanden, kann die Kupplung durchrutschen, was frühzeitigen Verschleiß zur Folge hat. Ferner wird das Ausrücklager gegen die Kupplung gedrückt und muß ständig mit Motordrehzahl mitlaufen, wofür es nicht ausgelegt ist.

Kupplungspedalspiel messen

Wartung Nr. 34

- Bei Wagen mit mechanischer Kupplungsbetätigung ein Lineal bzw. einen Meterstab neben die Trittplatte des Kupplungspedals halten.
- Trittplatte von Hand niederdrücken, bis stärkerer Widerstand spürbar wird.
- Aus der Ruhestellung soll dies nach ca. **15 mm** der Fall sein.
- Stimmt das Pedalspiel nicht, muß der Kupplungszug nachgestellt werden.

Pedalspiel einstellen

- Das Pedalspiel wird bei Wagen mit mechanischer Kupplungsbetätigung am oberen Seilzug-Widerlager – also im Motorraum am linken Federbeintopf – eingestellt.
- Dazu die beiden Kontermuttern auf dem Gewindestück der Seilzughülle lockern.
- Vordere Mutter auf dem Gewindestück verdrehen, bis das Pedalspiel stimmt.
- Mutter mit Schlüssel gegenhalten und die zweite Mutter dagegendrehen (kontern).

Kupplungszug ersetzen

- Kontermuttern am Gewindestück der Seilzughülle (Bild oben rechts) lockern und den Zug entspannen.
- Öse am vorderen Zugende aus dem Kupplungshebel am Getriebe aushängen.
- Zug nach oben durch das Widerlager ziehen, Zughülle am Federbeintopf aushängen.
- Unter dem Armaturenbrett die Ablage links abschrauben (Seite 258). Darunter den Heizkanal abbauen (2 Kreuzschlitzschrauben).
- An schwer erreichbarer Stelle ganz oben am Kupplungspedal die Öse des Kupplungszugs aushängen.
- Zug jetzt nach vorn in den Motorraum durchziehen.
- Beim Einbauen des neuen Zugs auf den richtigen Sitz der Gummi-Durchführungstülle zwischen Motorraum und Fahrgastzelle achten.
- Kupplungs-Pedalspiel einstellen.

Kupplungshydraulik prüfen

Wartung Nr. 15

Bei Wagen mit **hydraulischer** Kupplungsbetätigung findet diese Kontrolle gewissermaßen bei jedem Auskuppeln statt.

Einstellen des Pedalspiels bei mechanischer Kupplungsbetätigung: Nach Lösen der Kontermutter (2) kann die Einstellmutter (1) auf dem Gewindestück (3) der Seilzughülle verdrehen. Anschließend die Muttern wieder kontern.

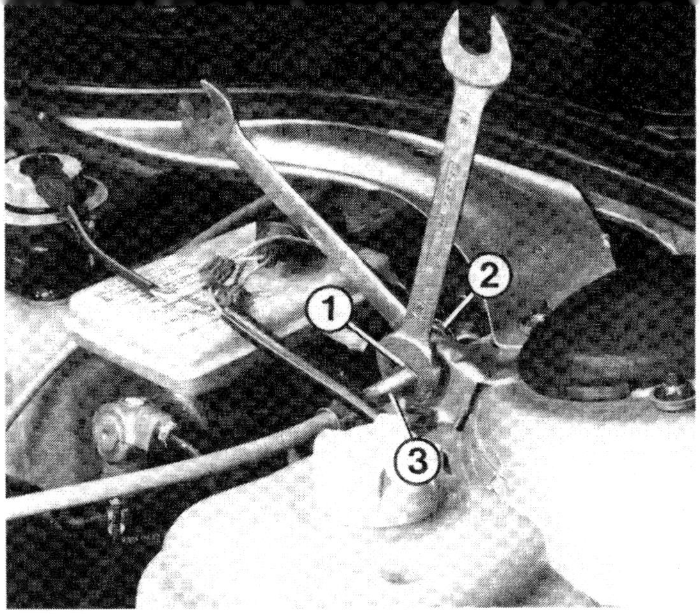

● Wenn die Kupplung richtig trennt (siehe Vorseite), ist in jedem Fall auch die Kupplungshydraulik in Ordnung.
● Trennt sie dagegen schlecht oder fällt das Pedal ohne Widerstand durch, ist sicher Luft in die hydraulische Anlage geraten. Nur Entlüften hilft da nicht – die Leckstelle muß ausfindig gemacht und repariert werden. Jetzt können Sie entlüften (nächste Seite). Andere Ursachen für nicht trennende Kupplung finden Sie auf Seite 117.

Kupplungs-Geberzylinder ausbauen

● Im Bremsflüssigkeitsbehälter möglichst viel Flüssigkeit absaugen (evtl. mit einer alten Injektionsspritze vom Hausarzt).
● Ablage links unter dem Armaturenbrett abschrauben (Seite 258).
● Den darunterliegenden Heizkanal abschrauben (2 Kreuzschlitzschrauben).
● Alten Lappen unter den Geberzylinder legen und den Zulaufschlauch abziehen und den Flüssigkeitsrest in den Lappen tropfen lassen.
● Druckleitung zum Nehmerzylinder abschrauben.
● Zwei Halteschrauben losdrehen, Betätigungsstange aushängen und Zylinder abnehmen.
● Beim Einbau eines neuen Zylinders muß die Stange, die auf den Kolben des Geberzylinders drückt, so eingestellt werden:
● Bis 6/86 (Kupplungspedal aus Stahl) soll das so geschehen, daß das Kupplungspedal ca. 10 mm über dem Bremspedal steht. Dabei ist zu beachten, daß die Rückstellfeder das Pedal ordnungsgemäß zurückstellen muß. Andererseits darf das Pedal in Ruhestellung nicht am Pedalbock anliegen.
● Ab 7/86 (Kupplungspedal aus Aluminium) muß der Abstand von der Lochmitte der Betätigungsstange am Kupplungszylinder bis zur Hinterkante seines Befestigungsflansches **116 mm** betragen.
● Zum Einstellen Kontermutter an der Druckstange öffnen und Druckstange nach links oder rechts um ihre eigene Achse drehen. Dann Kontermutter wieder anziehen.
● Kupplungshydraulik entlüften (siehe folgende Seite).

Nehmerzylinder ausbauen

● Hydraulik-Druckschlauch zum Zylinder an der Karosserie von der Druckleitung trennen.
● Bis 12/87: Spannbügel (siehe Bild unten) nach links herausziehen.

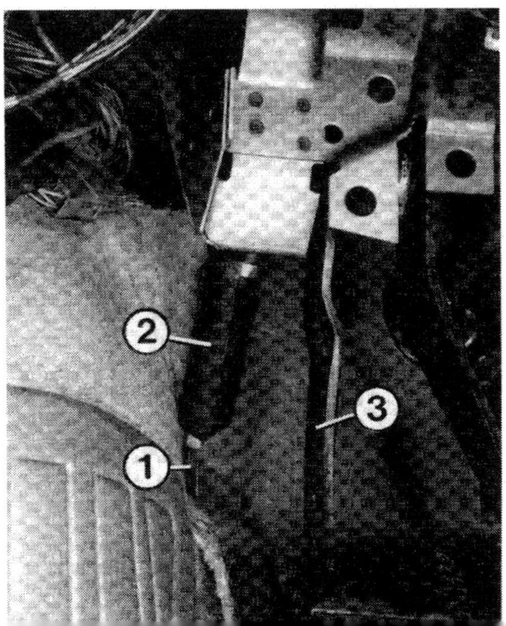

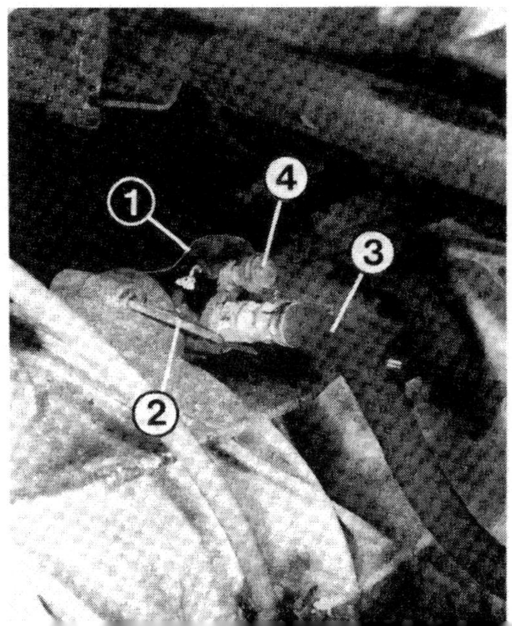

Links: Bei hydraulischer Kupplungsbetätigung sitzt der Geberzylinder (2) mit Druckleitung (1) im Fahrerfußraum neben dem Kupplungspedal (3).
Rechts im Bild der Nehmerzylinder (1) oben am Getriebe mit Entlüftungsventil (4), Druckschlauch (3) und Spannbügel (2), wie er bis 12/87 eingebaut war.

● In der Bohrung für den Spannbügel sitzt noch eine Spannhülse, die mit einem Durchschlag zur Seite herausgeklopft werden muß.
● Ab 1/88: Halteschraube lösen.
● Kupplungszylinder nach hinten abziehen.
● Neuen Zylinder an den blanken Gehäuseflächen leicht einfetten, Betätigungsstößel mit MoS_2-Paste bestreichen.
● Hydraulikschlauch am neuen Zylinder anschrauben, Zylinder einsetzen, Spannhülse einklopfen, Spannbügel einsetzen, Hydraulikanlage entlüften.

Kupplungshydraulik entlüften

Wer nicht das in der Werkstatt übliche Entlüftungsgerät zur Verfügung hat, entlüftet die Kupplungshydraulik so wie die Bremsen (Seite 153) oder – fast ohne Kleckerei – nach der folgenden Methode:
● Entlüftungsnippel einer Vorderradbremse und Nippel des Kupplungs-Nehmerzylinders je 1½ Umdrehungen öffnen.
● Beide Nippel mit einem Schlauch verbinden.
● Bremspedal jetzt mehrmals langsam und behutsam niedertreten, damit Bremsflüssigkeit von der Vorderradbremse durch die Kupplungshydraulik gedrückt wird.
● Nicht mit Gewalt treten, sonst rutscht der Schlauch ab!
● Flüssigkeitsstand im Bremsflüssigkeits-Vorratsbehälter im Auge behalten.
● Wenn keine Luftbläschen aus der Kupplungshydraulik mehr im Bremsflüssigkeitsbehälter aufsteigen, werden beide Entlüftungsnippel zugedreht und der Schlauch abgenommen.
● Bremsflüssigkeitsstand kontrollieren!

Fahren mit defekter Kupplungsbetätigung

Gang herausnehmen: Gas wegnehmen und bei langsamer werdender Fahrt oder bei leicht abgebremsten Wagen Schalthebel in Richtung Leerlauf drücken.
Anfahren: Motor ausschalten, 1. Gang einlegen und Anlasser betätigen. Der Audi ruckelt los und setzt sich in Bewegung. Den kalten Motor sollten Sie hierzu erst etwas warmlaufen lassen. Wer während der Fahrt nicht schalten will, fährt auf diese Weise in der Ebene im 2. Gang an.
Hochschalten: Im 1. Gang mit dem Anlasser anfahren. 1. Gang nur knapp über Leerlaufdrehzahl hinausdrehen. Gas etwas zurücknehmen, Schalthebel in Leerlaufstellung ziehen. Gaspedal loslassen und den Schalthebel mit leichter Hand in Richtung des 2. Gangs drücken. Bei richtiger Motor- und Getriebedrehzahl rutscht der Gang fast von selbst hinein. Wenn Sie zu lange gewartet haben, müssen Sie ein ganz klein wenig Gas geben, damit sich der Gang ohne Zähneknirschen einlegen läßt. Hat es nicht geklappt, halten Sie noch einmal an und versuchen das Ganze von neuem. In die weiteren Gänge wird auf die gleiche Weise hochgeschaltet. Am leichtesten geht es in sehr niedrigen Geschwindigkeiten: In den 2. Gang bei höchstens 20 km/h, in den 3. bei 25 km/h, in den 4. bei 35 km/h und in den 5. bei 45 km/h.
Herunterschalten: Hierbei muß die Motordrehzahl angehoben werden, damit sich der nächstniedrige Gang einlegen läßt. Fuß etwas vom Gas, Gang herausnehmen, behutsam Gas zugeben und gleichzeitig den Schalthebel in Richtung des neuen Gangs drücken. Bei richtiger Motordrehzahl rutscht der Gang fast ohne Nachdruck hinein. Herunterschalten geschieht am besten bei niedrigen Geschwindigkeiten und Drehzahlen.

Kupplung ausbauen

An speziellen Werkzeugen wird für diese Arbeit ein Zentrierdorn für die Mitnehmerscheibe gebraucht. Dieser Dorn ist nichts anderes als das Ende einer Getriebe-Antriebswelle.
Zur Not läßt sich die Kupplungsscheibe jedoch auch mit einem anderen passenden Dorn (Stahlstift, runder Holzstiel etc.) behelfsmäßig zentrieren.
● Getriebe ausbauen (siehe Seite 119).
● 6 Schrauben SW 13 oder Innenvielzahnschrauben SW 8 an der Druckplatte lösen. Dreht sich die Schwungscheibe mit, muß ein Helfer einen Schraubenzieher in die Verzahnung am Außenrand stecken. So kann die Drehung der Scheibe an einer lose eingedrehten Getriebe-Befestigungsschraube gebremst werden.
● Druckplatte und Mitnehmerscheibe abnehmen.
● Verschleiß der Druckplatte beurteilen: Zeigen die Spitzen der Tellerfeder Einlaufspuren tiefer als 0,3 mm? Stehen die Tellerfederspitzen alle schön parallel zur übrigen Druckplatte oder bilden sie an einer Seite ein Tal? Sind alle Nieten noch fest? Sind die Blattfedern unter dem Anlagering in Ordnung? Ist der Anlagering selbst frei von Rissen und Riefen? Außerdem darf der Ring zur Mitte hin nicht stärker als 0,3 mm durchgebogen sein (Metallineal auflegen). Sonst Druckplatte auswechseln.
● Verschleiß der Mitnehmerscheibe beurteilen: Ist noch genug Belagmaterial vorhanden oder stehen die Messingnieten (meist zuerst an der Druckplatten-Seite) schon bedrohlich weit vor? Audi gibt kein exaktes Verschleißmaß an, man muß sich also aufs Gefühl verlassen. Wir empfehlen, die Kupplungsscheibe schon beim kleinsten Zweifel auszutauschen. Das spart einen erneuten Kupplungsausbau schon in absehbarer Zeit. Ferner die Schraubenfedern der Scheibe kontrollieren. Ist eine gebrochen: Austausch-Scheibe einbauen.
● Kleines Nadellager hinten in der Mitte der Kurbelwelle und Ausrücklager auf Leichtgängigkeit prüfen.

- Innenverzahnung der Mitnehmerscheibe mit MoS_2-Paste oder Spray fetten.
- Keilnuten der Getriebewelle und kleines Nadellager hauchdünn mit hitzebeständigem Fett bestreichen.
- Kupplungsscheibe (Federkäfig zur Druckplatte zeigend) und Druckplatte einsetzen, dabei Kupplungsscheibe mit Dorn zur Schwungseite zentrieren (Mittelbohrungen beider Teile müssen fluchten, damit sie beim anschließenden Getriebeeinbau leicht auf die Getriebewelle geschoben werden können).
- Druckplatte in mehreren Stufen über Kreuz bis auf 25 Nm festziehen.
- Getriebe einbauen.

Das Ausrücklager

Das Ausrücklager wird beim Durchdrücken des Kupplungspedals vom Ausrückhebel auf die Tellerfederspitzen der Kupplungs-Druckplatte gepreßt. Die Kupplung wird dadurch entlastet. Dieses Drucklager ist wartungsfrei. Ist es defekt, macht es sich durch Mahlgeräusche bei getretener Kupplung bemerkbar. Deswegen muß es jedoch nicht sofort ausgewechselt werden.

Ausrücklager ausbauen

- Getriebe ausbauen.
- Halteklammern rechts und links des Ausrücklagers von der Ausrückwelle bzw. dem Ausrückhebel abdrücken.
- Wird das alte Lager wieder eingebaut, darf es nicht ausgewaschen werden.
- Die Führungshülse, auf der das Ausrücklager hin und her verschoben wird, besteht aus Kunststoff und darf nicht gefettet werden.
- Halteklammern am Ausrücklager aufstecken.
- Haltefedern in die Halteklammern einsetzen.
- Lager auf die Führungshülse schieben und Halteklammern am Ausrückhebel bzw. der Ausrückwelle einhaken.

Störungsbeistand

Kupplung

Die Störung	– ihre Ursache	– ihre Abhilfe
A Kupplung rutscht	1 Kupplungsspiel zu klein (nur bei mechanischer Kupplungsbetätigung)	Nachstellen
	2 Kupplungsbeläge abgenutzt	Mitnehmerscheibe ersetzen
	3 Anpreßdruck der Kupplung zu gering	Kupplungsdruckplatte ersetzen
	4 Belag verölt	Mitnehmerscheibe und defekte Getriebe- oder Kurbelwellendichtung ersetzen
	5 Kupplung wurde überhitzt	Defekte Teile ersetzen
B Kupplung trennt nicht	1 Zu großes Kupplungsspiel (nur bei mechanischer Kupplungsbetätigung)	Nachstellen
	2 Luft in der Kupplungshydraulik (nur bei hydraulischer Kupplungsbetätigung)	Defektes Teil ersetzen, entlüften
	3 Mitnehmerscheibe hat Schlag	Mitnehmerscheibe richten oder ersetzen
	4 Mitnehmerscheibe verzogen oder Belag gebrochen	Mitnehmerscheibe ersetzen
	5 Mitnehmerscheibe klemmt auf Getriebewelle	Gangbar machen, Kerbverzahnung schmieren
	6 Nach sehr langer Standzeit: Belag an Schwungscheibe festgerostet	Anfahren, wie unter »Fahren mit defekter Kupplungsbetätigung« beschrieben. Kupplung dauernd durchtreten. Gaspedal ruckartig durchtreten und loslassen, um die Kupplung loszubrechen. Andernfalls ausbauen
C Kupplung trennt nicht und rutscht gleichzeitig durch	Kupplungsdruckplatte defekt	Druckplatte auswechseln
D Kupplung rupft	1 Motor- oder Getriebeaufhängung defekt	Motor- oder Getriebelager ersetzen
	2 Unebenheiten auf der Anlagefläche von Schwungscheibe oder Druckplatte	Defektes Teil ersetzen
	3 Falsche Beläge	Mitnehmerscheibe ersetzen
E Kupplungsgeräusche	1 Unwucht der Kupplungsdruckplatte bzw. Mitnehmerscheibe	Kupplungsdruckplatte bzw. Mitnehmerscheibe ersetzen
	2 Torsions-Dämpferfeder defekt	Mitnehmerscheibe ersetzen
	3 Ausrücklager defekt	Ausrücklager ersetzen
	4 Nietverbindungen in der Kupplung locker	Kupplungsdruckplatte ersetzen
	5 Nadellager hinten in der Kurbelwelle defekt	Nadellager ersetzen

Schalten und Walten

Das Getriebe paßt durch seine unterschiedlichen Übersetzungsstufen die Drehzahl von Motor und Antriebsrädern einander an. Damit wird entscheidender Einfluß auf Fahrgeschwindigkeit, Beschleunigungsvermögen und Bergsteigefähigkeit des Wagens genommen.
Abhängig von der eingebauten Getriebeversion sind Sie in der Lage, unter vier bzw. fünf Gängen den jeweils passenden auszusuchen oder das Automatikgetriebe schalten zu lassen.

Das Schaltgetriebe

Die Motorleistung wird über die Kupplung auf die Eingangswelle des Schaltgetriebes geleitet. Auf dieser Eingangs- oder Antriebswelle sitzen 5 Zahnräder (einschließlich Rückwärtsgang; beim 5-Gang-Getriebe sogar 6), die mit 5 bzw. 6 dazu passenden Zahnrädern auf der sogenannten Abtriebswelle ständig im Eingriff stehen. Diese Zahnräder können frei umlaufen, bis eines von ihnen beim Schalten eines bestimmten Gangs mit seinem entsprechenden Gegenrad auf der Antriebswelle gekuppelt wird. Das Verhältnis der Zähnezahlen des jeweiligen Zahnradpaars ergibt die betreffende Übersetzungsstufe. Unser Audi hat – wie alle Personenwagen – »vollsynchronisierte« Vorwärtsgänge. Bei Wagen mit Benzineinspritzung ist sogar der Rückwärtsgang synchronisiert, um Kratzgeräusche beim Einlegen des Gangs zu vermeiden.
Die Zahnräder auf der Antriebs- und Abtriebswelle sind auf »Nadeln« (stiftartige Rollen) gelagert. Es besteht also keine starre Verbindung zwischen Wellen und Rädern. Die Zahnräder bleiben, wie schon erwähnt, immer im Eingriff.
Beim Gangwechsel wird nicht etwa eine Verbindung zwischen den Zahnrädern, sondern zwischen Zahnrad und Welle hergestellt. Um die Drehzahlen von Welle und Zahnrad einander anzugleichen, läßt man einen Teil der Welle gegen einen Teil der anderen Welle über Reibelemente schleifen. Durch die Reibung wird die schnellere Welle abgebremst, bis bei Gleichlauf eine kraftübertragende Verbindung hergestellt werden kann. Da die Synchronisation für diese Drehzahlanpassung einen Sekundenbruchteil braucht, soll man besonders bei kaltem Motor und noch steifem Getriebeöl den Schalthebel nicht gewaltsam »durchreißen«.

Schaltungs-Probleme

Wenn die Schaltung Schwierigkeiten macht, gibt es zunächst eine einfache Einstellmethode für den Selbsthelfer. Führt das nicht zum gewünschten Erfolg, kann beim Getriebe bis 12/87 nur die V.A.G.-Werkstatt mit Spezialwerkzeug weiterhelfen.

Fingerzeig: Die Schaltbetätigung kann sich nicht einfach von selbst verstellen. Vielmehr verschleißen die zahlreichen Gelenkbüchsen und Gummipuffer im Laufe der Zeit. Vor dem Einstellen sollte daher sichergestellt sein, daß diese Teile spielfrei sind. Zur Kontrolle betätigt ein Helfer den Schalthebel, während Sie unter dem Wagen das Schaltgestänge an seinen Kunststoffgelenkpunkten auf zu großes Spiel prüfen.

Schaltung prüfen
bis 12/87

● 1. Gang einlegen.
● Schalthebel bis zum Anschlag nach links drükken.
● Schalthebel loslassen. Er muß von selbst 5–10 mm zurückfedern.
● Bei Fünfganggetriebe 5. Gang einlegen.
● Schalthebel bis zum Anschlag nach rechts drükken.
● Schalthebel loslassen, wobei er wieder 5–10 mm zurückfedern muß.
● Beim Fünfganggetriebe muß der Schalthebel beim Einlegen des 1. und 5. Gangs annähernd gleich weit zurückfedern.

Behelfsmäßige Einstellung
bis 12/87

● Je nach Getriebeversion die Halteschrauben des Schalthebellagers bzw. des Anschlagblechs (Bilder rechts) lockern.
● Schalthebellager bzw. Anschlag in den Langlöchern seitlich verschieben, bis der Schalthebel – wie im Vortext beschrieben – die genannten 5–10 mm zurückfedert.
● Reicht die Verstellmöglichkeit nicht aus, muß die Werkstatt die Schaltung mit dem V.A.G.-Werkzeug 3014, 3057 bzw. 3048 (je nach Getriebeversion) neu justieren.

Der Motor (8) treibt über die Kupplung (7) das dahinter liegende Getriebe (5) an. Auf der Getriebe-Antriebswelle (6) sitzen die Zahnräder der einzelnen Gänge (I bis V und R). Ihnen gegenüber liegen die Zahnräder auf der Abtriebswelle (4). Diese Welle leitet die Motorleistung an den Achsantrieb (1) weiter. Das Ausgleichsgetriebe (3) muß die unterschiedlichen Wegstrecken der Vorderräder beim Kurvenfahren ausgleichen. Die Position »2« bezeichnet den Tachoantrieb.

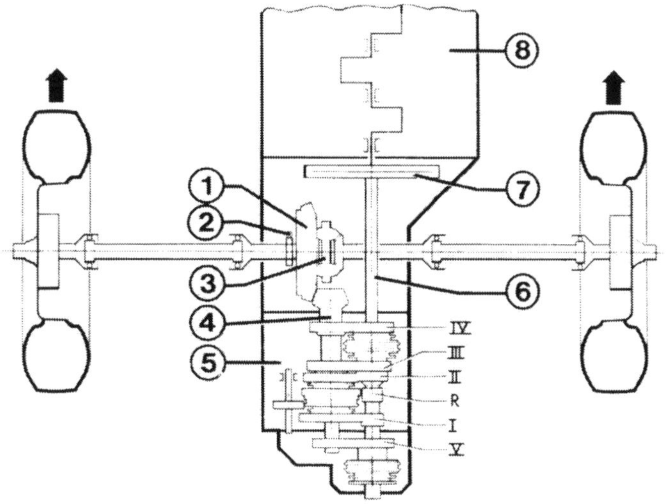

Schaltung einstellen
ab 1/88

- Schalthebel in Leerlaufstellung bringen.
- Schalthebelknopf abschrauben.
- Schalthebelabdeckung abnehmen (Seite 257).
- Unter dem Wagen die Verschraubung an der Schaltstange (Bild Seite 120) lösen.
- Schalthebel senkrecht stellen und so ausrichten, daß beide Nasen des Kugelanschlags den gleichen Abstand zum Kugelgehäuse aufweisen (siehe Bild auf der folgenden Seite).
- Verschraubung unter dem Wagen vorsichtig festziehen, damit die Einstellung nicht verändert wird.
- Zum Schluß **Funktion prüfen:**
- Der Schalthebel muß in Leerlaufstellung in der Ebene des 3./4. Gangs stehen.
- Alle Gänge durchschalten. Dabei auf die Funktion der Rückwärtsgangsperre achten.
- Wenn nötig, die Schrauben des Kugelgehäuses lösen und Kugelgehäuse etwas verdrehen.

Schaltgetriebe aus- und einbauen

Vierzylinder

Der Wagen muß so aufgebockt werden, daß Sie sowohl im Motorraum als auch an der Wagenunterseite arbeiten können. Das Getriebe wird nach unten abgenommen.

- Masseband der Batterie abnehmen.
- Tachowelle am Getriebe abschrauben bzw. Tacho-Impulsgeber ausstecken.
- Kupplungsseil am Kupplungshebel aushängen bzw. Kupplungs-Nehmerzylinder ausbauen. Die Hydraulikleitung bleibt angeschlossen.
- Obere Verbindungsschrauben zwischen Motor und Getriebe herausdrehen.
- Vorderes Auspuffrohr komplett mit Halter ausbauen.
- Gelenkwellen vom Getriebe abschrauben (Seite 124).
- Wellen nach hinten drücken und mit Draht hochbinden. Sie dürfen nicht zu stark geknickt werden, sonst leiden die Gelenke.
- Kabelverbindungen am Getriebe ausstecken.
- Abdeckblech für Kupplung abschrauben.
- Anlasser ausbauen (siehe Seite 189).
- Schaltstangenkupplung vom Innenschalthebel des Getriebes abschrauben.
- Stütze vom Kugelkopf abdrücken.
- Schaltstangenkupplung vom Innenschalthebel abziehen.
- Getriebe mit einem Rangierwagenheber von unten abstützen.
- Vor dem Lösen der Getriebe-Befestigung ein

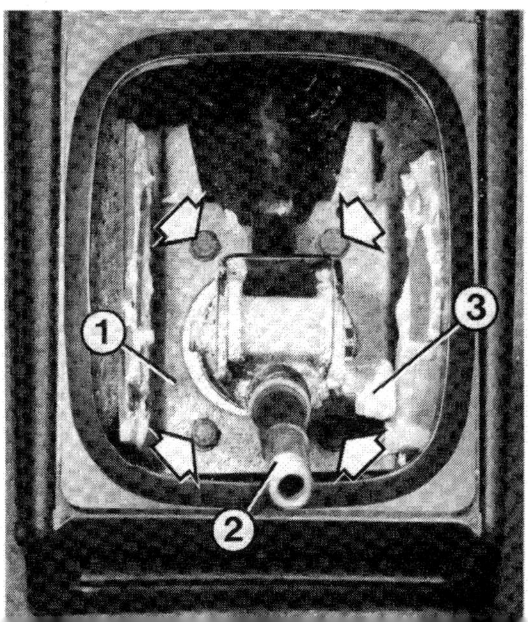

Der Schalthebel (2) bis Baujahr 12/87, links bei den Vergasermotoren, rechts bei den Einspritzern. Position 1 zeigt links das Schalthebellager, rechts das Anschlagblech. Beide Teile können nach Lösen der Halteschrauben (Pfeile) zum Einstellen etwas in ihrer Lage variiert werden. Position 3 zeigt den Rückwärtsgang-anschlag bei Wagen mit Einspritzermotor.

Kantholz quer über den Motorraum auf die Kotflügelbefestigungskanten (nicht auf die Kotflügel!) legen. Am Holz muß der Motor aufgehängt werden, solange die Getriebeabstützung ausgebaut ist.

- Kette oder Seil durch die Halteöse vorn am Zylinderkopf ziehen und am Kantholz »auf Spannung«, also straff befestigen.
- Schraube der Getriebelagerung am Aggregateträger lösen (Bild rechts unten).
- Untere Verbindungsschrauben zwischen Motor und Getriebe herausdrehen.
- Getriebe vorsichtig mit einem Montierhebel vom Motor abdrücken.
- Jetzt das Getriebe vorsichtig mit dem Rangierheber ablassen.
- Zum Einbau die Kerbverzahnung der Getriebeantriebswelle reinigen und mit MoS_2-Gleitpaste oder -Spray schmieren.
- Beim Einsetzen des Getriebes darauf achten, daß das Zwischenblech richtig sitzt.
- Gummi-Metall-Lager zuletzt festziehen. Dabei auf den spannungsfreien Sitz der Lager achten. Anzugsdrehmomente siehe Tabelle unten.
- Kupplungsspiel einstellen.
- Schaltung prüfen, ggf. einstellen.

Fünfzylinder-Vergasermotor

- Ausbau wie beim Vierzylinder, jedoch mit folgenden Abweichungen:
- Abdeckbleche des vorderen Auspuffrohrs lösen.
- Getriebestützen hinten ausbauen. Erst dann Getriebe ablassen.
- Beim Einbau des Getriebes die Schrauben der rechten Getriebestütze mit Dichtmittel (Ersatzteil-Nr. AMV 1880 0002 oder D 3) einsetzen.

Fünfzylinder-Einspritzmotor

- Ausbau wie beim Vierzylinder, jedoch mit folgenden Abweichungen:
- Luftfilter ausbauen.
- Abdeckung für Motor und Getriebe ausbauen.
- Abschirmblech für rechte Antriebswelle abschrauben.
- Schaltstange und Einstellstange vom Kugelkopf abdrücken.
- Abschirmblech vom Aggregateträger lösen.
- Nach dem Ansetzen des Rangierhebers beide hinteren Befestigungsschrauben des Aggregateträgers ausbauen.
- Beide Getriebeträger vom Aggregateträger abschrauben.
- Rechten Getriebeträger vom Getriebe abschrauben.
- Jetzt kann das Getriebe vom Motor abgezogen werden.

Anzugs-Drehmomente

Drehmoment in Nm	Vierzylinder	Fünfzylinder
Getriebe an Motor (M 12)	65	65
Getriebe an Motor (M 10)	45	45
Getriebe an Motor (M 8)	25	25
Antriebswelle an Getriebe	45	80
Getriebeträger an Aggregateträger	45	40
Getriebeträger an Getriebe	–	40
Aggregateträger an Aufbau	–	110

Einstellen der Schaltung ab 1/88: Rechts und links muß gleicher Abstand zwischen Anschlag und Gehäuse sein.

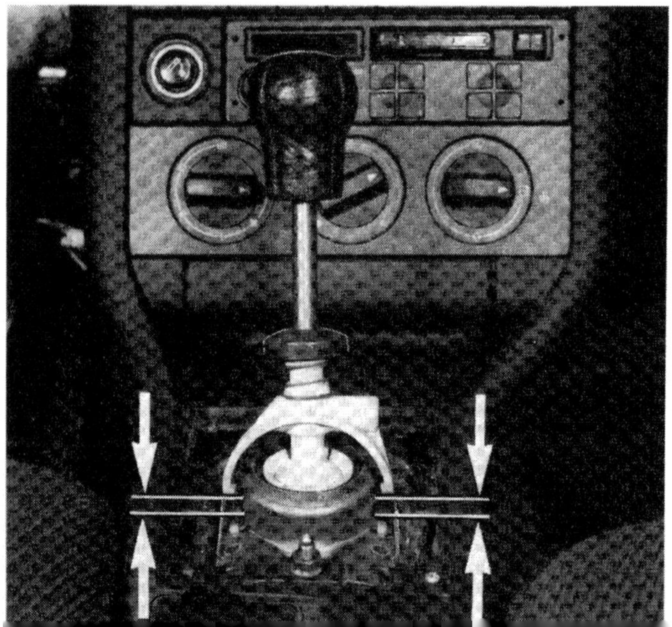

Unter dem Wagen ist die Schaltstange zwischen dem Schalthebellager (3) und dem Getriebe (1) geteilt und mit einer Schraubschelle (2) versehen. Nach Lösen der Schelle bestehen hier zusätzliche Einstellmöglichkeiten für die Schaltung.

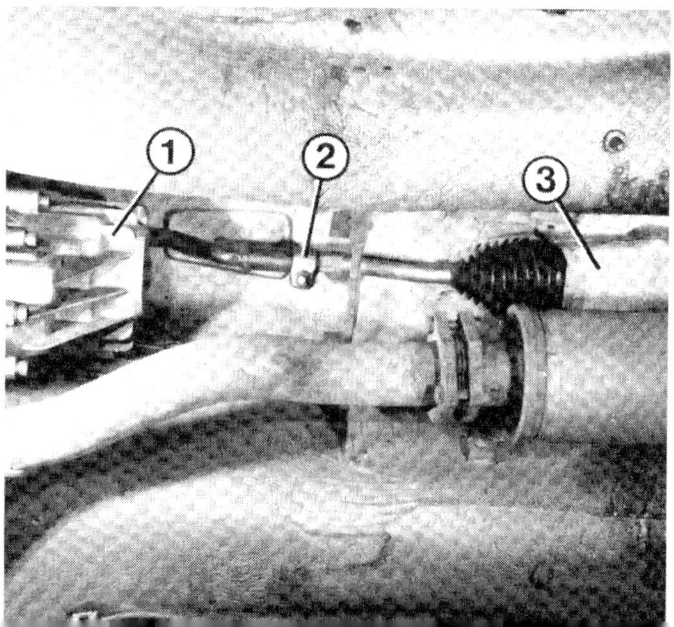

Getriebegeräusche

Im Lauf der Zeit kann das Getriebe durch Geräuschentwicklung auf sich aufmerksam machen. Dann sollten Sie zuerst nach dem Ölstand im Getriebe sehen.

○ Tritt ein heulendes Geräusch in einem Gang auf und verändert sich der Ton beim Gasgeben und Gas wegnehmen, dürfte die Verzahnung des betreffenden Gangradpaares verschlissen sein.

○ Bei Geräuschen in allen Gängen liegt es am Achsantrieb oder an den Getriebe-Wellenlagern.

○ Rauhe, mahlende Geräusche, die erst bei warmem Getriebe hörbar werden, weisen auf schlagende Synchronringe hin. Bei dünnflüssiger werdendem Öl wird dieses immer an derselben Stelle vom Synchronring weggedrückt.

Fingerzeige: Werkstätten wagen sich nur selten an die Reparatur oder Überholung eines Getriebes, sondern raten lieber zu einem Austauschaggregat. Preiswerter ist in den meisten Fällen der Einbau einer gebrauchten Schaltbox von der Autoverwertung. Achten Sie dabei auf die richtigen Getriebetyp und -Kennbuchstaben).
Oben am Getriebegehäuse sind die Kennbuchstaben eingeschlagen, außerdem das Herstellungsdatum mit Tag, Monat und Jahr, wobei von der Jahreszahl nur die letzte Ziffer angegeben ist.

Die Getriebeautomatik

Zwischen ein Dreigang-Planetengetriebe und den Motor ist ein hydraulischer Drehmomentwandler geschaltet, in dem das Drehmoment des Motors auf Schaufelräder übertragen wird. Bei laufendem Motor versetzt das mit ihm gekuppelte Pumpenrad die Wandlerflüssigkeit (ATF) in eine Drehbewegung und schleudert sie nach außen gegen das Wandlergehäuse. Dabei trifft die Flüssigkeit auf das sogenannte Leitrad, das den ATF-Strom in die vorgesehene Richtung lenkt. Dabei wird auch das mit dem Getriebe verbundene Turbinenrad in Drehung versetzt. Weil die Zahnräder des Planetengetriebes dauernd im Eingriff stehen und die Wandlerflüssigkeit bei laufendem Motor immer versucht – durch den Motor in Drehung versetzt – das Getriebe und damit auch die Antriebsräder zu bewegen, »kriecht« der Audi im Leerlauf, muß also mit der Fuß- oder Handbremse gehalten werden. Die Übersetzungsänderung erfolgt beim Automatik-Getriebe durch Zusammenschalten verschiedener Zahnräder unter Betätigung von Kupplungen und Bremsbändern durch das hydraulische Steuersystem. Das geschieht je nach Gaspedalstellung, Motordrehzahl und Fahrgeschwindigkeit.

Fingerzeig: Vor Einlegen eines Fahrbereichs (vorwärts oder rückwärts) muß bei Fahrzeugen ab Anfang 1987 die Fußbremse getreten werden, sonst blockiert ein Magnetschalter im Wählhebelgehäuse den Schaltweg. Audi sah sich zum Einbau dieser Sicherung gezwungen, nachdem es in den USA zu einer Reihe von Fehlbedienungen seitens der Fahrer gekommen war. Und das sah so aus: Vermeintlich auf der Bremse stehend traten die Unglücksfahrer das Gaspedal voll durch. Nachdem nun auch noch eine Fahrstufe eingelegt wurde, raste der Wagen unkontrolliert los. Unglaublich, aber wahr!

Schrauben der Getriebeölwanne nachziehen

Wartung Nr. 16

An der Unterseite besitzt das Automatikgetriebe eine angeschraubte Blechölwanne. Damit an der Dichtfläche dieser Ölwanne kein Tropfen ATF verloren geht, müssen deren Halteschrauben regelmäßig auf festen Sitz

Ein Arbeitsschritt beim Ausbau des Schaltgetriebes (3): Der Getriebeträger (2) muß vom Aggregateträger (1) abgebaut werden. Im Bild sehen Sie das Getriebe eines Einspritzermotors bis 12/87.

geprüft werden. Mit einem Drehmomentschlüssel kontrollieren Sie, ob alle Schrauben mit den vorgeschriebenen 20 Nm festgezogen sind. Muß nachgezogen werden, so soll das über Kreuz geschehen.

Schaltpunkte prüfen

Wartung Nr. 38

Ob die Getriebeautomatik richtig hoch- bzw. herunterschaltet, können Sie anhand der Tabelle unten prüfen. Allerdings sollten Sie von den Geschwindigkeitsangaben des Tachometers rund 5% Voreilung abziehen. Durch kräftiges Niedertreten des Gaspedals (Kickdown) veranlaßt man das automatische Getriebe zum Herunterschalten, wenn die entsprechenden Schaltpunkte noch nicht überschritten sind. Reagiert die Automatik nicht auf Kickdown, muß die Werkstatt die Einstellung des geteilten Gaszugs vom Pedal zum Getriebe bzw. vom Getriebe zur Drosselklappe kontrollieren.

Motor[1]	Getriebe-kennbuchstaben	Gaspedal-stellung	Hochschalten 1.–2. Gang	Hochschalten 2.–3. Gang	Zurückschalten 3.–2. Gang	Zurückschalten 2.–1. Gang
1,8 l / 66 kW	KAM	Vollgas	38–46	72–92	48–70	27–33
		Kickdown	67–71	118–120	113–115	53–56
2,0 l / 85 kW	RDN	Vollgas	32–48	81–108	58–80	20–27
		Kickdown	70–78	123–133	117–128	54–64
2,3 l / 101 kW	RDT	Vollgas	34–52	86–108	62–65	21–28
		Kickdown	75–84	132–142	125–137	60–69

[1] Aus der Vielzahl der Motoren und Getriebe haben wir hier drei Beispiele herausgegriffen. Die Schaltpunkte der anderen Versionen liegen ähnlich.

Störungsbeistand

Getriebe-automatik

Hier finden Sie nur Störungen beschrieben, die Sie selbst beheben können.

Die Beanstandung	– ihre Ursache
A Ruckartige Schaltübergänge beim Einlegen der Fahrstufen »D« oder »R« aus der Leerlaufstellung »N« heraus	1 ATF-Stand zu niedrig 2 Leerlaufdrehzahl zu hoch
B Starkes Kriechen im Leerlauf bei eingelegtem Fahrbereich	Siehe A 2
C Fahrzeug setzt sich bei eingelegtem Fahrbereich nicht in Bewegung, kein Antrieb in allen Fahrstufen	Siehe A 1
D Langgezogene, schleifende Schaltübergänge	Siehe A 1
E Verzögerter Antrieb nach längerer Standzeit	Siehe A 1
F Unregelmäßiger Antrieb in allen Fahrstufen	Siehe A 1
G Kickdown arbeitet nicht	Gasbetätigung und Gaszug falsch eingestellt
H Getriebe schaltet bei mittleren Geschwindigkeiten zu spät hoch	Siehe G
I Schlechte Beschleunigung, Höchstgeschwindigkeit wird nicht erreicht	1 Siehe A 1 2 Schlechte Motorleistung durch falsche Einstellung oder Verschleiß

Fingerzeig: Der eigenhändige Aus- und Einbau des Automatikgetriebe ist für den Heimwerker nicht empfehlenswert. Probleme entstehen bei der Einstellung der Gasbetätigung und des Gaspedalzugs sowie beim Einsetzen des Drehmomentwandlers.

Der Achsantrieb

Das Getriebe und der Achsantrieb mit dem Ausgleichsgetriebe sitzen in einem gemeinsamen Gehäuse. Wenn Sie unsere Zeichnung auf Seite 119 betrachten, erkennen Sie, daß die vom Motor ans Getriebe geleitete Kraft

über ein kleines und ein großes Zahnrad an den Achsantrieb gelangt. Am großen Zahnrad ist das Gehäuse des Ausgleichsgetriebes angeschraubt. In diesem Gehäuse sitzen vier ineinandergreifende Kegelräder, von denen zwei mit den Antriebswellen verbunden sind.
Solange wir geradeaus fahren, rollen beide Vorderräder mit der Drehzahl des großen Achsantriebsrades. Die Kegelräder des ebenfalls im gleichen Tempo drehenden Ausgleichsgetriebe-Gehäuses stehen dagegen still. Beim Durchfahren einer Kurve muß das kurvenäußere Rad einen längeren Weg zurücklegen als das innere. Jetzt treten die Kegelräder in Aktion: Die schnellere Drehung des äußeren Rades und seines Kegelrades wirkt über die beiden Übertragungskegelräder auf jenes Kegelrad auf der Kurveninnenseite ein, das nun entsprechend langsamer dreht.
Dieser Ausgleich ist notwendig, sonst würde der Wagen ruckartig mit durchdrehenden Vorderrädern durch die Kurven fahren. Nachteilig wirkt sich das Ausgleichsgetriebe jedoch aus, wenn ein Antriebsrad auf glattem Untergrund durchdreht. Dann wird auf das andere Vorderrad praktisch keine Kraft mehr übertragen, der Wagen rührt sich nicht von der Stelle.

Die Antriebswellen

Damit Sie beim Fahren und Lenken kein Zerren in der Lenkung verspüren, müssen die Gelenke der Antriebswellen die Kräfte in allen Feder- und Lenkstellungen vollkommen gleichmäßig übertragen. Diese Anforderung erfüllen sogenannte homokinetische Gelenke (Gleichlaufgelenke). Ihre Funktion beruht auf 6 Kugeln, die in speziell geschliffenen Laufbahnen beim Knicken des Gelenks hin und her laufen. So wird bei jedem im Fahrzeug möglichen Beugewinkel der Antriebswelle absolut gleichmäßige Kraftübertragung gewährleistet.
Am Ausgleichsgetriebe sitzt ein sogenanntes Verschiebegelenk. Es ermöglicht den zum Ein- und Ausfedern notwendigen Längenausgleich, muß aber nur geringe Beugewinkel ertragen. Am Rad sitzt ein Festgelenk. Hier ist kein Längenausgleich notwendig, dafür ein großer Beugewinkel für den Lenkeinschlag.

Manschetten der Antriebswellen prüfen

Wartung Nr. 24

Die Gelenke der Antriebswellen sind durch Gummimanschetten vor Feuchtigkeit und Schmutz geschützt. Deshalb sollten Sie diese Manschetten regelmäßig unter die Lupe nehmen, ob sie nicht durch Risse undicht geworden sind.

- Jeweils ein Antriebsrad hochbocken, Wagen absichern.
- Betreffende Achswelle langsam durchdrehen und dabei die Manschette auf spröde Stellen bzw. Löcher untersuchen. Auch Fettspuren können auf ein Loch hindeuten.
- Sitzen die Schlauchbinder fest?
- Beschädigte Staubmanschetten baldigst auswechseln, sonst zerstört eindringendes Wasser die Gelenke, und die sind nicht gerade billig!

Störungssuche an den Antriebswellen

Gewöhnlich gibt es mit den Antriebswellen keine Probleme. Ihre Lebensdauer hängt natürlich von der Fahrweise ab. Vollgasstarts mit eingeschlagenen Vorderrädern und Anfahren mit durchdrehenden Antriebsrädern führen zu vorzeitigem Defekt.

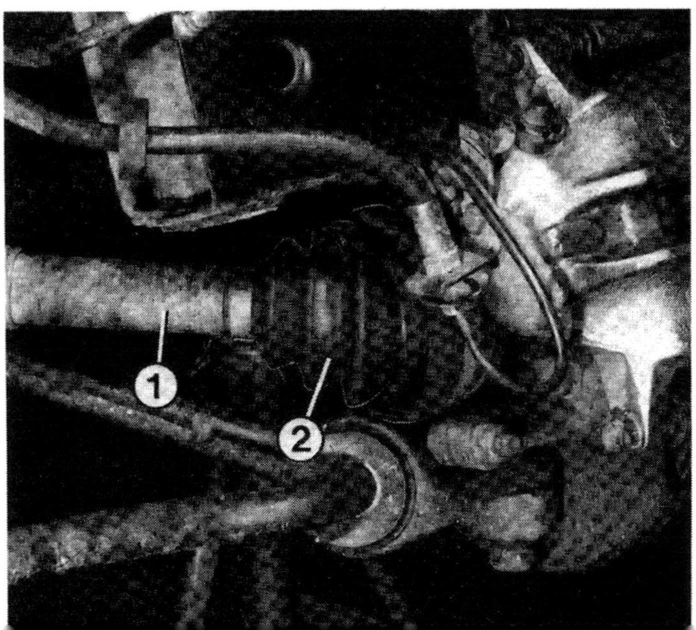

Die Manschetten (2) an den Enden der Antriebswellen (1) schützen die Gelenke vor Feuchtigkeit und Schmutz. Eine regelmäßige Kontrolle der Manschetten und ihrer Schlauchbinder ist dringend anzuraten, denn eindringender Schmutz und Feuchtigkeit lassen ein Gelenk schnell ausschlagen.

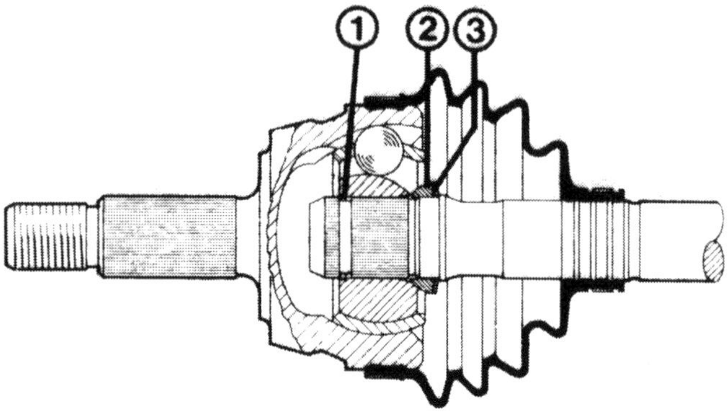

Die Zeichnung verdeutlicht die richtige Einbaulage von 1 – Sicherungsring; 2 – Abstandsscheibe; 3 – Tellerfeder.

○ Die Gelenke der Antriebswellen zeigen meist schlagartig Ausfallserscheinungen, die aber zwischendurch wieder völlig verschwinden können. Die »ruhige Phase« kann sich über mehrere Tage und Kilometer erstrekken.
○ Charakteristisch sind rhythmische Schlag- oder Knack-knack-knack-Geräusche beim Gasgeben und im Schiebebetrieb. Verändern sich diese Töne noch abhängig vom Lenkeinschlag, dürfte das radseitige Gelenk defekt sein.
○ Vibrationen und Zitterbewegungen im Lenkrad bei eingeschlagenen Rädern weisen ebenfalls auf ein schadhaftes äußeres Gelenk.

Antriebswelle ausbauen

Die Verzahnung der Antriebswelle ist beim Audi radseitig mit Sicherungsmittel eingesetzt, das nach einiger Zeit schier unlösbar festbackt. Die Welle muß deshalb in fast allen Fällen mit einem Abzieher aus der Radnabe herausgedrückt werden. Die Werkstatt verwendet dazu den Abzieher V.A.G. 1389, doch es geht auch mit einem stabilen Klauenabzieher, der mittels einer Hilfskonstruktion an den Radschrauben-Gewindelöchern befestigt wird. Ferner brauchen Sie eine neue selbstsichernde Mutter für die Gelenkwelle außen an der Radnabe, Sicherungsmittel D 6 und bei Wagen mit Automatikgetriebe eine selbstsichernde Mutter für das Traggelenk unten.

● Radkappe abnehmen.
● Sechskantmutter in der Radnabe lösen; hierzu muß der Audi absolut fest auf dem Boden stehen. Mutter herausdrehen.
● Wagen vorn aufbocken und sichern.
● Innenvielzahnschrauben der Welle am Getriebe herausdrehen.
● Gelenkwelle vom Antriebsflansch am Getriebe abdrücken.
● Nur bei Wagen mit Getriebeautomatik: Lagerschalen vorn am Stabilisator und Klemmschraube am Traggelenk ausbauen. Gelenkzapfen ausdrükken, Federbein nach außen schwenken.
● Abzieher jetzt an der Radnabe befestigen und den Wellenstumpf zur Fahrzeugmitte hin aus der Radnabe drücken. Darauf achten, daß die Welle beim Drükken hinten nirgendwo anstößt.
● Gelenkwelle jetzt vollends aus der Nabe ziehen und Abzieher abbauen.
● Zum Einbau die Verzahnung am Außengelenk reinigen und fettfrei machen.
● Einen Ring Sicherungsmittel D 6 (von V.A.G.) mit etwa 5 mm Breite auf die Verzahnung streichen und mindestens 1 Stunde aushärten lassen.
● Nur Wagen mit Fünfzylindermotor: Dichtung am getriebeseitigen Gelenk ersetzen.
● Antriebswelle erst radseitig einsetzen. Dann die Befestigungsschrauben am getriebeseitigen Antriebswellenflansch über Kreuz festziehen (Vierzylinder: 45 Nm; Fünfzylinder: 80 Nm). Unterlegeplättchen nicht vergessen!
● Eventuell gelöste Verschraubung am Traggelenk mit 65 Nm anziehen.
● Wagen ablassen, Räder blockieren. Neue Achsnabenmutter mit 230 Nm anziehen.

<u>Fingerzeige:</u> Fahrzeuge mit ausgebauter Gelenkwelle nicht bewegen; am besten gar nicht auf die Räder stellen. Das Radlager wird sonst beschädigt. Im Notfall nur das Außengelenk einbauen.
Niemals zum Ausbau der Gelenkwelle versuchen, die Radnabe zu erwärmen, sonst verzieht sich das Radlager, und die Dichtungen nehmen Schaden.
Versuchen Sie auch nicht, die Antriebswelle mit Hammerschlägen aus der Radnabe zu treiben. Sie werden kaum Erfolg haben, und außerdem wird so das Gewinde für die Zentralmutter unbrauchbar.
Je nach Motor- und Getriebeausführung sind beim Audi unterschiedliche Antriebswellen eingebaut. Beim Ersatzteilkauf also Motor- und Fahrgestellnummer bereithalten.

Außengelenk ausbauen

● Antriebswelle ausbauen.
● An einer intakten Manschette den großen Schlauchbinder lösen, Schutzhülle zurückstreifen.
● Bei beschädigter Manschette diese komplett abnehmen.
● An der Innenseite des Gelenks die nur schlecht sichtbaren Enden des Sicherungsrings mit einer Seegerringzange oder zwei Schraubenziehern so weit als möglich spreizen (also voneinander wegdrücken).
● Ein Helfer treibt nun den Innenteil des Gelenks mit Hammer und Kupferdorn von der Welle, während Sie den Sicherungsring spreizen.

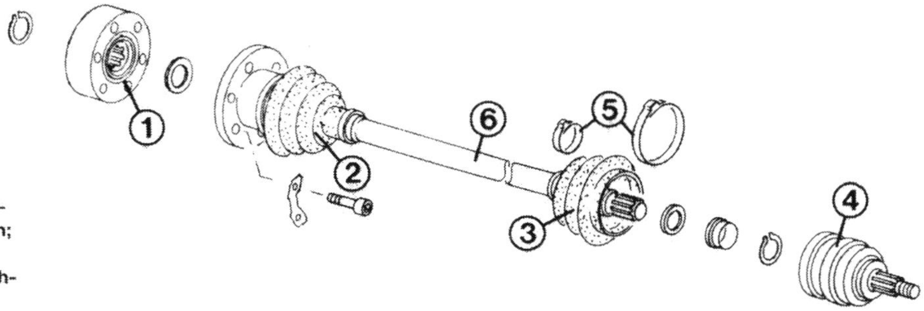

Die wichtigsten Teile der Antriebswelle (6) sind hier gezeigt: 1 – inneres Antriebsgelenk; 2 – Manschette innen; 3 – Manschette außen; 4 – äußeres Gelenk; 5 – Schlauchbinder.

● Zum Einbau Manschette auf die Welle aufschieben und möglichst einen neuen Sicherungsring ins Gelenk einsetzen.
● Gelenk mit Kunststoffhammer auf die Welle auftreiben, bis der Sicherungsring in die Nut der Welle eingerastet ist.
● Gelenk fetten: Ein neues erhält 90 g MoS_2-Fett eingedrückt, ein gebrauchtes wird nachgefettet.
● Klemmschellen der Manschette fest zusammenpressen.

Innengelenk ausbauen

● Antriebswelle ausbauen.
● Blech-Schutzkappe mit Gummimanschette mit Durchschlag und Hammer vorsichtig vom Gelenk herunterklopfen. Dabei den Durchschlag an mehreren Stellen rund um das Gelenk ansetzen.
● Am Wellenende den Sicherungsring, der das Gelenk auf der Antriebswelle hält, mit zwei feinen Schraubenziehern und etwas Geduld aus der Nut popeln und abnehmen.
● Antriebsgelenk jetzt von der Welle ziehen; notfalls mit dem Hammer etwas nachhelfen.
● Will sich das Gelenk so nicht lösen, muß es in der Werkstatt unter der Reparaturpresse von der Welle gedrückt werden.
● Klemmschelle der Manschette aufbiegen oder mit Seitenschneider durchschneiden, Manschette abziehen.
● Neue Manschette montieren.
● Bei Wagen mit 55-kW-Motor vor der Montage des Gelenks die Tellerfeder auf die Welle schieben bzw. deren Lage kontrollieren: Sie muß am Außenrand zum Gelenk hin gewölbt sein.
● Gelenk auf die Welle klopfen, Sicherungsring einsetzen.
● Gelenk fetten: Vierzylinder mit 90 Gramm, Fünfzylinder mit 120 Gramm MoS_2-Schmierfett. Gebrauchte Gelenke nur nachfetten.
● Blech-Schutzkappe der Manschette mit Dichtmittel (VW D 3) bestreichen und auf das Gelenk drücken.

Tripodegelenke

Fahrzeuge mit 100 kW- (136 PS-)Motor und 4-Gang-Automatik-Getriebe besitzen als Innengelenk (also am Getriebe) eine neue Antriebsgelenk-Generation. Statt der sechs Kugeln besitzen diese Gelenke drei Rollen auf Nadellagern. Vorteil dieser Bauart: Geringere Schwingungsübertragung vom Antrieb zur Karosserie.

Innengelenk ausbauen
Tripode-Gelenke

○ Tripodegelenke lassen sich nicht von der Antriebswelle trennen. Sie werden als Ersatzteil komplett mit Welle und Schmutzmanschette geliefert. Beim Auswechseln also nur das äußere Gelenk abbauen und Welle mit Innengelenk ersetzen.
○ Ist nur die Schutzmanschette des Tripodegelenks defekt, wird das Außengelenk der Welle abgebaut. Die Manschette kann dann nur über die gereinigte Antriebswelle bis zum Tripode-Gelenk durchgeschoben werden. Kritisch: Die Manschette muß vorsichtig über den Wulst in der Mitte der Welle gehoben werden. Dazu Wulst einfetten und Manschette mit stumpfem rundem Werkzeug (Löffelstiel) über die Verdickung heben.
○ Das Gelenk ist mit 140 g Schmierfett G 000 605 gefüllt. Gebrauchte Gelenke beim Wechseln der Manschette lediglich nachfetten.

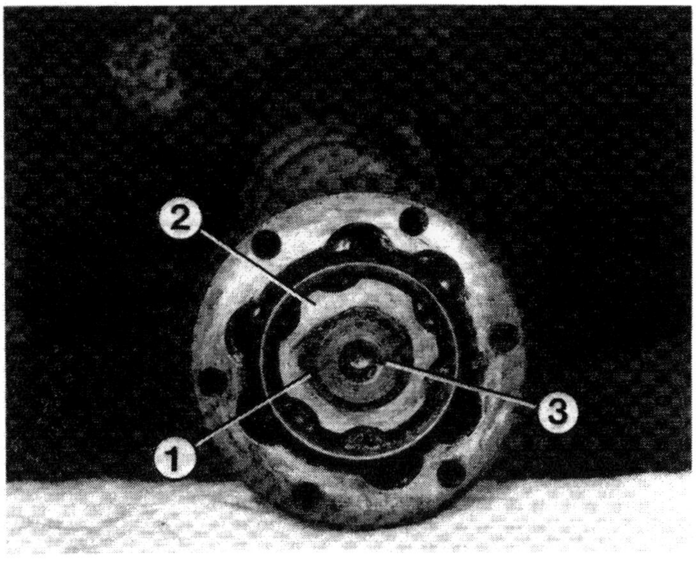

Das zum Getriebe hin gerichtete Antriebsgelenk (2) kann nach Entfernen des Sprengrings (1) von der Antriebswelle (3) abgezogen werden.

Führungskräfte

Fahrkomfort und Straßenlage eines Wagens und damit seine aktive Fahrsicherheit stehen und fallen mit der Auslegung von Fahrwerk und Lenkung. Beim Audi 100 wurde in dieser Hinsicht auf Bewährtes zurückgegriffen. Technische Finessen zeigen sich aber im Detail.

Die Vorderradaufhängung

Eine Vorderachse im landläufigen Sinn gibt es im modernen Automobilbau schon längst nicht mehr. Vielmehr sind die beiden Vorderräder – jedes für sich – »einzeln« an der Karosserie aufgehängt.
Kern der Vorderradaufhängung ist das sogenannte Federbein (siehe Seite 128), an dem das Rad direkt befestigt ist und das sich gleichzeitig für Federung und Stoßdämpfung zuständig fühlt. Ein elastisch aufgehängtes Lager verbindet das Federbein an der Oberkante mit der Karosserie. Unten ist es über den sogenannten Querlenker gelenkig mit dem Vorderachsträger verbunden. Mit der Lenkung haben die Querlenker übrigens nichts zu schaffen – ihren Namen bekamen sie vielmehr, weil an ihnen die Federbeine angelenkt (sprich: gelenkig aufgehängt) sind und weil sie quer zur Fahrtrichtung stehen.
An den beiden Querlenkern ist ferner noch ein mehrfach gebogener Rundstab aus Federstahl angeschraubt – der sogenannte Stabilisator. Der bewirkt folgendes: Wenn bei Kurvenfahrten das kurveninnere Rad ausfedert, wird der Stabilisator in sich verwunden. Mit der so entstehenden Federkraft wird nun die kurvenäußere Radaufhängung unterstützt und somit deren Feder gewissermaßen verstärkt. Erfolg: Der Wagen neigt sich beim Kurvenfahren wesentlich schwächer. Federt der Wagen – etwa beim Bremsen – vorn gleichmäßig ein, bleibt der Stabilisator wirkungslos. Durch seine Anordnung ist der Stabilisator übrigens auch in der Lage, Stöße, die von vorn auf die Radaufhängung wirken, aufzunehmen.

Der Lenkrollradius

Erwähnt sei noch eine konstruktive Besonderheit der Vorderradaufhängung: Die richtungsstabilisierende Lenkkinematik. Sie bringt beispielsweise Sicherheit beim Bremsen auf unterschiedlicher Straßenoberfläche zwischen rechtem und linkem Vorderrad.
Erreicht wird das durch den sogenannten Lenkrollradius, der beim Audi »negativ« ist. Das kann man sich so vorstellen: Wir verbinden den oberen und den unteren Lagerpunkt des Federbeins mit einer gedachten Linie und schauen, wo diese (verlängert nach unten) auf den Boden auftrifft. Beim Audi ist der Auftreffpunkt außerhalb der Reifenmitte, deshalb handelt es sich hier um einen negativen Lenkrollradius. Läge er zur Fahrzeugmitte hin gerichtet, wäre der Lenkrollradius positiv (siehe Zeichnung rechts oben).

Die Radeinstellung

Die Vorderräder müssen für ein sicheres Fahrverhalten in Längs- und Seitenrichtung in bestimmten Winkel-

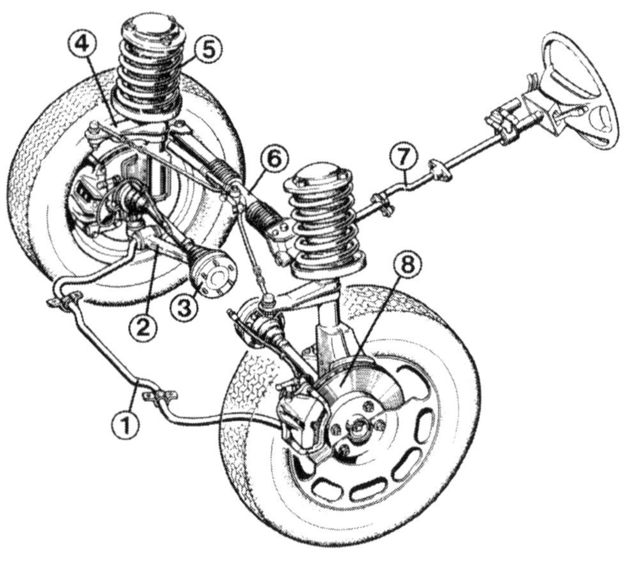

Ein Blick auf Vorderachse und Lenkung des Audi: 1 – Stabilisator; 2 – Querlenker; 3 – Antriebswelle; 4 – Lenkhebel des Federbeins; 5 – Federbein; 6 – Zahnstangenlenkung; 7 – Lenkwelle; 8 – Bremsscheibe.

Beim Einschlagen läuft das Vorderrad in einem Kreisbogen um den Punkt »a«. Dort trifft die Verlängerung (in der mittleren und rechten Abbildung eingezeichnet) auf die Fahrbahn auf. Punkt »b« bezeichnet die Mitte der Reifenauflagefläche. Der Radius »a-b« des Kreisbogens ist der Lenkrollradius. Dieser Lenkrollradius ist von der Lage der Schwenkachse abhängig: Trifft die Schwenkachse innerhalb der Wagenspurweite (= Abstand von Reifenmitte zu Reifenmitte) auf die Fahrbahn, ist der Lenkrollradius positiv. Negativ ist er, wenn die Schwenkachse außerhalb der Spurweite auf den Boden trifft.

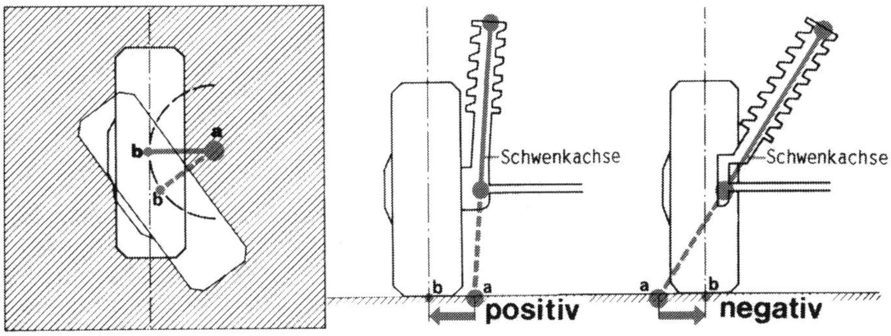

stellungen stehen. Damit Sie sich unter der »Lenkgeometrie« etwas vorstellen können, hier eine Erläuterung der Begriffe:

Spur: Im Gegensatz zu vielen anderen Fahrzeugen stehen die Vorderräder im Stillstand genau parallel zueinander, die Spur ist neutral. Die Reibung zwischen Rad und Straße will das linke Rad nach links weg und das rechte nach rechts weg drücken. Das gleichen die Kräfte des Frontantriebs wieder aus, die bestrebt sind, die Vorderräder vorn zusammenzudrücken. Beim Hineinlenken des Wagens in eine Kurve geht die neutrale Spur durch die trapezförmige Anordnung des Lenkgestänges in »Nachspur« über. Das kurveninnere Rad schwenkt stärker herum als das kurvenäußere. Dies ist auch notwendig, weil ja in einer Kurve die inneren Räder einen engeren Kreis fahren müssen als die äußeren. Das ergibt automatisch eine Unterstützung der Lenkbewegung und der Lenkkräfte.

Sturz: So nennt man die leichte Auswärtsneigung der Vorderräder – oben im Radkasten haben sie beim Audi 100 einen engeren Abstand voneinander als unten am Boden. Das heißt in der Fachsprache »negativer« Sturz.

Spreizung: Sie gehört zum Sturz. Spreizung ist die geringfügige Neigung der Schwenkachse, um die beim Lenken die ganze Geschichte schwenkt. Beide Schwenkachsen haben oben einen kleineren Abstand voneinander als unten. Sturz und Spreizung verhindern zusätzlich das Flattern der Räder. Ferner erleichtern sie das Einschlagen der Räder.

Nachlauf: Darunter versteht man die Schrägstellung der Schwenkachse in Fahrzeuglängsrichtung. Das hilft ebenfalls, den Geradeauslauf zu stabilisieren und Flattern der Vorderräder zu verhindern. Außerdem bewirkt er eine Rückstellung der Lenkung nach Kurven.

Die Lenkung

Die Drehungen am Lenkrad wandelt ein Lenkgetriebe – es sitzt hinter dem Motor vor der Trennwand zum Innenraum – in eine hin- und hergehende Bewegung um, damit die Vorderräder zur Seite schwenken können. Der Audi hat eine Zahnstangenlenkung. Ein Ritzel am Ende der Lenksäule greift in eine Zahnstange ein und verschiebt diese je nach Drehrichtung am Lenkrad nach rechts oder links. Diese Bewegungen übertragen die beiden an der Zahnstange angeschraubten Spurstangen auf die schwenkbaren Radzapfen (Achsschenkel) und damit auf die Räder.

Um Fahrbahnstöße vom Lenkrad fernzuhalten, ist bei Fahrzeugen ohne Servolenkung ein Lenkungsdämpfer am Lenkgetriebe angeschraubt.

Die Servolenkung

Bei der auf Wunsch eingebauten Servolenkung dient die Zahnstange im Lenkgetriebe gleichzeitig als Kolben. Dieser wird vom hineingepumpten Hydrauliköl nach rechts oder links verschoben. In welche Richtung gepumpt wird, bestimmen Sie beim Drehen des Lenkrads. Diese Drehung wird auf ein Ventilsystem übertragen, das Richtung und Menge des Flüssigkeitsstromes regelt.

Den Druck im hydraulischen System erzeugt die Flügelpumpe der Zentralhydraulik (siehe folgende Seite), die der Motor über einen Keilriemen antreibt.

Die Hinterachse

Hier haben wir es mit einer richtigen Achse zu tun: Die beiden Radaufhängungen sind durch einen nach unten offenen Stahlträger direkt miteinander verbunden. Dieser wiederum wird von den in Fahrtrichtung zeigenden »Kurbeln« gehalten, die ein Stück weiter vorn gelenkig an der Karosserie befestigt sind. Stabilisatorähnliche Eigenschaften erhält diese Achse durch die Tatsache, daß der Querträger nicht starr, sondern bis zu einem gewissen Maß flexibel ausgelegt ist.

Die bei Kurvenfahrten wichtige Führung der Hinterachse übernimmt beim Audi der sogenannte Panhardstab. Er liegt parallel zum Querträger der Achse und ist sowohl dort wie an der Karosserie gelenkig gelagert. So

kann er zwar Querkräfte der Achse aufnehmen, ist aber dennoch in der Lage, allen Federbewegungen zu folgen.
Für Federung und Dämpfung sorgen auch hier – wie an der Vorderachse – die weit außen an den Achsenden angeordneten Federbeine.

Die Federbeine

Unter dem Begriff Federbein verstehen wir die Zusammenfassung von Feder und Stoßdämpfer in einer Einheit. Der Dämpfer ist in die Schraubenfeder hineingesteckt. Feder und Stoßdämpfer arbeiten genau in derselben Bewegungsrichtung. Das ergibt gleichmäßige, für die Fahrzeuginsassen angenehme Federbewegungen. Solche Federbeine hat der Audi an der Vorder- und Hinterachse.
Für die Vorderradfederung wurde ein Patent des Amerikaners Earl S. McPherson verwendet. Das nach ihm benannte Federbein stellt eine komplette Radaufhängung dar. Der obere Befestigungspunkt an der Karosserie ist drehbar gelagert, so daß Lenkbewegungen überhaupt möglich sind. Und am unteren Ende der Federungseinheit sitzt der Radzapfen, auf dem das Vorderrad läuft.

Die Stoßdämpfer

Die Stöße der Fahrbahn schlucken Reifen und Federn. Die Stoßdämpfer indessen sollen die Schwingungen der Achsen und der Karosserie unterdrücken bzw. zum Abklingen bringen. Richtiger wäre daher die Bezeichnung »Schwingungsdämpfer«. Serienmäßig sind sogenannte Zweirohrdämpfer eingebaut. Sie bestehen aus einem Arbeitszylinder, in dem ein mit einer Kolbenstange verbundener Arbeitskolben auf und ab gleiten kann. Der Arbeitszylinder ist von einem zweiten Zylinder umgeben, der als Vorratsbehälter für das Stoßdämpfer-Hydrauliköl dient. Bei Federbewegungen eines Rades verschiebt sich der Kolben im Zylinder. Das in Bewegung versetzte Spezialöl wird durch Ventile hindurchgepreßt, was die Kolbenbewegung verlangsamt und damit die Schwingungen des jeweiligen Rades dämpft.

Die Zentralhydraulik

Fahrzeuge, die mit Servolenkung oder/und Niveauregulierung ausgestattet sind, besitzen für die Versorgung dieser Anlagen die sogenannte Zentralhydraulik. In solchen Wagen ist dann auch statt des herkömmlichen Bremskraftverstärkers ein hydraulisch betätigter eingebaut (siehe Seite 151).

Die Hydraulikpumpe

Im Audi mit Zentralhydraulik finden wir als Hydraulikpumpe eine keilriemengetriebene Zweikreispumpe. Der erste Kreis – versehen mit zwei Pumpenkolben – versorgt den Bremskraftverstärker und die Niveauregulierung. Das benötigte Flüssigkeitsvolumen für diese beiden Systeme ist gering. Die beiden Pumpenelemente reichen also völlig aus.
Mehr Flüssigkeitsvolumen – und das oft bei niedrigen Motordrehzahlen (Lenken in der Parklücke) – benötigt die Servolenkung. Ihr ist deshalb der zweite Kreis der Hydraulikpumpe zugeordnet, der sechs Pumpenelemente besitzt.

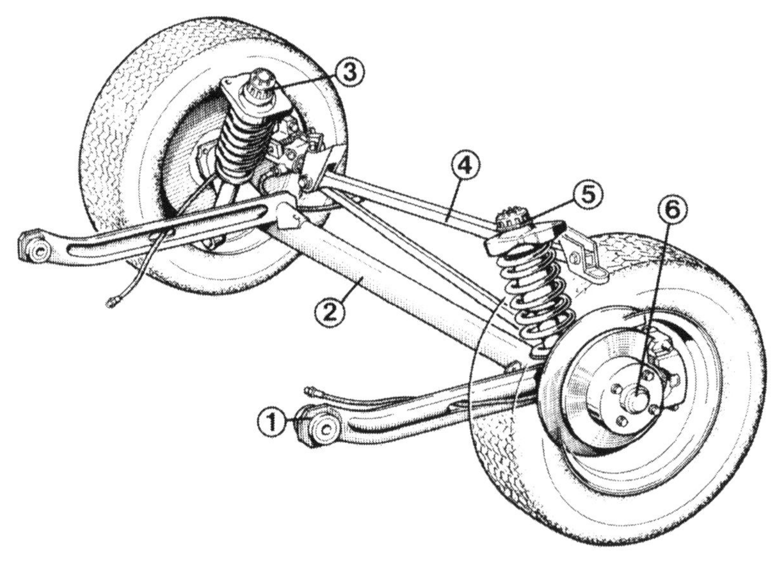

Torsions-Kurbelachse wird diese Hinterachskonstruktion von Audi genannt. Es bedeuten:
1 – Längslenker (die »Kurbel«); 2 – U-förmiger Achskörper; 3 – Federbein rechts; 4 – Panhardstab; 5 – Federbein links; 6 – Radnabe.

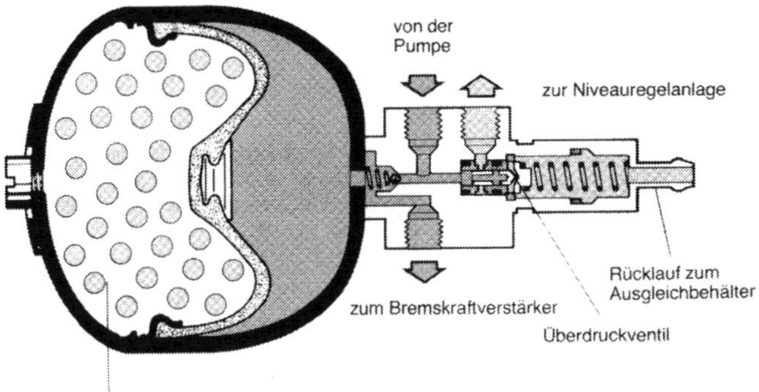

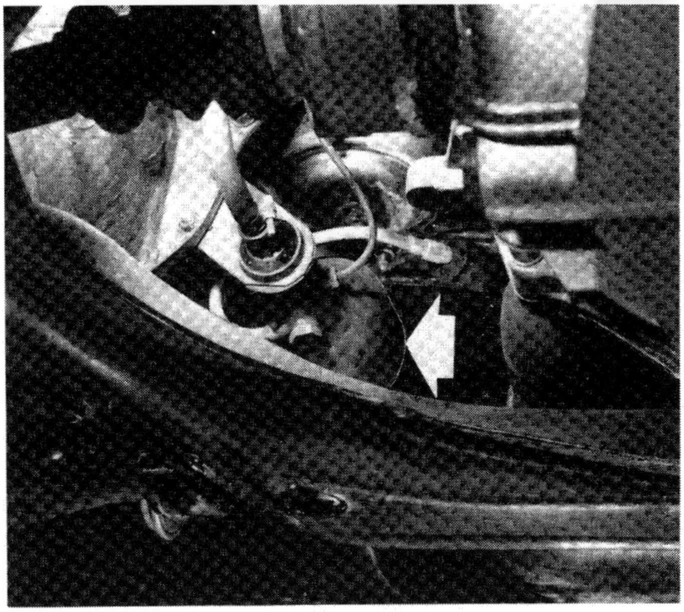

Ziemlich weit unten zwischen Motor und linkem Radkasten sitzt der Druckspeicher (Pfeil im Bild rechts). Im Schema oben sehen wir die Stickstoff-Füllung (rosa Punkte), die durch eine Membran von der Hydraulikflüssigkeit (rot) getrennt ist. Bis zu 140 bar kann der Druck des Hydrauliköls betragen. Weniger Druck als der Bremskraftverstärker benötigt die Niveauregulierung. Die Flüssigkeit in dieser Zuleitung ist deshalb hellrot dargestellt.

Druck- und Volumenregelung für den zweiten Pumpenkreis (Servolenkung) übernimmt die Pumpe selbst: Die Einlaßkanäle sind dazu bei niedriger Drehzahl seltener, aber länger geöffnet, während sie bei hoher Drehzahl häufiger, aber dafür kürzer geöffnet sind.
Druck und Volumen für den ersten Kreis wird dagegen im Druckspeicher vorn reguliert.

Der Druckspeicher

Der Druckspeicher ist dem ersten Pumpenkreis zugeordnet. Er besteht aus einem kugelförmigen Gefäß, das in seinem Innern durch eine elastische Membran in zwei Volumen aufgeteilt ist. Ein Volumen ist mit Stickstoff unter einem Druck von 90 bar befüllt. Auf der anderen Seite der Membran befindet sich Hydrauliköl, das von der Hochdruckpumpe in die Kugel gepreßt wird. Je höher der Öldruck steigt, desto stärker wird das Stickstoffvolumen zusammengedrückt – die Membran verformt sich entsprechend.
Liefert die Pumpe bei abgestelltem Motor keinen Druck mehr, tritt das Stickstoffvolumen in Aktion. Wird – etwa beim Betätigen der Bremse – Druck »verbraucht«, schiebt der komprimierte Stickstoff, der ja das Bestreben hat, sich auszudehnen, die Membran ein Stück nach. So bleibt der Systemdruck erhalten. Recht lange Zeit übrigens, denn der Druckspeicher kann auch bei Motorstillstand und intakter Zentralhydraulik noch etwa 30 unterstützte Bremsungen gewährleisten.
Mit dem Druckspeicher verbunden ist das Systemdruck-Regelventil. Es sorgt dafür, daß zuerst der Bremskraftverstärker mit Druck versorgt und der Druckspeicher gefüllt wird. Erst dann wird die Niveauregulierung versorgt.
Bei Überdruck läßt das Ventil überschüssiges Hydrauliköl in den Vorratsbehälter zurückfließen.

Die Niveauregulierung

Geht das Wagenheck durch Beladung in die Knie, wird bei Fahrzeugen mit Niveauregulierung Hydraulikflüssigkeit unter Druck in die Spezialstoßdämpfer gepumpt, bis sich die Karosserie wieder auf das übliche Niveau hebt. Wieviel Flüssigkeit benötigt wird, bestimmt das hydraulische Niveauregelventil, das von der Hinterachse Informationen über den Beladungszustand des Wagens erhält. Je weiter die Achse eingefedert ist, desto weiter öffnet das Ventil.
Übrigens sind der Niveauregulierung zwei weitere Druckspeicher hinter der Hinterachse zugeordnet, die jedoch kein Regelventil besitzen wie der beschriebene Speicher vorn.

Manschetten des Lenkgetriebes kontrollieren

Wartung Nr. 21

Ganz hinten unten im Motorraum sitzt das Lenkgetriebe, dessen Zahnstange von Gummimanschetten geschützt wird. Diese müssen regelmäßig kontrolliert werden. Ein rissiger Faltenbalg läßt Wasser und Staub ins Lenkgetriebe dringen, und diese Mischung produziert in Verbindung mit der Fettfüllung eine Art Schleifpaste, die Zahnstangenführung und Lenkritzel arg in Mitleidenschaft zieht. Rechtzeitige Kontrolle spart also Geld:

- Faltenbalg mit der Hand auseinanderziehen, um Risse in den Gummiwülsten zu erkennen.
- Sitzen die beiden Schlauchbinder an den äußeren Enden der Gummimanschetten noch fest?
- Eine defekte Manschette sofort ersetzen.

Fingerzeig: Zum Wechseln einer defekten Lenkgetriebe-Manschette muß die Zahnstangenlenkung komplett ausgebaut werden, was – speziell bei der Servolenkung – die Möglichkeiten des Selbsthelfers übersteigt. Trotzdem – wegen der zu erwartenden Folgeschäden – diese Arbeit nicht aufschieben!

Prüfen der Lenkungs-Faltenbälge auf Risse: Durch Auseinanderziehen der Falten (Pfeil) lassen sich Undichtigkeiten am leichtesten erkennen.

Staubkappen und Spiel der Spurstangenköpfe prüfen

Wartung Nr. 22

Die gelenkigen Spurstangenköpfe am äußeren Ende der Spurstangen bestehen aus Stahl-Kugelköpfen, die mit etwas Fett wartungsfrei in eine Kunststoffschale eingebettet sind. Schutz vor Staub und Feuchtigkeit erhalten die Gelenke durch Gummikappen, deren Zustand öfters kontrolliert werden soll:

- Kontrollieren Sie die Staubschutzmanschetten rundum auf Risse.
- Spurstangenköpfe mit gerissenen Manschetten sind generell als defekt anzusehen – austauschen.
- Ob die Gelenke Spiel aufweisen, können Sie bei aufgebocktem Wagen durch Hin- und Herschwenken des Rades um seine Vertikalachse oder durch Rütteln an der Spurstange selbst feststellen.
- Andere Möglichkeit: Von Helfer das Lenkrad hin- und herdrehen lassen und bei auf dem Boden stehendem Wagen mit der Hand am Gelenk fühlen, ob Spiel vorhanden ist.
- Spurstangenköpfe mit Spiel sofort ersetzen!
- Auf gleiche Weise wird geprüft, ob die Gummimetallager der Spurstange an der Verbindung zum Lenkgetriebe noch spielfrei sind. Ist eines der Lager defekt, muß leider die ganze Spurstange ersetzt werden.

Staubkappen der Achsgelenke kontrollieren

Wartung Nr. 23

Die Traggelenke an der Vorderachse zwischen Querlenkern und Federbeinen sind wartungsfrei. Die stählernen Kugelköpfe der Achsgelenke sitzen in einer Fett-Dauerfüllung und zusätzlich in Kunststoffschalen.

Als Schutz vor Nässe und Schmutz dienen Staubkappen aus Kunststoff. Eindringender Schmutz wirkt wie Schmirgelsand im Gelenk; Feuchtigkeit läßt es mit der Zeit festrosten.

- Lenkung nach einer Seite voll einschlagen.
- Kappen der Achsgelenke rechts und links auf Beschädigungen kontrollieren.
- Eine schadhafte Staubkappe kann einzeln ersetzt werden, wenn garantiert noch kein Schmutz ins Gelenk gelangt ist.
- Ansonsten muß der komplette Querlenker getauscht werden, da das Gelenk nicht getrennt erhältlich ist.

Spiel der Achsgelenke kontrollieren

Eine Prüfung, ob die Achsgelenke Spiel aufweisen, ist im Wartungsplan nicht vorgesehen. Die Kontrolle ist nach unseren Erfahrungen nur bei Wagen mit Kilometerleistungen ab 80000 erforderlich.

- Wagen aufbocken, daß das betreffende Vorderrad frei hängt.
- Rad oben und unten fassen und quer zur Fahrtrichtung daran rütteln.
- Zeigt sich »Luft«, sollten Sie das Spiel in der Werkstatt prüfen lassen.

Lenkungsspiel prüfen

Wartung Nr. 35

- Linkes Seitenfenster herunterkurbeln. Stellen Sie sich neben den Wagen.
- Durchs Fenster greifen und Lenkrad kurz hin und her drehen.
- Bewegt sich das linke Vorderrad aus der Geradeausstellung sofort mit? Achten Sie auf die Felge, denn der elastische Reifen kann einen Teil des Einschlags »schlucken«, ehe er sich bewegt.
- Bei Wagen mit Servolenkung wird das Lenkungsspiel bei laufendem Motor geprüft.

Ursachen für Lenkungsspiel

Spiel in der Lenkübertragung kann ausgelöst werden von:

○ der Zahnstange des Lenkgetriebes. Hier aufgetretenes Spiel kann evtl. durch Nachstellen (siehe Seite 135) beseitigt werden;

○ ausgeschlagenen Spurstangengelenken oder von den Gummimetallagern der Spurstangen am Lenkgetriebe;

○ defekten Gummibüchsen am Kupplungsstück der geteilten Sicherheitslenksäule unter dem Armaturenbrett.

Keilriemen prüfen

Wie schon erwähnt, wird die Pumpe der Zentralhydraulik über einen Keilriemen vom Motor angetrieben. Mehr über das Prüfen des Riemens erfahren Sie auf Seite 185.

Hydrauliköl prüfen

Was zum Prüfen des Ölstandes in der Zentralhydraulik zu sagen ist, finden Sie im Schmierkapitel auf Seite 18 beschrieben.

Radlagerspiel prüfen

Wartung Nr. 42

Die Räder laufen vorn auf zweireihigen Kugellagern und hinten auf Schrägkegel-Rollenlagern. Sie halten, mit Dauerfetten montiert, an der Hinterachse weitaus mehr als 100000 km durch. Die vorderen Radlager können schon wesentlich früher durch Laufgeräusche auf sich aufmerksam machen. Wird das Geräusch z. B. in Rechtskurven lauter, ist das linke Radlager defekt.

- Fassen Sie nacheinander die fest am Boden stehenden Räder oben und versuchen Sie, diese quer zum Wagen zu bewegen.
- Bei einwandfreien Lagern darf praktisch keine »Luft« vorhanden sein.
- Ist Spiel spürbar, von Helfer kräftig die Fußbremse treten lassen und nochmals am Rad rütteln: Ist kein Spiel mehr vorhanden, lag es nur am Radlager. Trotzdem noch Spiel: Die Radaufhängung muß kontrolliert werden.
- Zeigen die hinteren Radlager Spiel, können sie nachgestellt werden, siehe Seite 138.
- Wagen jetzt hochbocken und das Rad durchdrehen: bewegt es sich schwer oder ruckweise, ist das Lager viel zu straff eingestellt. Hören Sie deutliche Mahlgeräusche, muß das Lager ausgetauscht werden.

Stoßdämpfer prüfen

Stoßdämpfer fallen gewöhnlich nicht schlagartig aus, sondern ihre Wirkung läßt allmählich nach, woran man sich unbemerkt gewöhnt. Faustregel: Nach zwei verschlissenen Reifensätzen besitzen die Stoßdämpfer nur noch 50% ihrer ursprünglichen Wirkung und sind somit zur Erneuerung reif.

Keine genaue Diagnose erhält man durch die bekannte »Schaukelmethode« im Stand, bei der man den Wagen am betreffenden Kotflügel aufschaukelt und plötzlich losläßt: Die Federbewegung müßte sofort gedämpft werden. So läßt sich aber nur ein total ausgefallener Stoßdämpfer feststellen.

Ein genaueres Bild über den Stoßdämpferzustand liefert ein spezieller Prüfstand. Anhand des Diagramms hat man einen Anhaltspunkt über die Funktionsfähigkeit der Stoßdämpfer. Solche Prüfstände haben Autoclubs im »Wandereinsatz« sowie manche Werkstätten und TÜV-Stellen.

Störungsbeistand

Stoßdämpfer

Es gibt einige untrügliche Anzeichen für nachlassende Stoßdämpferwirkung:

○ Flatternde Lenkung, weil die Räder keinen ständigen Fahrbahnkontakt haben.

○ Nach Unebenheiten schwingt die Karosserie nach.

○ »Schwammiges« Fahrverhalten in Kurven, wobei die kurveninneren Räder nicht stark genug auf den Boden gedrückt und die äußeren nicht genügend entlastet werden.
○ Vielfach unterbrochene Bremsspur bei Vollbremsung.
○ Ungleichmäßige Abnützung der Reifen und erhöhter Reifenverschleiß.
○ Erhebliche Ölspuren außen am Stoßdämpfer bis unter den Federteller des Federbeins. Geringe Leckverluste sind dagegen normal.

Eigenarbeiten an Lenkung und Fahrwerk

Fahrwerk und Lenkung sind für die Verkehrssicherheit von entscheidender Bedeutung. Eigenarbeiten an diesen Teilen sollte wirklich nur derjenige vornehmen, der sich seiner Sache völlig sicher ist. Andere sind mit derartigen Instandsetzungsarbeiten in einer Fachwerkstatt besser aufgehoben.
Wer jedoch unbedingt an diesen Teilen schrauben will, sollte wenigstens nicht blindlings drauflosschlossern, sondern nach fachkundiger Anleitung arbeiten. So sind auch die Arbeitsbeschreibungen dieses Kapitels zu verstehen.

Vorderradaufhängung zerlegen

An den Teilen der vorderen Radaufhängung läßt sich vieles selbst aus- und einbauen. Für bestimmte Arbeiten sind allerdings Werkstattgeräte erforderlich. Beschädigte Teile der Radaufhängung dürfen nicht gerichtet oder gar geschweißt, sondern müssen grundsätzlich erneuert werden.

Stoßdämpfer vorn auswechseln

Die Stoßdämpfer vorn können beim Audi ohne Ausbau der Feder oder des gesamten Federbeins ausgewechselt werden. Genial einfach wäre das, würde nicht die Befestigung der Stoßdämpfer-Patrone das V.A.G.-Spezialwerkzeug 2069 erfordern. Der Bastler kann sich jedoch mit einem Blech-Steckschlüssel behelfen, der einen Außensechskant mit ca. 33,5 mm »Schlüsselweite« besitzt. Klappt das auch nicht, kann im äußersten Notfall die Schutzmanschette hochgestreift werden, damit die Mutter vom Kotflügel aus mit einer großen Rohrzange gedreht wird.
Auch zum Lösen der Kolbenstangen-Mutter oben am Federbein verwendet die Werkstatt ein Spezialwerkzeug, um die Mutter mit dem genauen Drehmoment anzuziehen. Im Notfall müssen hier Ringschlüssel und Feingefühl die gleichen Dienste leisten.

● Der Wagen muß bei dieser Arbeit **auf den Rädern** stehen bleiben.
● Kunststoff-Abdeckung auf dem Federbeintopf abnehmen.
● Einbaulage des Federbeinlagers kennzeichnen (siehe Bild unten).
● Kolbenstangenmutter SW 22 losdrehen; Kolbenstange mit Inbusschlüssel 7 mm gegenhalten.
● Federbeinlager nach Lösen von drei Muttern SW 13 abnehmen.
● Lenkung so einschlagen, daß die Kolbenstange mittig zum Lagerteller ausgerichtet werden kann. Evtl. dazu Holzstück zwischen Feder und Radhaus klemmen.
● Gummipuffer von der Kolbenstange ziehen.
● Haltemutter der Stoßdämpfer-Patrone tief im Federbein mit Werkzeug 2069 (oder wie beschrieben) losdrehen, Dämpferpatrone nach oben ziehen.
● Fahrzeug bei herausgenommener Dämpferpatrone **nicht mehr bewegen!** Die Feder könnte sonst seitlich wegklappen! **Unfallgefahr!**
● Beim Wiederzusammenbau darauf achten, daß

Ausbau des Stoßdämpfers vorn, erster Schritt: Kunststoffabdeckung (2) abnehmen, Einbaulage des Federbeinlagers (1) durch Striche kennzeichnen (Pfeile) und Kolbenstangenmutter mit einem Ringschlüssel losdrehen. Dabei wird die Stange mit einem Inbusschlüssel gegengehalten.

Stoßdämpfer vorn ausbauen, zweiter Schritt: Die Kolbenstangenmutter (5) ist gelöst, das Federbeinlager (2) wurde nach Lösen seiner Haltemuttern (4) abgenommen. Nach dem Abziehen des Anschlagpuffers (1) von der Stoßdämpfer-Kolbenstange (3) kann nun die Spezialmutter zum Ausbau der Dämpfer-Patrone gelöst werden.

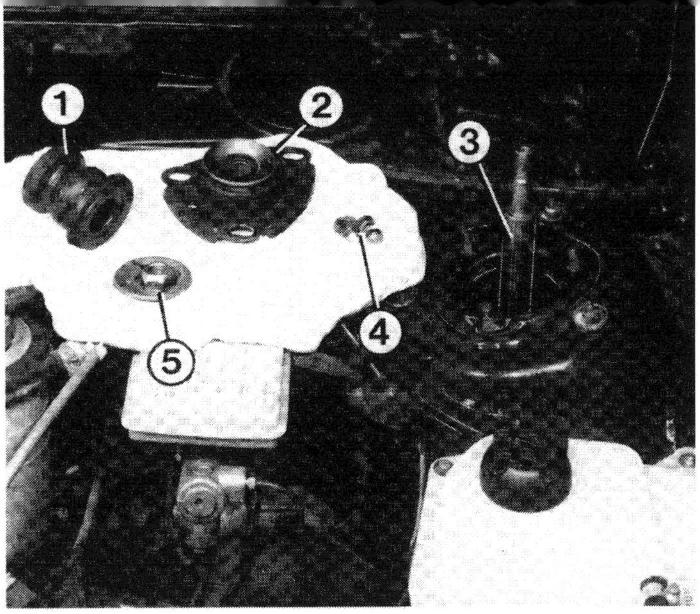

die Anzeichnungen am Federbeinlager mit denen am Federbein fluchten, sonst muß die Vorderachse neu vermessen werden!

● Anzugsdrehmomente: Mutter der Stoßdämpfer-Patrone: 180 Nm, Muttern am Federbeinlager: 30 Nm, Mutter auf der Stoßdämpfer-Kolbenstange: 60 Nm.

● Neue selbstsichernde Muttern verwenden!

Federbein vorn ausbauen

Soll das Federbein komplett ausgebaut werden, muß im Verlauf dieser Arbeit die Antriebswelle aus der Radnabe gepreßt werden, was sich in der Regel nicht ohne Abziehwerkzeug bewerkstelligen läßt. Mehr darüber auf Seite 137.

● Bei noch auf dem Boden stehendem Wagen die zentrale Befestigungsmutter der Radnabe (in Radmitte) lösen.

● Wagen vorn gleichmäßig hochbocken, damit sich der Stabilisator nicht verspannt. Wagen sichern.

● Rad abbauen.

● Lagerschalen des Stabilisators an der Karosserie rechts und links abschrauben.

● Bremssattel abschrauben (Seite 144) und mit Bindedraht an der Karosserie befestigen – die Bremsleitung bleibt angeschlossen.

● Klemmschraube für Traggelenk ganz unten am Federbein ausbauen.

● Spurstangengelenk abdrücken (siehe Seite 134).

● Mit einem Montierhebel den Zapfen des Traggelenks am Federbein herausziehen. Federbein und Querlenker werden dadurch getrennt.

● Abziehwerkzeug ansetzen und Antriebswelle aus der Radnabe drücken, wie unter »Antriebswelle ausbauen« (Seite 124) beschrieben.

● Stabilisator am Federbein lösen.

● Auf dem Federbeintopf im Motorraum die Abdeckkappe abnehmen.

● Die drei Muttern ganz außen am Federbeintopf herausdrehen. Dabei das Federbein von unten festhalten.

● Federbein nach unten herausnehmen und gleichzeitig vorsichtig von der Antriebswelle ziehen.

● Zum Einbau neue selbstsichernde Muttern und eine neue Traggelenk-Klemmschraube verwenden.

● Was zum Einbau der Antriebswelle zu beachten ist, steht auf Seite 124.

● Anzugsdrehmomente: Muttern am Federbeintopf: 30 Nm, Mutter der Spurstange: 60 Nm, Klemm-

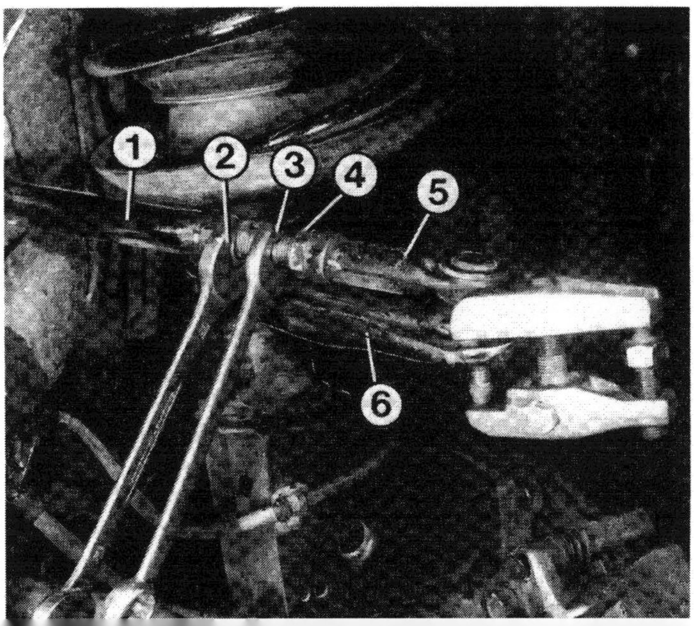

Hier wird der Spurstangenkopf ausgebaut. Die beiden Gabelschlüssel lösen die Kontermutter, mit dem Spurstangenabzieher (rechts im Bild) wird das Spurstangengelenk aus dem Lenkhebel des Federbeins gedrückt. Die Zahlen bedeuten: 1 – Spurstange; 2, 4 – Kontermuttern; 3 – Gewindebolzen mit Sechskant; 5 – Spurstangenkopf; 6 – Lenkhebel.

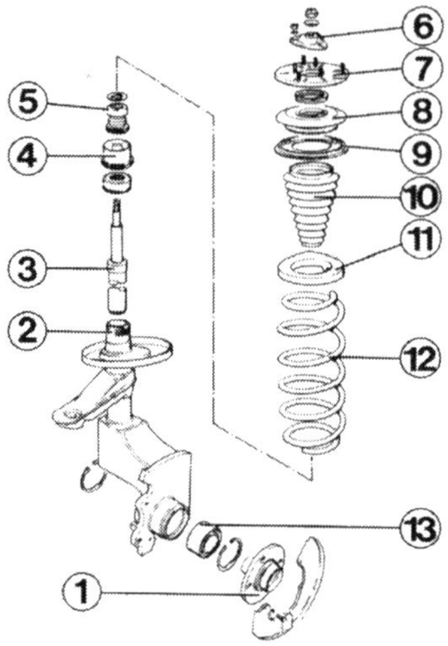

Das vordere Federbein zerlegt: 1 – Radnabe; 2 – Federbeingehäuse bzw. Radlagergehäuse; 3 – Stoßdämpfer; 4 – Abdeckkappe; 5 – Anschlagpuffer; 6 – Federbeinlager; 7 – Lagerteller; 8 – Federteller; 9 – Schutzring; 10 – Faltenbalg; 11 – Unterlage; 12 – Schraubenfeder; 13 – Radlager.
Niemals das ausgebaute Federbein zerlegen, ohne daß die Feder mit Federspannern gesichert wurde. Die Feder entspannt sich sonst explosionsartig. Unfallgefahr!

schraube am Traggelenk: 65 Nm, Stabilisator an Querlenker: 110 Nm.
- Wird dasselbe Federbein wieder eingebaut, braucht die Radeinstellung nicht korrigiert zu werden.

Vorderradlager ausbauen

Das Radlager ist mit seinem Außenring ins Radlagergehäuse eingepreßt, am inneren Lagerring ist die Radnabe eingepreßt. Ein neues Radlager darf auf keinen Fall mit dem Hammer in seinen Sitz geklopft werden, sonst ist der nächste Schaden »mit eingebaut«.
Deshalb lieber nur das Federbein selbst ausbauen und Bremsscheibe sowie Abdeckblech abschrauben. Das eigentliche Aus- und Einpressen des Lagers sollten Sie dagegen von der Werkstatt durchführen lassen, wo eine Reparaturpresse zur Verfügung steht.

Querlenker ausbauen

- Wagen vorn gleichmäßig hochbocken, damit sich der Stabilisator nicht verspannt. Wagen sichern.
- Lagerschalen des Stabilisators an der Karosserie rechts und links ausbauen.
- Klemmschraube des Traggelenks ganz unten am Federbein ausbauen.
- Mit einem Montierhebel den Zapfen des Traggelenks am Federbein herausdrücken. Darauf achten, daß die Gummimanschette nicht beschädigt wird.
- Halteschraube des Querlenkers an der Karosserie herausschrauben.
- Querlenker herausziehen.
- Zum Einbau neue selbstsichernde Muttern verwenden.
- Ist das innere Querlenkerlager schon etwas verschlissen, sollten Sie vor dem Einbau gleich ein neues einpressen lassen.
- Anzugsdrehmomente: Inneres Querlenkerlager: 85 Nm, Traggelenk-Klemmschraube: 65 Nm; Stabilisator an Querlenker: 110 Nm.
- Beachten Sie beim Einbau eines neuen Querlenkers, daß für die linke und die rechte Fahrzeugseite unterschiedlich geformte Teile zum Einsatz kommen.

Arbeiten an der Lenkung

Spurstangenkopf auswechseln

Gebraucht wird ein Spurstangenabzieher bzw. ein kleiner Klauenabzieher. Denn der Spurstangenkopf kann nach Lösen der Schraube nicht einfach aus dem Lenkhebel herausgezogen werden; er ist mit einem sogenannten Haftkegel eingesetzt. Die kegeligen Ausformungen an Spurstangenkopf und Lenkhebel passen »saugend« ineinander und können dann nicht mehr ohne Hilfsmittel getrennt werden.
Mit einem Abzieher (der sich schon beim ersten Einsatz amortisiert) geht die Arbeit so:
- Rad abnehmen.
- Selbstsichernde Mutter unten am Spurstangenkopf losdrehen.
- Spurstangenkopf mit einem Klauenabzieher nach oben aus dem Lenkhebel am Federbeingehäuse herausdrücken.
- Kontermutter an der Spurstange losdrehen, dabei den Sechskant am Gewindebolzen gegenhalten.
- Lage der Spurstangenkopf-Verschraubung anzeichnen, dann stimmt die Spur nach dem Zusammenschrauben wieder einigermaßen.
- Spurstangenkopf abschrauben und neuen bis zur Markierung eindrehen.
- Kugelbolzen des Spurstangenkopfes in den Lenkhebel hineindrücken, ggf. vorsichtig hineinklopfen.
- Neue selbstsichernde Mutter mit 60 Nm anziehen.
- Kontermutter mit 40 Nm festziehen.
- Spur kontrollieren lassen.

Spurstange auswechseln

- Spurstangenkopf vom Lenkhebel trennen, wie im vorangegangenen Abschnitt beschrieben.
- Im Motorraum die Spurstange vom Mitnehmer des Lenkgetriebes (siehe Zeichnung Seite 126) losschrauben.
- Beim Festschrauben (60 Nm) der neuen Spurstange am Lenkgetriebe-Mitnehmer muß der Audi mit den Rädern auf dem Boden stehen. Andernfalls verspannt sich das Gummimetallager der inneren Spurstangenbefestigung, was zu vorzeitigem Verschleiß führt.

Lenkgetriebe einstellen

Spiel im Lenkgetriebe läßt sich bei der mechanischen wie bei der Servolenkung durch Einstellen beseitigen, vorausgesetzt der Verschleiß der Lenkzahnstange ist noch gering.

- Räder in Geradeausstellung bringen.
- Die selbstsichernde Einstellschraube (Bild auf der folgenden Seite) vorsichtig um ca. 20° (Winkelmesser benutzen) nach rechts drehen.
- Während einer Probefahrt kontrollieren, ob die Lenkung nach Kurvenfahrt selbsttätig in Geradeausstellung zurückläuft.
- Tut sie das nicht, muß die Einstellschraube wieder ein wenig gelöst werden.
- Hat die Lenkung dagegen noch Spiel, kann die Schraube noch ein wenig nach rechts gedreht werden.
- Generell muß sich die Lenkung nach dem Einstellen ohne zu klemmen von Anschlag zu Anschlag durchdrehen lassen.
- Klemmt sie dagegen bei eingeschlagenen Rädern, während in Geradeausstellung noch Spiel vorhanden ist, muß das Lenkgetriebe ausgewechselt werden.

Arbeiten an der Servolenkung

Pumpe der Servolenkung ausbauen

Die Pumpe der Servolenkung ist beim Audi zusammen mit der Pumpe für Bremskraftverstärker und Niveauausgleich zu der Zweikreispumpe der Zentralhydraulik zusammengefaßt.
Soll die Pumpe lediglich wegen Montagearbeiten im Motorraum ausgebaut werden, bleiben ihre Schlauchleitungen angeschlossen, damit kein Schmutz in die Hydraulik gelangt. Falls die Schläuche an der Pumpe abgenommen werden müssen, ist äußerste Sorgfalt vonnöten. Selbst kleinste Schmutzpartikel in der Hydraulikflüssigkeit können Funktionsstörungen verursachen.

- Keilriemen abnehmen, wie auf Seite 186 beschrieben.
- Mutter am Schwenkbolzen lösen, Schwenkbolzen herausziehen.
- Haltemuttern an der Nachstellvorrichtung herausdrehen, Pumpe abnehmen.
- Hydraulikschläuche, wenn möglich, angeschlossen lassen, und Pumpe mit Schläuchen im Motorraum ablegen.
- Werden die Schläuche abgebaut, soll dies vor Ausbau der Pumpe geschehen.
- Auf äußerste Sauberkeit achten!
- Beim Einbau neue Dichtungen verwenden.
- Die Hydraulikanlage entlüftet sich während der Fahrt von selbst. Ölstand im Hydraulik-Behälter ständig im Auge behalten, wenn nötig, nachfüllen.

Servolenkung auf Dichtheit prüfen

Wurde im Vorratsbehälter ein abgesunkener Flüssigkeitsstand festgestellt, muß umgehend die gesamte Lenkanlage überprüft werden. Sonst könnte während der Fahrt plötzlich die Lenkunterstützung ausfallen. Hier die Prüfschritte:

- Lenkrad einmal nach rechts und nach links zum Anschlag drehen. So baut sich der größtmögliche Leitungsdruck in der Servolenkung auf, und Undichtigkeiten werden am ehesten sichtbar.
- Lenkrad an einem Anschlag festhalten und an folgenden Stellen nach Undichtigkeiten suchen:
- Am Drehkolbenventil. Es sitzt etwa dort, wo die Lenksäule ins Lenkgetriebe mündet. Öl tritt dann im Fahrzeug-Innenraum unter dem Armaturenbrett vorn an der Stirnwand aus.
- An der Zahnstangenabdichtung bzw. am Dichtring im linken Endstück. Zur Prüfung Schlauchbinder des Faltenbalgs lösen und Faltenbalg zur Mitte schieben.
- An der Zentralhydraulik-Pumpe. Zum Feststellen von Undichtigkeiten muß evtl. vorher eine Motorwäsche durchgeführt werden.
- An den Leitungsanschlüssen. Alle Anschlüsse einzeln prüfen und evtl. nachziehen.
- Weitere Gründe für Flüssigkeitsverlust aus dem Vorratsbehälter der Zentralhydraulik können Undichtigkeiten am Bremskraftverstärker, an der Niveauregulierung oder an den Druckspeichern sein.

Der Keilriemen

Mehr über den Keilriemen der Zentralhydraulik-Pumpe erfahren Sie im Lichtmaschinenkapitel auf Seite 185.

Störungsbeistand

Servolenkung

Die Störung	– ihre Ursache	– ihre Abhilfe
A Kontrollampe für Zentralhydraulik blinkt: Hydraulikölstand im Behälter zu niedrig	1 Eingeschlossene Luft im Hydrauliksystem hat sich selbst ausgeschieden	Hydrauliköl bis »Max«-Marke auffüllen (Seite 18)
	2 Undichtigkeiten im Hydrauliksystem	Leitungsanschlüsse nachziehen; neue Dichtungen einsetzen. Hydraulikpumpe bzw. Lenkgetriebe ausbauen und abdichten lassen
B Lenkung ist schwergängig	1 Förderdruck der Pumpe ist zu gering	Druck prüfen lassen. Ggf. Überdruckventil der Pumpe oder komplette Pumpe ersetzen
	2 Lenkgetriebe zu stramm eingestellt	Einstellschraube etwas zurückdrehen und Lenkung neu einstellen (Seite 135)
	3 Lenkgetriebe defekt	Ersetzen lassen
C Lenkgeräusche	1 Hydraulikölstand zu niedrig. Flüssigkeit mit Luftbläschen durchsetzt	Luftbläschen entweichen lassen, Hydrauliköl auffüllen
	2 Saugseitige Verschraubung der Pumpe undicht	Dichtungen ersetzen, Verschraubungen nachziehen
	3 Keilriemen lose	Nachspannen (Seite 185)

Lenkrad ausbauen

● Hupplatte in Lenkradmitte mit kräftigem Ruck von Hand abziehen.
● Lenkrad in Sperrstellung einrasten lassen.
● Lenksäulenmutter mit Stecknuß SW 24 lösen.
● Vorderräder genau geradeaus stellen, so daß die Lenkradspeichen symmetrisch stehen.
● Mutter und Unterlegscheibe abnehmen, Lenkrad mit ruckelnden Bewegungen abziehen.
● Beim Einbau des Lenkrades auf die symmetrische Ausrichtung der Speichen achten.
● Lenkschloß einrasten lassen.
● Lenksäulenmutter mit 40 Nm anziehen.
● Bei **Wagen mit Airbag** Lenkrad nicht selbst ausbauen!

Arbeiten an der Hinterachse

Federbein hinten ausbauen

● Rad abschrauben.
● Hochgebockten Wagen sichern.
● Radaufhängung mit einem Wagenheber ein wenig anheben, damit sich die Radaufhängung nicht mehr voll am Federwegende befindet.
● Nur bei Fahrzeugen mit Niveauregulierung: Schlauch auf die Entlüftungsschraube des Verteilerstücks stecken und in ein leeres Gefäß halten. Schraube öffnen, damit der Druck aus den Speichern der Niveauregulierung entweicht.
● Nach Schließen der Entlüftungsschraube kann die Druckleitung zum Federbein abgeschraubt werden. In die Hydraulik darf keinesfalls Schmutz gelangen!
● Untere Verschraubung des Federbeins lösen.
● Befestigungsmuttern oben abschrauben und Federbein abnehmen.
● Beim Einbau die Muttern oben am Federbein mit 20 Nm festziehen. Für die untere Federbeinverschraubung neue selbstsichernde Mutter verwenden und diese mit 90 Nm festziehen. Dazu muß der Wagen auf den Rädern stehen, sonst verspannt sich das Gummimetallager.

Links: Zum Lenkradausbau Hupplatte (1) von den Haltebolzen (3) ziehen, Kabel (2) ausstecken, Zentralmutter lösen (Pfeil). Rechts: Einstellen des Lenkgetriebes (Pfeil) im Motorraum.

Zum Ausbau des hinteren Federbeins müssen drei Haltemuttern (weiße Pfeile) oben im Radkasten herausgedreht werden. Federspannklammern (schwarze Pfeile) werden gebraucht, um bei ausgebautem Federbein die Feder vom Stoßdämpfer zu trennen.

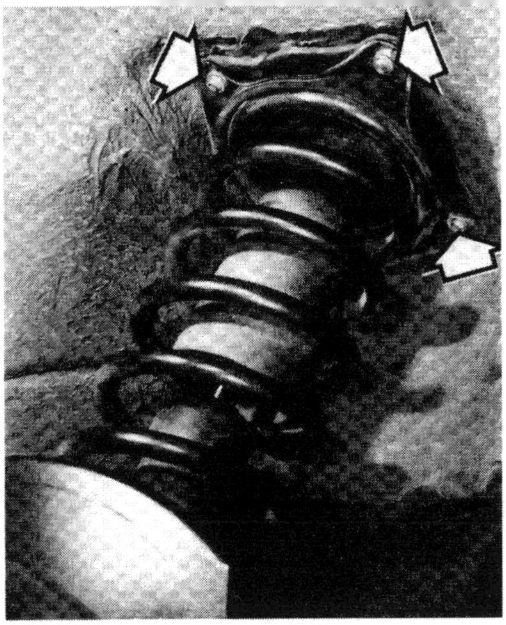

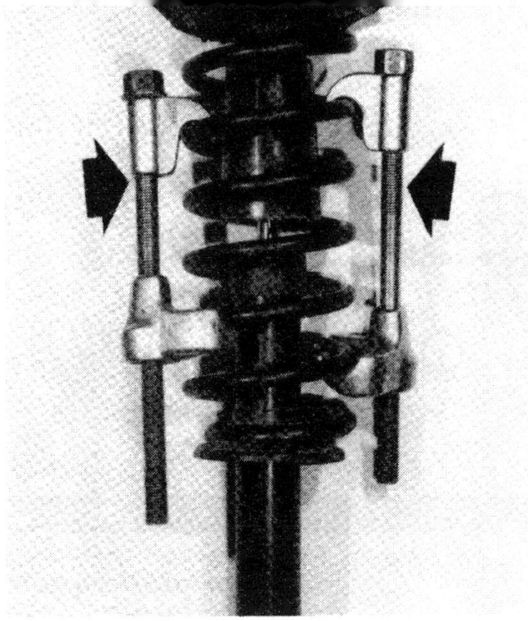

Stoßdämpfer hinten ausbauen

Soll bei ausgebautem Federbein der Stoßdämpfer von der Feder getrennt werden, muß diese durch zwei, besser noch drei Federspanner gesichert werden. Die Feder ist unter Vorspannung im Federbein eingesetzt und würde sich sonst beim Lösen der oberen Stoßdämpfermutter schlagartig entspannen – **Unfallgefahr!** Federspanner sind im Zubehörhandel erhältlich.

- Federbein ausbauen.
- Federspanner rutschsicher auf der Feder ansetzen. Ein Gummistück (z. B. ein alter Fahrradschlauch) eignet sich als rutschsichere Zwischenlage.
- Federspannklammern gleichmäßig anziehen, bis die Feder keinen Druck mehr ausübt.
- Obere Haltemutter des Stoßdämpfers mit einem gekröpften Ringschlüssel lösen, dabei die Stoßdämpfer-Kolbenstange gegenhalten.
- Stoßdämpfer, Feder und Anbauteile trennen.
- Alle Teile des Federbeins mit neuem Stoßdämpfer wieder zusammenbauen. Dabei die Gummiteile an den Berührungsflächen mit Talkum bestreichen.
- Darauf achten, daß die Federenden paßgenau in die Aussparungen oben am Dämpfungsring bzw. am unteren Federtellerlager eingreifen.
- Stoßdämpfer und Feder zueinander ausrichten: Die Achse der Stoßdämpferbefestigung unten muß eine Flucht bilden mit dem mittleren der drei Löcher der Federbeinbefestigung oben. Notfalls Federbein probehalber einbauen.
- Bei Wagen mit Niveauregulierung neue Dichtringe in die Kolbenstange einsetzen. Das Anschlußteil für die Hydraulikleitung nach dem Aufstecken so ausrichten, daß sein Anschluß zum Durchbruch im oberen Federteller zeigt; beim Festschrauben nicht verdrehen.
- Neue selbstsichernde Mutter der oberen Stoßdämpferbefestigung mit 20 Nm anziehen.
- Federbein wieder einbauen.
- Bei Wagen mit Niveauregulierung Hydraulikölstand im Vorratsbehälter kontrollieren. Die Hydraulikanlage entlüftet sich automatisch während der Fahrt. Deshalb muß ggf. nach einigen Kilometern nochmals Hydrauliköl nachgefüllt werden (siehe Seite 18).

Hinterradlager auswechseln

Gebraucht wird pro Seite ein neuer Splint 4 × 30, ein Innen- und ein Außenlager sowie ein Dichtring.

- Bremstrommel ausbauen (Seite 146).
- Bei Wagen mit Scheibenbremsen hinten werden

Links: Zum Abnehmen der Fettkappe einen Meißel zwischen Radnabe und Fettkappe ansetzen (Pfeil) und so die Fettkappe mit leichten Hammerschlägen nach außen treiben.
Rechts: Radlager einstellen: Mutter (2) so weit anziehen, bis sich die Druckscheibe (1) gerade noch verschieben läßt (siehe Text). Zum Einstellen des Radlagers wurden Splint und Kronensicherung abgenommen.

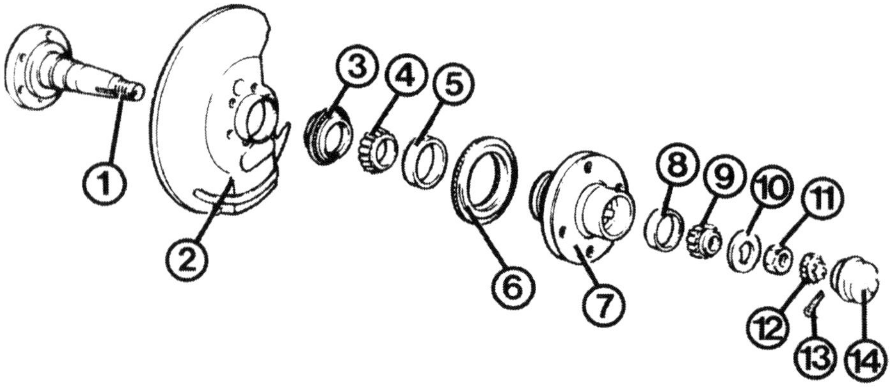

Das Hinterradlager und die zugehörigen Teile: 1 – Achszapfen; 2 – Abdeckblech (bei Scheibenbremsen hinten); 3 – Dichtring; 4 – Radlager innen; 5 – Lagerring innen; 6 – Rotor (nur bei Fahrzeugen mit ABS); 7 – Radnabe (Scheibenbremse); 8 – Lagerring außen; 9 – Radlager außen; 10 – Druckscheibe; 11 – Mutter; 12 – Kronensicherung; 13 – Splint; 14 – Fettkappe.

die Bremsscheiben einschließlich Radnabe ausgebaut. Dazu Bremssattel ausbauen (Seite 148). Der übrige Ausbau erfolgt wie bei den Bremstrommeln (Seite 146).

- Dichtring hinten in Radnabenmitte abhebeln, Lager herausnehmen und altes Fett aus der Nabe wischen.
- Lager-Laufringe beider Lager aus der Radnabenmitte austreiben. Dazu Messingdorn an unterschiedlichen Stellen jeweils von innen am Laufring ansetzen und den Ring durch sanfte Hammerschläge nach außen schlagen. Achten Sie darauf, daß der Ring nicht verkantet.
- Neuen Lagerring an der Radnabe ansetzen. Alten Lagerring zum Schutz darüber legen (dicke Seite nach unten), damit beim vorsichtigen Einschlagen kein Schaden an der Lauffläche des neuen entsteht.
- Lagerringe jeweils bis zum Anschlag einklopfen.
- Jetzt den zum Schutz aufgesetzten alten Lagerring wieder austreiben.
- Zwischenraum zwischen den beiden Lagerringen mit Fett versehen, auch die Ringe und die Lager selbst werden mit Fett gefüllt.
- Inneres Lager einsetzen.
- Dichtring an der Innenseite gleichmäßig mit einem Gummihammer einklopfen.
- Bremstrommel bzw. -scheibe auf den Achsstummel schieben.
- Äußeres Radlager und Druckscheibe aufstecken.
- Sechskantmutter von Hand auf den Achsstummel schrauben; dabei das Rad ständig drehen, damit sich das Lager nicht verkantet.
- Radlager einstellen (siehe folgenden Abschnitt).
- Bei Wagen mit Scheibenbremse hinten Bremssattel einbauen (siehe Seite 148). Anschließend Bremspedal mehrfach durchtreten.

Hinterradlager einstellen

- Wagen hinten hochbocken und sichern.
- Nabenkappe, Splint und Kronensicherung abnehmen, wie unter »Bremstrommel ausbauen« auf Seite 146 beschrieben.
- Sechskantmutter ohne Kraft und mit viel Gefühl festdrehen, dabei das Rad drehen, damit sich die Lager nicht verklemmen.
- Mutter wieder etwas lockern.
- Das Spiel ist richtig eingestellt, wenn sich die Druckscheibe hinter der Mutter mit einem Schraubenzieher unter mäßigem Fingerdruck gerade noch verschieben läßt. Die Schraubenzieherklinge dabei nicht am Radnabenrand abstützen.
- Läßt sich jetzt der Sicherungssplint noch nicht durch die Kronensicherung einschieben, wird die Mutter ein wenig in Richtung »Zu« gedreht.
- Nabenkappe mit Gummihammer eintreiben, evtl. einen festen Lappenballen zwischenlegen.

Ausgebremst

Die Bremsen wandeln Bewegung in Wärme um, nämlich durch Reibung, und die sorgt naturgemäß für Abnutzung.
Da sich kein verantwortungsbewußter Autofahrer verschlissene Bremsen leisten kann, soll Ihnen das folgende Kapitel helfen, Ihre Bremsen fit zu halten.

Eigenarbeiten an der Bremse

Bei einer so wichtigen Einrichtung wie den Bremsen kann keine Kontrolle zu viel sein! Wenn Sie also in diesem Bereich zwischendurch mal nach dem Rechten sehen, haben Sie Ihre Wartungsaufgaben sicher besser erfüllt, als derjenige, der seinen Wagen nur in den vorgeschriebenen Intervallen zur Wartung bringt. Denn gerade vor einer Urlaubsfahrt oder bei schon älteren Fahrzeugen sind verstärkte Kontrollen ratsam.
Andererseits erfordern Reparaturen im Bereich Bremsen ein erhöhtes Verantwortungsbewußtsein. Mit unserem Bremsenkapitel haben wir dem Selbstpfleger die Möglichkeit gegeben, z. B. auch Arbeiten an der Bremshydraulik durchzuführen. In solchen Fällen muß jeder Bastler für sich entscheiden, ob sein Kenntnisstand für eine verantwortungsvolle Ausführung dieser Arbeiten ausreicht.

So funktioniert die Bremse

○ Wenn Sie auf das Bremspedal treten, preßt eine mit dem Pedal verbundene Druckstange zwei hintereinanderliegende Kolben in den Hauptbremszylinder (im Motorraum).
○ Die Kolben verdrängen die dort eingeschlossene Bremsflüssigkeit. Dieser so entstehende hydraulische Druck in der Bremsanlage wird über Rohr- und Schlauchleitungen zu den Radzylindern weitergeleitet.
○ In diesen drücken Kolben die Bremsklötze gegen die Bremsscheiben bzw. an den Hinterrädern der leistungsschwächeren Modelle die Bremsbacken gegen die Bremstrommeln.
○ Der Flüssigkeitsdruck wird an die Radbremszylinder in zwei voneinander unabhängigen Leitungssystemen (Bremskreisen) übertragen, und zwar für je ein Vorderrad und das gegenüberliegende Hinterrad (diagonal aufgeteilte Zweikreisbremse).
○ Falls ein Bremskreis ausfallen sollte, bleiben so ein Vorderrad und das Hinterrad auf der anderen Seite bremsfähig. Mit dem ungebremsten Vorderrad kann man noch lenken, und das ungebremste Hinterrad hält das Heck in der Spur.
○ Die Handbremse wirkt über Seilzüge auf die Hinterräder – egal ob dort Trommel- oder Scheibenbremsen eingebaut sind.
○ Seit 8/89 ist der 100 kW- (136 PS-) Audi serienmäßig mit einem Antiblockiersystem (Bosch ABS) ausgestattet; bei den übrigen Modellen ist ABS nur auf Sonderwunsch eingebaut. Mehr darüber auf Seite 155.

Fingerzeig: Bei Ausfall eines Bremskreises müssen Sie wesentlich stärker auf das Bremspedal treten

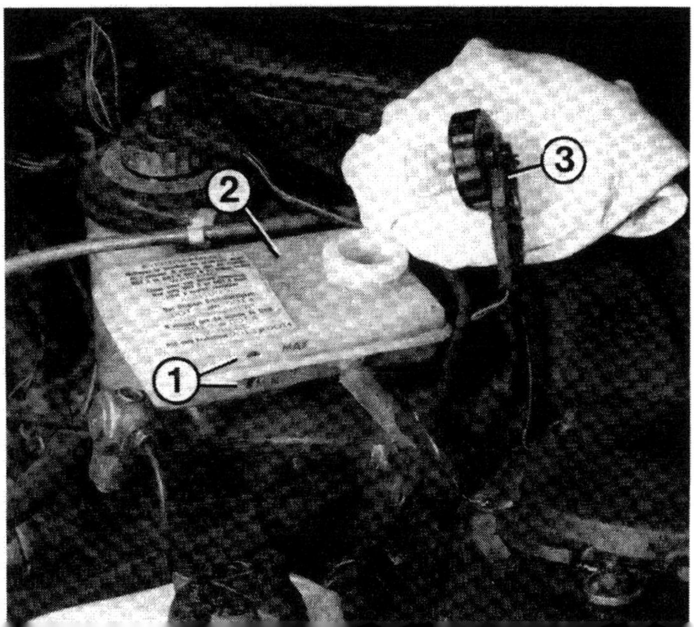

Der Bremsflüssigkeitsstand im Vorratsbehälter (2) darf nicht unter die untere der beiden Füllstandsmarken (1) absinken, sonst ist ein Leck in der Bremshydraulik zu vermuten. Zu niedriger Flüssigkeitsstand wird auch durch die Kontrolleuchte im Armaturenbrett angezeigt. Den Kontakt dazu löst der Schwimmer im Verschlußdeckel (3) aus, der bei Absinken des Flüssigkeitsniveaus nach unten wandert.

(bei gleichzeitig längerem Pedalweg), um die übliche Bremswirkung zu erreichen. Außerdem wird der Anhalteweg länger.

Bremsen prüfen

Ständige Kontrolle

- Zuerst eine Vollbremsung bei Schrittgeschwindigkeit.
- Am Gummiabrieb auf der Straße sehen Sie bei einem Fahrzeug ohne ABS an gleich langen Spuren, daß die Bremsen gleichmäßig ziehen.
- Gleiche Prüfung mit der Handbremse.
- Für die Bremsenprüfung bei höheren Geschwindigkeiten brauchen Sie eine ebene Strecke.
- Nun aus etwa 50 km/h bei losgelassenem Lenkrad, aber mit griffbereiten Händen zuerst sanft und dann scharf bis zum Stillstand abbremsen.
- Zieht der Wagen etwa nach links, ist eine der rechten Radbremsen nicht in Ordnung. Das Auto zieht in Richtung des stärker gebremsten Rades.
- Ursachen siehe Störungsbeistand auf Seite 154.
- Lassen Sie den Audi ein schwaches Gefälle hinunterrollen, um festzustellen, ob die Räder leichtgängig sind.
- Nach der Probefahrt die Handprobe:
- Ist eine Felge auf der einen Wagenseite wärmer als auf der anderen Seite?
- Ursachen können sein ein verklemmter Bremssattel, schwergängige hintere Trommelbremsen oder zu stramm eingestellte bzw. schadhafte Radlager.

Die Bremsflüssigkeit

Diese gelbliche – übrigens giftige und gegen Autolack aggressive – Flüssigkeit greift die Metall- und Gummiteile nicht an. Sie bleibt selbst bei –40°C noch ausreichend dünnflüssig, und sie hat trotz ihrer Dünnflüssigkeit den extrem hohen Siedepunkt von ca. 260°C.
Aber die Bremsflüssigkeit hat auch eine sehr unangenehme Eigenschaft: Sie nimmt gern Wasser auf, sie ist »hygroskopisch«. Und das Wasser kann tatsächlich – z. B. über die Luftfeuchtigkeit – in die Bremsflüssigkeit gelangen: Über den Ausgleichsbehälter sowie durch mikroskopische Undichtigkeiten an den Bremsschläuchen und Gummimanschetten. Solche Wasseraufnahme führt nicht nur zu Korrosion an den Metallteilen der Anlage, sondern bewirkt ein rapides Absinken des Siedepunkts. Bei nur 2,5% Wassergehalt liegt der Siedepunkt nur noch bei 150°C.
Das ist bei starker Belastung der Bremsen gefährlich, weil sie sich dann sehr stark aufheizen. In der Nähe der erhitzten Bremsen können sich Dampfblasen in der Hydraulikflüssigkeit bilden. Die lassen sich zusammenpressen – das Bremspedal kann tief durchgetreten werden; manchmal tritt man sogar ins Leere! In diesem Fall kann bisweilen noch schnelles Pumpen mit dem Bremspedal helfen. Besonders gefährlich ist dieser Effekt nach dem Abstellen des Wagens nach starker Bremsbeanspruchung. Mangels Fahrtwind heizt sich die Bremsenumgebung noch stärker auf; die höchste Temperatur herrscht nach etwa 15 Minuten Standzeit. Erst nach etwa einer halben Stunde ist wieder die normale Bremsflüssigkeitstemperatur erreicht.
Vorbeugend schreibt der Wartungsplan daher den Wechsel der Bremsflüssigkeit alle zwei Jahre vor (siehe folgende Seite).
Bremsflüssigkeit muß der **Spezifikation FMVSS 116 DOT 3 oder DOT 4** entsprechen. Alle so gekennzeichneten Flüssigkeiten können gefahrlos gemischt werden.

Bremsflüssigkeitsstand prüfen

Ständige Kontrolle

- Zu niedriger Bremsflüssigkeitsstand wird beim Audi zwar auch durch eine Kontrolleuchte am Armaturenbrett angezeigt, doch die Sichtkontrolle sollten Sie sich dennoch nicht ersparen:
- Motorhaube öffnen und den Bremsflüssigkeits-Vorratsbehälter (Bild auf der Vorseite) evtl. mit einem Lappen reinigen.
- Im durchscheinenden Flüssigkeitsbehälter muß der Bremsflüssigkeitsstand zwischen den Markierungen »min« und »max« stehen. Dann ist alles in Ordnung.

Bremsflüssigkeitsstand zu niedrig?

Sind die Scheibenbremsbeläge schon etwas abgenutzt, tendiert der Flüssigkeitsspiegel eher zur unteren Markierung, sind sie neu, steht er weiter oben. Das ist völlig normal, denn die bei abgenutzten Belägen schon etwas weiter herausgetretenen Kolben der Scheibenbremse hinterlassen in den Zylindern der Bremssättel ein größeres Volumen, das sich mit Bremsflüssigkeit füllt.
Kritisch wird es dagegen, wenn die Bremsflüssigkeit in einem Behälterteil unter »min« abgesunken ist. Da sie nicht verdunstet oder verbraucht wird, muß sie durch ein Leck ausgetreten sein. Also schleunigst nach der Ursache suchen (folgender Text), bevor Sie irgendwann ins Leere treten. Nachfüllen ist Augenwischerei!

Bremsanlage auf Undichtigkeiten und Beschädigungen prüfen

Zur Kontrolle muß die Wagenunterseite trocken sein, damit Sie undichte Stellen erkennen können. Bremsflüssigkeit kriecht auch unter Schmutz. Feuchtdunkle Stellen oder schwarzer Schmutz lassen eine Undichtigkeit vermuten. Wartung Nr. 17

- Kontrollieren Sie sämtliche Anschluß- und Verbindungsstellen; auch Bremssättel und die Bremsankerplatten, hinter denen die Radbremszylinder sitzen.
- Die Bremsschläuche dürfen weder feucht noch aufgequollen oder angescheuert sein. Sonst auswechseln, siehe Seite 153.
- Die Bremsleitungen sind zum Schutz gegen Rost mit einer Kunststoffschicht überzogen. Wird diese Schutzschicht beschädigt, kann es zu Rostansatz kommen. Deshalb die Leitungen nie mit Schraubenzieher, Schmirgelleinen oder Drahtbürste säubern, sondern Kaltreiniger nehmen.
- Ist die Schutzschicht beschädigt, soll Rostschutzgrundierung dünn aufgestrichen werden.
- Leitungen mit Rostnarben und solche, die plattgedrückt sind, müssen ersetzt werden.
- Sind Schutzkappen auf allen Entlüftungsventilen? Sie sitzen an den Bremssätteln bzw. innen an den Bremsankerblechen.
- Die Bremsdruckprobe können Sie provisorisch selbst machen:
- Treten Sie mit voller Kraft aufs Bremspedal.
- Es darf auch nach einigen Minuten der vollen Belastung nicht nachgeben, sonst ist eine Manschette im Hauptbremszylinder defekt.
- Durch die undichte Manschette sinkt der Flüssigkeitsstand im Behälter nicht, sondern die unter Druck gesetzte Flüssigkeit mogelt sich an einem Kolben des Hauptbremszylinders vorbei auf die drucklose Seite.
- Undichte Stellen an den Kolbenmanschetten lassen sich allerdings nur bei einer genauen Druckprüfung in der Werkstatt ermitteln.

Bremsflüssigkeit wechseln

Nicht nur die schon erwähnte Gefahr von Dampfblasen macht den Bremsflüssigkeitswechsel erforderlich, sondern auch die vom aufgenommenen Wasser verursachte Korrosionsgefahr in den Bremszylindern und -leitungen. Beim Flüssigkeitswechsel geht man wie beim Entlüften (Seite 153) vor. Gebraucht werden 2 Liter frische Bremsflüssigkeit. Wartung Nr. 44

- Wenn möglich, Vorratsbehälter der Bremsflüssigkeit mit einer alten Injektionsspritze entleeren und gleich neu befüllen.
- So lange Bremsflüssigkeit durchpumpen, bis frische Flüssigkeit am Entlüfterventil austritt.
- Dazu durch jedes Entlüfterventil **500 cm^3** Bremsflüssigkeit pumpen.
- Vorgeschriebene Reihenfolge: Hinten rechts, hinten links, vorn rechts und zuletzt vorn links.

Fingerzeig: Gebrauchte Bremsflüssigkeit darf nicht in die Kanalisation geschüttet werden, auch sollte man sie nicht ins Altöl kippen. Am besten wird sie zusammen mit alten Lacken und Lösungsmitteln bei der Sondermüllverwertung (bei der Gemeindeverwaltung nachfragen!) abgegeben.

Die Scheibenbremsen

Bei den Scheibenbremsen vorn und – wo vorhanden – auch hinten handelt es sich beim Audi um sogenannte Faustsattelbremsen. Der Bremssattel sieht wie eine geballte Faust aus. Der Bremskolben im Zylindergehäuse

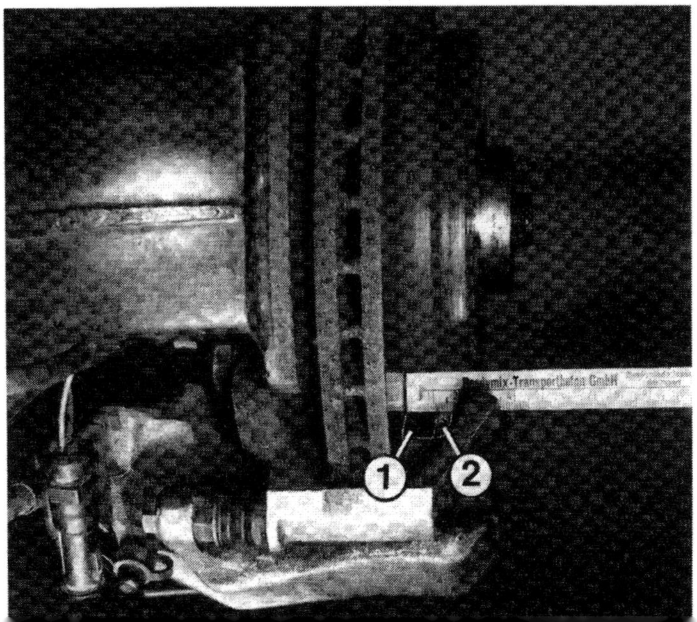

**Bei der Scheibenbremse können Sie den Belagverschleiß nach Abnahme des betreffenden Rades mit einem Meterstab kontrollieren.
Position 1 zeigt das Bremsbelagmaterial, 2 den Belagträger.**

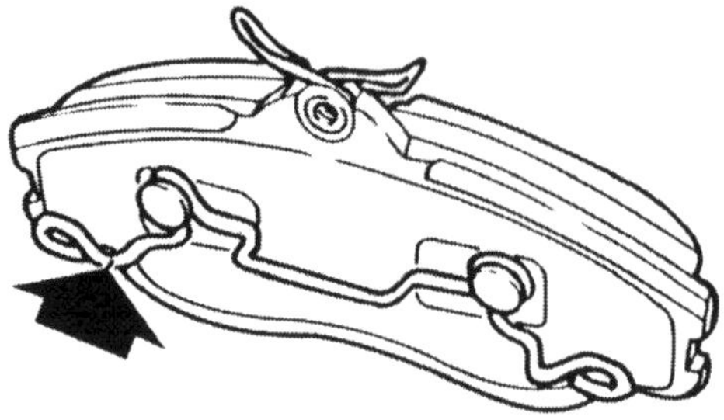

Seit 7/87 werden die Doppelkolben-Bremssättel, wie sie beispielsweise im Audi 100 CS mit 100/101 kW eingebaut sind, mit je einem Bremsbelag mit Belaghaltefeder (Pfeil) ausgestattet. Auch als Ersatzteil werden nur noch diese Beläge geliefert.
Beim Einbau darauf achten, daß der Belag mit Feder zur Außenseite hin in den Bremssattel eingebaut wird.

(bei Fahrzeugen mit 15"-Rädern sind es seit 1/86 deren zwei) drückt den inneren Belag gegen die Bremsscheibe, wodurch das Zylindergehäuse in seiner Führung herübergezogen und der Bremsklotz auf der anderen Seite ebenfalls gegen die Scheibe gepreßt wird.

Scheibenbremsbeläge vorn messen

Wartung Nr. 18

Trotz der Überwachung der Bremsbelagstärke vorn durch eine Kontrollampe sollten Sie die zusätzliche Sichtprüfung nicht vergessen – und das nicht nur, wenn eine Urlaubsreise ansteht.

- Die **Mindestbelagstärke** beträgt **7 mm einschließlich Trägerplatte.** Die Trägerplatte selbst – also das Metallstück, auf das der Belag geklebt ist – hat eine Stärke von ca. 5 mm.
- Zur flüchtigen Kontrolle bei abgenommener Radkappe mit einer Lampe durch ein Felgenloch leuchten und die Belagstärke abschätzen.
- Genauer ist die Kontrolle bei abgenommenen Rädern.
- Meterstab am Belag anlegen und messen, wie im Bild auf der Vorseite gezeigt. Bremsbelag auf der Innenseite nicht vergessen.

Zustand der Bremsscheiben kontrollieren

Wartung Nr. 19

Wenn die Räder zur Belagkontrolle abgenommen sind, prüft man auch den Zustand der Bremsscheiben.

- Die Scheiben dürfen keine tiefen Rillen (durch Schmutz oder zu stark abgefahrene Beläge) aufweisen. Die Riefen graben sich in neue Bremsbeläge tief ein, was deren Lebensdauer wesentlich verkürzt und die Bremswirkung herabsetzt.
- Riefige Bremsscheiben können nachgeschliffen werden, wenn sie nicht durch lange Laufzeit auf das zulässige Mindestmaß (siehe Tabelle unten) »abgemagert« sind.
- Zu dünne Scheiben müssen paarweise ausgetauscht werden, siehe Seite 145.
- Eine bläuliche Verfärbung der Bremsscheibe ist ohne Bedeutung.

Bremsscheibenmaße in mm	Bremsscheibenstärke	
	neu	mindestens
Bremsscheibe vorn unbelüftet (14"-Räder)	13,0	11,0
Bremsscheibe vorn innenbelüftet (14"-Räder)	22,0	20,0
Bremsscheibe vorn innenbelüftet (15"-Räder ab 1/86)	25,0	23,0
Bremsscheibe hinten	10,0	8,0

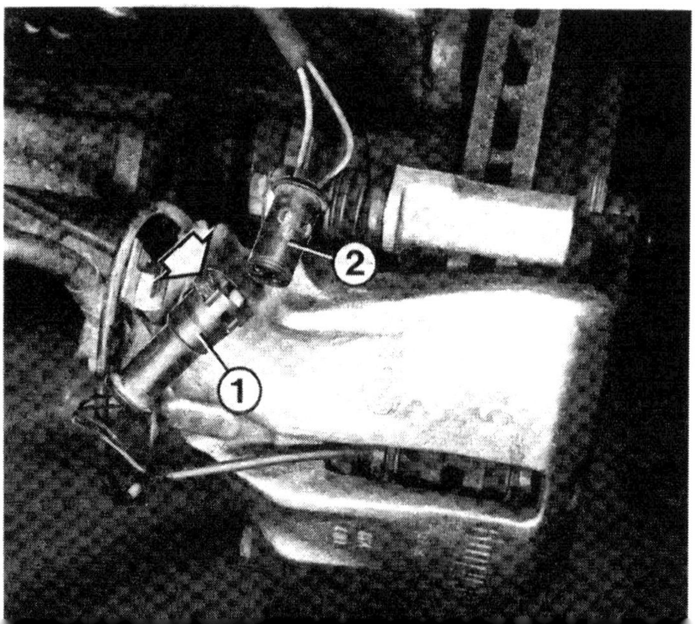

Zum Wechsel der Bremsbeläge müssen zunächst die Stecker (1 und 2) der Bremsbelagverschleißanzeige getrennt werden. Dazu die Stecker aus der Haltespange herausziehen und – bei gleichzeitigem Ziehen – die Taste (Pfeil) drücken.
Für Störungen an der Bremsbelagverschleißanzeige sind vornehmlich die Zuleitungskabel sowie die im Bild gezeigten Steckkontakte verantwortlich, die Spritzwasser und starken Vibrationen ausgesetzt sind.

Ausbau der Bremsbeläge: Beim Girling-Bremssattel (links) wird nur die untere Befestigungsschraube (2) des Bremssattelgehäuses gelöst und sodann das Bremssattelgehäuse nach oben geschwenkt. Die obere Schraube (1) bleibt eingesetzt. Beim Ate-Bremssattel (rechts) werden dagegen beide Inbus-Halteschrauben in den Schutzhüllen (4) nach Abnehmen der Abdeckkappen (3) gelöst.

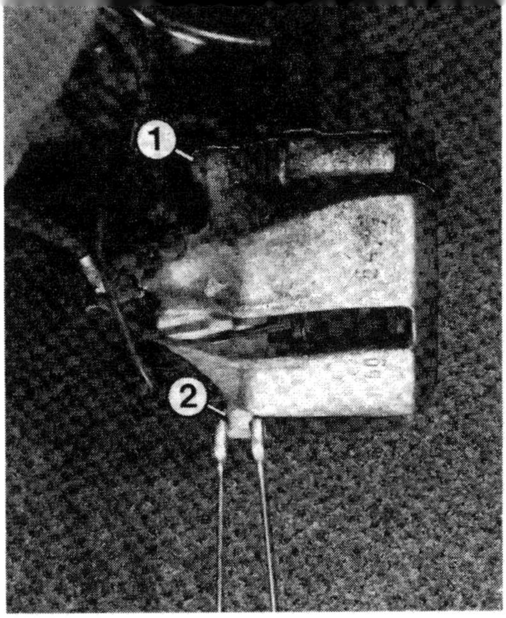

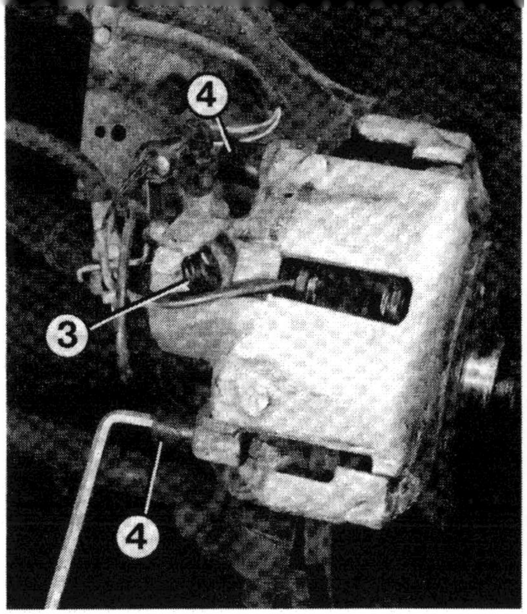

Bremsbeläge vorn erneuern

Grundsätzlich müssen rechts und links beide Beläge ausgetauscht werden. Nur Beläge mit ABE (Allgemeiner Betriebserlaubnis) verwenden. Bei der Bremse des Herstellers Girling werden zum Belagwechsel insgesamt zwei neue selbstsichernde Schrauben gebraucht. Diese sind meist im Bremsbelagsatz enthalten – kontrollieren. Stammt die Bremse vom Hersteller Ate, werden die Schrauben nicht benötigt.
Weil die Kolben in den Bremssätteln mit zunehmendem Verschleiß der Beläge weiter herauswandern, müssen sie vor dem Einsetzen neuer, dicker Beläge zurückgedrückt werden. Hierbei wird die Bremsflüssigkeit durch die Leitungen in den Vorratsbehälter gepreßt. Wurde in der Zwischenzeit unnötigerweise Bremsflüssigkeit nachgefüllt, muß das Zuviel jetzt abgesaugt werden. Zum Absaugen nur eine absolut saubere Pipette oder alte Injektionsspritze verwenden – nie mit dem Mund ansaugen!

- Wagen vorn aufbocken und sichern.
- Rad abnehmen.
- Lenkung einschlagen, damit die Beläge gut zugänglich sind.
- Verbindungsstecker der Kabel für Bremsbelag-Verschleißanzeige aus dem Blechhalter nehmen. Stecker an den beiden geriffelten Flächen mit der Hand zusammendrücken und vom Gegenstück trennen.
- **Ate-Bremse:** Abdeckkappen an der Bremsen-Innenseite abnehmen. Inbusschlüssel im nun sichtbaren Innensechskant des Führungsbolzens ansetzen und Bolzen lösen (siehe Bild oben rechts).
- Bolzen herausziehen, Bremssattelgehäuse abnehmen.
- Damit das Bremssattelgehäuse nicht an seinem Bremsschlauch zerrt, wird es mit Draht am Federbein aufgehängt.
- **Girling-Bremse:** Nur die **untere** Befestigungsschraube des Bremssattelgehäuses herausdrehen (siehe Bild oben links), dabei den Führungsbolzen an seinem Sechskant gegenhalten.
- Bremssattelgehäuse nach oben schwenken.
- **Beide Versionen:**

Beläge rechts und links aus den Führungsschienen nehmen.

- Kolben im Bremssattel mit einer Schraubzwinge zurückdrücken. Damit der Kolben nicht verkantet oder beschädigt wird, auf den Anlagering ein kleines Brettchen legen (Bild unten).
- Auf richtigen Sitz des Wärmeschutzblechs im Bremskolben achten.

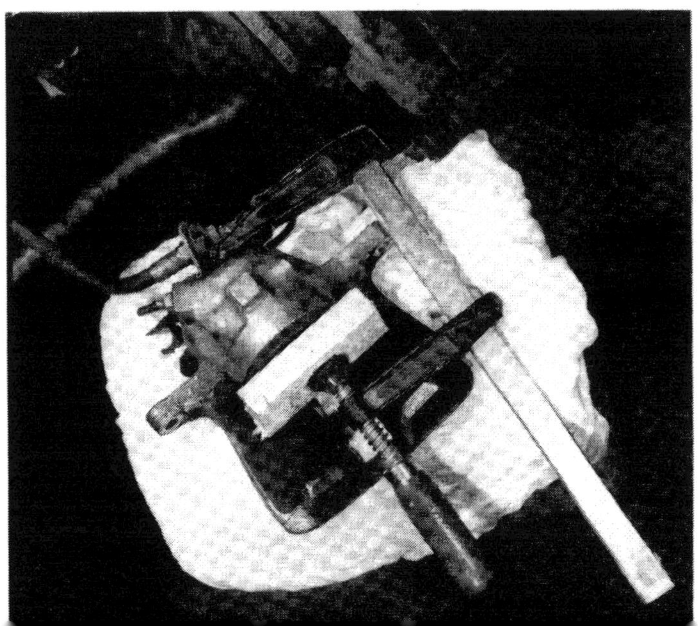

Hier wird der Kolben im Bremssattel mit einer Schraubzwinge zurückgedrückt, damit die neuen Bremsbeläge eingebaut werden können. Zum Schutz haben wir ein kleines Holzbrettchen zwischengelegt. Der hier zu Demonstrationszwecken abgebaute Girling-Bremssattel bleibt normalerweise mit der oberen Schraube am Halter befestigt.

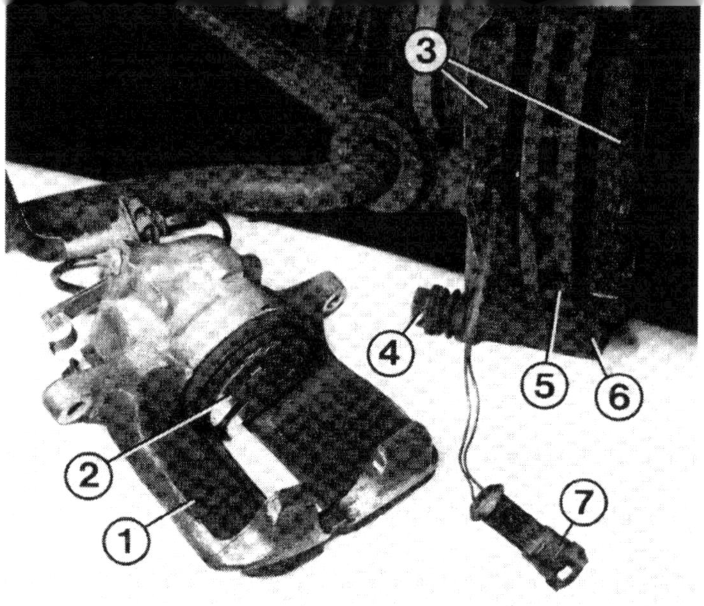

Die Teile der Vorderradbremse sind hier am ausgebauten Girling-Bremssattel gut zu erkennen: 1 – Bremssattelgehäuse; 2 – Wärmeschutzblech im Bremssattel; 3 – Bremsbeläge; 4 – Führungsbolzen; 5 – Bremsscheibe (hier innenbelüftet); 6 – Halter für Bremssattelgehäuse; 7 – Stecker der Bremsbelag-Verschleißanzeige.

- Neue Beläge einsetzen.
- Wo vorhanden, auf richtige Lage der Belaghaltefeder (Bild Seite 142 oben) achten.
- Bremssattel montieren.
- Bei der **Ate-Bremse** die Führungsbolzen mit **25 Nm** anziehen und Abdeckkappen wieder aufsetzen.
- Bei der **Girling-Bremse** die (neue!) untere Befestigungsschraube mit **35 Nm** anziehen. Die obere Halteschraube nicht nachziehen, sonst ist die selbstsichernde Wirkung dahin. Schlanken Gabelschlüssel zum Gegenhalten des Führungsbolzens verwenden, sonst wird er eingeklemmt und die Anzugskraft stimmt nicht.
- Nach dem Zusammenbau das **Bremspedal mehrmals treten,** bis die Beläge an den Bremsscheiben anliegen. Sonst ist keine Bremswirkung vorhanden!
- Mit den neuen Bremsbelägen – wenn möglich – die ersten 500 km nur behutsam bremsen.

Bremssattel ausbauen

Die vorderen Bremssättel sind mit je zwei sogenannten Rippschrauben am Federbein befestigt. Diese Schrauben besitzen hinter ihrem Sechskantkopf eine geriffelte Fläche, die ein unbeabsichtigtes Lösen der Schraube verhindert. Diese Rippschrauben dürfen keinesfalls durch herkömmliche Schrauben ersetzt werden!

- Rad abschrauben.
- Evtl. Bremsbeläge ausbauen.
- Halteschrauben des Bremssattels losdrehen.
- Bremssattel mit angeschraubtem Bremsschlauch so aufhängen, daß der Schlauch nicht unter Spannung steht. Oder
- Bremsschlauch bzw. -leitung abschrauben (Seite 153).
- Bremspedal niederdrücken und halten, um Auslaufen von Bremsflüssigkeit zu verhindern (siehe Seite 152).
- Beim Einbau beide Rippschrauben mit **125 Nm** anziehen.
- Bremsschlauch bzw. -leitung wieder festschrauben.
- Bremsanlage entlüften, falls der Bremsschlauch bzw. -leitung abgeschraubt war (Seite 153).
- **Bremspedal** vor den ersten Metern Fahrt **mehrfach durchtreten,** bis sich normales Pedalspiel einstellt.

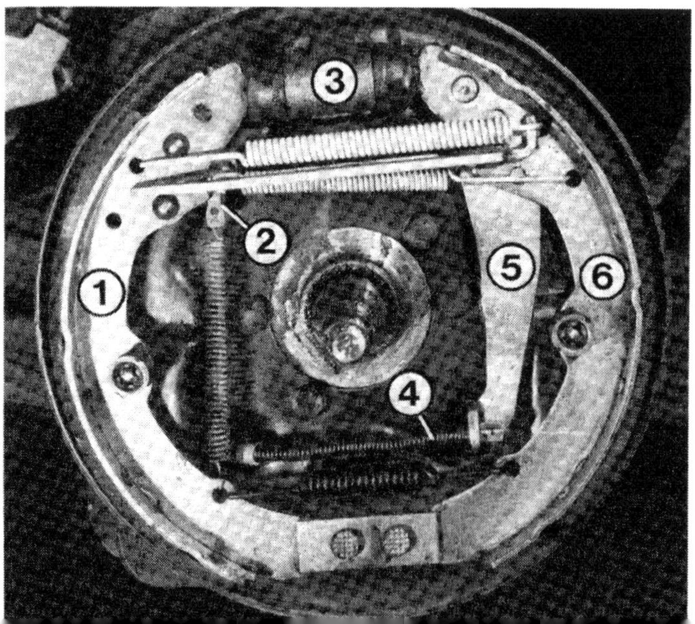

Bei abgenommener Bremstrommel sehen wir an der Hinterradbremse folgende Teile: 1 – Bremsbacke vorn; 2 – Nachstellkeil; 3 – Radbremszylinder; 4 – Handbremszug; 5 – Handbremshebel; 6 – hintere Bremsbacke.

Bremsscheibe ausbauen

Bremsscheiben müssen grundsätzlich beidseitig erneuert werden. Einseitiger Wechsel kann ungleiche Bremswirkung zur Folge haben.

- Bremssattel abschrauben und mit Draht an der Karosserie befestigen (siehe Vorseite); die Hydraulikleitung bleibt angeschlossen.
- Die Bremsscheibe kann nun von Hand von der Radnabe gezogen werden.
- Ist sie festgerostet, mit kräftigen Hammerschlägen nachhelfen – aber nur, wenn die Scheibe ohnehin gewechselt wird.
- Vor dem Ansetzen der neuen Bremsscheibe die Anlagefläche an der Radnabe säubern.

Die Trommelbremse

Die weniger leistungsstarken Audi-100-Modelle besitzen Trommelbremsen an der Hinterachse. Bei dieser Bremsenversion werden zwei Bremsbacken von den Kolben des Radbremszylinders (er sitzt zwischen den oberen Enden der Bremsbacken) gegen die Bremsfläche der Trommel gepreßt. Durch die Anordnung der Bremsbacken wirkt bei der im Audi verwendeten Trommelbremse (Simplex-Bremse = 1 Bremszylinder mit zwei Kolben) eine der beiden Bremsbacken selbstverstärkend. Das bedeutet, daß sich die Backe durch die Drehung des Rades in gewissen Grenzen selbsttätig an die Bremstrommel zieht, was die Pedalkraft vermindert. Beim Audi ist es (Vorwärtsfahrt vorausgesetzt) die vordere Bremsbacke, die selbstverstärkend wirkt. Im Fachjargon wird sie Primärbremsbacke oder Auflaufbacke genannt. Die hintere nennt sich dementsprechend Sekundärbacke oder Ablaufbacke.

Selbstnachstellende Trommelbremsen

Die Trommelbremsen brauchen nicht mehr nachgestellt zu werden. Allerdings bewirkt dies – anders als bei den Scheibenbremsen – eine Nachstellmechanik. Die Druckstange zwischen den Bremsbacken muß mit zunehmendem Belagverschleiß verlängert werden, damit die Beläge wieder zum Anliegen an die Trommel kommen. Das geschieht durch einen unter Federzug stehenden Keil, der mit den allmählich verschleißenden Belägen in der Druckstange nachrückt.

Trommelbremsbeläge messen

Wartung Nr. 31

Da die Auflaufbacke schneller verschleißt als die hintere Ablaufbacke, wird nur an der vorderen Bremsbacke die Stärke gemessen.

- Wagen hinten aufbocken.
- An der Innenseite des jeweiligen Hinterrades vorn am Bremsträgerblech den Plastikstopfen abziehen (siehe Bild unten).
- Mit Taschenlampe ins Schauloch leuchten, Belagstärke feststellen.
- Die Beläge dürfen bis auf **2,5 mm Reststärke – ohne Belagträger** gemessen – abgefahren werden. Dann sind sie reif zum Austausch.

Bremspedalweg prüfen

Wartung Nr. 31

- Drücken Sie das Bremspedal von Hand nieder.
- Der **Leerweg** soll **höchstens ⅓ des insgesamt möglichen Pedalwegs** betragen.
- Längerer Pedalweg bedeutet, daß die Beläge auf das Mindestmaß abgefahren sind und erneuert werden müssen.

Das Schauloch zur Kontrolle der Belagstärke (Pfeil) an den Hinterradbremsen sitzt nahe der Stelle, wo das Handbremsseil in den Bremsträger läuft.

● Zu langer Pedalweg kann auch durch verklemmte Bremsbeläge oder einen festgerosteten Bremssattel verursacht werden.

● Oder es ist Luft in die Bremsanlage gelangt (siehe Seite 141).

Bremstrommel abnehmen

Die Bremstrommel kann auch mit angeschraubtem Rad abgenommen werden. In diesem Fall

● Eine Radschraube herausdrehen.

● Wagen hinten aufbocken.

● Felge oder Bremstrommel so drehen, daß ein Radschraubenloch in Fahrtrichtung vorn oben steht.

● Durch das Schraubenloch mit einem Schraubenzieher den Nachstellkeil nach oben drücken – damit werden die Bremsbacken zurückgezogen.

● Radlager-Fettkappe abziehen (Bild Seite 137).

● Sicherungssplint im Radlager geradebiegen und herausziehen.

● Kronensicherung abziehen, Sechskantmutter lösen, Druckscheibe und äußeres Radlager abnehmen.

● Bremstrommel abziehen.

● Beim Zusammenbau Radlagerspiel einstellen, siehe Seite 138.

● Beläge durch einmaliges kräftiges Treten des Bremspedals zum Anliegen an der Trommel bringen.

Fingerzeig: Läßt sich bei einem älteren Wagen der verrostete Nachstellkeil der Bremse nicht nach oben drücken, sollte ein Helfer das Bremspedal treten, während der Keil von Ihnen nach oben geschoben wird. Bremspedal wieder loslassen und erst jetzt den Schraubenzieher aus der Bremstrommel ziehen, sonst rutscht der Keil wieder nach unten. Achten Sie darauf, daß nur dann auf das Pedal getreten wird, wenn beide Bremstrommeln montiert sind.

Zustand der Bremstrommeln kontrollieren

● Die Schleiffläche in der Bremstrommel muß möglichst glatt sein.

● Zeigen sich tiefe Rillen oder Riefen (durch bis auf die Nieten abgefahrene Bremsbeläge), kann die Trommel ausgedreht werden.

● Neue Bremstrommeln haben einen Innendurchmesser von 230,0 mm.

● Nach dem Ausdrehen darf der Innendurchmesser nicht größer als **231,0 mm** sein, sonst müssen **beide** Bremstrommeln ersetzt werden.

● Für ausgedrehte Trommeln müssen dickere Übermaß-Bremsbeläge verwendet werden.

Bremsbacken ausbauen

● Bremstrommel abnehmen.

● Federteller der Druckfedern an den Bremsbacken mit einer Kombizange zurückdrücken, um 90° drehen (Haltestift hinten an der Bremsankerplatte festhalten, damit er sich nicht mitdreht) und abziehen, Federn abnehmen.

● Rückzugfeder des Nachstellkeils aushängen.

● Bremsbacken aus der unteren Abstützung und den Kolben im Radbremszylinder herausheben.

● Handbremsseil an den abgezogenen Bremsbacken aushängen.

● Rückzugfedern oben und unten abnehmen.

● Nachstellkeil aus der Druckstange ziehen.

● Anlagefeder oben aus der Druckstange aushängen. Ggf. hierzu die Druckstange in einen Schraubstock spannen.

● Beim Zusammenbau Druckstange in Schraubstock spannen.

● Anlagefeder an der Druckstange und Bremsbacke einhängen. Wie die Feder richtig montiert wird, zeigt das Bild unten.

● Bremsbacke auf der Druckstange einsetzen, Nachstellkeil von oben einstecken. Seine Nase zeigt zur Bremsbacke hin.

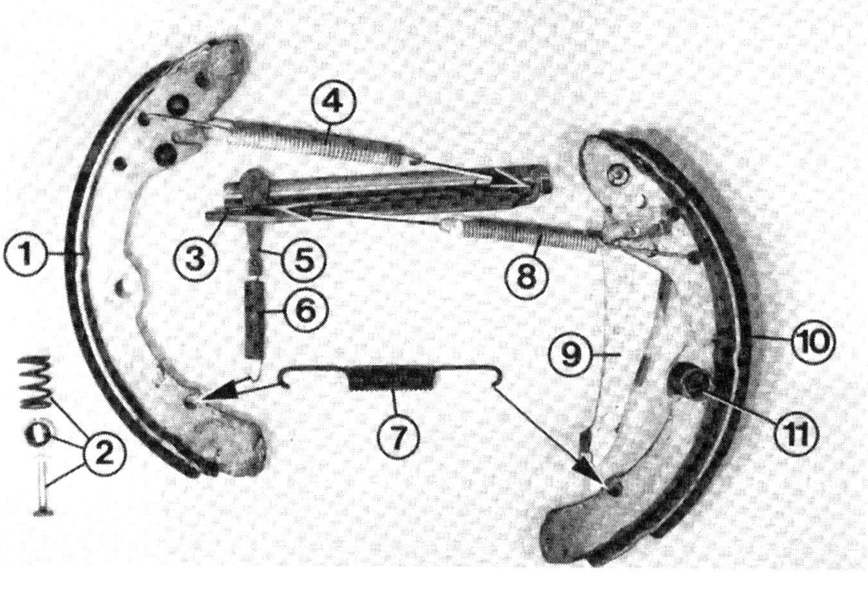

Die Teile der Trommelbremse in ausgebautem Zustand. Die Pfeile im Bild zeigen, wo die Federn beim Einbau eingehängt werden müssen.
Die Zahlen bedeuten: 1 – Bremsbacke vorn; 2 – Niederhalter mit Feder, Federteller und Haltestift; 3 – Druckstange; 4 – Rückzugfeder oben; 5 – Nachstellkeil; 6 – Zugfeder für Nachstellkeil; 7 – Rückzugfeder unten; 8 – Anlagefeder; 9 – Handbremshebel; 10 – Bremsbelag auf der Bremsbacke hinten; 11 – Niederhalter.

Hier wird der Bremskolben der hinteren Scheibenbremse bei ausgebautem Bremssattelgehäuse mit einem Inbusschlüssel (Pfeil) zurückgedreht. Bei neueren Fahrzeugen (gleitender Einsatz ab 11/87) muß statt des Inbusschlüssels das V.A.G.-Werkzeug 3131 verwendet werden.

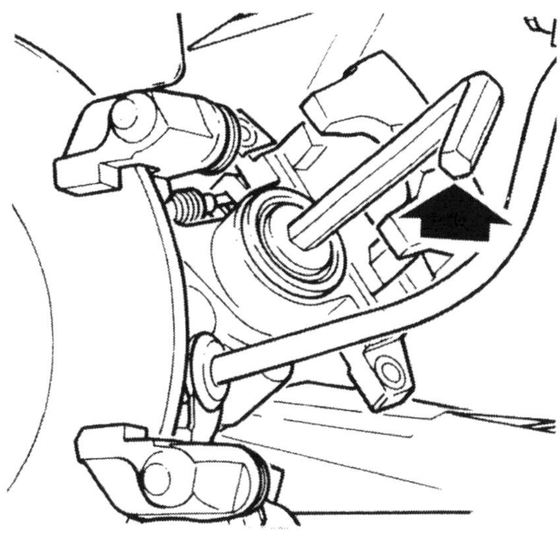

● Bremshebel der Sekundär-Bremsbacke in die Aussparung der Druckstange einsetzen, obere Rückzugfeder einhängen.
● Handbremsseil bei noch nicht montierten Bremsbacken am Bremshebel einhängen.

Bremsbacken erneuern

Verschlissene Trommelbremsbeläge werden am besten komplett mit Bremsbacken ersetzt. Die Teile gibt's im Austausch bei V.A.G. und im Zubehörhandel.

Bremszylinder der Trommelbremse ausbauen

● Bremstrommel abbauen.
● Bremsbacken ausbauen.
● Entlüftungsventil abschrauben.
● Bremsleitung abschrauben. Sofern nicht gleich anschließend ein neuer Bremszylinder eingesetzt wird, sollten Sie das Bremspedal niedertreten und halten (siehe Seite 152), um unnötigen Bremsflüssigkeitsverlust zu vermeiden.
● Zwei Halteschrauben hinten an der Bremsankerplatte herausdrehen und Bremszylinder abnehmen.

Scheibenbremse hinten

Die kräftiger motorisierten Audi-100-Modelle sind auch an der Hinterachse mit Scheibenbremsen ausgestattet. Wie an der Vorderachse handelt es sich hierbei um sogenannte Faustsattelbremsen (siehe Seite 141). Zusätzlich zur hydraulischen Betätigung durch die Fußbremse kann die Hinterrad-Scheibenbremse auch durch die Seilzüge der Handbremse bedient werden. Über einen Hebel, in den der jeweilige Bremszug eingehängt ist, wird der Bremskolben durch einen Druckstößel gegen den Belag gepreßt.

Automatische Nachstellung

Konstruktionsbedingt sind die Scheibenbremsen im Kraftfahrzeug immer selbstnachstellend: Der Bremskolben wandert mit dem verschleißenden Bremsbelag einfach weiter aus dem Bremssattelgehäuse heraus und sorgt so dafür, daß die Beläge stets knapp an der Bremsscheibe stehen. Durch die nachfließende Bremsflüssigkeit kann ohnehin kein »Spiel« entstehen.
Anders ist das bei mechanischer Betätigung durch die Handbremse: Hier würde der Druckstößel der Handbremsbetätigung den weiter nach außen gerückten Kolben irgendwann nicht mehr erreichen, wenn nicht eine Nachstellvorrichtung vorhanden wäre. Diese »verlängert« gewissermaßen den Druckstößel je nach Bedarf.
Kernstück der Nachstellung ist ein Gewinde, auf dem sich ein zweites Teil je nach Belagverschleiß immer

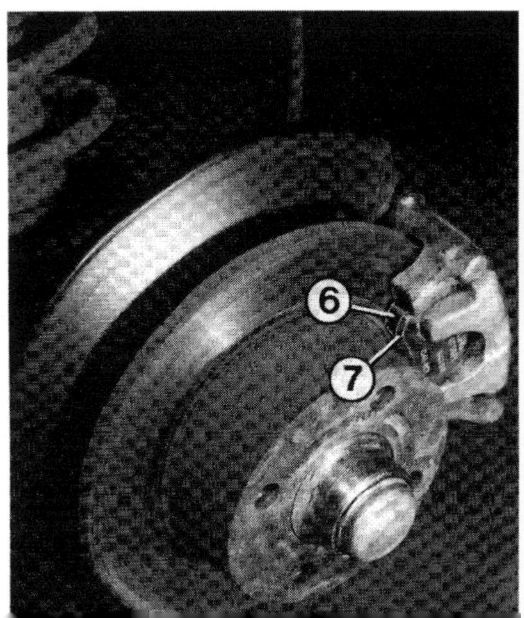

Links: Die hintere Scheibenbremse von der Wagenunterseite her gesehen: 1 – Bremssattelgehäuse; 2 – Entlüftungsventil; 3 – Handbremshebel; 4 – Drahtbügel der Handbremsseil-Befestigung; 5 – Bremsschlauch. Im Bild rechts wird die Belagstärke geprüft; 6 – Belagmaterial; 7 – Belagträger.

weiter nach vorn schraubt – die Druckvorrichtung wird also länger. Der Bremskolben darf deshalb beim Belagwechsel nicht einfach zurückgedrückt werden, sondern er wird auf der Nachstellvorrichtung zurückgeschraubt.

Scheibenbremsbeläge hinten messen

Wartung Nr. 18

An den hinteren Scheibenbremsen erfolgt die Kontrolle des Belagverschleißes gleich wie an den vorderen (Seite 142). Es gelten hier ebenfalls **7 mm** als Verschleißmaß – gemessen **mit Belagträgerplatte.** Gleichzeitig mit der Belagkontrolle wird der Zustand der Bremsscheiben geprüft. Verschleißmaß und Arbeitsreihenfolge beschreibt der Text auf Seite 142.

Scheibenbremsbeläge hinten erneuern

Gebraucht werden neben den Belägen für die Hinterachse auch vier selbstsichernde Schrauben, die den Belägen in der Regel beigepackt sind.

- Beide Befestigungsschrauben des Bremssattelgehäuses herausdrehen, dabei den Führungsbolzen an seinem Sechskant gegenhalten.
- Bremssattelgehäuse abnehmen.
- Beläge aus den Führungsschienen nehmen.
- Innensechskantschlüssel SW 12 bzw. V.A.G.-Werkzeug 3131 im Bremskolben ansetzen (Bild auf der Vorseite) und den Kolben unter kräftigem Druck von Hand einschrauben.
- Niemals den Bremskolben mit Gewalt und ohne zu drehen zurückdrücken. **Der Nachstellmechanismus im Bremskolben würde sonst zerstört.**
- Neue Beläge einsetzen.
- Bremssattelgehäuse mit **neuen** selbstsichernden Schrauben unter **35 Nm** anziehen.
- Nur einen schlanken Gabelschlüssel zum Gegenhalten des Führungsbolzens verwenden. Ein breiter würde eingeklemmt, und die Anzugskraft wäre somit falsch.
- **Generell** nach dem Zerlegen der Bremse eine neue **Grundeinstellung** durchführen. (Siehe nachfolgender Text.)

Grundeinstellung der Hinterrad-Scheibenbremse
bis ca. 11/87

- Wagen hinten beidseitig aufbocken und sichern. Räder abnehmen.
- Handbremse lösen.
- Sicherstellen, daß die Handbremszüge nicht vorgespannt sind:
- Zur Kontrolle die Handbremshebel an den Bremssätteln rechts und links abwechselnd gegen den Anschlag drücken. Bewegt sich der Hebel des gegenüberliegenden Bremssattels mit, sind die Handbremsseile zu straff vorgespannt. Dann die zentrale Einstellmutter für das Handbremsseil lösen (siehe Bild rechts unten).
- Zwischen die Betätigungsfeder des Bremskraftreglers und deren Halterolle an der Achse einen Schraubenzieher mit mindestens 6 mm Durchmesser stecken. Die Feder wird dadurch vorgespannt.
- Bremspedal bei abgeschaltetem Motor **ca. 40 Mal** mit mäßiger Kraft durchtreten.
- Prüfen, ob beide Hinterachsnaben bzw. -räder frei durchdrehen.
- An Fahrzeugen **mit Niveauregulierung** läuft die Arbeit bei nicht vorgespanntem Handbremsseil so ab:
- Wagen auf die Räder stellen.
- Motor ca. 2 Minuten im Leerlauf drehen lassen und dann wieder abstellen.
- **Bremspedal mit mäßiger Kraft ca. 40 Mal durchtreten.**
- Wagen hochbocken und prüfen, ob die Räder durchdrehen.

Grundeinstellung der Hinterrad-Scheibenbremse
ab ca. 11/87

Etwa ab November 1987 wurden nach und nach Hinterrad-Scheibenbremsen mit größeren Bremskolben (Erkennungsmerkmal: Eingegossene »38« hinten am Bremssattel; früher »36«) eingebaut. Die Grundeinstellung an dieser Bremse erfolgt weitgehend gleich, doch muß das Bremspedal statt 40 Mal nur noch **einmal** getreten werden. Wichtig: bei einer Reparatur nur jeweils gleiche Bremssättel pro Achse einbauen.

Bremssattel hinten ausbauen

- Bremsschlauch abbauen (Seite 151), sofern der Bremssattel gewechselt werden soll.
- Bremssattelgehäuse wie zum Belagwechsel ausbauen.
- Dabei die Hinweise im entsprechenden Text oben beachten!
- Handbremsseile abbauen (folgende Seite).
- Beide Halteschrauben des noch an der Achse befestigten Bremsträgers lösen.
- Zum Einbau die Bremsträger-Halteschrauben mit 65 Nm anziehen.
- Beim Einbau des Bremssattelgehäuses die Hinweise im Text oben beachten.
- Neue Grundeinstellung durchführen.

Bremsscheibe hinten wechseln

- Bremssattel hinten ausbauen (siehe Text oben).
- Bremsscheibe abnehmen.
- Anlagefläche an der Radnabe reinigen oder blankschmirgeln und neue Bremsscheibe aufsetzen.
- Neue Grundeinstellung durchführen.

Die Handbremse

○ Bei Betätigen des Handbremshebels wird eine Zugstange in Wagenboden-Mitte nach vorn gezogen. An ihrem Ende befindet sich eine Art Wippe – der Ausgleichsbügel. Hier sind auch die Bremsseile eingehängt, die nach hinten zu den Bremstrommeln bzw. -sätteln laufen. Sinn der Ausgleichswippe ist es, die Kraft, die wir beim Anziehen der Handbremse aufgewendet haben, möglichst gerecht an die beiden Hinterräder zu verteilen. Leichte Schwankungen im Reibwert der beiden Bremszüge gleicht die Wippe dabei aus.

○ An Fahrzeugen mit Trommelbremsen hinten ziehen die Bremsseile an den Bremshebeln der hinteren Bremsbacken und drücken diese an die Trommel. Gleichzeitig stützt sich der Bremshebel über die Druckstange an der vorderen Bremsbacke ab. So wird diese ebenfalls nach außen gedrückt und tritt bremsend in Aktion.

○ Bei Fahrzeugen mit Scheibenbremsen hinten wirken die Handbremsseile über den Betätigungshebel, die Druckstange und den Nachstellmechanismus auf die Bremsklötze. Mehr darüber lesen Sie auf Seite 147.

Leerweg des Handbremshebels prüfen

Wartung Nr. 33

● Die Wirkung der Handbremse soll an Fahrzeugen **mit Trommelbremsen hinten** mit der **dritten Raste** des Hebels beginnen.

● Bei eingerastetem vierten Zahn sollten die Hinterräder blockiert sein.

● Für Fahrzeuge mit **Scheibenbremsen hinten** bestehen keine Werksvorgaben über den Handbrems-Hebelweg. Der Leerweg ist hier direkt von der Funktion der automatischen Nachstellvorrichtung abhängig und kann also auch nur bedingt eingestellt werden.

● Ist der Hebelweg länger, weist das auf abgenutzte hintere Bremsbeläge oder gedehnte Handbremsseile, weil die Handbremse bei jedem Parken kräftig angezogen wurde.

● Eine Einstellung der Handbremse ist nur nach Auswechseln des Handbremsseils erforderlich.

Handbremszug wechseln

● Wagen hinten aufbocken und sichern.

● Handbremse lösen.

● Selbstsichernde Nachstellmutter am Ausgleichsbügel losdrehen, bis sich der Bremszug vorn aushängen läßt.

● Bremstrommel abnehmen, Bremsbacken ausbauen (Seite 146) und hinteres Seilzugende aus dem Bremshebel aushängen.

● Bei Scheibenbremsen hinten die Federklammer am Ende der Zughülle abhebeln und den Nippel des Bremszugs aus dem Betätigungshebel aushängen.

● Seilzug jetzt aus den verschiedenen Haltern an der Hinterachse und am Wagenboden aushängen und abnehmen.

● Beim Einbau die Sicherung am vorderen Ende der Seilzughülle einsetzen.

● An Wagen mit Scheibenbremse hinten unbedingt **Grundeinstellung vornehmen** (siehe Vorseite)!

● Bei allen Wagen Handbremse einstellen.

Handbremse einstellen

Durch die automatischen Nachstellvorrichtungen sowohl bei Trommel- wie bei Scheibenbremsen braucht die Handbremse nur nach Arbeiten an der Hinterradbremse sowie an deren Betätigung (mechanisch) eingestellt zu werden.

● Wagen hinten beidseitig hochbocken und sichern.

● **Fahrzeuge mit Trommelbremsen hinten:**

● Handbremse lösen.

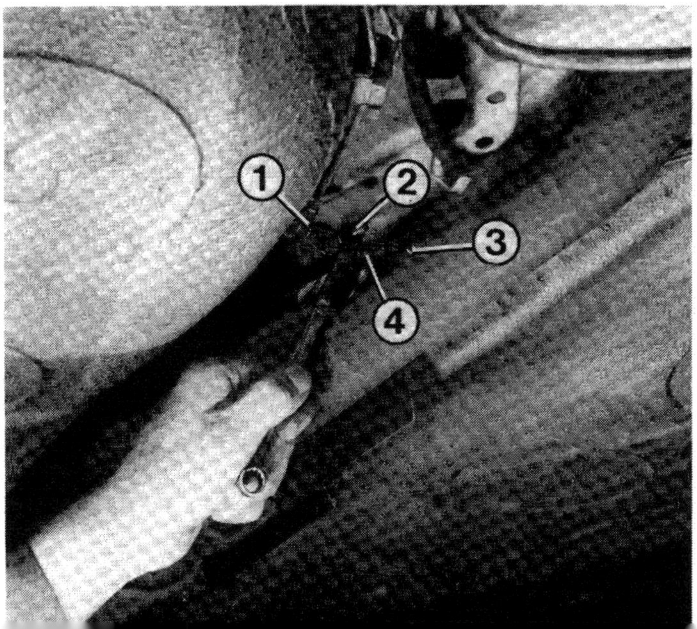

Nachstellen der Handbremse. Es bedeuten: 1 – Bremsseil links; 2 – Nachstellmutter; 3 – Bremsseil rechts; 4 – Ausgleichsbügel (»Wippe«). Unser Foto zeigt etwa die Mitte des Wagenbodens.

● Einstellmutter (Bild auf der Vorseite) bis zum Ende der Gewindestange herausdrehen.
● Bremspedal einmal kräftig niedertreten.
● Handbremshebel **drei Rasten** hochziehen.
● Einstellmutter jetzt so weit anziehen, daß sich beide Räder von Hand noch schwer durchdrehen lassen.
● Handbremse lösen und Freigang der Räder kontrollieren.
● **Fahrzeuge mit Scheibenbremsen hinten:**
● Nachstellmutter für Handbremsseile so weit anziehen, bis beide Handbrems-Betätigungshebel an den Bremssätteln rechts und links gerade vom Anschlag abheben. Das sollte ein Helfer kontrollieren.
● Nachstellmutter jetzt 2 Umdrehungen lösen.
● Zur Kontrolle die Handbremshebel an den Bremssätteln rechts und links abwechselnd gegen den jeweiligen Anschlag drücken. Bewegt sich nun der Hebel des gegenüberliegenden Bremssattels mit, sind die Handbremsseile zu straff vorgespannt.
● In diesem Fall die Nachstellmutter für Handbremsseile gerade soweit lockern, bis beide Hebel am Anschlag anliegen.
● Handbremse anziehen und wieder lockern; Freigang der Hinterräder kontrollieren.

Der Hauptbremszylinder

Der Hauptbremszylinder ist gewissermaßen der Chef im Bremssystem. Er sitzt ganz hinten im Motorraum und gibt den Bremssätteln bzw. Radbremszylindern den Befehl, wann sie zu bremsen haben. Mehr über seine Ausführung und Funktion finden Sie auf Seite 139.

Hauptbremszylinder ausbauen

● Bremsflüssigkeit aus dem Ausgleichsbehälter absaugen.
● Behälter aus dem Hauptbremszylinder herausziehen.
● Sämtliche Bremsleitungen am Hauptbremszylinder abschrauben.
● Beide Halteschrauben hinten am Hauptbremszylinder herausdrehen.
● Beim Zusammenbau neuen Dichtring zwischen Bremskraftverstärker und Hauptbremszylinder einlegen.
● Halteschrauben mit 25 Nm anziehen.
● Dichtstopfen für die Anschlußstutzen des Ausgleichsbehälters innen mit Bremsflüssigkeit anfeuchten, bevor der Behälter aufgedrückt wird.
● Bremsanlage entlüften.

Der Bremskraftverstärker

Scheibenbremsen wirken nicht, wie Trommelbremsen, selbstverstärkend. Es ist eine wesentlich höhere Bremskraft vonnöten. Deshalb besitzt der Audi in der Grundausstattung einen pneumatisch arbeitenden Bremskraftverstärker, der ca. 60% der Bremskraft aufbringt. Ist der Wagen dagegen mit Servolenkung und/oder Niveauregulierung ausgestattet und besitzt damit eine Zentralhydraulik, ist automatisch ein hydraulisch arbeitender Bremskraftverstärker eingebaut, der dem Fahrer ca. 80% des Pedaldrucks abnimmt.
Egal welche Version zum Einsatz kommt, der Bremskraftverstärker hat seinen Platz ganz links im Motorraum, hinter dem Hauptbremszylinder. Das Bremspedal ist jedoch weiterhin direkt mit den Bremskolben im Hauptbremszylinder verbunden, so daß man auch noch bei ausgefallenem Hilfsgerät bremsen kann. Der notwendige Pedaldruck muß dann allerdings vervielfacht werden.

Der pneumatische Bremskraftverstärker

Die Hilfskraft liefert der Unterdruck aus dem Ansaugrohr. Der Bremskraftverstärker ist über einen Schlauch mit dem Saugrohr verbunden. Beim Bremsen verschiebt der Druckunterschied zwischen dem äußeren Luftdruck und dem Unterdruck im Ansaugrohr eine große, elastische Membrane und drückt zusätzlich auf die Kolben im Hauptbremszylinder. Wenn der Motor nicht läuft, kann der Servo auch keine (zusätzliche) Bremskraft liefern. Bleibt der Motor unterwegs plötzlich stehen, haben Sie noch eine Reserve für einige Bremsungen; aber dann werden die Wadenmuskeln voll beansprucht.

Der hydraulische Bremskraftverstärker

Hier stammt die Hilfskraft aus der Hydraulikpumpe (siehe Seite 128), die Hydrauliköl unter ca. 140 bar Druck zunächst in den Druckspeicher preßt. Von dort aus verläuft die Druckleitung zum Bremskraftverstärker, der nichts weiter ist als ein verfeinertes Ventil. Und das funktioniert so:
Das Bremspedal ist direkt mit dem Steuerschieber verbunden. Wird es niedergedrückt, so wird im Bremskraftverstärker die Zuleitung für das unter Druck befindliche Hydrauliköl fein dosiert geöffnet. Der Druck kann nun auf einen Kolben wirken, der mit der Druckstange zum Hauptbremszylinder verbunden ist. Kolben und Druckstange wandern dadurch nach vorn – die Bremsung wird ausgelöst. Beim Loslassen des Bremspedals öffnet der Steuerschieber die Bohrung zur Rücklaufleitung und verschließt gleichzeitig die Zulaufbohrung. Der Druck im Bremskraftverstärker wird somit abgebaut – die Bremsen lösen.
Durch den Druckspeicher hat das System Druckreserven für ca. 30 unterstützte Bremsungen nach Abschalten des Motors. Dann müssen die Wadenmuskeln allen Bremsdruck aufbringen.

Wird ein neuer Bremskraftverstärker eingebaut, muß die Länge seiner Betätigungsstange in ausgebautem Zustand eingestellt werden: Der Abstand zwischen Bohrungsmitte des Gabelkopfs und der Anlagefläche mit den Stehbolzen muß 249 mm betragen.

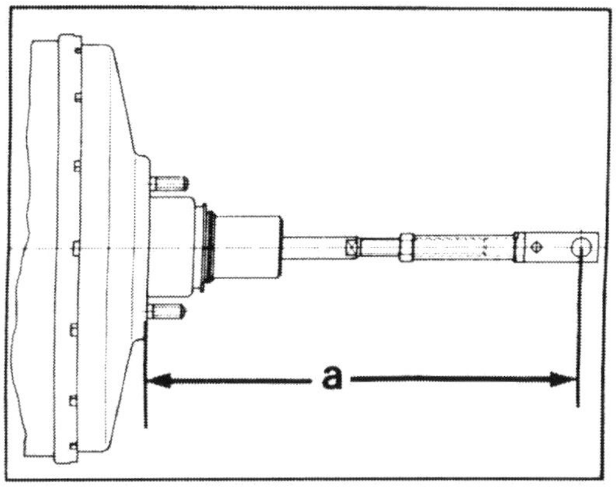

Bremskraftverstärker prüfen

Wartung Nr. 32

- Der Motor muß abgestellt sein.
- Bei Fahrzeugen mit pneumatischem Bremskraftverstärker das Bremspedal **10 Mal** durchtreten.
- Bei Fahrzeugen mit hydraulischem Bremskraftverstärker das Bremspedal **30 Mal** durchtreten.
- Pedal jetzt voll durchgetreten halten und Motor starten.
- Bei intaktem Bremskraftverstärker muß das Pedal jetzt ein Stück nachgeben. Senkt sich das Pedal nicht, ist die Bremskraftverstärkung defekt.

Störungssuche Bremskraftverstärker

- Bei **pneumatischem Bremskraftverstärker** ist ein Defekt im Unterdrucksystem am wahrscheinlichsten: Unterdruckschlauch vom Ansaugkrümmer zum Bremskraftverstärker undicht, Rückschlagventil im Unterdruckschlauch, Gummiring zwischen Hauptbremszylinder und Servogerät oder Membrane des Bremskraftverstärkers defekt.
- Zur Kontrolle des Rückschlagventils den Unterdruckschlauch am Bremsservo abnehmen.
- Durchblasen muß, Ansaugen darf nicht möglich sein.
- Das Rückschlagventil gibt es nur mit dem dazugehörigen Unterdruckschlauch.
- Der Pfeil am Ventil muß in Richtung Ansaugkrümmer zeigen.
- Zum Austausch eines schadhaften Gummirings zwischen Hauptbremszylinder und Verstärker muß der Zylinder demontiert werden, siehe Vorseite.
- Bleibt zuletzt noch der Defekt des Bremskraftverstärkers selbst. Eine Reparatur ist hier nicht möglich – austauschen.
- Beim **hydraulischen Bremskraftverstärker** bleibt dem Selbsthelfer nur die Kontrolle des Hydraulikölstands (Seite 18). Ansonsten muß die Werkstatt prüfen,
- ob der Druck, den die Hydraulikpumpe liefert, stimmt und
- ob Druckspeicher und Bremskraftverstärker defekt sind.

Bremskraftverstärker ausbauen

- Bei Wagen mit hydraulischem Bremskraftverstärker Bremspedal 30 Mal niedertreten, um den Druck in der Zentralhydraulik abzubauen.
- Hauptbremszylinder ausbauen (Vorseite).
- Zu- und Rücklaufleitung am hydraulischen Bremskraftverstärker abschrauben. Vorsichtig drehen, falls noch Restdruck in der Anlage ist. Kabelstecker abziehen.
- Unterdruckschlauch am pneumatischen Bremskraftverstärker abbauen.
- Ablage links unter dem Armaturenbrett (siehe Seite 258) und den Heizkanal darunter ausbauen (2 Kreuzschlitzschrauben).
- Unter dem Armaturenbrett den Gelenkbolzen im Gabelkopf der Betätigungsstange zum Bremskraftverstärker ausbauen.

Der Bremskraftverstärker sitzt immer (in Fahrtrichtung gesehen) hinter dem Hauptbremszylinder (2) – egal ob es sich um einen pneumatischen (1) oder einen hydraulischen (3) Verstärker handelt.

● Die vier selbstsichernden Muttern, die im Wagen-Innenraum den Bremskraftverstärker halten, losdrehen.
● Bremskraftverstärker vom Motorraum aus abziehen.
● Wird ein neuer Bremskraftverstärker eingebaut, muß die Länge seiner Betätigungsstange in ausgebautem Zustand eingestellt werden:
● Der Abstand zwischen Bohrungsmitte des Gabelkopfs und der Anlagefläche mit den Stehbolzen muß 249 mm betragen.
● Gelenkbolzen vor dem Einbau leicht einfetten.
● Neue Sicherung für Gelenkbolzen und neue selbstsichernde Muttern verwenden. Neuen Dichtring zwischen Bremskraftverstärker und Hauptbremszylinder einbauen.

Der Bremskraftregler

Der Bremskraftregler sitzt beim Audi in Fahrtrichtung links vor der Hinterachse. Er kann den Flüssigkeitsdruck zu den hinteren Radbremszylindern reduzieren. Das geschieht je nach Beladung: Viel Druck bei vollgeladenem Wagen, wobei die Hinterachse auch beim Bremsen nur wenig entlastet wird; wenig Druck bei Ein- oder Zweimannbesatzung – hierbei hebt sich der Wagen stärker aus den Hinterfedern. Durch zu viel Bremsdruck an den Hinterrädern blockieren diese vorzeitig, und das Auto stellt sich quer.
Bei Wagen ohne Niveaulift erhält der Bremskraftregler über eine Feder, die mit der Hinterachse verbunden ist, Informationen über den Beladungszustand des Wagens – je nachdem wie stark die Hinterachse einfedert.
Ist der Wagen mit Niveaulift ausgestattet, federt er bekanntlich in beladenem Zustand nicht wieder ein. Deshalb ist dieser Bremskraftregler an die Hydraulikleitung zum Niveaulift angeschlossen und damit druckgesteuert. Bei höherer Beladung benötigt der Niveaulift mehr Druck, um das Wagenheck auf Normalhöhe anzuheben. Diese Druckanhebung veranlaßt den Bremskraftregler, mehr Bremskraft zur Hinterachse zu verlagern.

Bremskraftregler prüfen

Für eine schnelle Funktionsprüfung brauchen Sie einen Helfer. Der Wagen darf nicht aufgebockt sein.
● Treten Sie das Bremspedal kräftig durch und lassen Sie es schnell los.
● Hierbei muß sich der Hebel am Bremskraftregler bewegen.
● Für eine genauere Prüfung sowie für die Prüfung des hydraulisch gesteuerten Bremskraftreglers werden Spezialwerkzeuge gebraucht.

Arbeiten an der Bremshydraulik

Arbeitstips

○ Bremsflüssigkeit ist giftig. Nicht mit dem Mund im Berührung bringen.
○ Bremsflüssigkeit greift den Fahrzeuglack an. Deshalb keine bremsflüssigkeitsgetränkten Lappen oder verschmierten Werkzeuge auf die Lackierung legen.
○ Beim Lösen eines Bremsschlauchs oder einer Bremsleitung läuft nach und nach der Bremsflüssigkeits-Vorratsbehälter leer. Das verhindern Sie so: Vor dem Lösen der Verschraubung eine Entlüftungsschraube im betreffenden Bremskreis lösen. Entlüftungsschlauch aufstecken und in ein Gefäß leiten. Nun das Bremspedal ganz durchtreten und mittels einer passenden Holzlatte in dieser Stellung halten. Die Zulaufbohrungen im Hauptbremszylinder sind damit verschlossen – es tritt keine Bremsflüssigkeit mehr aus.
○ Zum Lösen und Anziehen der Bremsleitungen sollten Sie sich den im Bild unten links gezeigten Bremslei-

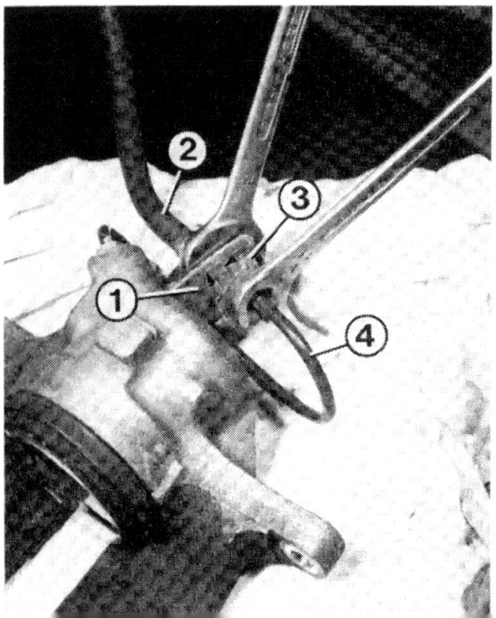

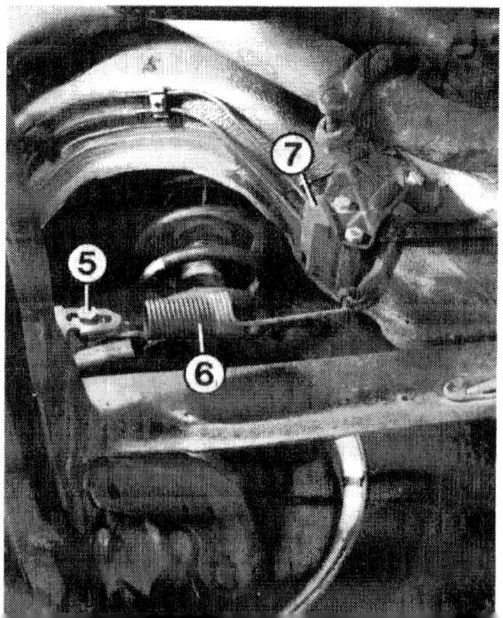

Bild links: Sind Bremsleitungen (4) und Bremsschläuche (2) mit einem Blechhalter (1) an anderen Bauteilen (wie hier am Bremssattel) befestigt, so darf der federnde Schlauchhalter (3) nicht fehlen. Hier wird die Verbindung mittels eines 14er-Gabelschlüssels und eines Bremsleitungsschlüssels (im Vordergrund) gelöst.
Bild rechts: Der Bremskraftregler (7) ist bei Wagen ohne Niveauregulierung mittels einer Feder (6) mit dem Halter (5) an der Hinterachse verbunden.

tungsschlüssel besorgen. Ferner benötigen Sie zum Gegenhalten der Bremsschläuche einen Gabelschlüssel SW 14.

○ Nach Arbeiten an der Bremshydraulik muß grundsätzlich entlüftet werden (siehe unten). Oft genügt es, nur den Bremskreis, an dem gearbeitet wurde, zu entlüften.

Bremsleitungen ausbauen

● Überwurfmutter der Bremsleitung losdrehen. Hierzu Gegenverschraubung – z. B. an einem Bremsschlauch – festhalten.

● Ist die Mutter auf der Leitung angerostet, wodurch sich diese mitdreht, muß die Leitung in jedem Fall erneuert werden. Die dünnwandigen Rohre knicken schnell ab.

● Zum Lösen der Leitungsanschlüsse kann folgender Trick weiterhelfen, wenn das betreffende Leitungsstück ohnehin ausgewechselt werden soll:

● Bremsleitung nahe der Verschraubung absägen, Überwurfmutter mit einer Sechskantnuß losdrehen.

● Bremsleitungen in ihren Haltern verlegen.

● Bremsanlage entlüften.

Bremsschläuche auswechseln

● Zuerst die Überwurfmutter der betreffenden Bremsleitung losdrehen. Dabei darauf achten, daß sich die Leitung nicht verdreht.

● Ist ein Bremsschlauch mit einem Blechhalter an der Karosserie befestigt, dann ist er mit einem Blechbügel gegen Hin- und Herrutschen gesichert. Beim Zusammenbau darf dieser sogenannte Schlauchhalter (siehe Bild links unten) nicht vergessen werden.

● Beim Einbau den Schlauch immer zuerst an der Stelle festdrehen, an der er sein Außengewinde hat.

● Dann die andere Verschraubung anziehen.

● Der Bremsschlauch darf nicht in sich verdreht sein. Zur Kontrolle dient der Farbstreifen oder Gummianguß entlang des Schlauches.

● Bremssystem entlüften.

● Sofort nach der Reparatur kontrollieren, ob der Schlauch bei Federbewegungen irgendwo scheuern kann.

● Diese Kontrolle nach einer längeren Fahrtstrecke wiederholen.

Bremsanlage entlüften

Wenn sich das Bremspedal federnd durchtreten läßt und sich der gewohnte Pedalweg erst nach mehrmaligem »Pumpen« einstellt, ist Luft in die Bremsanlage eingedrungen. Es liegt also eine Undichtigkeit vor (siehe Seite 141). Defekt suchen und reparieren. Es ist in diesem Fall nicht damit getan, einfach zu entlüften. Entlüftet werden muß ferner nach Reparaturen an der Bremshydraulik, wenn Luft in Bremszylinder und Leitungen eingedrungen ist:

● Bremsflüssigkeits-Vorratsbehälter ganz mit frischer Bremsflüssigkeit auffüllen und auch während des Entlüftens immer dafür sorgen, daß er rechtzeitig vor Absinken des Spiegels mit frischer Flüssigkeit nachgefüllt wird. Sonst wird wieder Luft angesaugt.

● Staubkappe vom Entlüftungsventil nehmen (Arbeitsreihenfolge: hinten rechts; hinten links; vorn rechts; vorn links) und das Entlüftungsventil (SW 7) um ½ bis 1½ Umdrehungen öffnen.

● Durchsichtigen Schlauch (wie von der Scheibenwaschanlage) über das saubergeriebene Ventil schieben und das freie Schlauchende in ein teilweise mit Bremsflüssigkeit gefülltes Gefäß stecken.

● Von Helfer das Bremspedal so lange langsam niedertreten und wieder zurückkommen lassen, bis im Schlauch keine Luftbläschen mehr sichtbar sind. (Bei stark entleerter Hydraulik zwei Entlüftungsdurchgänge am Wagen machen.) So wird Bremsflüssigkeit – und natürlich auch Luft – durch das Entlüftungsventil gepumpt.

● Kommen keine Luftbläschen mehr, muß der Helfer das Bremspedal in der tiefsten Stellung halten, während Sie das Entlüftungsventil schließen. Mit Gefühl anziehen, sonst reißt das Ventil ab!

● An den übrigen Radbremsen auf gleiche Weise entlüften.

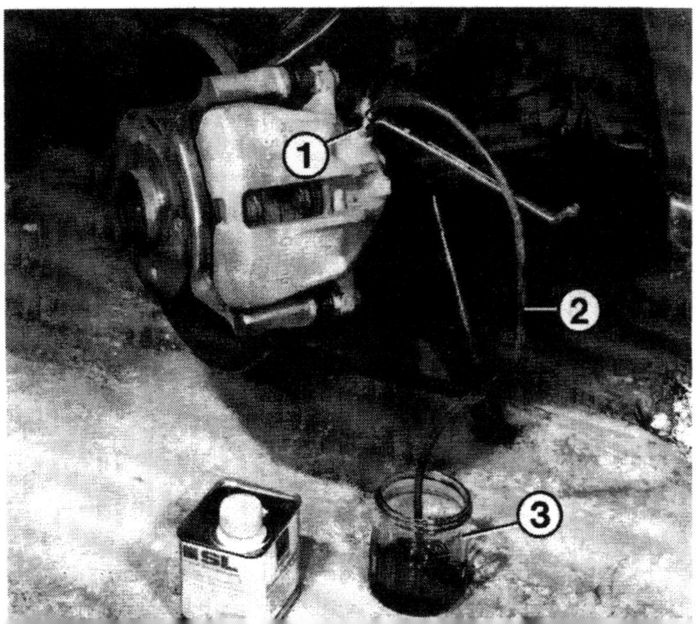

Bremsen entlüften am vorderen Bremssattel: Das Entlüftungsventil (1) wird mit einem Ringschlüssel SW 7 geöffnet. Der durchsichtige Kunststoffschlauch (2) ist auf das Ventil gesteckt und leitet die herausgepumpte Flüssigkeit in das vorbereitete Gefäß (3).

Störungsbeistand

Bremsen

Die Störung	– ihre Ursache	– ihre Abhilfe
A Bremsen ziehen einseitig	1 Reifendruck ungleichmäßig	Korrigieren bei kalten Reifen
	2 Reifenprofil ungleichmäßig abgefahren	Reifen wechseln
	3 Beläge verschmiert, verglast oder ungleichmäßig abgenutzt	Beläge erneuern
	4 Gleitbolzen im Bremssattel verschmutzt oder verrostet	Reinigen
	5 Kolben im Bremssattel oder Radbremszylinder festgerostet	Gängig machen oder erneuern
	6 Bremsbacken liegen in der Trommel nicht richtig an	Kontrollieren, evtl. neue Bremsbacken montieren
	7 Unrunde Bremstrommeln	Ausdrehen oder erneuern
	8 Bremsscheiben stark riefig oder zu dünn	Bremsscheiben ersetzen
	9 Bremsschläuche gequollen	Schläuche ersetzen
B Bremsen quietschen	1 Falsche Beläge	Original-Beläge einbauen
	2 Staub und Schmutz an den Scheibenbremsen oder in den Trommelbremsen	Beläge ausbauen, Staub und Schmutz entfernen
	3 Resonanzgeräusche zwischen Bremsscheibe und Belägen	Belagaufkleber Et. Nr. 171615357 anbringen
	4 Siehe A 4, 5 und 7	
	5 Neue Beläge liegen nicht plan an	Außenkanten der Beläge mit einer Feile brechen
	6 Lose Belagnieten	Erneuern
C Bremsen rattern und blockieren	1 Siehe B 6	
	2 Überstehende Belagnieten	Erneuern
	3 Siehe A 7	
	4 Rückzugfedern der Bremsbacken zu schwach	Erneuern
	5 Bremsscheibe hat Schlag	Erneuern
	6 Bremsscheibe stark riefig	Erneuern
D Eine oder alle Radbremsen werden sehr heiß	1 Ausgeichsbohrung im Hauptbremszylinder verstopft	Säubern
	2 Kein Spiel zwischen Bremspedal (Druckstange) und Hauptbremszylinderkolben	Einstellen
	3 Verrostete Bremssättel	Überholen lassen
	4 Handbremse löst nicht vollständig	Bremsseile und Hinterradbremse kontrollieren
E Pedalweg zu groß	1 Nachstellvorrichtung der Hinterradbremse defekt	Kontrollieren
	2 Radlagerspiel zu groß	Einstellen
	3 Siehe C 5	
	4 Siehe A 7	
F Pedalweg zu groß, Pedal läßt sich weich und federnd durchtreten	1 Luft im Bremssystem	Bremsanlage entlüften
	2 Bremssystem undicht	Dichtheitsprüfung durchführen
	3 Hauptbremszylinder defekt	Austauschen
G Schlechte Bremswirkung bei hohem Pedaldruck	1 Pedalweg normal: Beläge verölt oder verbrannt	Erneuern
	2 Pedalweg kurz: Bremskraftverstärker defekt	Kontrollieren (siehe Seite 151)
	3 Pedalweg lang: Ein Bremskreis ausgefallen durch Undichtigkeit	Kontrollieren, schadhafte Teile auswechseln
H Handbremse wirkt einseitig oder nur schwach	1 Siehe Punkte unter »A«	
	2 Bremsseil eingerostet	Erneuern
	3 Nachstellmechanik defekt	Kontrollieren

Stotterbremse

Auf Sonderwunsch kann der Audi mit einem Antiblockiersystem (kurz: ABS) von Bosch ausgerüstet sein. Fahrzeuge mit vier Scheibenbremsen bieten hierfür ideale Voraussetzungen, weshalb auch die ansonsten mit Trommelbremsen an der Hinterachse ausgerüsteten Modellversionen bei eingebauter ABS dort mit Scheibenbremsen versehen sind.

ABS kann nicht alles!

ABS kann keine Bremswunder vollbringen, wie häufig angenommen wird; der Bremsweg wird sich also nicht unter allen Bedingungen wesentlich verkürzen.
Vielmehr hilft ABS, die Lenkfähigkeit des Wagens während einer starken Bremsung zu erhalten. Doch bedarf es dazu eines weit größeren Lenkeinschlags als normal. Das ist nur einer der Punkte, die anders sind als bei einer normalen Bremsanlage:

- Üben Sie deshalb auf einem abgelegenen Parkplatz Vollbremsungen unter Lenkeinschlag.
- Treten Sie dabei voll aufs Bremspedal. Das Dosieren der Bremskraft übernimmt das ABS für Sie.
- Das gilt für Bremsungen bei Geradeausfahrt wie auch bei eingeschlagener Lenkung.
- Wundern Sie sich nicht über das pulsierende Bremspedal. Wenn das ABS regelt, sind diese Pedalschwingungen normal.
- In Extremfällen werden Sie auch bei ABS das Bremspedal loslassen müssen, um heikle Situationen in der Kurve noch zu retten.

Was ABS macht

ABS sorgt immer für eine optimale »Stotterbremsung«, so daß eine reine Blockierbremsung nicht mehr möglich ist.
Die Räder drehen sich selbst bei einer Vollbremsung auf Glatteis noch etwas, damit sie das Fahrzeug in der Spur halten können.

Funktion der Einzelteile

Die Hydraulikeinheit

Sie hat ihren Platz links hinten im Motorraum (Abbildung unten): Die Einheit ist zwischen den Bremsleitungen vom Hauptbremszylinder und den Bremsleitungen zu den Radbremsen eingebaut. Entsprechend den Befehlen vom elektronischen Steuergerät wird der Druck zu den Radbremsen entweder konstant gehalten, verringert oder wieder aufgebaut. Höher als der Druck, den Sie über das Bremspedal im Hauptbremszylinder erzeugen, kann der Druck aber nicht werden. Für die Druckregelung sind vier schnell schaltende Magnetventile zuständig – also je eines pro Rad.
Sind die Magnetventile stromlos, wird der Druck erhöht. Fließt der Maximalstrom, erfolgt eine Druckreduzie-

Die Hydraulikeinheit (1) des Antiblockiersystems hat ihren Platz unterhalb des Hauptbremszylinders im Motorraum. Bei abgenommenem Schutzdeckel sind ferner zu sehen das Relais der Magnetventile (2) und das Relais der Rückförderpumpe (3).

rung, und bei mittlerer Stromstärke wird der Druck gehalten. Besonders interessant ist die Druckabbauphase: Weil man die Bremsflüssigkeit, welche vom Hauptbremszylinder hergedrückt wird, zum Druckabbau nicht einfach irgendwohin entweichen lassen kann (das Bremspedal würde sich als Folge ganz durchtreten lassen), pumpt man die Bremsflüssigkeit mit einer kräftigen Rückförderpumpe zum Hauptbremszylinder zurück. Sie merken dies am Bremspedal, das leicht zu pulsieren beginnt, wenn die Rückförderpumpe läuft, das ABS also in Aktion tritt. Bei genauem Hinhören vernehmen Sie auch die Pumpgeräusche. Durch Geräuschdämpfer in der Hydraulikeinheit wird das Geräusch etwas unterdrückt.
Oben an der Hydraulikeinheit finden Sie neben der Steckverbindung noch zwei Relais. Das größere schaltet den Strom zur Rückförderpumpe; über das kleinere Relais werden die Magnetventile angesteuert.

Die Drehzahlfühler

Insgesamt vier Drehzahlfühler erfassen die Drehzahlen jedes einzelnen Rades und leiten diese Information zur Steuerelektronik weiter. Damit kann das Schaltgerät seinerseits die Hydraulikeinheit ansteuern.
Die Drehzahlfühler selbst bestehen aus einem Magnetkern und einer Spule und sind in geringem Abstand zu einer Zahnscheibe – dem Rotor – montiert. Der Rotor – sein Name sagt es schon – dreht sich mit dem Rad und läßt damit die zahnförmigen Erhebungen an seinem Umfang je nach Geschwindigkeit schneller oder langsamer am Fühler vorbeilaufen. Jeder Zahn, der unter dem Fühler vorbeiwandert, induziert im Fühler einen kurzen Spannungsanstieg. Auf diese Weise wird im Fühler eine Wechselspannung erzeugt, die entsprechend der Raddrehzahl ihre Frequenz ändert. Das so entstandene Signal wird vom Schaltgerät als Drehzahlinformation verarbeitet.
Die Rotoren sitzen beim Audi vorn auf dem äußeren Antriebswellengelenk und hinten auf der Radnabe.

Das elektronische Steuergerät

Das Steuergerät sitzt links unter der hinteren Sitzbank und verarbeitet die Informationen von den Drehzahlfühlern. Gleichzeitig steuert es die Hydraulikeinheit so an, daß die Räder nicht blockieren. Neben der komplizierten Signalaufarbeitung und dem nachfolgenden Logikteil enthält das Steuergerät noch eine Sicherheitsschaltung. Damit kann sich das Gerät selbst überprüfen, Fehler außerhalb erkennen und die Betriebsspannung überwachen. Werden Fehler festgestellt, schaltet sich das ABS aus, und die Kontrollampe im Armaturenbrett leuchtet auf.

Die Relais

Drei Relais tragen zur Funktion des ABS bei:
- Das Relais für Magnetventile sitzt unter der Abdeckhaube auf der Hydraulikeinheit.
- Das Relais für Rückförderpumpe sitzt ebenfalls unter der Abdeckhaube der Hydraulikeinheit.
- Das ABS-Schrittrelais und das Überspannungs-Schutzrelais sind zum Kombirelais zusammengefaßt.

Einbauort: Relaisträger links unter dem Armaturenbrett (Seite 230); nur bei den ersten Wagen mit ABS rechts unter der Verkleidung im Beifahrer-Fußraum.

Der Hauptschalter

Mit dem ABS-Hauptschalter in der Schalterleiste am Armaturenbrett kann das ABS abgeschaltet werden, um bei extremen Fahrbahnverhältnissen eine geringfügige Verkürzung des Bremswegs zu erreichen. So wird beispielsweise bei Kiesuntergrund oder flugschneebedecktem Glatteis von den blockierenden Rädern ein Kies- bzw. Schneekeil vor dem Reifen erzeugt, der zusätzlich bremsen hilft.

Störungen am ABS-System

Ist die Anlage abgeschaltet, leuchtet die ABS-Kontrollampe im Kombiinstrument auf. Wird der Motor zwischenzeitlich abgestellt und wieder gestartet, schaltet sich das ABS automatisch wieder ein.
Die ABS-Kontrolleuchte im Armaturenbrett leuchtet mit dem Einschalten der Zündung auf. Sie muß verlöschen, wenn der Motor läuft oder spätestens, wenn schneller als 6 km/h gefahren wird. Fällt die Bordspannung unter 10 Volt, leuchtet die Kontrolle ebenfalls. Sie kann weiterhin aufleuchten, wenn ein Rad länger als 20 Sekunden durchdreht. Dann die Zündung wieder ausschalten und erneut starten.
Leuchtet die Kontrolle ständig, ist das ABS nicht betriebsbereit. Eine entsprechend ausgerüstete V.A.G.- oder Bosch-Werkstatt muß nach der Ursache suchen. Nicht jede Werkstatt kann das, denn es ist hierzu zusätzliches Werkzeug und weitergehende Mitarbeiterschulung erforderlich – also vorher nachfragen.
Als Laie können Sie allenfalls die Steckverbindungen zum Steuergerät, zu den Drehzahlfühlern oder zur Hydraulikeinheit kontrollieren.

Fingerzeig: Auch wenn die ABS-Kontrolle ständig leuchtet, das ABS also abgeschaltet oder defekt ist, kann der Wagen ohne Einschränkungen gefahren werden. Die Bremse funktioniert dann eben wie bei einem Wagen ohne ABS.

Bodenkontakt

Den Bodenkontakt des Audi stellen seine vier Räder oder genauer gesagt die handgroßen Aufstandsflächen der Reifen her. Diese vier kleinen Flächen bestimmen darüber, ob der Wagen dem Kommando des Fahrers gehorcht oder eigene Wege geht. Das Thema Reifen ist deshalb für den Autofahrer alles andere als bedeutungslos.

Welche Reifen sind montiert?

Für Ihren speziellen Wagen gelten diejenigen Reifengrößen, die in Ihrem **Kfz-Schein eingetragen** sind. Reifen mit anderen Bezeichnungen dürfen sich an Ihrem Wagen nicht befinden, sonst kann es Ärger mit der Polizei geben. Denn die Betriebserlaubnis des Wagens ist dann erloschen. Und das wird teuer! Hier die Aufstellung der Reifen, die an den verschiedenen Versionen des Audi 100 montiert sein **können.** Doch Vorsicht, nicht alle Größen sind für jeden Typ zulässig!

Reifengröße (alt)	Reifengröße (neu)	zugehörige Felgengröße[1]
165 SR 14	165 R 14 84 S	5½ J × 14
185/70 SR 14	185/70 R 14 88 S	5½ J × 14 oder 6 J × 14
185/70 HR 14	185/70 R 14 88 H	5½ J × 14 oder 6 J × 14
205/60 HR 15[2])	205/60 R 15 90 V	6 J × 15

[1] Mehr darüber im Text auf der folgenden Seite.
[2] Teilweise sind die 60er-Reifen nur in »VR«-Version lieferbar.

Die Reifenbezeichnungen

Nach international gültigen Vereinbarungen wird die Reifengröße in Millimeter oder, wie in unserem Fall, gemischt in Millimeter und Zoll angegeben. Die Bezeichnungen 165 SR 14 oder 185/70 R 14 88 H besagen folgendes:
165, 185: Reifenbreite in unbelastetem Zustand in mm.
70: Verhältnis von Reifenhöhe zu Reifenbreite = 70:100. Normale Gürtelreifen haben ein Höhen/Breiten-Verhältnis von 80:100.
Entsprechend niedriger ist das Höhen/Breiten-Verhältnis bei **60er-** und **50er-**Reifen.
R: Kennzeichnung der Bauart als **R**adial- oder Gürtelreifen.
14: Innendurchmesser des Reifens in Zoll (″).
84, 88: Reifen-Tragfähigkeitszahl.
Q: zulässige Höchstgeschwindigkeit bis 160 km/h – Geschwindigkeitsklasse für herkömmliche M+S-Reifen.
S: bis 180 km/h.
T: bis 190 km/h – Hochgeschwindigkeits-M+S-Reifen.
H: bis 210 km/h.
V: über 210 km/h – für den Audi 100 nur interessant, wenn 60er-Reifen nicht in »H«-Version lieferbar.

Die Felgen

Am Audi 100 können Felgen mit folgender Bezeichnung montiert sein: 5½ J × 14 ET 45, 6 J × 14 ET 45 oder 6 J × 15 ET 45. Bisweilen findet sich noch die Zusatzbezeichnung »H 2« auf der Felge. Die Zahlen und Buchstaben besagen folgendes:
5½, 6: Felgenmaulweite in Zoll, an der Felgenhornbasis quer zur Laufrichtung des Rades gemessen.
J: Kennzeichnung der Felgenhorn-Höhe.
x: Zeichen für Tiefbettfelge.
14, 15: Felgendurchmesser in Zoll, von Wulst zu Wulst gemessen.
ET 45: Einpreßtiefe 45 mm. Dieses Maß erläutert die Zeichnung Seite 159 näher.
H 2: Zeichen für Doppelhump-Felge. Zwei höckerartige Erhebungen innen im Felgenbett verhindern, daß die Reifenwülste bei seitlicher Beanspruchung (scharfe Kurvenfahrt mit niedrigem Luftdruck) vom Felgenhorn abgleiten können.
Diese Norm-Bezeichnungen geben nur die Hauptabmessungen der Felgen an, nicht aber die fahrzeugspezifischen Daten, wie Anzahl der Radbefestigungslöcher oder Lochkreisdurchmesser.

Welche Felgen verwenden?

Wie bei den Reifen kann auch bei den Felgen nicht jede beliebige Größe montiert werden. Die für Ihren speziellen Wagen zulässigen Felgenbezeichnungen stehen in Ihren **Fahrzeugpapieren.** Hier die Aufstellung der Felgen, die an den verschiedenen Audi-100-Modellen montiert sein können:

Felge	Anzahl der Befestigungslöcher	Einpreßtiefe	Besonderheiten
5½ J × 14	4	45 mm	–
6 J × 14	4	45 mm	–
6 J × 15	4	45 mm	[1]
6 J × 15	5	45 mm	[2]

[1] Muß – sofern nicht schon der Fall – in Verbindung mit der Reifengröße 205/60 R 15 nachträglich in die Fahrzeugpapiere eingetragen werden.
[2] Nur für Fahrzeuge mit Fünfloch-Radbefestigung (CS-Ausstattung ab 8/84 bei 100/101 kW).

Radschrauben und Felgen – eine Einheit

Radschrauben und Felgen stellen eine Konstruktionseinheit dar und dürfen deshalb nicht getrennt werden. Der Kegelsitz an den Befestigungslöchern der Felgen ist genau auf den Kegel der Radschrauben abgestimmt. Andere Kegelformen können den sicheren Sitz der Schraube und damit die Befestigung des Rades nicht garantieren.
Für die an unserem Audi 100 werksseitig montierten und zugelassenen Felgen (Stahl und Leichtmetall) eignet sich ausschließlich die sogenannte Kronenkopfschraube (Et.-Nr. 431 601 139 A). Sie ist erkennbar an den Einkerbungen oben am Schraubenkopf (siehe Bild rechts unten). Andere Gesetzmäßigkeiten gelten bei Zubehörfelgen. Hier müssen möglicherweise die Radschrauben des jeweiligen Herstellers verwendet werden!

Felgen für die Winterbereifung

Leichtmetallfelgen können unter Streusalzeinwirkung bis zur Verkehrsunsicherheit korrodieren. Schäden im Felgen-Decklack müssen deshalb möglichst bald ausgebessert werden. Noch besser ist die Anschaffung eines zweiten Reifensatzes auf den weniger empfindlichen Stahlfelgen. Reifenfachgeschäfte bieten oft Komplettsätze zu günstigen Preisen an. Wer seinen Audi 100 CS (ab 8/84; 100/101 kW) winters nicht mit den serienmäßigen 15"-Fünfloch-Leichtmetallfelgen fahren will, kann sich die Winterreifen auf Audi-200-Stahlfelgen mit den gleichen Abmessungen montieren lassen.

Felgen vom alten Audi 100

Wer noch Felgen vom alten Audi 100 besitzt, kann diese am hier beschriebenen Modell verwenden, sofern es die **ab etwa Mai '80 eingebauten Einheitsfelgen** (siehe Bild rechts unten) mit einer **Einpreßtiefe von 45 mm** sind. Die Ersatzteilnummer dieser Felge lautet 431 601 025 L bzw. R.
Nicht mehr erwähnt werden muß, daß vor Montage dieser Felge die Größe nochmals mit den Eintragungen im Fahrzeugschein verglichen werden muß. Logisch auch, daß die erwähnte Felge nicht auf den Audi 100 CS ab 8/84 mit 100/101 kW paßt.

Anbau von Sonderfelgen

Sonderfelgen heißen auf Amtsdeutsch solche Räder, die in Form oder Material nicht der serienmäßigen Ausstattung entsprechen. Da es wegen nachträglich montierten Rädern und Reifen immer wieder Schwierigkeiten bei Polizeikontrollen oder der Hauptuntersuchung bei DEKRA oder TÜV gibt, hier einige Punkte, die Sie beachten müssen.

- ○ Felgen- und Reifengröße stimmen mit den Angaben in den Fahrzeugpapieren überein, die Felgen sind Original-Audi-Teile: Keine Eintragung erforderlich.
- ○ Felgen- und Reifengröße entsprechen den Angaben in den Kfz-Papieren, für das Sonderrad liegt eine ABE vor: Die Zulassungsstelle muß lediglich die ABE-Nr. in die Fahrzeugpapiere eintragen.
- ○ Felgen- und Reifengröße werden gegenüber den Angaben in den Kfz-Papieren verändert und/oder für die Felgen liegt lediglich ein TÜV-Bericht vor: Hier ist ein Gutachten nach § 19 (2) StVZO beim TÜV (Teilgutachten) mit Eintrag im Kfz-Brief notwendig. Anschließend berichtigt die Zulassungsstelle die Daten im Kfz-Schein.
- ○ Beim Kauf neuer Sonderfelgen muß eine Rad-ABE oder ein TÜV-Bericht beigefügt sein.
- ○ Vor dem Kauf gebrauchter, nicht originaler Felgen ohne entsprechende Papiere sollten Sie anhand der genauen Hersteller- und Typenbezeichnung sowie des Herstellungsdatums (es ist in der Felge eingeschlagen oder eingegossen) aus dem Räderkatalog des TÜV heraussuchen lassen, ob hierfür eine Rad-ABE oder ein TÜV-Bericht vorliegt.
- ○ Räder ohne ABE oder TÜV-Bericht dürfen in der Bundesrepublik nicht montiert werden.

Das Reserverad

Bis 12/87 besaß der Audi als Reserverad ein sogenanntes »platzsparendes Notrad«, das neben dem Raumbedarf ein geringeres Gewicht als ein Normalrad besitzt. Die Reifenbezeichnung lautet **T 115/70 D 15** bzw. **T 125/70 D 15;** die zugehörige Felge hat die Größe **4 J × 15 H 2 ET 56.**

Ein wichtiges Felgenmaß stellt die Einpreßtiefe (d) dar. Damit bezeichnet man den Abstand zwischen der Felgenmitte und der Anlagefläche der Felge an die Radnabe.

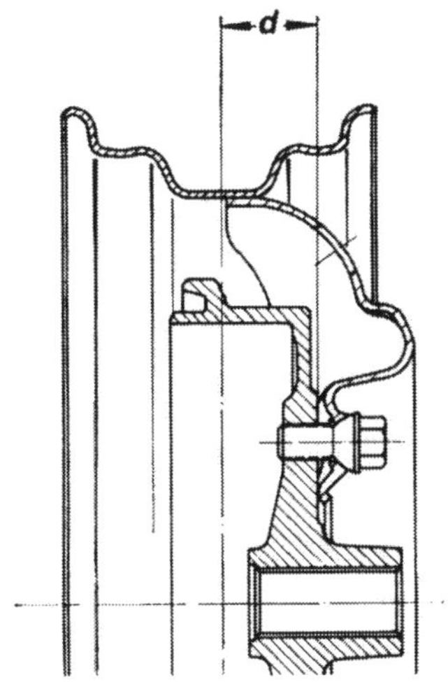

Bei montiertem Notrad ist der Wagen natürlich nur noch eingeschränkt fahrfähig. Deshalb:

- ○ Bei montiertem Notrad **nicht schneller als 80 km/h** fahren.
- ○ Volles Beschleunigen, hartes Bremsen und hohe Kurvengeschwindigkeiten vermeiden.
- ○ Verringerte Bodenfreiheit des Wagens beachten. Er hängt 3 cm tiefer.
- ○ Möglichst sofort nach Montage den Reifendruck des Notrads kontrollieren. Er beträgt 4,2 bar.
- ○ So bald als möglich das Notrad durch ein Normalrad ersetzen.

Fingerzeige: Wer auch nach einer Reifenpanne ohne Einschränkung weiterfahren möchte, kann sich vorbeugend statt des Notrads ein passendes Normalrad in die Reserveradwanne legen. Der dort vorhandene Platz reicht aus. Lediglich die Halteschraube, die das Rad in der Kunststoffwanne fixiert, muß ausgewechselt werden. Die Ersatzteilnummer lautet N 100 306 01 (Stahlfelge) bzw. N 100 308 01 (Alufelge).
Wer den Audi Avant mit einem Normal-Reserverad ausstatten will, muß dieses in die Gepäckwanne unter der Ladefläche legen. Das geht allerdings nur bei Wagen ohne Kindersitzbank. Eine Haltevorrichtung für das Normalrad wie bei der Limousine gibt es beim Avant nicht.
Für den Austausch des Notrads gegen ein Normalrad spricht auch die Tatsache, daß nach einer Reifenpanne der betreffende Reifen oft verwalkt ist und nicht mehr repariert werden kann. In der Eile können dann keine Preisvergleiche mehr angestellt werden, sondern es wird häufig der erste beste – und vielleicht auch teuerste – Reifen gekauft.

Reifendruck prüfen

Ständige Kontrolle

Die richtigen Druckwerte für Ihren Wagen finden Sie auf dem **Aufkleber in der Tankklappe.** Wer Wert auf Fahrkomfort legt, beläßt es bei den genannten Drücken. Sind Sie dagegen bereit, zugunsten

So sieht die Einheitsfelge für unseren Audi 100 aus. An den bezeichneten Stellen finden Sie: 1 – die Felgenbezeichnung; 2 – die Einpreßtiefe; 3 – die V.A.G.-Ersatzteilnummer. Rechts sehen Sie die hierzu passende Radmutter, die an ihren Einkerbungen (Pfeil) oben am Schraubenkopf zu erkennen ist.

feinfühligerer Lenkung, etwas längerer Reifenhaltbarkeit und minimal geringerem Kraftstoffverbrauch einen verminderten Federungskomfort in Kauf zu nehmen, erhöhen Sie die Druckwerte für die Sommerreifen um rund 0,2 bar. **Winterreifen** sollen generell um **0,2 bar härter** gepumpt werden, als es hier in der Tabelle für Sommerreifen angegeben ist.

Luftdruck bei kalten Reifen messen

Bereits wenige Kilometer zügiger Fahrt lassen den Reifendruck um 0,2–0,4 bar ansteigen. Diese Druckerhöhung durch Erwärmung ist bei den Luftdruckempfehlungen bereits berücksichtigt worden und darf deshalb nicht abgelassen werden. Am günstigsten ist ein eigener Luftdruckprüfer, womit der Reifendruck vor Antritt der Fahrt bei kalten Reifen gemessen werden kann.

Reifenzustand kontrollieren

Wartung Nr. 26

Die Kontrolle geht am besten bei aufgebocktem Wagen, etwa beim Ölwechsel an der Tankstelle.

- Drehen Sie jedes Rad einmal komplett durch.
- Fremdkörper, wie kleine Steinchen, bohren Sie mit einem feinen Schraubenzieher aus den Profillamellen, ohne den Reifen dabei zu beschädigen.
- Das Reifenprofil muß laut Gesetzesvorschrift über die gesamte Profilbreite noch mindestens 1,6 mm tief sein.
- Aus Sicherheitsgründen sollen Sie jedoch die Reifen schon bei Erreichen der 2-mm-Profilgrenze wechseln lassen.
- Noch früherer Reifentausch ist bei den breiten 60er- und 50er-Reifen anzuraten, die bei geringer Profiltiefe auf nasser Straße weit stärker »aufschwimmen« als 70er-Reifen.
- Zur Verschleißkontrolle dienen in regelmäßigen Abständen quer zur Lauffläche verlaufende Erhebungen in den Profilrillen. Sie sind an der Reifenkante durch die Buchstaben »TWI« gekennzeichnet.
- Spätestens wenn diese Erhebungen mit den Profilrippen in gleicher Höhe stehen, ist die Abfahrgrenze erreicht und ein Reifentausch unumgänglich.
- Aus der Art der Profilabnutzung können Sie folgendes herauslesen:

Das Reifenlaufbild

- ○ An der Außenseite abgefahrene Vorderreifen sind beim Audi die Regel. Grund ist die erhöhte Belastung dieses Laufflächenbereichs bei Kurvenfahrt.
- ○ Einseitig abgefahrenes Profil kann auch auf falsche Radeinstellung hinweisen; vor allem dann, wenn lediglich ein Reifen schräg abgelaufen ist.
- ○ Starke Abnutzung in der Profilmitte deutet auf wesentlich zu hohen Luftdruck. Dieser Effekt tritt besonders deutlich an den Hinterrädern auf.
- ○ Sind beide Außenschultern eines Reifens stärker abgefahren als die Profilmitte, wurde lange Zeit mit zu niedrigem Luftdruck gefahren.
- ○ Gleichmäßige Auswaschungen im Profil deuten auf einen defekten Stoßdämpfer.
- ○ Tritt die ungleiche Abnutzung nur an bestimmten Stellen auf, ist das Rad unwuchtig.
- ○ Eine einzelne Stelle im Profil mit starker Abnutzung stammt von einer Bremsung mit blockiertem Rad – eine sogenannte Bremsplatte.

Der Radwechsel

- Handbremse anziehen und 1. oder Rückwärtsgang einlegen.
- Unterwegs Warnblinkanlage einschalten und Warndreieck aufstellen.
- Räder der anderen Wagenseite gegen Wegrollen sichern, z. B. mit Steinen oder Holzstücken.
- Mit den Fingern in die Löcher der Rad-Vollblende fassen und Blende abziehen.
- Bei Leichtmetallfelgen mit verdeckter Befestigung die Zierkappe in Radmitte mit einem Schraubenzieher abhebeln.
- Radschrauben jeweils knapp eine Umdrehung lockern.
- Bordwagenheber schräg nach außen stehend in die betreffende Halterung an der Karosserie (siehe Bild Seite 10) einsetzen und Wagen hochkurbeln.
- Radschrauben vollends herausdrehen.
- Rad abnehmen, Notrad bzw. Reserverad aufstekken.
- Schrauben über Kreuz gleichmäßig anziehen. Dabei das Rad hin- und herdrehen, damit es sich einwandfrei auf der Radnabe zentriert.
- Wagen ablassen, Schrauben nachziehen (110 Nm).
- Radkappe bzw. -blende aufdrücken. Zur Beachtung: Sie paßt nur in einer Stellung.
- Bei Verwendung des Notrads die Hinweise auf Seite 158 beachten.

Fingerzeig: Lassen sich die Radschrauben nicht in die Radnabe einschrauben, hat sich vielleicht die Bremsscheibe auf der Nabe gedreht. Scheibe ein Stück drehen, bis die Bohrungen fluchten.

Festen Sitz der Radschrauben kontrollieren

Nach einigen Kilometern Fahrtstrecke soll nach jeder Radmontage kontrolliert werden, ob die Radschrauben richtig angezogen sind. Als Anzugsdrehmoment sind 110 Nm vorgeschrieben, also nicht mit einem zusätzlich verlängerten Radschlüssel die Schrauben »anknallen«. Wartung Nr. 25
Zu starkes oder ungleichmäßiges Festschrauben kann dazu führen, daß sich die Bremsscheiben oder -trommeln verziehen. Das ergibt ungleichmäßige Bremswirkung, Bremsenschütteln und punkt- oder flächenförmigen Reifenverschleiß.

Neue Reifen kaufen

Steht die Anschaffung von neuen Reifen an, ist das eine gute Gelegenheit, auf eine andere Reifendimension zurückzugreifen, die evtl. den eigenen Anforderungen besser als die seitherige entspricht. Deshalb hier in Kürze die Eigenschaften und Besonderheiten der Reifengrößen, die am Audi 100 montiert werden können. **Welche Reifen davon für Ihren Wagen in Frage kommen, entnehmen Sie Ihren Fahrzeugpapieren.**

○ Die Reifengröße 165 SR 14 bietet bei den schwächer motorisierten Audi-Modellen, vornehmlich aber beim 55-kW-Motor, den besten Kompromiß zwischen Preis, Fahrverhalten und Lebensdauer, sofern der Fahrer einen ruhigen Fahrstil pflegt. Auch im Wintereinsatz ist dieser Reifen selbst in Sommerprofilierung noch brauchbar.

○ Wo nicht schon serienmäßig montiert, ist die Umrüstung auf den Reifen 185/70 R 14 für denjenigen interessant, der seinen Wagen eher zügig bewegt. Die breitere Lauffläche dieses Pneus schafft zusätzliche Sicherheit in schnell gefahrenen Kurven und sorgt für längere Reifen-Lebensdauer. Dieser Ersparnis steht allerdings der höhere Kaufpreis entgegen.

○ Bei einer Motorleistung von mehr als 100 PS/74 kW kommen beim Audi statt SR-Reifen HR-Reifen zur Anwendung, da ab dieser Leistungsgrenze mehr als 180 km/h Höchstgeschwindigkeit möglich sind.

○ Die Bereifung 205/60 HR bzw. VR 15, wie sie auf dem Audi 100 CS ab 8/84 mit 100/101 kW serienmäßig montiert ist, dient nur dem wirklich »sportlichen« Fahrer. Der in der Anschaffung wesentlich teurere Reifen hat gegenüber der 70er-Bereifung kaum längere Lebensdauer, da er schon bei 3 mm Profiltiefe gewechselt werden soll. Die Aquaplaninggefahr auf regennasser Straße würde sonst zu groß.

Winterbereifung

○ Ist Ihr Wagen mit der »schmalen« Reifendimension 165 SR 14 ausgerüstet, können Sie möglicherweise – je nach Einsatzgebiet – bei ausreichender Profiltiefe auch mit Sommerreifen durch den Winter kommen. Schlechter sieht es bei den breiteren 70er- oder gar 60er-Reifen aus. Diese neigen – zumal in der härteren HR-Ausführung – auf Schnee und Eis schneller zum Durchdrehen. Die Anschaffung spezieller Winterreifen ist dann kaum zu umgehen.

○ Bei Winterreifen haben Sie die Wahl zwischen den herkömmlichen M+S-Reifen, die lediglich 160 km/h schnell gefahren werden dürfen, und den teureren Hochgeschwindigkeitsreifen für 190 km/h Höchsttempo.

○ Was die Reifengröße anbetrifft, würden wir – wo immer das laut Kraftfahrzeugschein möglich ist – auf die Winterreifengröße 165 R 14 zurückgreifen. Besonders zu empfehlen ist das, wenn ohnehin ein zusätzlicher Felgensatz gekauft werden muß. Allerdings geht das nicht bei allen Leistungsstufen des Audi 100. Bei Wagen mit den stärkeren Motoren reicht die kleine Reifendimension von der Tragfähigkeit her nicht aus, beim Audi 100 CS ab 8/84 mit 100/101 kW kann sie aufgrund der der 5-Loch-Radbefestigung nicht montiert werden. Bei diesen CS-Modellen bleibt lediglich die Verwendung einer 15″-Stahlfelge vom Audi 200 und der zugehörigen 60er-Winterbereifung.

○ Bei Wagen, die schneller laufen können, als es die bauartbedingte Höchstgeschwindigkeit des Winterreifens zuläßt (siehe Seite 157), muß ein Hinweisschild mit der Reifen-Höchstgeschwindigkeit am Armaturenbrett angebracht werden.

○ Ein M+S-Reifen mit weniger als 4 mm Profiltiefe taugt nichts mehr im Winter. Wenn etwa im Gebirge Winterreifen vorgeschrieben sind, werden M+S-Reifen als solche nur dann anerkannt, wenn ihr Profil noch mindestens 4 mm tief ist.

Stromlinie

Nur keine Angst vor der Vielzahl an Leitungen, Steckern und Sicherungen im Audi! Unter Zuhilfenahme der Sicherungstabelle und der verschiedenen Stromlaufpläne in diesem und im folgenden Kapitel werden Sie sich bald zurechtfinden.

Minus an Masse

Die Stromzuführung zum Verbraucher erfolgt durch ein Kabel, das sich auf mehr oder weniger komplizierte Art immer zur Batterie zurückverfolgen läßt, wie das auch die Stromlaufpläne ab Seite 166 zeigen. Die Rückleitung besorgen die elektrisch leitenden Metallteile von Karosserie oder Motor. Auf diese Weise wird natürlich eine ganze Menge teures Kupferkabel gespart.
In manchen Fällen ist jedoch trotzdem ein kurzes Stück Kabel für die Rückleitung unumgänglich – nämlich dann, wenn der Stromverbraucher nicht direkt auf Metall sitzt.
Auch der Minuspol der Batterie ist natürlich mit der Karosserie – der »Masse«, wie der Autoelektriker sagt – verbunden. Da das bei allen anderen elektrischen Einrichtungen im Wagen genauso ist, lautet der Merksatz »**M**inus an **M**asse«.

Wegweiser durch Normung

Das bunte Kabelgewirr im Auto ist eigentlich ganz gut geordnet, denn viele Einzelheiten der Kraftfahrzeug-Elektrik sind genormt.
Die Zahlen an verschiedenen Bauteilen und Kabelanschlüssen sowie in den Stromlaufplänen haben in allen deutschen und in manchen ausländischen Fahrzeugen dieselbe Bedeutung:
Klemme 15 erhält nur bei eingeschalteter Zündung Strom ab Zündschloß, wobei außer der Zündspule jene Stromverbraucher versorgt werden, die nur bei Betrieb des Wagens Strom erhalten sollen. Die Kabel an den Normklemmen 15 besitzen vielfach eine schwarze Ummantelung, bisweilen auch mit farbigen Zusatzstreifen bei bestimmten Stromverbrauchern.
Klemme 30 erhält dauernd Strom vom Pluspol der Batterie bzw. bei laufendem Motor von der Lichtmaschine. Das kann bei unvorsichtigem Umgang mit Werkzeug zu Kurzschlüssen und Funkenregen führen, wenn das Minuskabel der Batterie nicht abgenommen wurde. Diese stets stromführenden Kabel haben meist eine rote Umhüllung, ggf. mit zusätzlichen Farbstreifen.
Klemme 49 ist für die Blink- und Warnblinkanlage zuständig.
Klemme 53 versorgt die Scheibenwischeranlage.
Klemme 56 ist für die Stromzufuhr des Abblendlichts mit gelben und gelb/schwarzen Kabeln sowie des Fernlichts mit weißen und weiß/schwarzen Leitungen zuständig.
Klemme 58 gehört zum Standlicht vorn sowie zu den Schluß- und Kennzeichenleuchten. Die Grundfarbe der Kabelumhüllung ist grau, jeweils mit zusätzlichen Farbstreifen.
Klemme 31 ist die Masse-Klemme, mit der ein Stromverbraucher zur Fahrzeugmasse verbunden sein muß, damit der Stromkreis geschlossen ist. Die entsprechenden Kabel sind braun umhüllt.

Orientierung durch Steckverbindungen

Im Audi sind Einzelkabel häufig zu ganzen Kabelbündeln in schwarzer Umhüllung zusammengefaßt, was die Suche nach einem bestimmten Kabel deutlich erschwert. Orientierungshilfe bieten in diesem Fall die zahlreichen Mehrfachsteckverbindungen, von denen Anzahl der Kabel und genaue Lage in den Stromlaufplänen ab Seite 166 verzeichnet sind.

Die Leitungen

Der Querschnitt eines Kabels je nach Stromanspruch des betreffenden Verbrauchers gewählt: Ein Kontrolllämpchen kommt mit 0,5-mm^2 Kabelstärke aus, der Anlasser braucht dagegen ein 25-mm^2-Kabel. Ein zu dünnes Kabel heizt sich auf, und die Spannung fällt ab.
Dann kommen statt der erwünschten 12 Volt z. B. an den Scheinwerfern vielleicht nur 10 oder 9,5 Volt an – das Licht wird trübe.

Fingerzeig: Vergessen Sie bei Montagearbeiten nie die braunen Massekabel, auch wenn sie Ihnen überflüssig erscheinen! Stromverbraucher, die in isolierendem Kunststoff eingebettet sind, holen sich sonst den nötigen Massekontakt über die »+«-Leitungen von benachbarten Verbrauchern und führen so zu Fehlfunktionen in der Fahrzeugelektrik.

Die Zentralelektrik

Sämtliche Leitungen im Audi sind zu verschiedenen Kabelsträngen zusammengefaßt. Sie alle enden in der sogenannten Zentralelektrik, einem schwarzen Kästchen, das sich links hinten im Motorraum im sogenannten Wasserfangkasten befindet. Dort ist auch Platz für 21 Sicherungen, 6 Zusatzsicherungen, 4 Reservesicherungen und eine ganze Reihe Relais.

Zentralelektrik ersetzen

Hat sich bei der Störungssuche herausgestellt, daß Kabelzuleitungen, die zuständige Sicherung bzw. das betreffende Relais keinen Schaden aufweisen, kann es an der Zentralelektrik liegen. Typische Fehler sind Wackelkontakte oder temperaturabhängige Ausfallserscheinungen. Dann muß die Zentralelektrik ersetzt werden.

- Unbedingt die richtige Version der Zentralelektrik als Ersatz besorgen.
- Deckel öffnen und Scharniere aushängen.
- Halteklammern rechts und links am Einsatz – der eigentlichen Zentralelektrik – niederdrücken und Einsatz mit angeschlossenen Kabeln ein Stück herausziehen.
- Stecker Stück um Stück von der alten auf die neue Zentralelektrik umstecken.
- Einsatz wieder in den Rahmen drücken.
- Bei abgenommenem Ablagefach links unter dem Armaturenbrett (Seite 258) kontrollieren, ob kein Kabel vergessen wurde.

Die Sicherungen

Jedes elektrische Gerät im Auto braucht nur eine bestimmte, festgelegte Menge an Strom. Entsprechend dieses Stromverbrauchs wurde natürlich auch der Querschnitt des zugehörigen Kabels bemessen.
Steigt der Stromverbrauch in diesem Stromkreis – etwa durch zusätzlich eingebaute Verbraucher oder gar durch einen Kurzschluß –, so wird dieses Kabel überlastet. Dabei kann es warm werden oder gar zu glühen beginnen, wenn nicht rechtzeitig der Stromfluß unterbrochen wird. Und genau das erledigen die Sicherungen. Damit der Audi bei einem Defekt nicht gleich völlig ohne Strom dasteht, sind die Sicherungen auf verschiedene Stromkreise verteilt, wie bereits angedeutet. Allerdings sind die Schaltungen zwischen Batterie, Generator, Anlasser und Zündschloß nicht von Sicherungen überwacht.

Sicherungen auswechseln

- Soll eine der Stecksicherungen ausgewechselt werden, können Sie sich dazu der kleinen Kunststoffzange, die am Deckel der Zentralelektrik befestigt ist, bedienen.
- Brennt die neue Sicherung sofort wieder durch, klären, ob eine zu schwache Sicherung eingesetzt wurde (siehe Sicherungstabelle).
- War das nicht der Fall, anhand der Sicherungstabelle die angeschlossenen Verbraucher ermitteln und einzeln prüfen. Dabei hilft auch der zuständige Schaltplan (folgendes Kapitel).
- Im Zweifelsfall alle Verbraucher ausstecken und nacheinander wieder anschließen. Derjenige Verbraucher, bei dem die Sicherung durchbrennt, war defekt.

Zusatz-Sicherungen

Bei bestimmten Zusatzausstattungen sitzen weitere Sicherungen in der Zusatzleiste der Zentralelektrik (siehe Bild unten). Ebenfalls in dieser Leiste untergebracht sind bei einigen Modellversionen die Sicherungen für Zündanlage und Einspritzung.

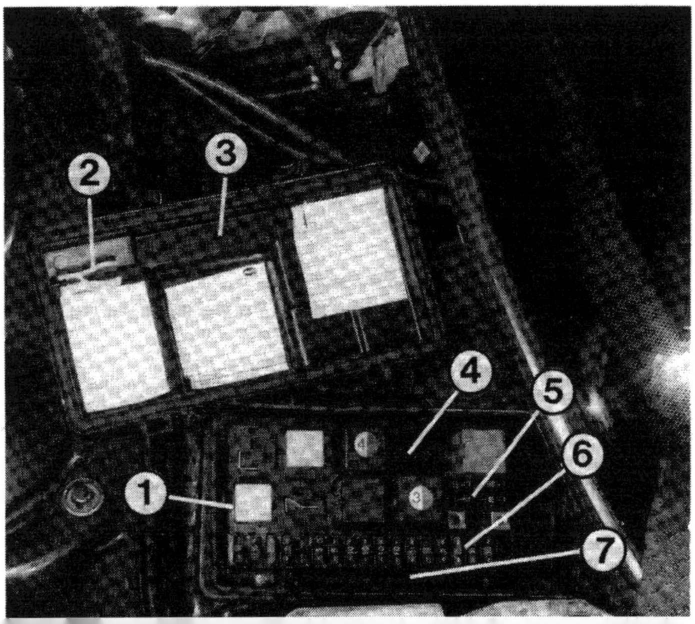

Die Zentralelektrik (1) links hinten im Motorraum ist hier bei abgebauter Motorhaube gezeigt. Es bedeuten: 2 – Kunststoffzange für Stecksicherungen im Deckel (3) der Zentralelektrik; 4 – Steckfelder für Relais und Schaltgeräte; 5 – Ersatzsicherungen; 6 – Stecksicherungen (siehe Tabelle auf der folgenden Seite); 7 – Leiste für Zusatzsicherungen.

Sicherungstabelle bis 7/83

Nr.	Klemme	angeschlossene Verbraucher	erhält Strom von	Sicherung
1	30	Nebelscheinwerfer, Nebelschlußleuchte	Relais für Nebelscheinwerfer	15 A
2	30	Warnblinkanlage	Zentralelektrik	15 A
3	30	Hupe über Hupenrelais, Innenleuchte(n), Radio, Zigarettenanzünder, Zeituhr	Zentralelektrik	25 A
4	30	Bremsleuchten, Kofferraumleuchte	Zentralelektrik	15 A
5		frei		
6	PR	Schluß- und Standlicht rechts	Lichtschalter	5 A
7	PL	Schluß- und Standlicht links	Lichtschalter	5 A
8	56a	Fernlicht rechts, Kontrolleuchte	Abblendschalter im Blinkerhebel	10 A
9	56a	Fernlicht links	wie Sicherung Nr. 8	10 A
10	56b	Abblendlicht rechts	wie Sicherung Nr. 8	10 A
11	56b	Abblendlicht links	wie Sicherung Nr. 8	10 A
12	15	Rückfahrleuchten, Relais der Bremsbelag-Verschleißanzeige, Kombiinstrument, Auto-Check-System	Zündschloß Klemme 15	15 A
13	30	Elektrische Kraftstoffpumpe, Warmlaufregler (Einspritzer)	Kraftstoffpumpenrelais	15 A
14	58	Kennzeichenleuchten, Motorraumleuchte, Handschuhfachleuchte, Instrumentenbeleuchtung	Lichtschalter Klemme 58	15 A
15	X	Scheibenwischer, Relais für Kühlerventilator, Blinkanlage	Zentralelektrik	15 A
16	X	Heizbare Heckscheibe mit Schalterbeleuchtung und Kontrollampe	Zentralelektrik	30 A
17	X	Luftgebläse, Klimaanlage	Zentralelektrik	30 A
18	X	Sitzheizung, elektrisches Schiebedach	Zentralelektrik	25 A
19	30	Zentralverriegelung, elektrisch verstellbare Außenspiegel	Zentralelektrik	10 A
20		frei		
21	30	Zigarettenanzünder hinten	Zentralelektrik	25 A

Sicherungstabelle ab 8/83

Nr.	Klemme	angeschlossene Verbraucher	erhält Strom von	Sicherung
1	30	Nebelscheinwerfer, Nebelschlußleuchte	Relais für Nebelscheinwerfer	15 A
2	30	Warnblinkanlage, teilweise Klimaanlage	Zentralelektrik	15 A
3	30	Hupe über Hupenrelais, Bremsleuchten	Zentralelektrik	25 A
4	30	Zeituhr, Zigarettenanzünder, Radio, Innenleuchten, Bordcomputer, Kofferraumleuchte, teilweise Klimaanlage	Zentralelektrik	15 A
5		frei		
6	PR	Schluß- und Standlicht rechts	Lichtschalter	5 A
7	PL	Schluß- und Standlicht links	Lichtschalter	5 A
8	56a	Fernlicht rechts, Kontrolleuchte	Abblendschalter im Blinkerhebel	10 A
9	56a	Fernlicht links	wie Sicherung Nr. 8	10 A
10	56b	Abblendlicht rechts	wie Sicherung Nr. 8	10 A
11	56b	Abblendlicht links	wie Sicherung Nr. 8	10 A
12	15	Rückfahrleuchten, Relais der Bremsbelag-Verschleißanzeige, Kombiinstrument, Auto-Check-System	Zentralelektrik	15 A
13	30	Elektrische Kraftstoffpumpe, Warmlaufregler (Einspritzer)	Kraftstoffpumpenrelais	15 A
14	58	Kennzeichenleuchten, Motorraumleuchte, Handschuhkastenbeleuchtung, Instrumentenbeleuchtung	Lichtschalter Klemme 58	5 A
15	X	Scheibenwischer, Relais für Kühlerventilator, Blinkanlage	Zentralelektrik	25 A
16	X	Heizbare Heckscheibe mit Schalterbeleuchtung und Kontrollampe, Waschdüsenheizung, Heizung für elektrische Außenspiegel	Zentralelektrik	30 A
17	X	Luftgebläse, Klimaanlage	Zentralelektrik	30 A
18	X	Elektrisches Schiebedach, Heckscheibenwischer und -wascher, bis 7/84: Sitzheizung	Zentralelektrik	15 A (bis 7/84: 25 A)
19	30	Zentralverriegelung, elektrisch verstellbare Außenspiegel, Türschloßheizung	Zentralelektrik	10 A
20	30	Sitzheizung (bis 7/84: frei)	Zentralelektrik	30 A
21	30	Zigarettenanzünder hinten	Zentralelektrik	25 A

Planwirtschaft

Die Stromlaufpläne auf den folgenden Seiten zeigen die einzelnen Stromkreise der elektrischen Anlage nebeneinander aufgezeichnet, so daß der funktionelle Zusammenhang besser zu erfassen ist.
Die Lage der Kabel im Auto kann jedoch aus dieser Darstellung nicht hervorgehen.

Wissenswertes zu den Stromlaufplänen

Aufbau

○ Die Stromlaufpläne sind in eine Vielzahl von Strompfaden aufgeteilt, die unten an der Fußleiste durchnumeriert sind. So lassen sich anhand der Stromlaufplan-Erläuterungen die einzelnen Teile leicht auffinden.
○ Die Fußleiste bezeichnet die Fahrzeug-»Masse« (das Blech der Karosserie), über die der Stromkreislauf geschlossen wird.
○ Die graue Leiste an der Oberkante der Pläne zeigt die Zentralelektrik.
○ Die Bezeichnung der Steckkontakte sagt, wo das Kabel angeschlossen ist. Beispiel: B 15 sagt, daß dieses Kabel im Mehrfachstecker an Anschluß B der Zentralelektrik zu suchen ist.
○ Endet ein Kabel in einem rechteckigen Kästchen mit einer Zahl – beispielsweise 15 –, so finden Sie die Fortführung dieser Leitung in der genannten Strompfad-Nummer, also hier in Strompfad 15.

Kabelfarben

In den Stromlaufplänen sind die Kabelfarben abgekürzt angegeben. Es bedeuten: bl – blau; br – braun; ge – gelb; gn – grün; gr – grau; li – lila; ro bzw. rt – rot; sw – schwarz; ws – weiß.

Verschiedene Modelljahre

○ Auf den folgenden Seiten finden Sie zunächst den Gesamt-Stromlaufplan eines Wagens aus dem Modelljahr 1985 (also ab 8/84) mit 101-kW-Motor. Die Seiten 170 und 171 zeigen Zusatzstromlaufpläne für Wagen mit 55- und 66-kW-Motor – ebenfalls aus diesem Modelljahr. Diese Zusatzpläne zeigen nur den Bereich Motor. Alles andere ist gleich wie beim Gesamt-Stromlaufplan.
○ Ab Seite 172 ist der Audi 100 ab Januar 1988 behandelt; zunächst die Version mit 100-kW-Motor. Audi hat hier eine neue Darstellungsweise gewählt und die einzelnen Baugruppen jeweils gesondert herausgegriffen. Zusammengesetzt ergeben die Einzelstromlaufpläne wieder einen Gesamt-Stromlaufplan. Ab Seite 178 folgt die Ergänzung durch weitere Motorversionen.

Die Zeichnung zeigt die Platte der Zentralelektrik von unten. Sie ist aufgeteilt in Steckkontakt-Felder, auf denen jeweils ein Mehrfachstecker steckt und die mit Buchstaben bezeichnet sind. Zusätzlich sind die Klemmenbezeichnungen angegeben.

Beide Angaben finden Sie auch in den Stromlaufplänen an der Unterkante des grauen Felds, das die Zentralelektrik darstellen soll. Nach diesen Angaben wird ein Kabel an der Zentralelektrik gesucht.

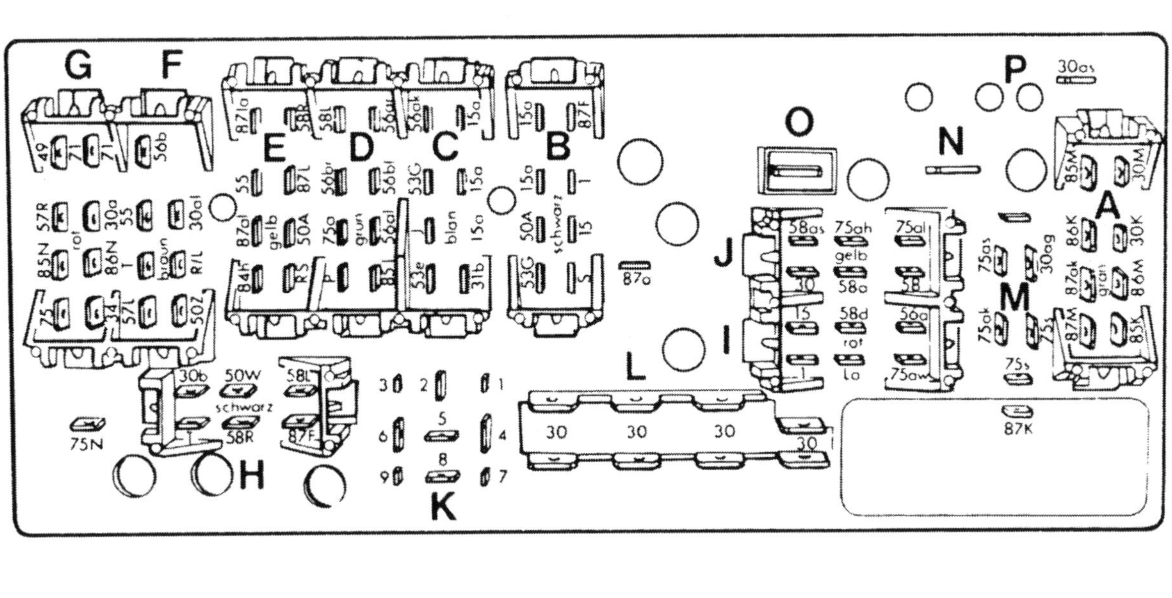

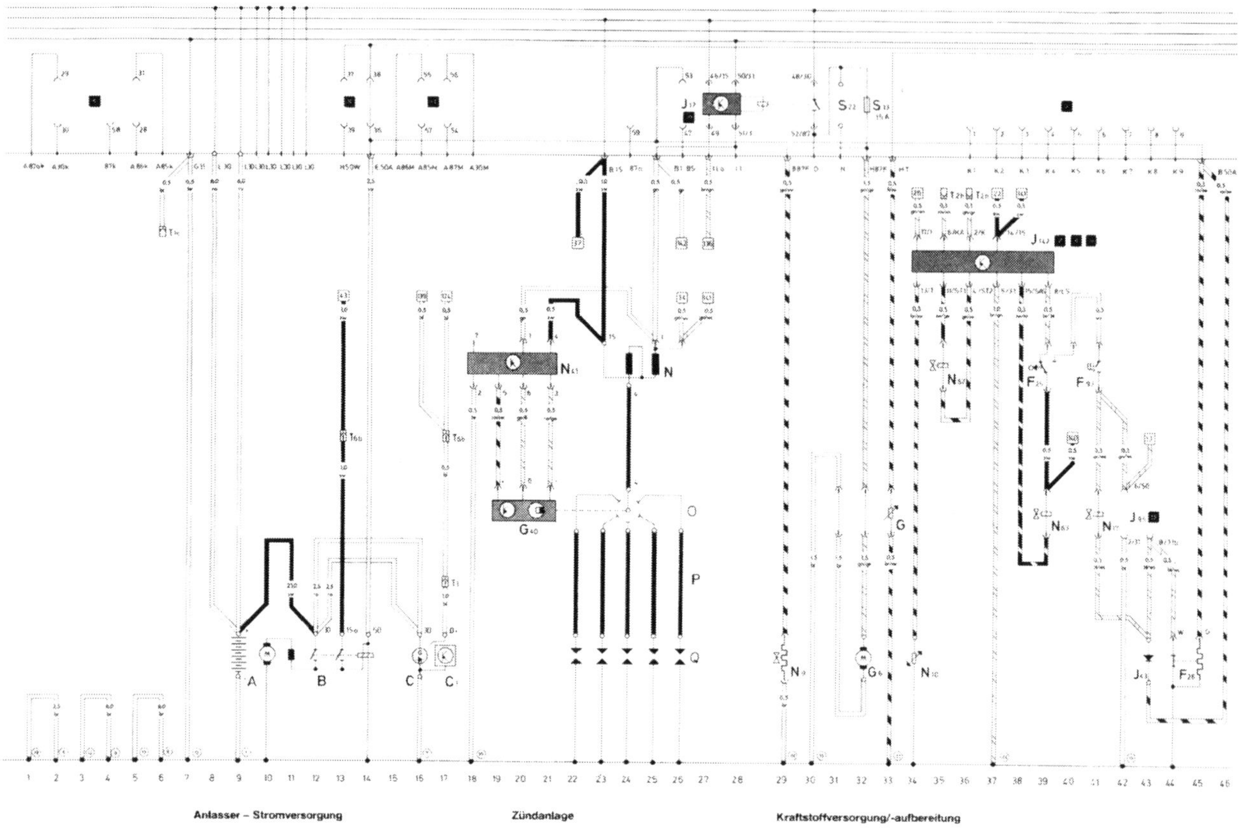

Stromlaufplan Audi 100, 100 CC, 100 CS, 100 CD (101 kW), Modelljahr 1985

Teil 1

Benennung		in Strompfad
A	– Batterie	9
B	– Anlasser	10–14
C	– Drehstromgenerator	16
C 1	– Spannungsregler	17
D	– Zündanlaßschalter	80–84
E 1	– Lichtschalter	77–81
E 2	– Blinkerschalter	61
E 3	– Warnlichtschalter	62–66
E 4	– Schalter für Handabblendung und Lichthupe	86–87
E 19	– Schalter für Parklicht	77–81
F	– Bremslichtschalter	70
F 4	– Schalter für Rückfahrleuchten	52
F 18	– Thermoschalter für Lüfter für Kühlmittel	50
F 25	– Drosselklappenschalter	39–40
F 26	– Thermozeitschalter	44–45
F 93	– Drucksprungschalter	41
G	– Geber für Kraftstoffvorratsanzeige	33
G 6	– Elektrische Kraftstoffpumpe	32

Benennung		in Strompfad
G 40	– Hallgeber	19–21
J 2	– Warnblinkrelais	59–61
J 17	– Kraftstoffpumpenrelais	27–29
J 26	– Relais für Lüfter für Kühlmittel	48–50
J 43	– Sperrdiode für K-Jetronic	43
J 59	– Entlastungsrelais für X-Kontakt	81–83
J 95	– Taktrelais für Kaltstartventil	42–43
J 142	– Steuergerät für Leerlaufstabilisierung	34–39
J 152	– Warnsummer für Standlicht und Radio	78–84
L 29	– Lampe für Beleuchtung Motorraum	55
M 1	– Lampe für Standlicht links	72
M 2	– Lampe für Schlußlicht rechts	68
M 3	– Lampe für Standlicht rechts	73
M 4	– Lampe für Schlußlicht links	71
M 5	– Lampe für Blinklicht vorn links	60
M 6	– Lampe für Blinklicht hinten links	61
M 7	– Lampe für Blinklicht vorn rechts	62
M 8	– Lampe für Blinklicht hinten rechts	63
M 9	– Lampe für Bremslicht links	70

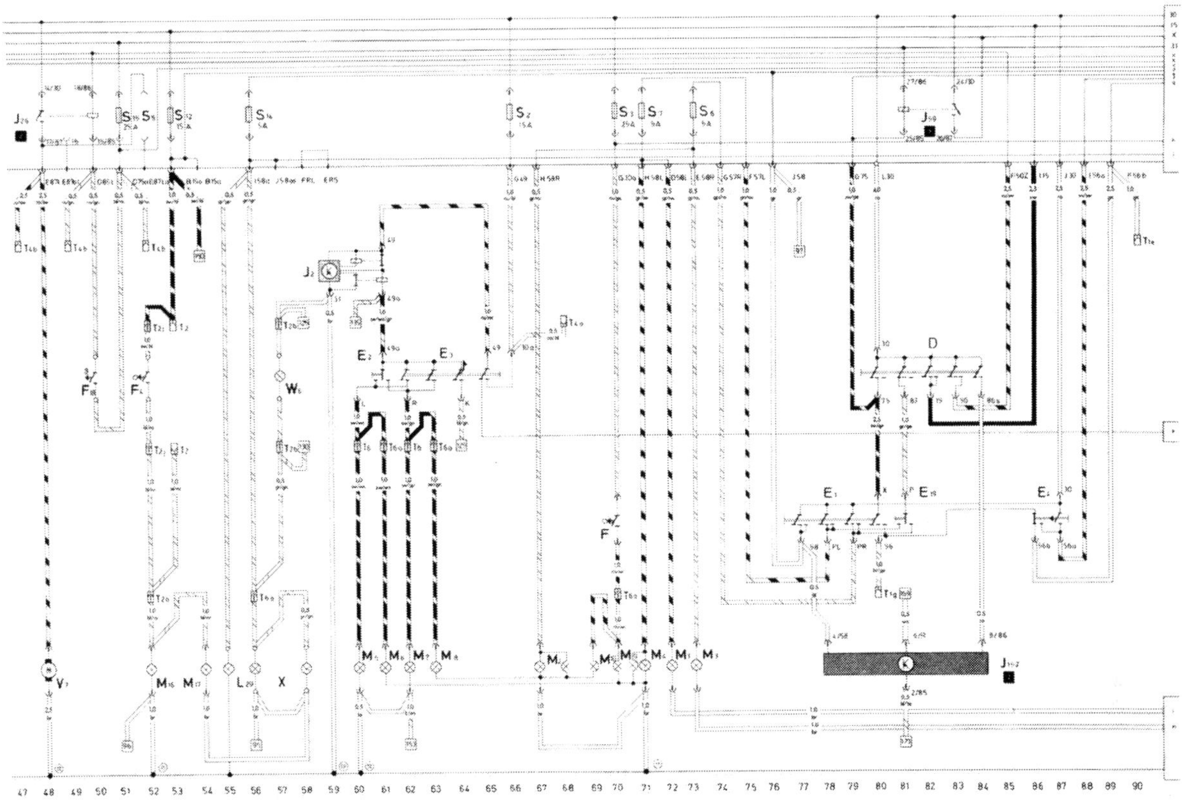

Lüfter für Kühlmittel

Beleuchtungsanlage

Benennung	in Strompfad
M 10 – Lampe für Bremslicht rechts	69
M 16 – Lampe für Rückfahrlicht links	52
M 17 – Lampe für Rückfahrlicht rechts	54
N – Zündspule	24–25
N 9 – Warmlaufregler	29
N 10 – Temperaturfühler (NTC-Widerstand)	34
N 17 – Kaltstartventil	41
N 41 – TSZ-Schaltgerät	18–21
N 62 – Leerlaufdrehzahl – Anhebungsventil	35
N 63 – Magnetventil für Schubabschaltung	39
O – Zündverteiler	22–26
P – Zündkerzenstecker	22–26
Q – Zündkerzen	22–26
S 2, S 3, S 6, S 7, S 12 – S 15 – Sicherungen im Sicherungshalter/Relaisplatte	
T 1 – Steckverbindung, 1-fach (Motorraum rechts)	
T 1c – Steckverbindung, 1-fach (weiß, hinter Schalttafel)	
T 1e – Steckverbindung, 1-fach (gelb, hinter Schalttafel)	

Benennung	in Strompfad
T 1g – Steckverbindung, 1-fach (blau, hinter Schalttafel)	
T 2 – Steckverbindung, 2-fach (gelb, hinter Schalttafel)	
T 2a – Steckverbindung, 2-fach (schwarz, hinter Schalttafel)	
T 2b – Steckverbindung, 2-fach (hinter Schalttafel)	
T 2h – Steckverbindung, 2-fach (blau, hinter Schalttafel, Anschluß Kompressor)	
T 2j – Steckverbindung, 2-fach (braun, Motorraum rechts)	
T 4a – Steckverbindung, 4-fach (rot, hinter Schalttafel)	
T 4b – Steckverbindung, 4-fach (grau, hinter Schalttafel, Anschluß Klimaanlage)	
T 6 – Steckverbindung, 6-fach (weiß, hinter Schalttafel)	
T 6a – Steckverbindung, 6-fach (braun, hinter Schalttafel)	
T 6b – Steckverbindung, 6-fach (grün, hinter Schalttafel)	
V 7 – Lüfter für Kühlmittel	48
W 6 – Handschuhfachleuchte	57
X – Kennzeichenleuchte	55–58

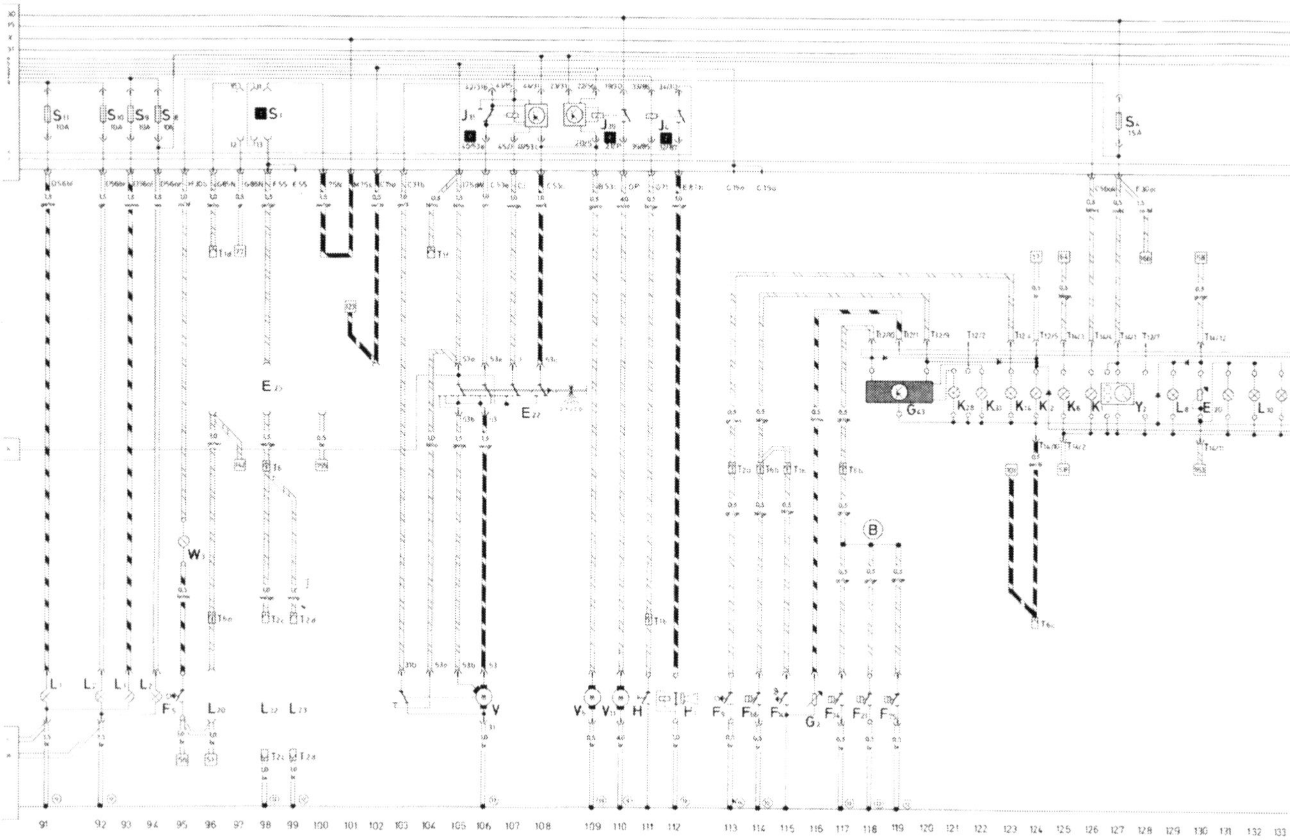

Stromlaufplan Audi 100, 100 CC, 100 CS, 100 CD (101 kW), Modelljahr 1985

Teil 2

Benennung		in Strompfad
E 9	– Schalter für Frischluftgebläse	158–161
E 15	– Schalter für beheizbare Heckscheibe	154–155
E 20	– Regler für Beleuchtung Schalttafeleinsatz	130
E 22	– Scheibenwischerschalter für Intervallbetrieb	105–108
E 23	– Schalter für Nebelscheinwerfer und -schlußleuchte	98
F 1	– Öldruckschalter (1,8 bar)	138
F 2	– Türkontaktschalter vorn links	173–174
F 3	– Türkontaktschalter vorn rechts	176
F 5	– Schalter für Kofferraumbeleuchtung	95
F 9	– Schalter für Handbremskontrolle	113
F 10	– Türkontaktschalter hinten links	175
F 11	– Türkontaktschalter hinten rechts	177
F 14	– Kühlmittel-Temperatur-Kontrollschalter (zu heiß)	115
F 21	– Warnschalter für hydraul. Bremskraftverstärker	116
F 22	– Öldruckschalter (0,3 bar)	137
F 34	– Warnkontakt für Bremsflüssigkeitsstand	117
F 59	– Schalter für Zentralverriegelung	182–184
F 66	– Schalter für Kühlmittelmangelanzeige	114
F 75	– Warnkontakt für Hydraulikflüssigkeit	119
G 1	– Kraftstoffvorratsanzeiger	146
G 2	– Geber für Kühlmitteltemperaturanzeiger	116
G 3	– Kühlmitteltemperaturanzeiger	145
G 5	– Drehzahlmesser	141
G 43	– Blink-Geber für Kontrollampe K 28	118–120

Benennung		in Strompfad
H	– Signalhornbetätigung	111
H 1	– Signalhorn	112
J 4	– Relais für Signalhorn	111–112
J 6	– Spannungskonstanter	144d
J 31	– Relais für Wasch-Wisch-Intervallautomatik	106–108
J 39	– Relais für Scheinwerfer-Reinigungsanlage	108–110
J 114	– Steuergerät für Öldruckkontrolle	138–143
J 118	– Relais für Bremsbelag-Verschleißanzeige	149–150
K 1	– Kontrollampe für Fernlicht	126
K 2	– Kontrollampe für Generator	124
K 3	– Kontrollampe für Öldruck	138
K 5	– Kontrollampe für Blinker	135
K 6	– Kontrollampe für Warnblinkanlage	125
K 10	– Kontrollampe für beheizbare Heckscheibe	147
K 14	– Kontrollampe für Handbremse	123
K 28	– Kontrollampe für Kühlmitteltemperatur (zu heiß, rot)	120
K 33	– Kontrollampe für Bremsflüssigkeitsstand	122
L 1	– Zweifadenlampe für Scheinwerfer links	91, 93
L 2	– Zweifadenlampe für Scheinwerfer rechts	92, 94
L 8	– Lampe für Beleuchtung Zeituhr	129
L 10	– Lampe für Beleuchtung Schalttafeleinsatz	131–133
L 15	– Lampe für Ascherbeleuchtung	164
L 16	– Lampe für Beleuchtung Frischluftregulierung	163
L 20	– Anschluß für Nebelschlußleuchte	96
L 22	– Anschluß für Nebelscheinwerfer links	98

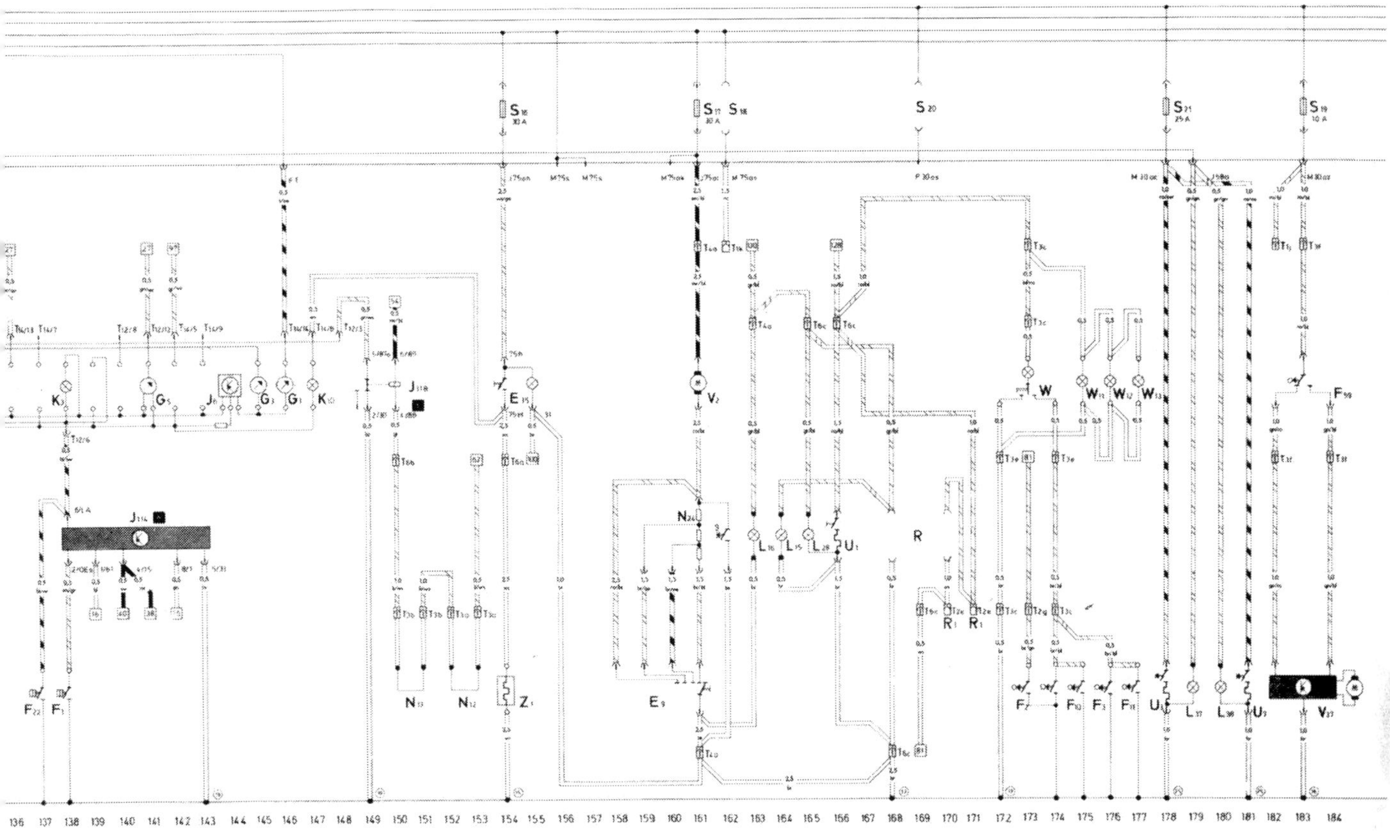

Benennung		in Strompfad
L 23	– Anschluß für Nebelscheinwerfer rechts	99
L 28	– Lampe für Beleuchtung Zigarrenanzünder	165
L 37	– Lampe für Beleuchtung Zigarrenanzünder hi. li.	179
L 38	– Lampe für Beleuchtung Zigarrenanzünder hi. re.	180
N 12	– Bremswächter rechts (Brechelement)	152–153
N 13	– Bremswächter links (Brechelement)	150–151
N 24	– Vorwiderstand für Frischluftgebläse, mit Überhitzungsschutz	161–162
R	– Anschluß für Radio	168–170
R 1	– Antennenanschluß	170–171
S 4, S 8 – S 11, S 16, S 17, S 19, S 21	– Sicherungen im Sicherungshalter/ Relaisplatte	
T 1b	– Steckverbindung, 1-fach (hinter Schalttafel, Kupplung Schleifring)	
T 1d	– Steckverbindung, 1-fach (rot, hinter Schalttafel)	
T 1f	– Steckverbindung, 1-fach (grün, hinter Schalttafel)	
T 1h	– Steckverbindung, 1-fach (blau, hinter Schalttafel)	
T 1j	– Steckverbindung, 1-fach (hinter Schalttafel, Anschluß elektr. Außenspiegel)	
T 1k	– Steckverbindung, 1-fach (hinter Schalttafel, Anschluß elektr. Schiebedach)	
T 2a	– Steckverbindung, 2-fach (schwarz, hinter Schalttafel)	
T 2c	– Steckverbindung, 2-fach (Motorraum links)	
T 2d	– Steckverbindung, 2-fach (Motorraum rechts)	
T 2e	– Steckverbindung, 2-fach (hinter Konsole)	

Benennung		in Strompfad
T 2g	– Steckverbindung, 2-fach (hinter Schalttafel)	
T 3a	– Steckverbindung, 3-fach (Federbein rechts)	
T 3b	– Steckverbindung, 3-fach (Federbein links)	
T 3c	– Steckverbindung, 3-fach (hinter Schalttafel)	
T 3e	– Steckverbindung, 3-fach (hinter Schalttafel)	
T 3f	– Steckverbindung, 3-fach (hinter Schalttafel)	
T 6c	– Steckverbindung, 6-fach (hinter Konsole)	
T 12/	– Steckverbindung, 12-fach (Schalttafeleinsatz)	
T 14/	– Steckverbindung, 14-fach (Schalttafeleinsatz)	
U 1	– Zigarrenanzünder	166
U 3	– Zigarrenanzünder hinten links	178
U 7	– Zigarrenanzünder hinten rechts	181
V	– Scheibenwischermotor	103–106
V 2	– Frischluftgebläse	161
V 5	– Scheibenwaschpumpe	109
V 11	– Pumpe für Scheinwerfer-Reinigungsanlage	110
V 37	– Motor für Zentralverriegelung (Bidruckpumpe)	182–184
W	– Innenleuchte	172–174
W 3	– Kofferraumleuchte	95
W 11	– Leseleuchte hinten links	175
W 12	– Leseleuchte hinten rechts	176
W 13	– Leseleuchte Beifahrer	177
Y 2	– Digitaluhr	127
Z 1	– beheizbare Heckscheibe	154

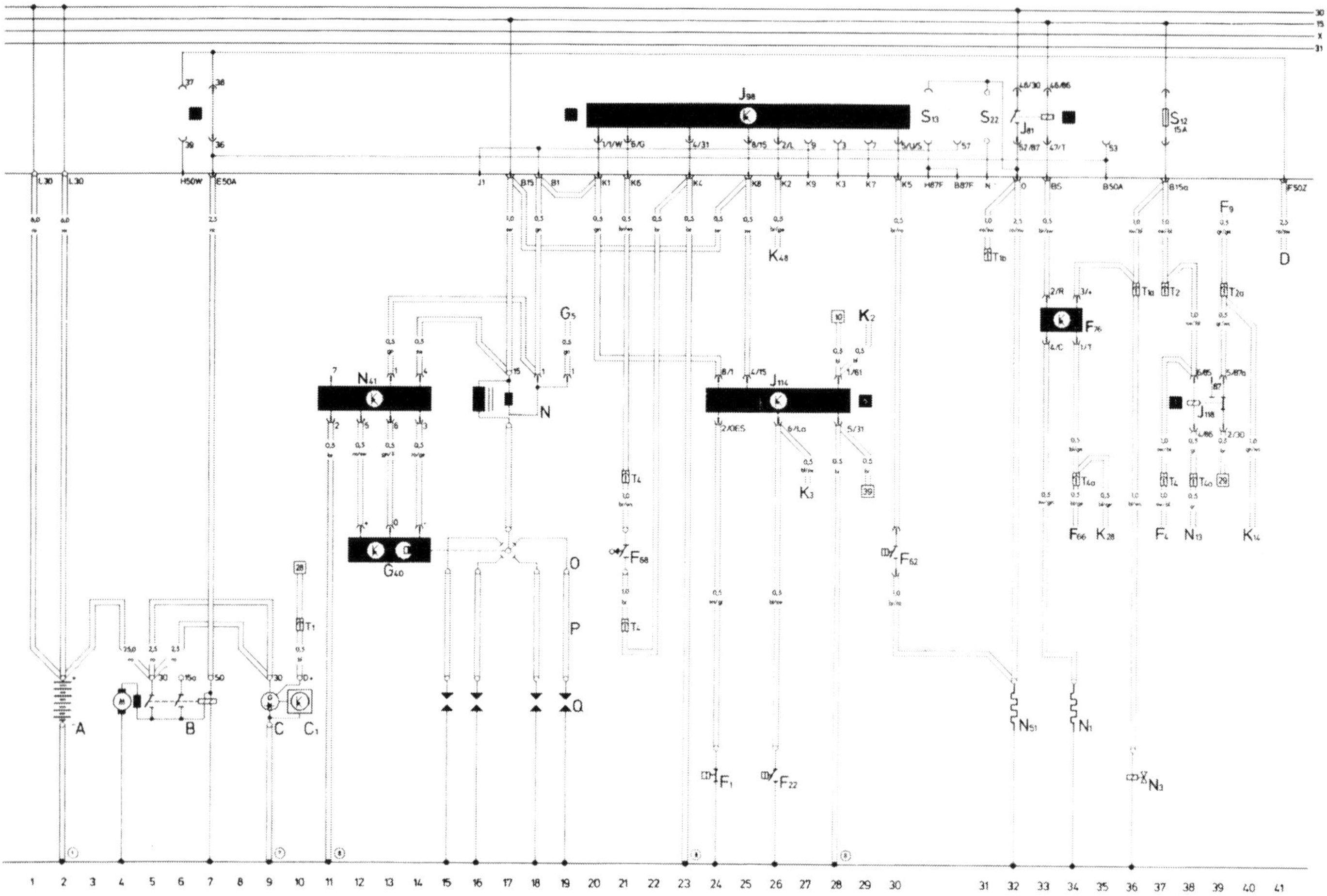

Zusatzstromlaufplan Audi 100, 55 kW/75 PS-Motor mit Pierburg 1B3-Vergaser

Benennung		in Strompfad
A	– Batterie	2
B	– Anlasser	4–7
C	– Drehstromgenerator	9
C 1	– Spannungsregler	10
D	– Zündanlaßschalter	41
F 1	– Öldruckschalter (1,8 bar)	24
F 4	– Schalter für Rückfahrleuchten	37
F 9	– Schalter für Handbremskontrolle	39
F 22	– Öldruckschalter (0,3 bar)	26
F 62	– Unterdruckschalter für Schaltanzeige	30
F 66	– Schalter für Kühlmittelmangelanzeige	34
F 68	– Gangschalter für Schaltanzeige	21
F 76	– Elektronischer Thermoschalter	33, 34
G 5	– Drehzahlmesser	19
G 40	– Hallgeber	12–14
J 81	– Relais für Ansaugrohrvorwärmung	32, 33
J 98	– Steuergerät für Schaltanzeige	20–30
J 114	– Steuergerät für Öldruckkontrolle	24–28
J 118	– Relais für Bremsbelag-Verschleißanzeige	38, 39
K 2	– Kontrollampe für Generator	29
K 3	– Kontrollampe für Öldruck	27
K 14	– Kontrollampe für Handbremse	40
K 28	– Kontrollampe für Kühlmitteltemp. (zu heiß)	35
K 48	– Kontrollampe für Schaltanzeige	26

Benennung		in Strompfad
N	– Zündspule	16–19
N 1	– Vergaserstartautomatik	34
N 3	– Umluftabschaltventil	36
N 13	– Bremswächter links (Brechelement)	38
N 41	– TSZ-Schaltgerät	11–14
N 51	– Heizwiderstand für Ansaugrohrvorwärmung	32
O	– Zündverteiler	15–19
P	– Zündkerzenstecker	15–19
Q	– Zündkerzen	15–19
S 12	– Sicherung im Sicherungshalter/Relaisplatte	
T 1	– Steckverbindung, 1-fach (Motorraum rechts)	
T 1a	– Steckverbindung, 1-fach (hinter Schalttafel)	
T 1b	– Steckverbindung, 1-fach (hinter Schalttafel)	
T 2	– Steckverbindung, 2-fach (hinter Schalttafel)	
T 2a	– Steckverbindung, 2-fach (hinter Schalttafel)	
T 4	– Steckverbindung, 4-fach (Motorraum rechts)	
T 4a	– Steckverbindung, 4-fach (grün, hinter Schalttafel)	

Relaisplatzbelegung:

- ❸ – Steuergerät für Schaltanzeige (Relaisplatte)
- ❿ – Relais für Ansaugrohrvorwärmung (Relaisplatte)
- ❶ – Relais für Bremsbelag-Verschleißanzeige (Zusatzrelaisträger)
- ❻ – Steuergerät für Öldruckkontrolle (Zusatzrelaisträger)

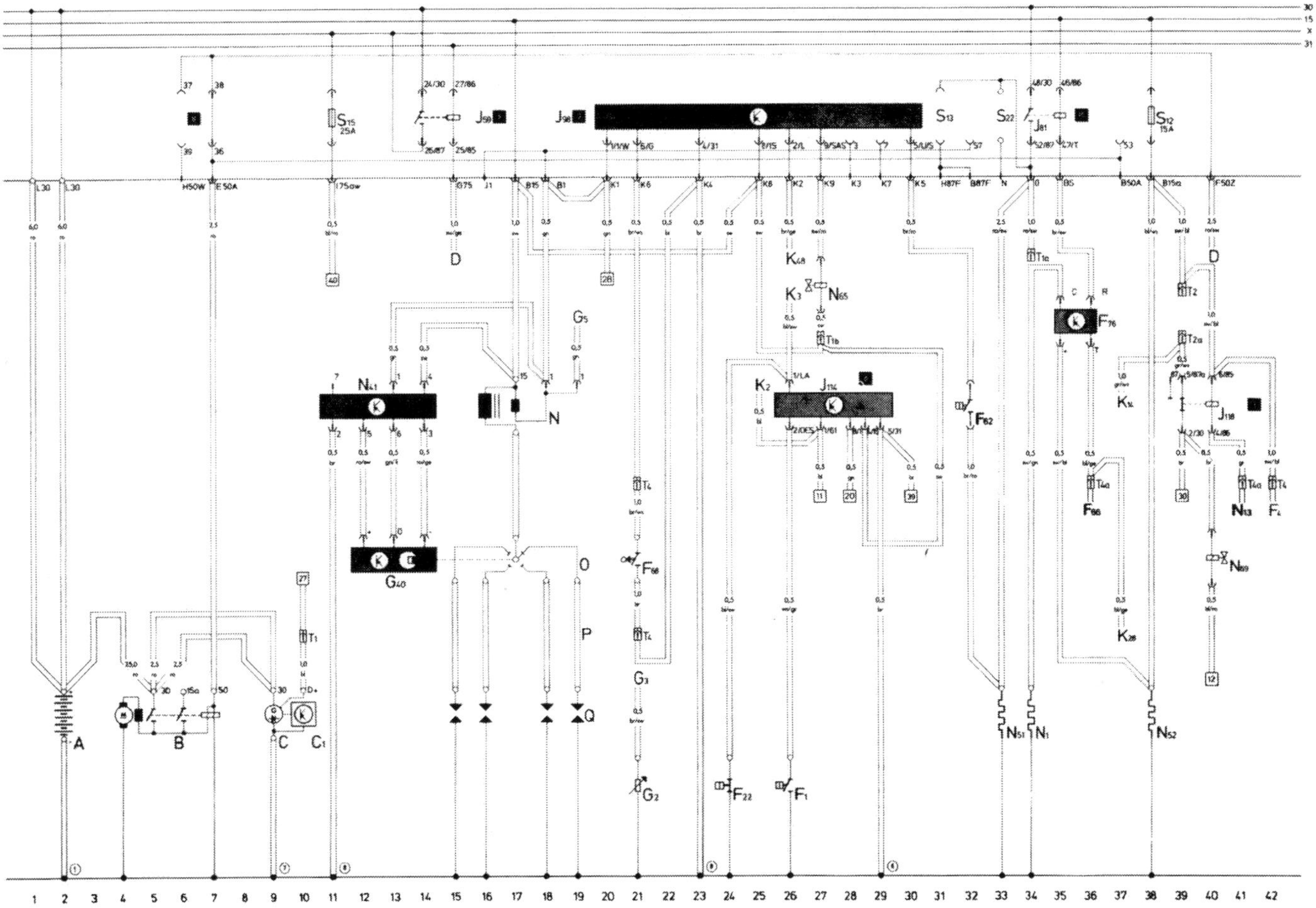

Zusatzstromlaufplan Audi 100, 66 kW/90 PS-Motor mit Pierburg 2E2-Vergaser

Benennung		in Strompfad
A	– Batterie	2
B	– Anlasser	4–7
C	– Drehstromgenerator	9
C 1	– Spannungsregler	10
D	– Zündanlaßschalter	15, 40
F 1	– Öldruckschalter (1,8 bar)	26
F 22	– Öldruckschalter (0,3 bar)	24
F 4	– Schalter für Rückfahrleuchten	42
F 62	– Unterdruckschalter für Schaltanzeige	32
F 66	– Schalter für Kühlmittelmangelanzeige	36
F 68	– Gangschalter für Schaltanzeige	21
F 76	– Elektronischer Thermoschalter	35, 36
G 2	– Geber für Kühlmitteltemperaturanzeige	21
G 3	– Kühlmitteltemperaturanzeige	21
G 5	– Drehzahlmesser	19
G 40	– Hallgeber	12–14
J 59	– Entlastungsrelais für X-Kontakt	14, 15
J 81	– Relais für Ansaugrohrvorwärmung	34, 35
J 98	– Steuergerät für Schaltanzeige/Schubabschaltung	20–30
J 114	– Steuergerät für Öldruckkontrolle	26–29
J 118	– Relais für Bremsbelag-Verschleißanzeige	39, 40
K 2	– Kontrollampe für Generator	25
K 3	– Kontrollampe für Öldruck	26
K 14	– Kontrollampe für Handbremse	37
K 28	– Kontrollampe für Kühlmitteltemp. (zu heiß)	37
K 48	– Kontrollampe für Schaltanzeige	26
N	– Zündspule	16–19

Benennung		in Strompfad
N 1	– Vergaserautomatik	34
N 13	– Bremswächter links (Brechelement)	41
N 41	– TSZ-Schaltgerät	11–14
N 51	– Heizwiderstand für Ansaugrohrvorwärmung	33
N 52	– Heizwiderstand (Teillastkanalbeheizung-Vergaser)	38
N 65	– Magnetventil für Schubabschaltung	27
N 69	– Thermozeitventil für Schubabschaltung	40
O	– Zündverteiler	15–19
P	– Zündkerzenstecker	15–19
Q	– Zündkerzen	15–19
S 12, S 15	– Sicherungen im Sicherungshalter/Relaisplatte	
T 1	– Steckverbindung, 1-fach (Motorraum rechts)	
T 1a	– Steckverbindung, 1-fach (hinter Schalttafel)	
T 1b	– Steckverbindung, 1-fach (hinter Schalttafel)	
T 2	– Steckverbindung, 2-fach (hinter Schalttafel)	
T 2a	– Steckverbindung, 2-fach (hinter Schalttafel)	
T 4	– Steckverbindung, 4-fach (Motorraum rechts)	
T 4a	– Steckverbindung, 4-fach (grün, hinter Schalttafel)	

Relaisplatzbelegung:

- ❸ – Steuergerät für Schaltanzeige/Schubabschaltung (Relaisplatte)
- ❺ – Entlastungsrelais für X-Kontakt (Relaisplatte)
- ❿ – Relais für Ansaugrohrvorwärmung (Relaisplatte)
- ❶ – Relais für Bremsbelag-Verschleißanzeige (Zusatzrelaisträger)
- ❻ – Steuergerät für Öldruckkontrolle (Zusatzrelaisträger)

Stromlaufplan Audi 100 ab Januar 1988 — 100 kW/136 PS-Motor mit KE-III-Jetronic

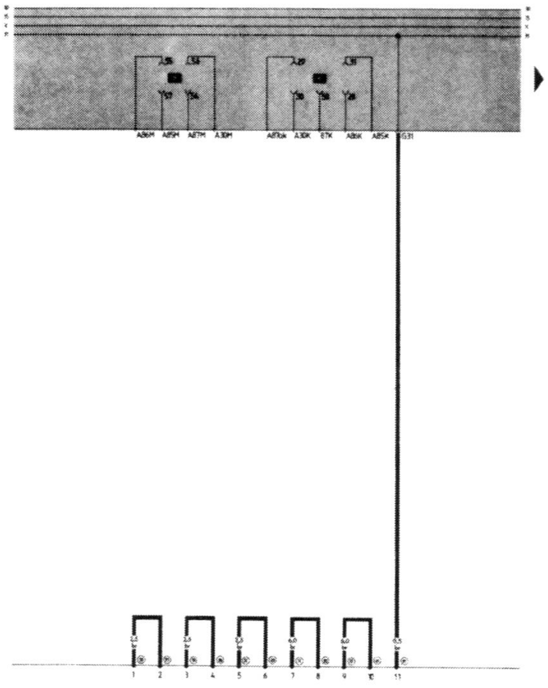

Masseverbindungen

- (12) – Massepunkt, im Motorraum links
- (32) – Massepunkt, hinter Schalttafel links
- (50) – Massepunkt, Kofferraum links
- (81) – Masseverbindung, im Schalttafelleitungsstrang
- (82) – Masseverbindung –1–, im Leitungsstrang vorn links
- (83) – Masseverbindung, im Leitungsstrang vorn rechts
- (86) – Masseverbindung –1–, im Leitungsstrang hinten
- (87) – Masseverbindung –2–, im Leitungsstrang hinten

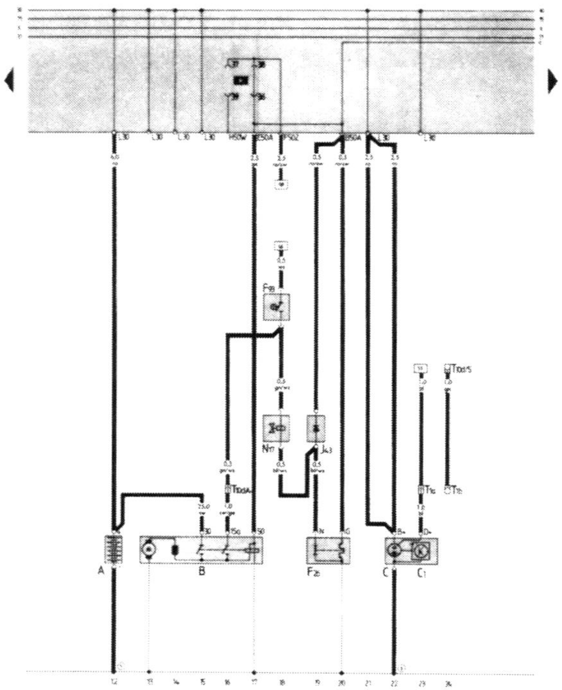

Batterie, Anlasser, Drehstromgenerator

- A – Batterie
- B – Anlasser
- C – Drehstromgenerator
- C 1 – Spannungsregler
- F 26 – Thermozeitschalter
- F 93 – Drucksprungschalter
- J 43 – Sperrdiode für K-Jetronic
- N 17 – Kaltstartventil
- T 1a – Steckverbindung 1-fach, Motorraum rechts
- T 1b – Steckverbindung 1-fach, Motorraum rechts
- T 10d – Steckverbindung 10-fach, gelb, hinter Schalttafel
- (1) – Masseband, Batterie – Aufbau
- (6) – Masseband, Motor – Generator

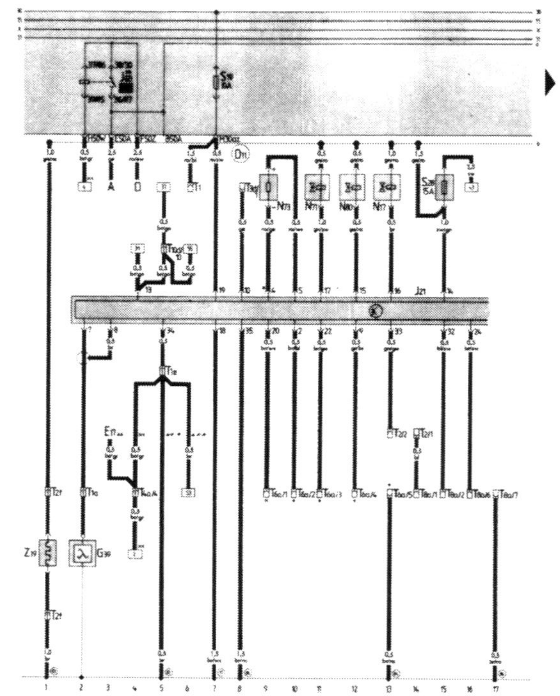

KE-III-Jetronic mit Klopfregelung, 100 kW, 5-Zylinder

- A – Batterie
- D – Zündanlaßschalter
- E 15 – Schalter für beheizbare Heckscheibe
- G 39 – Lambdasonde, mit Heizung
- J 21 – Steuergerät für elektronische Kraftstoffeinspritzung/Lambdaregelung
- J 60 – Relais für automatisches Getriebe
- N 17 – Kaltstartventil
- N 71 – Steuerventil für Leerlaufstabilisierung
- N 73 – Drucksteller
- N 80 – Magnetventil für Aktivkohlebehälter
- S 28 – Einzelsicherung im Zusatzsicherungsschalter (Motorsteuerung II für Lambdaregelung)
- T 1 – Steckverbindung, 1-fach, hinter Schalttafel
- T 1d – Steckverbindung, 1-fach, Motorraum links
- T 1e – Steckverbindung, 1-fach, hinter Schalttafel
- T 2 – Steckverbindung, 2-fach, hinter Schalttafel
- T 2f – Steckverbindung, 2-fach, schwarz, Motorraum links
- T 3d – Steckverbindung, 3-fach, schwarz, hinter Schalttafel
- T 4a – Steckverbindung, 4-fach, hinter Schalttafel
- T 6a – Steckverbindung, 6-fach, schwarz, hinter Schalttafel
- T 8a – Steckverbindung, 8-fach, schwarz, hinter Schalttafel
- T 10d – Steckverbindung, 10-fach, gelb, hinter Schalttafel
- (17) – Massepunkt, am Saugrohr
- (83) – Masseverbindung, im Leitungsstrang vorn rechts
- (84) – Masseverbindung, Motormasse, im Leitungsstrang vorn rechts
- (D11) – Plusverbindung (15) über Sicherung 28 im Leitungsstrang vorn rechts
- * – Codierstecker nicht belegt
- ** – nur bei Automatikgetriebe
- *** – nur bei Schaltgetriebe

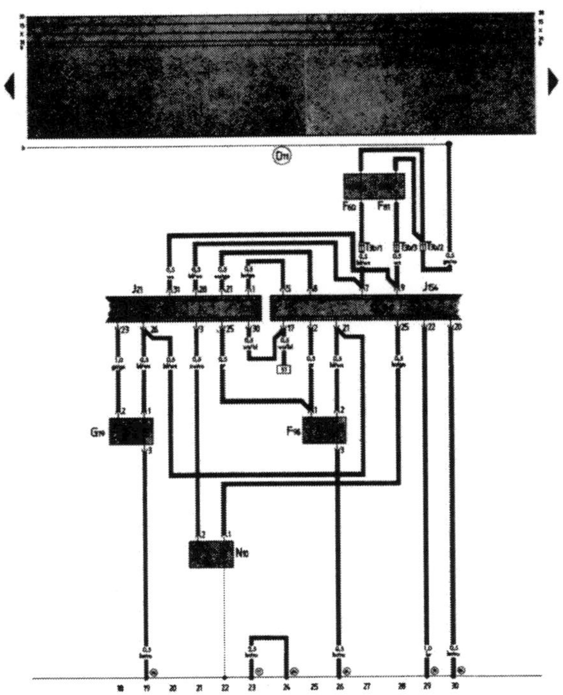

KE-III-Jetronic mit Klopfregelung, 100 kW, 5-Zylinder

F 60 – Leerlaufschalter
F 81 – Vollastschalter
F 96 – Höhengeber
G 19 – Potentiometer für Luftmengenmesser
J 21 – Steuergerät für elektronische Kraftstoffeinspritzung/Lambdaregelung
J 154 – Steuergerät für elektronische Zündanlage mit Klopfregelung
N 10 – Temperaturfühler
T 3b – Steckverbindung, 3-fach, schwarz, Motorraum links

(17) – Massepunkt, am Saugrohr

(32) – Massepunkt, hinter Schalttafel links

(84) – Masseverbindung, Motormasse, im Leistungsstrang vorn, rechts

(D11) – Plusverbindung (15) über Sicherung 28 im Leitungsstrang vorn rechts

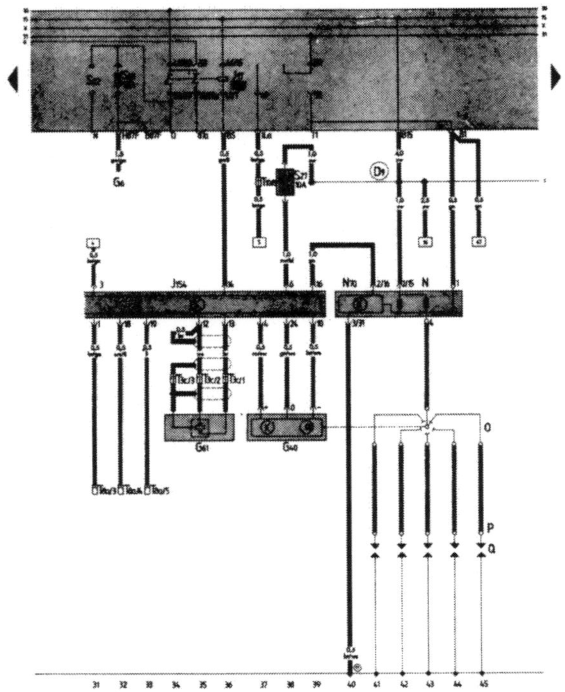

KE-III-Jetronic mit Klopfregelung, 100 kW, 5-Zylinder

G 6 – Elektrische Kraftstoffpumpe
G 40 – Hallgeber
G 61 – Klopsensor I
J 17 – Kraftstoffpumpenrelais
J 154 – Steuergerät für elektronische Zündanlage mit Klopfregelung
N – Zündspule
N 70 – Leistungsendstufe für Zündanlage
P – Zündkerzenstecker
Q – Zündkerzen
S 24 – Sicherung im Zusatzsicherungshalter (Motorsteuerung I für elektronische Zündanlage)
T 3c – Steckverbindung, 3-fach, schwarz, Motorraum links
T 8a – Steckverbindung, 8-fach, schwarz, hinter Schalttafel

(17) – Massepunkt, am Saugrohr

(D9) – Plusverbindung (15) über Sicherung 24 im Leitungsstrang vorn rechts

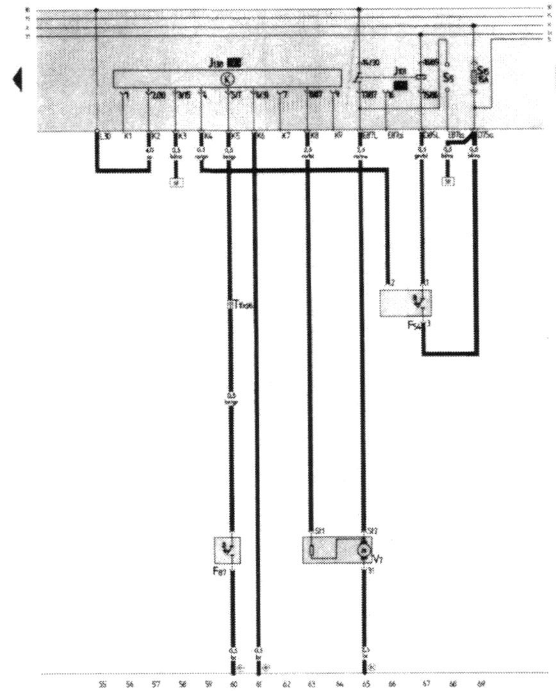

Lüfternachlauf, Lüfter für Kühlmittel

F 54 – Thermoschalter für 2. Stufe für Lüfter für Kühlmittel
F 87 – Thermoschalter für Lüfternachlauf
J 101 – Relais für 2. Stufe für Lüfter für Kühlmittel
J 138 – Steuergerät für Kühlerlüfternachlauf
T 10d – Steckverbindung, 10-fach, gelb, hinter Schalttafel
V 7 – Lüfter für Kühlmittel

(82) – Masseverbindung –1–, im Leitungsstrang vorn links

(83) – Masseverbindung, im Leitungsstrang vorn rechts

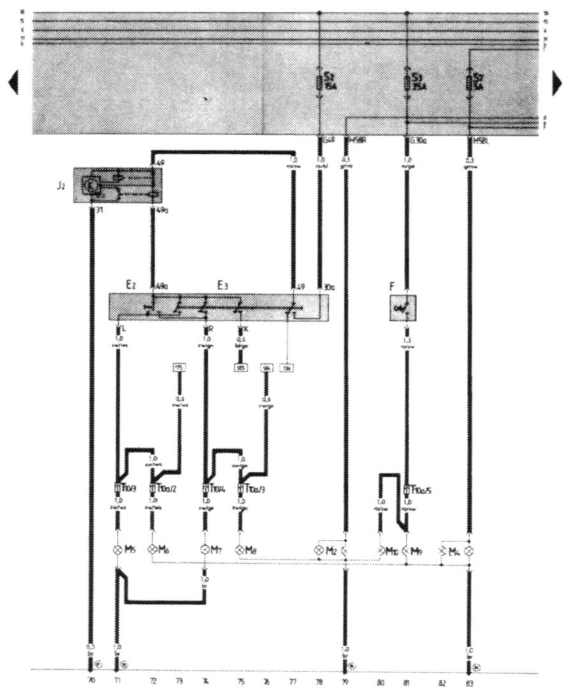

Blink- und Warnblinkanlage, Schlußleuchten, Bremsleuchten

E 2 – Blinkerschalter
E 3 – Warnlichtschalter
F – Bremslichtschalter
J 2 – Warnblinkrelais
M 2 – Lampe für Schlußlicht rechts
M 4 – Lampe für Schlußlicht links
M 5 – Lampe für Blinklicht vorn links
M 6 – Lampe für Blinklicht hinten links
M 7 – Lampe für Blinklicht vorn rechts
M 8 – Lampe für Blinklicht hinten rechts
M 9 – Lampe für Bremslicht links
M 10 – Lampe für Bremslicht rechts
T 10 – Steckverbindung, 10-fach, blau, hinter Schalttafel
T 10a – Steckverbindung, 10fach, braun, hinter Schalttafel

(81) – Masseverbindung, im Schalttafelleitungsstrang

(82) – Masseverbindung –1–, im Leitungsstrang vorn links

(86) – Masseverbindung –1–, im Leitungsstrang hinten

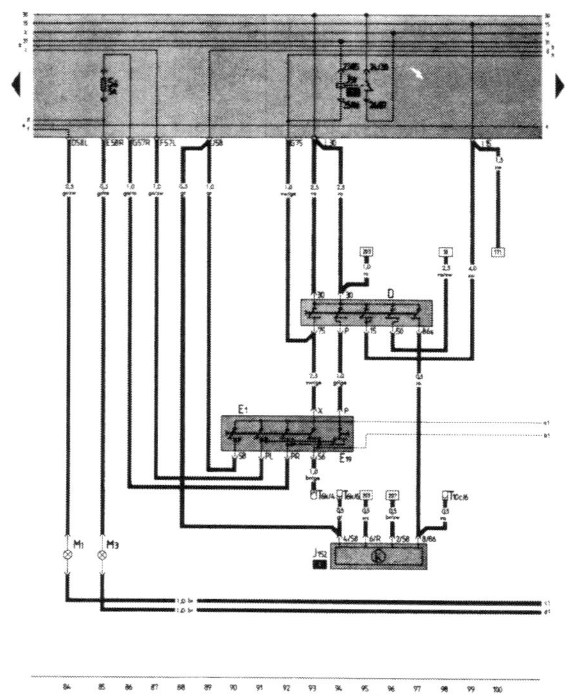

Zündanlaßschalter, Lichtschalter, Warnsummer für Standlicht und Radio, Standlicht

D – Zündanlaßschalter
E 1 – Lichtschalter
E 19 – Schalter für Parklicht
J 59 – Entlastungsrelais üfr X-Kontakt
J 152 – Warnsummer für Standlicht und Radio
M 1 – Lampe für Standlicht links
M 3 – Lampe für Standlicht rechts
T 6k – Steckverbindung, 6-fach, schwarz, hinter Schalttafel
T 10c – Steckverbindung, 10-fach, schwarz, hinter Schalttafel

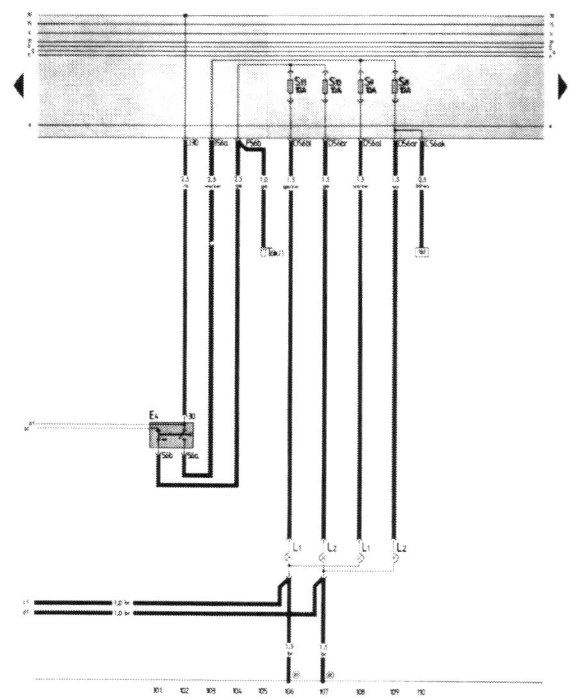

Schalter für Handabblendung und Lichthupe, Scheinwerfer

E 4 – Schalter für Handabblendung und Lichthupe
L 1 – Zweifadenlampe für Scheinwerfer links
L 2 – Zweifadenlampe für Scheinwerfer rechts
T 6k – Steckverbindung, 6-fach, schwarz, hinter Schalttafel

(82) – Masseverbindung –1–, im Leitungsstrang vorn links

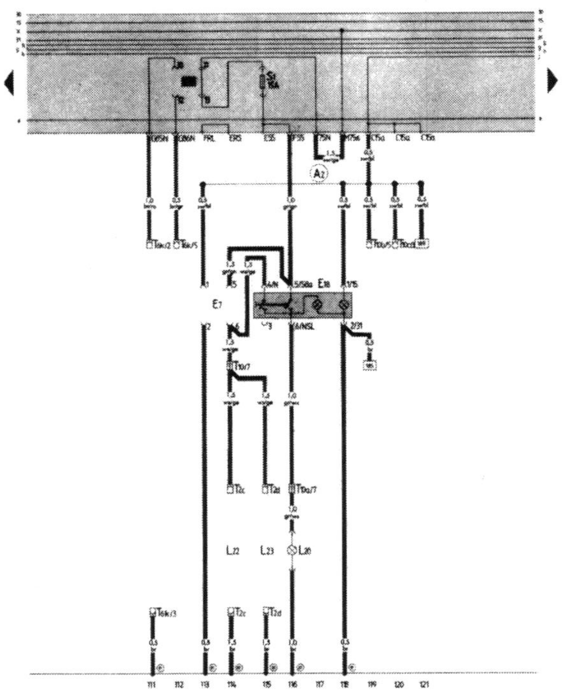

Nebelscheinwerfer, Nebelschlußleuchte

E 7 – Schalter für Nebelscheinwerfer
E 18 – Schalter für Nebelschlußleuchte
L 20 – Lampe für Nebelschlußleuchte
L 22 – Anschluß für Nebelscheinwerfer links
L 23 – Anschluß für Nebelscheinwerfer rechts
T 2c – Steckverbindung, 2-fach, schwarz, Motorraum links
T 2d – Steckverbindung, 2-fach, schwarz, Motorraum rechts
T 6k – Steckverbindung, 6-fach, schwarz, hinter Schalttafel
T 10 – Steckverbindung, 10-fach, blau, hinter Schalttafel
T 10a – Steckverbindung, 10-fach, braun, hinter Schalttafel
T 10b – Steckverbindung, 10-fach, braun, hinter Schalttafel
T 10c – Steckverbindung, 10-fach, schwarz, hinter Schalttafel

(81) – Masseverbindung, im Schalttafelleitungsstrang

(82) – Masseverbindung –1–, im Leitungsstrang vorn links

(87) – Masseverbindung –2–, im Leitungsstrang hinten

(A2) – Plusverbindung (15) im Schalttafelleitungsstrang

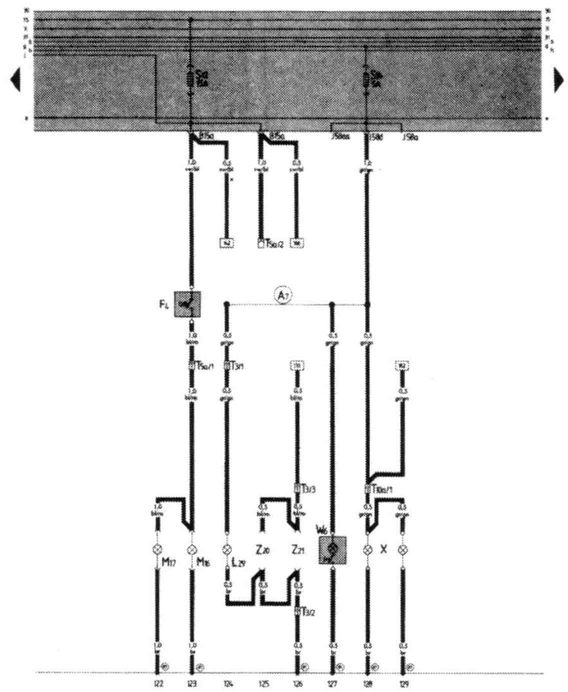

Rückfahrleuchten, Kennzeichenleuchten, Motorraumleuchte, Kofferraumleuchte, beheizbare Waschdüsen

F 4 – Schalter für Rückfahrleuchten
L 29 – Lampe für Beleuchtung Motorraum
M 16 – Lampe für Rückfahrlicht links
M 17 – Lampe für Rückfahrlicht rechts
T 3 – Steckverbindung, 3-fach, braun, neben Wischermotor
T 5a – Steckverbindung, 5-fach, braun, hinter Schalttafel
X – Kennzeichenleuchte
Z 20 – Heizung für Waschdüse links
Z 21 – Heizung für Waschdüse rechts

(81) – Masseverbindung im Schalttafelleitungsstrang

(87) – Masseverbindung –2–, im Leitungsstrang hinten

(A7) – Plusverbindung (58 D1) im Schalttafelleitungsstrang

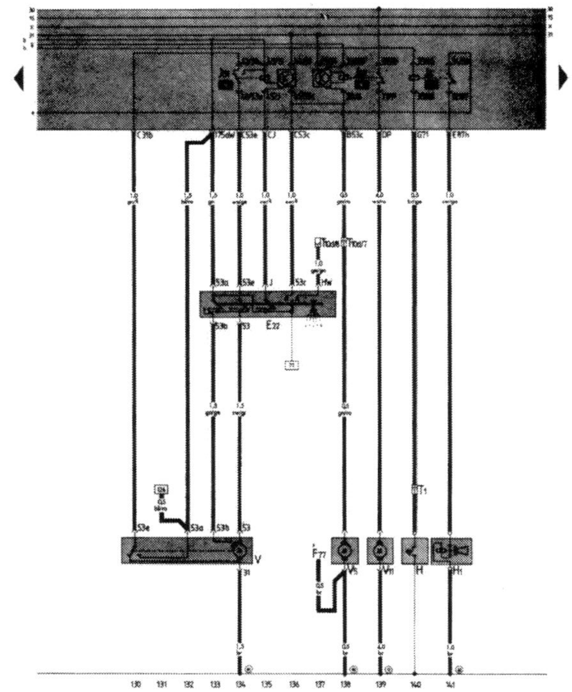

Scheibenwisch- und Waschanlage, Scheinwerferreinigungsanlage, Signalhorn

E 22 – Scheibenwischerschalter für Intervallbetrieb
F 77 – Warnkontakt für Scheibenwaschwasser
H – Signalhornbetätigung
H 1 – Signalhorn
J 4 – Relais für Signalhorn
J 31 – Relais für Wasch-Wisch-Intervallautomatik
J 39 – Relais für Scheinwerfer-Reinigungsanlage
T 1 – Steckverbindung, 1-fach, gelb, hinter Schalttafel, Kupplung, Schleifring
T 10d – Steckverbindung, 10-fach, gelb, hinter Schalttafel
V – Scheibenwischermotor
V 5 – Scheibenwaschpumpe
V 11 – Pumpe für Scheinwerfer-Reinigungsanlage

(12) – Massepunkt, im Motorraum links

(81) – Masseverbindung, im Schalttafelleitungsstrang

(82) – Masseverbindung –1–, im Leitungsstrang vorn links

* – nur bei Otto-Turbo

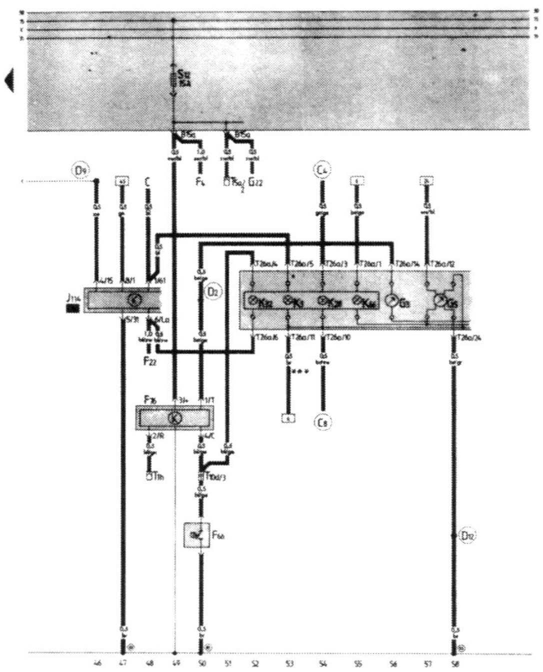

Steuergerät für Öldruckkontrolle, Kühlmittelüberwachung, Schalttafeleinsatz

C – Drehstromgenerator
F 4 – Schalter für Rückfahrleuchten
F 22 – Öldruckschalter (0,3 bar)
F 66 – Schalter für Kühlmittelmangelanzeige
F 76 – Elektronischer Thermoschalter
G 3 – Kühlmitteltemperaturanzeiger
G 5 – Drehzahlmesser
G 22 – Geber für Geschwindigkeitsmesser
J 114 – Steuergerät für Öldruckkontrolle
K 3 – Kontrollampe für Öldruck
K 28 – Kontrollampe für Kühlmitteltemperatur/ Kühlmittelmangelanzeige
K 32 – Kontrollampe für Bremsbelag (PADS)
K 66 – Kontrollampe für vollelektronische Zündung
T 1h – Steckverbindung, 1-fach, blau, hinter Schalttafel
T 5a – Steckverbindung, 5-fach, braun, hinter Schalttafel
T 10d – Steckverbindung, 10-fach, gelb, hinter Schalttafel
T 26a – Steckverbindung, 26-fach, braun, Schalttafeleinsatz

(82) – Masseverbindung –1–, im Leitungsstrang vorn links

(83) – Masseverbindung, im Leitungsstrang vorn rechts

(C4) – Verbindung im Leitungsstrang vorn links

(C8) – Verbindung (Bremsbelagverschleißanzeige) im Leitungsstrang vorn links

(D1) – Plusverbindung (15a) im Leitungsstrang vorn rechts

(D2) – Verbindung (Temperatur-Kontrollschalter) im Leitungsstrang vorn rechts

(D10) – Verbindung (Schubanhebung), im Leitungsstrang vorn rechts

*** – nur bei Schaltgetriebe

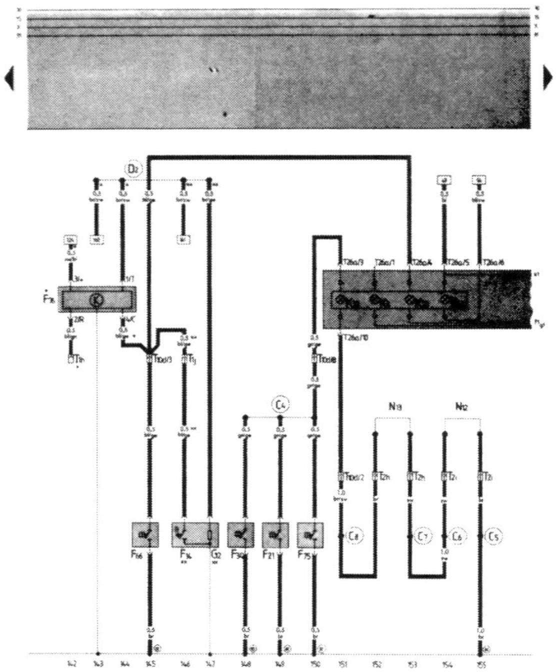

Kühlmittelüberwachung, Bremsbelagüberwachung, Schalttafeleinsatz

F 14 – Kühlmitteltemperaturkontrollschalter (zu heiß)
F 21 – Warnschalter für hydraul. Bremskraftverstärker
F 34 – Warnkontakt für Bremsflüssigkeitsstand
F 66 – Schalter für Kühlmittelmangelanzeige
F 75 – Warnkontakt für Hydraulikflüssigkeit
F 76 – Elektronischer Thermoschalter
G 2 – Geber für Kühlmitteltemperaturanzeiger
K 3 – Kontrollampe für Öldruck
K 28 – Kontrollampe für Kühlmitteltemperatur/ Kühlmittelmangelanzeige
K 33 – Kontrollampe für Bremsflüssigkeitsstand
K 66 – Kontrollampe für Motorelektrik
N 12 – Bremswächter rechts (Brechelement)
N 13 – Bremswächter links (Brechelement)
T 1h – Steckverbindung, 1-fach, blau, hinter Schalttafel
T 1j – Steckverbindung, 1-fach, blau, hinter Schalttafel
T 2h – Steckverbindung, 2-fach, Federbein links
T 2i – Steckverbindung, 2-fach, Federbein rechts
T 10d – Steckverbindung, 10-fach, gelb, hinter Schalttafel
T 26a – Steckverbindung, 26-fach, braun, Schalttafeleinsatz

* – nur bei 85 kW
** – Nur bei 101 kW

(82) – Masseverbindung –1–, im Leitungsstrang vorn links

(C4) – Verbindung im Leitungsstrang vorn links

(C5) – Verbindung (Bremsbelagverschleißanzeige) im Leitungsstrang vorn links

(C6) – Verbindung (Bremsbelagverschleißanzeige) im Leitungsstrang vorn links

(D2) – Verbindung (Temperatur-Kontrollschalter)

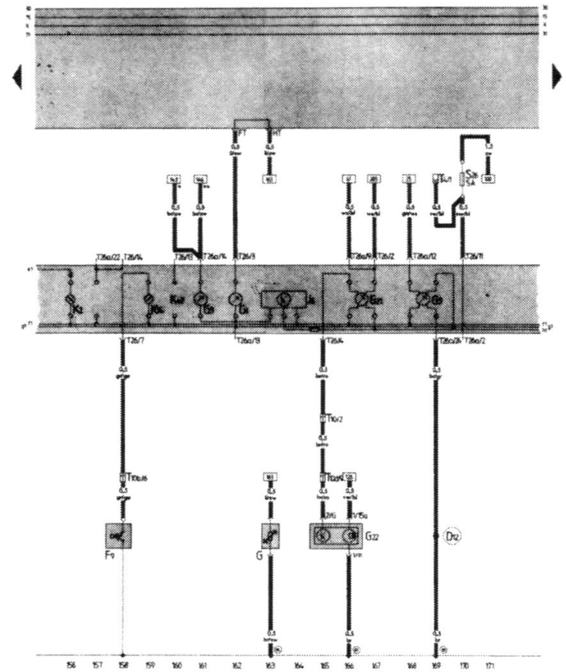

Schalttafeleinsatz, Geschwindigkeitsmesser

F 9 – Schalter für Handbremskontrolle
G – Geber für Kraftstoffvorratsanzeiger
G 1 – Kraftstoffvorratsanzeiger
G 3 – Kühlmitteltemperaturanzeiger
G 5 – Drehzahlmesser
G 21 – Geschwindigkeitsmesser
G 22 – Geber für Geschwindigkeitsmesser
J 6 – Spannungskonstanter
K 2 – Kontrollampe für Generator
K 14 – Kontrollampe für Handbremse
S 26 – Einzelsicherung für Steuermagnet
T 4 – Steckverbindung, 4-fach, schwarz, hinter Schalttafel
T 10 – Steckverbindung, 10-fach, blau, hinter Schalttafel
T 10b – Steckverbindung, 10-fach, braun, hinter Schalttafel
T 10d – Steckverbindung, 10-fach, gelb, hinter Schalttafel

(83) – Masseverbindung, im Leitungsstrang vorn rechts

(86) – Masseverbindung –1–, im Leitungsstrang hinten

(D10) – Verbindung (Schubanhebung), im Leitungsstrang vorn rechts

* – nur bei 85 kW
** – nur bei 101 kW

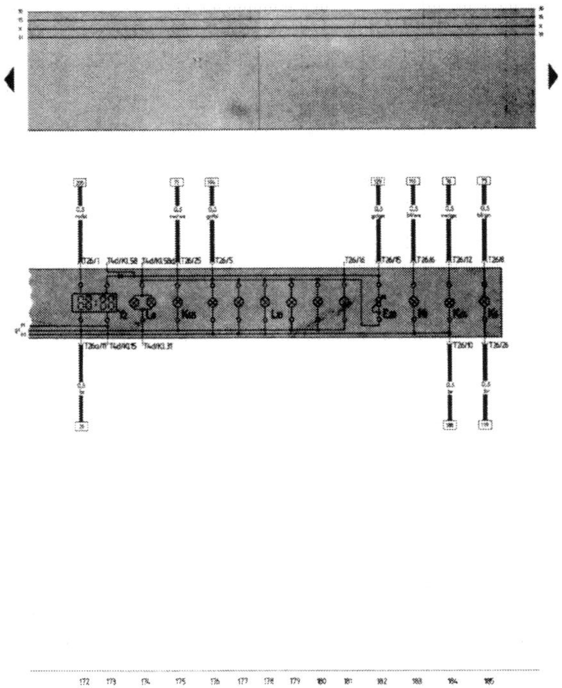

Schalttafeleinsatz

E 20 – Regler für Beleuchtung Instrumente/Schalttafeleinsatz
K 1 – Kontrollampe für Fernlicht
K 6 – Kontrollampe für Warnblinkanlage
K 64 – Kontrollampe für Blinker rechts
K 65 – Kontrollampe für Blinker links
L 8 – Lampe für Beleuchtung Zeituhr
L 10 – Lampe für Beleuchtung Schalttafeleinsatz
T 4d – Steckverbindung, 4-fach, Schalttafeleinsatz
T 26 – Steckverbindung, 26-fach, schwarz, Schalttafeleinsatz
T 26a – Steckverbindung, 26-fach, braun, Schalttafeleinsatz
Y 2 – Digitaluhr

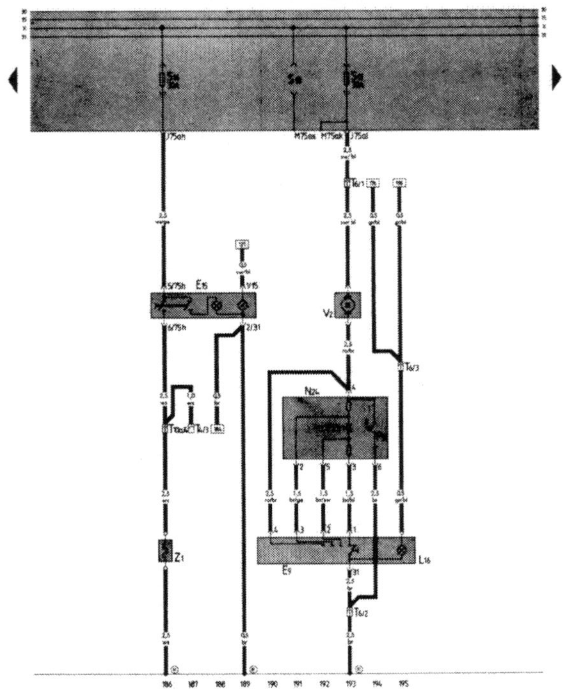

Beheizbare Heckscheibe, Frischluftgebläse

E 9 – Schalter für Frischluftgebläse
E 15 – Schalter für beheizbare Heckscheibe
F 51 – Überhitzungssicherung (im Widerstandsträger)
L 16 – Lampe für Beleuchtung Freischluftregulierung
N 24 – Vorwiderstand für Frischluftgebläse, mit Überhitzungsschutz
T 4 – Steckverbindung, 4-fach, schwarz, hinter Schalttafel
T 6 – Steckverbindung, 6-fach, rot, hinter Schalttafel
T 10a – Steckverbindung, 10-fach, braun, hinter Schalttafel
V 2 – Frischluftgebläse
Z 1 – beheizbare Heckscheibe

(41) – Massepunkt, unter Hutablage

(81) – Masseverbindung, im Schalttafelleitungsstrang

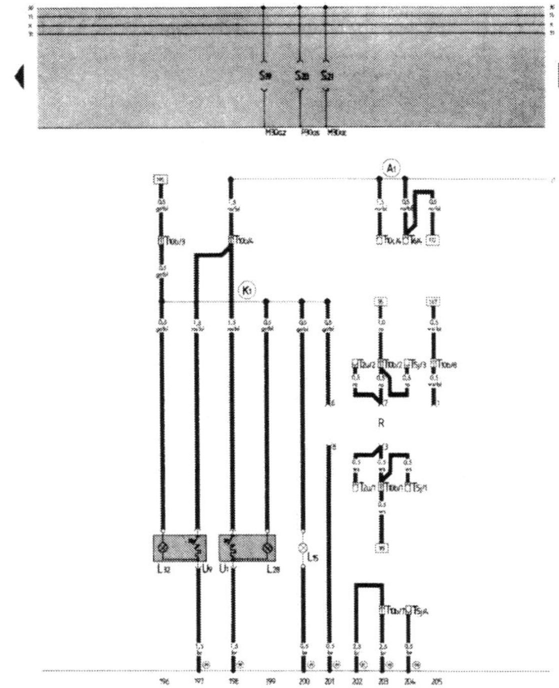

Zigarrenanzünder, Ascherbeleuchtung, Radio

L 15 – Lampe für Ascherbeleuchtung
L 28 – Lampe für Beleuchtung Zigarrenanzünder
L 32 – Lampe für Beleuchtung Zigarrenanzünder hinten
R – Anschluß für Radio
T 2u – Steckverbindung, 2-fach, hinter Konsole, Anschluß elektr. Antenne
T 5j – Steckverbindung, 5-fach, gelb, hinter Konsole
T 6 – Steckverbindung, 6-fach, rot, hinter Schalttafel
T 10b – Steckverbindung, 10-fach, braun, hinter Schalttafel
T 10c – Steckverbindung, 10-fach, schwarz, hinter Schalttafel
U 1 – Zigarrenanzünder
U 9 – Zigarrenanzünder hinten

(81) – Masseverbindung im Schalttafelleitungsstrang

(99) – Masseverbindung, im Leitungsstrang Konsole

(A1) – Plusverbindung (30a) im Schalttafelleitungsstrang

(K1) – Plusverbindung (58) im Leitungsstrang Konsole

1,8-Liter 66 kW/90 PS mit Mono-Jetronic-Einspritzung

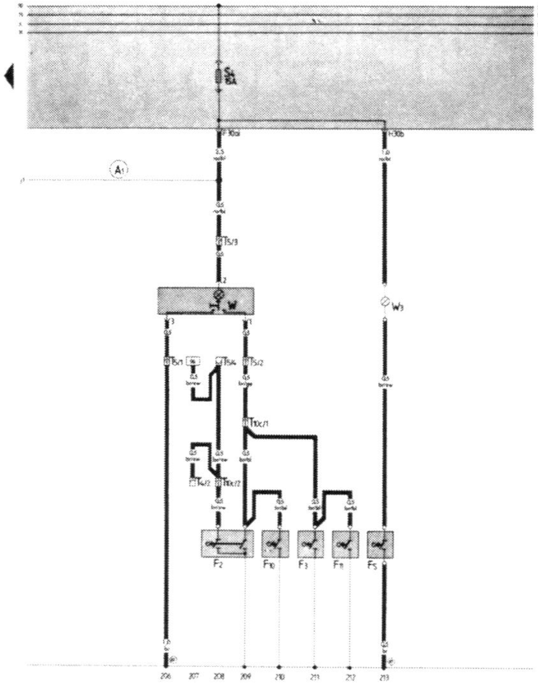

Innenleuchte, Türkontaktschalter, Kofferraumleuchte

F 2 – Türkontaktschalter vorn links mit Kontakt für Summer
F 3 – Türkontaktschalter vorn rechts
F 5 – Schalter für Kofferraumbeleuchtung
F 10 – Türkontaktschalter hinten links
F 11 – Türkontaktschalter hinten rechts
T 4 – Steckverbindung, 4-fach, schwarz, hinter Schalttafel
T 5 – Steckverbindung, 5-fach, schwarz, hinter Schalttafel
T 10c – Steckverbindung, 10-fach, schwarz, hinter Schalttafel
W – Innenleuchte vorn
W 3 – Kofferraumleuchte

(81) – Masseverbindung, im Schalttafelleitungsstrang

(67) – Masseverbindung -2-, im Leitungsstrang hinten

(A1) – Plusverbindung (30a) im Schalttafelleitungsstrang

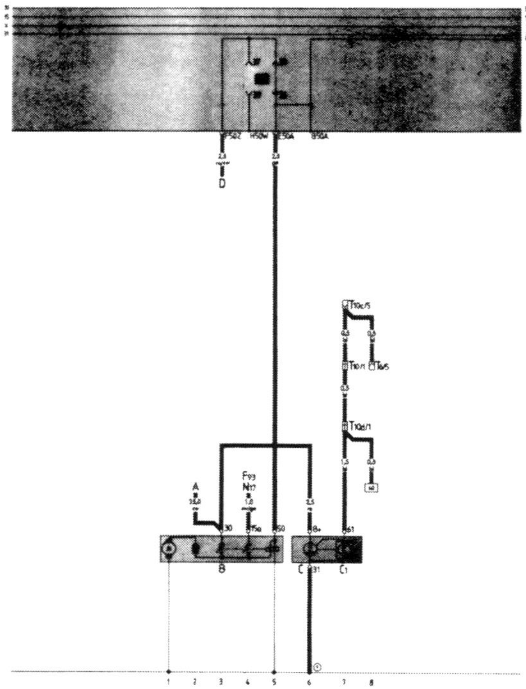

Anlasser, Drehstromgenerator

A – Batterie
B – Anlasser
C – Drehstromgenerator
C 1 – Spannungsregler
D – Zündanlaßschalter
F 93 – Drucksprungschalter
N 17 – Kaltstartventil
T 6 – Steckverbindung, 6-fach, rot hinter Schalttafel
T 10 – Steckverbindung, 10-fach, blau, hinter Schalttafel
T 10c – Steckverbindung, 10-fach, schwarz, hinter Schalttafel
T 10d – Steckverbindung, 10-fach, gelb, hinter Schalttafel

(6) – Masseband, Motor – Generator

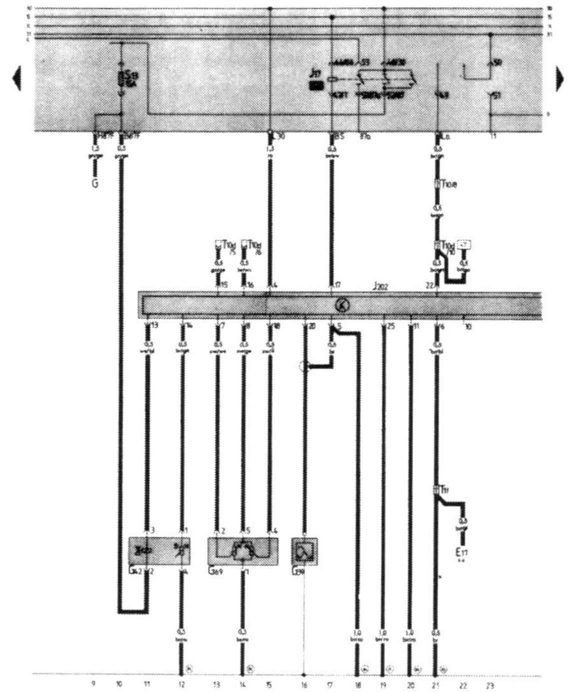

Elektronische Kraftstoffeinspritzung, Lambda-Sonde

E 17 – Anlaßsperrschalter und Schalter für Rückfahrleuchten
G – Geber für Kraftstoffvorratsanzeiger
G 39 – Lambdasonde mit Heizung
G 42 – Geber für Ansauglufttemperatur
G 69 – Drosselklappenpotentiometer
J 17 – Kraftstoffpumpenrelais
J 202 – Steuergerät für Mono-Jetronic
N 30 – Einspritzventil Zylinder 1
T 1f – Steckverbindung, 1-fach, schwarz, hinter Schalttafel
T 10 – Steckverbindung, 10-fach, blau, hinter Schalttafel
T 10d – Steckverbindung, 10-fach, gelb, hinter Schalttafel

(17) – Massepunkt, am Saugrohr

(83) – Masseverbindung –1–, im Leitungsstrang vorn rechts

(84) – Masseverbindung, Motormasse, im Leitungsstrang vorn rechts

* – nur bei Schaltgetriebe
** – nur bei Automatikgetriebe

1,8-Liter 55 kW/75 PS mit Keihin-II-Vergaser

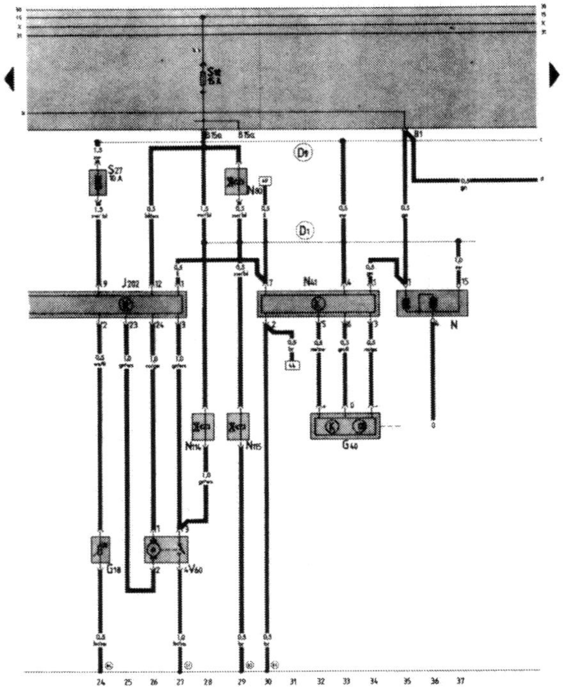

Elektronische Kraftstoffeinspritzung, Zündanlage

G 18 – Temperaturfühler
G 40 – Hallgeber
J 202 – Steuergerät für Mono-Jetronic
N – Zündspule
N 41 – TSZH-Schaltgerät
N 80 – Magnetventil 1 für Aktivkohlebehälter-Anlage (getaktet)
N 114 – Steuerventil für Zündzeitpunktverstellung
N 115 – Magnetventil 2 für Aktivkohlebehälter-Anlage (Abschaltventil)
O – Zündverteiler
S 27 – Sicherung im Zustatzsicherungshalter (Motorsteuerung 1 – für elektronische Zündanlage)
V 60 – Drosselklappensteller

(17) – Massepunkt, am Saugrohr

(83) – Masseverbindung –1–, im Leitungsstrang vorn rechts

(84) – Masseverbindung, Motormasse, im Leitungsstrang vorn rechts

(D1) – Plusverbindung (15a) im Leitungsstrang vorn rechts

(D9) – Plusverbindung (15) über Sicherung 27 im Leitungsstrang vorn rechts

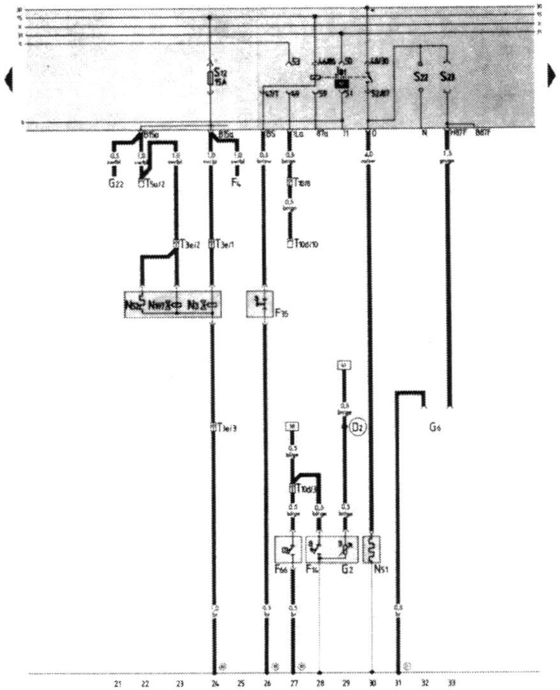

Ansaugrohrvorwärmung, Kühlmittelüberwachung

F 4 – Schalter für Rückfahrleuchten
F 14 – Kühlmittel-Temperatur-Kontrollschalter (zu heiß)
F 35 – Thermoschalter für Ansaugrohrvorwärmung
F 66 – Schalter für Kühlmittelmangelanzeige
G 2 – Geber für Kühlmitteltemperaturanzeiger
G 6 – Elektrische Kraftstoffpumpe
G 22 – Geber für Geschwindigkeitsmesser
J 81 – Relais für Ansaugrohrvorwärmung
N 3 – Ummluftabschaltventil/ Leerlaufabschaltventil links
N 51 – Heizwiderstand für Ansaugrohrvorwärmung
N 52 – Heizwiderstand (Teillastkanalbeheizung Vergaser)
N 107 – Hauptdüsenventil (Keihin-Vergaser)
T 5a – Steckverbindung, 5-fach, braun hinter Schalttafel
T 10 – Steckverbindung, 10-fach, blau, hinter Schalttafel
T 10d – Steckverbindung, 10-fach, gelb, hinter Schalttafel

(21) – Massepunkt, Nähe Kraftstoffpumpe

(82) – Masseverbindung –1–, im Leitungsstrang vorn links

(83) – Masseverbindung –1–, im Leitungsstrang vorn rechts

(D2) – Verbindung (Temperatur-Kontrollschalter) im Leitungsstrang vorn rechts

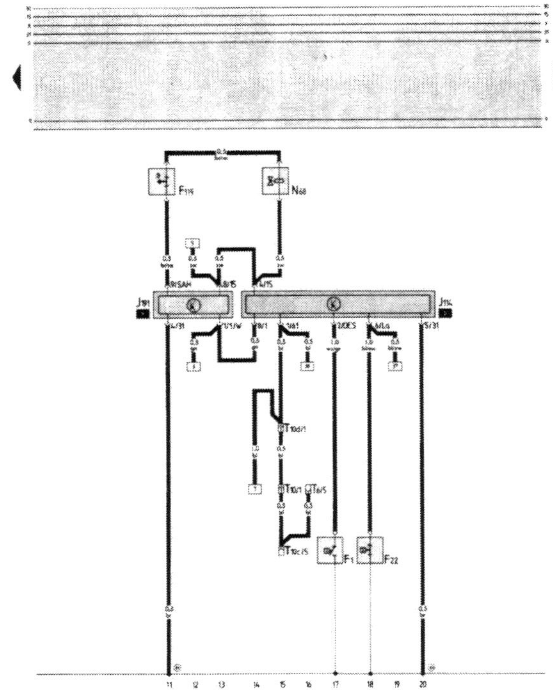

Optische und akustische Ölkontrolle, Steuergerät für Schubanhebung

F 1 – Öldruckschalter (1,8 bar)
F 22 – Öldruckschalter (0,3 bar)
F 119 – Thermoschalter für Magnetventil/Schubanhebung
F 114 – Steuergerät für Öldruckkontrolle
J 191 – Steuergerät für Schubanhebung
N 68 – Leerlauf – Schubsteuerventil
T 6 – Steckverbindung, 6-fach, rot, hinter Schalttafel
T 10 – Steckverbindung, 10-fach, blau, hinter Schalttafel
T 10c – Steckverbindung, 10-fach, schwarz, hinter Schalttafel
T 10d – Steckverbindung, 10-fach, gelb, hinter Schalttafel

(83) – Masseverbindung –1–, im Leitungsstrang vorn rechts

Von Pol zu Pol

Die Batterie ist der Mittelpunkt der Stromversorgung im Audi. Ihr Energievorrat wird von den Verbrauchern der Bordelektrik in Anspruch genommen – wieder aufgeladen wird sie von der Lichtmaschine.

So funktioniert die Batterie

Die Starterbatterie im Auto ist eine Bleibatterie, oft auch Akkumulator genannt. Der Trick an dieser Batterienart ist der, daß die elektrochemische Energieumwandlung umkehrbar ist. Das heißt: Beim Entladen wird aus chemischer Energie elektrische Energie gewonnen, und beim Laden wird elektrische Energie wieder in chemische Energie umgesetzt. Das geschieht durch stoffliche Umwandlung der in verdünnter Schwefelsäure stehenden Bleiplatten.

Die richtige Batterie

Welche Batterie in Ihren Audi gehört, hängt von der Motorversion, aber auch von Baujahr bzw. Getriebetyp ab.

- **Vierzylinder:** 12 V/40 Ah (Typ 54045) oder 12 V/45 Ah (54533) oder 12 V/54 Ah (55414)
- **Fünfzylinder:** 12 V/63 Ah (Typ 56318)

Batterie-Daten

Spannung und Kapazität: In der Angabe 12 V/45 Ah gibt die vorangestellte 12 V natürlich die Spannung an. Hinter dem Schrägstrich ist die Stromstärke in ihrer »zeitlich lieferbaren Menge« vermerkt – »Ah« steht für Amperestunden. Das ist die Nenn-Batteriekapazität, die nach Normbedingungen gemessen wird. In der Praxis rechnet man allerdings nur mit ⅔ der angegebenen Kapazität; bei einer älteren Batterie lediglich mit der Hälfte.
Kälteprüfstrom: Die Zahl 220 A, 265 A oder 300 A nennt die Stromstärke, welche die Batterie bei –18°C liefern kann.
Typnummer: Eine fünfstellige Zahl dient einheitlich bei allen deutschen Batterie-Herstellern zur Kennzeichnung von Pollage, Bodenleiste und Abmessung. Bei unseren Modellen lauten die entsprechenden Kennzahlen 54045, 54533, 55414 bzw. 56318. Die auf die Ziffer 5 folgende Zahl 40, 45, 54 oder 63 gibt die Batterie-Kapazität an. Die nachfolgenden beiden Ziffern kennzeichnen Konstruktionsmerkmale sowie die Ausführung.

Wie lange reichen die Reserven?

Wie lange ein Stromverbraucher mit dem Stromvorrat aus der Batterie funktionieren kann, errechnen wir aus folgender Formel:
Betriebszeit = Batteriekapazität × Bordnetzspannung : Leistung des Verbrauchers. In der Praxis sollten Sie aber nie mit der vollen Batteriekapazität, sondern nur mit ½ bis ⅔ der Nennkapazität rechnen. Es ergeben sich dann beispielsweise die folgenden Betriebszeiten:

	Parklicht	Standlicht	Warnblinkanlage
40-Ah-Batterie	ca. 16 Std.	ca. 6 Std.	ca. 3,5 Std.
45-Ah-Batterie	ca. 18 Std.	ca. 7 Std.	ca. 4 Std.
54-Ah-Batterie	ca. 22 Std.	ca. 8 Std.	ca. 5 Std.
63-Ah-Batterie	ca. 25 Std.	ca. 10 Std.	ca. 6 Std.

Am ärgsten wird die Batterie natürlich vom Anlasser gestreßt. Mit einer Leistung von 950 Watt (Vierzylinder) bzw. 1100 Watt (Fünfzylinder) setzt er der Batterie vor allem in dem Moment zu, in dem der Motor vom Stillstand in eine Drehbewegung versetzt wird. Der Stromverbrauch steigt dann bis auf ein Vielfaches der normalen Werte an. Auch braucht der Anlasser natürlich weit weniger Strom, um den warmen Motor durchzudrehen als den kalten.

Temperatureinfluß auf die Batterie

Batterien haben die Eigenart, um so unwilliger auf Kälte zu reagieren, je weniger Strom sie gespeichert haben. Völlig leere Akkus sind so empfindlich, daß sie bei Frost einfrieren und platzen können. Ist die Batterie dagegen randvoll geladen, verträgt sie die Kälte verhältnismäßig gut.
Vor der kalten Jahreszeit empfiehlt sich bei einem älteren Akku die Kontrolle des Ladezustands, siehe Seite 182.

Wartungsfreie Batterien

Die Batterieflüssigkeit besteht aus Schwefelsäure, die mit destilliertem Wasser verdünnt ist. Ein Teil dieses Wassers kann verdunsten oder wird beim Ladevorgang in Wasserstoff und Sauerstoff zersetzt.
Bei herkömmlichen Autobatterien muß der Flüssigkeitsstand regelmäßig ergänzt werden. Wartungsfreie Batterien nach DIN 72311 besitzen ein größeres Flüssigkeitsvolumen. Unter normalen Bedingungen sollen sie ihr gesamtes Leben ohne Nachfüllen von destilliertem Wasser auskommen. Erhöhten Wasserverlust verursachen lediglich höhere Umgebungstemperaturen, längere Aufenthalte in heißen Regionen (Urlaub), ein defekter Lichtmaschinen-Spannungsregler, Selbstentladung bei langen Standzeiten des Fahrzeugs oder Tiefentladung, etwa durch eingeschaltetes Standlicht über Nacht.
Völlig wartungsfreie Akkus sind die teuerste Version. Da man bei ihnen von keinerlei Flüssigkeitsverlust ausgeht, haben sie auch keine Verschlußstopfen mehr.

Batteriesäurestand kontrollieren

Auch bei den wartungsfreien Akkus sollte regelmäßig nach dem Flüssigkeitsstand gesehen werden. Vielleicht wurde das destillierte Wasser durch einen defekten Lichtmaschinenregler »verkocht«. Wartung Nr. 2

- Kunststoffabdeckung des Wasserfangkastens hinten im Motorraum an ihrer Vorderkante vorsichtig vom Blech ablösen.
- Die Batterieflüssigkeit muß mindestens bis zum unteren der beiden am Gehäuse auflackierten Striche reichen, zumindest aber die Plattenoberkanten gut bedecken.
- Bei abgesunkenem Flüssigkeitspegel Verschlußstopfen herausdrehen. Manche der »Wartungsfreien nach DIN« haben spezielle Stopfen:
- Zum »Entriegeln« mit einem Schraubenzieher die etwas größere Kerbe in der Riffelung durchstechen und mit dem Werkzeug das Stopfenoberteil nach links bis zum Anschlag drehen, dann Stopfen losdrehen.
- Bei einer normal geladenen Batterie bis zum oberen Strich bzw. bis 15 mm über die Plattenoberkanten **destilliertes Wasser** auffüllen.
- In eine stark entladene Batterie nur so viel Wasser einfüllen, daß die Platten oben bedeckt sind. Beim Wiederaufladen steigt der Flüssigkeitsstand nämlich erheblich.
- Erst nach dem Laden bis zur oberen Marke nachfüllen.
- Die Wassermenge aus der Einfüllflasche muß gut dosierbar sein, sonst wird der Akku überfüllt.
- Eine überfüllte Batterie »kocht über«, die Säure tritt an den Verschlußstopfen aus und verursacht Korrosion und Säurekristalle an Batterieoberfläche und -standplatz.

Fingerzeig: Bei manchen Batterien kann der Füllstand ohne Abnehmen der Wasserfangkasten-Verkleidung auch in den Einfüllöchern gepeilt werden. Dazu Verschlußstopfen herausdrehen und in die Öffnung schauen, ob der Flüssigkeitsstand bis zu der angegossenen Marke im Innern des Batteriegehäuses reicht.

Batterie ausbauen

- Kunststoffabdeckung des Wasserfangkastens an Vorder- und Hinterkante vorsichtig vom Karosserieblech ablösen. Das mit Metallklammern befestigte Kunststoffmaterial ist sehr dünn und reißt leicht.

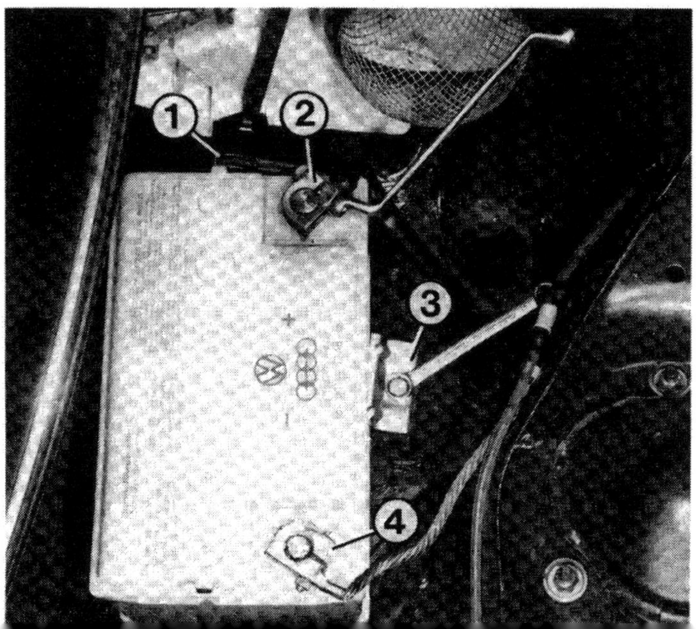

Ausbau der Batterie bei abgenommener Wasserfangkasten-Abdeckung: Minuspol (4) und Pluspol (2) lösen. Halteleiste (3) abbauen und – wo vorhanden – den Ablaufschlauch (1) für überkochende Batteriesäure abziehen. Bei Fahrzeugen mit Klimaanlage ist die Batterie unter dem Rücksitz eingebaut.

● Grundsätzlich **zuerst das Minuskabel** abnehmen, um beim weiteren Hantieren Kurzschlüsse zu vermeiden.
● Mutter an der Klemme des Minuskabels (gedrillte Kupferlitze) lösen, Klemme vom Batteriepol abheben.
● Pluskabel-Klemme lösen und abnehmen.
● Schraube der Halteleiste am Batteriefuß losdrehen, Schraube und Leiste abnehmen.
● Batterie herausheben.
● Beim Einbau zuerst das Pluskabel anschließen, dann die Minusklemme.
● Ein Vertauschen der Kabelklemmen ist nur mit Gewalt möglich, denn der Plus-Polkopf ist dicker als der Minus-Polkopf.

Kontaktpflege an der Batterie

● Oxidkristalle an den Batterieklemmen mit warmem Sodawasser abwaschen oder mit »Neutralon« von Varta behandeln.
● Batteriepolköpfe und Kabelklemmen mit Säureschutzfett (Bosch »Ft 40 v 1«) einstreichen.
● Kein Fett erhalten die Polkopfseiten und die Innenseiten der Klemmen, sonst kann es Kontaktschwierigkeiten geben.

Ladezustand der Batterie prüfen

Erscheint der Akku trotz richtigem Säurestand kraftlos, muß der Ladezustand kontrolliert werden. Auskunft darüber gibt das spezifische Gewicht der Batteriesäure. Sie brauchen für die Kontrolle einen speziellen Hebe-Säuremesser (Aräometer), den Sie sich bei der Tankstelle ausleihen können.
● Den kleinen Batterie-Deckel rechts in der Wasserfangkasten-Abdeckung abnehmen.
● Batterie-Verschlußstopfen herausdrehen.
● So viel Batteriesäure ansaugen, daß die Meßspindel frei schwimmt.
● Säuregewicht ablesen. Es bedeuten: 1,28 kg/l = Batterie voll geladen; 1,20 kg/l = halb geladen; 1,12 kg/l = entladen.

Batterie laden

● Den kleinen Batterie-Deckel rechts in der Wasserfangkasten-Abdeckung abnehmen.
● Pluskabel an Batterie-Pluspol, Minuskabel an Minuspol anklemmen.
● Die Batteriekabel brauchen bei einem gewöhnlichen Ladegerät nicht abgenommen zu werden.
● Die Batteriestopfen können eingeschraubt bleiben. Das sich beim Laden bildende Gas kann durch die Entlüftungsbohrungen in den Stopfen entweichen.
● Der Ladestrom soll anfangs etwa 10% der Batteriekapazität betragen (z. B. 4,5 A beim 45-Ah-Akku) und sich während der Ladung automatisch verringern.
● Die Batterie ist voll geladen, wenn ihre Säuredichte innerhalb von zwei Stunden nicht mehr ansteigt.
● Beim Batterieladen wird das destillierte Wasser teilweise zersetzt. Es bilden sich Gasblasen aus Wasserstoff und Sauerstoff – das hochexplosive Knallgas.
● Wenn mit hohem Strom geladen wird, für gute Durchlüftung des Raumes sorgen.
● Beim Laden der Batterie in deren Nähe nicht rauchen und kein offenes Feuer verwenden.
● Auch Funken beim Ab- oder Anklemmen des Laders bzw. der Batteriekabel können das Knallgas entzünden.

Schnelladen der Batterie

Wer es eilig hat, kann seine Batterie bei Tankstelle oder Werkstatt schnelladen lassen. Dabei wird mit mindestens 40 Ampere geladen. Nach einer Stunde ist die Batterie wieder voll.
Beachten Sie:
○ Einem älteren Akku kann die Schnelladung das Leben kosten, dann muß eine ohnehin bald fällige neue Batterie her.
○ Beide Batteriekabel müssen abgenommen werden. Durch den hohen Ladestrom können die empfindlichen elektronischen Bauteile im Auto Schaden nehmen.
○ Batterie-Verschlußstopfen herausdrehen und lose in die Öffnungen stecken, da der Akku bei der Schnelladung erheblich »gast«.

Kleinkraftwerk

Aus den Kindertagen des Automobils stammt der auch heute noch gängige Begriff »Lichtmaschine«. Damals war der Generator ausschließlich zur Erzeugung von Strom für die Fahrzeugbeleuchtung da. Heute wollen noch zahlreiche andere Stromverbraucher – etwa die Zündung – aus dem Bordstromnetz versorgt werden.

Der Drehstrom-Generator

Je nach Motorisierung bzw. Mehrausstattung kann der Audi 100 mit Lichtmaschinenleistungen von 910 oder 1260 Watt versehen sein. Das entspricht bei einer Spannung von 14 Volt einem Strom von 65 bzw. 90 Ampere. Bei Wagen ohne Zusatzausstattung ist der schwächere Generator in der Regel bei den Vergasermotoren zu finden; der stärkere bei den Einspritzern.
Die Übersetzung von Kurbelwellen-Keilriemenscheibe zu Lichtmaschinen-Keilriemenscheibe ist dabei so gewählt, daß schon bei Leerlaufdrehzahl etwa ⅔ der Lichtmaschinenleistung erzeugt werden können.

Umgang mit dem Drehstrom-Generator

Die Drehstrom-Lichtmaschine hat neben ihrer insgesamt recht hohen Leistung einen entscheidenden Vorzug: Sie liefert schon bei Leerlaufdrehzahl des Motors Strom. Ferner halten ihre Schleifkohlen weit über 80000 km. Getreu ihres Namens erzeugt sie jedoch Drehstrom, den wir im Auto überhaupt nicht gebrauchen können, denn die Batterie kann natürlich nur Gleichstrom speichern. Deshalb sind im Generator drei Gleichrichter-Dioden eingebaut, die den Drehstrom in einen pulsierenden Gleichstrom umwandeln. Diese Dioden sind allerdings gegen hohe Spannungen empfindlich, und deshalb sollten Sie folgende Punkte beachten:
○ Bei laufendem Generator darf kein Kabel zwischen Akku und Lichtmaschine gelöst bzw. angeschlossen werden. Dadurch kann die Spannung schlagartig ansteigen (Spannungsspitzen) und eine Diode »verheizt« werden.
○ Ohne richtig angeschlossene, intakte Batterie darf die Drehstrom-Lichtmaschine nicht laufen. Der Akku dient als Spannungsbegrenzer für den Generator, gewissermaßen als Puffer gegen Überspannungen.
○ Sämtliche Kabelanschlüsse zwischen der Drehstrom-Lichtmaschine, der Batterie und dem Karosserieblech oder dem Triebwerkblock (Masse) müssen ganz fest sitzen. Schon ein Wackelkontakt kann zu gefährlichen Spannungsspitzen führen.
○ Beim Schnelladen der Batterie (nicht zum Aufladen mit dem Heimlader) und beim elektrischen Schweißen an der Karosserie müssen beide Kabel vom Akku abgeklemmt werden, damit die Lichtmaschinen-Dioden keinen Schaden erleiden.

Generator ausbauen

- Batterie-Massekabel abklemmen.
- Vierzylinder: Abdeckkappe für Schwenkbolzen vorn in der Zahnriemenabdeckung abhebeln.
- Fünfzylinder: Abdeckung hinten am Generator abschrauben.
- Haltebügel des Lichtmaschinen-Mehrfachsteckers zur Seite drücken.
- Stecker abziehen.
- Wo vorhanden, Massekabel abschrauben.

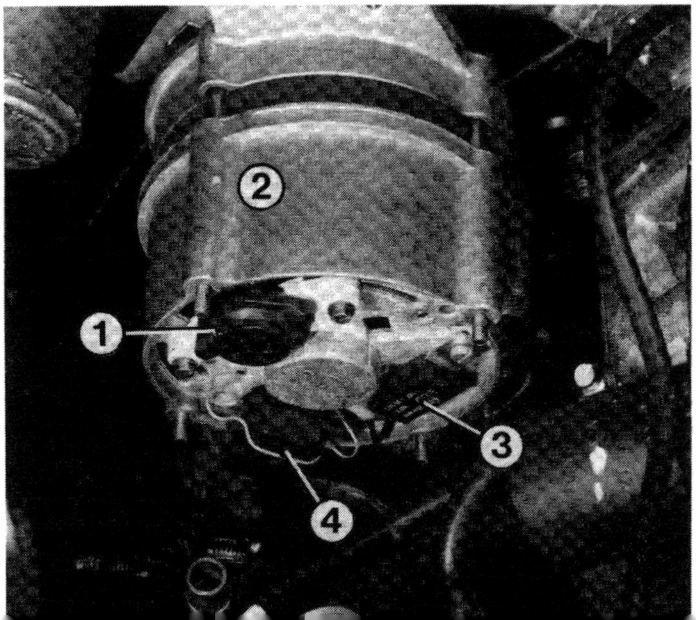

Die Rückseite der Lichtmaschine (2) zeigt: 1 – Spannungsregler; 3 – Entstörkondensator; 4 – Mehrfachstecker im Sicherungsbügel. Im Bild sehen Sie die Lichtmaschine des Vierzylindermotors.

- Klemmschraube am Lichtmaschinen-Spannbügel herausdrehen.
- Keilriemen abnehmen.
- Schwenkbolzen lösen und herausziehen, dabei den Generator festhalten.

Selbsthilfe am Drehstrom-Generator

Wartungsarbeiten an der Drehstrom-Lichtmaschine fallen nicht an, wenn man einmal vom wirklich selten notwendigen Schleifkohlenwechsel (siehe folgende Seite) absieht. Tiefergehende Schäden sind mit Heimwerkermitteln nicht zu beheben.

Fahren mit defekter Lichtmaschine

Wenn die Lichtmaschine oder ihr Regler streikt, ist die Weiterfahrt noch nicht gefährdet, denn die Batterie kann hilfreich einspringen.

Bei Tag reicht der Batteriestrom noch eine ganze Weile, obwohl die elektronische Transistorzündung zum Aufbau eines brauchbaren Zündfunkens eine Mindestspannung benötigt, ebenso bei den Einspritzmotoren die elektrische Benzinpumpe. Zudem ist der Akku oft nur zu ⅔ geladen. Je nach Batteriekapazität reicht es aber zu mindestens fünf Stunden Fahrt. Im Winter kommt erschwerend hinzu, daß die Batterie schwächer auf der Brust ist. Außerdem brauchen Sie das Licht schon wesentlich früher. Stromsparen heißt also die Devise:

○ Die Fahrt nicht unnötig unterbrechen. Der Anlasser benötigt besonders viel Strom. Wenn möglich, den Wagen anrollen lassen.

○ Heizbare Heckscheibe, Gebläse und Radio sollten Sie nicht einschalten.

○ Mit dem Scheibenwischer möglichst sparsam umgehen.

○ Nachts ohne Fernlicht und Nebelscheinwerfer fahren.

○ Mehrfachstecker an der Lichtmaschine abziehen, damit sich die Batterie nicht über den defekten Generator oder Spannungsregler in kürzester Zeit entladen kann.

Die Ladekontrolle

○ Die Kontrolleuchte im Armaturenbrett hat zwei Plus-Anschlüsse, und zwar einerseits von der Klemme D+ des Generators (blaues Kabel) und andererseits von Klemme 15 über die Mehrfachsteckverbindung der Leiterfolie hinten am Kombiinstrument vom Zündschloß kommend.

○ Mit Einschalten der Zündung führt Klemme 15 Spannung. Die Lichtmaschine steht aber noch, so daß der spannungslose D+-Kontakt als »Minus« wirkt. Die Kontrollampe leuchtet auf, denn zwischen dem von der Batterie versorgten Bordnetz und dem noch stehenden Generator herrscht eine Spannungsdifferenz.

○ Wird der Motor gestartet und hat die Lichtmaschine ihre Ladedrehzahl erreicht, verbindet der Spannungsregler den Stromerzeuger mit der Bordelektrik. Nun kommt Plusstrom von Klemme 15 und zusätzlich von Klemme D+. Damit besteht keine Spannungsdifferenz mehr, die Ladekontrolle verlöscht.

○ Beim Einschalten der Zündung muß die brennende Ladekontrolle – bei unseren Modellen in Verbindung mit einem parallel geschalteten Widerstand – die Drehstrom-Lichtmaschine »vorerregen«. Nur so kann diese schon aus niedrigen Drehzahlen heraus Strom liefern. Allerdings ist die Vorerregung nur beim ersten Anlaufen des Generators erforderlich.

Nicht immer wird geladen

Ob die Batterie von der Lichtmaschine geladen wird, beweist das Verlöschen der Kontrollampe nicht. Es besagt nur, daß zwischen Batterie und Generator keine Spannungsdifferenz mehr besteht. Wenn im Motorleerlauf beispielsweise sämtliche Stromverbraucher eingeschaltet sind, leuchtet die Ladekontrolle nicht auf, obwohl mehr Strom der Batterie entnommen wird, als eine der leistungsschwächeren Lichtmaschinen liefern kann: Es besteht dennoch keine Spannungsdifferenz zur Batterie.

Fingerzeig: Vielleicht haben Sie beobachtet, daß manchmal die Ladekontrolle brennen bleibt, wenn Sie den warmgefahrenen Motor ohne Gas starten und er in niedriger Leerlaufdrehzahl weiterläuft. Hierbei ist die Vorerregung der Drehstrom-Lichtmaschine zu schwach, sie liefert noch keinen Strom. Sobald Sie auf das Gaspedal tippen, verlöscht das rote Licht – alles ist wieder in Ordnung. Diese Erscheinung ist normal und deutet keinen Schaden an.

Der Spannungsregler

Die Lichtmaschine kann man mit einem Fahrraddynamo vergleichen: Je schneller sie sich dreht, um so höher steigt die Spannung und somit auch der gelieferte Strom. Ein derartiges Auf und Ab würden die Stromverbraucher im Auto nicht lange ertragen, deshalb muß ein besonderer Regler die Lichtmaschinenspannung begrenzen und ein Überladen der Batterie verhindern. Dieser Regler – ein elektronischer Feldregler – ist direkt an der Drehstrom-Lichtmaschine festgeschraubt (siehe Bild Seite 183).

Spannungsregler prüfen

- Voltmeter zwischen +-Pol der Batterie und Masse anschließen.
- Motor mit mittlerer Drehzahl laufen lassen.
- Bei intaktem Regler werden 13,3–14,6 V angezeigt.
- Ist das nicht der Fall, Schleifkohlen kontrollieren bzw. Regler austauschen.
- Ansonsten ist die Lichtmaschine selbst defekt.

Schleifkohlen kontrollieren

- Regler von der Lichtmaschine abbauen. Dazu zwei Schlitzschrauben lösen.
- Beim Fünfzylindermotor ist der Regler erst nach Abnehmen der Abdeckung an der Lichtmaschinen-Rückseite zugänglich.
- Neue Schleifkohlen sind **13 mm** lang; Verschleißmaß **5 mm.**
- Abgenutzte Kohlen können ausgetauscht werden.

Schleifkohlen wechseln

Zu dieser Arbeit wird ein Lötkolben, Elektrolot und außerdem Kenntnis im Löten gebraucht.

- Regler aus der Lichtmaschine ausbauen, wie vorstehend beschrieben.
- Anschlußlitzen auslöten, Kohlen herausziehen.
- Druckfedern von den alten Kohlen abziehen und auf die neuen stecken.
- Anschlußlitzen anlöten.

Keilriemenzustand kontrollieren

Wartung Nr. 10

- Drehen Sie zur Kontrolle des Riemens den Motor einige Male ganz durch.
- Nur so können Sie wirklich alle Flächen des Keilriemens sehen. Oft hat der Riemen nämlich nur einen einzigen, aber tiefen Riß, der bei der Kontrolle möglicherweise genau auf der Riemenscheibe zu liegen kommt.
- Einen angerissenen oder ausgefransten Riemen umgehend ersetzen.

Keilriemenspannung prüfen

Wartung Nr. 11

Die richtige Keilriemenspannung ist in erster Linie für die Lebensdauer des Keilriemens entscheidend: Ein zu straff gespannter Riemen wird zu stark auf Dehnung beansprucht, was seine Gewebeeinlage zerstört. Zu schwach gespannt ist der Schlupf auf der Riemenscheibe so hoch, daß der Riemen sich zu stark erhitzt.
Bei mäßigem Daumendruck auf den Keilriemen soll er sich zwischen zwei Riemenscheiben wie folgt durchdrücken lassen:

Motor	Keilriemen zwischen den Riemenscheiben von	Bezeichnung	Riemendurchhang unter Daumendruck
Vierzylinder	Lichtmaschine und Wasserpumpe	9,5 × 950 oder 9,5 × 940	10–15 mm
	Zentralhydraulik-Pumpe	9,5 × 730	10 mm
Fünfzylinder	Lichtmaschine	11,2 × 820 oder 11,2 × 825 (früher 9,5 × 800)	10–15 mm
	Zentralhydraulik-Pumpe	12,5 × 960	10 mm
	Klimaanlagen-Kompressor	12,5 × 915	10 mm

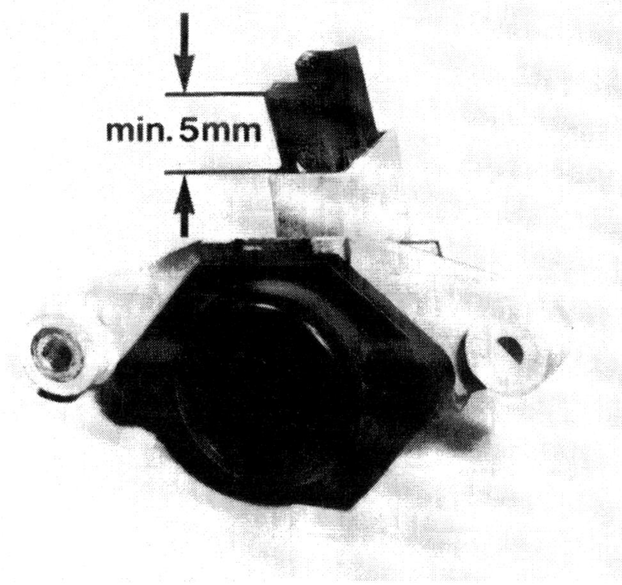

Bei ausgebautem Spannungsregler kann die Länge der Lichtmaschinen-Schleifkohlen gemessen werden: Kürzer als 5 mm dürfen sie in keinem Fall sein, sonst müssen sie ausgetauscht werden.

Wurde ein neuer Keilriemen montiert, sollten Sie die Riemenspannung nach etwa 100 km kontrollieren und gegebenenfalls nachspannen; neue Riemen längen sich anfangs stärker. Hier nun die nötigen Arbeitsschritte bei den einzelnen Keilriemen. Die richtige Riemenspannung verrät Ihnen die vorstehende Tabelle.

Keilriemen spannen

Vierzylinder

● **Lichtmaschinen/Wasserpumpen-Keilriemen:**
● **Bis 3/85:** Klemmschraube am Spannbügel des Generators lösen.
● Unten an der Lichtmaschine einen kräftigen Schraubenzieher oder eine stabile Stange ansetzen.
● Lichtmaschine zum Motor hin drücken.
● Gleichzeitig mit der anderen Hand die Klemmschraube anziehen.
● **Ab 4/85:** Klemmschraube am Spannbügel des Generators lösen.
● Die darunter sitzende Einstellmutter mit Zahnkranz so weit verdrehen, bis die Riemenspannung stimmt.
● Klemmschraube anziehen.
● **Alle:** Läßt sich die Lichtmaschine nicht bewegen, muß ihr Schwenkbolzen gelockert werden.
● Er wird (nach Abhebeln einer Abdeckkappe) durch die Zahnriemenschutzhaube gegengehalten, während Sie die Mutter am anderen Ende lockern.
● Falls der Schwenkbolzen gelockert wurde, diesen zuletzt wieder anziehen.
● **Pumpen-Keilriemen der Zentralhydraulik:**
● Unter dem Wagen die drei Muttern der Riemenscheibe an der Pumpe lockern. Dabei mit einem Schraubenzieher die Riemenscheibe gegen Verdrehen sichern.
● Vordere Riemenscheibenhälfte abnehmen.
● Das Einstellen der Riemenspannung erfolgt nun durch Einlegen oder Herausnehmen von Distanzscheiben (Reservescheiben außen auf der Riemenscheibe) **zwischen** die Riemenscheibenhälften.
● Weniger Scheiben bedeutet größere Riemenspannung – der Riemen wird auf der Scheibe weiter nach außen gedrückt.
● Mehr Scheiben bedeuten geringere Spannung – der Riemen läuft weiter innen.
● Riemenscheibe samt Keilriemen wieder zusammenschrauben (20 Nm); übrige Distanzscheiben werden außen mit angeschraubt.
● Beim Anschrauben die Riemenscheibe immer wieder drehen, damit der Keilriemen nicht eingeklemmt wird.

Fünfzylinder

● **Lichtmaschinen-Keilriemen:**
● **Bis 7/85:** Vorn unter dem Wagen die Klemmschraube am Spannbügel der Lichtmaschine lösen; ferner die Halteschraube des Spannbügels und den Schwenkbolzen oben an der Lichtmaschine lockern.
● Lichtmaschine unten vom Motor wegziehen – evtl. einen Hebel zu Hilfe nehmen.
● Gleichzeitig mit der anderen Hand die Klemmschraube am Spannbügel festziehen.
● Übrige Schrauben festziehen.
● **Ab 8/85:** Klemmschraube am Spannbügel des Generators lösen.
● Die darunter sitzende Einstellmutter mit Zahnkranz so weit verdrehen, bis die Riemenspannung stimmt.
● Sicherungsschraube anziehen.
● Sollte sich die Lichtmaschine so nicht schwenken lassen, Schwenkbolzen (untere Lichtmaschinen-Befestigung) etwas lockern.
● **Pumpen-Keilriemen der Zentralhydraulik:**
● Haltemuttern am Spannbügel und am Schwenkbügel lösen.
● Spannschraube zum Riemenspannen herausdrehen.

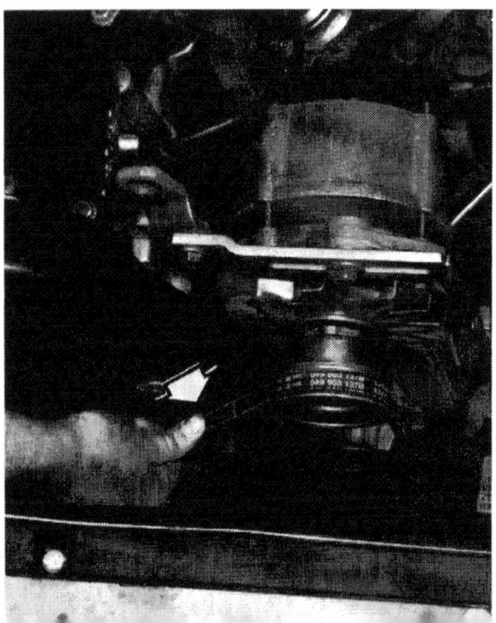

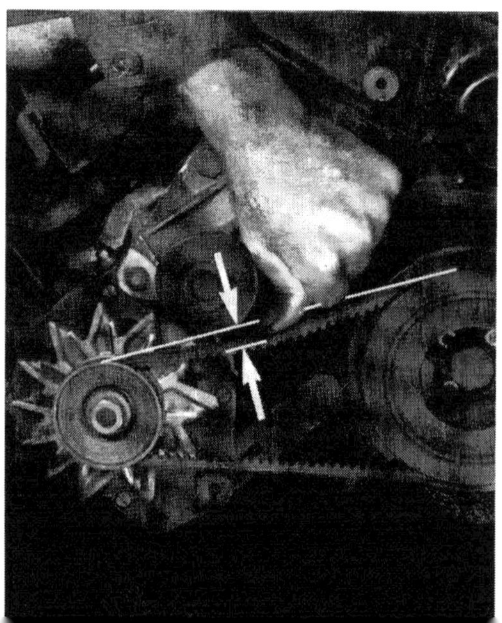

10–15 mm soll sich der Lichtmaschinen-Keilriemen bei mäßigem Daumendruck durchdrücken lassen. Links im Bild der Vierzylinder, rechts der Fünfzylinder.

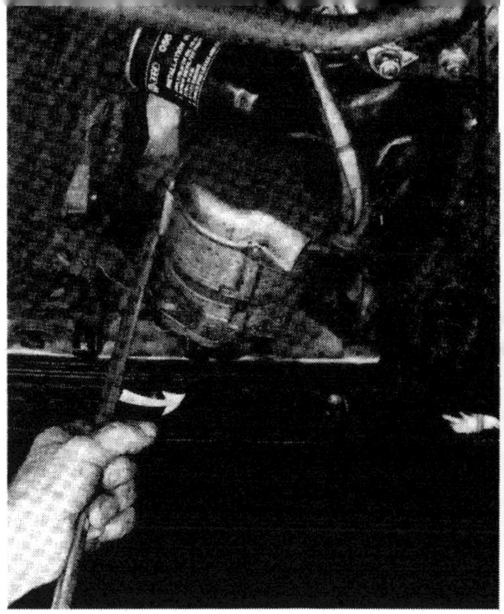

Hier wird gezeigt, wo der Hebel zum Keilriemenspannen an der Lichtmaschine angesetzt werden muß, nachdem zuvor die Spannschraube gelockert wurde. Links im Bild der Vierzylinder, rechts der Fünfzylinder.

- Muttern wieder festziehen.
- **Keilriemen zum Klimaanlagen-Kompressor:**
- Vier Verschraubungen zwischen Kompressorbefestigung und Halter lockern.
- Einstellschraube bzw. -mutter vorn unten am Kompressor anziehen bzw. lockern, bis die Riemenspannung stimmt.
- Halteschrauben wieder anziehen.

Keilriemen gerissen

Leuchtet plötzlich während der Fahrt die rote Ladekontrolle auf und haben Sie vielleicht gehört, daß im Motorraum kurz etwas gegen das Blech schlug, ist sicher der Keilriemen gerissen. Anhalten und nachsehen! Falls ja, herrschen unterschiedliche Alarmstufen:

○ **Mit dem Vierzylinder dürfen Sie auf keinen Fall weiterfahren!** Durch die nun nicht mehr angetriebene Wasserpumpe ist der Kühlmittelkreislauf unterbrochen, siehe Seite 55. Deshalb sofort neuen Keilriemen montieren oder Wagen abschleppen lassen.

○ **Mit dem Fünfzylinder können Sie weiterfahren,** wenn die Batterie ausreichend geladen ist. Die Wasserpumpe wird weiterhin angetrieben (vom Zahnriemen, siehe Seite 24).

Keilriemen montieren

Natürlich darf der neue Keilriemen nicht einfach mit dem Schraubenzieher über die Riemenscheibe »gewürgt« werden, denn die so entstehenden Bruchstellen würden den nächsten Riemenschaden gewissermaßen vorprogrammieren.

Generell werden die Keilriemen zum Auswechseln erst entspannt. Jetzt können sie leicht von den Riemenscheiben genommen werden und auch die neuen Riemen lassen sich bequem wieder auflegen. Anschließend Riemen spannen, etwa 100 km fahren und dann nachspannen. Wie der Keilriemen entspannt und anschließend wieder gestrafft wird, lesen Sie ab Seite 185.

Welcher Keilriemen wo im Audi zum Einsatz kommt, sagt Ihnen die Tabelle auf Seite 185.

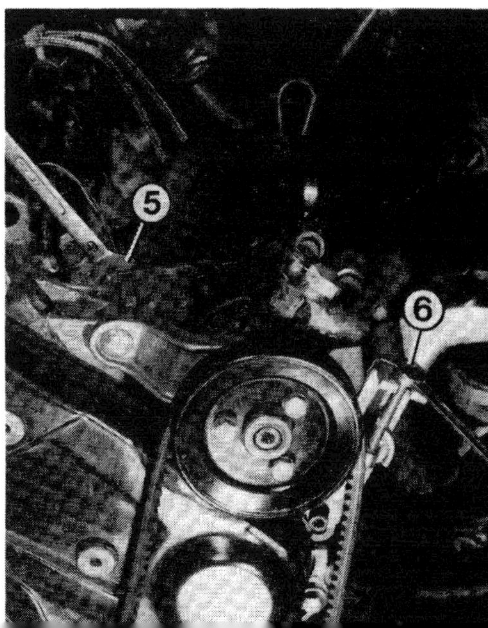

Servopumpen-Keilriemen spannen; links Vier-, rechts Fünfzylinder; 1 – Distanzscheibe; 2 – Hintere Riemenscheibe; 3 – Riemenscheibe vorn; 4 – Ersatz-Distanzscheiben; 5 – Schwenkbolzenmutter; 6 – Spannschraube.

Behelfs-Keilriemen

Ein Nylon- bzw. Perlonstrumpf oder -strumpfhosenbein kann beim Vierzylinder noch vor dem Abschleppen retten, wenn sich eine mitfahrende Dame zu solchem Opfer bereit erklärt. Der Strumpf darf ruhig Löcher oder Laufmaschen haben.

- Strumpf mit aller Gewalt langziehen – keine Angst, er reißt nicht.
- Gedehnten Strumpf so stramm wie irgend möglich über die drei Keilriemenscheiben legen.
- Nochmals strammziehen und die Enden sorgfältig verknoten.
- Überstehende Enden nicht zu kurz abschneiden, damit sich der Knoten nicht wieder löst.
- Wenn vorhanden, zweiten Strumpf zur Verstärkung stramm um die Riemenscheiben schlingen.
- Motor starten und beobachten, ob sich Wasserpumpe und Lichtmaschine einwandfrei mitdrehen.
- Ggf. versuchen, den Strumpf-Keilriemen nachzuspannen.
- Klappt es nicht, den Not-Keilriemen lediglich um die Kurbelwellen- und Wasserpumpen-Riemenscheibe legen – bis zur nächsten Werkstatt kommen Sie auch ohne Lichtmaschine.
- In diesem Fall muß der Strumpf besonders stramm verknotet werden, denn Sie haben keine Nachspannmöglichkeit.

Störungsbeistand

Batterie und Lichtmaschine

Die Störung	– ihre Ursache	– ihre Abhilfe
A Rote Ladekontrolle brennt nicht beim Einschalten des Zündschlosses	1 Batterie leer	Mit Starthilfekabel starten oder Wagen anschleppen
	2 Batteriekabel gebrochen, Kabelklemmen lose oder oxidiert	Batteriekabel und -klemmen kontrollieren
	3 Kontrollampe defekt	Ersetzen
	4 Kabelweg zwischen Zündschloß, Kontrolllampe und Lichtmaschine unterbrochen	Stromweg mit Prüflampe kontrollieren
	5 Schleifkohlen abgenutzt	Schleifkohlen erneuern
	6 Spannungsregler defekt	Regler austauschen
	7 Lichtmaschine schadhaft	Lichtmaschine instand setzen
	8 Nach zu heftiger Motorwäsche: Eingedrungene Feuchtigkeit hat einen isolierenden Schmierfilm zwischen den Schleifringen und Kohlen gebildet	Lichtmaschine mit Preßluft ausblasen oder Schleifringe und Kohlen sauberreiben
B Ladekontrolle brennt oder glimmt bei laufendem Motor	1 Keilriemen lose	Riemen spannen
	2 Mangelnder Kontakt an Kabelanschlüssen oder unterbrochene Kabel	Kabelanschlüsse und Kabel prüfen
	3 Siehe A 6, 7 und 8	
C Batterie gast stark	Siehe A 6	

Startschuß

Der Anlasser im Audi ist ein »Schub-Schraubtrieb-Starter«. Bei ihm bewirkt der Zündschlüsseldreh in Stellung »Start« folgendes:

○ Die Klemme 50 am Zündschloß liefert Spannung an den oben auf dem Anlasser sitzenden Magnetschalter.
○ Dadurch schiebt ein Einrückhebel das Zahnritzel des Anlassers auf einem Steilgewinde in den Zahnkranz des Motor-Schwungrades.
○ Beim Eingreifen des Ritzels schaltet der Magnetschalter den vollen, von Klemme 30 kommenden Batteriestrom ein, so daß der Anlasser den Motor erst nach dem Einspuren des Ritzels kräftig durchdreht.
○ Anlasser-Motor und Zahnritzel sind beim Audi durch ein Untersetzungsgetriebe (Vorgelege) verbunden. Der Elektromotor dreht deshalb schneller als das Ritzel. Dadurch besitzt der Anlasser mehr Schwungenergie.
○ Ist der Motor angesprungen, wird das Ritzel aus dem Schwungrad wieder ausgespurt.

Anlasser ausbauen

- Massekabel an der Batterie abnehmen.
- Kabel am Magnetschalter abnehmen.
- **Vierzylinder:** Drei Schrauben vom Getriebe her losdrehen. Anlasser herausziehen.
- **Fünfzylinder:** Eine Mutter von vorn und eine Schraube von der Getriebeseite her losdrehen. Anlasser nach vorn herausziehen.

Schleifkohlen auswechseln

Wenn der Anlasser streikt, sind möglicherweise nur seine Schleifkohlen abgenutzt. Diese Kohlebürsten können beim Fünfzylinder einzeln, beim Vierzylinder dagegen nur komplett mit Halteplatte gewechselt werden. Da das Anlassergehäuse nach dem Öffnen abgedichtet werden muß, sollten Sie sich Dichtungsmittel D 3 aus dem Ersatzteillager besorgen. Beim Anlasser des Vierzylinder-Motors wird ferner ein kräftiger Lötkolben und Elektrolot gebraucht.

- Anlasser ausbauen.
- An der geschlossenen Seite des Anlassers zwei Schlitzschrauben an dem kleinen Lagerdeckel herausdrehen, Deckel abnehmen.
- Sicherungsscheibe und Einstellscheibe vom darunter liegenden Wellenstumpf abnehmen.
- Beide Schlitzschrauben (oder Muttern mit Stehbolzen) am hinteren Gehäusedeckel herausdrehen und Deckel abnehmen.
- Länge der Schleifkohlen messen – Mindestlänge 11,5 mm (Vierzylinder) bzw. 8 mm (Fünfzylinder).
- Zum Auswechseln der Schleifkohlen beim **Vierzylinder** die Kohlebürsten-Halteplatte am Anschlußkabel auslöten und neue Platte einlöten.
- Beim **Fünfzylinder** die Haltenasen an der Bürstenführung aufbiegen, Kohlebürsten samt Druckfedern herausziehen. Anschlußkabel mit den alten Bürsten entfernen, neue Schleifkohlen mittels Schraube an der vorhandenen Bohrung befestigen.
- Anlasser wieder zusammenbauen, dabei Gehäusedeckel, Halteschrauben und Lagerdeckel mit Dichtungsmittel abdichten.

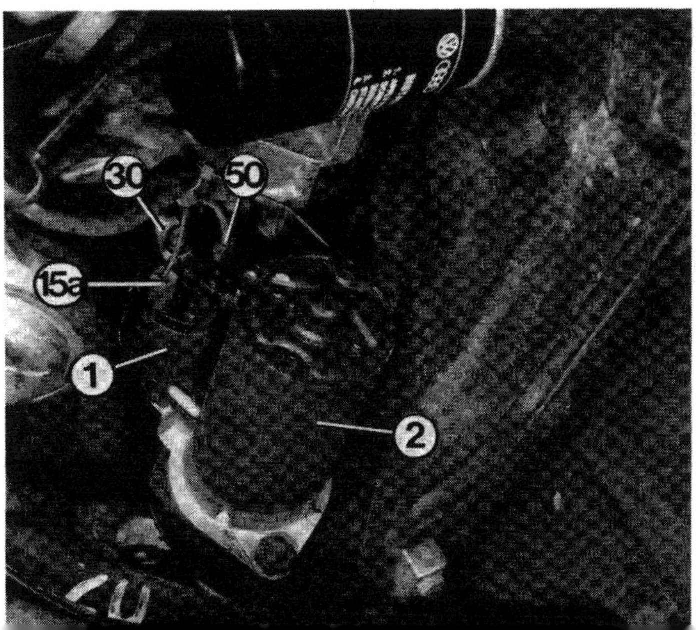

Anlasser (2) und Magnetschalter (1) sitzen beim Vier- und beim Fünfzylinder (Bild) rechts unten am Motor. Die Klemmenbezeichnung der Kabel am Magnetschalter lauten 15a (zum Kaltstartventil – nur K-Jetronic-Einspritzung); 30 (von der Batterie) und 50 (vom Anlasserkontakt des Zündschlosses).

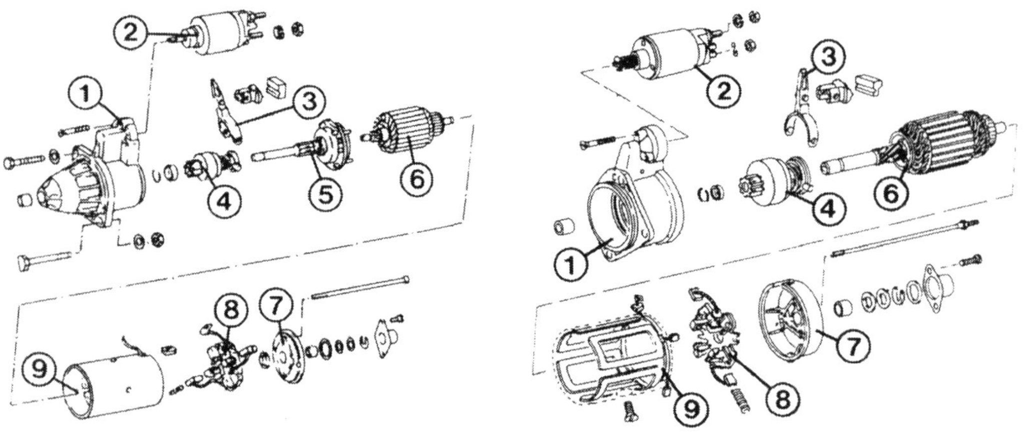

Die Teile des Anlassers von Vierzylinder- (rechts) und Fünfzylindermotor (links): 1 – Antriebslagergehäuse; 2 – Magnetschalter; 3 – Einrückhebel; 4 – Ritzelgetriebe; 5 – Vorgelege; 6 – Anker; 7 – Lagerdeckel; 8 – Bürstenhalteplatte mit Kohlebürsten; 9 – Feldspule.

Magnetschalter ausbauen

- Anlasser ausbauen.
- Kabel zum Anlasser losschrauben.
- Drei Schlitzschrauben am Halteflansch des Magnetschalters losschrauben.
- Magnetschalter ein Stück zurückziehen, und die Öse aus dem Einrückhebel des Anlassers aushängen.

Störungsbeistand

Anlasser

Die Störung	– ihre Ursache	– ihre Abhilfe
A Beim Drehen des Zündschlüssels in Startstellung dreht der Anlasser zu langsam oder gar nicht	1 Kontrollampen brennen schwach oder verlöschen:	
	a) Batterie entladen	Mit Starthilfekabel starten
	b) Kabelanschlüsse lose oder oxidiert	Kabelanschlüsse kontrollieren
	c) Anlasser hat Masseschluß	Anlasser überholen lassen
	2 Kontrollampen brennen hell, Klicken aus Richtung Anlasser	Kurz auf den Magnetschalter klopfen. Dreht der Anlasser weiterhin nicht:
	a) Kohlebürsten im Anlasser defekt	Kohlebürsten überprüfen
	b) Kontakte im Magnetschalter verschmort	Magnetschalter ersetzen
	c) Anlasserwicklung schadhaft	Anlasser überholen lassen
	3 Kontrollampen brennen hell, keinerlei Geräusche	
	a) Stecker der Klemme 50 am Magnetschalter lose	Steckanschluß überprüfen
	b) Klemme-50-Leitung vom Zündschloß zum Magnetschalter unterbrochen	Leitung mit Prüflampe kontrollieren
B Anlasser läuft, ohne den Motor durchzudrehen	1 Einrückvorrichtung klemmt	Anlasser überholen lassen
	2 Verzahnung des Ritzels oder des Motorschwungrads beschädigt	Beschädigte Teile ersetzen
C Anlasser läuft weiter, obwohl Zündschlüssel losgelassen wurde	1 Magnetschalter hängt und schaltet nicht ab	Zündung sofort abschalten, notfalls Batterie abklemmen. Magnetschalter ersetzen
	2 Zünd-/Anlaßschalter defekt	Zünd-/Anlaßschalter ersetzen

Knall auf Fall

Die Zündanlage sorgt durch gezielt abgefeuerte Zündfunken für den richtigen Verbrennungsablauf im Motor. Und das geht Knall auf Fall, denn bei gemütlichen 3000/min Motordrehzahl fordert jeder Motorzylinder 25 Funken pro Sekunde. Macht beim Vierzylinder 100 in der Sekunde, 6000 in der Minute usw.

Was die Zündung leistet

Damit an der Zündkerze im Verbrennungsraum überhaupt ein Funke überspringen kann, muß zwischen den Zündkerzenelektroden eine Spannung von mindestens 30 000 Volt vorhanden sein. Die Batterie liefert aber nur eine Spannung von 12 Volt. Die Batteriespannung muß also gewaltig hochtransformiert werden. Ferner geht es beim Funkenüberschlag nicht um Zehntel- oder Hundertstel-, sondern um Tausendstelsekunden. Nur ein Minimales zu spät oder zu früh, und die Zündung und damit die Leistung des Motors ist mangelhaft.

Wann wird gezündet?

Am wirkungsvollsten ist die Verbrennung, wenn das Kraftstoff/Luft-Gemisch in dem Moment entzündet wird, da dieses auf engstem Raum zusammengepreßt ist. Diese höchste Verdichtung herrscht beim Viertaktmotor in jenem Augenblick, in dem der Kolben bei Beendigung des Kompressionshubs von der Aufwärtsbewegung in eine Abwärtsbewegung übergehen will.
Bevor sich die Bewegungsrichtung des Kolbens umkehrt, steht er einen winzigen Sekundenbruchteil lang im höchsten Punkt in seiner Bewegungsbahn still. Diesen Punkt nennt man den »Oberen Totpunkt« (OT). Das entsprechende Gegenstück dazu – der untere Umkehrpunkt – ist der »Untere Totpunkt« (UT), der uns jedoch hier nicht interessiert.
Zurück zum richtigen Zeitpunkt für den Zündfunken: Idealer Zündzeitpunkt ist also der Moment, in dem der Kolben gerade seine Abwärtsbewegung beginnt. Die Verdichtung ist am höchsten, und der Kolben kann mit Kraft und Schwung zum Motorblock hinuntergedrückt werden.
Trotzdem wäre es falsch, den Zündzeitpunkt genau auf OT zu legen. Denn das Kraftstoff/Luft-Gemisch braucht eine gewisse Zeit (rund 1/3000 s), bis es sich entzündet hat und den vollen Verbrennungsdruck entwikkelt. Also wird der Zündzeitpunkt vorverlegt. Wir haben »Frühzündung«. Der Startschuß für den Funken erfolgt deshalb noch während der Aufwärtsbewegung des Kolbens, der Verbrennungsdruck setzt jedoch erst knapp nach dem OT ein.

Oberer Totpunkt und Frühzündung

Mit steigender Motordrehzahl muß der Zündfunke immer früher überspringen, denn – wir haben das im letzten Abschnitt schon angesprochen – das Kraftstoff/Luft-Gemisch braucht ja immer die gleiche Zeit zur Entzündung. Nur so erfolgt die Verbrennung wieder genau zur richtigen Zeit, nämlich dann, wenn der Kolben gerade wieder beginnt abwärts zu laufen.
Das Verbrennen des Kraftstoff/Luft-Gemisches hängt aber auch von dessen Zusammensetzung ab. Bei nur gering durchgetretenem Gaspedal (bei »Teillast«) ist das Gemisch in den Brennräumen weniger zündfähig; es verbrennt daher langsamer und muß auch aus diesem Grund früher gezündet werden.

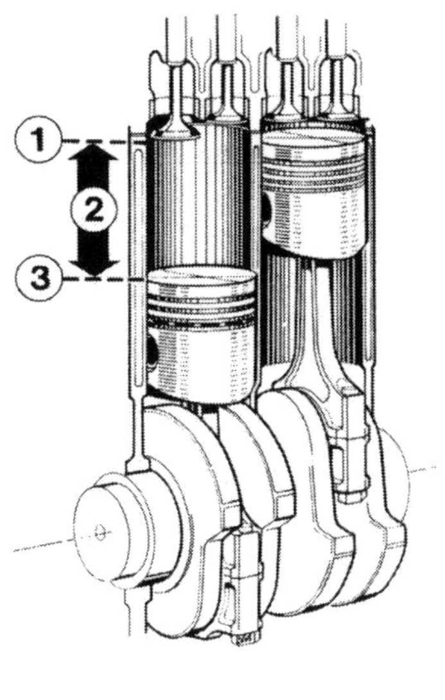

Oberer (1) und unterer Umkehrpunkt (3) des Kolbens auf der Kolbenlaufbahn (OT und UT) werden in dieser Zeichnung verdeutlicht. Der Kolbenhub (2) bezeichnet die Strecke dazwischen.

Zündverstellung in Richtung »spät«

Andere Situationen erfordern es, den Zündzeitpunkt in Richtung »spät« zu verschieben. Die Zündung erfolgt dann erst, wenn der Kolben den OT längst passiert hat. Es wird also fast in den Auspufftakt hinein gezündet, was die Abgaszusammensetzung verbessert, die Motorleistung aber verschlechtert (nur Motor »KF«).

Verschiedene Zündsysteme

In unseren Audi-Modellen kommen zwei Zündsysteme zum Einsatz:

○ Eine **Transistorzündung (TSZ)** besitzen die »einfacheren« Motorisierungen. Bei dieser Zündung erfolgt die Zündverstellung – also die Anpassung des Zündzeitpunkts an die jeweilige Motorsituation – mittels Fliehkraft und Unterdruck im Verteiler.

○ Eine **Vollelektronische Zündung (VEZ)** besitzen nur die Fünfzylindermotoren »SL«, »RT« mit Kat und »NF«. Diese Zündanlage basiert auf der TSZ, regelt jedoch die Zündverstellung auf rein elektronischem Weg.

Welche Zündung in welchem Motor?

Motor	Alle Vierzylinder	Fünfzylinder SL, RT mit Kat, NF	Alle anderen Fünfzylinder
TSZ	+	–	+
VEZ	–	+	–

Damit es in den folgenden Abschnitten dieses Kapitels zu keinen Verwechslungen kommt, finden Sie an den Überschriften den Zusatzvermerk »nur TSZ« (Transistorzündung) bzw. »nur VEZ«. Fehlt der Vermerk, gilt der betreffende Absatz für beide Zündungen, oder es ist kein Zweifel möglich.

Die Zündanlagen haben sehr viele Gemeinsamkeiten. Gerade der Hochspannungsteil – dort wird der Zündfunke erzeugt – ist bei allen zwei Anlagen so gut wie gleich. Gravierende Unterschiede bestehen im Bereich der Zündverstellung. Doch davon später.

So entsteht der Zündfunke

Kernpunkte aller Zündanlagen sind die Zündspule, die für die notwendige Hochspannung sorgt, und der Verteiler, der diese Hochspannung reihum auf die Zündkerzen verteilt.

○ Das Grundprinzip der Zündung besteht darin, daß zunächst der Batteriestrom durch die Primärwicklung der Zündspule fließt.

○ Diese Wicklung besteht aus wenigen Windungen eines dicken Drahtes. Unter der Wirkung des Stromes baut sich um den Eisenkern in der Zündspule ein kräftiges Magnetfeld auf – unsere Zündenergie.

○ Nähert sich der Kolben in seinem Zylinder dem Punkt, da die angesaugte und verdichtete Ladung gezündet werden soll – dem Zündzeitpunkt –, wird der Strom zur Zündspule unterbrochen. Das geschieht je nach Zündsystem im TSZ-Schaltgerät bzw. bei VEZ in der »Endstufe« (Bild Seite 197 rechts) auf Veranlassung des Steuergeräts.

○ Mit dem Ausschalten des Stromes bricht das Magnetfeld in der Zündspule zusammen. Dabei passiert folgendes: In der Sekundärwicklung aus sehr vielen Windungen eines dünnen Drahtes entsteht ein Hochspannungs-Stromstoß von einigen zigtausend Volt.

○ Diese Zündspannung wird über den Verteiler derjenigen Zündkerze zugeleitet, die in der Zündfolge des Motors gerade an der Reihe ist. Das Gemisch wird entzündet, der Motor dreht sich weiter. Der Stromkreis wird wieder geschlossen, und das Spiel läuft von neuem ab.

Befehle für die Zündspule

Der Hallgeber

Das im letzten Abschnitt erwähnte Ein- und Ausschalten des Stroms zur Zündspule besorgen der Hallgeber im Verteiler und das Schaltgerät der TSZ bzw. die Endstufe der VEZ. Der Hallgeber gibt die Impulse zu den Schaltvorgängen. Sein Name hat nichts mit großen Sälen oder Echo zu tun, sondern stammt vom Entdecker des Hall-Effekts, den man sich bei diesem Geber zunutze macht.

Der Hallgeber sitzt unten im Verteilergehäuse und besteht aus folgenden Teilen: einem Blendenrotor mit 4 bzw. 5 Aussparungen (Vierzylinder bzw. Fünfzylinder), einem Dauermagneten und ihm gegenüberliegend dem eigentlichen Hall-IC. Das ganze funktioniert ähnlich wie eine Lichtschranke, nur daß hier anstelle von Licht mit magnetischen Wellen gearbeitet wird.

Ganz deutlich wird das, wenn wir uns eine automatische Aufzugstür vorstellen. Stehen Sie vor der Tür und unterbrechen den Lichtstrahl, bleibt die Aufzugstür offen. Sobald Sie den Lichtstrahl freigegeben haben, erhält der Türmechanismus den Schließbefehl.

Zurück zur Zündung: Steht eine Rotorblende im Magnetfeld, so erhält ein kräftiger Transistor im Schaltgerät bzw. in der Endstufe das Signal, Strom durch die Zündspule fließen zu lassen. Jetzt kann sich in der Spule ein Magnetfeld – unsere Zündenergie – aufbauen. Verläßt die Blende den Luftspalt zwischen Hall-IC und Dauermagnet, kommt ans Zündgerät der Befehl, den Strom zur Zündspule zu unterbrechen, das Magnetfeld bricht dadurch zusammen – der Zündfunke entsteht.

Ausführendes Organ

Das TSZ-Schaltgerät

Im Schaltgerät sitzt der Transistor, nach dem die Anlage ihren Namen hat. Und der schaltet auf Befehl des Hallgebers den Strom zur Zündspule ein und aus.
Doch das Schaltgerät kann mehr: Es genehmigt der Zündspule immer gerade so viel Strom, wie diese im Moment benötigt. Im Extremfall (Zündung eingeschaltet, Motor steht) kann es also bei dieser Zündung auch nach längerer Zeit nicht zu einer Schädigung der Zündspule kommen.

Fingerzeig: Der von 4/86–12/87 gebaute 83-kW-Motor mit den Kennbuchstaben »SL« besitzt trotz Vollelektronischer Zündung ein TSZ-Schaltgerät. Es schaltet hier – statt der sogenannten Endstufe – den Strom zur Zündspule an und aus.

Kopf der Anlage

Das VEZ-Steuergerät

Das Steuergerät arbeitet in den Grundzügen gleich wie das Schaltgerät der TSZ, unterscheidet sich aber zunächst dadurch, daß der Schalttransistor (die Endstufe) außerhalb des Geräts – nämlich neben der Zündspule – untergebracht ist. So können die hohen Ströme nicht die empfindliche Elektronik im Gerät stören. Diese Elektronik ist es, die die jeweils richtige Lage des Zündzeitpunkts ermittelt. Das geschieht nach vorprogrammierten Werten, die im Steuergerät als sogenanntes Zündkennfeld gespeichert sind. Damit fallen dem Steuergerät zusätzliche Funktionen zu:
○ Die Zündverstellung, abhängig von Motordrehzahl und Motorbelastung wird nicht mehr im Verteiler vorgenommen, sondern von der Elektronik im Steuergerät.
○ Es stehen Korrekturprogramme zur Verfügung für Motorstart, Kaltlauf, Schubbetrieb etc.
○ Die Klopfregelung ermöglicht es, den Motor immer mit größtmöglicher Frühzündung zu betreiben, was beste Leistungsausbeute verspricht. Deshalb kann der für Superkraftstoff ausgelegte Motor auch mit Normalbenzin betrieben werden, denn das Steuergerät erkennt die niedrigere Oktanzahl und schaltet auf ein anderes Zünd-Kennfeld mit geringerer Frühzündung um.
○ Nicht zuletzt findet ein Datenaustausch mit der Einspritzung statt. Auch deshalb, weil einige Geber am Motor doppelt genutzt werden.
○ Außerdem ist noch ein Fehlerspeicher eingebaut, der über Blinkcode Fehler in der Zündung anzeigt (siehe auch Seite 201).

Klopfregelung

VEZ, KE-Motronic

Klopfende Verbrennung – entstanden, wenn der Zündzeitpunkt zu weit in Richtung »früh« gelegt wurde (siehe dazu auch Seite 191) – schadet dem Motor. Folgen sind Überhitzung, Lager- und Kolbenschäden.

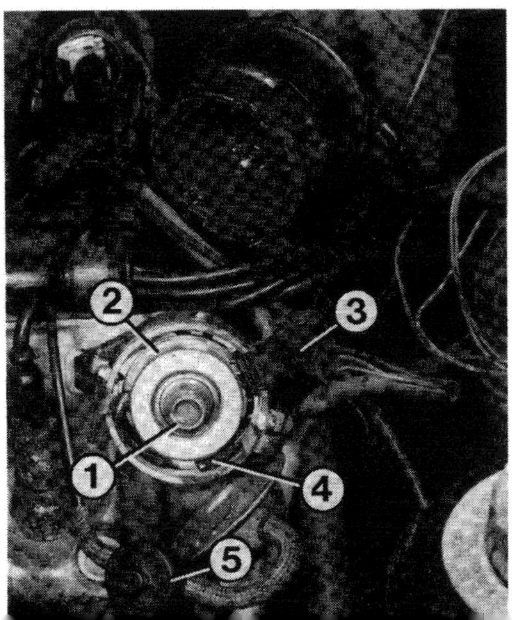

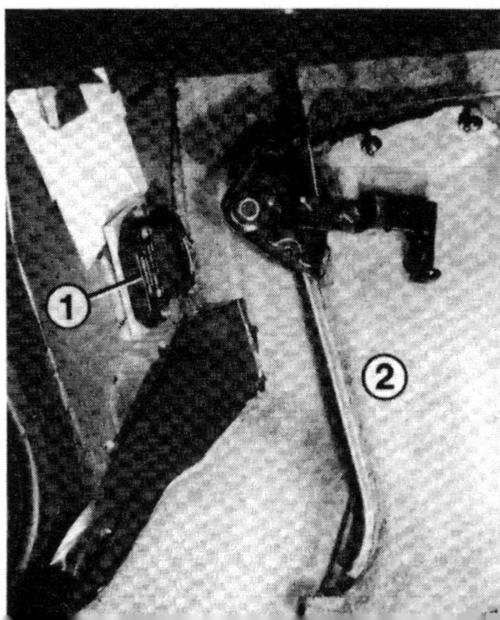

Links: Der geöffnete Verteiler (hier: Fünfzylinder) zeigt folgende Teile: 1 – Verteilerwelle mit Schmierfilz; 2 – Blendenrotor; 3 – Anschlußstecker für Hallgeber; 4 – Hallgeber. Ferner zu sehen: der Unterdruckschalter (5) für die Schaltanzeige.
Rechts: Nachdem es bei den Wagen der ersten Bauserien im Wasserfangkasten hinter dem Motorraum untergebracht war, findet sich das Schaltgerät (1) der Transistorzündung seit 8/83 links im Fahrerfußraum. Um heranzukommen muß neben der linken Ablage und der Haubenentriegelung auch die linke Fußraumverkleidung (2) ausgebaut werden.

Andererseits ist die Leistungsausbeute des Motors am höchsten, wenn der Zündzeitpunkt so weit als möglich in Richtung »früh« gelegt wurde, wenn also hart an der Klopfgrenze gefahren wird. Zu viele Faktoren (Kraftstoffqualität, Brennraumablagerungen etc.) beeinflussen diese Klopfgrenze, als daß man sie genau festlegen könnte. Man braucht also einen großen »Sicherheitsabstand« bei der herkömmlichen Zündeinstellung. Oder einen »Horchposten«, der ermittelt, ob klopfende Verbrennung vorliegt – eine Klopfregelung.

Funktion der Klopfregelung

Die Verbrennung in den Zylindern wird von einem sogenannten Klopfsensor überwacht, der links am Motorblock festgeschraubt ist. Dieser Sensor »spürt« es, wenn die Verbrennung im Zylinder statt der üblichen gleichförmigen Schwingungen ein ungleichmäßiges Schwingungsbild zeigt. Diese Information leitet der Klopfsensor zum Steuergerät weiter.

Dort passiert folgendes: Mit Eingang des Signals »klopfende Verbrennung bei der letzten Zündung« erhalten die nun folgenden Zylinder mit normaler Verbrennung weiterhin ihren errechneten Zündzeitpunkt. Doch an demjenigen Zylinder, an dem Klopfen festgestellt wurde, wird der Zündzeitpunkt um ca. 3° zurückgenommen. Das geschieht wohlgemerkt nur bei diesem einen Zylinder. Die anderen behalten den ursprünglich errechneten Zündzeitpunkt.

Sollte die klopfende Verbrennung im betreffenden Zylinder anhalten, wird beim nächsten Arbeitstakt der Zündzeitpunkt abermals um 3° zurückgenommen. Das kann bis maximal 15° (vom Soll-Zündzeitpunkt aus gerechnet) geschehen.

Wenn nun im entsprechenden Zylinder die Verbrennung wieder normal abläuft, wird der Zündzeitpunkt nach einer kurzen Verweilzeit wieder in Richtung »früh« verstellt. Das geschieht um ca. 0,5°, dann folgt eine Pause über mehrere Arbeitstakte, bevor abermals um 0,5° weiter in Richtung »früh« verstellt wird.

Das geht so lange, bis der ursprünglich geplante Zündzeitpunkt erreicht ist oder der Klopfsensor klopfende Verbrennung meldet.

Der Klopfsensor

In diesem Fühler ist ein »Piezokeramik«-Stückchen eingesetzt, ein Werkstoff, den wir als Funkenspender vom Gasfeuerzeug her kennen. Mechanische Kräfte (Zug, Druck), die auf die Piezokeramik wirken, werden von dieser in elektrische Spannung umgesetzt.

Ungleichmäßige Schwingungen – erzeugt durch klopfende Verbrennung – genügen, um den Sensor zu aktivieren.

Die Zündverstellung

Nur TSZ

○ Die Zündverstellung in Richtung »früh« übernimmt bei der TSZ die Unterdruckdose an der Verteilerseite sowie die Fliehkraftverstellung unten in der Verteilerwelle.

○ Bei Motoren mit doppelter Unterdruckdose ist die zweite Hälfte der Dose für die Zündungs-Spätverstellung zuständig. Sie zieht die Statorplatte im Verteiler in Drehrichtung der Verteilerwelle – die Zündung erfolgt später.

Die Zündverstellung

VEZ

○ Bei Fahrzeugen mit **VEZ** ist die gesamte Zündverstellung vom Steuergerät geregelt. Der Verteiler hat keine Unterdruckdose, und auch die Verteilerwelle ist aus einem Stück gefertigt.

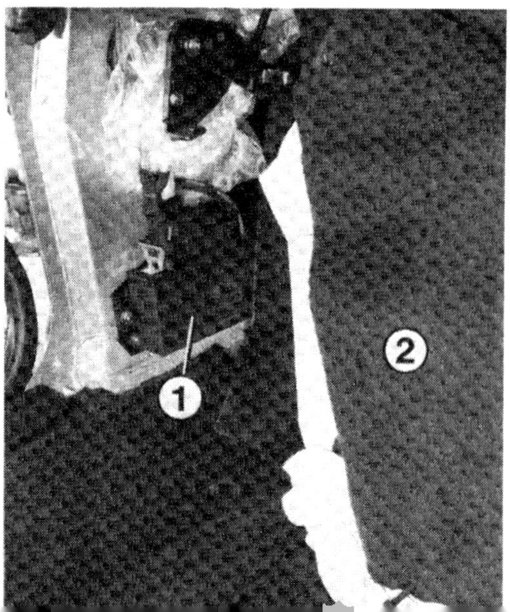

Links: Er horcht, ob's drinnen klopft: Der Klopfsensor (Pfeil) sitzt bei allen Motoren vorn an der linken Motorseite. Hier sehen wir ihn am Fünfzylindermotor. Beim Einbau beachten: Klopfsensor unbedingt mit dem richtigen Drehmoment anziehen!
Rechts: An der Scharniersäule der Vordertür befindet sich das Steuergerät (1) der Vollelektronischen Zündung (VEZ) – hier beim Fünfzylinder. Geschützt ist dieses Bauteil von der Fußraum-Seitenverkleidung (2), die hier abgenommen ist.

○ Die Ausschnitte im Blendenrotor des Verteilers sind so gelegt, daß der Zündimpuls bis zu 60° vor OT an das Steuergerät gelangt.
○ In dem so vorgegebenen Spielraum (bis 60°) errechnet das Steuergerät anhand der Informationen über Motordrehzahl (durch die Zündimpulsfolge) und Saugrohrunterdruck (durch die Widerstandswerte vom eingebauten Saugrohrdruckgeber) den optimalen Zündzeitpunkt.
○ Korrigiert wird dieser Zündzeitpunkt nur dann, wenn klopfende Verbrennung vom Klopfsensor gemeldet wird.

Vorsicht beim Umgang mit der Zündung

Im Motorraum des Audi warnt ein Aufkleber vor den **hohen Spannungen** der Zündanlage, und das nicht ohne Grund: Schon in der dünnen Steuerleitung zur Zündspule können Spannungen bis zu 100 Volt mit hoher Stromstärke auftreten, ganz zu schweigen von der Zündspannung, die mit über 30000 Volt (aber geringer Stromstärke) gefährlich hoch ist.
Zwar hört man glücklicherweise nichts davon, daß Autobesitzer von ihrer Zündung ermordet wurden, doch kann das Berühren blanker Kontakte unter ungünstigen Umständen vor allem für Herzgefährdete sehr gefährlich werden. Deshalb:
○ Sämtliche elektrische Leitungen – auch Anschlüsse von Prüfgeräten – nur bei **ausgeschalteter Zündung** berühren oder ab- bzw. anklemmen.
○ Soll der Motor vom Anlasser lediglich durchgedreht werden ohne anzuspringen, muß die Zündung lahmgelegt werden (siehe unten).
○ Zur Motorwäsche muß die Zündung ausgeschaltet sein.
○ Zur Starthilfe bei leerer Batterie mit einem Schnellader darf dieser höchstens eine Minute lang angeschlossen sein und die Spannung nicht mehr als 16,5 V betragen.
○ Bei einem bestehenden oder vermuteten Defekt an der Zündanlage zum Abschleppen des Fahrzeugs den Stecker am Zündungs-Schaltgerät abziehen.
○ An Klemme 1/– der Zündspule keinen Kondensator anschließen.
○ Zündverteilerläufer nicht gegen einen beliebigen austauschen, er hat einen Widerstand von 1 kΩ und die Kennzeichnung »R 1«.
○ An den dicken Zündkabeln nur Widerstände mit 1 kΩ und Kerzenstecker mit einem Widerstand von 5 kΩ verwenden.
○ Zum elektrischen Schweißen am Fahrzeug müssen die Kabel an der Batterie abgeklemmt werden.

Arbeiten an der Zündanlage

Zündung lahmlegen

Das Schaltgerät bzw. die Endstufe der Zündanlage **erleidet** unweigerlich **Schaden,** wenn der Motor bei **abgezogenem Hauptzündkabel** vom Anlasser durchgedreht wird.
Deshalb:
- Hauptzündkabel – bei ausgeschalteter Zündung – aus dem Zündverteilerdeckel ziehen.
- An der Messingklemme des Zündkabels die Polzange eines Starthilfekabels anklemmen.
- Andere Polzange des Starthilfekabels fest am Motorblock (»Masse«) anklemmen.

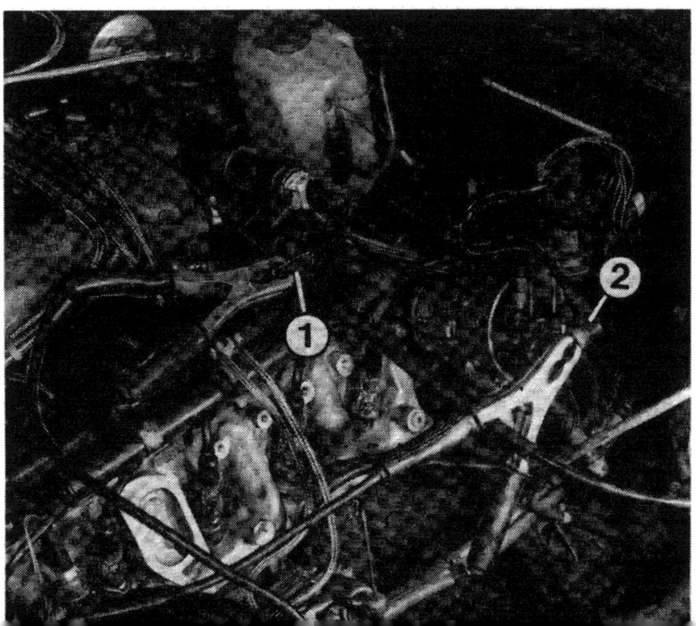

Lahmlegen der Zündung, wie im Text oben beschrieben: Das von der Zündspule kommende Hochspannungskabel (2) wurde aus der Mittelbuchse des Verteilers herausgezogen. Das andere Ende des daran angeklemmten Starthilfekabels ist mit einem leitfähigen Motorteil (1) verbunden.

Störungssuche an der Zündung

Wer einem Fehler in der Zündung auf die Spur kommen will, muß ganz systematisch vorgehen:
○ Ob überhaupt ein Zündfunken erzeugt wird, klärt man mit einer einfachen Zündspannungs-Prüfung (siehe unten).
○ Eine genaue Sichtprüfung der Zündanlage deckt die häufigsten Fehlerursachen (Kabel, Stecker, Spannungsüberschläge) auf.
○ Erst jetzt Zündspule, Hallgeber und Schaltgerät nacheinander durchprüfen.

Fingerzeig: Die Stromversorgung der VEZ-Zündanlage ist mit einer Sicherung in der Zusatzleiste der Zentralelektrik abgesichert. Bei Versagen der Zündung diese Sicherung prüfen. Nicht abgesichert ist dagegen die TSZ-Zündanlage.

Ist Zündspannung vorhanden?

Gleich zu Anfang prüfen wir, ob die Zündanlage überhaupt Zündfunken zustandebringt:
● Eines der Zündkabel an der Zündkerze abziehen, Kerze herausschrauben.
● Zündkabel wieder auf die Kerze stecken und diese so auf dem Motorblock ablegen, daß sie sicheren Massekontakt hat. Besser noch das Gewindeteil der Kerze mittels Starthilfekabel leitend mit dem Motor verbinden.
● Motor von Helfer mit dem Anlasser durchdrehen lassen.
● Springen kräftige Funken an der Kerzenelektrode über, ist Zündstrom vorhanden, doch vielleicht stimmt der Zündzeitpunkt nicht (siehe Seite 201).
● Funkt nichts, versuchen Sie es mit der Kerze eines anderen Zylinders. Springen immer noch keine Funken über, muß die Zündanlage komplett geprüft werden.

Sichtprüfung der Zündanlage

○ Sitzen alle Kabelanschlüsse und Steckkontakte an Zündspule, TSZ-Schaltgerät bzw. VEZ-Steuergerät und am Verteiler fest?
○ Ist in den Mehrfachsteckern am Schalt- bzw. Steuergerät eventuell ein einzelner Steckkontakt zurückgerutscht?
○ Ist an der Zündspule Vergußmasse herausgedrückt worden? Dann ist sie wahrscheinlich defekt (Prüfen siehe unten).
○ Zeigen sich am Zündspulengehäuse Risse oder Brandspuren von überschlagenden Funken?
○ Kontrollieren Sie zusätzlich die Haupt- oder Zündkerzenkabel auf festen Sitz und Schäden an der Isolation. Die modernen Zündanlagen sind durch ihre hohen Zündspannungen empfindlicher gegen Funkenüberschläge und Kriechströme.
○ Zeigt die Verteilerkappe Schäden (Seite 199)? Vor allem die Innenseite beachten!
○ Sind alle Teile der Zündanlage sauber und trocken? Feuchter Schmutz begünstigt Spannungsüberschläge.

Fingerzeig: Beachten Sie bei den folgenden Messungen, daß Meß- und Prüfgeräte nur bei ausgeschalteter Zündung an- und abgeklemmt werden dürfen.

Stromversorgung der Zündanlage in Ordnung?

Neben einem Totalausfall der Zündanlage durch fehlende Spannung kann auch zu geringe Versorgungsspannung erhebliche Störungen bewirken! Deshalb ist hier ein Voltmesser besser zur Prüfung.
● Meßgerät zwischen Klemme 15 der Zündspule und Masse anschließen.
● Zündung einschalten.
● 11,5 Volt müssen mindestens abzulesen sein.
● Gleiche Messung am schwarzen Kabel des TSZ-Schaltgeräts bzw. am schwarz/blauen Kabel des VEZ-Steuergeräts.
● Messen Sie gar keine Spannung oder eine zu geringe, liegt der Fehler im Kabelweg zum Zündschloß (Seite 229).

Fehlerquellen

○ Voraussetzung: Batterie geladen.
○ Zündschloß defekt (Seite 229).
○ Unterbrechung in der Zuleitung Zündschloß/Zündspule bzw. Schalt-/Steuergerät. Kabelverlauf und Stecker anhand der Schaltpläne ab Seite 166 kontrollieren.

Zündspule defekt?

● Die **Sichtprüfung** an der Zündspule wurde bereits durchgeführt.
● Zur **Widerstandsprüfung** alle Leitungen an der Zündspule bei ausgeschalteter Zündung abnehmen. Wir messen Primär- und Sekundärwicklung der Spule.
● Werden die in folgender **Tabelle** genannten Werte nicht erreicht, Zündspule ersetzen.
● Mit diesen Messungen läßt sich ein Kurzschluß zwischen den Wicklungen nicht erkennen. Fällt also der Verdacht trotz guter Meßergebnisse auf die Zündspule, sollten Sie die ausgebaute Spule bei einer Autoelektrik-Werkstatt durchprüfen lassen.

Messung	zwischen Klemmen	Alle Vierzylindermotoren, Fünfzylinder KF, WC, SL, RT, WH, WU	Fünfzylinder KU, HX, KZ, KP Zündspule Ausführung A[1]	Fünfzylinder KU, HX, KZ, KP Zündspule Ausführung B[2]	Fünfzylinder NF
Primär-widerstand	1 und 15	0,52–0,76 Ω	0,5–1,5 Ω	0,5–1,5 Ω	0,5–1,5 Ω
Sekundär-widerstand	1 und 4	2,4–3,5 kΩ	ca. 6,8 kΩ	ca. 7,7 kΩ	5–9 kΩ

[1] Standard-Zündspulengehäuse [2] Relaisartiges Zündspulengehäuse

Fingerzeig: Den Mehrfachstecker am Zündverteiler nur bei aufgesetztem Verteilerdeckel abziehen. Andernfalls kann sich die Metall-Steckerzunge lösen und zurückrutschen. Beim späteren Anschließen des Steckers fehlt der Kontakt – kein Zündfunke!

Hallgeber prüfen

- **TSZ:** Das Zündungs-Schaltgerät ab 8/83 unter der linken Fahrerfußraum-Verkleidung freilegen (siehe Bild Seite 193).
- Dazu Ablage links ausbauen (Seite 258).
- Eine Schraube in Verkleidungsmitte und zwei weitere an der Haubenzugbetätigung herausdrehen. Türdichtung zurückziehen, Verkleidung abbauen.
- Zündung lahmlegen (Seite 195).
- Gummimanschette vom Mehrfachstecker am TSZ-Schaltgerät zurückstreifen, damit die Kabel freiliegen.
- Bei angeschlossenem Stecker Voltmeter (am besten mit Meßspitzen) so anschließen: Minuspol an Klemme 3 des Steckers (rot/gelbes Kabel), Pluspol an Klemme 6 (grün/violettes Kabel).
- Zündung einschalten und Motor langsam von Hand durchdrehen, damit die Lochblende im Verteiler sich ebenfalls dreht und so in den Hallgeber ein- und austritt.
- Meßgerät beobachten: Es soll 0 Volt anzeigen, wenn sich die Blende außerhalb des Hallgebers befindet. Mindestens 2 Volt soll es anzeigen, wenn die Blende in den Hallgeber eingetreten ist.
- **Fünfzylinder mit VEZ**
- Stecker an der Leistungsendstufe neben der Zündspule abziehen.
- Voltmeter an Klemme 2 (grünes Kabel) und Klemme 3 (braun/weißes Kabel) des Anschlußsteckers anklemmen.
- Gleiche Prüfung wie für TSZ beschrieben durchführen.
- **Alle:** Sind keine Impulse zu messen, als nächstes die Stromversorgung des Hallgebers prüfen:
- Stecker am Verteiler abziehen und Voltmeter an die beiden äußeren Kontakte des Steckers anschließen.
- Es müssen bei eingeschalteter Zündung mindestens 5 Volt (TSZ) bzw. 9 Volt (VEZ) abzulesen sein.
- Wenn nicht, ist das Steuer- bzw. Schaltgerät oder die Kabelverbindung defekt.

Fingerzeig: Ist der Hallgeber defekt, braucht nicht der gesamte Verteiler ausgetauscht zu werden. Der Hallgeber ist einzeln erhältlich.

TSZ-Schaltgerät prüfen
TSZ u. Motor »SL«

Defekte in diesem Bereich rühren meist nicht vom Gerät selbst, sondern von nachlässig aufgesteckten Anschlußsteckern oder durchgescheuerten Kabeln. Deshalb vor einer Prüfung des Schaltgeräts erst diese Punkte klären und erst dann – nach Kontrolle der Zündspule – die folgenden Meßschritte durchführen:

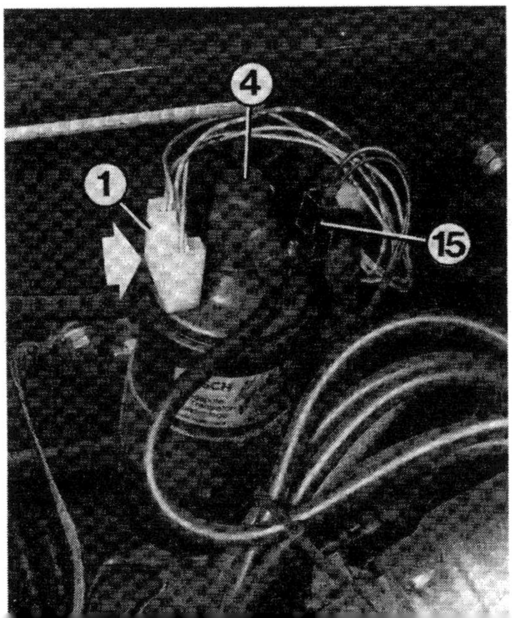

Links: Die Zündspule (hier an einem älteren Fünfzylinder) hat die Normklemmen 1 (vom Schaltgerät), 4 (Hochspannung zum Verteiler) und 15 (vom Zündschloß). Der mit Pfeil bezeichnete Doppelstecker wird bei älteren Einspritzern zur Einstellung der Leerlaufdrehzahl abgezogen und versetzt wieder aufgesteckt. Rechts: Die Zündspule (5) sitzt an der hinteren Motorraumwand. Die Zahlen bedeuten: 1 – Abdekkung; 2 – Klemme 1 (–); 3 – Hauptzündkabel (Klemme 4); 4 – Klemme 15 (+); 6 – Leistungsendstufe bei Wagen mit KE-Motronic und Fünfzylindern mit VEZ ebenfalls.

● Bis 7/83 sitzt das TSZ-Schaltgerät oberhalb des Scheibenwischermotors, später links im Fahrerfußraum:
● Ablage links unter dem Armaturenbrett ausbauen (Seite 258).
● Eine Kreuzschlitzschraube unten an der Fußraum-Seitenverkleidung herausdrehen, ferner die beiden Halteschrauben der Haubenentriegelung lösen.
● Türdichtung ein Stück zurückziehen und Verkleidung abnehmen.
● Mehrfachstecker vom Schaltgerät abziehen. Dazu Drahtbügel ausrasten.
● Voltmeter mit der Minus-Klemme an Kontakt 2 (braunes Kabel) des Steckers anschließen, Plus-Klemme an Kontakt 4 (schwarzes Kabel).
● Zündung einschalten. Das Meßgerät muß etwa Batteriespannung anzeigen, sonst ist die Stromzufuhr unterbrochen (Stromlaufpläne ab Seite 166).
● Zündung ausschalten und Stecker am Schaltgerät wieder aufstecken.
● Stecker zum Hall-Geber am Zündverteiler abziehen, dazu Drahtbügel am Steckergehäuse niederdrücken.
● Voltmeter an der Zündspule zwischen Klemme 1 (Minusklemme) und Klemme 15 (Plusklemme) anschließen.
● Zündung einschalten und Meßgerät beobachten: Das Gerät muß anfangs mindestens 2 Volt anzeigen. Die Spannung fällt dann innerhalb von 1–2 Sekunden auf 0 Volt zurück. Ist das nicht der Fall, muß das Schaltgerät und die Zündspule ersetzt werden.
● Weitere Prüfung: Am noch abgezogenen Dreifachstecker legen Sie den mittleren Kontakt mit einem Kabel kurz an Masse. Meßgerät beobachten: Die Spannung steigt kurzfristig auf mindestens 2 Volt. Sonst besteht eine Unterbrechung in der mittleren Leitung. Oder das Schaltgerät ist defekt.
● Zündung ausschalten.
● Voltmeter jetzt an den beiden äußeren Kontakten des abgezogenen Hallgeber-Steckers anschließen. Zündung einschalten und das Meßgerät beobachten: Es müssen mindestens 5 Volt angezeigt werden. Sonst besteht Leitungsunterbrechung zwischen Hallgeber und Schaltgerät.
● Werden trotz eines offensichtlichen Defekts in der Zündanlage alle Sollwerte erreicht, hilft nur noch der probeweise Austausch des Schaltgeräts.

Fingerzeig: An Fahrzeugen bis Baujahr 7/83 sitzt das Zündungs-Schaltgerät oben am Scheibenwischergestänge und ist dadurch stark der Witterung ausgesetzt. Korrodierte Steckerkontakte und damit Startschwierigkeiten und Zündaussetzer sind da keine Seltenheit. Dauerhafte Abhilfe bringt die Verlegung des Schaltgeräts in den Innenraum.

VEZ-Steuergerät prüfen

Für das Steuergerät gibt es keine Prüfmethode im herkömmlichen Sinn. Der Werkstatt steht jedoch die Möglichkeit zur Verfügung, den im Steuergerät eingebauten Fehlerspeicher abzufragen (Seite 201). Eingebaut ist das Steuergerät – wie das TSZ-Schaltgerät – unter der Verkleidung links im Fahrer-Fußraum.

VEZ-Leistungsendstufe prüfen
nicht für Motor »SL«

● Die Prüfung setzt voraus, daß die Zündspule intakt ist.
● Stecker an der Endstufe abziehen. Drahtsicherung dazu niederdrücken.
● Voltmeter an beiden äußeren Klemmen des Steckers anschließen, Zündung einschalten.
● Die Stromversorgung der Endstufe ist in Ordnung, wenn ca. 12 Volt angezeigt werden. Sonst Leitungsunterbrechung suchen.
● Voltmeter an der Zündspule zwischen Klemme 1 (Minusklemme) und Klemme 15 (Plusklemme) anschließen.
● Zündung einschalten.
● Nur Motor »3A« und »PS mit Kat«: Meßgerät beobachten: Das Gerät muß anfangs mindestens 2 Volt anzeigen. Die Spannung fällt dann innerhalb von 1–2 Sekunden auf 0 Volt zurück.
● Am noch abgezogenen Dreifachstecker legen Sie den mittleren Kontakt mit einem Kabel kurz an Masse. Meßgerät beobachten: Die Spannung steigt kurzfristig auf mindestens 2 Volt. Sonst besteht eine Unterbrechung in der mittleren Leitung.
● Werden die Prüfbedingungen nicht erreicht (Leitung intakt), ist die Leistungsendstufe bzw. das Steuergerät defekt (versuchsweise ersetzen). Zündspule bei ausgetretener Vergußmasse ebenfalls ersetzen.

Der Zündverteiler

Der Verteiler erfüllt wesentlich mehr Funktionen, als sein Name zunächst erkennen läßt:
○ In seinem Hochspannungsteil verteilt der Verteilerfinger die Zündfunken an die Zündkerzen.
○ Im Untergeschoß des Verteilers sitzt der Hallgeber, der die Zündimpulse auslöst.
○ Die Verteilerwelle selbst besteht bei Wagen mit TSZ nicht aus einem Stück. Sie ist zweigeteilt und beinhaltet die Fliehkraft-Zündverstellung (siehe Seite 200).
○ Seitlich am Verteiler ist bei Wagen mit TSZ die Unterdruckdose der Unterdruck-Zündverstellung angebracht. Die wirkt über eine Betätigungsstange auf die Hallgeber-Grundplatte.
○ Im Verteilerfinger ist bei Motoren ohne Kat der Drehzahl-Begrenzer eingebaut.

Verteiler öffnen

● Blech-Halteklammern des Deckels mit einem Schraubenzieher abdrücken.
● Massekabel der Abschirmung abziehen.
● Verteilerdeckel abnehmen, die Zündkabel bleiben aufgesteckt.
● Verteilerfinger abziehen, darunterliegenden Staubschutzdeckel abnehmen.
● Beim Einbau den Staubschutzdeckel so auflegen, daß seine Haltenase in die Aussparung im Verteilergehäuserand zu liegen kommt.
● Der Verteilerfinger besitzt eine angegossene Erhebung, die in die Aussparung in der Verteilerwelle einrastet.
● Auch der Verteilerdeckel besitzt als Verdrehsicherung eine angegossene Nase, die in den Einschnitt im Verteilergehäuse einrasten muß.

Zündverteiler kontrollieren

● Verteilerkappe abnehmen. Sie muß innen und außen sauber sein, damit keine Strombrücke über Schmutz, Abrieb oder Feuchtigkeit den Zündstrom ableitet.
● Die Kontaktkohle in der Mitte muß glatt und glänzend sein, sich leicht einfedern lassen und ohne zu klemmen wieder zurückfedern.
● Der Verteilerfinger darf an seiner Kontaktzunge und über der Vergußmasse des Entstörwiderstands zwischen Mittelkontakt und der Zunge nicht verschmort sein. Der richtige Verteilerfinger muß die Kennzeichnung »R1« tragen.
● Bleistiftartige Striche im Verteilerdeckel sind Brandspuren von Kriechströmen, die sich über Schmutz oder Feuchtigkeit einen Weg gebahnt und eingebrannt haben.
● Behelfsmäßige Abhilfe schafft hier Auskratzen mit einem Schraubenzieher oder Messer und Überstreichen mit Alleskleber, Nagellack oder im Notfall auch Lippenstift.

Verteiler ausbauen

● Zylinder 1 auf OT Zündzeitpunkt stellen, Seite 29.
● Verteilerdeckel abnehmen.
● Schraube am Halteblech des Verteilers (Bild Seite 201) losdrehen, Zündverteiler abziehen.
● Zum Einbau des Verteilers muß die OT-Markierung an der Rückseite des Nockenwellen-Zahnriemenrades in Höhe des Zylinderkopfdeckels stehen, wie im Bild auf Seite 35 bzw. 37 gezeigt.
● Der Genauigkeit wegen zusätzlich die Kurbelwelle auf »OT« stellen (Bilder Seite 29).
● Nur Vierzylinder: Der Aufnahmezapfen der Ölpumpenwelle muß im Einsteckloch für den Zündverteiler parallel zur Kurbelwelle gestellt werden.
● Verteilerwelle so drehen, daß der Verteilerfinger zur Marke im Verteilergehäuserand zeigt.
● Verteiler einsetzen, ggf. Verteilergehäuse drehen, bis die Marke wieder fluchtet. Anschließend Zündung einstellen, (Seite 201).

Der Klopfsensor

nur VEZ

Der Klopfsensor wird über die Fehlerabfrage geprüft (siehe Seite 201). Andere Kontrollmöglichkeiten stehen nicht zur Verfügung. Bisweilen macht jedoch ein defekter Klopfsensor auch durch heftiges Motorklingeln beim Beschleunigen auf sich aufmerksam. Beim Einbau eines neuen Sensors unbedingt auf das richtige Anzugsmoment der Befestigungsschraube achten (15–25 Nm).

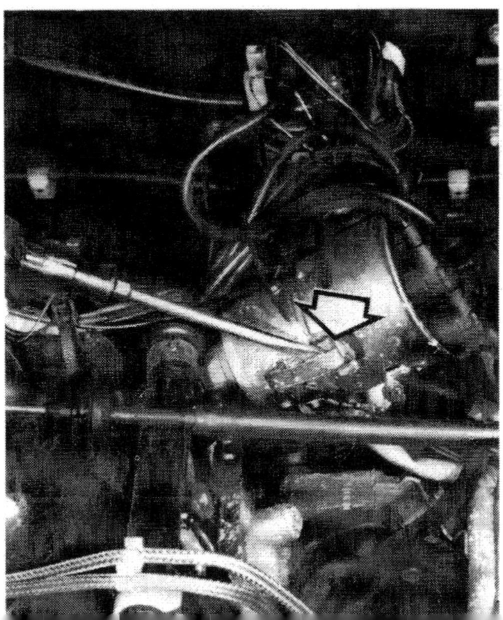

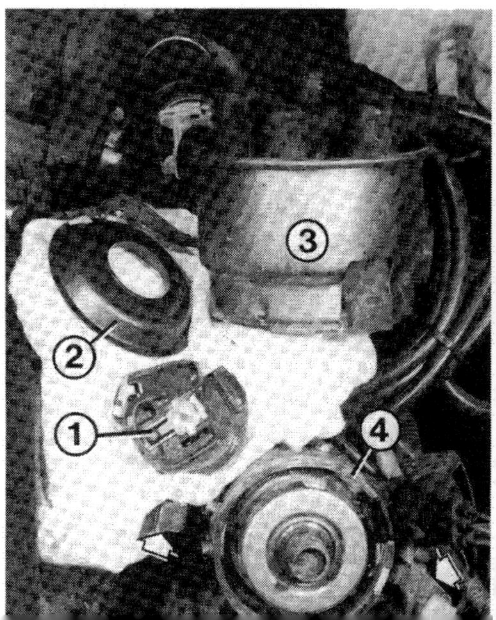

Der Verteiler läßt sich nach Abdrücken der Spannklammern (Pfeile) öffnen: Am zerlegten Verteiler erkennen Sie: 1 – Verteilerfinger; 2 – Schutzdeckel; 3 – Verteilerdeckel mit Blech-Abschirmung; 4 – Verteilergehäuse.

Automatische Zündverstellung

nur TSZ

Wieso bei steigenden Drehzahlen der Zündfunke früher überspringen muß, haben wir schon auf Seite 191 erklärt. Hier wollen wir uns mit der technischen Ausführung der automatischen Zündverstellung bei der TSZ befassen. Bei VEZ wird die Zündverstellung allein vom Steuergerät bestimmt.

Frühzündungs-Unterdruck-verstellung
nur TSZ

Die Unterdruckdose am Verteiler ist durch eine dünne Saugleitung mit dem Vergaser bzw. dem Ansaugsystem verbunden. Oberhalb bzw. vor der Drosselklappe herrscht ein Unterdruck, der hauptsächlich von der Drosselklappenstellung abhängig ist. Bei geschlossener Drosselklappe ist dort der Unterdruck gleich Null. Er steigt mit zunehmender Öffnung und steigender Drehzahl unter Teillast auf einen Höchstwert, um bei voll geöffneter Drosselklappe wieder auf etwa ⅕ des Höchstwertes abzufallen.
Wenn nun bei nur teilweise durchgetretenem Gaspedal ein kräftiger Unterdruck herrscht, zieht dieser über die Saugleitung eine Membrane in der Unterdruckdose an. Von ihr reicht eine Zugstange in den Verteiler hinein und zieht dort die drehbare Grundplatte des Hallgebers an. Hierdurch wird die Hallgeberplatte entgegen der Drehrichtung der Verteilerwelle gezogen, und die Zündung erfolgt so entsprechend früher.

Unterdruck-verstellung prüfen

● Motor starten und mit leicht erhöhter Drehzahl (ca. 1500–2000/min) laufen lassen.
● Unterdruckschlauch am Zündverteiler abziehen und mit dem Finger zuhalten: Hat sich – ohne Veränderung der Gaspedalstellung – die Drehzahl des Motors gesenkt, ist die Unterdruckverstellung in Ordnung.
● Läuft der Motor mit oder ohne Schlauch am Verteiler gleich schnell, ist die Unterdruckverstellung defekt.

Störungssuche Unterdruck-verstellung

Für eine ausgefallene Unterdruckverstellung kommen folgende Ursachen in Betracht:
○ Defekte Unterdruckmembran am Verteiler. Prüfung: Unterdruckschlauch am Verteiler abziehen, Ersatzschlauch aufstecken und mit dem Mund am Schlauchende saugen: Kann Luft angezogen werden, ist die Dose defekt. Ist sie luftdicht, kann sie eingebaut bleiben.
○ Die drehbare Hallgeber-Grundplatte läßt sich durch die Zugstange der Membran nicht bewegen. Mit Rostlöserspray gängig machen. Anschließend das Sprühöl sorgfältig aus dem Verteiler entfernen.
○ Der Unterdruckschlauch ist undicht oder der Unterdruckanschluß verstopft.

Frühzündungs-Fliehkraft-Verstellung
nur TSZ

Die Trägerplatte der Fliehkraftverstellung sitzt im Verteilergehäuse ein Stück unterhalb des Hallgebers. Je schneller sie sich dreht, um so intensiver drücken die Fliehgewichte auf ihrer Trägerplatte gegen einen Mitnehmer, der seinerseits die eigentliche Verteilerwelle (also den oberen Teil) zusätzlich in Drehrichtung bewegt. Dadurch tritt die Lochblende mit zunehmender Drehzahl bei jeder Zündung früher als normal in den Hallgeber ein, was eine frühere Zündung bewirkt. Je nach Motor bewirkt die Fliehkraftverstellung bei Drehzahlen bis 4500/min eine Frühverstellung bis zu 31° Frühzündung.
Abhängig von Drehzahl und Motorbelastung überlagern sich Fliehkraft- und Unterdruck-Zündverstellung und wirken dann gemeinsam.

Fliehkraft-verstellung prüfen

Auch die Fliehkraftverstellung kann der Heimwerker nur ohne genaue Meßwerte prüfen:
● Unterdruckschlauch am Verteiler abziehen.
● Stroboskoplampe anschließen wie zum Einstellen der Zündung, doch den Lichtstrahl nicht auf die Markierung an der Schwungscheibe (der Ausschnitt im Getriebegehäuse ist zu klein), sondern auf die Marke an der Riemenscheibe richten (siehe Bild Seite 30).
● Motor starten, Drehzahl langsam steigern. Die Markierung auf der Riemenscheibe muß im Schein der flackernden Zündlichtpistole langsam zur Seite wegwandern.
● Bleibt sie trotz Drehzahlsteigerung von Anfang an am gleichen Fleck »stehen«, ist die Fliehkraftverstellung defekt.
● Verstellt sich die Kerbe nicht gleichmäßig, sondern ruckartig, hängen die Fliehgewichte fest.

Störungssuche Fliehkraft-verstellung

● Durch Besprühen des Schmierfilzes in der Verteilerwelle mit Rostlöser können Sie die Fliehgewichte wieder gängig machen (Verteilerfinger dazu abziehen; Bild auf der Vorseite).
● Ansonsten Verteiler auswechseln.

Zündverstellung bei VEZ

Funktion prüfen
nur Motoren SL und RT mit Kat

Gebraucht wird eine Zündlichtpistole mit Zündwinkel-Anzeige, wie sie Werkstätten besitzen. Prüfbedingung: Klopfsensor in Ordnung.
● Zündlichtpistole anschließen.
● Motor im Leerlauf drehen lassen.
● Angezeigten Zündzeitpunkt-Grundwert notieren.
● Bei laufendem Motor weißen Unterdruckschlauch vom Sammelsaugrohr bzw. vom Drosselklappenstutzen oder direkt am VEZ-Steuergerät abziehen.

● Drehzahl jetzt auf 3000/min erhöhen.
● Zündzeitpunkt ablesen und mit Grundwert vergleichen:
● Motor **RT** (mit Kat) und **SL** mit Schaltgetriebe: Die Differenz muß **6–10°** betragen.
● Motor **RT** (mit Kat) und **SL** mit Automatikgetriebe: Die Differenz muß **18–22°** betragen.
● Andernfalls ist das VEZ-Steuergerät defekt.

Der Fehlerspeicher

nur VEZ

Bei jedem Einschalten der Zündung leuchtet bei Wagen mit VEZ bis Baujahr 7/88 die Fehlerlampe am Armaturenbrett. Sie verlöscht nach Starten des Motors.
Tritt bei laufendem Motor bzw. während der Fahrt ein Fehler an der Zündanlage auf, der dem Motor schaden kann, leuchtet oder blinkt die Fehlerlampe. Diesen Fehler speichert das Steuergerät, solange die Zündung eingeschaltet ist. Um welchen Fehler es sich dabei handelt, signalisiert die Fehlerlampe durch einen bestimmten Blinkcode, wenn in der Werkstatt der Fehlerspeicher abgefragt wird.
In gleicher Weise funktioniert das bei VEZ ab 8/88. Doch ist bei diesen Wagen keine Fehlerlampe mehr eingebaut. Der Speicher wird mittels LED-Spannungsprüfer abgefragt (Seite 261).

Zündzeitpunkt kontrollieren

Wartung Nr. 5

Der Zündzeitpunkt kann sich bei den elektronisch gesteuerten Zündanlagen des Audi eigentlich nur noch durch Verschleiß der Verteilerwelle verstellen. Trotzdem kontrolliert die Werkstatt im Rahmen des »ASU-Service« (zumindest bei Wagen ohne geregelten Kat) auch die Zündeinstellung.
Gebraucht wird eine Zündlichtpistole und ein Drehzahlmesser. Prüfbedingungen: Motor betriebswarm (Motoröltemperatur min. 80° C), Drosselklappe in Leerlaufstellung (kein Gas geben; Leerlaufschalter der Einspritzung ist gedrückt), der Klopfsensor bei Fahrzeugen mit VEZ muß in Ordnung sein.
● Beachten Sie die Vorsichtsmaßnahmen bei Arbeiten an der Zündung (Seite 195).
● Motor warmfahren und abschalten.
● Drehzahlmesser nach Gebrauchsanleitung anschließen.
● Stroboskoplampe anschließen und ihr Auslösekabel in das Zündkabel des 1. Zylinders (der in Fahrtrichtung vordere) schalten.
● Fahrzeuge mit TSZ: Unterdruckschlauch am Verteiler nach Angabe in der Tabelle auf der nächsten Seite abziehen bzw. aufgesteckt lassen.
● Motor starten und im Leerlauf drehen lassen.
● Leerlaufdrehzahl – sofern einstellbar – ggf. nachregulieren.
● Stroboskoplampe auf die **Schaulochkante** am Getriebegehäuse (links hinten im Motorraum) halten.
● Bei jedem Aufblitzen der Stroboskoplampe muß die **Kerbe** bzw. **die richtige Gradzahl** (je nach Ausführung) an der Kante des Schaulochs am Getriebegehäuse bzw. an der Markierungskante stehen (siehe Bilder Seite 203).
● Beim **Fünfzylindermotor NF** kann der richtige Zündzeitpunkt erst abgelesen werden, wenn zuvor eine Stecksicherung ca. 4 Sekunden lang in die Kontakte oben am Kraftstoffpumpenrelais eingesteckt wurde (Bild Seite 93).
● Neuere Wagen ohne Kontakte im Pumpenrelais: Die im Bild Seite 94 sichtbaren Kabel »C« und »D« anschließen und 4 Sekunden zusammenstecken.
● Stimmt die Einstellung nicht, Klemmschraube unten am Verteilerfuß lockern und den Verteiler ein kleines Stück nach rechts oder links um seine eigene Achse verdrehen, bis die Kerbe der Schwungscheibe

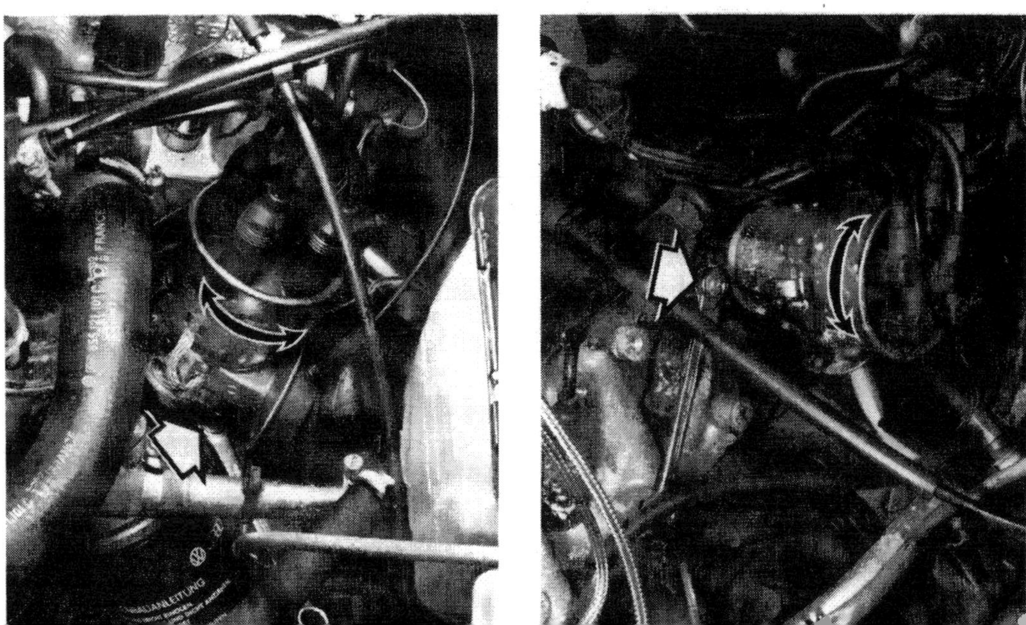

Zum Einstellen der Zündung kann der Verteiler nach Lösen der Haltemutter (weißer Pfeil) je nach Bedarf ein Stück um seine eigene Achse gedreht werden (schwarze Pfeile). Links sehen Sie den Vierzylinder, rechts den Fünfzylinder.

bzw. die richtige Gradzahl mit der Schaulochkante fluchtet.

● Verändert sich die Motordrehzahl während des Einstellens, muß nachreguliert werden (sofern möglich).

● Zum Schluß Klemmschraube festziehen, und Zündzeitpunkt nochmals nachprüfen.

Zündungs-Einstellwerte

Die Tabelle zeigt zur Zündeinstellung einen Prüf- und einen Einstellwert, was so zu verstehen ist: Bei der zeitsparenden Kontrolle richtet man sich nach der größeren Toleranz des Prüfwerts. Muß man ohnehin einstellen, soll das gründlich geschehen, und zwar möglichst genau auf den Einstellwert.

Motor	Kennbuchstaben	Zündzeitpunkt		Unterdruckschlauch am Verteiler	Marke für den Zündzeitpunkt
		Prüfwert	Einstellwert		
Vierzylinder Vergaser	DR, RS, SH, DS[1]	16–20° vor OT	18 ± 1° vor OT	aufgesteckt	Kerbe auf der Schwungscheibe
Vierzylinder Vergaser	DS[2]	12–14° vor OT	14 ± 1° vor OT	aufgesteckt	Kerbe nachträglich anbringen lassen
Vierzylinder Vergaser	JW	4–8° vor OT	6 ± 1° vor OT	abgezogen	Kerbe auf der Schwungscheibe
Vierzylinder Einspritzer	PH, 4B	4–8° vor OT	6 ± 1° vor OT	abgezogen und verschlossen	Kerbe auf der Schwungscheibe
Fünfzylinder Vergaser	WH	16–20° vor OT	18 ± 1° vor OT	aufgesteckt	Kerbe auf der Schwungscheibe
Fünfzylinder Einspritzer	KP[1], RT, WC[1], KU[1], SL mit Schaltgetriebe	16–20° vor OT	18 ± 1° vor OT	aufgesteckt	Kerbe bzw. Gradeinteilung auf der Schwungscheibe
Fünfzylinder Einspritzer	KP[2], WC[2], KU[2]	8–10° vor OT	10 ± 2° vor OT	KP, KU: aufgesteckt WC: abgezogen	Kerbe nachträglich anbringen lassen
Fünfzylinder Einspritzer	SL mit Automatikgetriebe, KZ, HX	4–8° vor OT	6 ± 1° vor OT	aufgesteckt	Kerbe bzw. Gradeinteilung auf der Schwungscheibe
Fünfzylinder Einspritzer	KF	1–5° nach OT	3 ± 1° nach OT	aufgesteckt	Kerbe auf der Schwungscheibe
Fünfzylinder Einspritzer	NF	13–17° vor OT	15 ± 1° vor OT	–	Gradeinteilung auf der Schwungscheibe

[1] Motoren für verbleiten Superkraftstoff (keine Umrüstung)
[2] Motoren umgerüstet für Verwendung von Eurosuper bleifrei bzw. mit Nachrüst-Kat

Der Hochspannungsteil

Zur Hochspannungsseite der Zündanlagen gehören neben Zündspule und Verteiler – von ihnen war bereits die Rede – die Zündkabel, Entstörstecker und natürlich die Zündkerzen.

Die Zündkabel

Die Verbindungskabel vom Verteiler zu den Zündkerzen bereiten normalerweise keine Probleme. Sie müssen mit ihren Entstörsteckern (zur Radio-Entstörung) fest in die Buchsen des Verteilerdeckels eingesteckt sein.

Kerzenstecker, Entstörstecker

○ Im Audi dürfen nicht beliebige Kerzenstecker verwendet werden. Die richtigen Stecker müssen einen Innenwiderstand von 4–6 kΩ haben.

○ Ähnliches gilt für die Entstörstecker der Zündkabel an den Anschlüssen des Verteilers und der Zündspule. Diese müssen 0,6–1,4 kΩ besitzen.

○ Der Verteilerfinger hat ebenfalls einen festgelegten Entstörwiderstand von 0,6–1,4 kΩ. Gekennzeichnet ist er mit dem Aufdruck »R1«.

Die Zündfolge

Für ausgewogenen Motorlauf werden die Zylinder nicht etwa in der Folge 1–2–3–4 gezündet, sondern gewissermaßen durcheinander. Entsprechend der Zündfolge sind die Zündkabel im Verteilerdeckel eingesteckt. Wenn der Verteilerfinger bei abgenommenem Verteiler- und Staubschutzdeckel auf die Kerbe im Gehäuserand zeigt, steht Zylinder 1 (der vorderste in Fahrtrichtung) auf Zündzeitpunkt. Das ist ein Anhaltspunkt beim Aufstecken der Zündkabel.

Die Zündfolge bei unseren Motoren lautet:

○ **Vierzylinder:** 1–3–4–2, der **Verteilerfinger** ist **rechtsdrehend** (im Uhrzeigersinn).

○ **Fünfzylinder:** 1–2–4–5–3, der Verteilerfinger ist **rechtsdrehend** (im Uhrzeigersinn).

Durch das Schauloch in der Kupplungsglocke des Getriebes erkennen Sie die Schwungscheibe (1) des Motors. Bei richtig eingestellter Zündung muß die Kerbe (Pfeil) auf der Schwungscheibe an dem Markierungspfeil bzw. der Markierungskante (2) »stehen«. Die Bilder links und Mitte zeigen Vier- und Fünfzylinder bis 12/87. Im Bild rechts ist das Schauloch im Getriebe ab 1/88 gezeigt, der Pfeil deutet auf die Markierungskante.

Zündkerzen kontrollieren

Wartung Nr. 3

Statt des regelmäßigen Zündkerzentausches, den Audi empfiehlt, raten wir zu einer Kontrolle nach etwa 15000 km bzw. nach einem Jahr. Je nach Zustand der Kerzen können Sie dann über deren Schicksal entscheiden: Wenn sie nach einer Überlandfahrt die richtige hellgraue bis bräunliche Färbung aufweisen (nach einer kurzen Stadtfahrt sind die Kerzen meist etwas rußig) und wenn die Elektroden nicht zu weit abgebrannt sind, besteht kein Grund, sie auszuwechseln. Von Hand sollten Sie die Zündkerzen möglichst nicht reinigen. Das schadet der Isolierschicht der Zündkerzen-Mittelelektrode (Speckstein). Nur eine wirklich sinnvolle Tätigkeit können Sie an der Kerze ausüben: Das Einstellen des Elektrodenabstands (siehe Tabelle). Zum Messen ein passendes Fühlerlehrenblatt oder eine Zündkerzenlehre zwischen Mittel- und jede der drei Stirnelektroden halten. Letztere gegebenenfalls etwas nachbiegen. Zuerst muß die Kerze aber ausgebaut werden.

Zündkerzen ausbauen

- Zündkerzenstecker von den Kontaktstiften der Kerzen ziehen. Nicht an den Kabeln zerren!
- Zündkerzen herausdrehen und der Zylinderreihenfolge nach ablegen, damit Rückschlüsse vom Kerzenzustand auf den betreffenden Zylinder gezogen werden können.
- Beim Einbau keine kalten Kerzen in den warmen Motor fest eindrehen, sie sitzen später wie eingenietet fest.
- Zündkerzen sollen mit 20 Nm festgezogen werden. Wenn kein Drehmomentschlüssel zur Hand ist:
- Kerze eindrehen, bis der Dichtring anliegt – sie läßt sich dann von Hand oder mit dem Kerzenschlüssel ohne Kraftanstrengung nicht mehr weiterdrehen.
- Jetzt mit dem Kerzenschlüssel **bei neuen Kerzen eine knappe Viertelumdrehung** weiter anziehen.
- **Bei gebrauchten Kerzen** wird der Kerzenschlüssel **nur etwa 15°** weitergedreht, das genügt.

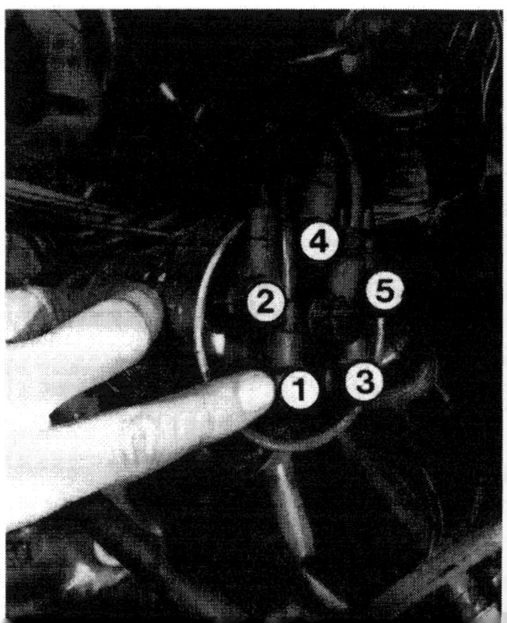

Der Zündfolge nach werden die Zündkabel des Verteilers mit den Zündkerzen verbunden. Die Zahlen zeigen, zu welchem Zylinder (Zählweise: von vorn nach hinten) das betreffende Kabel geführt werden muß.

Kerzen-bezeichnungen

Nach der Bezeichnung in der Tabelle unten kaufen Sie die richtigen Zündkerzen für Ihr Audi-Modell. Was verbirgt sich hinter den Zahlen und Buchstaben?

- Der **Gewindedurchmesser** beträgt 14 mm.
- Der **Wärmewert** sagt mit seiner Kennzahl (z. B. 6, 7 oder 8) wieviel Hitze die Zündkerze ertragen, d. h. ableiten kann, ohne selbst zu heiß zu werden. Leitet die Kerze zuviel Wärme ab, erreicht sie ihre Selbstreinigungs-Temperatur nicht, und die Elektroden setzen Ruß an.
- Das **Einschraubgewinde** muß 19 mm lang sein, das ist die größe handelsübliche Gewindelänge.
- Außerdem ist die **Funkenlage** der Zündkerze angegeben; d. h. ob der Funkenüberschlag nahe am Kerzengehäuse stattfindet oder ob die Elektroden weit in den Brennraum hineinragen.
- Nicht zuletzt geht aus der Kerzenbezeichnung hervor, daß es sich um eine **Longlife-Kerze** handelt.

Fingerzeig: Teilweise können an den vor 8/85 gebauten Motoren auch die Longlife-Kerzen verwendet werden (siehe Tabelle). Sie brauchen dann nicht so oft nach den Kerzen zu sehen, müssen aber den weit höheren Anschaffungspreis für die langlebigeren Kerzen hinblättern.

Zündkerzen für den Audi

Die folgende Tabelle zeigt die von Audi geprüften und empfohlenen Kerzen für die verschiedenen Motoren, die Sie am leichtesten durch die Motor-Kennbuchstaben (links vorn am Motorblock eingeschlagen) unterscheiden können. Motoren, die sowohl vor wie auch nach Umstellung auf das neue Wartungssystem gebaut wurden, sind mit ihren Normal- und Longlifekerzen getrennt behandelt.

Motor	Vierzylinder				
Leistung	1,8 l / 55 kW 1,8 l / 51 kW	1,8 l / 55 kW 1,8 l / 51 kW	1,8 l / 55 kW	1,8 l / 65 kW 1,8 l / 66 kW	1,8 l / 66 kW
Motor-Kennbuchstaben	DR / DRA[1]	DR / DRA[2,3]	RS[1]	SH[1]	DS[1]
Bosch-Zündkerze	W 8 DTC	W 7 DC	W 8 DTC	W 7 DTC	W 7 DTC
Beru-Zündkerze	14-8 DTU	W 7 DU	14-8 DTU	14-7 DTU	14-7 DTU
Champion-Zündkerze	N 9 BYC	N 7 YC	N 9 BYC	N 7 BYC	N 7 BYC
Elektroden-Abstand in mm	0,9–1,1	0,6–0,8	0,9–1,1	0,7–0,9	0,7–0,9
Motor	Vierzylinder				
Leistung	1,8 l / 66 kW	1,8 l / 65 kW	1,8 l / 65 kW	1,8 l / 66 kW	1,8 l / 66 kW
Motor-Kennbuchstaben	DS[2,3]	JW[1]	JW[2,3]	PH[1]	4B[1]
Bosch-Zündkerze	W 6 DO	W 7 DTC	W 6 DO	W 7 DTC	W 7 DTC
Beru-Zündkerze	14-6 DU	14-7 DTU	14-6 DU	14-7 DTU	14-7 DTU
Champion-Zündkerze	N 79 Y	N 7 BYC	N 79 Y	N 7 BYC	N 7 BYC
Elektroden-Abstand in mm	0,8–0,9	0,7–0,9	0,8–0,9	0,7–0,9	0,7–0,9

Motor	Fünfzylinder							
Leistung	1,9 l / 74 kW	2,0 l / 85 kW	2,0 l / 85 kW	2,0 l / 83 kW	2,0 l / 85 kW	2,14 l / 77 kW	2,14 l/100 kW	2,14 l/96 kW
Motor-Kennbuchstaben	WH[2]	KP[1]	KP[2]	SL[1]	RT[1]	WU[2]	WC[2]	KF[2]
Bosch-Zündkerze	W 6 DC	W 7 DTC	W 6 DO	W 7 DTC	W 7 DTC	WR 7 DS	W 6 DO	W 6 DC
Beru-Zündkerze	14-6 DU	14-7 DTU	14-6 DU	14-7 DTU	14-7 DTU	RS 35	14-6 DU	14-6 DU
Champion-Zündkerze	N 7 YC	N 7 BYC	N 79 Y	N 7 BYC	N 7 BYC	N 8 Gy	N 79 Y	N 7 YC
Elektroden-Abstand in mm	0,6–0,8	0,7–0,9	0,7–0,9	0,7–0,9	0,7–0,9	0,7–0,9	0,8–0,9	0,8–0,9

Motor	Fünfzylinder						
Leistung	2,23 l / 85 kW	2,23 l / 85 kW	2,23 l / 101 kW	2,23 l / 101 kW	2,23 l / 101 kW	2,23 l / 101 kW	2,3 l / 100 kW
Motor-Kennbuchstaben	KZ[1]	KZ[2]	KU[1]	KU[2]	HX[1]	HX[2]	NF[1]
Bosch-Zündkerze	W 7 DTC	W 7 DC	W 6 DTC	W 6 DC	W 6 DTC	W 6 DC	W 7 DTC
Beru-Zündkerze	14-7 DTU	14-7 DU	14-6 DTU	14-6 DU	14-6 DTU	14-6 DU	14-7 DTU
Champion-Zündkerze	N 9 BYC	N 9 YC	N 7 BYC	N 7 YC	N 7 BYC	N 7 YC	N 7 BYC
Elektroden-Abstand in mm	0,7–0,9	0,7–0,8	0,7–0,9	0,7–0,9	0,7–0,9	0,7–0,9	0,9

1) 30000er-Wartungsintervall (Fahrzeuge ab 8/85)
2) 15000er-Wartungsintervall (Fahrzeuge bis 7/85)
3) Die Verwendung der unter 1) genannten Longlife-Kerzen ist zulässig

Bei Licht betrachtet

Nacht, Nebel und schlechte Witterungsverhältnisse machen gutes Licht unentbehrlich. Einerseits, damit Sie sehen, wohin Sie fahren und andererseits, damit andere Verkehrsteilnehmer Ihren Wagen rechtzeitig erkennen.

Beleuchtung kontrollieren

Ständige Kontrolle

- Zündung einschalten und nacheinander sämtliche Beleuchtungseinrichtungen einschalten:
- Standlicht, Abblendlicht, evtl. eingebaute Nebelscheinwerfer, Fernlicht.
- Blinker vorn rechts und links sowie Warnblinker.
- Rücklichter und Kennzeichenleuchten und Nebelschlußleuchte(n).
- Blinker hinten rechts und links, Warnblinker, Rückfahrleuchten.
- Bremslicht, wozu allerdings ein Helfer nötig ist.

Scheinwerferlampen auswechseln

Alle Glühlampen in den Scheinwerfern werden vom Motorraum her ausgebaut. Nach dem Auswechseln einer Scheinwerfer-Glühlampe (nicht der Standlichtbirne) sollte die Einstellung des betreffenden Scheinwerfers kontrolliert werden, siehe folgende Seite.

Hauptscheinwerferlampe

- Zum Lampenwechsel an der linken Fahrzeugseite beim Fünfzylinder die obere Kühlerverkleidung abbauen.
- Scheinwerfer-Abdeckkappe im Motorraum linksdrehen und abnehmen.
- Dreifachstecker abziehen.
- Federbügel der Lampenhalterung zusammendrücken und nach hinten klappen.
- Scheinwerferbirne herausziehen.
- Die neue Glühlampe muß so eingesetzt werden, daß ihre drei Stecker-Kontaktzungen ein nach unten offenes U bilden.

Standlichtlampe

- Zum Lampenwechsel an der linken Fahrzeugseite beim Fünfzylinder die obere Kühlerverkleidung abbauen.
- Scheinwerfer-Abdeckkappe im Motorraum linksdrehen und abnehmen.
- Fassung der Standlichtlampe nach hinten aus dem Reflektor ziehen.
- Röhrenlampe leicht in die Fassung drücken, linksdrehen und herausziehen.
- Neues Lämpchen in die Fassung einsetzen und Fassung bis zum Anschlag in den Reflektor schieben.

Nebelscheinwerferlampe

- Zwei Halteklammern am Abdeckrahmen der Nebelleuchte aushängen (siehe Bild auf der folgenden Seite) und Rahmen nach vorn herausziehen.
- Die beiden zentralen Kreuzschlitzschrauben herausdrehen und Leuchteinsatz herausnehmen.

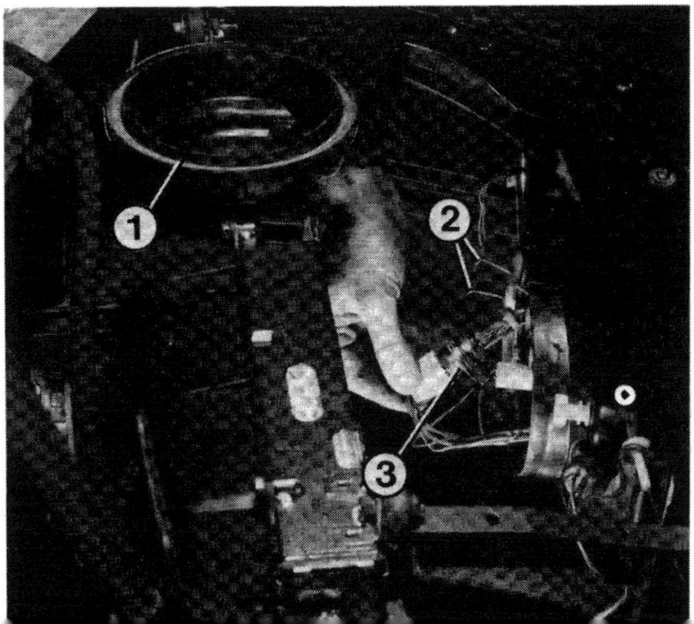

Ausbau der Hauptscheinwerferlampe (3) nach Abnehmen der Scheinwerfer-Abdeckkappe (1) und Lösen des Federbügels (2).

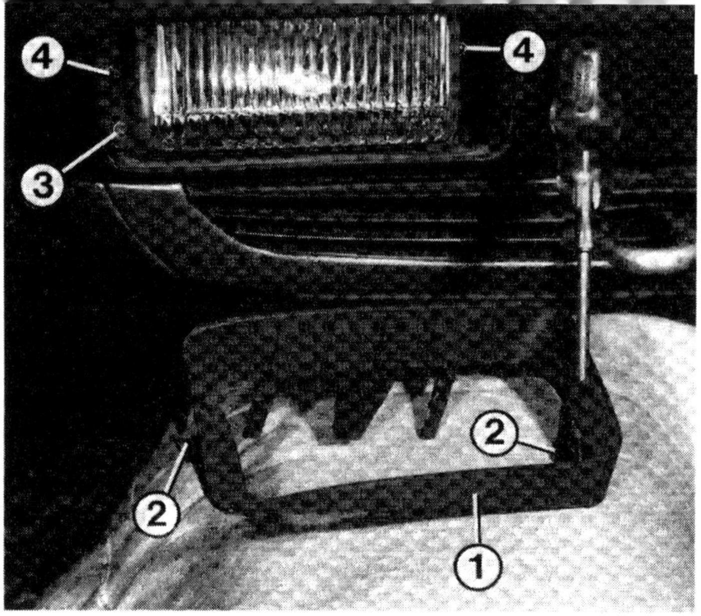

Zum Ausbau des Abdeckrahmens (1) an den Nebelscheinwerfern einen Schraubenzieher in die seitlichen Bohrungen des Rahmens stekken und damit die Halteklammern (2) aushängen. Jetzt sind zugänglich die Befestigungsschrauben (4) und die Einstellschraube (3).

- Federbügel der Lampenhalterung zusammendrücken und hochklappen.
- Scheinwerferlampe herausziehen.
- Beim Einsetzen der neuen Glühbirne muß der Lampensockel genau in die Aussparung im Reflektor passen – die abgeschrägte Stelle der Birnensockelplatte zeigt seitlich nach links unten.

Scheinwerfer ausbauen

- Kühlergrill ausbauen (Seite 245).
- Gummileiste und mittlere Zierblende auf dem Stoßfänger ausbauen (siehe Seite 244).
- Nur Fünfzylinder: Am linken Scheinwerfer die obere Kühlerverkleidung abschrauben.
- Hinten am Scheinwerfer Abdeckung losdrehen, Mehrfachstecker und Standlichtfassung abziehen.
- Kabelstrang samt Tülle durch die Öffnung am Scheinwerfergehäuse ziehen.
- Blinkleuchtengehäuse ausbauen (Seite 208).
- Hebel der Scheinwerfer-Leuchtweitenregulierung über den oberen Anschlagpunkt hinausdrehen und Betätigungsstange nach hinten aus dem Hebel drükken.
- Zwei Halteschrauben oben im Frontblech herausdrehen; zwei weitere unterhalb des Scheinwerfers.
- Scheinwerfer nach vorn herausnehmen.

Scheinwerfer zerlegen

Wenn ein Scheinwerferglas beschädigt oder der Reflektor matt geworden ist, braucht nicht gleich der komplette Scheinwerfer ersetzt zu werden. Beide Teile können unter Angabe des Herstellers (Hella oder Bosch) als Ersatzteil gekauft werden. Zum Einbau müssen Sie den ausgebauten Scheinwerfer zerlegen:

- 8 Halteklammern rund um das Scheinwerferglas abhebeln.
- Streuscheibe und Abdichtgummi abnehmen.
- Verchromte Zierblende rund um den Reflektor vorsichtig abhebeln und herausziehen.
- Beide Einstellschrauben so lange linksdrehen, bis der Reflektor von Hand angehoben werden kann.
- Kreuzschlitzschraube am Festlagerpunkt herausdrehen.
- Nach Zusammenbau Scheinwerfer einstellen.

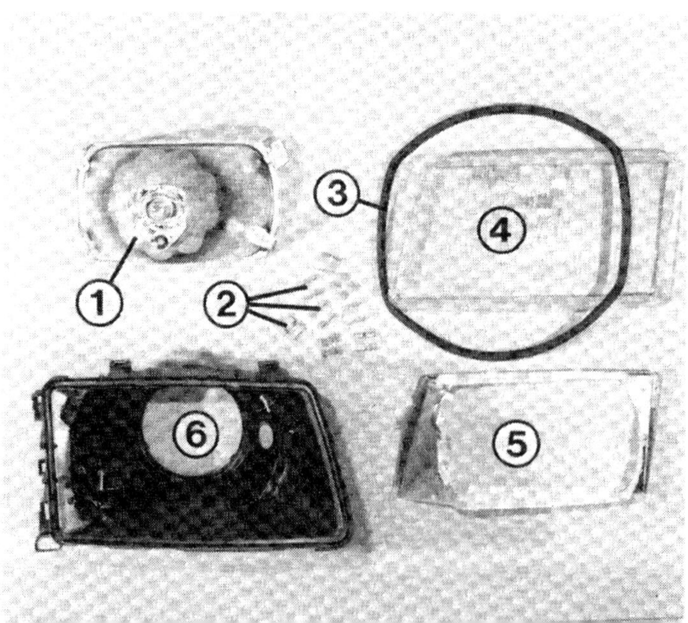

Der Hauptscheinwerfer ist hier in seine Bestandteile zerlegt: 1 – Reflektor mit Fassung; 2 – Halteklammern; 3 – Abdichtgummi; 4 – Streuscheibe; 5 – Zierblende; 6 – Scheinwerfergehäuse.

Das Blinkergehäuse (5) wird vom Scheinwerfer (2) nach Niederdrücken der Haltezunge (4) getrennt. Blinkergehäuse nach vorn aus den Führungen (3) schieben. Die Pfeile deuten auf die Befestigungen des Scheinwerfergehäuses. Ferner zu sehen: die hintere Scheinwerfer-Abdeckkappe (1).

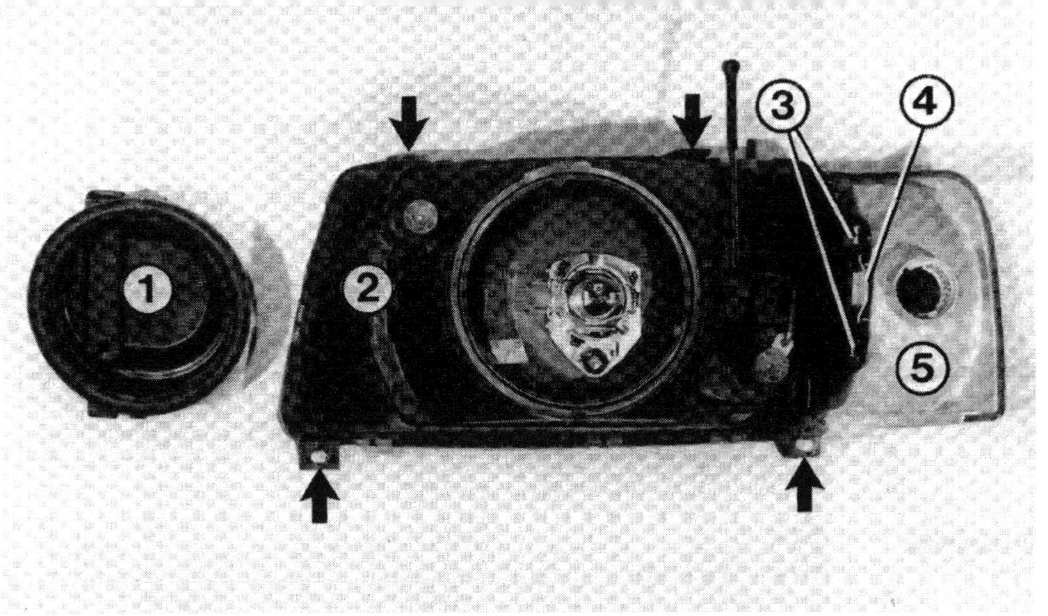

Fingerzeig: Scheinwerferstreuscheiben und -reflektoren brauchen nicht unbedingt im V.A.G.-Ersatzteillager gekauft zu werden. Der Zubehörhandel bezieht sie direkt vom Hersteller (Bosch oder Hella).

Scheinwerfereinstellung kontrollieren

Wartung Nr. 36

Von selbst wird sich ein Scheinwerfer kaum verstellen. Unbedingt erforderlich ist ein Justieren jedoch, wenn bei einem Unfall die Wagenfront in Mitleidenschaft gezogen wurde oder nach dem Einsetzen neuer Federungsteile. So wird eingestellt:

- Wurde nur einer der Scheinwerfer beschädigt oder ausgewechselt, genügt es fürs erste, wenn Sie in einigem Abstand vor eine helle Wand fahren, das Licht einschalten und dann die Höhe des Lichtstrahls am neu bestückten Scheinwerfer dem Strahl des unveränderten Scheinwerfers angleichen.
- Wurden die Scheinwerfer gerade mit einem Werkstattgerät neu eingestellt, können Sie die Höhe der Lichtpunkte beispielsweise an der Garagenwand markieren. Wichtig ist natürlich auch der Abstand, in dem der Audi zur Wand steht. Also anzeichnen. Mit Hilfe dieser Markierung kann dann, wann immer nötig, die Scheinwerfereinstellung am Audi in Eigenregie kontrolliert werden.
- Lichtstrahl der Nebelscheinwerfer einstellen: Im Bild auf der Vorseite oben am Scheinwerfer gezeigt.
- Bei fünf Meter Abstand vor der Einstellwand müssen die breit gestreuten Scheinwerferstrahlen 100 mm unterhalb des jeweiligen Scheinwerfermittelpunkts liegen.

Wo sitzen die Einstellschrauben?

- Um beim Fünfzylinder an die Einstellschrauben des linken Scheinwerfers heranzukommen, zuerst die Kühlerverkleidung oben abbauen.
- Die Einstellschrauben sitzen an der Scheinwerfer-Rückseite.
- Die zur Fahrzeug-Außenseite hin sitzende Einstellschraube dient der Höhenverstellung (hier ist auch die Betätigung der Leuchtweitenregulierung eingehängt), die an der Innenseite sitzende dient der Höhenverstellung.

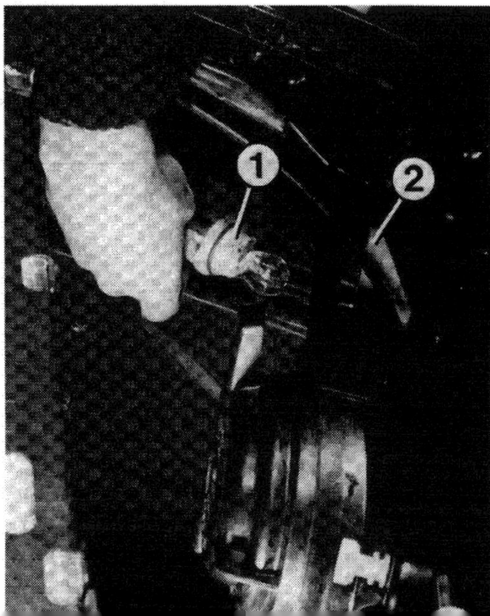

Im Bild links sehen Sie die Scheinwerfer-Einstellschrauben im Motorraum. H = Höheneinstellung, S = Seiteneinstellung. Rechts wird die Blinkleuchtenfassung (1) aus dem Blinkleuchtengehäuse (2) ausgebaut.

Lampenwechsel Blinkleuchten vorn

- Zum Lampenwechsel an der linken Fahrzeugseite beim Fünfzylinder die obere Kühlerverkleidung abbauen.
- Lampenfassung etwas linksdrehen und nach hinten herausziehen.
- Glühlampe ein wenig in die Fassung drücken, nach links drehen und herausziehen.
- Zum Einbau Fassung in das Blinkergehäuse drükken und bis zum Anschlag rechtsdrehen.

Blinkergehäuse vorn ausbauen

- Lampenfassung ausbauen (siehe vorherigen Abschnitt).
- Haltezunge an der zum Scheinwerfer gewandten Seite des Blinkers zur Seite drücken.
- Blinkleuchtengehäuse nach vorn herausschieben.
- Zum Einbau des Blinkergehäuses die Haltezungen sorgfältig in die Führungen am Scheinwerfergehäuse einschieben.
- Die Haltezunge muß am Scheinwerfergehäuse einrasten.

Heckleuchten

Die Glühlampen der Heckleuchten erreichen Sie bei geöffnetem Kofferraum:

- **Heckleuchte außen:** Beim Avant die jeweilige Kofferraum-Seitenverkleidung abbauen und Notrad bzw. Verbandskasten und Warndreieck herausnehmen.
- Beide Haltelaschen der Lampenfassung zur Mitte der Fassung hin zusammendrücken.
- Lampenfassung herausziehen.
- **Leuchten im Kofferraumdeckel:** Wo vorhanden, zuerst Abdeckkappe abnehmen.
- Dazu bei der Limousine einen Schraubenzieher zwischen Abdeckkappe und Blech stecken und Kappe abhebeln. Beim Avant die Abdeckung aus der Verankerung an der Seite der Heckklappe ziehen.
- Lampenfassung etwa 30° linksdrehen und herausziehen.
- Das Auswechseln der Glühbirnen geschieht in allen Fällen gleich – Lampe ein wenig in ihre Fassung drücken, nach links drehen und herausziehen.
- Beim Einsetzen der Zweifadenlampe für die Brems-/Schlußleuchte beachten, daß deren seitliche Haltezapfen unterschiedlich hoch angesetzt sind. Dadurch kann die Lampe nur in einer bestimmten Stellung ohne Gewalt in die Fassung eingesetzt werden.

Heckleuchtengehäuse ausbauen

- **Heckleuchte außen:** Lampenfassung ausbauen (siehe vorhergehenden Abschnitt).
- Vier SW-8-Muttern vom Kofferraum her losdrehen.
- Leuchtengehäuse von außen abziehen. Klebt das Gehäuse aufgrund der zwischengelegten Dichtschnur noch stark an der Karosserie, muß es mit einem lappenumwickelten Schraubenzieher vom Blech abgehebelt werden.
- **Leuchten am Kofferraumdeckel:** Lampenfassung(en) ausbauen (siehe vorigen Abschnitt).
- Zwei SW-8-Muttern von der Klappen-Innenseite her losdrehen.
- Auch hier kann die Heckleuchte durch die zwischengelegte Dichtschnur festgeklebt sein – abhebeln.
- Zum Einbau neue Dichtschnur verwenden.

Kennzeichenleuchten

- Beide Kreuzschlitzschrauben des Deckglases in der hinteren Klappe herausdrehen.
- Deckglas abnehmen und darunter sitzenden Lampenträger herausnehmen.
- Glühbirne durch leichten Druck und Linksdrehung abnehmen.
- Beachten Sie beim Einbau, daß der längere Teil der Abschirmung im Deckglas nach hinten zeigt.

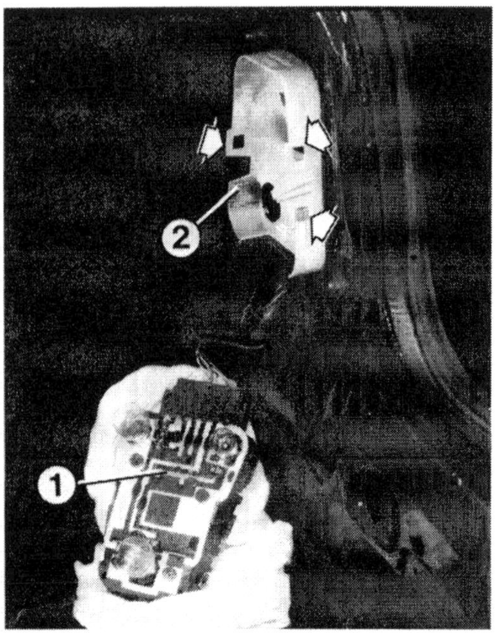

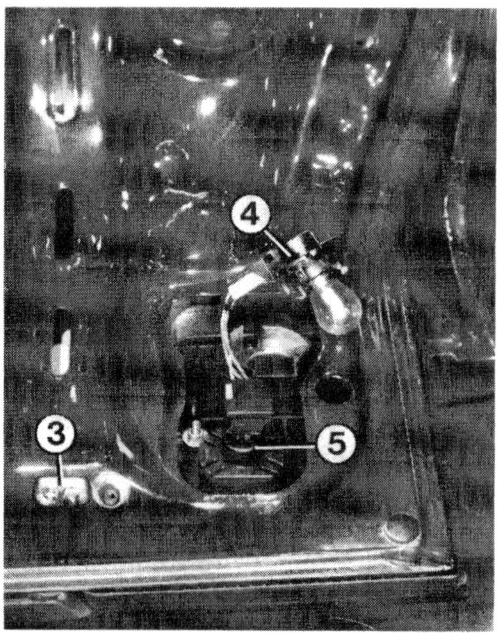

Bild links: Vom Kofferraum aus läßt sich die Lampenfassung (1) der Heckleuchten außen aus dem Lampengehäuse (2) ausbauen. Beim Einbau darauf achten, daß die Haken an den Haltelaschen der Fassung richtig in die Durchbrüche (Pfeile) im Gehäuse einrasten. Bild rechts: Hier ist die Fassung der Rückfahrleuchte (4) aus dem Lampengehäuse am Kofferraumdeckel ausgebaut. Noch eingebaut ist die Fassung der Nebelschlußleuchte (5). Ferner zu sehen der Kontaktschalter (3) der Kofferraumbeleuchtung.

Nach Lösen von zwei Kreuzschlitzschrauben (3) kann das Deckglas (1) der Kennzeichenleuchten abgenommen und der Lampenträger (2) herausgezogen werden.

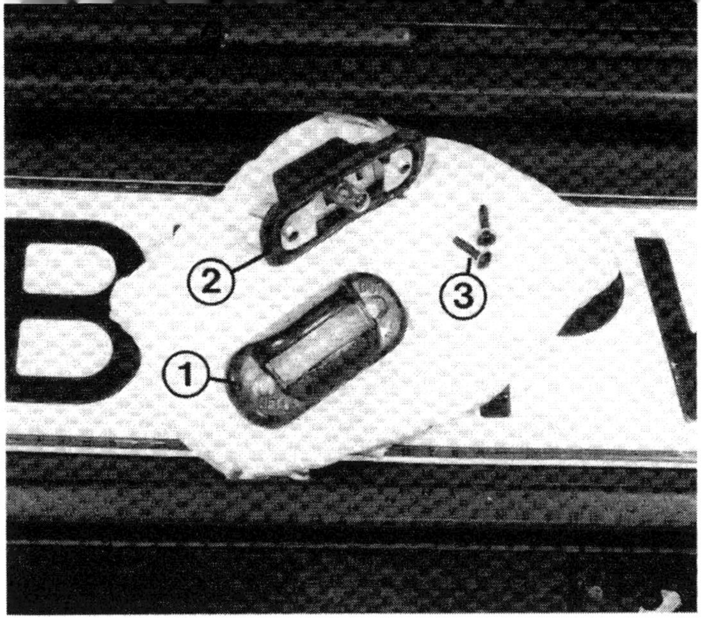

Innenleuchte

Die Soffittenlampe (10 Watt, 41 mm lang, DIN-Form K) muß bei geöffneten Türen und entsprechender Schalterstellung brennen. Sie erhält dauernd Strom. Zum Ausbau der Innenleuchte brauchen Sie kräftige Fingernägel, einen breitflächigen Schraubenzieher oder einen flachen Löffelstiel.

● Massekabel der Batterie abklemmen oder Sicherung der Innenleuchte herausnehmen, sonst Kurzschlußgefahr.

● Lampengehäuse an der Seite, die dem Schalter gegenüberliegt, aus dem Dachausschnitt hebeln.

● Teilweise vorhandene Metallzunge dazu niederdrücken.

● Soffittenlampe aus ihren Haltezungen aushängen.

● Beim Einbau die Schalterseite zuerst in den Dachausschnitt einstecken.

Störungen am Türkontaktschalter

Brennt die Innenleuchte in der entsprechenden Schalterstellung bei geöffneter Tür nicht, gerät der betreffende Türkontaktschalter in Verdacht. Er stellt die Masseverbindung zu der ständig unter Strom stehenden Innenleuchte her und schließt damit den Stromkreis – die Lampe kann brennen. Störungen am Schalter können sich ergeben, wenn

○ der Druckstift des Schalters in der Führung klemmt oder verbogen ist. Reinigen, zurechtbiegen oder am besten gleich einen neuen Schalter besorgen;

○ der Kabelstecker vom Schalter abgefallen ist. Stecker zum besseren Halt etwas zusammenbiegen;

○ die Kontaktfläche des Schalters oder der Steckeranschluß oxidiert ist. Oxidschicht wegkratzen mit Schleifpapier oder einem scharfkantigen Schraubenzieher.

Der Türkontaktschalter selbst ist nur mit einer Kreuzschlitzschraube an den Türpfosten angeschraubt. Zum Ausbau Schraube herausdrehen und Schalter herausziehen.

Innenleuchte mit Abschaltverzögerung

Bei dieser Sonderausstattung wird das Innenlicht durch ein Steuergerät am Relaisträger (Seite 230) beeinflußt:

○ Nach Schließen der Tür brennt die Leuchte noch etwa 30 Sekunden. Es sei denn, zuvor wurde die Zündung eingeschaltet oder die Zentralverriegelung betätigt.

○ Bleibt die Tür länger als vier Sekunden geöffnet, wird die Innenleuchte abgeschaltet.

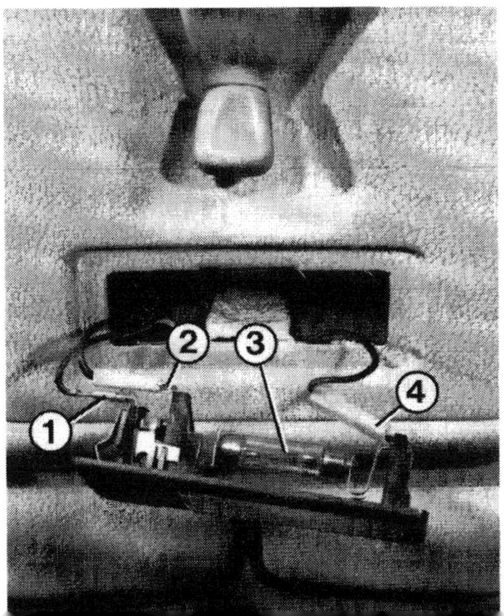

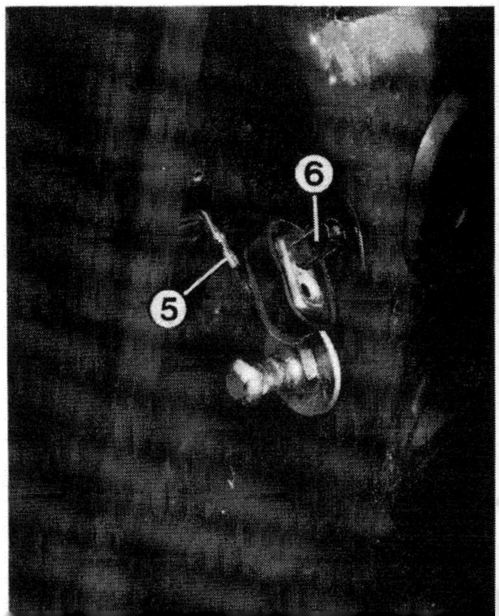

Links die Innenleuchte, hier die ältere Ausführung bei einem Wagen mit Schiebedach: 1 – Massekabel von den Türkontaktschaltern ; 2 – ständige Masseverbindung; 3 – Soffittenlampe; 4 – Pluskabel. Rechts: Der Türkontaktschalter (6) ist hier ausgebaut, um die Anschlußleitung (5) zu kontrollieren. Bei der neueren Ausführung muß zum Lösen der Halteschraube die Gummimanschette abgenommen werden.

Leseleuchte

● Haltegriff nach unten ziehen und zwei Kreuzschlitzschrauben herausdrehen.
● Mit einem Schraubenzieher die Kunststoffabdekkung vom Kleiderhaken abdrücken und die darunter-sitzende Kreuzschlitzschraube herausdrehen.
● Haltegriff und Leuchte abnehmen.
● Glühlampe (5 Watt) auswechseln.

Kofferraumleuchte

Die Kofferraumleuchte (Soffittenlampe 5 Watt, 36 mm lang) sitzt bei der Limousine etwas versteckt im Querblech unter der Heckscheibe.
● Kofferraumdeckel bzw. Heckklappe öffnen.
● Einen Schraubenzieher in die Aussparung seitlich am Lampengehäuse stecken, und die Leuchte vorsichtig heraushebeln.
● Nach Auswechseln der Glühlampe das Lampengehäuse – die Kabelseite zuerst – wieder einsetzen.

Leuchten am Armaturenbrett

Instrumentenbeleuchtung

An dieser Stelle ist lediglich die Beleuchtung der Anzeigeinstrumente behandelt. Die ebenfalls im Armaturenbrett sitzenden Kontrolleuchten finden Sie auf Seite 216 beschrieben.
Ausbau der Instrumentenbeleuchtung:
● Kombiinstrument ausbauen (Seite 216).
● **Bis 12/87:** Zwei Lampenfassungen oben am Kombiinstrument (Bild unten links) linksdrehen und herausziehen.
● Die eingesteckten Glassockellämpchen (3 Watt) auswechseln, Fassung wieder ins Kombiinstrument einsetzen und bis zum Anschlag rechtsdrehen. Darauf achten, daß die Leiterfolie nicht verdreht wird.
● **Ab 1/88:** Die Glassockellämpchen 1,2 Watt werden zusammen mit ihren Fassungen ausgewechselt.
● Zum Ausbau Fassung linksdrehen und abziehen.

Heizhebelbeleuchtung bis 12/87

Die Beleuchtung der Heizhebel erfolgt zentral von einer Lampe rechts in der Heizhebelkonsole. Etwas weiter entfernt sitzende Bedienungselemente der Heizung werden über einen Lichtleiter angestrahlt. Das Auswechseln der Glassockellampe (3 Watt) ist recht arbeitsintensiv.
● Radio ausbauen (Seite 235).
● Mit schlanker Hand nach der Lampenfassung rechts oben greifen.
● Fassung ½ Umdrehung linksdrehen und herausziehen.
● Lämpchen wechseln, Fassung wieder einsetzen.

Heizhebel-Beleuchtung ab 1/88

● Alle Drehknöpfe der Heizungs-/Lüftungsbetätigung nach hinten abziehen.
● Die beiden jetzt zugänglichen Kreuzschlitzschrauben herausdrehen.
● Blende abnehmen, große Glassockellampe (3 Watt) auswechseln.

Anzünderbeleuchtung bis 12/87

● Ascher herausnehmen und versuchen, mit gelenkiger Hand die unterhalb des Anzünders sitzende Lampenfassung zu erreichen.
● Oder: Radio ausbauen (Seite 235) und durch den Radioschacht nach der Lampenfassung unterhalb des Anzünders greifen.
● Fassung in Fahrtrichtung herausziehen, Glassockellämpchen (1,2 Watt) auswechseln und Fassung wieder einstecken.

Anzünderbeleuchtung vorn ab 1/88

● Linke Seitenverkleidung der Mittelkonsole abschrauben (eine Schraube oberhalb des Gaspedals; Bild Seite 257).
● Von hinten die Fassung ertasten, diese aus der Führung ziehen und Glassockellämpchen 1,2 Watt auswechseln.

Anzünderbeleuchtung hinten ab 1/88

● Hinteren Teil der Mittelkonsole lösen und etwas hochheben (Seite 257).
● Fassung am Anzünder herausziehen und 1,2-Watt-Glassockellämpchen auswechseln.

Ascherbeleuchtung bis 12/87

● Ascher herausheben.
● Lampenfassung nach rechts herausziehen.
● Glassockellämpchen (1,2 Watt) auswechseln.
● Fassung von rechts einschieben.

Ascherbeleuchtung vorn ab 1/88

● Heizhebelblende ausbauen (siehe oben).
● Jetzt zugänglich: Zwei Kreuzschlitzschrauben rechts und links oberhalb des Aschers herausdrehen.
● Ascher abnehmen, die Lampenfassung mit rot eingefärbter 1,2-Watt-Glassockellampe ist von hinten ins Aschergehäuse eingesteckt.

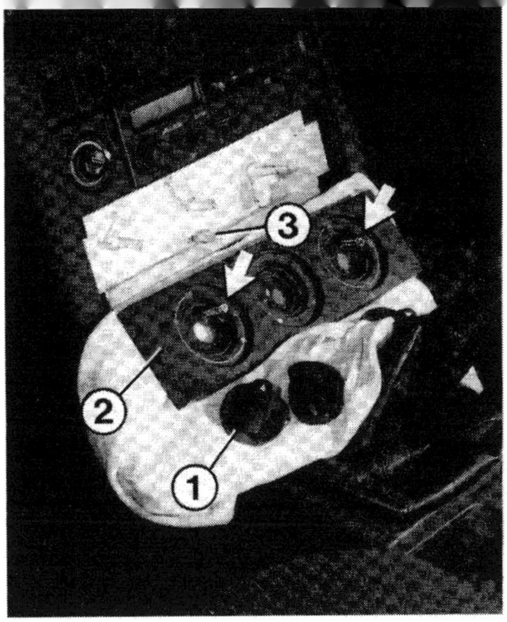

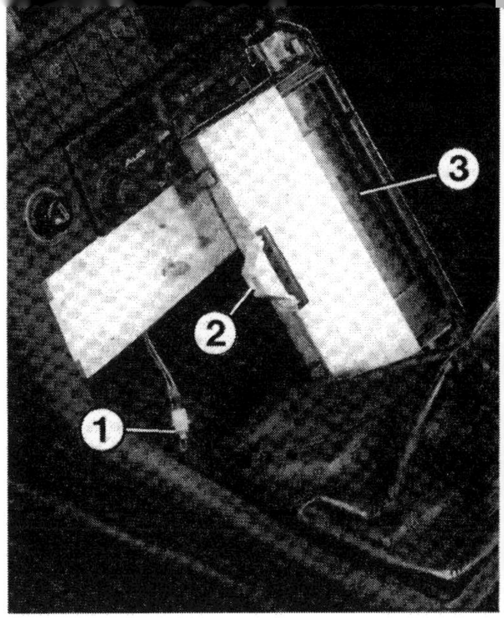

Armaturenbrett ab 1/88:
Links: Nach Abziehen der Drehknöpfe (1) und Lösen der Halteschrauben (Pfeile) kann die Blende (2) zum Auswechseln des Glassockellämpchens (3) abgenommen werden.
Rechts: Bei ausgebautem Ascher (3) kann die Lampenfassung (1) aus der Halterung (2) gezogen werden.

Handschuhfach-Leuchte bis 12/87

Bei eingeschaltetem Stand- oder Fahrlicht brennt die Lampe der Handschuhfachbeleuchtung. Zum Auswechseln des Birnchens (2 Watt)

- Handschuhkasten öffnen.
- Lampenfassung hinter dem Schloßteil aus seiner Führung ziehen.
- Lämpchen in der Fassung niederdrücken und linksdrehen.
- Neues Lämpchen einsetzen und Fassung von links in die Führung schieben.

Handschuhfach-Leuchte ab 1/88

Die Handschuhfachbeleuchtung ist mit dem Kontaktschalter in einem Gehäuse kombiniert. Strom erhält sie nur bei eingeschaltetem Stand- oder Fahrlicht.

- An der Rückseite das 4-Watt-Glühlämpchen linksdrehen (man muß umdenken: die Lampe zeigt nach vorn) und nach oben herausziehen (Bajonettverschluß).
- Zum Ausbau der ganzen Fassung mit Schalter die Stecker abziehen und Fassung zum Innenraum hin aus der Halterung drücken.

Fahrstufen-Anzeige

Zur Anzeige der Fahrstufen am Wählhebel der Getriebeautomatik dient eine Glassockellampe (1,2 Watt).

- **Bis 12/87:** Abdeckung unten am Wählhebel abziehen, ggf. mit einem Schraubenzieher leicht anheben, und zur Seite drehen.
- Unten am Wählhebel die Lampenfassung aus ihrem Halter ziehen.
- Glassockellampe aus der Fassung herausnehmen.
- **Ab 1/88:** Zum Auswechseln des Lämpchens Mittelkonsole ausbauen (Seite 257).

Die Beleuchtung des Kombiinstruments bis 12/87 erfolgt durch zwei große Glassockellämpchen (1). Zum Vergleich wurde hier ein Glassockellämpchen einer Kontrolleuchte (2) danebengelegt. Wo die hier herausgenommene Lampe der Instrumentenbeleuchtung in eingebautem Zustand sitzt, zeigt der Pfeil.

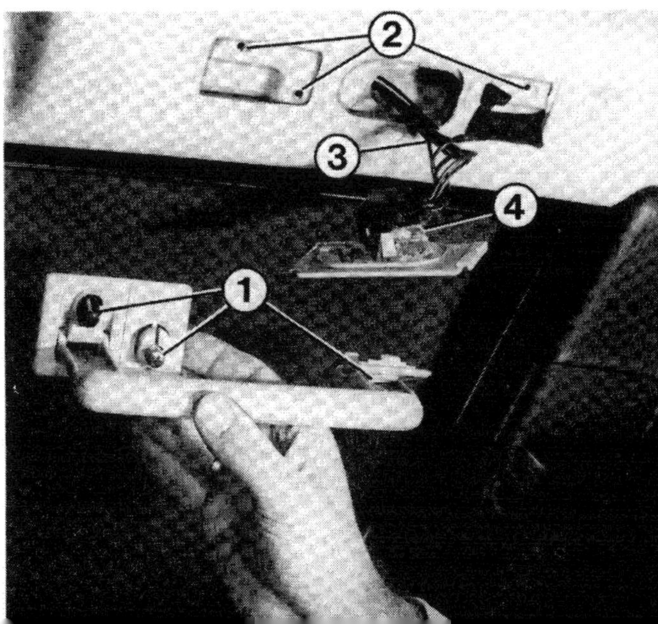

Auswechseln des Lämpchens (4) der Leseleuchte: Drei Halteschrauben (1) aus den Bohrungen (2) am Wagendach herausdrehen. Lampeneinsatz mit angeschlossenen Kabeln (3) herausziehen.

Kontaktpflege

Die Verständigung von Auto zu Auto kann nur durch Signaleinrichtungen wie Bremslicht, Blinker und Hupe geschehen. Wer sein Auto stets kommunikationsbereit hält, kann seine Fahrabsichten rechtzeitig kundtun und fährt damit sicherer.

Blink- und Warnblinkanlage prüfen

Ständige Kontrolle

Die Warnblinkanlage muß ständig funktionieren, deshalb wird ihr Schalter direkt von Batterie-Plus über eine Sicherung versorgt. Die Richtungsblinker erhalten dagegen nur bei eingeschalteter Zündung Strom von Klemme 15.

- Drücken Sie bei ausgeschalteter Zündung den kurzen Schalterhebel rechts am Lenkrad nach oben:
- Alle vier Blinkleuchten und die Warnblink-Kontrolleuchte im Kombiinstrument leuchten in gleichem Rhythmus auf.
- Wenn Sie die Zündung jetzt einschalten, blinkt zusätzlich die grüne Blinkerkontrolle im Gegentakt mit. Den Grund für den Gegentakt erfahren Sie auf Seite 226.
- Warnblinker ausschalten, Zündung eingeschaltet lassen.
- Bei gedrücktem Blinkerhebel müssen eine Blinkerseite und im Gegentakt die grüne Kontrolleuchte regelmäßig aufleuchten.

Blinker-Störungen

○ Blitzt bei eingeschalteten Richtungsblinkern die grüne Kontrolleuchte nur kurz auf, ist eine Glühlampe ausgefallen. Beim Warnblinken macht sich der Lampenausfall im Blinkerrhythmus nicht bemerkbar. Lampenwechsel siehe Seite 208.

○ Brennen bei eingeschalteten Richtungs- oder Warnblinkern die Leuchten dauernd, ist das Blinkrelais defekt, siehe unten.

○ Leuchtet nur die Kontrollampe, aber bleiben die orangefarbenen Leuchten am Wagen dunkel, liegt es ebenfalls am Blinkrelais.

○ Leuchten die Blinker mal in langsamer Folge, mal schnell und sind alle Steckverbindungen einschließlich der Massekabel zu den Leuchten in Ordnung, muß das Relais erneuert werden.

○ Funktioniert nur Warnblinken ohne Richtungsblinken oder umgekehrt, fehlt es an der Spannungsversorgung durch die betreffende Sicherung (siehe Tabellen Seite 164) oder am Schalter (Ausbau siehe Seite 227).

Blinkrelais ausbauen

Das Blinkrelais sitzt beim Audi nicht in der Zentralelektrik, sondern ist mit einer Blechklammer an der Lenksäulenbefestigung bzw. oberhalb des Kombiinstruments befestigt. Hier der Ausbau:

Bild links: Bei ausgebautem Kombiinstrument (Version bis 12/87) schauen wir hier in die Einbauöffnung im Armaturenbrett. Das Blinkrelais (1) ist im Bild zur besseren Darstellung auf einem Lappen abgelegt. In eingebautem Zustand ist es dagegen mit seiner Halteklammer (2) an der Lenksäulenbefestigung angeklemmt. Zum Ausbau müssen Sie sich mit der Hand ein Stück nach unten tasten. Der weiße Pfeil zeigt die etwaige Richtung.
Bild rechts: Gleiche Perspektive beim Armaturenbrett ab 1/88: Das Relais (2) sitzt hier in der Halteklammer (1).

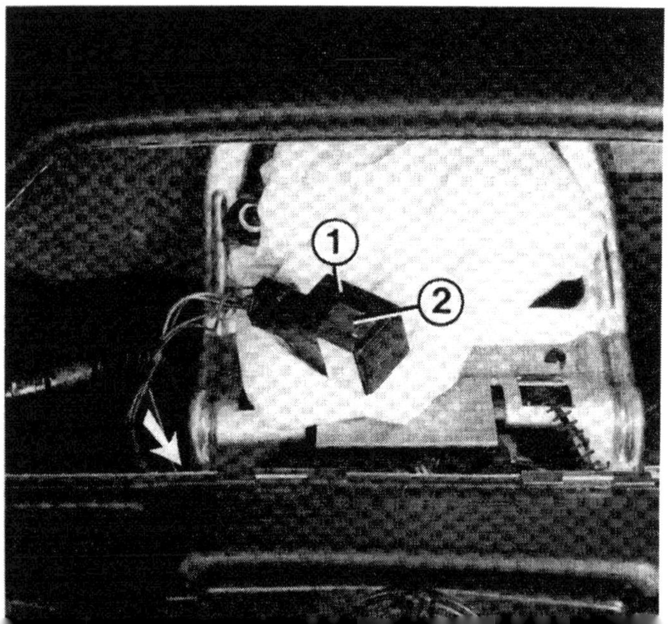

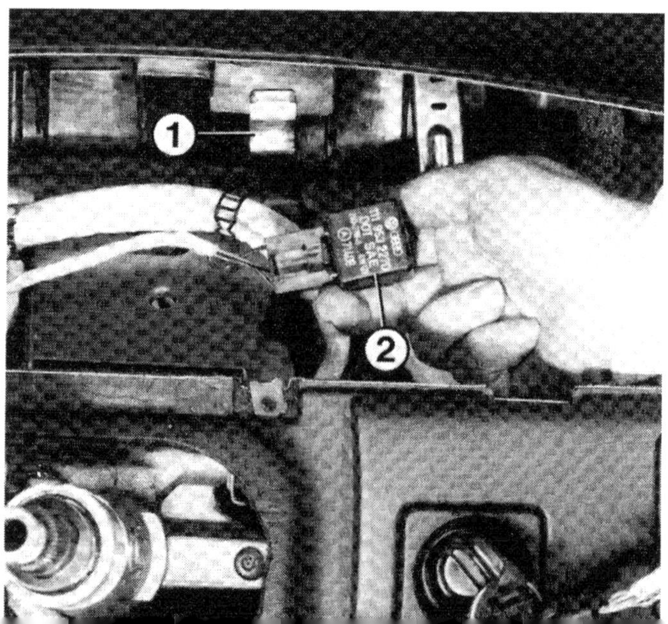

● Kombiinstrument ausbauen (siehe Seite 215).
● **Bis 12/87:** Mit der Hand links an der Lenksäulenbefestigung entlangtasten; Relais mit angeschlossenen Kabeln abziehen.
● **Ab 1/88:** Das Blinkrelais ist oben in der Einbauöffnung für das Kombiinstrument am Armaturenbrett befestigt.
● Als Halterung dient auch hier eine Blechklammer.

Defektes Blinkrelais kurzschließen

Mit einem ausgefallenen Blinkrelais ist die Weiterfahrt nicht ganz ungefährlich, denn im dichten Verkehr und vor allem bei Dunkelheit wird Ihre Abbiegeabsicht den anderen Autofahrern nicht ersichtlich. In diesem Fall:
● Blinkrelais ausbauen (siehe Vortext) und Anschlußstecker abziehen.
● Kurzschlußbrücke zwischen den Klemmen 49 und 49a herstellen.
● Dazu eine Büroklammer oder ein kurzes Drahtstück um die genannten Steckerzungen am Relais schlingen und jetzt das Relais wieder einstecken.
● Bei gedrücktem Blinkerhebel leuchtet jetzt eine Blinkerseite dauernd.
● Durch Ein- und Ausschalten mit dem Blinkerhebel erhalten Sie einen Blinker-Rhythmus.

Bremsleuchten prüfen

Ständige Kontrolle

Die Kontrolle der Bremslichter sollten Sie zu Ihrer eigenen Sicherheit so oft wie möglich durchführen.
● Die Garagenwand hinter dem Wagen muß rechts und links hell rot aufleuchten, wenn Sie auf das Bremspedal treten.
● Oder in einer Kolonne prüfen Sie mit dem Rückspiegel, ob sich in den Scheinwerfer-Reflektoren oder in der Lackierung des Hintermannes beide Bremslichter spiegeln.

Der Bremslichtschalter

Der Bremslichtschalter sitzt beim Audi oben am Bremspedal und ist erst nach Abbau des Ablagefachs links (Seite 258) und des darunterliegenden Heizkanals zugänglich.
Wird das Pedal niedergedrückt, wandert der Schalterstift heraus und schließt den Kontakt zu den Bremsleuchten.

Bremslichtschalter einstellen

● Ablage links und Heizkanal ausbauen.
● Bremspedal von Hand niederdrücken.
● Bremslichtschalter mit Kraft in seiner Führung ganz nach vorn drücken.
● Bremspedal jetzt loslassen und ganz nach hinten an den Anschlag ziehen.
● Der Bremslichtschalter richtet sich dadurch von selbst aus.

Bremslichtschalter überprüfen

Sind beide Bremslichter ausgefallen, kontrolliert man, ob es am Bremslichtschalter liegt:
● Kabelstecker abziehen.
● Kabelanschlüsse im Stecker mit einer Büroklammer oder einem Drahtstück überbrücken.
● Brennen jetzt die Bremslichter, ist der Bremslichtschalter defekt.

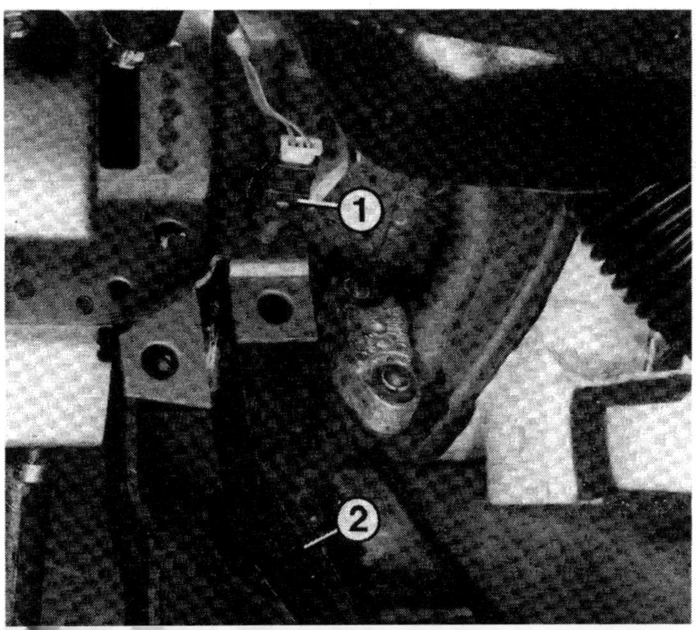

Nach Ausbau der Ablage links unter dem Armaturenbrett ist der Bremslichtschalter (1) zugänglich. Er sitzt in der Blechkonsole oberhalb des Bremspedals (2).

Störungsbeistand

Bremsleuchten

Die Störung	– ihre Ursache	– ihre Abhilfe
A Eine Bremsleuchte brennt nicht	1 Glühbirne durchgebrannt	Austauschen
	2 Stromzuleitung unterbrochen	Kabel kontrollieren
	3 Unterbrechung in der Masseverbindung	Masseanschluß überprüfen
B Beide Bremslichter brennen nicht	1 Sicherung defekt	Ersetzen
	2 Bremslichtschalter defekt oder falsch eingestellt	Überprüfen, ggf. ersetzen
	3 Siehe A 1 und 3	
C Bremslicht brennt dauernd	1 Siehe B 2	
	2 Kabel zum Bremslichtschalter haben direkten Kontakt	Kabel kontrollieren

Hupen prüfen

Ständige Kontrolle

Ein Druck auf die Hupplatte im Lenkrad, und bei eingeschalteter Zündung müssen die Hupen tönen. Der Hupknopf schafft die Masseverbindung im Steuerstromkreis des Huprelais (siehe Seite 231). Die Stromzuführung zum Relais stammt von Klemme X, die nur bei eingeschalteter Zündung Strom führt.
Bei geschlossenem Stromkreis (sprich: bei gedrückter Hupplatte) schließen die Relaiskontakte, und die Hupen werden in einem schwarz/gelb ummantelten Kabel mit Strom versorgt. Die Massezuleitung zu den Hupen erfolgt in einem braunen Kabel.

Hupe kontrollieren

- Kabelstecker abziehen.
- Betreffende Hupe ausbauen.
- An jedem Steckanschluß ein Hilfskabel aufstekken und diese mit dem Plus- bzw. Minuspol der Batterie verbinden.
- Bleibt es ruhig, ist das Signalhorn defekt.
- Ein krächzendes oder völlig stummes Horn läßt sich bisweilen durch Drehen der Einstellschraube an der Hupenrückseite wieder stimmen oder zu neuem Leben erwecken.
- Schraube unter der Vergußmasse freilegen.
- Nach dem Einstellen die Schraube mit Karosseriedichtmasse wieder feuchtigkeitsdicht verschließen.

Die Lichthupe

Gleichgültig, ob die Zündung oder die Scheinwerfer eingeschaltet sind oder nicht, die Fernlicht-Glühfäden und die Fernlichtkontrolle leuchten immer auf, wenn Sie den Blinkerhebel zum Lenkrad hin ziehen. Falls die Lichthupe nicht funktioniert, obwohl die Scheinwerfer bei eingeschalteter Beleuchtung brennen:

- Lenkstockschalter-Element ausbauen (siehe Seite 227).
- Mit Prüflampe kontrollieren, ob am roten Klemme-30-Kabel zum Lenkstockschalter-Element Spannung anliegt.
- Falls ja, dürfte der Lichthupen-Kontakt defekt sein. Komplettes Schalter-Element auswechseln.

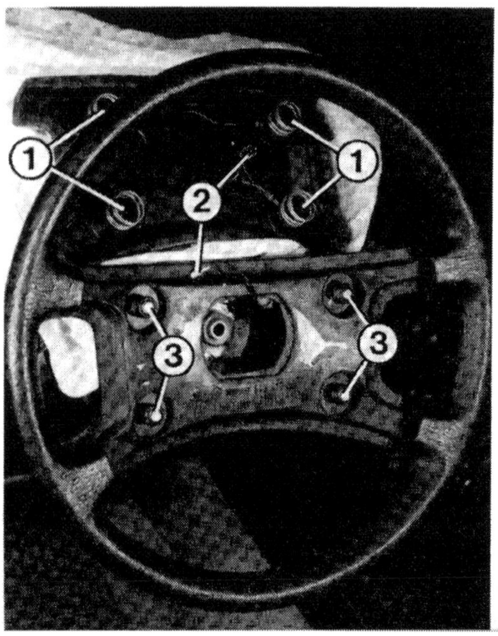

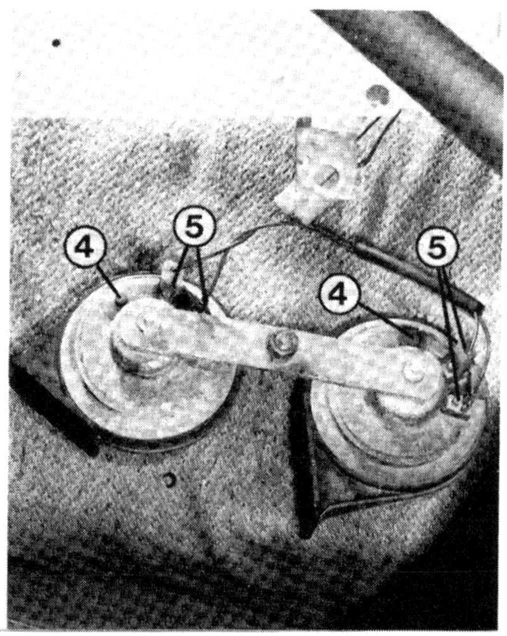

Massekontakt beim Betätigen der Hupe schaffen die Kontakte im Lenkrad (3) und in der Hupplatte (1). Die Weiterleitung des Kontakts besorgt die Steckverbindung (2). An den ausgebauten Hupen sehen wir die Einstellschrauben (4) und die Anschlußkontakte (5).

Zwiesprache

Als Autofahrer leben Sie mit zahlreichen Anzeigeinstrumenten, Kontrolleuchten und Schaltern und sind ferner in der Lage, vom Fahrersitz aus allerlei dienstbare Geister, wie Scheibenwischer oder heizbare Heckscheibe, in Betrieb zu nehmen. Von diesen und weiteren Einrichtungen handelt das folgende Kapitel.

Kontrollinstrumente und -leuchten prüfen

Wartung Nr. 30

Setzen Sie sich hinter das Lenkrad und kontrollieren Sie nacheinander:

- Läuft die Zeiger- bzw. Digitaluhr?
- Zündung einschalten. Es müssen aufleuchten Ladekontrolle, Öldruckkontrolle (bei Wagen ohne Auto-Check-System) und bei angezogener Handbremse die Handbrems-Kontrolleuchte.
- Wagen ohne Auto-Check-System: Im Leuchtenfeld zwischen den Rundinstrumenten blinkt die Kühlmittel-Warnleuchte zur Funktionskontrolle; ebenso die Bremskontrolleuchte.
- Bei Wagen mit Auto-Check-System erscheint im Leuchtenfeld zwischen den Rundinstrumenten bei Einschalten der Zündung der Schriftzug »Bremslicht«. Nach kurzem Antippen des Bremspedals muß jetzt das Zeichen »OK« aufleuchten.
- Mit etwas Verzögerung wandern die Zeiger von Tankuhr und – wo vorhanden – Kühlmittel-Temperaturanzeige (nur bei warmem Motor) über die Skalen.
- Blinker einschalten: Die grüne Blinkerkontrollleuchte muß rhythmisch aufleuchten. Warnblinkschalter nach oben drücken: Die Warnblink-Kontrollleuchte blitzt im Gegentakt auf (ohne Zündung: Nur Warnblink-Kontrolle).
- Blinker-Hebel zum Lenkrad ziehen: Die Fernlichtkontrolle muß leuchten.
- Brennen bei gedrücktem Schalter die Kontrollleuchten von heizbarer Heckscheibe und Nebelschlußleuchte (nur in Verbindung mit Abblend- oder Fernlicht)?
- Bei Fahrzeugen mit Antiblockiersystem (ABS) leuchtet die Kontrollampe im Leuchtenfeld des Kombiinstruments bei eingeschalteter Zündung auf. Bei laufendem Motor verlöscht sie.
- Motor starten – arbeitet der Drehzahlmesser?
- Bei einer Probefahrt die Funktion von Tachometer, Schaltanzeige (bis 7/84), Verbrauchsanzeige (wo vorhanden) und Kühlmittel-Temperaturanzeige überprüfen.

Kombiinstrument ausbauen bis 12/87

- Lenkrad abbauen (Seite 136).
- Zwei Kreuzschlitzschrauben (Bild unten) lösen.
- Kombiinstrument vorsichtig aus dem Armaturenbrett ziehen, da die Tachowelle noch befestigt ist.
- Tachowelle im Wasserfangkasten (Motorraum) noch ein Stück nachschieben.
- Reicht das nicht, Tachowelle am Getriebe lösen (Seite 218).
- Nachdem das Kombiinstrument weit genug herausgezogen wurde, kann die Tachowelle losgedreht werden.
- Mehrfachstecker nach Lösen ihrer Verhak-Sicherung vorsichtig abziehen.
- Wo vorhanden: Unterdruckschlauch vom Anschluß der Kraftstoff-Verbrauchsanzeige abziehen.

Zum Ausbau des Kombiinstruments müssen die beiden Halteschrauben (Pfeile) an der Instrumenten-Oberkante herausgedreht werden.

An der Rückseite des ausgebauten Kombiinstruments bis 12/87 erkennen Sie: 1 – Steckverbindung, verwechslungssicher codiert; 2 – Instrumentenbeleuchtung; 3 – Drehzahlmesser oder Zeigeruhr; 4 – Blinkleuchteneinheit Kühlmittel/Bremse; 5 – Tachometer; 6 – Spannungskonstanter; 7 – Kontrolleuchten unten; 8 – regelbarer Widerstand für Skalenbeleuchtung.

Kombiinstrument ausbauen ab 1/88

- Lenkrad abbauen (Seite 136).
- Hebelschalter ausbauen (Seite 227).
- Drei Kreuzschlitzschrauben unten an der Abdeckleiste lösen und diese abnehmen.
- Jetzt sind die drei Halteschrauben des Kombiinstruments sichtbar.
- Kombiinstrument vorsichtig aus dem Armaturenbrett ziehen.
- Mehrfachstecker nach Lösen ihrer Sicherung (schwarze Kunststoffspange hochhebeln) vorsichtig abziehen.

Die Teile des Kombiinstruments

Kombiinstrument zerlegen

Ohne Zerlegung des Kombiinstruments lassen sich von der Rückseite her die folgenden Teile ausbauen:

○ **Kontrollampen:** Die Glühlampen der Kontrolleuchten sind beim Audi fest mit ihren Fassungen verlötet und auch nur komplett als Ersatzteil erhältlich. Bei schwarzen Fassungen sind 1,2-Watt-Lämpchen eingesetzt, bei weißen oder grünen Fassungen sind es 2-Watt-Lämpchen. An neueren Wagen sind die Lämpchen teilweise eingefärbt. Zum Ausbau die Lampenfassung eine Vierteldrehung linksdrehen und herausziehen.

○ **Skalenbeleuchtung:** siehe Seite 210.

○ **Spannungskonstanter:** Eine Kreuzschlitzschraube lösen und das Bauteil aus seinen Steckeranschlüssen ziehen.

○ **Blinkleuchteneinheit Kühlmittel/Bremse bis 12/87:** Zwei Kreuzschlitzschrauben lösen, Leuchteneinheit aus den Anschlußkontakten ziehen.

○ **Auto-Check-Anzeigeneinheit bis 12/87:** Ausbau des Kompletteils siehe »Blinkleuchteneinheit Kühlmittel/Bremse«.

○ **Regelwiderstand für Skalenbeleuchtung:** Zwei Kreuzschlitzschrauben herausdrehen, Regelwiderstand nach hinten abnehmen.

Erster Schritt zum Ausbau des Kombiinstruments: Lösen der drei Schrauben (Pfeile) an der Abdeckleiste.

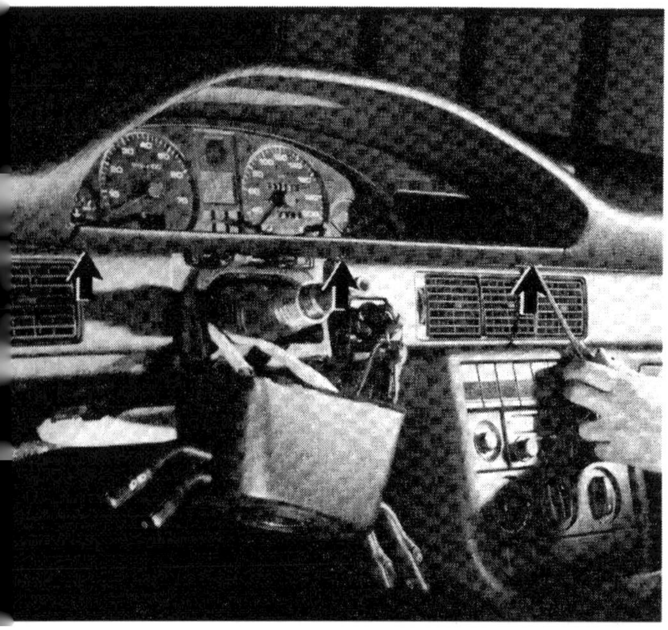

Zweiter Schritt: Die drei Halteschrauben des Kombiinstruments (Pfeile) werden losgeschraubt.

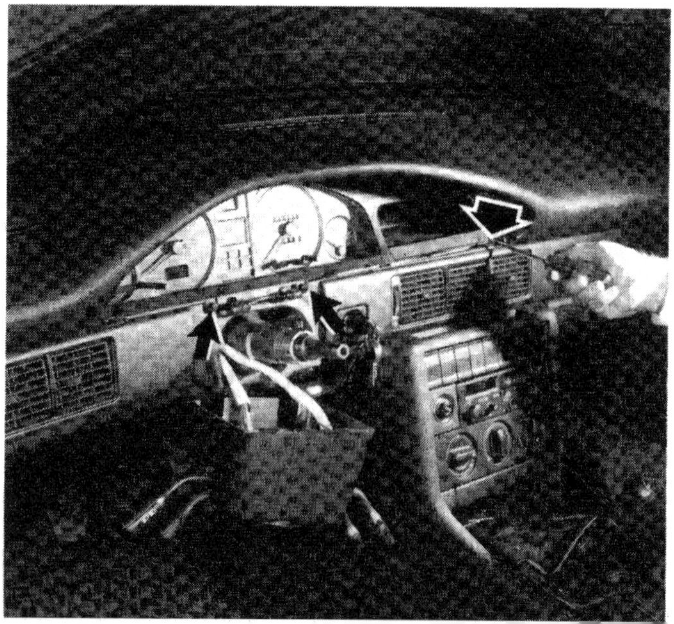

Die Stecker (1) hinten am Kombiinstrument ab 1/88 können erst nach Hochziehen der Haltespangen (2) abgezogen werden.

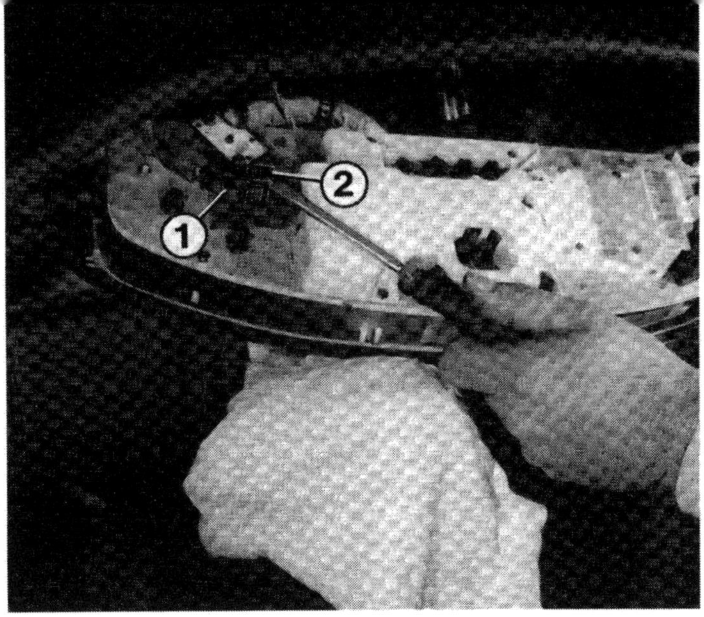

Nach Zerlegen des Kombiinstruments (kombinierte Sechskant/Kreuzschlitzschrauben an der Instrumenten-Rückseite – siehe Bilder unten und Seite 219 – herausdrehen) sind die folgenden Einzelteile zugänglich.

○ **Tachometer:** Vier Kreuzschlitzschrauben an der Rückseite herausdrehen. Bei Tachometern bis 12/87 mit Weggeber (für Bordcomputer) die zusätzlichen Kabelstecker abziehen. Beim Tacho ab 1/88 die Steckkontakte am Tachogehäuse vorsichtig aus der Grundplatte ziehen.

○ **Drehzahlmesser bzw. Zeigeruhr bis 12/87:** Zwei Kreuzschlitzschrauben auf der Rückseite lösen, ferner die Folienklemme der elektrischen Anschlüsse abziehen. Bei eingebautem Bordcomputer zwei Lampenfassungen herausdrehen. Leiterfolie zurückschlagen.

○ **Drehzahlmesser bzw. Zeigeruhr ab 1/88:** Instrument vorsichtig von der Grundplatte abziehen, dabei die Steckkontakte nicht verkanten.

○ **Digitaluhr bis 12/87:** Tachometer ausbauen, Drehzahlmesser ausbauen. Zwei Schrauben an der Digitaluhr herausdrehen und Uhr nach vorne abziehen.

○ **Digitaluhr ab 1/88:** Drehzahlmesser ausbauen, zwei kleine Schlitzschrauben lösen, Gehäuse der Uhr abziehen.

○ **Tankuhr bzw. Temperatur- oder Verbrauchsanzeige bis 12/87:** Je zwei Sechskantmuttern an der Rückseite lösen. Evtl. vorhandene Stecker bzw. den Unterdruckanschluß beim Verbrauchsanzeiger abziehen.

○ **Tankuhr bzw. Temperaturanzeige ab 1/88:** Zwei Sechskantmuttern an der Rückseite der Grundplatte lösen. Verhakungen seitlich am Instrument ausrasten.

○ **Blinkleuchteneinheit Kühlmittel/Bremse ab 1/88:** Mit der Leiterplatte kombiniert; nicht einzeln auswechselbar.

○ **Auto-Check-Anzeigeneinheit ab 1/88:** Drehzahlmesser ausbauen und Verschraubungen der Anzeigeneinheit lösen. Einheit vorsichtig aus den Steckkontakten ziehen.

○ **Leuchte der Schaltanzeige:** Zum Ausbau nach vorn abziehen.

Die Pfeile zeigen auf diejenigen Schrauben, die zum Zerlegen des Kombiinstruments ab 1/88 gelöst werden müssen.

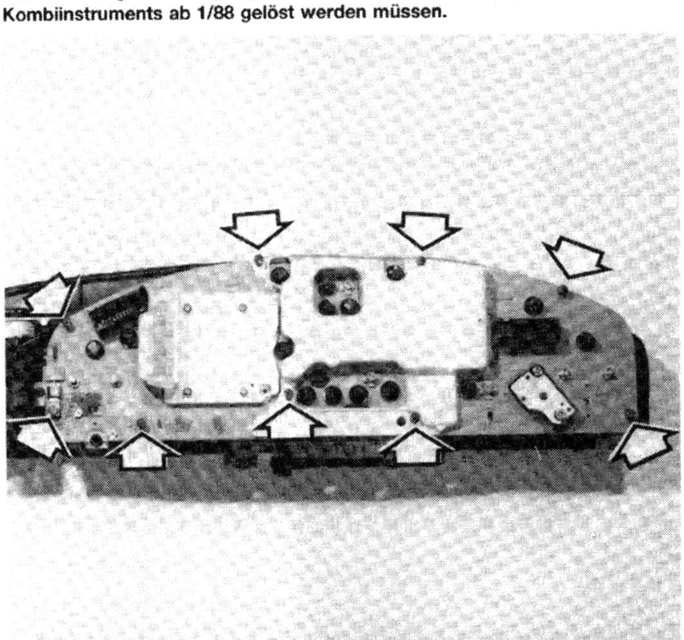

Hier ist das Kombiinstrument zerlegt. Tachometer (2) und Tankanzeige (3) wurden von der Grundplatte (1) abgebaut.

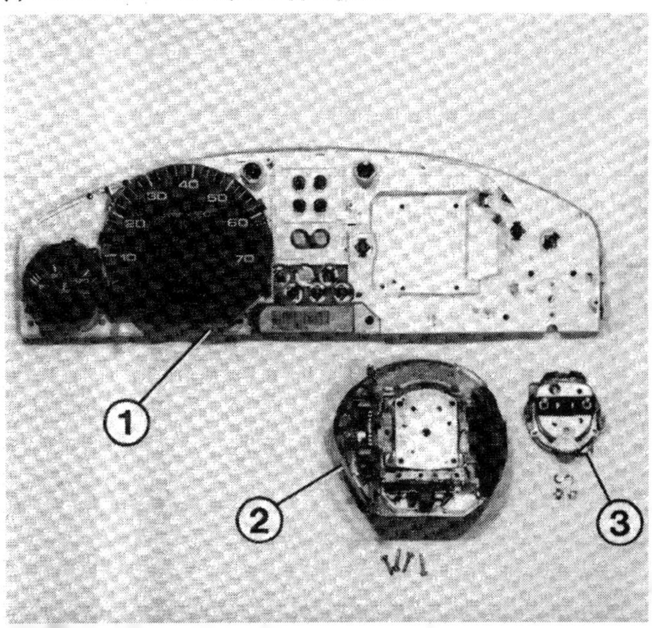

Der Tachometer

Der Geschwindigkeitsmesser bis 12/87 zeigt das Fahrtempo nur indirekt auf elektrischem Weg an, nämlich durch Erzeugung von Wirbelströmen, die eine Aluminiumtrommel rund um die Zeigerachse gegen den Widerstand einer Spiralfeder verdrehen.
Der Tachometer kann nicht die genaue Entfernung oder Geschwindigkeit messen, sondern er »zählt« die Umdrehungen des Tachowellenantriebs am Getriebegehäuse und setzt sie in Kilometerangaben um. Nach wieviel Tachowellenumdrehungen ein Kilometer auf der Straße zurückgelegt wurde, hängt von der Reifengröße und der Achsübersetzung ab. Die entsprechende Tachometerantriebs-Anpassung wird mit der »Weg-Drehzahl« gekennzeichnet. Die lautet für die Vierzylindermodelle 920 und für die Fünfzylinder 1015.
Anders funktioniert die Sache beim Audi ab Baujahr 1/88: Sein Tachometer ist ein elektronisches Meßgerät ähnlich dem Drehzahlmesser. Genau wie dieser erhält er Drehzahlimpulse – doch nicht vom Motor, sondern von einem Geber im Getriebe. Dort wird gemessen, wie oft sich die Räder drehen. Das Instrument bringt die Umdrehungs-Impulse mit einem Zeitfaktor in Bezug, und man erhält eine Vergleichsgröße für die Geschwindigkeit.
Der Kilometerzähler funktioniert in Ermangelung eines mechanischen Antriebs auch teilweise elektrisch: Ein sogenannter Schrittmotor dreht die Antriebswelle des Zähler-Getriebes schrittweise weiter – je nach Anzahl der Umdrehungsimpulse.

Tachowelle wechseln bis 12/87

- Kombiinstrument ausbauen.
- Tachowellen-Überwurfmutter am Getriebe losdrehen (siehe Bild unten links).
- Wasserfangkasten-Abdeckung abbauen.
- Tachowelle aus den Halteklammern aushängen und mit den beiden Gummitüllen an den Durchführungen vorn und hinten im Wasserfangkasten zum Motorraum hin herausziehen.
- Beim Einbau Tachowelle wieder in die Halteklammern einsetzen und auf den richtigen Sitz der Gummitüllen achten.

Tachometer-Impulsgeber ab 1/88

Die Umdrehungs-Impulse für den Tachometer liefert der Reedkontakt-Geber links am Getriebe. Der Reedkontakt ist ein Kontaktsatz, der luftdicht eingeschlossen in einer Gashülle untergebracht ist. Geschlossen wird der Kontakt, wenn ein Magnetfeld auf ihn einwirkt.
Damit der Reedkontakt eine Impulsfolge liefern kann, muß er im Drehzahlrhythmus geöffnet und geschlossen werden. Deshalb beeinflußt ein Rad, das sich vor dem Geber dreht, das auf den Kontaktsatz einwirkende Magnetfeld.
Einige Automatikgetriebe besitzen statt des Reedgebers einen sogenannten Hallgeber (wie bei der Zündung). Erkennungsmerkmal: 3poliger Anschluß.

Drehzahlmesser

Wie oft die Kurbelwelle im Motor in der Minute rotiert, zeigt der Drehzahlmesser (je nach Modell und Kundenwunsch) an. Er erhält von der Zündanlage die Zündimpulse übermittelt. Summiert und aufbereitet wird das auf das Zeigerwerk im Instrument übertragen.
Bei Störungen gilt es, die zuständige Sicherung (Seite 164) und die entsprechenden Leitungen zu prüfen. Auch in der Leiterplatte bzw. -folie des Kombiinstruments kann der Fehler stecken. Der Drehzahlmesser selbst kann mit Eigenmitteln nicht repariert werden.

Links: Oberhalb der linken Antriebswelle ist die Tachowelle (Pfeil) am Getriebe (bis 12/87) angeschlossen. Rechts: Vorn am Getriebe (ab 1/88) sehen wir den Stecker für den Rückfahrscheinwerfer-Schalter (1) und den Tachometer-Impulsgeber (2). Zum Ausbau des Impulsgebers Stecker (3) nach Niederdrükken des Sicherungsbügels abziehen, Raste (Pfeil) nach unten drücken, Impulsgeber drehen und herausziehen.

Kombiinstrument bis 12/87: Abbau der Blende (1) vom Instrumententräger (2) ist nach Lösen von 11 Schrauben (Pfeile) möglich. Jetzt kann beispielsweise der Tachometer (4) nach Herausdrehen von vier weiteren Schrauben (3) ausgebaut werden.

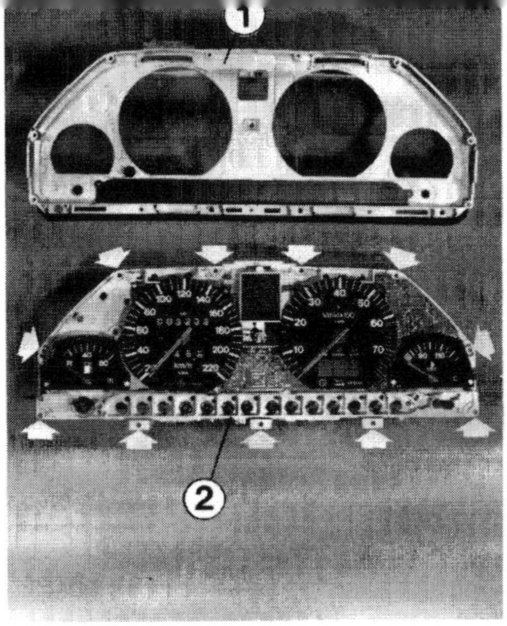

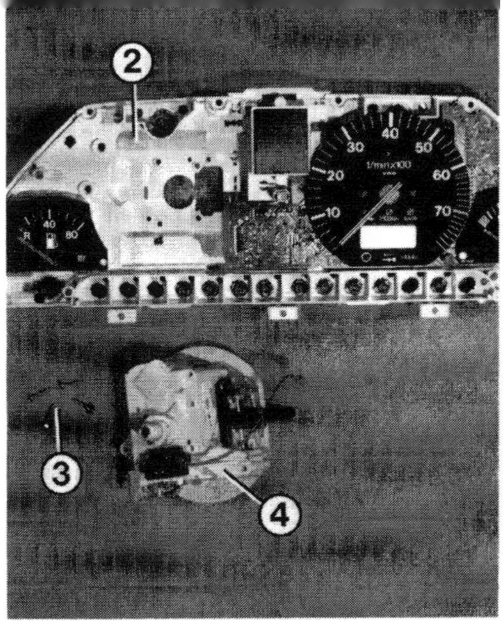

Zeituhr

Läuft die Digital- oder Zeigeruhr überhaupt nicht, beschränkt sich die Fehlersuche auf die zuständige Sicherung oder das stromzuführende Kabel. Eine Reparatur ist bei der Digitaluhr überhaupt nicht und bei der Zeigeruhr nur in der VDO-Spezialwerkstatt (Branchentelefonbuch) bzw. bei MotoMeter-Instrumenten bei der Firma Imag, Gutenbergstraße 27, 7012 Fellbach-Schmiden, möglich.
Wie die Zeituhr ausgebaut wird, finden Sie im Abschnitt »Kombiinstrument zerlegen« beschrieben.

Die Tankanzeige

Der Benzinstand wird am Armaturenbrett elektrisch angezeigt. Die Tankuhr ist also nichts anderes als ein Voltmeter, an dem bei eingeschalteter Zündung volle Spannung anliegt. Damit die Spannung am Instrument immer gleich hoch ist, wurde in der Stromzuleitung ein Spannungskonstanter vorgeschaltet, auf den wir noch zu sprechen kommen.
Der Zeigerausschlag der Tankuhr wird über den Massekontakt variiert. Das besorgt der Tankgeber, der je nach Tankfüllung einen höheren oder niedrigeren Widerstand hat. Den Tankgeberausbau finden Sie auf Seite 63 beschrieben.

Störungsmöglichkeiten

○ Zu hoher oder zu niedriger Stand: Spannungskonstanter defekt (nächste Seite) oder Tankanzeige nicht richtig eingestellt (siehe folgender Abschnitt).
○ Keine Anzeige: Spannungs-Konstanter bzw. Tankgeber oder Anzeigeinstrument defekt.

Tankanzeige einstellen

● Tank bis zum letzten Tropfen leerfahren.
● Genau 12 Liter Kraftstoff einfüllen.
● Zündung einschalten und 2 Minuten warten.
● Der Zeiger der Tankuhr muß jetzt genau an der Oberkante des roten Reservefeldes stehen.
● Tut er das nicht, kann die Tankanzeige an der

Die Zeichnung zeigt die Kontaktbelegung des Mehrfach-Thermoschalters (1): C – zur Startautomatik; + – zu Zündschloß Klemme 15; R – zur Ansaugrohr-Vorwärmung; T – zur Kühlmittel-Kontrolleuchte. Daneben sitzt der Geber (2) der Kühlmittel-Temperaturanzeige. Rechts der Thermoschalter (3) der Kühlmittel-Kontrolleuchte am 74-kW-Motor. Die Kaltwarnleuchte ist bei Vergasermotoren über den Thermoschalter der Ansaugrohr-Vorwärmung geschaltet.

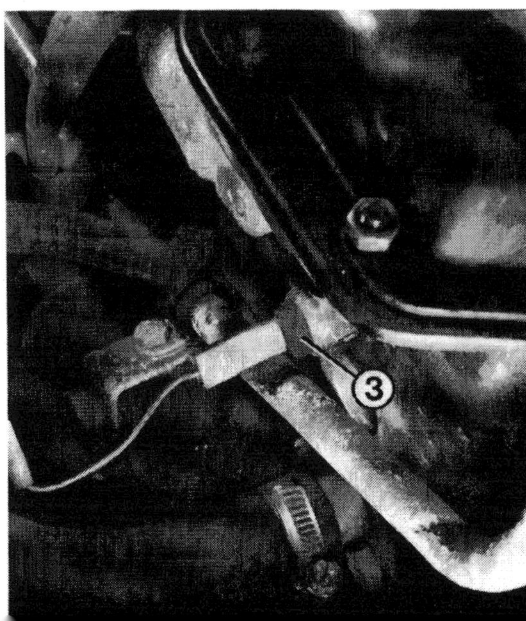

kleinen Korrekturschraube unterhalb des Instruments nachjustiert werden.

● Seit 1/88 sitzt die Korrekturschraube unter der Blende unten am Kombiinstrument (abschrauben).

Tankgeber prüfen

● Tankgeber-Abdeckung im Kofferraum abschrauben (siehe Seite 63) und Mehrfachstecker am Tankgeber abziehen.
● Hilfskabel in den Steckanschluß des violett/schwarzen Kabels stecken und an Masse halten.
● Zündung kurz einschalten:
● Schlägt der Zeiger der Tankuhr voll aus, sind Zuleitung und Tankanzeige selbst in Ordnung. Der Tankgeber dürfte dann defekt sein.
● Bleibt der Zeiger in »Leer«-Stellung, liegt der Fehler in der Zuleitung oder am Instrument. Der Tankgeber ist wahrscheinlich in Ordnung.
● Letzte Fehlermöglichkeit: Das Massekabel am Tankgeber (Kabelfarbe braun/schwarz).

Kühlmitteltemperaturanzeige

Die Anzeige für die Kühlmitteltemperatur funktioniert ähnlich wie die Tankanzeige. Plusstrom erhält das Instrument bei eingeschalteter Zündung, die Masseverbindung stellt der Temperaturfühler am Motor (siehe Bilder rechts oben und Vorseite) her. Dieser Fühler ist ein veränderlicher Widerstand, der mit zunehmender Erwärmung den Stromdurchfluß wieder freigibt, so daß das Bimetall im Instrument stärker beheizt wird und die Nadel weiter ausschlägt.
Bei zu hoher Kühlmitteltemperatur wird zusätzlich eine rotblinkende Warnleuchte eingeschaltet.

Störungsmöglichkeiten

○ Fehlerhafte Anzeige der Kühlmitteltemperatur bei gleichzeitig ungenauer Benzinstandsanzeige lassen auf einen schadhaften Spannungskonstanter schließen.
○ Keine Anzeige kann ihre Ursache im Temperaturfühler oder Instrument haben.
○ Richtige Anzeige und gleichzeitig blinkendes Warnlicht kann auch am Schalter der Kühlmittel-Mangelanzeige im Ausgleichsbehälter liegen.

Kühlmitteltemperaturanzeige prüfen

● Zuständiges Kabel am Geber im Motorraum (siehe Bilder auf der Vorseite bzw. rechts oben) an blankes Metall (Masse) halten.
● Zündung kurz einschalten:
● Wandert die vorher regungslose Anzeigenadel nun ins rote Feld, war der Temperaturgeber defekt – auswechseln.
● Rührt sich nichts im Anzeigeinstrument, ist die Zuleitung oder das Instrument selbst defekt. Der Ausbau ist auf Seite 217 beschrieben.

Der Spannungskonstanter

An der Rückseite des Kombiinstruments ist ein kleines Kästchen mit drei Anschlüssen angeschraubt – der Spannungskonstanter. Er muß die Tank- und die Temperaturanzeige mit absolut gleichmäßiger Spannung versorgen. Andernfalls lassen Spannungsschwankungen die Zeigernadeln pendeln.
Wenn beide Geräte »verrückt spielen« oder gar nichts anzeigen, liegt es sicher am Konstanter.

Spannungskonstanter prüfen

● Kombiinstrument ausbauen, aber Kabel angeschlossen lassen, Zündung einschalten.
● Bis 12/87: Voltmeter zwischen unterem und mittlerem Anschluß des Konstanters anklemmen.
● Ab 1/88: Voltmeter zwischen mittleren und linken Anschluß anklemmen:
● Das Instrument muß 9,75–10,25 Volt anzeigen.
● Liegt die Spannung außerhalb der Toleranz, ist der Konstanter defekt. Keine Spannung da: Stromzufuhr prüfen.
● Dazu das Voltmeter zwischen oberem und mittlerem Anschluß des Konstanters anschließen. Liegt keine Batteriespannung an, muß nach der Unterbrechung in der Zuleitung gesucht werden.

Verbrauchsanzeige

bis 7/83

Die Verbrauchsanzeige mißt den Unterdruck im Ansaugrohr und setzt diesen mit dem Momentanverbrauch ins Verhältnis nach dem Motto viel Unterdruck – viel Verbrauch. Ein Unterdruckschlauch wird zu dieser Messung vom Motorraum aus direkt ans Instrument geführt. Da der Unterdruck/Verbrauchs-Vergleich aber nur im höchsten Gang sinnvolle Werte vermittelt, gibt ein mit der Verbrauchsanzeige gekoppeltes Ventil die Unterdruckleitung zum Instrument nur im 4. bzw. beim Fünfganggetriebe im 5. Gang frei. Wann dieser Gang eingelegt ist, verrät dem Ventil ein Schalter am Getriebe auf elektrischem Weg.

Störungsmöglichkeiten

○ Das Anzeigeinstrument selbst oder das Ventil der Unterdruckleitung sind defekt. Zur genauen Prüfung wird ein Unterdruck-Testgerät benötigt, dessen Anschaffung für den Heimwerker nicht lohnt – ein Fall für die Werkstatt.
○ Der Getriebeschalter ist defekt. Austauschen.

Links: Der Geber für Kühlmittel-Temperaturanzeige und -Kontrolleuchte (1) sitzt zusammen mit den Thermoschaltern für Ansaugrohr-Vorwärmung (2) und Schubanhebung (3) links vorn an diesem Vierzylinder-Vergasermotor.
Rechts: Der hier gezeigte Fünfzylinder-Einspritzermotor besitzt an seinem Kühlmittelflansch links vorn am Motor einen Temperaturgeber (1), der gleichzeitig für die Kühlmittel-Kontrolleuchte (Übertemperatur) sowie für die Kühlmitteltemperaturanzeige zuständig ist. Ferner sitzt hier der Thermoschalter (2) der Leerlaufstabilisierung.

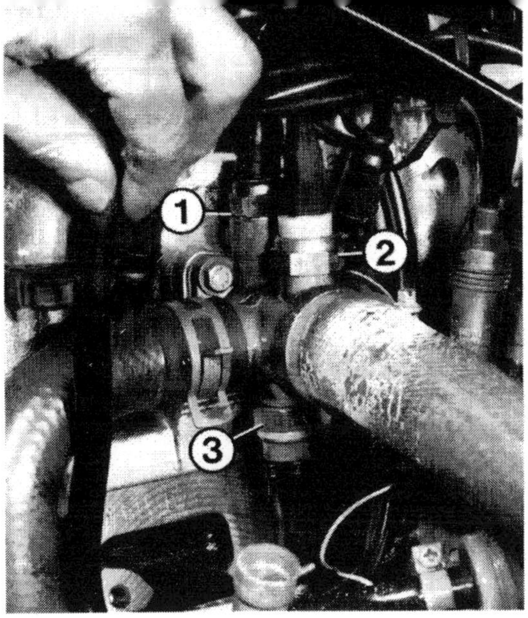

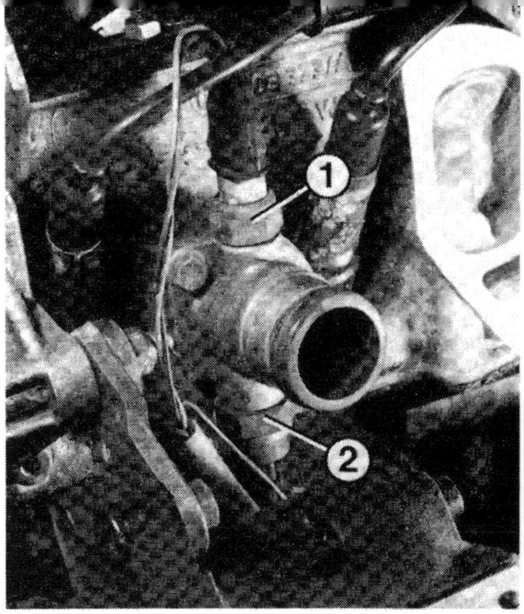

Zusatzinstrumente

Als Sonderausstattung können rechts vom Kombiinstrument drei Zusatzinstrumente – Öldruckmesser, Öltemperaturgeber und Voltmeter – eingebaut sein. Prüfen der Instrumente:

- **Öldruckmesser, Öltemperaturgeber:** Kabel am jeweiligen Geber (beide am Ölfilterflansch) abziehen, gegen Masse halten:
- Schlägt das Instrument nicht aus, ist die Zuleitung oder das Instrument selbst defekt.
- Andernfalls liegt es am Geber.
- **Voltmeter:** Spannung an den Anschlüssen des Voltmeters prüfen.
- Spannung da, aber keine Anzeige: Voltmeter tot.

Die Schaltanzeige

bis 7/84

Ein gelber Leuchtpfeil erscheint bei Fahrzeugen bis 7/84 in der Mitte des Kombiinstruments, wenn der Motor die geforderte Leistung nicht im günstigsten Drehzahlbereich abgibt. Der Fahrer wird dadurch zum Hochschalten aufgefordert.

Wann der Pfeil aufzuleuchten hat, bestimmt das Steuergerät der Schaltanzeige (siehe Seite 230), das seinerseits Informationen über die augenblickliche Motordrehzahl von der Zündspule bezieht. Wann der Saugrohr-Unterdruck über ca. 0,3 bar ansteigt, verrät dem Steuergerät der Unterdruckschalter (siehe Bild Seite 193 links), der in einem mit dem Saugrohr verbundenen Unterdruckschlauch sitzt.

Totgestellt ist die Schaltanzeige bei kaltem Motor, bei losgelassenem Gaspedal und im höchsten Gang. Dies besorgen entsprechende Fühler bzw. Schalter.

Fingerzeig: Falls Ihnen die immer wieder aufleuchtende Schaltanzeige lästig ist, können Sie das Licht auf einfache Weise löschen. Ziehen Sie das Steuergerät für die Schaltanzeige (siehe Seite 230) aus der Zentralelektrik.

Links: Bei eingebauten Zusatzinstrumenten ist dieser Öldruckgeber (3) statt des 1,8-bar-Öldruckschalters eingebaut. Angeschlossen ist das Kabel zum Öldruckmesser (2) und das Kabel des Öldruckschalters (1).
Rechts: Derselbe Öldruckgeber (Pfeil) sitzt beim Fünfzylinder nahe des Ölpeilstabs.

Störungssuche Schaltanzeige

Wenn die Schaltanzeige dauernd dunkel bleibt, prüfen Sie folgendermaßen:

● Ist die Sicherung Nr. 12 in Ordnung?

● **Glühlampe prüfen:** Steuergerät abziehen, Steckkontakt für Klemme L bzw. 2 direkt mit Masse verbinden.

● Zündung einschalten. Wenn jetzt die Schaltanzeige aufleuchtet, ist die Leuchtdiode in Ordnung.

● **Unterdruckschalter prüfen:** Er sitzt je nach Motorversion in einer Unterdruckleitung beim Vergaser, Verteiler oder Ansaugrohr. Stecker abziehen (Kabelfarbe braun/rot und braun bzw. 2 Mal braun/rot).

● Ohmmeter an den Schalterkontaktzungen anschließen. Der Meßwert strebt gegen $\infty\ \Omega$.

● Motor starten und mit etwa 3000/min drehen lassen, der Widerstand muß auf 0 Ω abfallen. Wenn nicht, Unterdruckschläuche überprüfen bzw. Schalter ersetzen.

● War bis jetzt kein Fehler zu finden, liegt es an der Spannungsversorgung des Steuergeräts, oder das Steuergerät selbst ist defekt.

Leuchtenfeld oben

Kontrolleuchten oder Auto-Check-System

○ Bei Fahrzeugen **ohne Auto-Check-System** sitzt im Leuchtenfeld oben zwischen den Rundinstrumenten die Warnleuchte für Kühlmittel, die Übertemperatur und zu geringen Kühlmittelstand anzeigt, sowie die Kontrolleuchte der Bremsanlage, die zu geringen Bremsflüssigkeitsstand signalisiert. Bei Wagen mit Zentralhydraulik zeigt diese Lampe zusätzlich abgesunkenen Hydraulikölstand oder zu geringen Druck im Hydrauliksystem an.

○ Am neuen Armaturenbrett (ab 1/88) kommen die Kontrolleuchten für Öldruck dazu und bei einigen Motorversionen die Motorfehlerlampe (Seiten 93 und 112). Diese jedoch nur bis 7/88.

○ Bei Fahrzeugen **mit Auto-Check-System** ist das Leuchtenfeld oben für die Anzeigesymbole des Check-Systems reserviert (siehe ab Seite 226).

Die Kühlmittelkontrolleuchte

Blinkt während der Fahrt die Kühlmittel-Kontrolleuchte, sofort anhalten:

○ Kühlmittelstand kontrollieren (Seite 49) und gegebenenfalls Kühlflüssigkeit bzw. Wasser nachgießen.

○ Bei heißem Motor und richtigem Kühlmittelstand kontrollieren, ob der elektrische Kühlerventilator bei eingeschalteter Zündung läuft. Steht er trotz glühend heißem Kühler still, auf Seite 57 weiterlesen.

○ Letzte Möglichkeit: Einer der beiden Geber der Kontrolleuchte ist defekt (siehe folgender Abschnitt).

Störungssuche Kühlmittel-Kontrolleuchte

● **Kontrollampe prüfen:**

● Die Kühlmittelkontrolleuchte blinkt zur Funktionskontrolle beim Einschalten der Zündung. Ist das nicht der Fall:

● Sicherung Nr. 12 kontrollieren.

● War diese intakt, Kombiinstrument ausbauen (Seite 215), Kontrollampe ausbauen und prüfen.

● Ist die Lampe in Ordnung, Blinkleuchteneinheit austauschen (siehe »Kombiinstrument zerlegen« Seite 216).

● **Temperaturgeber am Motor prüfen:**

● Blinkt die Kontrolleuchte auch bei kaltem oder normal betriebswarmem (laufendem!) Motor, kann der Temperaturgeber defekt sein.

● Kabel am Temperaturgeber abziehen: die Lampe muß verlöschen.

● Kabel gegen Masse halten: Lampe blinkt.

● Ist beides der Fall, ist die Lampe in Ordnung; es kann also nur der Geber oder die Zuleitung defekt sein. Kontrollieren bzw. auswechseln.

● **Geber für Kühlmittelstand** im Ausgleichsbehälter prüfen:

● Bei älteren Modellen ist der Geber von oben in den Ausgleichsbehälter eingeschraubt, später ist er von unten fest mit dem Behälter verbunden.

● Bei trotz richtigem Kühlmittelstand blinkender Lampe, die Kabel am Geber abziehen.

● Hört die Blinkerei damit auf, Geber bzw. kompletten Behälter ersetzen.

Bremskontrolleuchte

Bis zu 30 Sekunden nach Starten des Motors darf die Bremskontrolleuchte bei Fahrzeugen mit Zentralhydraulik blinken. So lange kann es dauern, bis die Hydraulikpumpe genug Druck in die Hydraulikanlage gepreßt hat und damit die Bremskraftverstärkung voll wirksam ist.

Blinkt sie länger oder leuchtet sie während der Fahrt auf, müssen sofort Bremsflüssigkeitsstand und Hydraulikölstand geprüft werden (Seite 18 bzw. 140). Möglicherweise ist ein Bremskreis ausgefallen (siehe Seite 139). Seit Baujahr 8/84 blinkt diese Leuchte zusätzlich, wenn die vorderen Bremsbeläge verschlissen sind. Natürlich braucht nicht beim ersten Aufblitzen sofort die nächste Werkstatt angesteuert zu werden – für die Fahrt nach Hause reicht die Belagdicke noch allemal.

Für die Funktion der Kontrolleuchte entscheidend sind die Kabelschleifen, die ins Belagmaterial der vorderen Scheibenbremsklötze eingeschlossen sind. Ist der Belag bis zur Verschleißgrenze abgenutzt, schleift die Bremsscheibe die Kabelschleifen durch und unterbricht damit (masseseitig) den Steuerstromkreis des »Relais für Bremsbelag-Verschleißanzeige«. Das Relais schließt auf diesen Impuls den Stromkreis zur Kontrollampe, und diese blinkt auf.

Störungssuche Brems-kontrolleuchte

● **Kontrollampe prüfen:** Siehe Text »Kontrollleuchte prüfen« im Abschnitt »Störungssuche Kühlmittel-Kontrolleuchte«.

● **Geber prüfen:**

● Blinkt die Kontrolleuchte bei laufendem Motor, obwohl die Flüssigkeitsstände im Bremsflüssigkeits- und Hydraulikölbehälter über der »Min«-Marke stehen, nacheinander die Stecker an den zuständigen Gebern (Bild unten bzw. Seite 19) abziehen.

● Verlöscht die Lampe: Geber defekt – ersetzen.

● Zeigt das keine Wirkung, bei Wagen mit Zentralhydraulik die Stecker am Geber für Bremsdruck am Bremskraftverstärker (siehe Bild unten) abziehen.

● Geht die Lampe jetzt aus, Hydrauliköldruck in der Werkstatt kontrollieren bzw. Druckgeber auswechseln lassen.

● **Belag-Verschleißanzeige prüfen** (ab 7/86 mit dieser Leuchte kombiniert):

● Ist die Belag-Verschleißgrenze noch nicht erreicht, prüfen Sie zuerst die Steckkontakte an den Kabeln, die vorn rechts und links zu den Bremsbelägen führen. Kabel und Stecker liegen im Spritzbereich der Vorderräder und sind daher erhöhter Korrosionsgefahr ausgesetzt.

● Die Steckkontakte müssen blank und die Kabel unbeschädigt sein, sonst spielt die Verschleißanzeige verrückt.

● Zuleitungskabel prüfen; bisweilen brechen sie im Bereich der Halteschelle im vorderen Radkasten.

● Als letzte Defektmöglichkeit kommt nur noch das Relais der Bremsbelag-Verschleißanzeige in Betracht (Seite 230).

Fingerzeig: Wer bei Fahrzeugen mit Zentralhydraulik den Geber für Bremsdruck selbst austauschen will, muß beachten, daß auch an ihm der Betriebsdruck der Bremsverstärkung (mehr als 120 bar) anliegt. Vor Herausdrehen des Gebers deshalb bei stehendem Motor das Bremspedal ca. 30 Mal niedertreten und erst dann den Geber vorsichtig herausdrehen. Nach der Reparatur den Motor ca. eine Minute im Stand laufen lassen, damit sich der Betriebsdruck wieder aufbaut. Warnleuchte am Armaturenbrett beobachten.

Motor-Fehlerlampe

Bei Fahrzeugen aus der Bauzeit von 1/88 bis 7/88 (!) mit Mono-Jetronic und an bestimmten KE-Jetronic-Motoren (siehe Seiten 93 und 112) brennt oder blinkt die Fehlerlampe während der Fahrt, wenn ein Defekt aufgetreten ist, der zu Schäden am Motor führen kann.
Zur Eigenkontrolle leuchtet die Lampe bei eingeschalteter Zündung und verlöscht bei laufendem Motor.

ABS-Kontrolleuchte

Bei Fahrzeugen mit Anti-Blockier-System (ABS) brennt diese Kontrolleuchte zur Funktionskontrolle beim Einschalten der Zündung. Wenn nicht, Lämpchen auswechseln (siehe Seite 216). Bei laufendem Motor muß die Anzeige verlöschen. Ferner leuchtet die Kontrolle, wenn das ABS am Hauptschalter ausgeschaltet wurde.

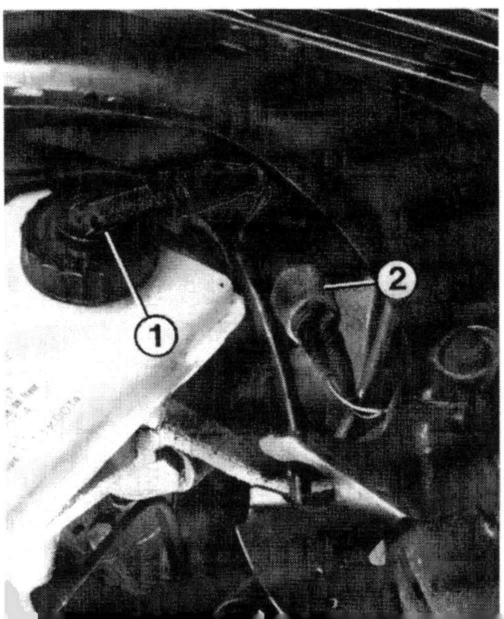

Für die Bremskontrolleuchte oben bzw. für das Auto-Check-System zuständig: die Geber für Bremsflüssigkeitsstand (1) und Hydrauliköldruck (2). Auf die Kontrolleuchte unten wirkt der Handbremsschalter (3) – sichtbar bei abgenommener Abdeckmanschette (4).

Kalt-Warnleuchte

Diese Warnleuchte findet sich nur an Wagen, bei denen statt der Kühlmittel-Temperaturanzeige ein Instrument zur Verbrauchsanzeige eingebaut ist.
Die Leuchte verlöscht erst, wenn der Motor Betriebstemperatur erreicht hat. Ein Temperaturschalter am Motor unterbricht dann die Massezuleitung zur Kontrolleuchte – die Lampe geht aus.

Störungssuche

● Brennt die Lampe bei eingeschalteter Zündung und kaltem Motor nicht, zuerst Sicherung kontrollieren (Seite 164).
● Evtl. ist die Lampe defekt (Seite 216).
● Thermoschalter prüfen: Mehrfach- bzw. Einfachstecker am Schalter abziehen. Er sitzt beim Vierzylinder links vorn am Schlauchstutzen, beim Fünfzylinder ganz hinten an der Schmalseite des Zylinderkopfs.
● Braun/schwarzes Kabel mit Masse verbinden. Die Lampe muß jetzt leuchten, sonst ist der Thermoschalter defekt.
● Leuchtet die Lampe auch bei heißem Motor, ist der Thermoschalter in jedem Fall defekt.

Handbremskontrolleuchte

Bis 6/86 hatte diese Lampe eine Zusatzfunktion: Sie zeigte verschlissene Bremsbeläge an. Ansonsten überwacht die Lampe bei allen Fahrzeugen die angezogene Handbremse. Ein Schalter an der Handbremse schließt dazu bei hochgezogenem Hebel die Verbindung zur Masse und läßt die Lampe leuchten.

Störungssuche

● **Die Lampe brennt nicht bei angezogener Handbremse:**
● Sicherung kontrollieren (Seite 164).
● Glühlampe ausbauen und prüfen (Seite 216).
● Brachte das keinen Erfolg, Abdeckmanschette der Handbremse hochstülpen, Kabel am Schalter (siehe Bild auf der Vorseite) abziehen und Stecker an blankes Metall halten. Brennt die Lampe jetzt, war der Schalter defekt.
● Ab Baujahr 1/88 muß zu dieser Prüfung der hintere Teil der Mittelkonsole ausgebaut werden.

● **Die Lampe verlöscht nicht bei gelöster Handbremse:** Kabel am Schalter der Handbremse lösen, wie vorstehend beschrieben, doch Stecker in der Luft hängen lassen.
● Brennt die Lampe nicht mehr, war der Schalter defekt.
● Leuchtet sie dagegen weiter, muß bei Wagen **ab 7/86 ohne Auto-Check-System** an den Teilen der Bremsbelag-Verschleißanzeige weitergesucht werden (siehe Text Seite 223).

Ladekontrolleuchte

Bei laufendem Motor darf die Ladekontrolle weder glimmen noch aufleuchten. Sonst sitzt ein Fehler in der Stromversorgung, siehe Störungsbeistand auf Seite 188. Brennt das rote Lämpchen beim Einschalten der Zündung nicht, ist die Glühlampe durchgebrannt oder der Stecker an der Lichtmaschine hat sich gelöst.

Öldruckkontrolle

Der Motoröldruck wird im Audi von zwei Öldruckschaltern und einem Steuergerät mit Warnsummer (Einbaulage siehe Bild Seite 230) überwacht. Das funktioniert so:
○ Bei eingeschalteter Zündung liegt an der Öldruck-Kontrolleuchte ständig Spannung an. Ist der Öldruck (bei stehendem Motor) kleiner als 0,3 bar, hält der »Öldruckschalter 0,3 bar« seine Kontakte geschlossen und schafft damit die Masseverbindung zur Kontrollampe – die Lampe brennt. Steigt nach dem Motorstart der Öldruck an, werden die Kontakte im Schalter geöffnet, und die Lampe verlöscht.
○ Der zweite Öldruckschalter »1,8 bar« ist in seiner Funktion mit dem Steuergerät kombiniert: Sinkt der Motoröldruck unter 1,8 bar, öffnet er seine Kontakte und unterbricht die Masseverbindung zum Steuergerät – der erste Öldruckschalter zeigt noch längst keine Regung.
○ Das Steuergerät leitet diesen Impuls aber nur dann zur Kontrolleuchte weiter, wenn der Öldruck **länger als 1 Sekunde** unter 1,8 bar fällt und wenn dies bei einer Motordrehzahl von **mehr als 2100/min** geschieht. Dann läßt das Steuergerät die Öldruckkontrolle aufblinken und gibt zusätzlich einen Warnton von sich. Sinn dieser Einrichtung ist es, Motorschäden aufgrund von zu geringem Öldruck (etwa durch zu niedrigen Ölstand) zu vermeiden.

Die Öldruckschalter

Zur Unterscheidung sind die Isolierstücke an den beiden Öldruckschaltern unterschiedlich eingefärbt:
○ **Braun** eingefärbt ist der **0,3-bar-Öldruckschalter.**
○ **Weiß** eingefärbt ist der **1,8-bar-Öldruckschalter.**
Einbaulage: Vierzylinder: hinten am Zylinderkopf (ältere Ausführung) bzw. am Ölfilterflansch; Fünfzylinder: links unten am Motorblock.

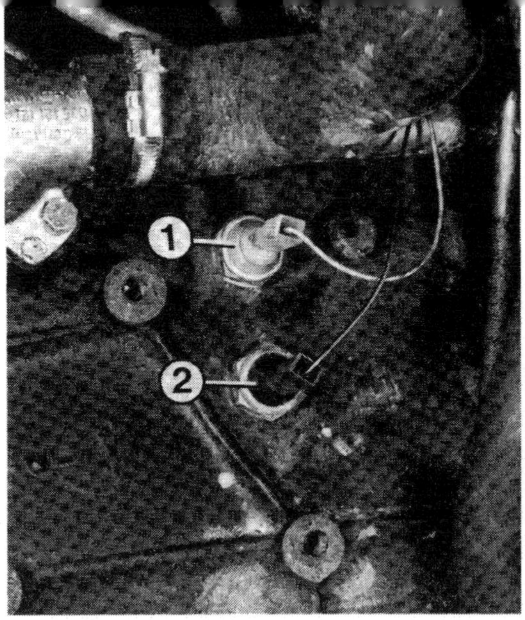

Links: Vierzylinder-Öldruckschalter 0,3 bar (1) und 1,8 bar (2) sitzen beide am Ölfilterflansch (3).
Rechts: Fünfzylinder: Die Öldruckschalter 1,8 bar (1) und 0,3 bar (2) sind links am Motor unterhalb des Thermostatgehäuses angebracht.

Störungssuche

● **Leuchtet oder blinkt die Warnlampe** (evtl. mit zusätzlichem Warnton) **bei laufendem Motor, müssen Sie sofort anhalten!**

● Motor sofort abstellen, Ölstand kontrollieren. Falls in Ordnung:

● Kabel am 0,3-bar-Schalter abziehen und in der Luft hängen lassen, Zündung einschalten: Brennt die Lampe weiter, hat die Zuleitung Masseschluß – ungefährlich für den Motor.

● Kabel am 1,8-bar-Öldruckschalter abziehen und an Masse halten, Zündung einschalten: Blinkt die Lampe weiter, liegt der Defekt am Steuergerät bzw. seinen Zuleitungen – ungefährlich für den Motor.

● Zeigen sich andere als die beschriebenen Effekte, besteht der Verdacht, daß die Ölversorgung im Motor unterbrochen ist. Wagen abschleppen lassen!

● Vielleicht ist einer der Öldruckschalter defekt. Manchmal funktioniert er wieder, wenn an seiner Steckerzunge gewackelt wird.

● **Bleibt die Öldruckkontrolle** nach Einschalten der Zündung **dunkel:**

● Zuerst Sicherung kontrollieren (Seite 164).

● Kabel am 0,3-bar-Schalter abziehen und gegen Masse halten: Brennt die Leuchte jetzt, war der Öldruckschalter defekt. Brennt sie nicht, ist die Zuleitung oder die Lampe selbst defekt.

Steuergerät prüfen

● Kabel am 1,8-bar-Schalter abziehen und in der Luft hängen lassen. Motor starten und mit ca. 2500/min drehen lassen.

● Nach 2 Sekunden muß die Öldruck-Kontrollampe aufblinken und der Summer muß dreimal ertönen. Andernfalls ist das Steuergerät defekt – ersetzen!

● Leuchtet nur die Kontrollampe und ertönt der Summer **nicht,** ist die Leitung vom Generator Klemme 61 unterbrochen.

● Leuchtet die Kontrolle und ertönt der Summer **bei aufgestecktem** Kabel am Öldruckschalter und bei einer Motordrehzahl von ca. 2500/min, so ist der Öldruckschalter 1,8 bar defekt – intakte Motorschmierung vorausgesetzt.

● Motor **im Leerlauf** drehen lassen, Kabel am 1,8-bar-Schalter abziehen und in der Luft hängen lassen. Werden nun Lampe und Summer aktiv, ist die Leitung von Klemme 1 der Zündspule (Drehzahlsignal) und dem Steuergerät unterbrochen.

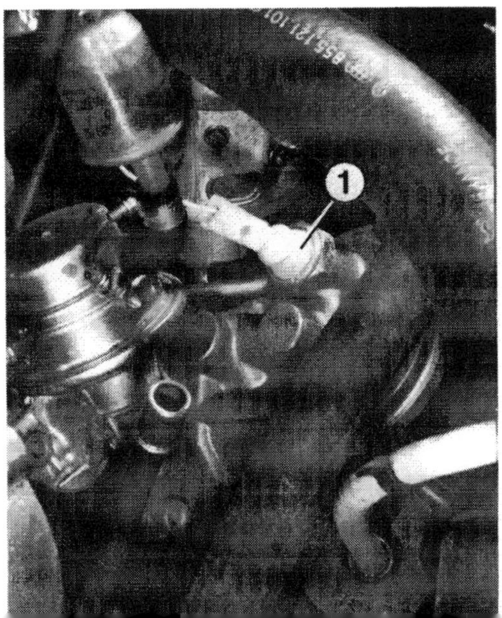

Bei diesem älteren Vierzylinder sitzt der 1,8-bar-Öldruckschalter (1) links auf dem Ölfiltergehäuse, während der 0,3-bar-Öldruckschalter (2) an der hinteren Schmalseite des Zylinderkopfs sitzt.

Öldruckschalter wechseln

● Richtigen Öldruckschalter mit weißer bzw. brauner Kennzeichnung kaufen (siehe Vortext), dazu einen neuen Dichtring.

● Öldruckschalter mit nur 25 Nm festziehen.

Anhänger-Blinkerkontrolle

Sie blinkt rhythmisch mit, wenn bei angeschlossener Anhängerbeleuchtung die betreffende Blinkleuchte am Anhänger funktioniert. Ist eine Anhänger-Blinkleuchte defekt, blinkt die Kontrolle beim jeweiligen Richtungsblinken nicht mit.

Bei eingeschalteter Warnblinkanlage und angeschlossener Anhängerbeleuchtung leuchtet die Kontrolle auch dann auf, wenn eine der Hänger-Blinkleuchten nicht funktioniert.

Warnblink-Kontrolleuchte

Die Warnblink-Kontrolleuchte leuchtet bei eingeschalteter Warnblinkanlage im Gleichtakt mit den vier Blinkleuchten auf. Strom bekommt sie dazu von Klemme K des Warnblinkschalters zugeleitet. Masse erhält die Lampe ständig von der zentralen »Masse-Versorgung« im Kombiinstrument. Keine Sicherung!

Fernlichtkontrolle

Bei eingeschaltetem Fernlicht oder beim Lichthupen erhält die Fernlichtkontrolle von der »Fernlicht«-Sicherung (Seite 164) des rechten Scheinwerfers Strom. Ob die Fernlichtfäden wirklich brennen, kann sie aber nicht anzeigen; das muß man selbst kontrollieren. Die Masse-Zufuhr kommt auch hier vom Kombiinstrument.

Kontrolle für Nebelschlußleuchte

Diese Leuchte brennt bei eingeschalteter Nebelschlußleuchte – also in der zweiten Schalterraste des Schalters für Nebelscheinwerfer/Nebelschlußleuchte. Die Funktion der Nebelscheinwerfer wird also nicht angezeigt, weshalb man leicht vergißt, sie abzuschalten.

Heizbare Heckscheibe

Sie leuchtet nur bei eingeschalteter Heckscheibenheizung. Strom erhält sie direkt vom Schalter der Heckscheibenheizung, Masse vom Kombiinstrument.

Kontrolle für Sitzheizung

Sie leuchtet bei eingeschalteter Sitzheizung sowohl in der ersten wie in der zweiten Heizstufe auf, unabhängig davon, ob sich die Heizung thermostatisch abgeschaltet hat.

Blinkerkontrolle

Die Blinkerkontrolle ist einerseits an Klemme 49a des Blinkrelais angeschlossen und erhält von dort die Blinkimpulse. Auf der anderen Seite hängt sie an Klemme 15, die aber nur bei eingeschalteter Zündung Strom liefert. Ist diese Klemme abgeschaltet, reagiert die Blinkerkontrolle nicht auf die Impulse der Warnblinkschaltung. Kommt dagegen bei eingeschalteter Zündung Strom von Klemme 15, ist in der Pause zwischen den Blinkimpulsen der Stromkreis über den »toten« (= Minus-)Relaiskontakt geschlossen, die Kontrolleuchte blinkt im Gegentakt auf.

Auto-Check-System

Bei bestimmten Ausstattungsversionen bzw. auf Sonderwunsch besitzt der Audi das sogenannte Auto-Check-System. Es überwacht 10 Funktionen bzw. Betriebszustände nach dem Einschalten der Zündung und nach Einschalten des Fahr- und Bremslichts. Ebenso wird während der Fahrt aktiv kontrolliert. Damit ersetzt das Check-System eine Anzahl der in Standardausstattung vorhandenen herkömmlichen Kontrolleuchten.

Was wird geprüft?

Die Störungsanzeige, deren Leuchtfeld sich in der Mitte des Kombiinstruments befindet, ist in die Gruppen Gefahrenanzeige und Warnanzeige aufgeteilt.

Defekte, die die Fahrzeugsicherheit beeinträchtigen oder Folgeschäden verursachen können, gelten als Gefahrenanzeige und erscheinen rot im Leuchtfeld. Es sind dies:

○ **Bremsanlage:** Der Betriebsdruck der Zentralhydraulik ist unter 120 bar gefallen oder der Flüssigkeitsstand in der Zentralhydraulik ist zu niedrig oder Bremsflüssigkeitsstand zu niedrig.
○ **Motoröldruck:** Der Öldruck im Leerlauf liegt unter 0,3 bar oder bei mehr als 2000/min Motordrehzahl werden 1,8 bar nicht erreicht.
○ **Kühlmittel:** Die Kühlmitteltemperatur liegt über 120°C oder der Kühlmittelstand ist zu niedrig.
Zusätzlich zur Gefahrenanzeige ertönt dreimal ein Warnton aus dem Hauptkontrollgerät in der Mittelkonsole. Gefahrenanzeigen haben Vorrang vor den Warnanzeigen im System. Solange eine Gefahrenanzeige vorliegt, wird die Warnanzeige unterdrückt. Sie erscheint erst wieder, wenn die Ursache der Gefahrenanzeige behoben wurde.
Die Warnanzeigen erscheinen in gelber Farbe auf dem Leuchtfeld. Es sind dies:
○ **Bremslicht:** Dieser Schriftzug erscheint sofort nach Einschalten der Zündung. Wird das Bremspedal betätigt, verlöscht dieser Schriftzug – wenn beide Bremslichter funktionieren.
○ **Beleuchtung:** Dieser Prüfschritt kann vom Check-System nicht im automatischen Prüfablauf vorgenommen werden. Zur Kontrolle muß der Fahrer zuvor das Abblendlicht einschalten. Gleichzeitig werden nun Abblendlicht und Rücklicht überprüft. Gleichzeitigen Ausfall beider Abblendlicht- oder Rücklicht-Glühfäden kann das System konstruktionsbedingt nicht anzeigen. Allerdings ist das auch ein unwahrscheinlicher Defekt.
○ **Bremsbelagstärke:** Diese Anzeige leuchtet auf, wenn die vorderen Bremsbeläge die zulässige Mindeststärke unterschritten haben. Die Bremsbeläge hinten werden nicht geprüft.
○ **Batterie:** Das Batterie-Symbol leuchtet auf, wenn die Batteriespannung nicht mehr zwischen den Sollwerten von 10,6–15,6 Volt liegt.
○ **Scheibenwaschanlage:** Diese Anzeige macht auf zu niedrigen Wasserstand im Scheibenwaschwasser-Behälter aufmerksam.
○ **Tank:** Das Zapfsäulen-Symbol leuchtet auf, wenn nur noch 12 Liter Kraftstoff im Tank sind.
Liegen mehrere Defekte im Warnanzeigen-Bereich vor, leuchten die Symbole im Wechsel auf, solange die Zündung eingeschaltet ist.
○ **Die »OK«-Anzeige** soll erscheinen, wenn nach Einschalten der Zündung und nach Niedertreten des Bremspedals der Schriftzug »Bremslicht« verlöscht ist. »OK« besagt hier, daß alle Prüfpunkte ohne Defektmeldung passiert wurden. Das Leuchtzeichen verlöscht nach kurzer Zeit.

Wie wird geprüft?

Das Hauptkontrollgerät, das seinen Platz ganz vorn unter der Mittelkonsole hat, erhält zunächst Informationen über die Betriebszustände des Motors. Sie stammen von Klemme 1 der Zündspule (Drehzahlinformation), von Klemme 50 des Anlassers (Motor wird gestartet) und von Klemme 61 der Lichtmaschine (Motor läuft).
Dazu kommen die Informationen von den verschiedenen Gebern an den zu prüfenden Teilen. Meist sind das dieselben Geber, die auch die Kontrolleuchten am herkömmlichen Armaturenbrett leuchten lassen.
Grundsätzlich anders funktionieren die Prüfstationen für die Fahrzeugbeleuchtung. Diese Lampenkontrollgeräte arbeiten auf magnetischer Basis und vergleichen den Stromfluß in den Leitungen beispielsweise zum rechten und linken Abblendlicht. Wird in einer Leitung aufgrund einer Unterbrechung oder eines Lampendefekts kein Strom verbraucht, stellt das Kontrollgerät eine Differenz fest und meldet dies dem Steuergerät.

Fingerzeig: Beim Anschließen einer Steckdose für die nachträgliche montierte Anhängerkupplung muß darauf geachtet werden, daß die Kabel zu den Rückleuchten schon vor dem hinteren Lampenkontrollgerät (es sitzt hinten links im Kofferraum) angezapft werden. Nimmt man den Strom zur Steckdose an einer der Rückleuchten ab, besteht bei eingesteckter Anhängerbeleuchtung unterschiedlicher Stromfluß im Lampenkontrollgerät und es meldet »Lampendefekt«.

Störungssuche Auto-Check-System

Bei der Kontrolle des Check-Systems wird so vorgegangen: Erst werden alle Geber geprüft. Kann hier kein Fehler gefunden werden, muß der Defekt am Hauptkontrollgerät liegen – oder eine der Anzeigelampen ist ausgefallen.

● Die Geber werden in derselben Weise geprüft, wie das bei den Kontrolleuchten im herkömmlichen Armaturenbrett ab Seite 222 beschrieben ist.
● Der Geber für Waschwasserstand, der nur bei Auto-Check eingebaut ist, wird so geprüft: Leuchtet die Kontrolle trotz gefülltem Scheibenwaschbehälter, Kabelstecker am Behälter abziehen. Verlöscht die Warnanzeige jetzt, ist der Geber defekt – Behälter ersetzen.
● Die Prüfung des Hauptkontrollgeräts sowie der Lampenkontrollgeräte für vorn (Einbaulage: Relaiskasten unter dem Armaturenbrett) und für hinten (Einbaulage: Kofferraum links) sollten Sie der Werkstatt überlassen.

Die Schalter

Hebelschalter

Die Hebelschalter hinter dem Armaturenbrett sind beim Audi zu einer kompletten Einheit zusammengefaßt, und können damit auch nur im Verbund gewechselt werden. Hier der Ausbau:

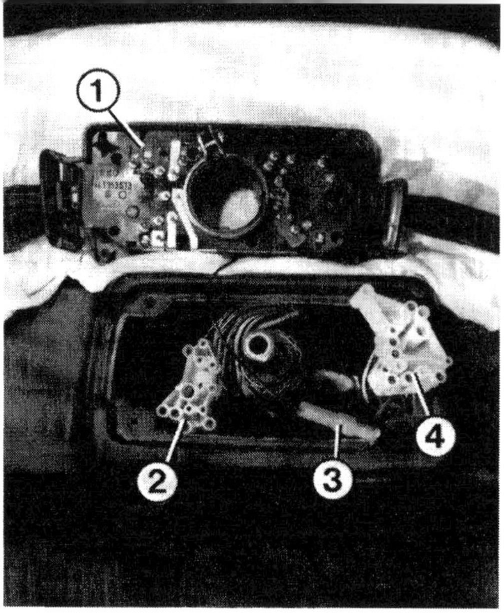

Zum Ausbau der Hebelschaltereinheit (1) muß zunächst eine versenkt sitzende Kreuzschlitzschraube gelöst werden (Pfeil). Anschließend werden zwei Mehrfachstecker (2 und 4) abgezogen und eine Einzelsteckverbindung (3) getrennt.

- Lenkrad ausbauen (siehe Seite 136).
- Kreuzschlitzschraubenzieher von seitlich rechts in die Aussparung unten an der Lenksäulenverkleidung stecken und nach der Schraube tasten.
- Schraube ein wenig lockern, aber nicht ganz herausdrehen.
- Hebelschalterelement herausziehen.
- Alle Stecker abziehen.

Kippschalter bis 12/87

In der Regel zwei Kippschalter sitzen beim Audi links von den mittleren Luftdüsen im Armaturenbrett. Bei entsprechender Zusatzausstattung haben dort auch die Schalter der Sitzheizung und der Funktionswahlschalter des Bordcomputers ihren Platz. Ausgebaut werden die Kippschalter so:

- Kombiinstrument ausbauen.
- Schalter von hinten aus der Fassung drücken.
- Mehrfachstecker abziehen.
- Blindstopfen für späteren Schaltereinbau werden in gleicher Weise ausgebaut; ebenso die evtl. vorhandenen Schalter links neben der Lenksäule (ABS-Hauptschalter bzw. elektrische Leuchtweitenregulierung).

Drucktastenschalter

Meist zwei Drucktastenschalter sitzen beim Audi ab 1/88 unterhalb der mittleren Luftaustrittsdüsen im Armaturenbrett. Daneben befindet sich dann ein kleines Ablagefach. Bei voller Schalterbelegung entfällt das Fach. So unterscheidet sich auch der Schalterausbau etwas:

- So vorhanden, Filzstopfen hinten im Ablagefach ablösen und darunter die Kreuzschlitzschraube herausdrehen. Fach herausziehen.
- Version ohne Ablagefach: Radio ausbauen (Seite 235) und mit angeschlossenen Kabeln aus dem Einbauschacht ziehen.
- Schalter von hinten aus der Einbauöffnung drükken.
- Mehrfachstecker abziehen.
- Blindstopfen für späteren Schaltereinbau werden in gleicher Weise ausgebaut.

Schalterbeleuchtung auswechseln

In den Drucktastenschaltern befinden sich kleine Glassockellämpchen für die Symbolbeleuchtung und teilweise ein weiteres zur Beleuchtung des Pfeilsymbols »Schalter ein«. Auswechseln der Lämpchen:

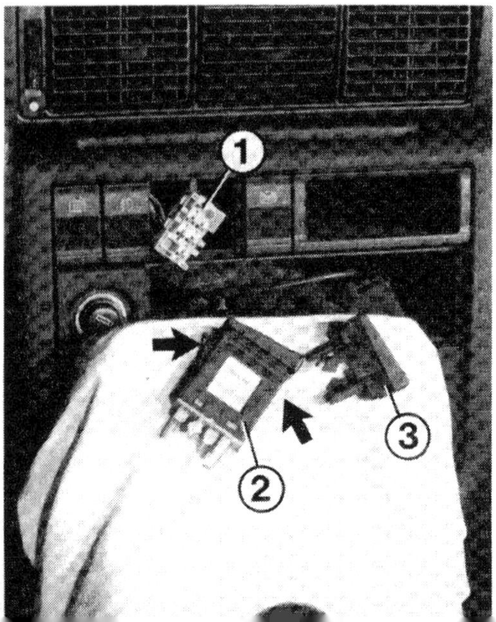

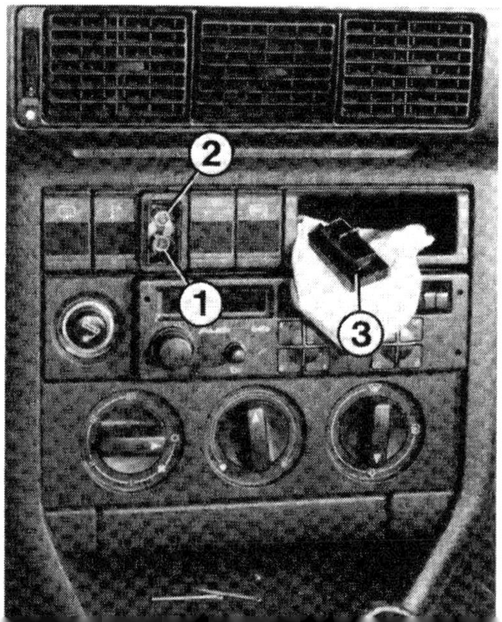

Links: Die Druckschalter (2) ab 1/88 werden von Federklammern (Pfeile) gehalten. Zum Ausbau Ablagefach lösen und Stecker (1) abziehen.
Rechts: Zum Auswechseln der Lämpchen für Funktionskontrolle (1) und Symbol (2) die Schaltertaste (3) abziehen.

● Schaltertaste vorsichtig mit einem kleinen Schraubenzieher abhebeln.
● Glassockellämpchen mit einer spitzen »Telefonzange« oder einer kräftigen Pinzette herausziehen.
● Neues Glassockellämpchen einsetzen.
● Die Lämpchen in den Kippschaltern (bis 12/87) lassen sich nicht einzeln auswechseln.

Schalter prüfen

● Mit einer Prüflampe mit Nadelkontakt können Sie die Kabelisolierung durchstechen und feststellen, welche Kabel Spannung führen.
● Suchen Sie den für Ihren Audi passenden Stromlaufplan ab Seite 166 heraus.
● Zuerst wird geprüft, ob der Schalter überhaupt Spannung geliefert bekommt; hierzu muß vielfach die Zündung oder die Beleuchtung eingeschaltet werden.
● Dann wird kontrolliert, ob der Schalter in entsprechender Stellung die Spannung weiterleitet.

Das Zündschloß

An dieser Stelle wollen wir uns nur mit dem elektrischen Teil des Zündschlosses befassen. Die Reparatur des Schließzylinders muß dagegen die Werkstatt vornehmen, denn zum Ausbau muß an einer bestimmten Stelle des Gehäuses gebohrt werden.

Zündschloß ausbauen

● Kombiinstrument ausbauen (Seite 215). Das Lenkschloß ist nun von oben zugänglich.
● Kleine Madenschraube an der Oberkante des Lenkschlosses ausbauen und Schloßteil nach hinten abziehen.
● Beim Einsetzen des neuen Schloßteils darauf achten, daß der Schloß-Betätigungsstift in die Aussparung am Schalterteil einrastet.
● Madenschraube eindrehen und mit einem Lacktupfer sichern.

Zündschloß prüfen

Zum Prüfen des Zündschlosses wird wieder eine Prüflampe mit Nadelkontakt gebraucht.
● Kombiinstrument ausbauen, um an die Kabel heranzukommen (Seite 215).
● Anschlußkabel der Prüflampe an Masse anschließen.
● Mit der Prüfspitze die Isolierung des zu prüfenden Kabels durchstechen:
● Das rote Klemme-30-Kabel muß ständig Batteriestrom führen.
● Die grau-gelbe Klemme-P-Leitung steht in »Ruhestellung« des Zündschlosses unter Spannung und wird beim Zündschlüsseldreh stromlos.
● Das schwarz/gelbe Klemme-X-Kabel steht ausschließlich in Schlüsselstellung »Zündung ein« unter Strom.
● Das schwarze Kabel der Klemme 15 erhält Spannung in Stellung »Zündung ein« und »Anlassen«.
● Die rot/schwarze Leitung von Klemme 50 für den Startbefehl an den Anlasser steht nur in Stellung »Anlassen« unter Spannung.

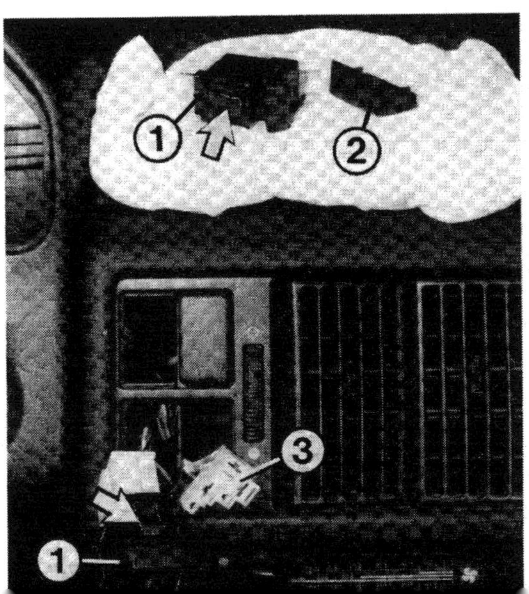

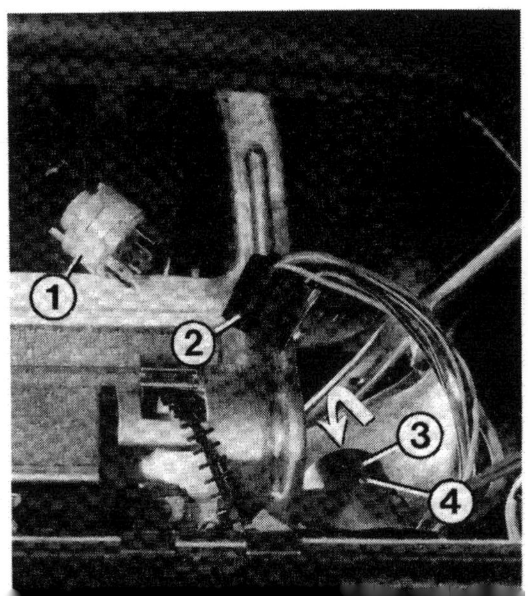

Links: Schalteranordnung bis 12/87: Die Mehrfachstecker (3) der Kippschalter (1) sind speziell geformt und können nicht verwechselt werden. Gehalten werden die Schalter durch Federspangen (Pfeile), während die Blindstopfen (2) nur eingesteckt sind.
Rechts: Zum Ausbau des Zündschloß-Schalterteils (1) wurde hier das Kombiinstrument ausgebaut. Wir blicken in die Einbauöffnung im Armaturenbrett. Die Zahlen bedeuten: 2 – Mehrfachstecker (hier kann der Wagen »kurzgeschlossen« werden); 3 – Zündschloßgehäuse; 4 – Madenschraube, die das Schalterteil hält. Der Pfeil zeigt, wo das Schalterteil hingehört.

Relais und Schaltgeräte

Die Mehrzahl der Relais bzw. Schaltgeräte sind beim Audi 100 im Kasten der Zentralelektrik hinten links im Wasserfangkasten des Motorraums untergebracht. Jedes Relais oder Schaltgerät sitzt dort auf einem genau zugeordneten Steckfeld. Ist die eine oder andere Zusatzausstattung bei Ihrem Wagen nicht eingebaut, fehlt das betreffende Bauteil an dieser Stelle oder ist durch eine Drahtbrücke ersetzt. Die Steckfeldbelegung in der Zentralelektrik zeigt die Zeichnung auf der folgenden Seite.

Der Relaisträger

Für Relais bzw. Schaltgeräte, die in der Zentralelektrik keinen Stammplatz besitzen, ist der Relaisträger unter dem Armaturenbrett da. Zugänglich sind die dort angesiedelten Relais bzw. Schaltgeräte nach Ausbau der Ablage links unter der Armaturentafel. Alle Bauteile können bei eingebautem Relaisträger aus- und eingesteckt werden. Wollen Sie ihn dennoch ausbauen, zwei Sechskantschrauben an der Unterkante lösen.

Die Schaltrelais

Neben den Relais mit speziellen Funktionen (z. B. Blinkrelais) sind im Audi sogenannte Schaltrelais eingebaut (z. B. X-Kontakt-Relais) oder können nach Bedarf nachgerüstet werden (z. B. beim Einbau von Nebelscheinwerfern). Schaltrelais werden eingesetzt, wenn zum angeschlossenen Stromverbraucher so hohe Ströme fließen, daß die Kontakte eines normalen Schalters leiden würden. Dann können die Schalterkontakte nicht mehr den ganzen »Saft« weiterleiten, der Verbraucher wird nicht mehr mit der vollen Bordspannung versorgt.

Funktion

○ Beim Einschalten des betreffenden Verbrauchers wird im Relais durch den an Klemme 86 ankommenden »Schaltstrom« der Schaltstromkreis zu Klemme 85 geschlossen.
○ Dadurch zieht eine Magnetspule einen kräftigen Kontakt gegen Federdruck an und schließt so den Stromkreis für den »Arbeitsstrom«.
○ Der Arbeitsstrom wird zur Vermeidung von Spannungsabfall auf kurzem Weg direkt an Klemme 30 des Relais herangeführt und von dort weiter – bei geschlossenen Schalterkontakten – über Klemme 87 an den Stromverbraucher weitergeleitet.

Störungssuche Schaltrelais

● Klemme 30 muß immer Spannung führen. Zur Kontrolle Relais ein Stück herausziehen und mit Prüflampennadel Klemme 30 antippen.
● Relais abziehen, Klemme 86 mit Batterie-Plus und Klemme 85 mit Masse verbinden. Die Magnetspule muß den Relaiskontakt deutlich hörbar anziehen, sonst ist das Relais defekt.

Behelf bei defektem Schaltrelais

● Relais aus der Zentralelektrik abziehen.
● Klemme 30 und 87 im Relaissteckfeld mit einer Büroklammer oder einem Drahtstück überbrücken. So erhält der betreffende Verbraucher Dauerstrom.
● Zum Abschalten die Kurzschlußbrücke abziehen, da der betreffende Schalter in diesem Fall ja überbrückt ist.

Das X-Kontakt-Entlastungsrelais

In der Bordelektrik spielt das X-Kontakt-Entlastungsrelais (übrigens ein einfaches Schaltrelais) eine bedeutende Rolle. Deshalb hier die Funktion:

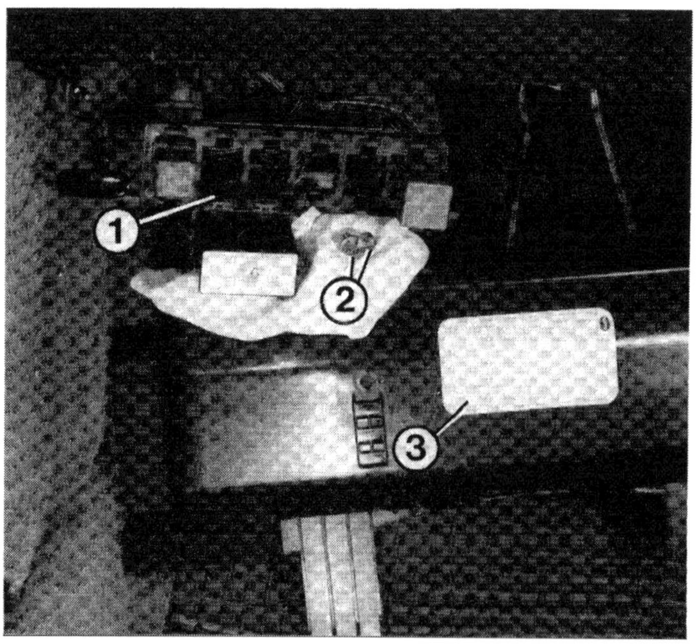

Nach Ausbau der Ablage links unter dem Armaturenbrett wurden hier die Halteschrauben (2) des Relaisträgers (1) herausgedreht und der Relaisträger ein Stück nach unten gezogen. Der Aufkleber (3) unten auf der ausgebauten Ablage leistet Ihnen wertvolle Hilfe wenn Sie wissen wollen, welches Relais bzw. Schaltgerät auf welchem Steckfeld sitzt.

Die weißen Zahlen zeigen, welche Relais in der Zentralelektrik eingesetzt sind: 1 – Nebelscheinwerfer; 2 – Kühlerventilator; 3 – Schubabschaltung oder Relais für Lüfternachlaufschaltung; 4 – Scheinwerfer-Reinigungsanlage; 5 – X-Kontakt-Entlastungsrelais; 6 – Klimaanlage; 7 – Hupen; 8 – Automatikgetriebe; 9 – Wisch/Wasch-Intervallautomatik; 10 – Kraftstoffpumpenrelais (nur Einspritzer) bzw. Ansaugrohrvorwärmung (Vergasermotoren); 11 – Klimaanlage (Magnetkupplung).

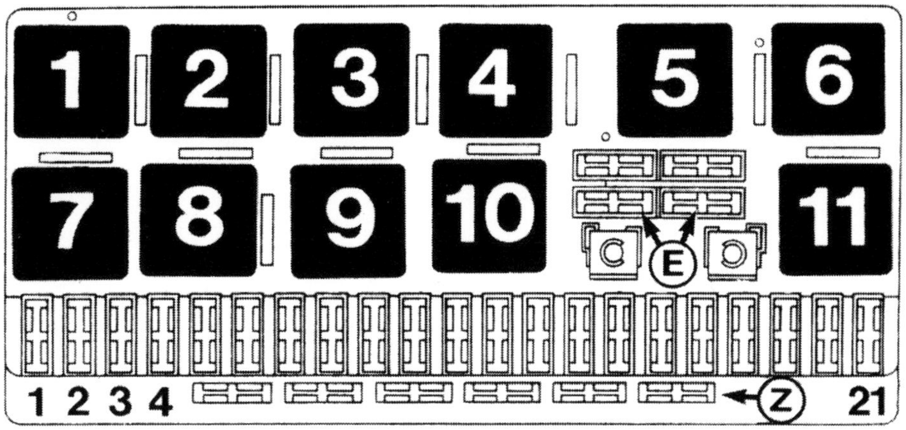

Der X-Kontakt des Zündschlosses erhält nur Strom, wenn der Zündschlüssel in Stellung »Fahrt« steht. Stark stromzehrende Verbraucher, wie Scheibenwischer, heizbare Heckscheibe oder Gebläse, sind über diese Klemme angeschlossen, damit beim Motorstart alle Kräfte der Batterie voll dem Anlasser zugute kommen. Natürlich können nicht alle diese Verbraucher ihren Strom über den Kontakt am Zündschloß erhalten; dazu ist er zu schwach. Also mußte ein Relais zwischengeschaltet werden, über dessen Arbeitsstromkontakt die Stromversorgung nun erfolgt. Der Zündschloßkontakt ist (neben der Scheinwerfer-Stromversorgung) nur noch für den Schaltstrom zum Relais zuständig.

Licht-/Radio-Warnsummer

Ein Summer in einem Relaisgehäuse ertönt bei Wagen ab 8/84, wenn bei geöffneter Tür und abgezogenem Zündschlüssel noch Licht brennt oder das Radio eingeschaltet ist. Wem das ermahnende Schnarren lästig wird, kann den Störenfried aus dem Relaisträger unter dem Armaturenbrett entfernen.

Anzünder

Der elektrische Anzünder erhält Dauerstrom über die zuständige Sicherung. Falls der Anzünder trotz intakter Sicherung nicht funktioniert, ist der Heizwendeleinsatz locker oder durchgebrannt. Dieser Einsatz läßt sich abschrauben und austauschen.

Heizbare Heckscheibe

Die heizbare Heckscheibe wird direkt über den Schalter am Armaturenbrett aus- und eingeschaltet. Strom gelangt bei eingeschalteter Zündung vom X-Kontakt-Entlastungsrelais über die Sicherung in einem weiß/gelben Kabel zum Schalter. Von dort aus fließt er bei entsprechender Schalterstellung über diverse Steckverbinder in einem weißen Kabel zur Heckscheibe.

Störungssuche

Falls die heizbare Heckscheibe kalt bleibt, kommen folgende Möglichkeiten in Betracht:

- Sicherung defekt.
- Schalter defekt. Ausbauen (Seite 228) und mit Elektrikprüflampe kontrollieren, ob bei eingeschalteter Zündung und gedrücktem Schalter das weiße Kabel unter Strom steht.
- Zuleitung zur Heckscheibe defekt. Mit Elektrik-Prüflampe kontrollieren, ob hinten am Anschlußkabel der Scheibe Spannung anliegt.
- Sind Heizfäden beschädigt und dadurch unterbrochen, hilft Leitsilberlack. Dieser wird z. B. von Doduco, Postfach 480, 7530 Pforzheim hergestellt und ist im Autozubehörhandel erhältlich.

Scheibenwischer und -wascher prüfen

Ständige Kontrolle

- Zündung einschalten.
- Laufen die Scheibenwischer in beiden Geschwindigkeiten und gehen sie beim Ausschalten in die Parkstellung zurück?
- Funktioniert die Wischintervallschaltung und die Wisch/Wasch-Automatik?
- Spritzt Wasser aus den Wascherdüsen?
- Arbeiten – je nach Ausstattung – Heckwischer und -wascher beim Avant?

Scheibenwischer auswechseln

Die Gummis der Scheibenwischer halten etwa ein halbes Jahr. Danach können Sie sich entscheiden, ob Sie ein komplettes Wischerblatt oder – billiger – nur das Wischergummi erneuern wollen. In jedem Fall muß das Wischerblatt vom Wischerarm abgebaut werden:

● Kunststoffhebel an der Mittelachse des Wischerblatts nach unten drücken.
● Gleichzeitig das Wischerblatt vom Wischerarm ziehen.
● Beim Einbau Wischerblatt bis zum Einrasten der Haltenocke auf den Wischerarm drücken.

Fingerzeig: Bei geöffneter Motorhaube lassen sich die Wischerarme bis 12/87 weiter von der Frontscheibe abheben. Das erleichtert die Arbeit beim Wechsel der Wischerblätter.

Wischergummi auswechseln

Ist das Metallgestänge des Wischerblatts noch in Ordnung, braucht nur das Wischergummi ausgewechselt zu werden:
● Wischergummi nach Muster im Zubehörladen kaufen (Werkstätten haben sie kaum vorrätig).
● Halteklammer um das Wischergummi an einem Ende des Wischerblatts aufbiegen.
● Altes Gummi herausziehen und die beidseits eingelegten Metallstreifen am neuen Gummi einsetzen. Darauf achten, daß die Krümmung nach unten (zur Scheibe hin) zeigt.
● Neues Wischergummi einschieben und Halteklammer wieder zusammenquetschen.

Wischerarme ausbauen

● Motorhaube öffnen.
● Bis 12/87: Zum leichteren Wiedereinbau Dorn oder Nagel in die Bohrung an der Oberkante des Wischerarms in Höhe der Wischerachse stecken. So ist die Wischerarm-Feder blockiert, und der Wischerarm kann später leichter auf die Achse geschoben werden.
● Schwarze Schutzkappe vorn auf der Wischerachse abhebeln und die Sechskantmutter darunter herausdrehen. Unterlegscheibe abnehmen.
● Wischerarm jetzt mit ruckelnden Bewegungen von der Kerbverzahnung der Wischerachse abziehen.
● Wischerarme bei Einbau so festschrauben, daß der linke Wischer 75 mm, der rechte Wischer 85 mm von der Scheiben-Unterkante entfernt steht.
● Sechskantmuttern mit 16 Nm festziehen.
● Dorn bzw. Nagel herausziehen.

Scheibenwischermotor

Der Scheibenwischermotor wird bei eingeschalteter Zündung über das X-Kontakt-Entlastungsrelais und die Sicherung (Seite 164) mit Strom versorgt. Die Kabelklemmen am Wischermotor haben dabei folgende Bedeutung:
○ Klemme 53 erhält Spannung für die erste Wischergeschwindigkeit.
○ Klemme 53a liefert Plusstrom für die Wischer-Endabstellung.
○ Klemme 53b führt die Spannung für die zweite Wischergeschwindigkeit.
○ Über Klemme 31b wird der Wischermotor beim Zurücklaufen der Scheibenwischer nach dem Abschalten abgebremst, damit die Wischer nicht über ihre Parkstellung hinauslaufen.
Wenn Sie die Scheibenwischer nicht gerade dann abschalten, da sie sich in ihrer Parkstellung befinden, erhält der Scheibenwischermotor über Klemme 53a so lange Spannung, bis die Wischer in ihre Ruhestellung gelaufen sind.

Fingerzeig: Bei eingeschalteter Zündung dürfen die Wischerblätter nicht außerhalb ihrer Parkstellung

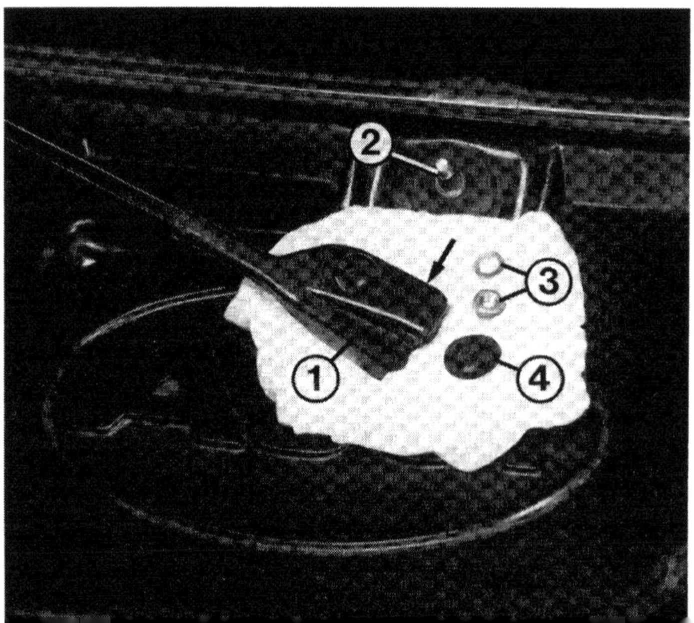

Zum Abbauen des Wischerarms (1) von der Wischerachse (2) muß die Kunststoffabdekkung (4) abgehebelt werden. Jetzt kann die Haltemutter (3) samt Unterlegscheibe gelöst werden. Der Pfeil zeigt auf das Loch, durch das ein Nagel gesteckt werden kann, um die Wischerfeder zu blockieren.

blockiert sein, etwa durch dicken Schnee oder weil sie angefroren sind. Klemme 53a liefert dann nämlich ununterbrochen Spannung. Da der Wischermotor durch die festhängenden Scheibenwischerblätter nicht drehen kann, brennt er nach einer gewissen Zeit durch. In einem solchen Fall die Wischerblätter abheben, damit sie in ihre Endstellung laufen können.

Scheibenwischer

Die Störung	– ihre Ursache	– ihre Abhilfe
A Scheibenwischer laufen nicht	1 Sicherung defekt	Austauschen
	2 Entlastungrelais defekt	Relais prüfen, siehe Seite 230
	3 Wischerantriebskurbel lose	Festschrauben
	4 Leitung zum Wischerschalter unterbrochen	Leitungen überprüfen
	5 Schaltkontakt im Wischerschalter defekt	Austauschen
	6 Leitung zum Wischermotor unterbrochen	Leitungen überprüfen
	7 Wischermotor durchgebrannt	Austauschen
B Scheibenwischer laufen nicht in Stufe II	1 Klemme 53b am Wischermotor defekt	Austauschen
	2 Siehe A 5	
	3 Zentralelektrik hat Unterbrechung	Austauschen
C Scheibenwischer laufen nicht im Intervallbetrieb	1 Relais defekt	Austauschen
	2 Kontakt J im Wischerschalter defekt	Austauschen
	3 Unterbrechung der Leitung J	Leitung instand setzen
	4 Siehe B 3	
D Intervallbetrieb läßt sich nicht ausschalten	1 Siehe C 1	
	2 a) Kontakt J im Wischerschalter öffnet nicht	Austauschen
	b) Kontakt T im Wischerschalter öffnet nicht	Austauschen
E Wischermotor hat keine Endstellung und Intervallbetrieb läuft dauernd	Unterbrechung der Leitung Klemme 53a bzw. 31b	Leitung instand setzen
F Wischer läuft nur in Stufe II und hat keine Endabschaltung	Wischermotor defekt	Austauschen

Wischermotor ausbauen

- Wischerarme und Wasserkastenabdeckung ausbauen.
- Zwei Sechskantschrauben oben an den Wischerachsen und eine unten am Wischermotor lösen.
- Mehrfachstecker am Wischermotor abziehen.
- Kabelstrang und Tachowelle vom Wischergestänge lösen.

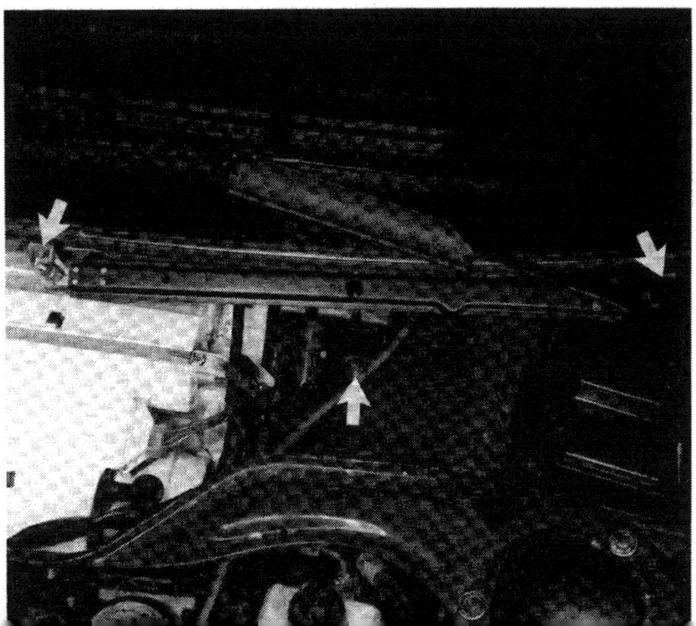

Bei abgenommener Wasserkastenverkleidung sehen Sie die drei Schrauben, die zum Ausbau des kompletten Wischergestänges gelöst werden müssen. Hier im Bild sind sie mit Pfeilen bezeichnet.

● Wischergestänge komplett mit Wischermotor ausbauen.
● Betätigungsstangen zu den Wischerachsen abhebeln.
● Drei Schrauben am Wischermotor herausdrehen. Um an alle Schrauben heranzukommen, muß die Kurbel des Wischermotors ein Stück weitergedreht werden.

Neuen Wischermotor einbauen

Soll ein neuer Wischermotor eingebaut werden oder wurde der alte Motor zur Reparatur von der Haltekonsole getrennt, gilt es folgendes zu beachten:
● Motor elektrisch anschließen und kurze Zeit laufen lassen. Ausschalten und warten, bis er in Parkstellung gelaufen ist.
● Motor in die Konsole einbauen, Antriebskurbel und Wischerstangen aufsetzen.
● Die Betätigungsstange zur linken Wischerachse kommt nach unten auf die Motorkurbel, die zur rechten Wischerachse kommt nach oben auf die Motorkurbel.
● Antriebskurbel jetzt so festschrauben, daß sie mit dem Gestänge zur rechten Wischerachse in einer Linie steht.
● Wird die Antriebskurbel nicht in dieser definierten Stellung befestigt, läuft der Wischerarm beim Anlaufen zuerst nach unten.
● Einbau des Wischergestänges: Halteschrauben nur schwach anziehen, da sie in Kunststoffdübeln sitzen!

Scheibenwaschwasser auffüllen

Ständige Kontrolle

● Erst Zusatzmittel und anschließend Wasser einfüllen, damit sich die Flüssigkeiten im Wascherbehälter gut vermischen.
● Bei tiefem Frost können die Wascherdüsen doch einfrieren. Zur Vorbeugung empfiehlt sich hier die Zumischung von ⅓ Brennspiritus.
● Um Verstopfungen der Scheibenwaschwasserdüsen vorzubeugen, empfiehlt sich der Einbau eines handelsüblichen Benzinfilters in die Waschwasserleitung.

Fingerzeig: Wenn das Sichtfeld auf der Windschutzscheibe trotz Reinigungszusatz im Waschwasser schlierig bleibt, hilft das altbekannte Messingputzmittel »Sidol« (nicht Sidol Spezial) weiter. Es wird mit einem Lappen aufgetragen und muß antrocknen, ehe der weiße Staub mit einem sauberen Lappen abgerieben wird. Damit werden Öl-, Lackpflegemittel- und sonstige Rückstände zuverlässig entfernt.

Spritzstrahl einstellen

Vier Wasserstrahlen treffen beim Betätigen der Scheibenwaschanlage auf die Windschutzscheibe des Audi auf. Wohin das am besten zu geschehen hat, zeigt die Zeichnung rechts oben. So wird eingestellt:
● Nadel in das Loch der Spritzdüse stecken.
● Das Düsenloch selbst befindet sich in einer Kugel, die mit Hilfe der Nadel verdreht wird.
● Spritzdüse drehen, bis die Spritzwasserstrahlen, wie in der Zeichnung gezeigt, auf die Windschutzscheibe auftreffen.

Scheinwerferreinigungsanlage

Bei entsprechend ausgestatteten Wagen richtet die Scheinwerfer-Waschanlage je zwei Wasserstrahlen auf die Streuscheiben, wenn bei eingeschaltetem Abblend- oder Fernlicht die Scheibenwaschanlage betätigt wird. Gesteuert wird der Waschvorgang durch ein Relais in der Zentralelektrik (Seite 230).

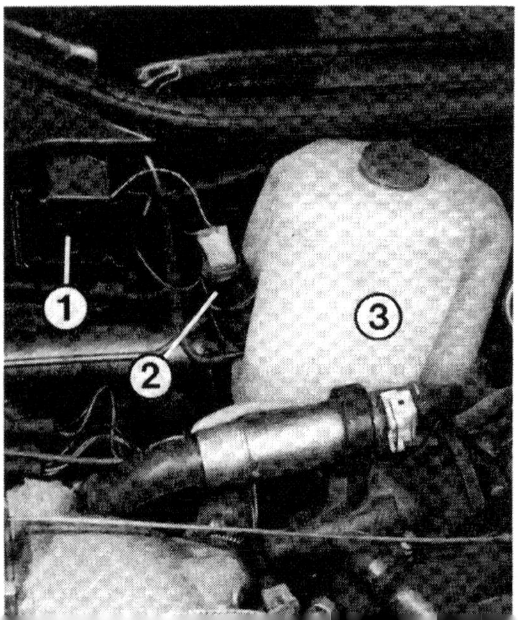

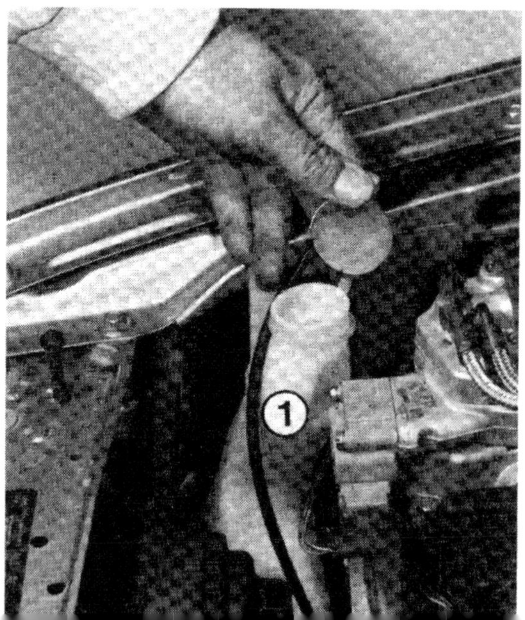

Links: Die Wasserpumpe (2) des Scheibenwaschers ist in den Waschwasserbehälter (3) nur eingesteckt. Auch der Behälter selbst ist in den Halter (1) an der Rückwand des Motorraums lediglich eingesteckt.
Rechts: Der Einfüllstutzen des Scheibenwascher-Behälters befindet sich bei neueren Wagen vorn rechts im Motorraum.

So sind die Spritzstrahlen der Scheibenwaschanlage richtig eingestellt. Die Maße lauten: a = 16 cm, b = 22 cm, c = 12 cm, d = 16 cm, e = 22 cm.

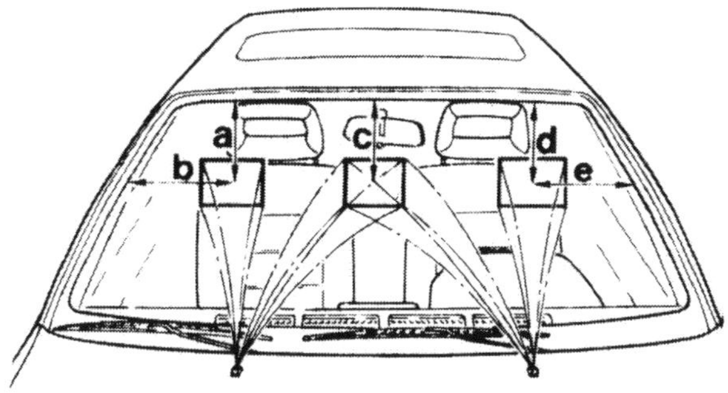

Der Wasser-Einfüllstutzen der Scheinwerfer-Reinigungsanlage befindet sich rechts vorn im Motorraum. Frostschutz- und Reinigungsmittel sollen der Scheinwerferwaschanlage im gleichen Verhältnis wie bei der Scheibenwaschanlage zugesetzt werden. Der Vorratsbehälter faßt ca. 5,3 Liter.
Selbstverständlich müssen die Wasserstrahlen der Scheinwerferwaschanlage an der richtigen Stelle der Streuscheibe auftreffen. Läßt die Scheinwerfer-Reinigung zu wünschen übrig, muß der Spritzstrahl mit dem V.A.G.-Werkzeug 3010 A eingestellt werden.

Radio

In unseren Beschreibungen gehen wir lediglich auf die Einbauweise wie ab Werk ein.

Radio ausbauen (alte Generation)

Die Radios der alten Generation erkennen Sie an der Aufteilung der Bedienungselemente. Diese Radios besitzen immer zwei Drehknöpfe, symmetrisch rechts und links angebracht. Hier der Ausbau:

- Batterie abklemmen.
- Drehknöpfe abziehen.
- Rosette dahinter abziehen.
- Haltemuttern für die Radioblende herausdrehen und Blende abziehen.
- Radio an den Reglerachsen fassen und aus der Mittelkonsole ziehen. Es ist bei werksseitigem Einbau lediglich eingesteckt.
- Läßt sich das Radio nicht herausziehen, sind möglicherweise die Anschlußkabel mit einem Halteclip befestigt – Mittelkonsole ausbauen und Kabel lösen.
- Beim Einbau darauf achten, daß die Halteachse hinten am Radio in die dafür vorgesehene Öffnung in der Mittelkonsole eingeführt wird. Radio dazu absolut waagrecht halten.
- Radio jetzt ein wenig in die Montageöffnung drükken, damit die Haltefedern einrasten können.

Radio ausbauen (neue Generation)

Die Radios der neuen Generation sind durch ihre asymmetrische Frontblendengestaltung leicht zu identifizieren. Ausbau:

- Batterie abklemmen.
- Entriegelungsbügel (bisweilen bei Radio-Einbausätzen mit dabei) in die vier Bohrungen seitlich an der Frontblende stecken und Radio aus der Mittelkonsole ziehen.
- Oder vier passende Nägel oder Drahtstifte in die Bohrungen schieben und damit die Haltefedern entriegeln (siehe Bild rechts unten).
- Radio nach vorn herausziehen, evtl. zusätzlich mit einem Schraubenzieher vorsichtig heraushebeln.
- Kabel- und Antennenstecker abziehen.
- Radioeinbau wie im vorigen Abschnitt beschrieben.

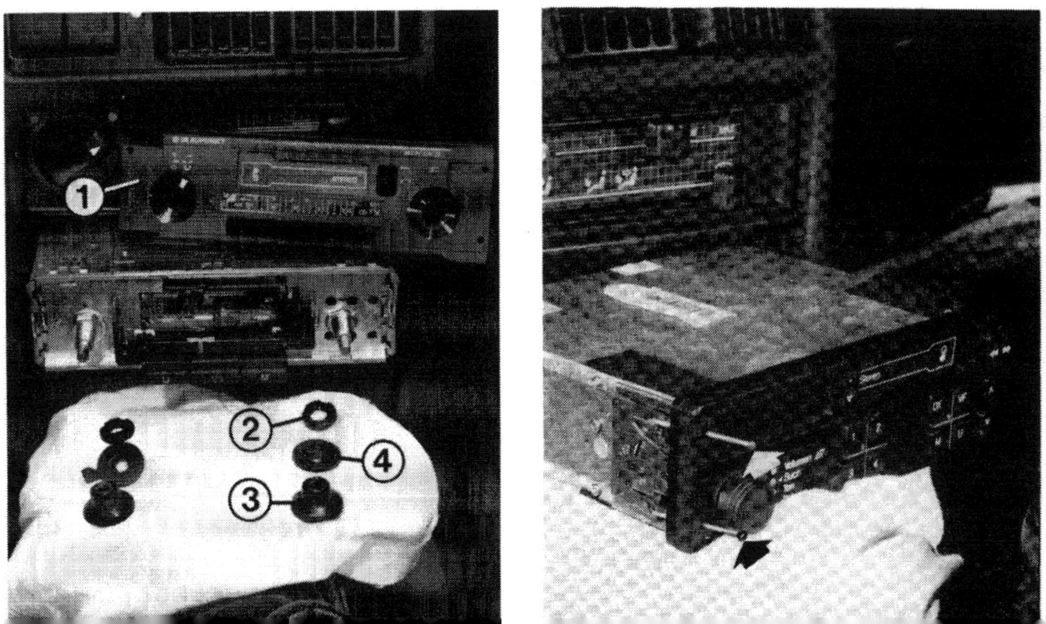

Radioausbau bei der alten (links) und der neuen Radiogeneration (rechts): 1 – Blende; 2 – Kunststoffmutter; 3 – Drehknopf; 4 – Rosette oder Reglerknopf; 5 – Haltefedern; 6 – Nägel zum Entriegeln der Haltefedern.

<u>Fingerzeige:</u> Der Anti-Diebstahl-Code an neueren Radios muß nach Abklemmen der Batterie, Auswechseln der Radiosicherung oder Ausstecken der Radio-Stromversorgung neu eingegeben werden. Unbedingt darauf achten, daß beim Anschließen eines Radios aus dem Zubehörhandel das evtl. nicht benötigte grau/blaue Kabel (Skalenbeleuchtung) isoliert wird. Niemals dieses Kabel versehentlich als Masseanschluß verwenden. Kabelbrandgefahr!

Lautsprecher im Armaturenbrett ausbauen
bis 12/87

Oben rechts und links im Armaturenbrett sitzen beim Audi 100 die Radiolautsprecher. Hier der Aus- bzw. Einbau:

- Verkleidung des vorderen Dachpfostens von Hand abziehen.
- Jetzt wird die Halteschraube der Lautsprecherblende sichtbar – herausdrehen.
- Blende seitlich anheben und aus der Verhakung Richtung Armaturenbrettmitte lösen.
- Der Lautsprecher selbst ist mit zwei Kreuzschlitzschrauben befestigt.
- Beim Zusammenbau die Haltezapfen der Dachpfostenblende vorsichtig in die entsprechenden Gegenstücke am Pfosten einstecken.

Lautsprecher im Armaturenbrett ausbauen
ab 1/88

- Lautsprecherabdeckung mit kleinem Schraubenzieher vorsichtig hochheben und abnehmen.
- Vier Schrauben der Blendenhalterung herausdrehen und diese abnehmen.
- Halteschraube des Lautsprechers lösen und diesen aus der seitlichen Steckverbindung ziehen.

Lautsprecher in der Hutablage
bis 12/87

Bei werksseitig eingebauten Hecklautsprechern sitzen diese in der Limousine rechts und links in der Hutablage. Hier der Ausbau:

- Aufgesteckte Lautsprecherblende vorsichtig abhebeln.
- Vom Kofferraum aus die vier Haltestifte in den Kunststoffdübeln der Lautsprecherbefestigung nach oben drücken.
- Lautsprecher nach oben herausnehmen.

Lautsprecher in der Hutablage ausbauen
ab 1/88

- Vom Kofferraum aus das Lautsprechergehäuse fassen und linksdrehen – die Lautsprecher sind (ähnlich wie Glühbirnen in ihren Fassungen) mit einem Bajonettverschluß im Blech der Hutablage befestigt.
- Beim Einbau Lautsprecher einsetzen und rechtsdrehen.

Hecklautsprecher Avant

Die Hecklautsprecher sind beim Avant in die Türverkleidungen der hinteren Seitentüren eingelassen. Zum Ausbau Türverkleidung abnehmen.

Heckscheibenantenne

Hauptvorteil der Heckscheibenantenne: Sie bietet keinerlei Angriffspunkt für Mitmenschen mit Zerstörungswut. Außerdem kann sie in der Waschanlage keinen Schaden erleiden.
Als Antenne für Mittelwelle fungieren bei dieser Antennenart zwei Metall-Leiterbahnen ganz oben an der Scheibe. Dem UKW-Empfang dienen die gleichzeitig als Heizdraht verwendeten restlichen Leiterbahnen. Ein Antennenverstärker unter der linken hinteren Dachpfostenverkleidung gleicht die fehlende Höhe dieser Antennenanlage aus.

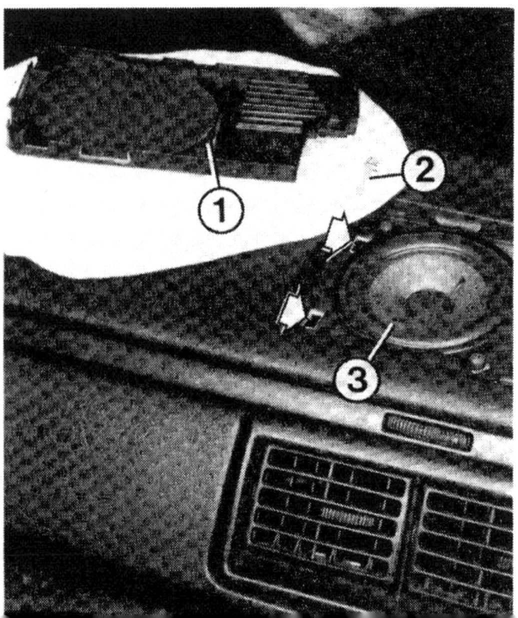

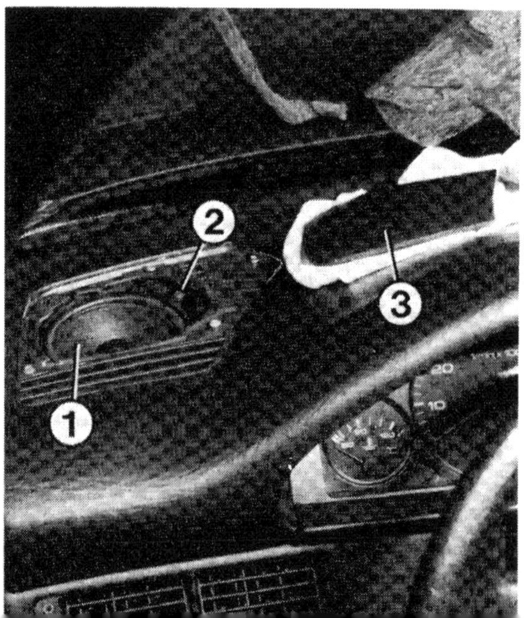

Links: Ausbau eines Lautsprechers (3) im Armaturenbrett (bis 12/87): Zuerst muß die Halteschraube (2) der Lautsprecherblende (1) herausgedreht werden. Dann kann die Blende aus den Aussparungen (Pfeile) ausgehakt werden. Rechts: Zum Ausbau der vorderen Lautsprecher ab 1/88 muß die Abdeckung (3) vorsichtig abgehoben werden. Danach Halteschraube (2) des Lautsprechers (1) lösen.

Elektrische Spiegelverstellung

Beide Spiegel werden vom Schalter im Türgriff der Fahrertür eingestellt. Außerdem werden die Spiegelflächen bei eingeschalteter Heckscheibenheizung beheizt. Weitere Informationen zum Spiegel (mit mechanischer Verstellung) finden Sie auf Seite 252.
Falls sich beim Betätigen der Spiegelverstellung nichts regt:

- Zuerst Sicherung prüfen (Seite 164).
- Als nächstes Schalter ausbauen (Seite 251) und nach der Anleitung auf Seite 229 überprüfen.
- Ist der Schalter in Ordnung, Spiegelglas ausbauen, um an die Anschlüsse des Verstellmotors heranzukommen (siehe Seite 252).
- Kommt bei eingeschalteter Zündung und betätigtem Schalter Spannung an den Kontakten des Motors an bzw. ist der Masseanschluß in Ordnung?
- Wenn ja, kann nur noch der Motor defekt sein. Den gibt es leider nicht einzeln zu kaufen, sondern nur mit dem kompletten Spiegel.
- Man kann das Spiegelglas dann von Hand durch Drücken noch verstellen.
- Bei ausgefallener **Spiegelbeheizung** prüfen Sie den Stromweg vom Heizscheibenschalter ausgehend.
- Spiegelglas mit angeschlossenen Kabeln ins Gehäuse einsetzen und mit dem unten angesetzten Schraubenzieher den Ring im Uhrzeigersinn festdrehen.

Die Zentralverriegelung

Sämtliche Türen sowie die Kofferraumklappe lassen sich durch den Schlüsseldreh am Fahrer- und seit 8/86 auch am Beifahrertürschloß ent- bzw. verriegeln.
Das geschieht durch eine sogenannte Bi-Druckpumpe, die von einem Elektromotor angetrieben wird. Beim Schlüsseldreh an der Fahrertür in Richtung »Auf« erzeugt die Pumpe Überdruck, wodurch die verschiedenen Schaltelemente im Auto die jeweilige Verriegelung freigeben. Umgekehrt wird beim Zuschließen Unterdruck erzeugt, und die Schaltelemente verriegeln.
Der pneumatische (Unterdruck-)Teil der Zentralverriegelung besteht aus der Bi-Druckpumpe, den Schaltelementen, Rohrleitungen, Schläuchen und T-förmigen Verbindungsstellen, wie in der Zeichnung unten gezeigt.

Zentralverriegelung prüfen

- Fahrertür (bzw. seit 8/86 auch Beifahrertür) mit dem Schlüssel ent- bzw. verriegeln.
- Nach etwa zwei Sekunden sollten alle Schlösser verriegelt sein.
- Läuft die Pumpe länger als fünf Sekunden ist die Anlage undicht – in diesem Fall darf die Bi-Druckpumpe höchstens 35 Sekunden lang laufen, dann muß sie abschalten.

Fingerzeig: Sollte die Zentralverriegelung einmal ausfallen, können Türen und Gepäckraumdeckel auch konventionell per Schlüssel geöffnet und verriegelt werden. Ebenso lassen sich die Türverriegelungsknöpfe von Hand betätigen.

Störungssuche an der Elektrik

Fahrzeuge bis 7/86

Falls die Pumpe beim Schlüsseldreh an der Fahrertür überhaupt nicht läuft:

- Sicherung kontrollieren (Tabelle Seite 164).
- Verkleidung hinten links im Gepäckraum ausbauen (Avant) bzw. Rücksitzbank ausbauen.
- Dreifachstecker von der Pumpe abziehen.
- Im Stecker zwischen dem Kontakt der grün/roten

Die Zentralverriegelung besteht im wesentlichen aus der Bi-Druckpumpe (5), sowie Tür-Schaltelementen links vorn (1), rechts vorn (2), links hinten (6) und rechts hinten (3). Auch am Kofferraum- bzw. Heckklappenschloß befindet sich ein Schaltelement (4). Die Zeichnung links zeigt die Zentralverriegelung bis 7/86, rechts ist die neuere Anlage abgebildet. Hier zeigt Position 4 auf die Bi-Druckpumpe, Position 5 auf das Schaltelement der Kofferraumklappe. Die übrigen Bezeichnungen sind identisch.

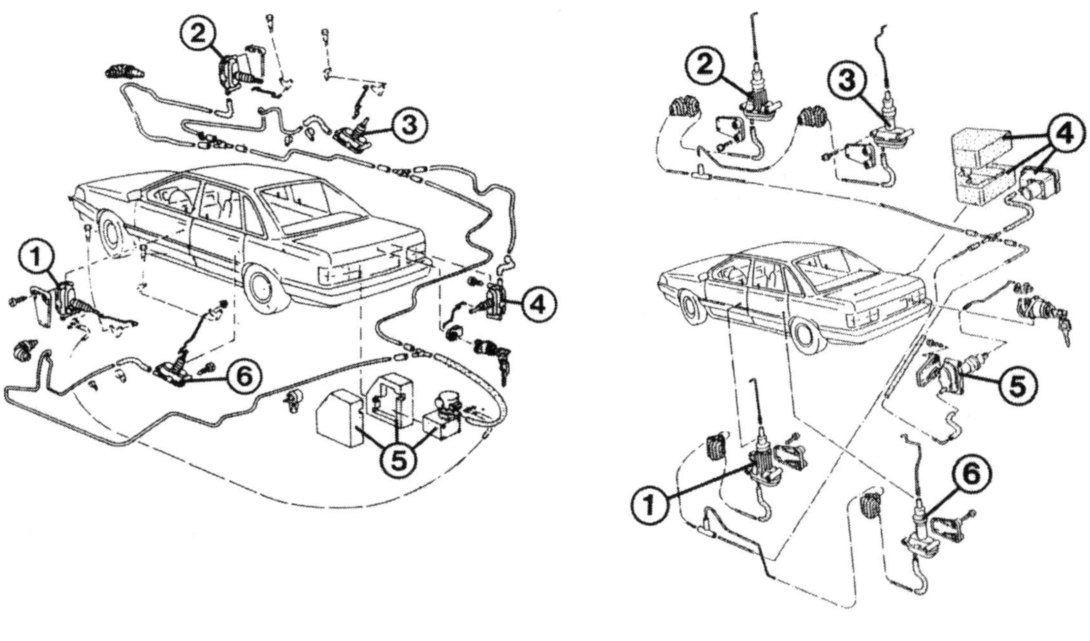

und der braunen Leitung eine Prüflampe anschließen.
● Die Prüflampe muß brennen, wenn die Fahrertür entriegelt ist.
● Bleibt die Lampe dunkel, kann das Schaltelement für die Fahrertür defekt oder die Kabelzuleitung unterbrochen sein.
● Hat die Prüflampe bei der ersten Kontrolle geleuchtet, jetzt Fahrertür verriegeln.
● Prüflampe am Stecker an den Kontakten der braunen und der grün/blauen Leitung anklemmen.
● Bleibt die Lampe dunkel, ist das Schaltelement defekt, sofern es nicht an einer Kabelunterbrechung liegt.
● Leuchtet die Prüflampe, ist die Bi-Druckpumpe defekt.

Störungssuche an der Elektrik
Fahrzeuge ab 8/86

Falls die Pumpe beim Schlüsseldreh an der Fahrer- oder Beifahrertür überhaupt nicht läuft:
● Sicherung kontrollieren (Seite 164).
● Rücksitzbank ausbauen.
● Mehrfachstecker von der Pumpe abziehen.
● **Schaltelement Fahrertür prüfen:**
● Im Stecker zwischen dem Kontakt der grün/blauen und der braunen Leitung eine Prüflampe anschließen.
● Die Prüflampe muß brennen. Dann ist der Öffner-Kontakt des Schaltelements in Ordnung.
● Bleibt die Lampe dunkel, kann der Öffner-Kontakt für die Fahrertür defekt oder die Kabelzuleitung unterbrochen sein.
● Prüflampe jetzt an den Kontakten der roten und der grün/blauen Leitung anklemmen.
● Fahrertür mit dem Schlüssel verschließen.
● Leuchtet die Prüflampe, ist der Schließer-Kontakt des Schaltelements in Ordnung.
● Bleibt die Lampe dunkel, ist das Schaltelement defekt – sofern es nicht an einer Kabelunterbrechung liegt.
● **Schaltelement Beifahrertür prüfen:**
● Gleiche Prüfungen wie vorstehend beschrieben, doch Kabelfarbe gelb/blau und rot für Schließer-Kontakt, Kabelfarbe gelb/blau und braun für Öffner-Kontakt.
● **Bi-Druckpumpe prüfen.**
● Ist die Stromversorgung der Pumpe über die Schaltelemente gesichert (wie im Vortext geprüft), bleibt als Schadensursache nur noch die Bi-Druckpumpe übrig. Auswechseln.

Störungssuche an der Pneumatik

Zur Überprüfung einer undichten Zentralverriegelung muß die Anlage der Reihe nach durchgeprüft werden: Wo die Bauteile und Schläuche sitzen, zeigen die Zeichnungen auf der Vorseite.
Läuft die Bi-Druckpumpe bei den folgenden Prüfpunkten beim Betätigen der Zentralverriegelung **länger als fünf Sekunden,** ist das betreffende Bauteil oder die zugehörige Schlauchleitung **undicht.** Defektes Teil austauschen.
● **Bi-Druckpumpe:** Schlauch an der Pumpe mit Flachzange zusammendrücken und somit dicht verschließen. Türschloß betätigen.
● **Schaltelemente an den Türen bzw. an der Kofferraumklappe:**
● Unterdruckschläuche an allen anderen Schaltelementen – mit Ausnahme des zu prüfenden – abklemmen und verschließen.
● Wo die Schläuche zu finden sind, zeigen die Zeichnungen auf der Vorseite.
● Zum Erreichen der Schläuche zu den Tür-Schaltelementen Türverkleidungen abbauen.
● Jetzt Türschloß betätigen.
● Kein pneumatisch betätigtes Schaltelement besitzt die Fahrertür bis Baujahr 7/86.

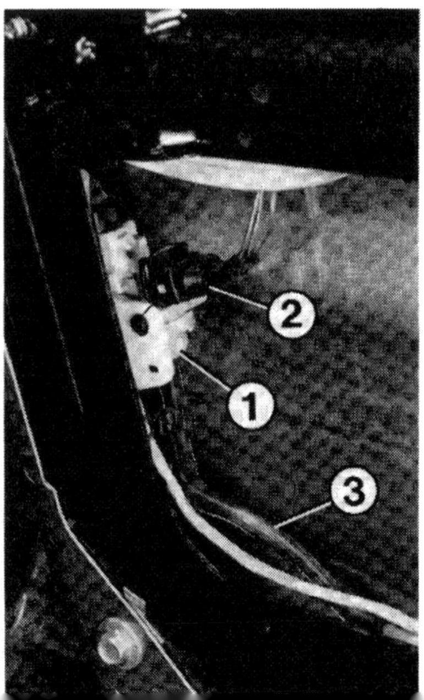

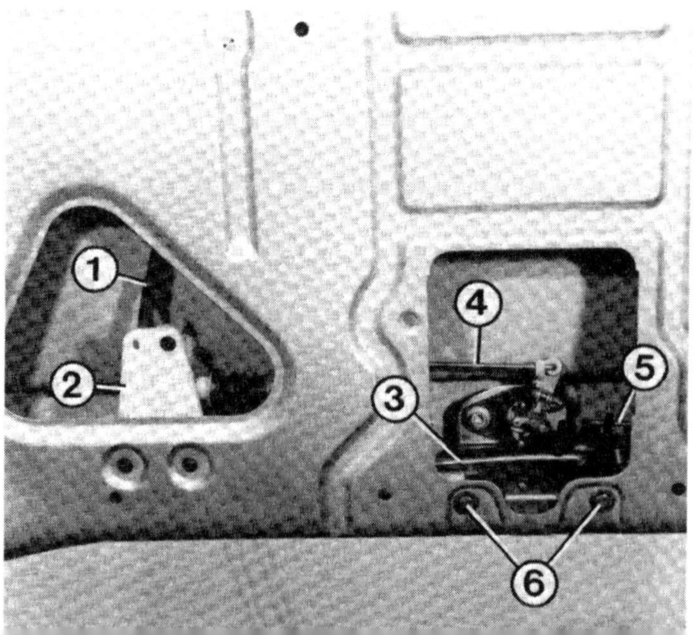

**Links: Das Schaltelement (1) der Zentralverriegelung (ab 8/86) in der Fahrertür mit Anschlußstecker (2) und Luftschlauch (3).
Rechts: In der Heckklappe des Avant sehen Sie bei abgenommener Verkleidung: 1 – Luftschlauch der Zentralverriegelung; 2 – Schaltelement der Zentralverriegelung; 3 – Betätigungsstange zum Heckklappenschloß links; 4 – Verbindungsstange zum Schaltelement; 5 – Betätigungsstange zum Heckklappenschloß rechts; 6 – Halteschrauben für Schloßträger.**

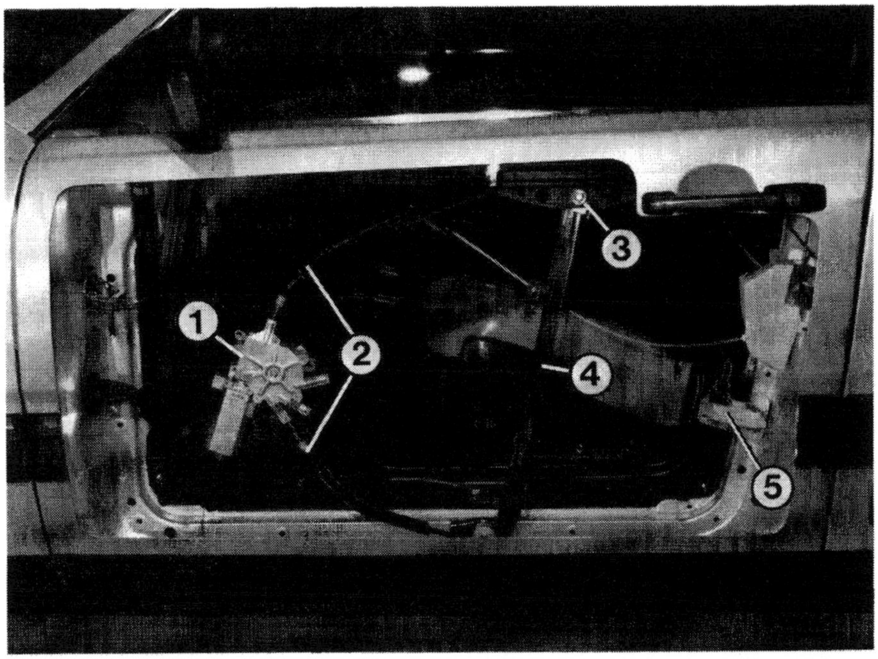

Hier wurde die Fahrertür zu Demonstrationszwecken von außen aufgeschnitten. Gut zu sehen sind: 1 – Fensterhebermotor; 2 – biegsame Wellen für Fensterantrieb; 3 – die im Text unten angesprochene Sicherungsscheibe; 4 – Fenster-Führungsschiene; 5 – Schaltelement der Zentralverriegelung.

Die elektrischen Fensterheber

Die Funktionsweise der Fensterheber im Audi wird seit 8/86 nicht nur von den Schaltern, sondern auch vom Steuergerät für Fensterheber im Zusatzrelaisträger bestimmt:

○ Bei laufendem Motor gleitet die Fahrertür-Scheibe auf kurzes Antippen des Schalters bis zum Anschlag auf oder zu. Es sei denn, das Fenster wird durch Antippen des Schalters gestoppt.

○ Bei stehendem Motor läuft diese Scheibe nur, solange die Fensterheber-Taste angetippt wird. Das gilt für Zu- und Auf-Richtung sowie für offene und geschlossene Tür.

○ Nur auf Tastendruck laufen auch die übrigen Scheiben im Wagen, es sei denn, sie wurden vom Zentralschalter in der Fahrertür-Armlehne blockiert.

○ Wenn bei stehendem Motor die Fahrertür geöffnet und wieder verschlossen wurde, sind die Fensterheber abgeschaltet (Diebstahlschutz).

○ **Bis 7/86** liefen die Fensterheber bei eingeschalteter Zündung auf Tastendruck am Fensterheber-Schalter.

Störungen

Die Motoren der elektrischen Fensterheber werden auf gleiche Weise ausgebaut wie die mechanischen Heber, siehe Seite 254. Eine Reparatur des Elektromotors ist nicht vorgesehen.

● Wenn sich keine Fensterscheibe mehr rührt, Sicherung im Zusatzrelaisträger (Seite 230) auf Durchgang prüfen. Da es sich um einen Sicherungsautomaten handelt, müßte die Stromzufuhr nach kurzer Zeit automatisch wieder eingeschaltet werden.

● Arbeitet nur ein Fensterheber, bauen Sie den betreffenden Schalter aus (Seite 251) und überprüfen ihn (Seite 229).

● Ist der Schalter in Ordnung, betreffende Türverkleidung abnehmen (Seite 251).

● Kabelstecker am Fensterhebermotor abziehen und mit der Prüflampe kontrollieren, ob beim Betätigen des Fensterhebers auch tatsächlich Spannung anliegt.

● War bis hier kein Fehler zu entdecken, ist der Fensterhebermotor defekt.

● Kam dagegen keine Spannung am Motor an, muß der Kabelverlauf bzw. das Steuergerät überprüft werden.

● Schlechter Lauf einer Scheibe dürfte an einer verklemmten Fensterführung liegen.

Behelf unterwegs

● Ist der Schalter defekt, versuchen Sie, das Fenster mit dem zweiten Schalter zu schließen.

● Geht das nicht (z. B. an der Fahrertür), bauen Sie den Schalter eines anderen Fensters aus bzw. stekken die Anschlußkabel auf einen intakten um.

● Mit diesem intakten Schalter können Sie das Fenster schließen.

● Ist der Hebermotor blockiert, können Sie bei abgenommener Türverkleidung das Fenster vom Fensterheber abbauen. Dazu den Sicherungsring an der Rückseite des Fensterhebers vom Verbindungspunkt Heber/Scheibe abdrücken (Spiegel dazu verwenden) und Scheibe aushängen. Scheibe jetzt nach oben schieben und mit Klebeband fixieren.

Prima Klima

Frische Luft tritt zwischen Motorhaube und Frontscheibe ein und wird vom Fahrtwind oder zusätzlich vom Gebläse in den Innenraum gedrückt. Bei eingeschalteter Heizung verläuft der Luftstrom durch den Wärmetauscher, einen kleinen Heizkörper, durch den aufgeheiztes Motorkühlmittel fließt. Ist die Heizung abgestellt, strömt die Luft unter Umgehung des Wärmetauschers über einen anderen Kanal in den Innenraum. Ein Heizventil, das die Wasserzufuhr zum Wärmetauscher reduziert oder abstellt, wird bei dieser Heizungsversion nicht gebraucht.

Heizung und Lüftung prüfen

● Regler für **Luftzufuhr und Gebläse** langsam von links nach rechts schieben bzw. drehen: Die Luftzufuhr wird geöffnet, das Gebläse steigert seine Geschwindigkeit in drei bzw. – ab 8/84 – in vier Stufen.

● Regler für **Luftverteilung** der Reihe nach auf die Skalensymbole stellen: Von links nach rechts geschoben bzw. gedreht, bewirkt der Hebel nacheinander Luftzufuhr a) aus den Düsen in Armaturenbrettmitte, b) aus den Fußraum-Luftdüsen – eine geringe Luftmenge tritt auch an den oberen Düsen aus oder c) aus den Defrosterdüsen unter der Windschutzscheibe.

Zusatzfunktion des Schiebereglers bis 7/84: In der Hebelstellung ganz links wird die Gebläsedrehzahl um eine Stufe angehoben.

● Drehregler für **Heizleistung** nach rechts drehen: Die Heizleistung nimmt zu. Die Luftzufuhr erfolgt auf dem Weg durch den Wärmetauscher.

● Regler nach links drehen: Die Heizleistung nimmt ab. Der Luftstrom umgeht den Wärmetauscher.

Das Luftgebläse

Der Gebläsemotor läuft in drei, seit 8/84 sogar in vier Geschwindigkeiten, die durch den Regler »Luftzufuhr und Gebläse« am Armaturenbrett eingestellt werden. Anhebung der Drehzahl um eine Geschwindigkeitsstufe bewirkt bis Baujahr 7/84 die Reglerstellung ganz links beim Schieberegler »Luftverteilung«.
Die Geschwindigkeitsstufen werden durch Zuschalten verschieden großer Widerstände (bzw. durch Hintereinanderschalten derselben) erreicht. Die Widerstände sind in die Masse-Zuleitung zum Gebläsemotor eingeschaltet. Die Plusstromzufuhr bleibt also konstant – lediglich der Massekontakt wird »verbessert« bzw. »verschlechtert«.

● Wenn das Gebläse **in keiner Schalterstellung** rauscht, kontrollieren Sie zuerst die zuständige Sicherung (Tabellen ab Seite 164).

● Laufen trotz intakter Sicherung auch die Scheibenwischer nicht, liegt es am X-Kontakt-Entlastungsrelais, siehe Seite 230.

● Gebläsemotor prüfen: Stecker am Gebläsemotor abziehen, zwei Hilfskabel zu den jetzt freien Anschlußkontakten legen: Vom Batterie-Pluspol zum Kontakt, auf dem das schwarz/blaue Kabel steckte, vom Batterie-Minuspol zu dem Kontakt, auf dem das rot/braune Kabel steckte.

● Ist der Gebläsemotor intakt, muß er sich jetzt mit voller Geschwindigkeit drehen. Wenn nicht, auswechseln.

● Läuft das Gebläse **nicht in allen Geschwindigkeiten** oder läuft es nur, wenn der Schieberegler »Luftverteilung« (bis Baujahr 7/84) ganz nach links gedrückt wird, ist möglicherweise einer der Vorwiderstände defekt.

● Vorwiderstände ausbauen (Bild oben), Sichtprüfung vornehmen. Ist einer der Widerstände durchgebrannt, kompletten Widerstandsträger ersetzen.

● Sind die Vorwiderstände intakt, bleibt neben einer Leitungsunterbrechung nur noch der Schieberegler bzw. der Drehschalter im Armaturenbrett als Übeltäter übrig – auswechseln.

Gebläsemotor ausbauen

Der Gebläsemotor ist zusammen mit seinem Lüfterrad gewuchtet, so daß beide Teile auch nur gemeinsam ausgetauscht werden können.

● Ansaugschacht mit Schutzgitter und Luftklappe abschrauben und mit angeschlossenem Betätigungszug zur Seite legen.

● Links unten am Gebläsekasten den Zweifachstecker des Lüftermotors abziehen und den Sicherungsring darunter mit einer Seegerringzange oder zwei kleinen Schraubenziehern abnehmen.

● Haltescheibe und Gummitülle abnehmen.

● Den schwarzen Gummischlauch am Gebläsekasten abbauen.

● Gebläsemotor am Lüfterrad nach rechts herausziehen.

● Beim Einbau darauf achten, daß der Sicherungsring in der Nut des Gebläsemotors einrastet.

Aus dem Gebläsekasten vorn im Motorraum ist hier der Widerstandsträger (1) ausgebaut. Ferner bedeuten: 2 – Gummischlauch; 3 – Anschlußstecker für Widerstandsträger; 4 – Anschlußstecker für Gebläsemotor.

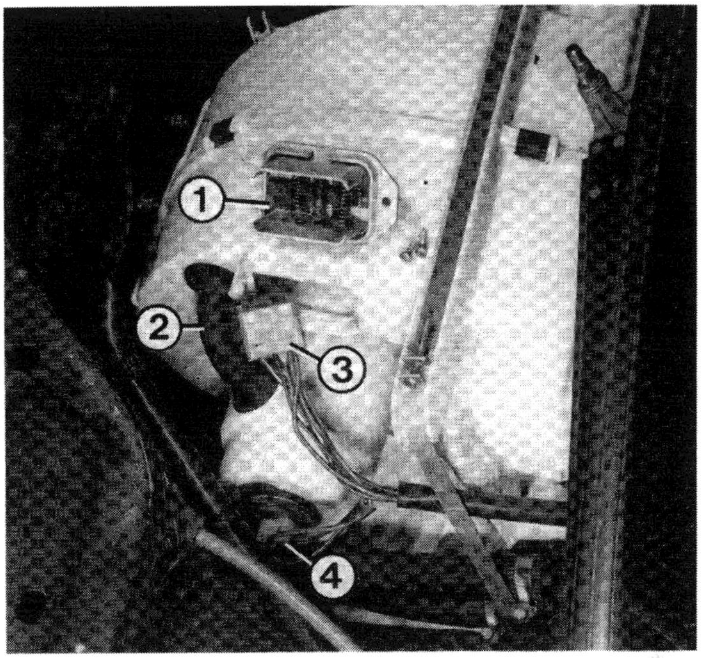

Vorwiderstände ausbauen

- Mehrfachstecker links oben am Gebläsekasten abziehen.
- Zwei Kreuzschlitzschrauben lösen.
- Widerstandsträger herausziehen.

Heizungs-/Lüftungsbetätigung

Alle Funktionen des Heizungs-/Lüftungssystems im Audi lassen sich von der Bedienungseinheit in der Mittelkonsole aus steuern. Wie diese Betätigungseinheit ausgebaut wird, erfahren Sie im Abschnitt »Mittelkonsole zerlegen« auf Seite 257.

Betätigungszüge auswechseln

Drei sogenannte Bowdenzüge verlaufen von der Betätigungseinheit in der Mittelkonsole zum Luftkasten. Die Betätigungszüge für Luftzufuhr und Heizleistung reichen dabei bis in den Wasserfangkasten im Motorraum; der Zug für Luftverteilung endet rechts am Luftkasten. Der Aus- und Einbau ist bei allen Zügen nahezu gleich:

Die Betätigungseinheit (1) für Heizung und Lüftung ist hier aus der Mittelkonsole ausgebaut (Version bis 12/87). Das Widerlager des Betätigungszugs für Luftzufuhr (3) wird gerade mit einem Schraubenzieher aus der Verhakung an der Betätigungseinheit herausgehebelt (Pfeil). Die Position 2 zeigt den Bowdenzug für Heizleistung.

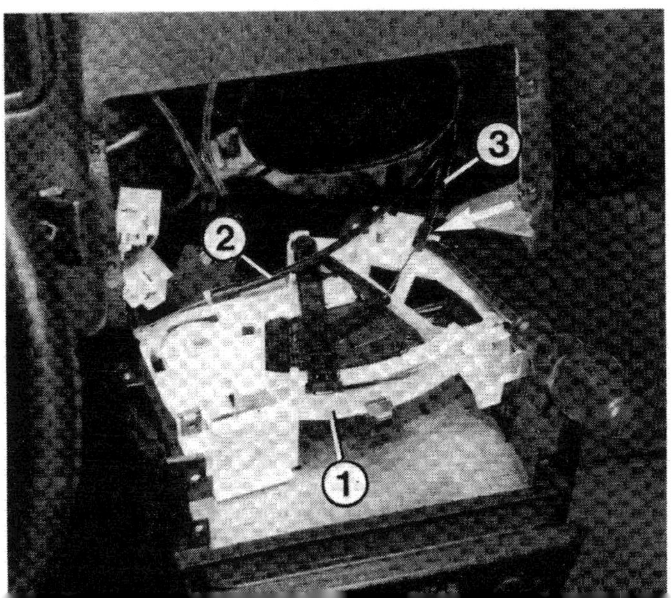

Bei abgenommener Wasserfangkasten-Abdeckung sehen Sie am Gebläsekasten; 1 – Betätigungszug für Heizleistung; 2 – Betätigungszug für Luftzufuhr; 3 – Schutzgitter am Lufteintritt.

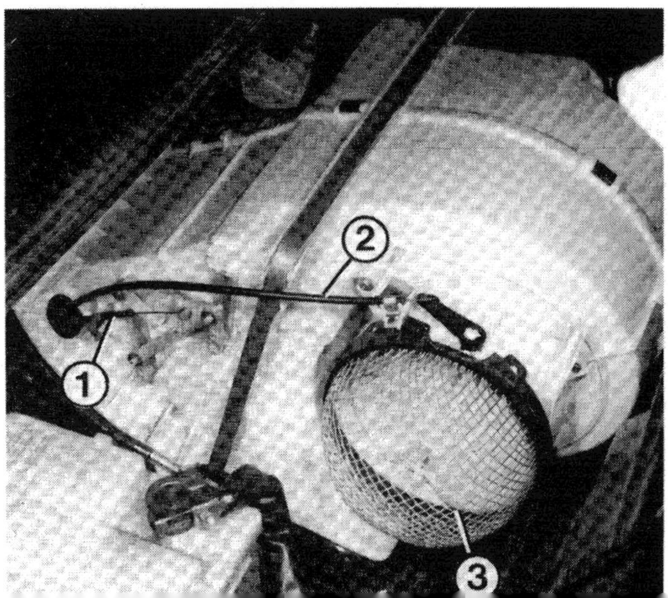

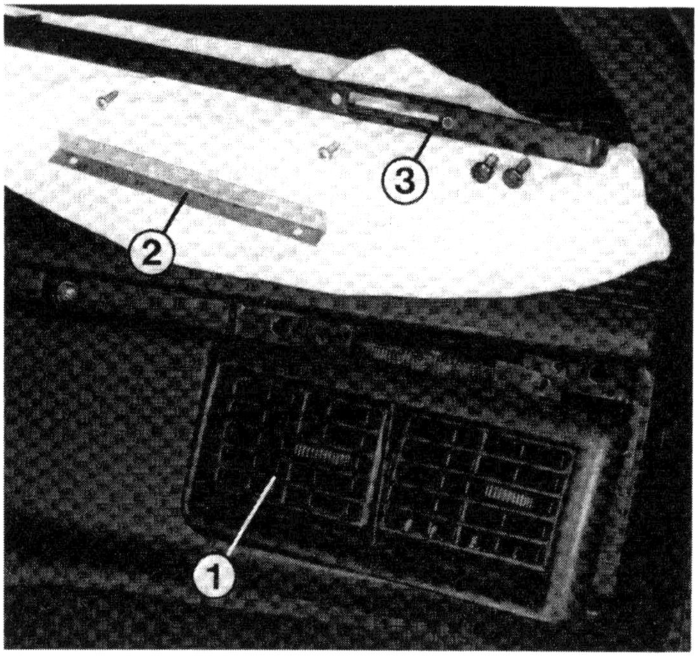

Ausbau der Luftdüse bis 12/87 (1) nach Abziehen der Zierblende (3) und Abschrauben des Halteblechs unten (2).

- Betätigungseinheit Heizung/Lüftung in der Mittelkonsole freilegen. Siehe dazu den Abschnitt »Mittelkonsole zerlegen« auf Seite 257.
- Zum Ausbau der Züge für Luftzufuhr und Heizleistung die Kunststoffabdeckung über dem Wasserfangkasten vorn im Motorraum vorsichtig abheben.
- Zum Ausbau des Zugs für Luftverteilung das Handschuhfach abbauen (Seite 258).
- Widerlager des Betätigungszugs mit einem Schraubenzieher aus der Verhakung an der Betätigungseinheit heraushebeln.
- Das zweifach gekröpfte Zugende aus dem Betätigungshebel aushängen.
- Am Luftkasten sind die Hüllen der Bowdenzüge mit Blechklammern befestigt – mit Schraubenzieher abhebeln.
- Beim Einbau des neuen Zugs kann dieser mit den erwähnten Blechklammern in unterschiedlichen Stellungen befestigt und damit in der Länge variiert werden.
- Auf den richtigen Sitz von Durchführungstüllen achten.

Luftdüsen ausbauen

Die einstellbaren Luftdüsen im Armaturenbrett lassen sich einzeln ausbauen:

- **Bis 12/87:** Der Ausbau der Luftdüsen in Armaturenbrett-Mitte ergibt sich zwangsläufig beim Zerlegen der Mittelkonsole (siehe Seite 257).
- Zum Ausbau der Luftdüsen rechts und links im Armaturenbrett zunächst die Zierblende oberhalb der betreffenden Düse abhebeln.
- Zwei Kreuzschlitzschrauben darunter herausdrehen.
- Ablagefach links (Seite 258) bzw. Handschuhfach ausbauen (ebenfalls Seite 258).
- An der Unterkante der Düsen von hinten zwei sehr schlecht erreichbare Kreuzschlitzschrauben lösen.
- Düse herausziehen.
- Beim Einbau Düse mit vormontiertem Halteblech unten einsetzen und Schrauben erst bei eingebauter Düse vollends festziehen.
- Luftschlauch nicht vergessen.
- **Ab 1/88:** Alle Luftdüseneinsätze lassen sich mittels einer flachen Zange leicht herausziehen.
- Beim Einbau beachten: Einer der beiden Haltebolzen der Düseneinsätze ist dicker. Also Schwenkeinsatz entsprechend drehen.

Luftkasten ausbauen

Der Ausbau des Luftkastens mit Heizungs-Wärmetauscher ist eine Arbeit für Profis bzw. Fortgeschrittene. Deshalb hier nur die wichtigsten Arbeitsschritte:

- Heizungs-/Lüftungsbetätigung ausbauen.
- Luftschläuche abnehmen.
- Wasserkasten-Abdeckung abnehmen.
- Druck im Kühlsystem abbauen (Deckel öffnen).
- Kühlmittelschläuche zum Wärmetauscher mit Schlauchklemme verschließen, Einbaulage kennzeichnen und abbauen.
- Stecker abziehen, Bowdenzüge abklemmen.
- Luftkasten im Motorraum an seiner Vorderkante hochheben und damit aus der Verklebung lösen. Die V.A.G.-Werkstatt verwendet die Spezialwerkzeuge 2075 und 10-222. Ohne diese Werkzeuge ist das kaum zu schaffen.
- Zum Ausbau des Wärmetauschers Blechklammern am Luftkasten lösen und die Gehäusehälften trennen.
- Beim Einbau des Luftkastens die selbstklebende Dichtung ersetzen.

Die Luftdüsen (1) im neuen Armaturenbrett ab 1/88 sind lediglich auf die Haltezapfen (2) im Luftkanal aufgesteckt.

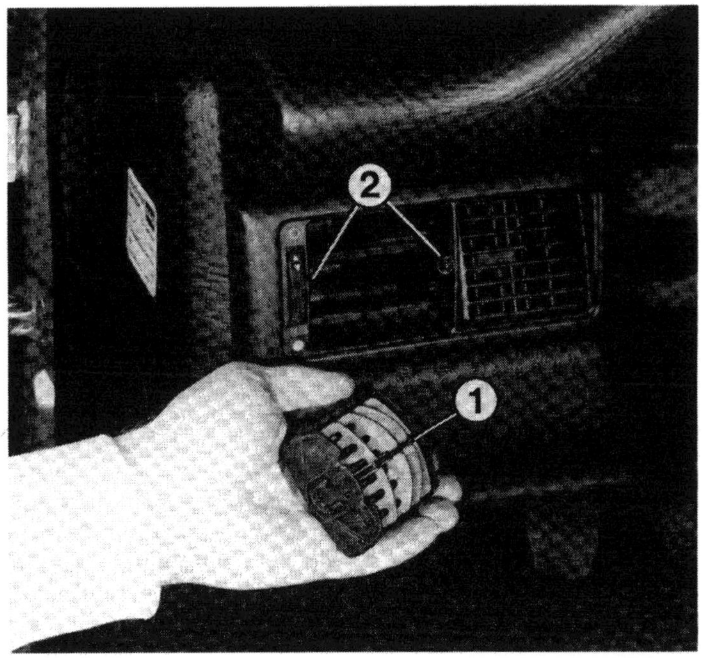

Störungsbeistand

Heizung

Die Störung	– ihre Ursache	– ihre Abhilfe
A Heizleistung ungenügend	1 Heizungszug gerissen oder Verzahnung des Heizungs-Drehknopfs defekt	Kontrollieren bzw. auswechseln
	2 Heizklappe öffnet nicht	Klappen- und Hebelstellung kontrollieren
	3 Luftklappe öffnet nicht	Betätigungszug, Klappen- und Hebelstellung kontrollieren
	4 Laubstückchen haben sich vor den Wärmetauscher gelegt	Gebläse ausbauen, Wärmetauscher mit Staubsauger reinigen
	5 Kühlerthermostat öffnet zu früh, Kühlmittel bleibt zu kalt	Thermostat austauschen
	6 Luft im Heizkörper	Kühlsystem auffüllen
B Heizung läßt sich nicht abstellen	Siehe A 1	

Die Klimaanlage

Ähnlich wie zu Hause im Kühlschrank wird ein gasförmiges Kältemittel durch einen Kompressor verdichtet. Letzterer wird von der Motor-Kurbelwelle über einen Keilriemen angetrieben. Beim Verdichten verflüssigt sich das Kältemittel und gelangt in den Verdampfer am Armaturenbrett. Der sieht aus wie ein Kühler. Darin verdampft das Kältemittel und kann hierdurch Wärme aufnehmen. Die durch den Verdampfer geführte Luft strömt abgekühlt in den Innenraum. Über einen Kondensator neben dem Wasserkühler im Motorraum gelangt das Kältemittel wieder zurück zum Kompressor. Zur verstärkten Kondensierung bläst der Kühlerventilator dauernd Luft durch den Kondensator.

Keilriemen

Für einwandfreie Funktion der Klimaanlage muß der Keilriemen des Kältekompressors richtig gespannt sein. Mehr darüber auf Seite 185/186.

Fingerzeig: Selbsthilfe ist an der Klimaanlage – mit Ausnahme der Kontrolle des Keilriemens – nicht möglich. Auch von den V.A.G.-Werkstätten versteht sich nicht jede auf die Reparatur der Anlage. Deshalb bei Defekten einen Betrieb mit speziell geschulten Fachkräften erfragen und aufsuchen.

Günstige Strömung

Ein aerodynamisch optimierter Karosserie-Grundkörper und zahllose Ausstattungs-Details, wie bündig anliegende Seitenscheiben oder Dichtleiste zwischen Motorhaube und Kühlergrill, brachten dem Audi 100 bei seinem Erscheinen das Prädikat »Strömungsgünstigste Serienlimousine der Welt« ein. Der Audi-Fahrer profitiert beim Zahlen der Tankrechnung davon. Denn logischerweise läßt sich eine windschlüpfige Karosserie mit weniger Kraft- (sprich Benzin-) aufwand bewegen als eine Windbremse.
Im folgenden Kapitel soll jedoch weniger auf die Vorzüge der Karosserieform hingewiesen werden, als vielmehr auf die Möglichkeit, Karosserieteile ab- und anzubauen.

Stoßfänger vorn

Ausbau

- Gummileiste unter Grill und Scheinwerfern abziehen. Dabei am äußeren Ende in Höhe der Blinker beginnen.
- Mittlere Zierblende an der Stoßfänger-Oberkante abbauen. Dazu vier Kreuzschlitzschrauben herausdrehen, die Blende an ihren Außenkanten vom Stoßfänger abhebeln und nach vorn abnehmen.
- Kühlergrill ausbauen (siehe nächste Seite).
- Grill unter der Stoßstange ausbauen (siehe folgende Seite).
- Im Motorraum den Kabelstrang vom Stoßfängerträger ausclipsen und die Steckverbindungen zu den Nebelscheinwerfern trennen.
- Bei Fahrzeugen mit Scheinwerferreinigungsanlage den Zuleitungsschlauch am Behälter lösen und freilegen.
- Vier Sechskantschrauben oberhalb und zwei unterhalb des Stoßfängers herausdrehen.
- Stoßfänger komplett nach vorn abziehen.

Zusammenbau und Montage

Wird der Stoßfänger ersetzt, muß er zunächst aus Einzelteilen zusammengebaut werden:

- Den stabilen Aluminium-Stoßfängerträger in die Abdeckung (das ist die eigentliche »Stoßstange«) einlegen. Darauf achten, daß die Haltenasen auf der Abdeckung über den Löchern des Stoßfängerträgers zu liegen kommen.
- Lappen oder Schaumstoff unter die Abdeckung legen. Mit einem Gummi- oder Kunststoffhammer vorsichtig auf den Träger schlagen, bis alle Haltenasen in den Löchern eingerastet sind. Dabei den Träger nicht verformen.
- Rechts und links je drei Kunststoffclips an den Fassungen der Nebelscheinwerfer (sie sind auch bei Wagen ohne Nebelleuchten teilweise vorhanden) eindrücken und den feinen Haltestift in den Clip klopfen.
- Die lackierten Zierblenden rechts und links am Stoßfänger montieren, dabei die Kunststoffmuttern nicht zu stark festziehen.
- Zum paßgenauen Einbau die Zierblende Mitte provisorisch montieren.
- Zum Einbau mit einem Helfer zuerst beide äußeren Stoßstangenwangen gleichzeitig in die Halterungen an den Kotflügeln einschieben. Jetzt die Halteschrauben eindrehen.
- Zierblende Mitte mit ihren Haltenasen festdrücken

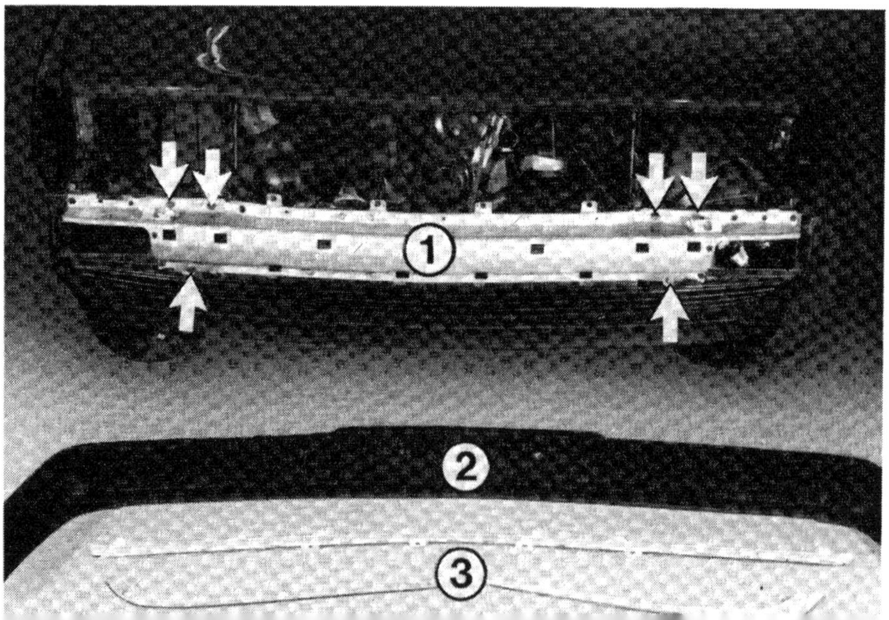

Der Stoßfänger vorn besteht im wesentlichen aus dem Aluminium-Stoßfängerträger (1), der sogenannten Abdeckung (2) und den drei Zierblenden (3). Die Pfeile im Bild weisen auf die sechs Halteschrauben.

Nach Abnehmen der mittleren Zierblende (3) sind die oberen Stoßfänger-Halteschrauben (2) zugänglich. Zum Ausbau der Blende müssen vier Halteschrauben (1) an der Blenden-Oberkante aus den Kunststoff-Steckmuttern herausgedreht werden. Ferner gilt es, die Steckverbindung (4) vorsichtig mit einem Schraubenzieher zu trennen.

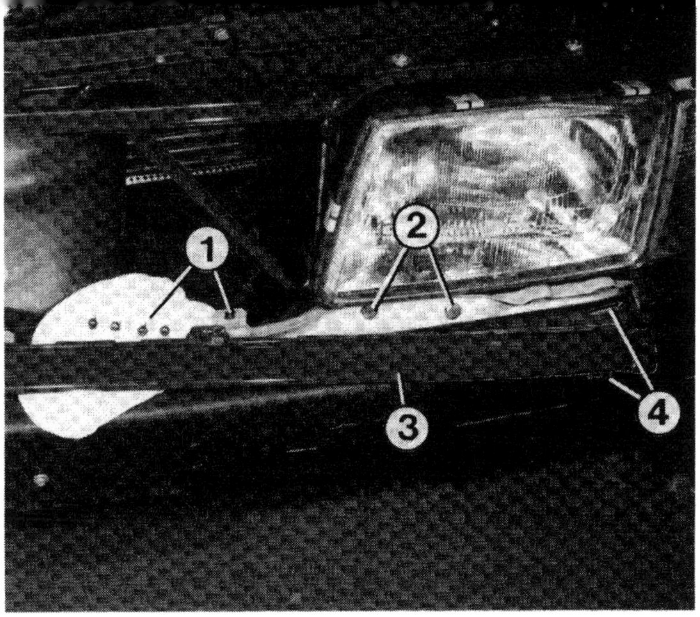

und an beiden Enden in die Stoßstange einrasten lassen. Kreuzschlitzschrauben festdrehen.

- Gummileiste mit lappenumwickeltem Schraubenzieher auf den Bund der Zierblenden festdrücken. Nicht zu stark pressen, sonst könnten die Blenden Schaden nehmen.
- An beiden Enden der Gummileiste sitzen kleine Blechklammern als zusätzliche Halterung – nicht vergessen. Die Mitte der Leiste ist durch eine Einkerbung markiert.

Kühlergrill ausbauen

- Haube öffnen, eine Kreuzschlitzschraube in Grillmitte herausdrehen.
- Rechts und links oben am Grill die Verhakungen der Halteclips mit Schraubenzieher öffnen.
- Grill nach vorn kippen und aus den unteren Halterungen am Frontblech heben.

Grillteil unter der Stoßstange ausbauen

- Rechts (neben der Abschleppöse) und links je eine Kreuzschlitzschraube lösen.
- Grill nach vorn vorsichtig herausziehen. Möglicherweise das Grillteil zur Mitte hin etwas durchbiegen, damit sich die Verhakungen seitlich und an der Unterkante leichter lösen lassen.
- Beim Wiedereinsetzen darauf achten, daß alle Verhakungen unten und seitlich des Grills im Frontblech richtig greifen. Das Grill sitzt dann einwandfrei im Ausschnitt.
- Kreuzschlitzschrauben eindrehen.

Fingerzeig: Den Wiedereinbau der bisherigen Motorhaube, Kofferraumklappe oder Tür kann man sich erleichtern, wenn die Lage der Scharniere vor der Demontage angezeichnet wird. Das geschieht am besten mit einem wasserfesten Filzschreiber.

Zusammenbau des Stoßfängers: Zunächst die Haltenasen (2) der Abdeckung (1) in die Löcher des Stoßfängerträgers (3) einschlagen. Anschließend die Kunststoffdübel (4) in die Löcher am Nebelscheinwerfer-Gehäuse einsetzen (Pfeile).

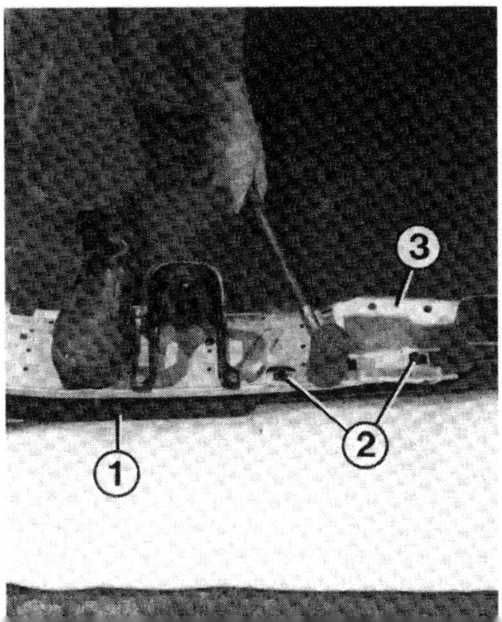

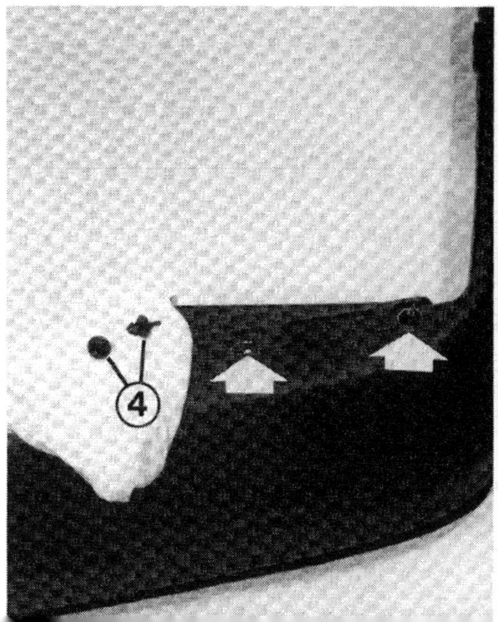

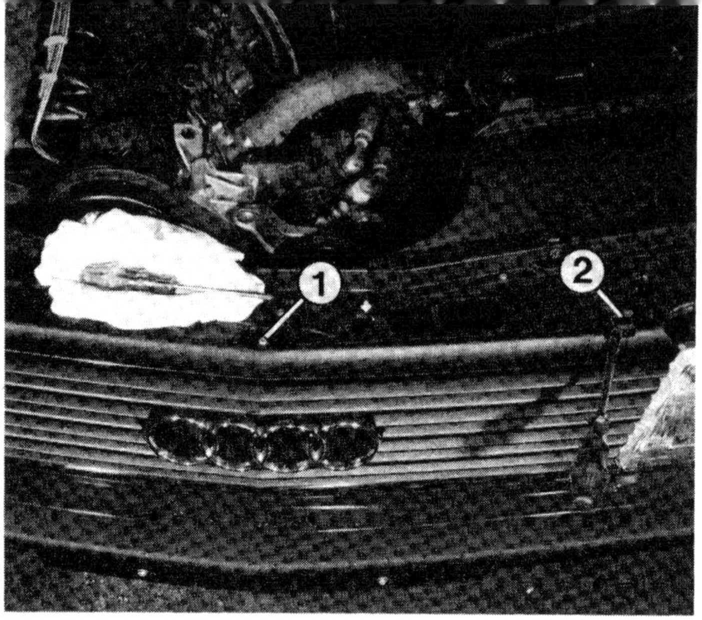

Ausbau des Kühlergrills nach Herausdrehen einer Kreuzschlitzschraube (1) und Lösen der Verhakung an den seitlichen Halteclips (2). Bei ausgebautem Kühlergrill lassen sich – speziell beim Fünfzylindermotor – viele Arbeiten am Motor leichter durchführen.

Die Motorhaube

Ausbau

Die Motorhaube wird am besten ohne Scharniere und ohne Gasdruckfeder ausgebaut:

- Wo vorhanden, Kabel der Motorraumbeleuchtung und Masseband lösen.
- Sicherungsscheiben an den Haltebolzen oben beider Gasdruckfedern abnehmen.
- Schrauben an beiden Scharnieren lockern.
- Die Haube ist zu schwer, um sie allein auszubauen. Deshalb Haube mit Helfer von rechts und von links halten.
- Jetzt den Haltebolzen der Gasdruckfeder herausdrücken und Feder nach vorn ablegen.
- Schon gelockerte Schrauben von Hand vollends herausdrehen und Haube abnehmen.
- Falls erforderlich, können nun die Haubenscharniere abgeschraubt werden.
- Der Ausbau der Gasdruckfedern erfolgt je nach Version unterschiedlich: Entweder Sicherungsstift mit einer Zange herausziehen oder bei der Version mit Sicherungsbügel diesen mit einem Schraubenzieher um ca. 4 mm anheben. Sicherungsbügel nicht ganz aus der Kugelpfanne entfernen, sonst wird er beschädigt.

Fingerzeig: Alte Gasdruckfedern nicht einfach wegwerfen, sondern zum »Entgasen« in eine V.A.G.-Werkstatt bringen.

Motorhaube einstellen

Bei geschlossener Motorhaube muß der Abstand zu beiden Kotflügeln gleich sein, und auch an ihrer Vorderkante muß sie mit den Kotflügeln fluchten. Ferner muß die Höheneinstellung stimmen. Die Haube darf nicht über oder unter den Kotflügel-Oberkanten stehen.

- Zur Einstellung in Längs- und Seitenrichtung werden die Schrauben oben zwischen Scharnier und Haube gelöst.
- Haubendeckel in der gewünschten Richtung verschieben und Schrauben festziehen.

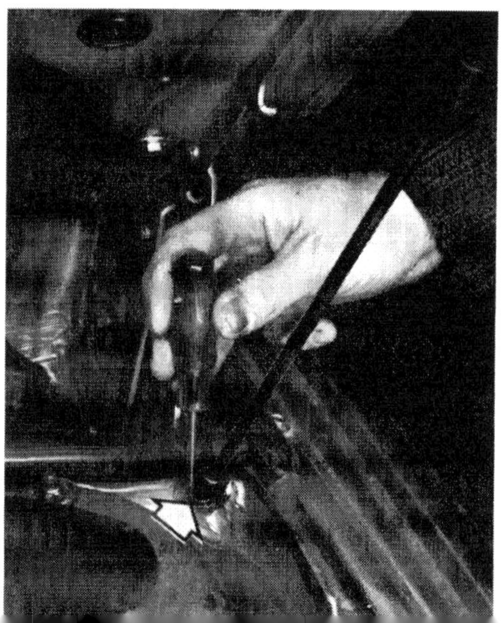

Ausbau der Gasdruckfeder. Links: Diese Gasdruckfeder kann nach Ziehen des Sicherungsstifts (Pfeil) ausgebaut werden. Rechts: Hier muß der Sicherungsbügel ca. 4 mm angehoben werden.

Auf dieser Zeichnung erkennen Sie deutlich, wo die Schrauben und Muttern der vorderen Radhausschalen ihren Platz haben.

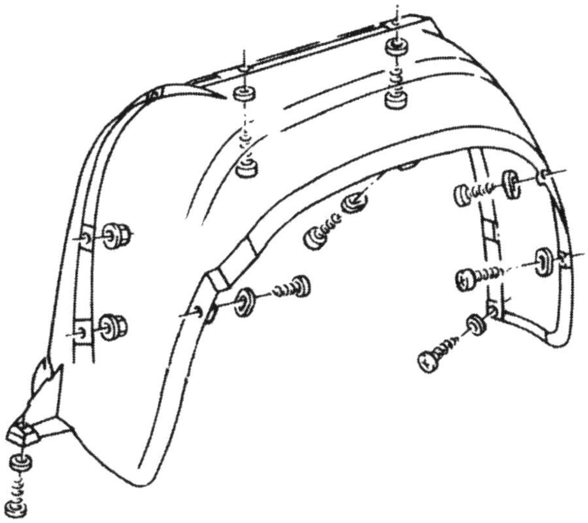

● Zur Höhenverstellung die Schrauben unten zwischen Scharnier und Spritzblech lösen.
● An der Vorderkante der Haube erfolgt die Höheneinstellung über den Haubenverschluß:
● Blech-Kontermutter mit einer Rohrzange lösen und Schloßzapfen mit Schraubenzieher heraus- oder hineindrehen.
● Durch Schließen der Haube die Höheneinstellung vorn (rechts und links!) prüfen.
● Kontermutter wieder festziehen.
● Darauf achten, daß der Schloßzapfen genau in die Öffnung am Frontblech einschwenkt. Wenn nicht, kann er nach Lösen der Kontermutter seitlich und längs verschoben werden.

Haubenzug auswechseln

● Motorhaube öffnen, Schraubnippel am rechten Haubenschloß lösen.
● Kunststoff-Führungshülsen abnehmen.
● Kunststoff-Clip in Höhe des linken Federbeins zusammendrücken und abziehen.
● Ablagefach links unter dem Armaturenbrett ausbauen (Seite 258).
● Entriegelungsgriff im Fahrerfußraum abschrauben.
● Haubenzug in den Innenraum durchziehen. Vorsicht, der störrische Zug kann Augenverletzungen verursachen!
● Neuen Zug von innen durch die Gummitülle schieben, Entriegelungsgriff festschrauben.
● Clip einsetzen, Führungshülse links aufsetzen.
● Zug durch die Schloßriegel und den Halter im Frontblech schieben.
● Führungshülse rechts aufschieben, Zug straffen und Schraubnippel festdrehen.

Die Kotflügel

Lediglich die vorderen Kotflügel lassen sich abschrauben. Die hinteren Seitenteile bilden dagegen eine verschweißte Einheit mit der restlichen Karosserie.

Radhausschalen ausbauen

Zum Schutz vor Steinschlag und Schmutz besitzt der Audi in den vorderen Radkästen Kunststoffschalen.
● Betreffendes Vorderrad abnehmen.
● Vier Schrauben entlang des Radausschnitts, zwei Schrauben oben am Federbein und je eine Schraube vorn und hinten an der Radhausschale lösen.
● An der Vorderkante des Federbeinausschnitts zwei Kunststoffmuttern herausdrehen.

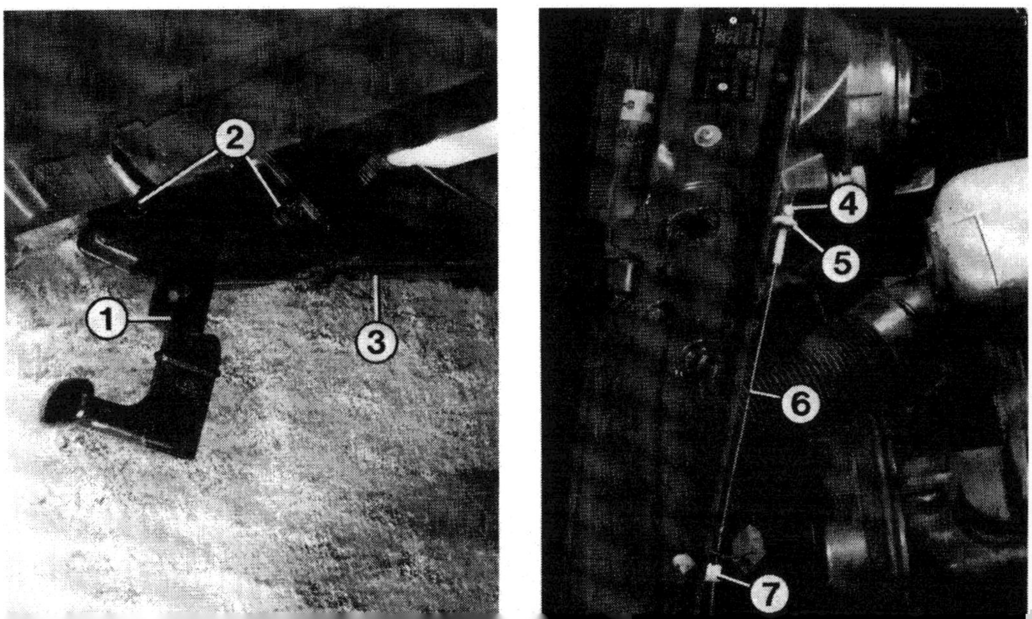

Der Haubenzug innen und im (Fünfzylinder-) Motorraum: 1 – Entriegelungsgriff; 2 – Halteschrauben; 3 – Bowdenzughülle; 4 – Schraubnippel; 5 – Schloßriegel; 6 – Haubenzug; 7 – Halter.

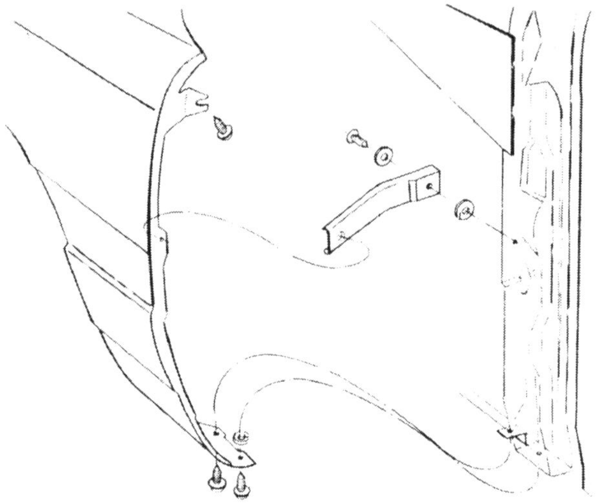

Hier sind die Befestigungspunkte an der Hinterkante der Vorderkotflügel gezeigt.

● Radhausschale abnehmen.
● Beim Einbau zuerst die Kunststoff-Schutzclips in die Schraubenlöcher im Radausschnitt einsetzen.
● Radhausschale mit den Kunststoff-Muttern (nur sanft anziehen!) fixieren. Dann die anderen Schrauben eindrehen. Die Schrauben im Radausschnitt besitzen Kunststoff-Unterlegscheiben.

Kotflügel ausbauen

● Radhausschale ausbauen.
● Stoßfänger ausbauen (Seite 244).
● Frontspoiler seitlich am Kotflügel lösen.
● Blinkleuchte ausbauen (Seite 208).
● Vorn und hinten an der Kotflügel-Unterkante je zwei Kreuzschlitzschrauben herausdrehen.
● Unter dem Ausschnitt für den Stoßfänger von innen eine Kreuzschlitzschraube herausdrehen.
● Im Radhaus ganz hinten die Schraube am Blech-Haltesteg herausdrehen.
● Vordertür öffnen: Eine Schraube oberhalb der Scharniere herausdrehen.
● Sechskantschrauben an der Kotflügel-Oberkante herausdrehen; dazu die Schaumstoffdichtung abziehen.
● Kotflügel abheben.
● Schaumstoff-Formdichtstück im Radkasten abnehmen.

Kotflügel einbauen

● Verschraubungs- und Stoßkanten eines gebrauchten Kotflügels sauber entrosten.
● Auf die gesäuberten Flächen soll Korrosionsschutz-Grundierung ALN 747 003 aufgestrichen werden (Lufttrocknungszeit etwa 40 Minuten; keinen Heizlüfter o. ä. zum schnelleren Trocknen verwenden). Sie können auch Zinkstaubfarbe verwenden.
● Decklack auftragen.
● Kotflügel anbauen. Dabei an den Schrauben der Kotflügel-Unterkante hinten und am Blech-Haltesteg hinten auf die Lage der Kunststoff-Unterlegscheiben achten. Sie gehören zwischen die Blechteile, also nicht unter den Schraubenkopf!
● Schaumstoff-Formdichtstücke evtl. einkleben.

Stoßleiste abbauen

● Um an die Haltemuttern an der Kotflügel-Rückseite heranzukommen, Radhausschale ausbauen.
● Zwei Kunststoff-Hutmuttern an der Rückseite der Stoßleiste lösen.

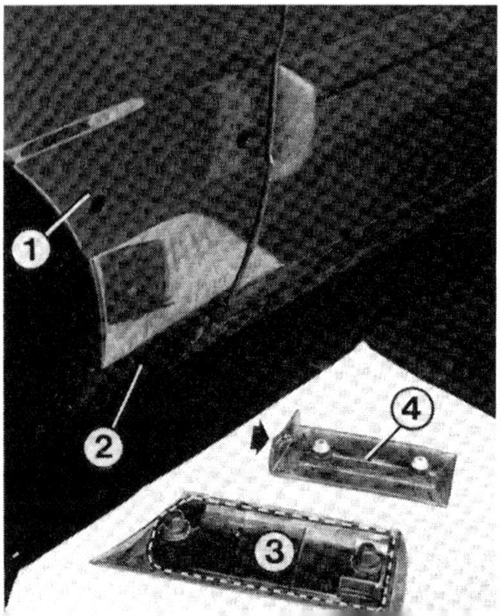

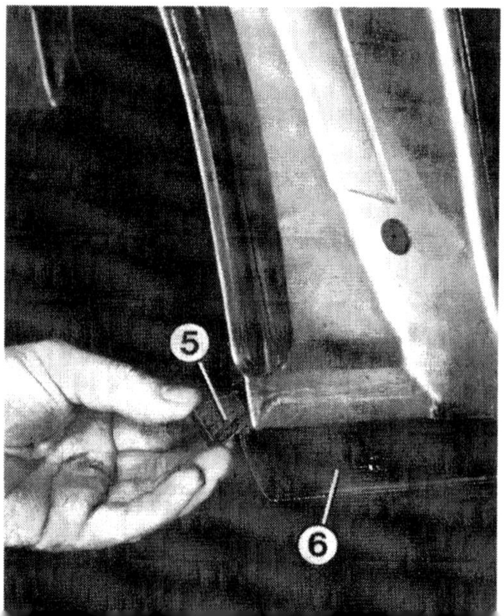

Oben (1) ist die Stoßleiste (3) befestigt, unten (2) die Abdeckleiste (4). Zusätzlich zur Verschraubung ist die Stoßleiste mit einem Klebering (gestrichelte Linie) versehen, die Abdeckleiste besitzt eine Kreuzschlitzschraube (Pfeil) an der Stirnseite. An den Türen sind die Abdeckleisten (6) mit zwei Abschlußkappen (5) fixiert.

An der Oberkante sind die Vorderkotflügel mit neun Sechskantschrauben befestigt. Weitere Verschraubungen sind nach Ausbau des Scheinwerfers im vorderen Kotflügelbereich zugänglich.

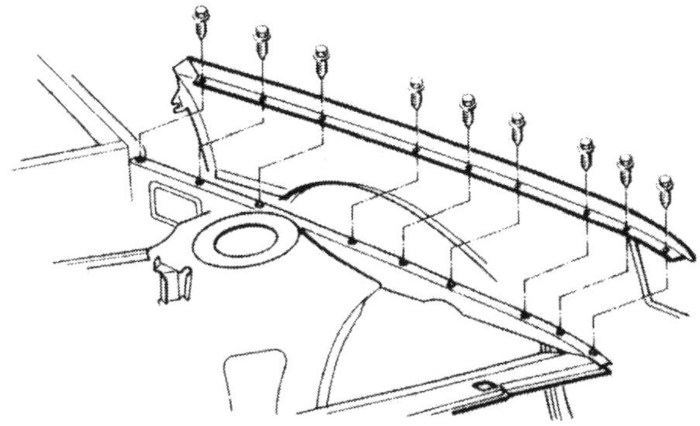

● Stoßleiste aus der Verklebung abziehen. Geht das nur schwer, Blech und Leiste mit einem Fön etwas erwärmen.
● Klebestelle auf dem Blech mit Verdünnung reinigen.
● Schutzfolie von der Klebemasse der neuen Stoßleiste abziehen.
● Leiste auf dem Kotflügel anlegen, ausrichten und im Klebebereich festdrücken.
● Kunststoffmuttern vorsichtig anziehen.
● Wer die alte Leiste wiederverwenden will, entfernt die Kleberreste und spritzt stattdessen Silikon-Dichtmasse (aus dem Heimwerker- oder Baustoffmarkt) auf die Klebefläche der Stoßleiste.
● Bis zum Trocknen der Dichtmasse Stoßleiste eventuell mit einem Klebestreifen fixieren.

Abdeckleiste unten abbauen

Unterhalb der Stoßleiste sitzt die dünne Abdeckleiste. Hier der Ausbau:
● Um an die Haltemuttern an der Kotflügel-Rückseite heranzukommen, Radhausschale ausbauen.
● Kleine Kreuzschlitzschraube vom Radausschnitt her lösen.
● Kunststoff-Haltemuttern an der Rückseite der Abdeckleiste lösen.

Die Türen

Der Audi besitzt als Besonderheit zweiteilige Türen. Das Tür-Innenteil – der »Träger für Türeinbauteile« – ist im Tür-Außenteil – dem »Türgrundkörper« – lediglich mit vier Schrauben befestigt. Dadurch kann bei einem leichten Unfallschaden das Außenteil ersetzt werden, ohne daß der Fenster- und Entriegelungsmechanismus umständlich umgebaut werden muß.

Türen ausbauen

● Niet im Gelenk des Türfeststellers mit der Handbohrmaschine von unten her ausbohren und nach oben herausdrücken.
● Bei einem Fahrzeug mit Türlautsprechern, elektrischer Spiegelverstellung o. ä. muß zum Trennen der Kabelsteckverbindung in der Tür deren Verkleidung abgenommen werden, siehe übernächsten Abschnitt.
● Am oberen und unteren Scharnier je eine Sechskantschraube losdrehen, Tür mit ihren Scharnieren abnehmen.

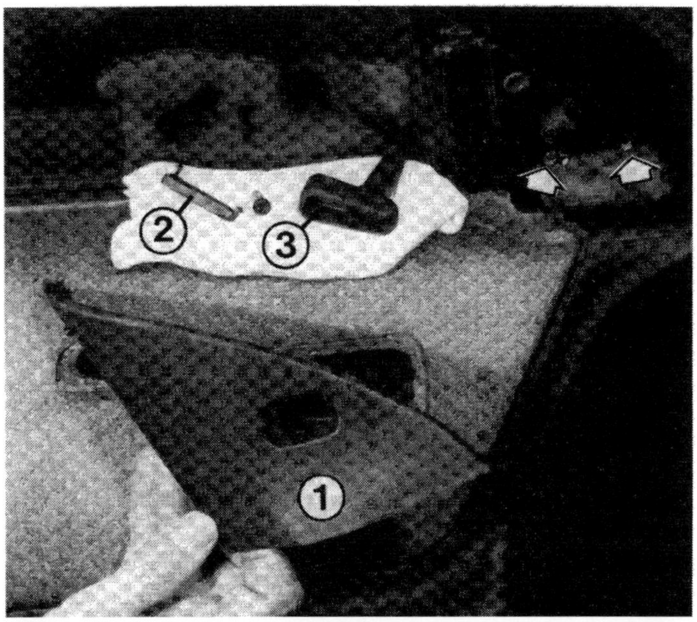

Zum Ausbau des Außenspiegels muß nach Abnehmen der Abdeckblende (2) der Verstellgriff (3; hier die ältere Version) abgeschraubt werden. Schrauben an der Dreiecksblende (1) losdrehen und Blende aus den Verhakungen lösen. Jetzt sind die Spiegel-Halteschrauben (Pfeile) zugänglich.

Mit Pfeilen sind hier alle Schrauben bezeichnet, die zum Abnehmen der Türverkleidung bis 12/87 gelöst werden müssen. Die Schrauben im Türgriff sind erst nach Abheben der Blende (2) zugänglich. Nicht vergessen: Türverriegelungsknopf (1) losschrauben.

- Beim Einbau der Tür die Spannscheiben unter den Befestigungsschrauben nicht vergessen.
- Neuen Niet für den Türfeststeller von oben einsetzen und von unten her verstemmen (evtl. mit kräftiger Rohrzange zusammendrücken).

Tür einpassen

Zur Einstellung einer Tür muß der Audi mit allen Vieren waagrecht auf dem Boden stehen. Bei aufgebocktem Fahrzeug kann sich die Karosserie etwas verwinden, so daß die Türjustierung anschließend nicht stimmt.

- Schließbolzen, in den das Türschloß einrastet, ein wenig lockern.
- Tür mit ihren Scharnieren nur so fest anschrauben, daß sie sich noch nach allen Seiten verschieben läßt.
- Tür in den Türausschnitt drücken und so ausrichten, daß das Türblech flächenglatt mit dem benachbarten Karosserieblech abschließt und mit rundum gleichmäßigem Spalt im Türausschnitt sitzt.
- Prüfen Sie vom Wageninnern aus, ob die Tür gleichmäßig an ihrer Gummidichtung anliegt.
- Besonders wichtig ist der Paßsitz der Vordertür im Bereich des Fensterrahmens am Übergang zwischen vorderem Türpfosten und Dach.
- Bei richtigem Sitz Tür vorsichtig öffnen und Scharnierschrauben anziehen.
- Öffnertaste im äußeren Türgriff anziehen und das Türschloß bei leicht angehobener Tür in den Schließbolzen einrasten lassen.
- Öffnertaste loslassen, wieder anziehen und Tür leicht angehoben öffnen.
- Schließbolzen in dieser Stellung festziehen.
- Sitz der Tür kontrollieren, ggf. nachjustieren.
- Weitere Einstellmöglichkeiten ergeben sich durch Einlegen von Distanzplättchen zwischen Tür-Innen- und -Außenteil an den unteren Verbindungspunkten (Verkleidung ausbauen).
- Der Fensterrahmen kann damit stärker vom Türgrundkörper »abgeknickt« werden. Das wird beispielsweise nötig, wenn der Grundkörper einwandfrei sitzt, zwischen Fensterrahmen und Dach aber noch ein Spalt klafft.

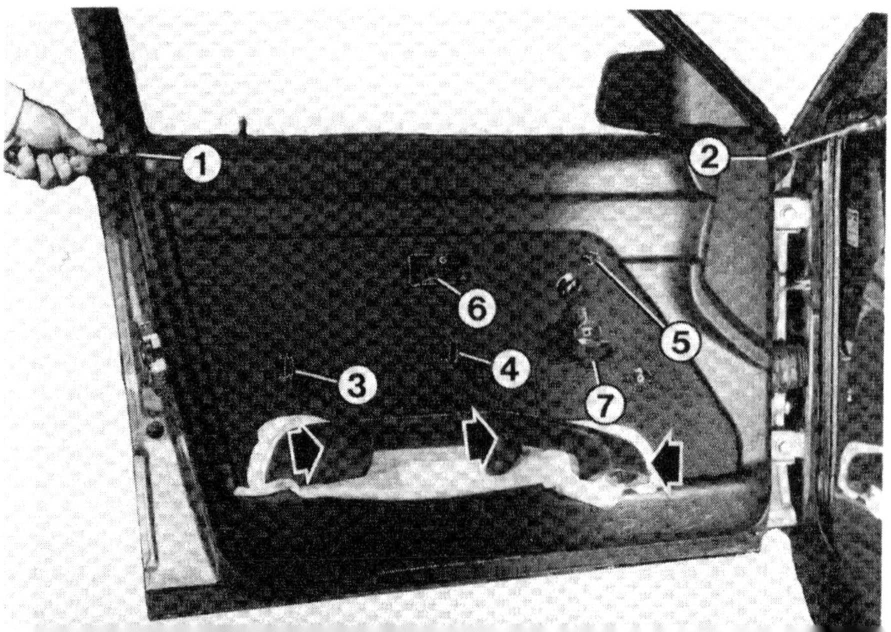

Ausbau der Türverkleidung ab 1/88: An den oberen Enden müssen zwei kleine Kreuzschlitzschrauben (1 und 2) herausgedreht werden. Die Türöffnerschale ist hier bereits aus der Verkleidung genommen (6). Zum Abbauen der Armlehne löst man drei Inbusschrauben (Pfeile; hier an der ausgebauten Armlehne gezeigt). Dann kann sie von den Haltern (3, 4 und 5) gezogen werden. Position 7 zeigt den Schalter der Spiegelverstellung und der elektrischen Fensterheber.

Links: Seit 8/84 ist die Abdekkung (1) der Fensterkurbel (2) erst nach Niederdrücken der Haltezunge (3) abzunehmen. Rechts: Erst bei ausgebautem Türgriff ist diese Halteschraube der Türverkleidung zugänglich (Pfeil).

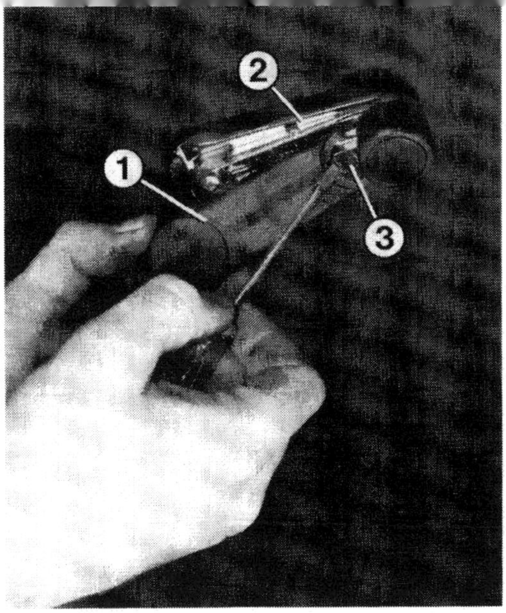

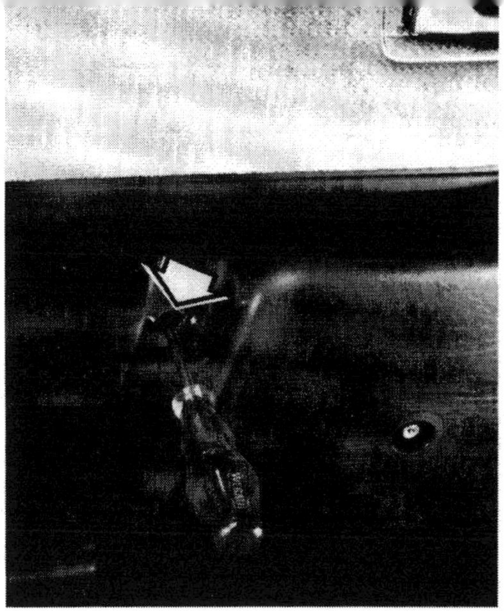

Türverkleidung ausbauen
bis 12/87

- Zierblende am Handgriff abhebeln.
- Darunter drei Halteschrauben herausdrehen.
- Bei abgenommenem Handgriff eine weitere Kreuzschlitzschraube herausdrehen (siehe Bild rechts oben).
- Abdeckstöpsel in der Türöffnerblende abhebeln, die Kreuzschlitzschraube darunter herausdrehen, Blende abnehmen.
- Fensterkurbelabdeckung abhebeln, Kreuzschlitzschraube darunter herausdrehen, Kurbel abnehmen.
- Fensterkurbelabdeckung ab 8/84: Von der Kurbelachse her mit Schraubenzieher unter den Kurbelgriff fahren und Haltezunge niederdrücken. Abdeckung zur Kurbelachse hin abziehen.
- Vorn und hinten an der Stirnseite der Verkleidung oben je eine Kreuzschlitzschraube herausdrehen.
- Abdeckblende im Griff der Spiegelverstellung mit Schraubenzieher abhebeln (nur Vordertür).
- Die nun sichtbare Kreuzschlitzschraube herausdrehen und Griff abziehen.
- Kreuzschlitzschraube an der schwarzen Dreiecksblende der Spiegelverstellung herausdrehen und Blende aus der Verhakung lösen.
- Breiten Schraubenzieher – an der Tür-Unterseite beginnend – zwischen Türkasten und Verkleidung stecken und Verkleidung vorsichtig Stück um Stück abhebeln.
- Die Verkleidung hängt jetzt frei und kann durch leichte Schläge mit dem Handballen auf die Unterkante aus dem Klemmsitz an der Tür-Oberkante gelöst werden.
- Gefütterte Schutzfolie nach oben schlagen (nicht entfernen).

Türverkleidung ausbauen
ab 1/88

- Drei Inbusschrauben unten an der Armlehne einige Umdrehungen lösen.
- Die Armlehne kann jetzt abgezogen werden. Stecker von elektrischer Spiegelverstellung bzw. elektrischem Fensterheber am Schalter ausstecken.
- Am Türöffner innen den Öffnerhebel ziehen und Schraubenzieher in die Bohrung an der Türöffnerschale stecken.
- Kreuzschlitzschraube lösen.

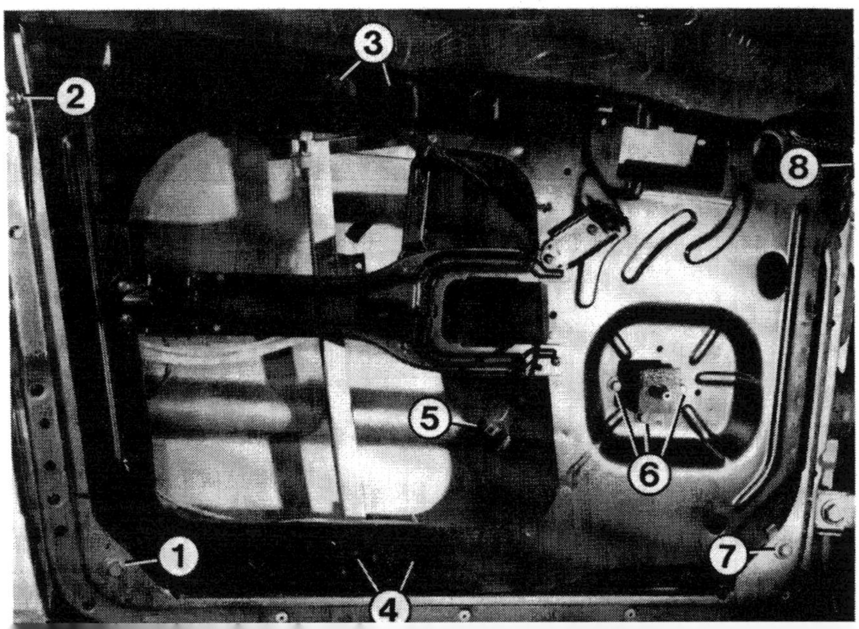

Bei ausgebauter Türverkleidung schauen wir hier von innen auf den Türkasten. Es bedeuten: 1, 2, 7 und 8 – Verbindungsschrauben der beiden Türteile; 3, 4 – Schrauben des Fensterhebers; 5 – Kabelstecker für Schalter der elektrischen Spiegelverstellung; 6 – Schrauben für Fensterkurbelmechanismus bzw. Fensterhebermotor.

● Gesamte Türöffnerschale nach vorn ziehen und ausrasten.
● An der Rückseite des Türöffners die Spange abziehen und Zug aushängen.
● Vorn und hinten an den Stirnseiten der Verkleidung oben je eine Kreuzschlitzschraube herausdrehen.
● Fensterkurbel lösen (Bild auf der Vorseite).
● Verkleidung von der Tür abziehen; dabei hilft ein Löffelstiel oder ein vorsichtig angewandter breiter Schraubenzieher.
● Durch Druck von unten die Verkleidung aus dem Klemmsitz am Fensterausschnitt lösen.
● Zum Einbau den Zug zur Türentriegelung in der Nähe des Ausschnitts in der Verkleidung legen.
● Die empfindlichen Haltestifte der Verkleidung präzise an den Bohrungen der Tür ansetzen, bevor die Verkleidung festgedrückt wird.

Türteile trennen

Etwa nach einem leichten Blechschaden kann es nötig werden, den Türgrundkörper vom Träger für Türeinbauteile zu trennen. In diesem Fall empfiehlt es sich, den neuen Türgrundkörper vor der Montage lackieren zu lassen. Allerdings ist dann sorgfältige Arbeit vonnöten.
● Türverkleidung abbauen.
● Türe ausbauen und mit der Außenseite auf eine weiche Unterlage (Schaumstoff, Wolldecken) legen.
● Betätigungszug vom Türöffner innen zum Schloß aushängen.
● Vier Halteschrauben an allen vier Ecken des Grundkörpers lösen (siehe Bild Seite 251 unten). Vorn oben dazu eine Schaumstoffdichtung abziehen.
● Anzahl und Stärke der Distanzplättchen an den unteren Befestigungsschrauben für den Wiedereinbau notieren.
● Tür-Innenteil nach oben herausziehen.

Außenspiegel ausbauen

Blende im vorderen Fensterdreieck lösen, wie unter »Türverkleidung ausbauen« (Vorseite) beschrieben.
● Die drei nun sichtbaren Kreuzschlitzschrauben herausdrehen und Spiegel abnehmen.
● Bei elektrischer Spiegelverstellung zusätzlich die Türverkleidung abbauen und Kabelstecker trennen.

Spiegelglas ersetzen

Wenn der Außenspiegel matt geworden ist, kann das Spiegelglas einzeln ersetzt werden:
● **Elektrische Spiegelverstellung bis 12/87:**
● Haltering des Spiegelglases ausrasten. Dazu muß man den Ring mit einem von unten ins Spiegelgehäuse eingeschobenen Schraubenzieher im Gegenuhrzeigersinn drehen.
● Spiegelglas vorsichtig abnehmen und die angeschlossenen Kabel der Spiegelbeheizung abziehen.
● **Mechanische Spiegelverstellung und elektrische Einstellung ab 1/88:**
● Arbeitshandschuhe anziehen, falls es Bruch gibt.
● Von unten eine breite Spachtel oder ein Kunststoffplättchen hinter das Spiegelglas stecken und das Glas heraushebeln.
● Wenn nötig, gleiches an der Oberkante wiederholen.
● **Ältere mechanische Ausführung:** Verstellhebel am Spiegelglas aushängen.
● **Elektrische Verstellung ab 1/88:** Sollte sich die Betätigungsstange des Verstellmotors dabei ausgehängt haben, diese wieder einhängen.
● Beim Einbau Spiegelglas in die Führungszapfen einsetzen und festdrücken, bis es einrastet.
● Auf die Mitte des Glases drücken und wieder Handschuhe tragen.

Fingerzeig: Funktion und Kontrolle der elektrischen Spiegelverstellung finden Sie auf Seite 237 im Instrumentenkapitel beschrieben.

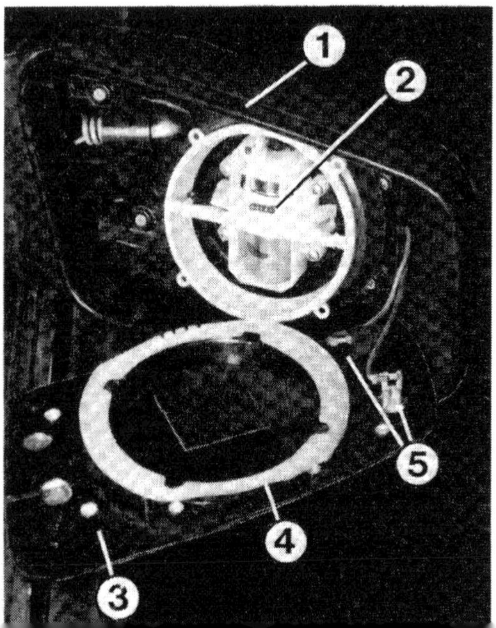

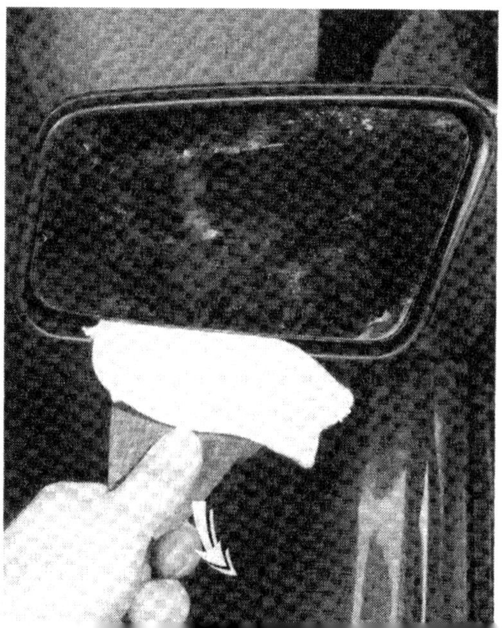

Links: Der elektrisch verstellbare Spiegel bis 12/87 ist hier zerlegt. Die Zahlen bedeuten: 1 – Spiegelgehäuse; 2 – Verstellmotor; 3 – Spiegelglas; 4 – Haltering; 5 – Anschlüsse der Spiegelheizung.
Rechts: Elektrische Spiegel ab 1/88 und alle mechanischen Spiegel: Mittels einer Spachtel wird das Spiegelglas abgedrückt.

Zum Ausbau des Türgriffs bis 12/87 (3) muß nach Abhebeln der Zierblende (2) die vordere Halteschraube (1) herausgedreht werden. Zwei weitere Schrauben sitzen an der Hinterkante der Tür. Hier im Bild ist der Schraubenzieher auf einer angesetzt.

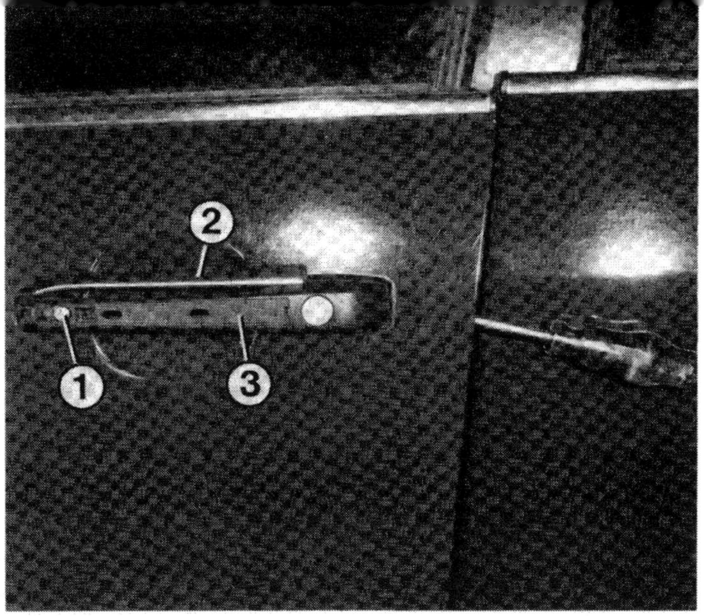

Schloßfalle ausbauen

- Zwei Inbusschrauben herausdrehen.
- Schloß etwas nach hinten ziehen, dabei die seitliche kleine Kunststoffabdeckung (nur Vordertüren) herausheben.
- Bei herausgezogenem Schloß den Betätigungszug vom Innentüröffner aushängen.
- Betätigungsgestänge für Türverriegelung innen aus der Führung ziehen.
- Schloß noch ein Stück aus dem Türkasten ziehen und Betätigungsstange zum Außentürgriff lösen.
- Sicher rutscht einer der Betätigungszüge oder eines der Stängchen in den Türkasten zurück. Dann muß es mit Draht wieder herausgefischt werden. Oder Türverkleidung abnehmen.
- Beim Einbau die kleine Kunststoffverkleidung (nur Vordertüren) vor dem Festschrauben des Schlosses einsetzen.

Tür-Außengriff abbauen
bis 12/87

- Türverkleidung innen abbauen.
- Betätigungsstange(n) am Türgriff innen aushängen.
- An der hinteren Schmalseite der Tür die Gummikappe (nur Vordertüren) in Griffhöhe abhebeln und die Kreuzschlitzschrauben dahinter lösen.
- Zierblende außen am Türgriff abhebeln und die Kreuzschlitzschraube darunter lösen.
- Türgriff abnehmen.
- Beim Einbau auf den richtigen Sitz der Unterleg-Dichtungen achten.

Tür-Außengriff abbauen
ab 1/88

- Türverkleidung innen abbauen.
- An der Tür-Innenseite eine sogenannte Torx-Schraube Schlüsselweite T25 (entsprechenden Schlüssel kaufen) herausdrehen.
- In Höhe des Schließzylinders einen kleinen Verriegelungshebel durch den Türkasten ertasten und um 65° zur Tür-Hinterkante hin schwenken.
- Türgriff hinten: Statt Verriegelungshebel sitzt hier eine zweite Torx-Schraube.
- Der Türgriff kann jetzt nach innen abgenommen werden.
- Schließzylinder und Außenblende nach außen abnehmen. Dabei die Blende etwas drehen.
- Betätigungshebel zum Türschloß aushängen.

Links: Türschloß ausbauen: 1 – Hebel zum Türöffnerzug (4); 2 – Hebel zur Türverriegelung innen (6); 3 – Hebel zur Betätigungsstange vom Tür-Außengriff (5).
Rechts: Der Tür-Außengriff ab 1/88 zerlegt: 1 – Halteschraube vorn mit Torx-Schlüssel; 2 – Betätigungsstange Türöffner; 3 – Türgriff; 4 – Blende mit Schloß; 5 – Betätigungsstange Türverriegelung.

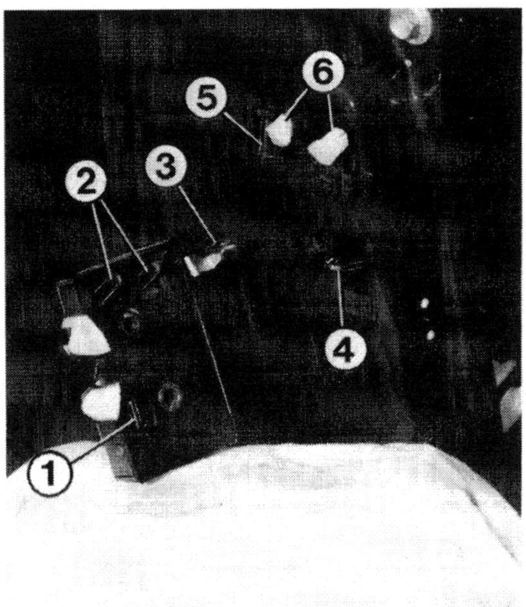

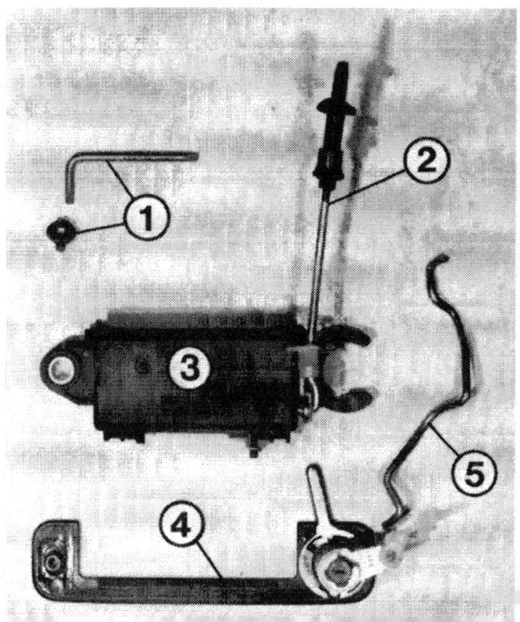

Schließzylinder ausbauen

- Türgriff abbauen.
- Schlüssel in den Schließzylinder stecken, damit beim Herausziehen des Zylinders die Schließplatten und Federn nicht herausfallen.
- Kreuzschlitzschraube bzw. Sicherungsring am hinteren Ende des Schließzylinders herausdrehen.
- Mitnehmer und Drehfeder abnehmen, dabei deren Lage für den Wiedereinbau merken.
- Schließzylinder aus der Türgriff-Vorderseite herausziehen.
- Neuen Schließzylinder mit Rostlöser-Isolierspray (Seite 261) schmieren.

Fensterheber ausbauen

- Türverkleidung abbauen.
- Sicherungsring an der Verbindung Fensterheber/Scheibe abdrücken (Spiegel dazu verwenden). Scheibe aushängen, nach oben schieben und mit Klebeband fixieren.
- Geht das nicht, müssen die Türteile getrennt werden (Seite 252). Der Türgrundkörper bleibt jedoch bei dieser Arbeit eingebaut.
- Drei Halteschrauben am Kurbelmechanismus und je zwei Halteschrauben am Fensterheber oben und unten herausdrehen.
- Fensterheber und Kurbelmechanismus stellen eine Einheit dar und können nur gemeinsam ausgebaut bzw. gewechselt werden.

Türfenster ausbauen

- Türverkleidung ausbauen.
- Türteile trennen (siehe Seite 252), der Türgrundkörper bleibt jedoch eingebaut.
- Sicherungsscheibe an der Verbindung Fensterheber/Scheibe abdrücken.
- Scheibe nach unten herausziehen.

Die Stoßleisten

Die dicken Stoßleisten unten an der Tür sind geklebt und zusätzlich mit zwei Kunststoff-Hutmuttern – eine an der vorderen, eine an der hinteren Türkante – befestigt. Aus- und eingebaut werden sie in derselben Weise wie die Leisten auf den Kotflügeln (Seite 248).

Abdeckleisten ausbauen

Die Unterkanten der Türen sind beim Audi durch Abdeckleisten geschützt. Hier der Ausbau:

- Kunststoff-Abschlußkappen vorn und hinten von den Leistenenden abziehen.
- Leiste nach hinten von den Kunststoffhaltern abziehen (siehe Bild Seite 248).
- Vor dem Wiedereinbau die Abdeckleiste mit einem Gleitmittel (Seife) einreiben.
- Leiste auf die Halter schieben und Abschlußkappen aufsetzen.

Front- und Heckscheibe

Front- und Heckscheibe, das kleine Dreiecksfenster in der hinteren Dachsäule sowie die feststehenden Seitenscheiben beim Avant sind »kraftschlüssig verklebt«. Die Scheiben sind damit beim Audi ein konstruktives Element und wurden in die Festigkeitsberechnungen der Karosserie mit einbezogen. Für den Selbsthelfer bedeuten die geklebten Scheiben das »Aus«. Ohne Spezialwerkzeug ist da nichts zu machen – ein Fall für die Werkstatt.

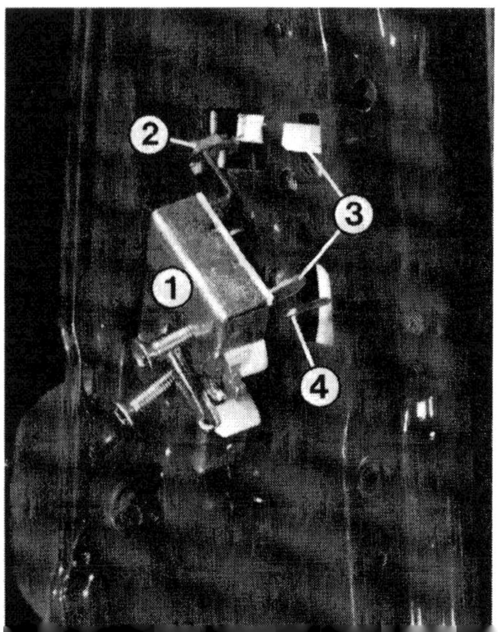

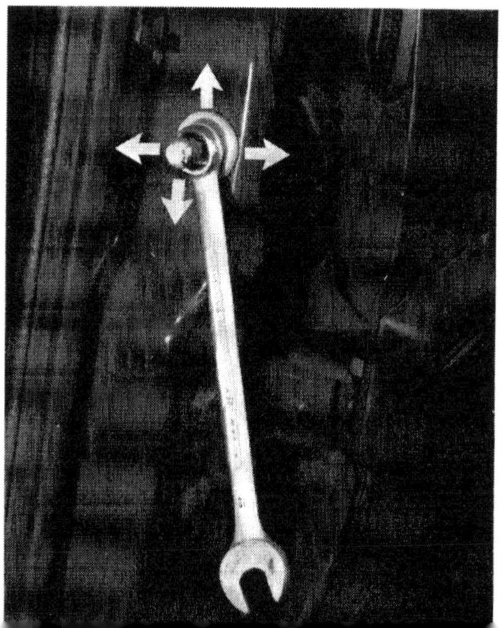

Die Schloßfalle (1) mit ihren Betätigungen – hier die Version bis 12/87 mit Drahtverbindung zum Verriegelungsknopf. 2 – Türöffner außen, daneben die Verriegelung; 3 – Verriegelung innen; 4 – Türöffner innen.
Bild rechts: Tür-Einstellmöglichkeiten (Pfeile) bestehen nach Lösen des Schließbolzens.

Kofferraumdeckel

Ausbau

- Deckel öffnen, Kabelzuleitungen am Stecker trennen.
- Deckel zu zweit halten und rechts und links je zwei Schrauben am Scharnierbügel herausdrehen.
- Deckel von den Scharnieren abnehmen.

Kofferraumdeckel einstellen

- Nach Lösen der vier Halteschrauben kann der Kofferraumdeckel etwas in seiner Lage variiert werden. Angestrebt wird ein gleich breiter Spalt zum rechten wie linken Seitenteil. Auch an der Heckscheibe soll der Spalt zur Haube rechts und links gleich breit sein.
- Klappert der Kofferraumdeckel oder schließt er schlecht, kann das Kofferraumschloß eingestellt werden:
- Rastbolzen unten im Heckblech lockern und nach oben oder unten verschieben und wieder festziehen.
- Paßsitz und Schließen der Kofferraumhaube überprüfen, ggf. nachjustieren.

Kofferaumschloß ausbauen

- Haube öffnen.
- Ab 8/87: Schwarze Kunststoffblende innen an der Haube abdrücken.
- Zwei Inbusschrauben oben am Drücker herausdrehen.
- Zwei Sechskantmuttern unten am Schloßteil herausdrehen.
- Verbindungsstange am Drücker und – wo vorhanden – am Kunststoffhalter aushängen.
- Drücker nach innen, Schloßteil nach unten abziehen.
- Ab 8/87: Schwarze Kunststoffblende innen an der Heckklappe abdrücken, zwei Kreuzschlitzschrauben neben dem Schloßdrücker lösen.

Heckblende ausbauen

- Kofferraumdeckel bzw. Heckklappe öffnen, Dekkelunterkante rechts und links des Kennzeichenfelds mit Klebeband schützen.
- Kennzeichenschild abschrauben.
- Beim Avant vier Kreuzschlitzschrauben oberhalb des Kennzeichens herausdrehen.
- Flachen Schraubenzieher in genau 25 mm Abstand von der Blenden-Seitenkante von unten zwischen Blech und Blende schieben.
- An genau dieser Stelle die Blende mit dem Schraubenzieher abhebeln, sonst kann das Rücklicht Schaden nehmen.

Die Heckklappe

Die Heckklappe des Audi Avant wird in Schließstellung von zwei Schlössern gehalten. Fahrzeuge mit Kindersitz besitzen zusätzlich einen Türöffner an der Heckklappen-Innenseite.

Heckklappe ausbauen

- Innenleuchte hinten ausbauen, in der Leuchtenöffnung eine Kreuzschlitzschraube herausdrehen.
- Heckklappendichtung an der Oberkante abziehen.
- Dachblende oberhalb der Heckklappe vorsichtig abhebeln.
- Kabel und Schlauchleitungen zur Heckklappe ausstecken bzw. trennen.
- Heckklappe zu zweit festhalten.
- Gasdruckfedern ausbauen, dazu den Sicherungsbügel am unteren Gelenk aufklappen und abziehen.
- Vom Innenraum her rechts und links je zwei Sechskantschrauben des Heckklappenscharniers lösen.

Bild links: Ausbau des Kofferraumdeckels. Rechts: Die Teile des Kofferraumschlosses: 1 – Drücker (Version bis 8/87 – oberhalb des Kennzeichens); 2 – Halter für Verbindungsstange (3); 4 – Schloßteil. Die Pfeile zeigen auf die Halteschrauben von Drücker und Schloß.

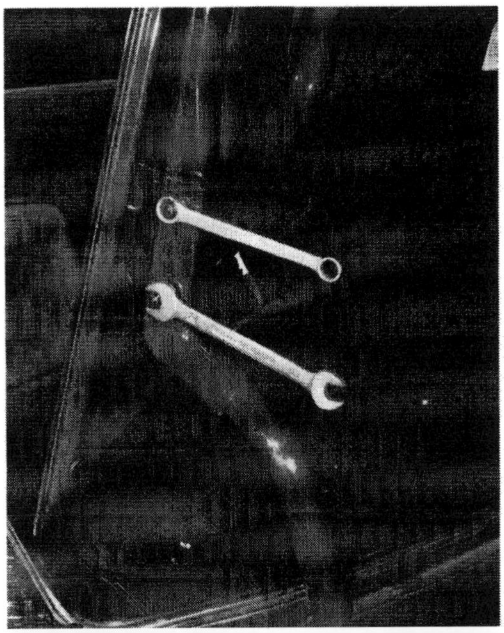

Heckklappe einstellen

● Deckel für Gepäckmulde im Laderaum öffnen.
● Von der Mulde aus die Haltemuttern der Heckklappen-Schließplatten lockern.
● Schließplatten verschieben und so befestigen, daß die Klappe satt schließt.

Heckklappenschlösser ausbauen

● Rücklichtabdeckungen abhebeln.
● Heckklappenverkleidung vorsichtig mit breitem Schraubenzieher ablösen.
● **Schlösser rechts und links ausbauen:** Halter für Betätigungsstange ausclipsen.
● Zwei Schrauben an der Tür-Unterkante herausdrehen.
● **Schloßträger mit Betätigungsknopf ausbauen:**
● Betätigungsstangen für beide Schlösser aushängen.
● Zwei Schrauben an der Klappen-Innenseite herausdrehen.

Stoßfänger hinten

Ausbau

● Kofferraummatte zurückschlagen.
● Rechts und links im Kofferraum je zwei Schrauben herausdrehen (siehe Bild unten).
● Stoßfänger nach hinten abziehen.
● Beim Einbau die Stoßfänger-Seitenwangen parallel in die Halterungen an den Karosserie-Seitenteilen einschieben.
● Auf den richtigen Sitz der Kunststoff-Blenden der Stoßfängerhalter im Heckblech achten.

Zusammenbau

● Den Metall-Stoßfängerträger so in die schwarze Stoßfänger-»Abdeckung« einlegen, daß die Haltenasen mit den Durchbrüchen im Blech fluchten.
● Schaumstoff oder Wolldecke unterlegen, und Träger mit Kunststoff- oder Gummihammer vorsichtig auf die Haltenasen klopfen (siehe Bild Seite 245).
● Zierblenden auf der Oberkante der Abdeckung festschrauben. Muttern nicht mit Gewalt anziehen.

Das Schiebedach

Dieses Fenster zum Himmel erfordert für problemlose Funktion eine exakte Einstellung. Das kann man nach entsprechender Anleitung auch als Heimwerker, aber die hierzu notwendigen Beschreibungen würden den Rahmen dieses Buches sprengen. Beim elektrischen Schiebedach bleibt allenfalls die Kontrolle der zuständigen Sicherung (siehe Seite 164).

Undichtes Schiebedach

Ein undichtes Schiebedach hat seine Ursache in verstopften Ablaufrohren, von denen je eines an jeder der vier Ecken des Schiebedachkastens angeschlossen ist. Denn eindringen darf das Wasser, doch ablaufen muß es können.

○ Bei undichtem Schiebedach deshalb alle vier Ablaufschläuche durchstoßen.
○ Die hinteren beiden Ablauföffnungen sind auch bei zurückgedrehtem Schiebedach schwer zu erreichen (mit Taschenlampe in den Schiebedachkasten leuchten).
○ Die Ablaufschläuche enden vorn in Höhe des unteren Scharniers der Vordertür ins Freie. Die hinteren beiden Schläuche enden innen hinter den hinteren Radkästen.

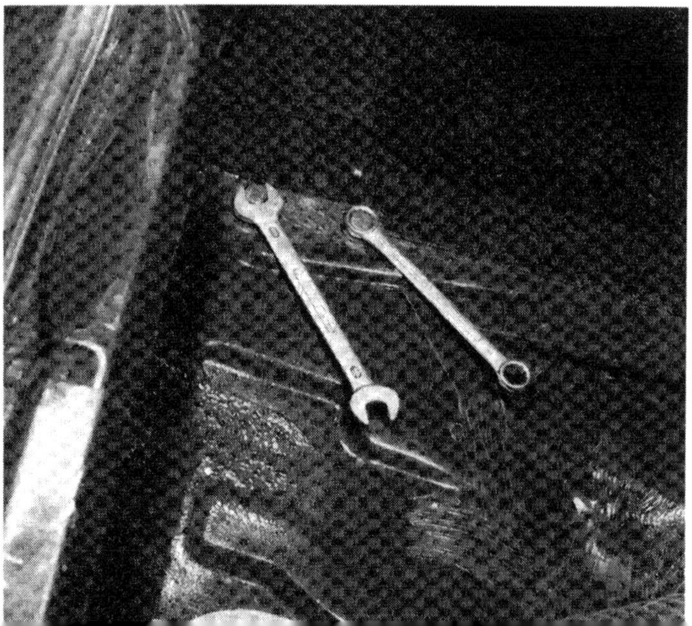

Zum Ausbau des Stoßfängers hinten müssen rechts und links je zwei Sechskantschrauben im Kofferraum gelöst werden.

Diese Zeichnung verdeutlicht, wo die Schrauben sitzen, die zum Zerlegen der Mittelkonsole herausgedreht werden müssen.

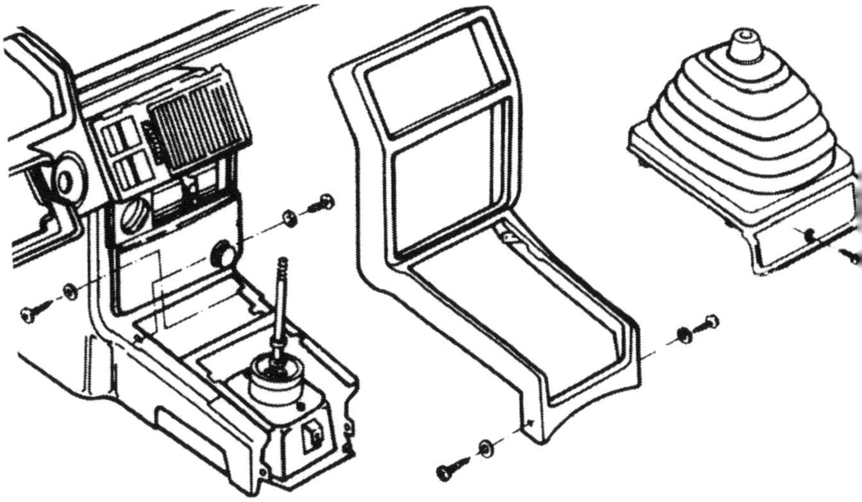

Mittelkonsole zerlegen
bis 12/87

- Batterie-Massekabel abklemmen.
- Schalthebelknopf losdrehen, Schalthebelmanschette unten lösen und abnehmen.
- Aschenbecher herausheben und in der Aschenbecheröffnung rechts und links je eine Kreuzschlitzschraube herausdrehen.
- In Höhe des Schalthebels unten an der Konsole rechts und links je eine Kreuzschlitzschraube herausdrehen.
- Rahmen hinten hochziehen und vorn aus der Verhakung an den Luftdüsen lösen.
- Blende im Bereich Radio/Zigarettenanzünder aus der Verhakung lösen.
- Griffe der Schieberegler Heizung/Lüftung abziehen.
- Heizungs-Drehknopf abziehen und die Kreuzschlitzschraube darunter lösen.
- Blende der Regler Heizung/Lüftung links abheben und aus der Verhakung rechts lösen.
- Konsolen-Befestigungsschrauben hinten in der Mitte sowie in Höhe Handschuhkasten rechts und links herausdrehen.
- An den Luftdüsen bzw. Kippschaltern vier Kreuzschlitzschrauben lösen.
- Vier weitere Kreuzschlitzschrauben an der Heizhebelkonsole herausdrehen.
- Mittelkonsole nun komplett nach hinten ziehen. Dabei Stecker für Radio, Zigarettenanzünder und Kippschalter lösen.
- Beim Zusammenbau der Konsole darauf achten, daß der Luftschlauch richtig auf den Lufttrichter der Austrittsdüsen gesteckt wird.

Mittelkonsole zerlegen
ab 1/88

- **Hinteres Konsolenteil ausbauen:** Vordersitze ganz nach hinten schieben.
- Seitenverkleidung der Mittelkonsole abschrauben (je eine unter dem Teppich verdeckte Kreuzschlitzschraube im Fußraum).
- Verkleidungen abnehmen.
- In Höhe Schalthebel von der Seite her rechts und links je eine Sechskantschraube etwas lösen, damit die Schalthebelabdeckung abgenommen werden kann.

Hinteres Konsolenteil ausbauen (ab 1/88): Handbremsgriff (2) und Abdeckung (4) von der Handbremse (6) abziehen, Blende (3) abhebeln, Schrauben (1, 5 und 7) lösen.

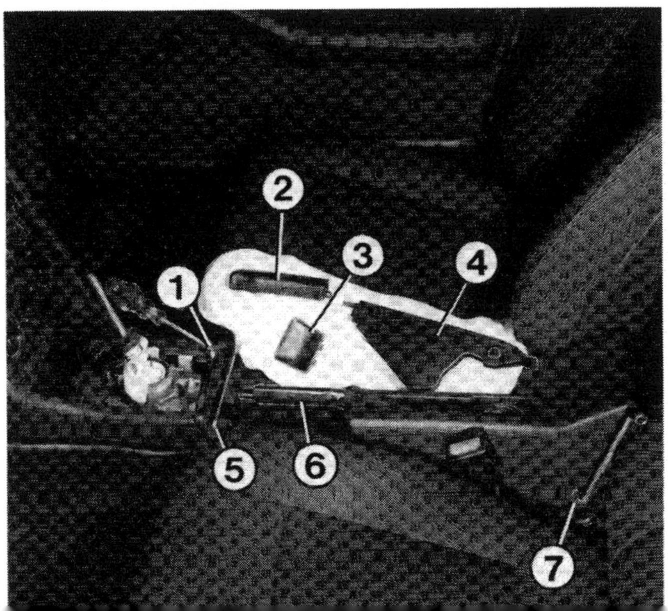

Vorderes Konsolenteil (ab 1/88): Seitenverkleidung der Konsole nach Lösen der Halteschraube (1) abnehmen. Die Konsolen-Befestigungsschrauben (2 und 3) sind jetzt zugänglich.

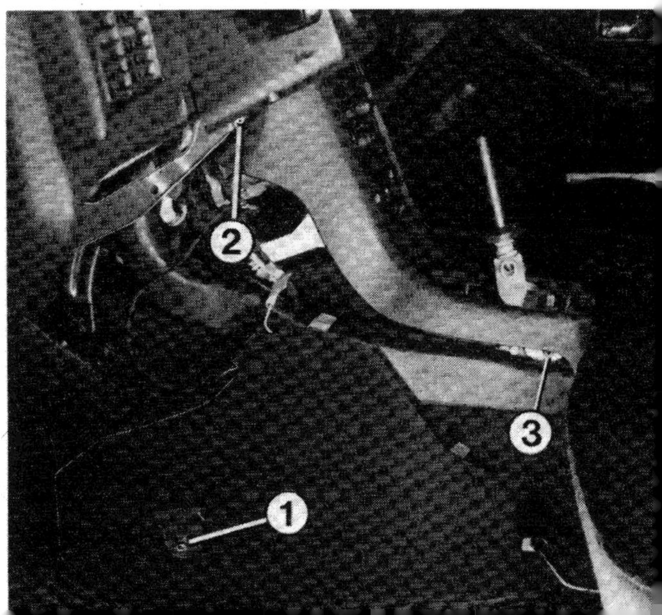

● Unter der Schalthebelabdeckung rechts hinten eine Kreuzschlitzschraube lösen.
● Sitze nach vorn schieben.
● Rechts und links hinten an der Seitenfläche der Mittelkonsole die Sechskantschrauben herausdrehen.
● Handbremsgriff lösen; dazu die Lasche hinten unten am Griffteil aushängen und Griff nach vorn abziehen.
● Abdeckung des Handbremshebels nach oben abziehen; Handbremse dazu lösen.
● Kabelstecker am Zigarettenanzünder und an evtl. montierten Schaltern ausstecken.
● Heizkanal an der hinteren Luftdüse aushängen.
● Bei angezogener Handbremse das hintere Konsolenteil aushängen.
● Blende vor dem Handbremshebel abdrücken, darunter eine Schraube lösen.
● **Vorderen Teil der Mittelkonsole ausbauen:** Radio ausbauen.
● Heizhebelblende ausbauen (Seite 210/211).
● Vier Kreuzschlitzschrauben an den Ecken der Heizungs-Bedieneinheit herausdrehen.
● Aschenbecher abnehmen.
● Alle Schalter ausbauen.
● Kabel am Zigarettenanzünder abziehen.
● Rechts und links an der Oberkante der Mittelkonsole die Sechskantschrauben herausdrehen.
● Beim **Einbau** darauf achten, daß der Heizungskanal an der hinteren Luftdüse eingehängt werden muß, bevor das hintere Konsolenteil festgeschraubt wird.
● Die Abdeckung des Handbremshebels muß mit ihren Führungsszapfen hinten in die Führung an der Konsole eingeschoben werden.

Ablage links ausbauen
bis 12/87

● Vier Kreuzschlitzschrauben an der Oberkante der Ablage lösen.
● Ablage nach hinten herausziehen.
● Zum Einbau der Ablage die Haltezungen an ihrer Vorderkante in die Führungen am Heizkanal stecken.
● Ablage nach vorn schieben und an der Hinterkante festschrauben.

Ablage links ausbauen
ab 1/88

● Insgesamt sechs SW-8-Sechskantschrauben lösen.
● Davon eine oberhalb des Haubenentriegelungsgriffs, zwei an der Oberkante der Ablage, zwei unterhalb der Lenksäulenverkleidung und eine rechts unten neben der Mittelkonsole.
● Ablage nach hinten abziehen.

Handschuhkasten ausbauen
bis 12/87

● Zwei Kreuzschlitzschrauben an der Verkleidung rechts und links des Handschuhkastens lösen.
● Verkleidung aus der Führung vorn ziehen und abnehmen.
● Zwei Schrauben rechts und links am Scharnier des Handschuhkastens lösen.
● Handschuhkastenverriegelung öffnen und Kasten abnehmen.
● Beim Anschrauben der Scharniere kann der Handschuhkasten richtig ausgerichtet werden.

Handschuhkasten ausbauen
ab 1/88

● Blende unten an der Vorderkante des Handschuhkastens abschrauben.
● Darunter die Halteschrauben an der Handschuhkasten-Scharnieren herausdrehen.
● Handschuhkasten im Ausschnitt verkanten, dabei die Anschlagrasten nach außen führen.

Der Dachhimmel

Der Dachhimmel besteht beim Audi aus einem eingeklebten Fertigteil, das nicht ohne Zerstörung ausgebaut werden kann. Dabei muß das Formteil in schmale Streifen geschnitten werden, um eine Beschädigung des Dachs zu vermeiden. Übrigens: Auch der Dachhimmel ist ein tragendes Teil der Karosserie!

Die Sitze

Vordersitze ausbauen

● An der äußeren Sitzschiene den Endanschlag hinten abschrauben.
● An der inneren Sitzschiene Schraube der Blende lösen, Blende nach hinten abziehen.
● An der mittleren Sitzschiene die Sicherungsschraube losdrehen (siehe Bild rechts).
● Sitz nach hinten herausnehmen.
● Vor dem Wiedereinbau kontrollieren, ob die sogenannten Gleitstücke außen auf den Sitzstützen sowie vorn in der Mitte unbeschädigt sind. Andernfalls wackelt der Sitz.

Kopfstützen ausbauen

● In den Rosetten, in die der Haltestab der Kopfstütze mündet, sitzen kleine Federklammern, die mit einem feinen Schraubenzieher seitlich herausgezogen werden müssen.
● Kopfstützen nach oben abziehen.
● Zum Einbau Federklammer so einstecken, daß ihr gerades Drahtstück nach hinten zeigt.
● Kopfstütze einstecken.

Rücksitze ausbauen

- **Sitzpolster ausbauen:** Zwei Kreuzschlitzschrauben vorn am Sitz herausdrehen.
- Sitzpolster nach oben herausheben.
- **Lehne ausbauen:** Bei Wagen mit Kopfstützen hinten beide Stützen ausbauen (siehe Vortext) und die vier Kopfstützenführungen vom Kofferraum aus nach oben in den Innenraum drücken.
- Kreuzschlitzschrauben an der Gurtbandführung auf der Hutablage herausdrehen.
- Rücksitzlehne herunterdrücken und an den aufgebogenen Blech-Haltelaschen an der Sitz-Unterkante aushängen.

Rücksitz des Avant ausbauen

- Sitzpolster ausbauen: Wie bei der Limousine (siehe Vortext).
- **Lehne ausbauen:** Lehnenteile ein Stück nach vorn klappen.
- Je zwei Muttern rechts und links an den Lehnenscharnieren herausdrehen.
- Zusätzlich das an den Lehnenteilen befestigte Teil der Gepäckraumverkleidung abziehen.

Seitenverkleidungen

Wie die Innenverkleidungen der Türen demontiert werden, finden Sie auf Seite 251 beschrieben. Nachfolgend erklären wir den Ausbau der hinteren Seitenverkleidungen im Laderaum des Audi 100 Avant.

- Wo vorhanden, Laderaumabdeckung ausbauen.
- Rücksitz nach vorn klappen und Haltebolzen für die Rücksitzbank ausbauen.
- Wo vorhanden, oberhalb des Haltebolzens eine Kreuzschlitzschraube herausdrehen.
- An der Hinterkante der Verkleidung zwei verdeckte Kreuzschlitzschrauben lösen.
- Koffermatte zurückschlagen und eine Schraube an der Unterkante der Verkleidung lösen.
- Klappe in der Verkleidung öffnen und Drehknopfschloß ausclipsen.
- Verkleidung an der Unterkante lösen und die Halteklammern an der Oberkante nacheinander herausziehen.

Sicherheitsgurte

Zeigen die Gurte einen der nachfolgend genannten Mängel, sollten sie ausgewechselt werden, damit sie im Notfall wirklich schützen können:

○ bei welligem Gurtband;
○ bei ausgefransten Kanten;
○ bei aufgeriebenem Gewebe;
○ bei angerissenen Nähten oder
○ wenn ein »lahmer« Automatikgurt öfter zwischen Tür und Karosserie eingeklemmt wurde, wodurch er mit der Zeit an Festigkeit verliert.

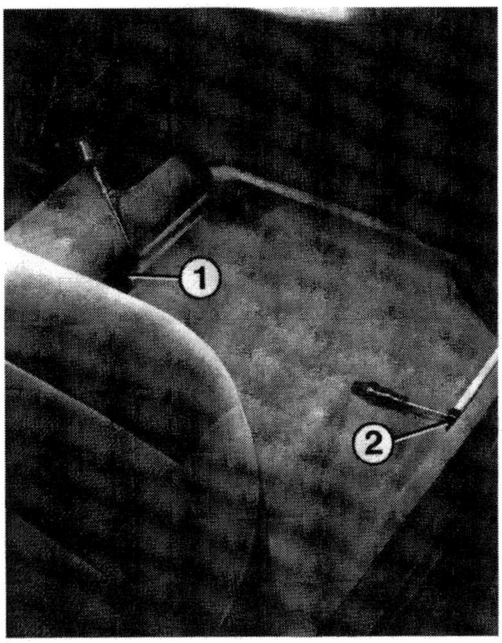

Ausbau der Vordersitze: Vorn am Sitz die Sicherungsschraube (Pfeil) lösen. Hinten muß der Endanschlag (2) und die Blende (1) losgeschraubt werden.

Rostverächter

Viele Karosserieteile des Audi 100 sind schon seit Produktionsbeginn zum Schutz vor Korrosion ein- oder beidseitig verzinkt. Zusätzlich wurde schon bei der Konstruktion versucht, dem Rostfraß wenig Angriffsfläche zu bieten. Deshalb sitzen in den Vorderkotflügeln Kunststoff-Radhausschalen, der Wagenboden besteht zur Vermeidung rostbegünstigender Schweißnähte aus einem Stück, und die Ersatzradwanne wurde aus unempfindlichem Kunststoffmaterial gefertigt, um nur einige Beispiele zu nennen.
Totalen Rostschutz gibt es seit September 1985: Die Audi-100-Karosserie wird ausschließlich aus verzinkten Blechen gefertigt.

Garantie auf Lack und Karosserie

Für Fahrzeuge ab Erstzulassungsdatum 1/88 leistet Audi 10 Jahre Gewähr dafür, daß keine Durchrostungen auftreten. Für ältere Wagen gelten 6 Jahre Garantie, obwohl die bis dato gebauten vollverzinkten Fahrzeuge keineswegs schlechter gegen Korrosion geschützt sind. Dazu gibt es seit März 1983 eine Lackgarantie, die dafür geradesteht, daß 3 Jahre lang keine Lackmängel auftreten.
Natürlich kann die Gewährleistung nicht ohne Einschränkungen gelten:

○ In den Garantiebedingungen wird ausdrücklich von »Durchrostungen« gesprochen, nicht von anderen Rostschäden.

○ Ein durch Steinschlag oder Bodenberührung beschädigter Unterbodenschutz darf nicht sich selbst überlassen, sondern muß ausgebessert werden.

○ Der Wagenboden wird beim Inspektions-Service in der Werkstatt überprüft, und Schäden werden behoben – auf Ihre Kosten. So kann es im Normalfall gar nicht zu einer Durchrostung kommen.

○ Ein Schaden im Lack durch Steinschlag – also Einwirkung von außen – oder durch falsche Behandlung mit ungeeigneten Pflegemitteln wird nicht von der Garantie gedeckt.

○ Wenn bei einer Unfallreparatur die Lackierung bzw. der Rostschutz der neu eingesetzten Teile nicht sachgemäß ausgeführt wurde, haftet Audi dafür ebenfalls nicht.

Unterbodenschutz kontrollieren

Wartung Nr. 27

Die Schutzschicht der Wagenunterseite muß sorgsam überprüft und ggf. nachgearbeitet werden. Das können Sie selbst machen, wenn Sie eine sichere Aufbockmöglichkeit für den Audi haben (Hebebühne, Auffahrrampe).

● Unterboden gründlich waschen, siehe nächsten Abschnitt.

● Gesamte Unterseite mit einer hellen Lampe ableuchten und auf schadhafte Stellen untersuchen.

● Beschädigte Stellen im Unterbodenschutz mit Spachtel, Schaber und Drahtbürste bis aufs blanke Blech freilegen.

● Rostansätze so weit als möglich blankschleifen.

● Gesäuberte Fläche mit Rostprimer oder Bleimennige bestreichen.

● Ebene oder größere Flächen werden mit streichbarem Material behandelt.

● Für schwer zugängliche Fugen und Ecken ist eine Sprühdose mit Unterbodenschutz günstiger.

● **Wichtig:** Den Bitumen-Unterbodenschutz am Wagenboden nur mit Bitumen-Material nachbehandeln, den Kunststoff-Unterbodenschutz in den Radkästen nur mit PVC-Unterbodenschutz nachbessern.

Wasserablauflöcher reinigen

Wartung Nr. 28

Keine Schweißnaht ist so dicht, daß nicht Wasser eindringen kann. Aus diesem Grund sind in allen Hohlprofilen im Wagen Wasserablauflöcher angebracht. Sind diese durch Schmutz oder Unterbodenschutz verstopft, kann eindringendes Wasser nicht mehr ablaufen, sondern fördert den Rostfraß von innen heraus. Besonders gefährdet sind die Längsversteifungen der Karosserie.

● Löcher regelmäßig mit einem Pfeifenreiniger durchstoßen.

● Bei einem Fahrzeug mit Schiebedach zusätzlich die Wasserabläufe der Dachöffnung kontrollieren.

● Die Abläufe enden vorn über den unteren Scharnieren der Vordertüren; hinten sind die Schläuche hinter dem hinteren Radausschnitt rechts und links herausgeführt.

● Zum Reinigen – vorn von oben, hinten von unten her – eignet sich eine alte Tachometerwelle.

Hardware

Im Zeitalter der Elektronik ist das Handwerk etwas in den Hintergrund getreten. Doch die Parallelen beider Sparten sind unübersehbar: Die Software – also die Wissensseite – stellt dieses Handbuch dar. Mit der Hardware – dem Werkzeug – läßt sich manches in die Tat umsetzen.

Werkzeug-Grundausstattung

In der nachfolgenden Liste haben wir eine vielseitig verwendbare Grundausstattung zusammengestellt:

- ○ 4 Doppel-Gabelschlüssel, 6 × 7, 8 × 10, 13 × 15, 17 × 19;
- ○ 2 Gabel-/Ringschlüssel kurz, SW 10 bzw. 13 beidseitig;
- ○ 2 Ringschlüssel gekröpft, 10 × 13 und 17 × 19;
- ○ 1 Steckschlüssel 8 × 10;
- ○ 1 Satz Innensechskantschlüssel am Ring, SW 2 bis 8;
- ○ 1 Zündkerzenschlüssel, SW 20,8, ausziehbar;
- ○ 1 Radschraubenschlüssel, SW 17;
- ○ 3 Schraubenzieher für Querschlitzschrauben, 3, 6 und 8 mm breit;
- ○ 2 Schraubenzieher für Kreuzschlitzschrauben, verschiedene Größen;
- ○ 1 Schraubenzieher für Querschlitzschrauben, kurz mit kräftigem Griff;
- ○ 2 Winkelschraubenzieher für Kreuzschlitze und Querschlitze;
- ○ 1 Kombizange;
- ○ 1 Rohrzange, 240 mm lang;
- ○ 1 Seitenschneider;
- ○ 1 Schlosserhammer, 300 g schwer;
- ○ 1 Satz Fühlerblattlehren, 0,05–0,7 mm;
- ○ 1 Flachmeißel;
- ○ 1 Durchschlag, 3 mm Durchmesser;
- ○ 1 Autoelektrik-Spannungsprüfer mit Leuchtdioden zur Prüfung von Elektronik-Bauteilen.

Weitere Werkzeuge

Stecknüsse mit den dazugehörigen Verlängerungsstücken und Betätigungswerkzeugen, wie Knarre (Rätsche) und Hebel, ermöglichen wesentlich schnelleres Arbeiten.
Zum Einstecken der Betätigungswerkzeuge haben die Steckeinsätze ein Vierkantloch mit ½″ (Zoll) oder ⅜″ Kantenlänge. Die ⅜″-Ausführung ist dabei weniger verbreitet, jedoch in vielen Fällen handlicher beim Autobasteln.
Drehmomentschlüssel: Für den Heimwerker genügt die Ausführung mit Skala durchaus. Unerläßlich ist der Drehmomentschlüssel zur Zylinderkopfmontage, aber auch bei anderen Schrauben.
Spannbandschlüssel zum Lösen des Ölfilters. Lohnt sich, wenn der Ölwechsel öfters selbst gemacht wird.

Flüssige Hilfen

Rostlöser für festgerostete Verschraubungen gibt es genügend im Angebot. Besonders gut fanden wir den sofort wirkenden Schnellrostlöser »Caramba Rasant«. Herkömmliche Lösemittel brauchen eine gewisse Einwirkzeit.
Isoliersprays sind ebenfalls ausgesprochen kriechfähig. Vielfach sind die Rostlöser zugleich solche Isoliersprays, die bei Feuchtigkeit in der Autoelektrik den feinen Wasserfilm unterwandern und dadurch verhindern, daß Batteriestrom über den leitenden Wasserfilm als Kurzschluß oder »Kriechstrom« abgeleitet wird.
Korrosionsschutzwachs verhindert im Motorraum Korrosionserscheinungen unter winterlicher Streusalzeinwirkung.
Kupferfett, auch Heißschrauben-Compound genannt, verhindert das Festrosten von Verschraubungen, die extrem hohen Temperaturen ausgesetzt sind. Im Auto sind das Auspuffschrauben und Zündkerzen. Zu empfehlen ist dieser Schmierstoff aber auch an anderen Schrauben, die der Korrosion ausgesetzt sind.

Fingerzeig: Achten Sie darauf, nur umweltfreundliche Spraydosen (Kennzeichen: Plakette mit dem »Blauen Engel«) zu verwenden.

Störungsdienst

Wir gehen bei unserer Fehlersuche davon aus, daß der Motor keine mechanischen Leiden hat. Weiter nehmen wir an, daß das Triebwerk unvermittelt stehenblieb bzw. nicht mehr anspringen will.

Reihenfolge der Fehlersuche

Dreht der Anlasser den Motor durch?
Tut er's nicht oder nur unwillig, lesen Sie bitte weiter unter »Fehlerquelle Elektrik«. Wird der Motor dagegen flott durchgedreht, müssen zur weiteren Eingrenzung die folgenden Fragen der Reihe nach beantwortet werden.

Funken die Zündkerzen?
Einen Kerzenstecker abziehen, Zündkerze herausschrauben, in den Kerzenstecker hineinstecken. Kerze jetzt elektrisch leitend mittels eines Starthilfekabels mit dem Motorblock verbinden. Von einem Helfer den Anlasser durchdrehen lassen. **Zündkabel und Kerze nicht berühren,** siehe Seite 195. Springen Funken über? Wenn ja, nächste Frage abklären. Falls nicht, weiterlesen unter »Fehlerquelle Zündung«.

Wird der Vergaser mit Kraftstoff versorgt?
Kraftstoffschlauch vom Vergaser abziehen und in ein Gefäß (Kappe der Warndreieck-Hülle) halten. Von Helfer den Anlasser betätigen lassen: Spritzt Benzin heraus, ist Kraftstoffzufuhr in Ordnung. Der Fehler könnte am Vergaser liegen (Störungsbeistand Seite 82). Kommt kein Benzin, weiterlesen unter »Fehlerquelle Kraftstoffversorgung«.

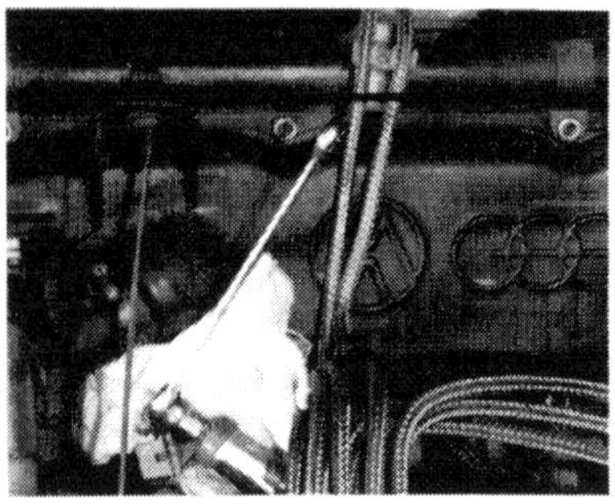

Wird die Einspritzanlage mit Kraftstoff versorgt?
Fahrzeuge mit K-/KE-Jetronic: Benzinleitung am Kaltstartventil vorsichtig lockern. Evtl. kurz Anlasser betätigen. Gefäß darunterhalten (Kappe der Warndreieck-Hülle).
Fahrzeuge mit Mono-Jetronic: Kraftstoffzulaufschlauch abziehen und in ein Gefäß halten. Von Helfer den Anlasser kurz durchdrehen lassen.
Alle: Spritzt Benzin heraus, läuft die Kraftstoffpumpe. Wenn nicht, lesen Sie bitte unter »Fehlerquelle Kraftstoffversorgung« weiter. Bleibt die Einspritzung als Fehlerquelle. Oder die Pumpe läuft, bringt aber zu wenig Druck.

Zuerst die Sichtprüfung

○ Ist ein Kabelstecker an Teilen der Zündanlage oder an einem Teil der Einspritzanlage abgefallen?
○ Kontrollieren Sie den festen Sitz der Zündkabel am Verteiler und an den Kerzensteckern (die Zündung darf nicht eingeschaltet sein!).
○ Sämtliche Unterdruckschläuche im Motorraum auf ihren entsprechenden Stutzen aufgesteckt?
○ Kondenswasser am und im Verteilerdeckel? Alle Teile der Zündanlage – auch die Zündspule – müssen sauber und trocken sein, sonst besteht die Gefahr von Kriechströmen und Spannungs-Überschlägen.
○ Benzingeruch im Motorraum? Ist ein Kraftstoffschlauch undicht oder hat er sich gar gelockert?

Fehlerquelle Elektrik

○ Die Kontrollampen im Armaturenbrett brennen bzw. blinken nicht bei eingeschalteter Zündung: Batterie ist völlig entladen oder die Batterieklemmen sind lose.
○ Kontrollampen verlöschen beim Betätigen des Anlassers: Batterie stark entladen oder altersschwach (Seite 182) oder Anlasser hat Kurzschluß.
○ Kontrollampen werden beim Schlüsseldreh geringfügig dunkler; Anlasser dreht sicht nicht: Magnetschalter klemmt bzw. defekt oder Anlasser defekt (Störungsbeistand Seite 190).
○ Kontrollampen brennen bzw. blinken normal hell beim Schlüsseldreh; Anlasser dreht sich nicht: Klemme-50-Kontakt im Zündschloß defekt (Seite 229), Klemme-50-Leitung am Magnetschalter lose (Bild Seite 189) oder Magnetschalter defekt.

Fehlerquelle Zündung

○ Alle Steckeranschlüsse im Bereich Zündspule und Zündverteiler richtig aufgesteckt?
○ Risse im Zündspulengehäuse, Brandspuren von Funkenüberschlägen?
○ Verteilerdeckel abnehmen. Sind Kriechstromspuren an seiner Innenseite sichtbar (Seite 199)? Federt die Kontaktkohle in der Deckelmitte einwandfrei? Grünspan an den Kontaktstiften?
○ Fußraumverkleidung vorn abnehmen (Seite 193/194): Sind die Steckeranschlüsse am Zündgerät fest? Ist evtl. ein einzelner Steckkontakt im Mehrfachstecker zurückgerutscht?
○ Als letztes hilft nur das komplette Durchprüfen der Zündanlage (ab Seite 196).

Fehlerquelle Kraftstoffversorgung

○ Kein Benzin im Tank – das ist nicht so abwegig, wie Sie vielleicht denken. Wagen aufschaukeln und horchen, ob es im Tank plätschert.
○ Kraftstoffpumpe (Seiten 64 und 65) defekt.
○ Benzinfilter verstopft, siehe Seite 66.
○ Bei intaktem Benzinnachschub gerät – z. B. bei ständigen Startproblemen – der Vergaser bzw. die Einspritzanlage in Verdacht. Die entsprechenden Störungsbeistände finden Sie auf den Seiten 82, 94 und 111.

Verzeichnis der Störungsbeistände

Über das Buch verteilt finden Sie Störungsbeistände zu den einzelnen Bauteilen. Hier die Zusammenstellung:

Technische Daten

Motor

Typ		1,8	1,8	1,8	1,8	1,8	1,8[4]	1,8	1,8	1,9	2,0
Baujahr		9/82–9/86	10/86–8/87	3/86–7/88	8/88–	8/83–2/88	4/83–7/87	8/85–1/88; 9/89–	2/88–9/89	8/82–4/84	7/84–12/87
Kennbuchstaben		DR[1]	RS	SH	SH	DS	JW	PH	4B	WH	KP
Bauart		Wassergekühlter Viertakt-Reihenmotor									
Zylinderzahl		4	4	4	4	4	4	4	4	5	5
Abgasreinigung		–	Kat	Kat	Kat	–	–	G-Kat	G-Kat	–	–
Bohrung	mm	81,0	81,0	81,0	81,0	81,0	81,0	81,0	81,0	79,5	81,0
Hub	mm	86,4	86,4	86,4	86,4	86,4	86,4	86,4	86,4	77,4	77,4
Hubraum effektiv	cm^3	1781	1781	1781	1781	1781	1781	1781	1781	1921	1994
Verdichtung		8,75	9,0	9,0	9,0	10,0	10,0	9,0	9,0	10,0	10,0
Höchstleistung											
nach DIN	kW/PS	55/75[2]	55/75	65/88	66/90	66/90	66/90	66/90	66/90	74/100	85/115
bei Drehzahl	1/min	4600[3]	4500	5200	5500	5200	5200	5300	5500	5600	5200
Höchstes Drehmoment	Nm	138	140	142	142	145	150	138	142	150	170
bei Drehzahl	1/min	2500	2500	3300	3300	3300	3300	3000	3250	3200	3000
Ventilsteuerung		Durch eine obenliegende Nockenwelle über Tassenstößel mit bzw. ohne hydraulischen Ventilspielausgleich									
Ventilspiel bei mindestens handwarmem Zylinderkopf											
Einlaß	mm	0,20–0,25	–	–	–	0,20–0,25[5]	0,20–0,25[5]	–	–	0,20–0,25	0,20–0,25
Auslaß	mm	0,40–0,50	–	–	–	0,40–0,50[5]	0,40–0,50[5]	–	–	0,40–0,50	0,40–0,50
Steuerzeiten											
Einlaß öffnet	vor/nach OT	5° vor	0°	2° vor	5° nach	1° vor	1° vor[6]	0°	2° nach[7]	1° vor	1° vor
Einlaß schließt	nach UT	21°	22°	34°	41°	37°	37°[6]	40°	38°	37°	37°
Auslaß öffnet	vor UT	41°	28°	44°	37°	42°	42°[6]	40°	40°	42°	37°
Auslaß schließt	vor/nach OT	3° vor	6° nach	8° nach	1° vor	2° nach	2° nach[6]	0°	4° vor	2° nach	1° nach
Kompressionsdruck	bar	10–12	9–12	9–12	9–12	10–13	10–13	9–12	9–12	10–14	10–16
Mindestwert	bar	7	7	7	7	7,5	7,5	7	7	8	8
Schmiersystem		Druckumlaufschmierung mit Wechselfilter im Ölhauptstrom									
Öldruck bei 80° C und 2000/min	bar	2	2	2	2	2	2	2	2	2	2

Abweichende Daten bei Österreich-Ausführung: [1] DRA; [2] 51/70; [3] 4500;
[4] Schweiz-Version; [5] ab 9/85 mit Hydrostößeln; [6] ab 9/85: 3° vor/33°/41°/5° nach; [7] ab 8/88: 5° nach/41°/37°/1° vor

Motor Fortsetzung

Typ		2,0	2,0	2,0	2,14	2,14	2,14[4]	2,23	2,23	2,23	2,3
Baujahr		4/86–12/87	1/88–	1/88–	8/82–4/84	8/82–6/84	8/82–4/84	8/84–10/86	9/84–	7/84–11/87	8/86–
Kennbuchstaben		SL	RT	RT	WU	WC	KF	KZ	KU	HX	NF
Bauart		Wassergekühlter Viertakt-Reihenmotor									
Zylinderzahl		5	5	5	5	5	5	5	5	5	5
Abgasreinigung		Kat	G-Kat	–	G-Kat	–	–	G-Kat	–	–	G-Kat
Bohrung	mm	81,0	81,0	81,0	79,5	79,5	79,5	81,0	81,0	81,0	82,5
Hub	mm	77,4	77,4	77,4	86,4	86,4	86,4	86,4	86,4	86,4	86,4
Hubraum effektiv	cm^3	1994	1994	1994	2144	2144	2144	2226	2226	2226	2309
Verdichtung		10,0	10,0	10,0	8,2	9,3	9,3	8,5	10,0	–	–
Höchstleistung											
nach DIN	kW/PS	83/113	85/115	85/115	77/105	100/136	96/130	85/115	101/138	101/138	100/136
bei Drehzahl	1/min	5200	5400	5400	5500	5700	5750	5500	5700	5700	5600
Höchstes Drehmoment	Nm	165	172	172	152	185	168	165	188	185	190
bei Drehzahl	1/min	3000	4000	4000	3000	4800	5000	2500	3500	3500	4000
Ventilsteuerung		Durch eine obenliegende Nockenwelle über Tassenstößel mit bzw. ohne hydraulischen Ventilspielausgleich									
Ventilspiel bei mindestens handwarmem Zylinderkopf											
Einlaß	mm	–	–	–	–	0,20–0,25	0,20–0,25	–	–	–	–
Auslaß	mm	–	–	–	–	0,40–0,50	0,40–0,50	–	–	–	–
Steuerzeiten											
Einlaß öffnet	vor/nach OT	2° vor	2° nach	2° nach	1,5° vor	2,5° vor	2,5° vor	1,5° vor	0°	0°	0°[8]
Einlaß schließt	nach UT	31°	31°	31°	38,7°	52,5°	52,5°	38,7°	41°	41°	41,1°
Auslaß öffnet	vor UT	31°	31°	31°	41,5°	48°	48°	41,5°	41°	41°	40°
Auslaß schließt	vor/nach OT	2° nach	2° vor	2° vor	1,3° nach	6° nach	6° nach	1,6° nach	1° nach	1° nach	1,1° nach
Kompressionsdruck	bar	11–16	11–16	11–16	8–11	10–14	10–14	8,5–12	11–16	11–16	11–16
Mindestwert	bar	9	9	9	6,5	8	8	6,5	9	9	9
Schmiersystem		Druckumlaufschmierung mit Wechselfilter im Ölhauptstrom									
Öldruck bei 80° C und 2000/min	bar	2	2	2	2	2	2	2	2	2	2

Abweichende Daten bei Österreich-Ausführung: [1] DRA; [2] 51/70; [3] 4500;
[4] Schweiz-Version; [5] ab 9/85 mit Hydrostößeln; [6] ab 9/85: 3° vor/33°/41°/5° nach; [7] ab 8/88: 5° nach/41°/37°/1° vor; [8] ab 4/89: 3,9° nach/41,2°/45,9°/4,9° vor

Kühlsystem

Art: Wasserumlaufkühlung mit Flügelradpumpe, Thermostat, Leichtmetall-Querstromkühler, Ausgleichsbehälter und temperaturgesteuertem Elektroventilator

Antrieb der Wasserpumpe		Vierzylinder: Keilriemen bzw. Fünfzylinder: Zahnriemen	
Thermostat			
öffnet bei	ca. °C	85 (Vierzylinder)	bzw. 87 (Fünfzylinder)
voll geöffnet bei	ca. °C	105 (Vierzylinder)	bzw. 102 (Fünfzylinder)
Kühlsystem-Verschlußdeckel Überdruckventil öffnet bei	bar	1,2–1,5	

Thermoschalter des Kühlerventilators		
schaltet ein bei	°C	93–98 (ältere Version) bzw. 92–97 (neuere Version)
schaltet aus bei	°C	88–93 (ältere Version) bzw. 84–91 (neuere Version)
Zweite Ventilatorstufe		
schaltet ein bei	°C	99–105
schaltet aus bei	°C	91–98

Motor-Kennbuchstaben		DR	DS	WH	RS	SH bis 7/88	SH ab 8/88	JW
Gemischaufbereitung		Einfach-Vergaser	Register-Vergaser	Register-Vergaser	Register-Vergaser	Register-Vergaser	Register-Vergaser	Register-Vergaser
Hersteller		Pierburg	Pierburg	Keihin	Keihin II	Keihin I	Keihin II	Keihin I
Typ		1 B 3	2 E 2	–	–	26–30 DC	–	26–30 DC
Lufttrichter	Stufe I/II	24/–	22/26	22/28	22/26	20/26	22/26	20/26
Hauptdüse	Stufe I/II	X 112,5[1)]/–1	X 105/X 120	120/165[2)]	100/140	110/150	100/145	112/155[6)]
Leerlaufdüse	Stufe I/II	–/–	–/–	50/90	–/–	–/–	–/–	–/–
Leerlaufkraftstoff/Luftdüse		47,5 (130)/–	40/–	–/–	50/–	52/–	50/–	48/–
Zusatzkraftstoff/Luftdüse		37,5 (130)/–	–/–	–/–	–/–	–/–	–/–	–/–
Luftkorrekturdüse	Stufe I/II	90/–	–/–	80/110	90/100	90/120	90/100	95/120
Leerlaufluftdüse	Stufe I/II	–/–	–/–	120/1,5	100/–	115/–	100/–	125/–
Schwimmernadelventil	∅ mm	1,75	–	2,8	2,5	2,5	2,5	2,5
Pumpeneinspritzrohr Bohrung	∅ mm	0,40	0,35	0,35	0,40	0,45	0,40	0,45
Anreicherungsventil		–	–	50[3)]	35	50	35	55
Vollastanreicherung		–	–/1,25	–	–	–	–	–
Einspritzmenge	cm^3/Hub	0,9 ± 0,15 (langsam)	1,1 ± 0,15 (zügig)	0,82 ± 0,12	0,85 ± 0,15	0,78 ± 0,12	0,85 ± 0,15	0,78 ± 0,12
Luftklappenspaltmaß 1. Stufe	mm	2,3 ± 0,15	2,3 ± 0,15	5,6 ± 0,15	2,2 ± 0,15	4,6 ± 0,15	2,2 ± 0,15	4,2 ± 0,15
2. Stufe	mm	3,0 ± 0,15	4,7 ± 0,15	–	–	–	–	–
Drosselklappenspalt								
Startspalt	mm	–	–	1,3 ± 0,1[3)]	–	–	–	–
Durchlaufspalt	mm	–	–	0,6 ± 0,07[4)]	–	–	–	–
Kennzeichnung der Startautomatik		251[5)]	258	–	–	–	–	–
Kaltleerlaufdrehzahl	1/min	3600 ± 200	3000 ± 200	3500	2000 ± 100	4200 ± 200	2000 ± 100	4200 ± 200
Leerlaufdrehzahl	1/min	750 ± 50	750 ± 50	800 ± 50	750 ± 50	750 ± 50[7)]	900 ± 50	800 ± 50
CO-Gehalt	Vol. %	1,0 ± 0,5	1,0 ± 0,5	1,0 ± 0,5	1,0 ± 0,5	1,0 ± 0,5	1,0 ± 0,5	1,0 ± 0,5

Abweichende Daten bei Getriebeautomatik: 1) X 110; 2) 120/150; 3) 1,5 ± 0,1; 4) 0,7 ± 0,07; 5) 250; 6) bis 7/84: 115/155; 7) ab 1/88: 900 ± 50

Mono-Jetronic **Kraftstoffanlage**

Motor-Kennbuchstaben	4B
Kraftstoffdruck bei Leerlaufdrehzahl	0,8 ... 1,2 bar Überdruck
Haltedruck nach dem Ausschalten der Zündung	nach 5 Minuten min. 0,5 bar Überdruck
Drosselklappensteller/Drosselklappenschalter	
Widerstand zwischen Klemmen:	
1 + 2 (obere Klemmen für Drosselklappensteller)	3 ... 200 Ω
3 + 4 (untere Klemmen für Drosselklappensteller)	
Drosselklappen geschlossen	max. 0,5 Ω
Drosselklappen geöffnet	∞ Ω
Spiel zwischen Drosselklappenschalter und Anschlagschraube	
Prüfwert	0,50 ± 0,10 mm
Einstellwert	0,50 mm

Schließdämpfer	
Stößelhub bei Drosselklappe geöffnet zu geschlossen:	
Prüfmaß	min. 4 mm
Einstellmaß	4,0 ... 4,5 mm
Drosselklappenpotentiometer	
Widerstand zwischen Klemmen 1 + 5	520 ... 1300 Ω
1 + 2 (von Drosselklappe zu bis ca. 1/4 öffnen: Widerstand ändert sich, danach konstant)	600 ... 3500 Ω
1 + 4 (von Drosselklappe zu bis ca. 1/4 öffnen: Widerstand konstant, danach sich ändernder Widerstand)	600 ... 6600 Ω
Einspritzventil Widerstand	1,2 ... 1,6 Ω
bei Umgebungstemperatur	+ 15 ° bis + 30 °C
Leerlaufdrehzahl (nicht einstellbar)	750 ... 950/min
CO-Gehalt (nicht einstellbar)	0,2 ... 1,2 Vol. %

K-, KE-, KE-III-Jetronic **Kraftstoffanlage**

Motor Kennbuchstaben		Vierzylinder PH	Fünfzylinder RT ohne Kat	Fünfzylinder RT mit Kat	Fünfzylinder WU	Fünfzylinder SL, WC KU bis 6/86 KP bis 6/86	Fünfzylinder UF[1)] HX bis 6/86[1)]	Fünfzylinder KP ab 7/86 KU ab 7/86 HX ab 7/86	Fünfzylinder KZ	Fünfzylinder NF
Einspritzung		KE-Jetronic	K-Jetronic	KE-Jetronic	K-Jetronic	K-Jetronic	K-Jetronic	K-Jetronic	KE-Jetronic	KE-III-Jetronic
Einspritzventile										
Abspritzdruck	bar Überdruck	3,5–4,1	4,3–4,6	4,3–4,6	3,0–4,1	3,0–4,1	3,0–4,1	4,3–4,6	3,5–4,1	4,3–4,6
Einspritzmengentoleranz innerhalb eines Satzes										
Leerlaufmessung										
– bei 20 ml Kraftstoffmenge	ml	max. 3,0	max. 2,5	max. 2,5	3,0	3,0	3,0	max. 2,5	max. 3,0	max. 2,5
Vollastmessung										
– bei 80 ml Kraftstoffmenge	ml	max. 8,0	max. 8,0	max. 8,0	8,0	8,0	8,0	max. 8,0	max. 8,0	max. 8,0
Drucksteller										
Widerstand	Ω	17,5–21,5	–	ca. 17,5–21,5	–	–	–	–	ca. 17,5–21,5	ca. 17,5–21,5
Systemdruck	bar Überdruck	5,2–5,6	5,4–6,2	6,1–6,5	4,7–5,4	4,7–5,4	4,7–5,4	5,6–6,0	5,2–5,6	6,1–6,5
Differenzdruck										
1. Stecker vom Drucksteller abgezogen	bar unter Systemdruck	ca. 0,2–0,5	–	ca. 0,2–0,5	–	–	–	–	ca. 0,2–0,5	ca. 0,3–0,5
Drucksteller aufgesteckt Zündung eingeschaltet	bar unter Systemdruck	ca. 0,7–1,2	–	ca. 1,2–1,5	–	–	–	–	ca. 0,7–1,2	ca. 1,2–1,5
Haltedruck										
nach 10 Minuten mindestens	bar	2,6	3,4	3,4	2,6	2,6	2,6	3,4	2,6	3,5
nach 20 Minuten mindestens	bar	–	3,3	–	2,4	2,4	2,4	3,3	–	3,4
Potentiometer										
Widerstand zwischen Anschluß										
1 und 2	kΩ	größer 4	–	größer 4	–	–	–	–	größer 4	–
2 und 3	kΩ	kleiner 1	–	kleiner 1	–	–	–	–	kleiner 1	–
Steuerdruck (kalt) bei Temperatur des Warmlaufreglers	bei 20° bar	–	1,55–1,75	–	1,75	1,3–1,8	1,3–1,7	1,55–1,75	–	–
	bei 25° bar	–	–	–	2,05	1,5–2,2	1,6–2,0	–	–	–
	bei 30° bar	–	–	–	2,35	1,9–2,4	1,9–2,4	–	–	–
Leerlaufeinstellung		Siehe Seite 79, 80, 88, 98, 109, 111								

1) Schweiz-Version

Kraftübertragung Schaltgetriebe bis 12/87

		DR/DRA, RS	DR/DRA, RS	DS, SH, JW	DS, SH, JW, PH	WH	WU, KZ	WC	RT, NF, SL, KP, KZ, KU
Motor-Kennbuchstaben		DR/DRA, RS	DR/DRA, RS	DS, SH, JW	DS, SH, JW, PH	WH	WU, KZ	WC	RT, NF, SL, KP, KZ, KU
zugehörige Getriebekennzeichnung		QN	3T oder HF	4X	HE	3Q	5N	3V oder 3U	AAZ
Aggregate-Nr.		014/II	013	014/II	013	093	016	016	016
Übersetzungen	1. Gang	3,46	3,46	3,46	3,46	2,864	3,60	3,60	3,60
	2. Gang	1,79	1,79	1,79	1,79	1,524	2,13	2,13 od. 1,88	2,13
	3. Gang	1,07	1,07 oder 1,13	1,07	1,13	0,909	1,36	1,46 oder 1,19	1,46
	4. Gang	0,70	0,78 oder 0,83	0,70	0,83	0,641	0,97	1,07 oder 0,84	1,07
	5. Gang	–	0,60 oder 0,68	–	0,68	0,488	0,73	0,83 oder 0,64	0,86
	Rückwärtsgang	3,17	3,17	3,17	3,17	3,167	3,50	3,50	3,50
	Achsantrieb	4,11	4,11	4,11	4,11	5,222	4,11	3,89	3,89
Kupplung					Einscheiben-Trockenkupplung mit Membranfeder				
Mitnehmerscheiben-Durchmesser	mm	210	210	210	210	215	215	228	228

Kraftübertragung Schaltgetriebe ab 1/88

Motor-Kennbuchstaben		SH, 4B	4B	RT, NF, KU
zugehörige Getriebekennzeichnung		AMS, AOD	AOD	AMK
Aggregate-Nr.		012	012	012
Übersetzungen	1. Gang	3,545	3,545	3,545
	2. Gang	1,857	1,300	2,105
	3. Gang	1,156	1,156	1,429
	4. Gang	0,889	0,889	1,029
	5. Gang	0,725	0,725	0,838
	Rückwärtsgang	3,500	3,500	3,500
	Achsantrieb	4,111	4,111	3,889
Kupplung			Einscheiben-Trockenkupplung mit Membranfeder	
Mitnehmerscheiben-Durchmesser	mm	210	210	228

Kraftübertragung Automatikgetriebe

Motor-Kennbuchstaben		DR/DRA	DS	PH, SH bis 12/87	4B, SH ab 1/88	WH	RT bis 12/87, KZ, WU ab 1/84, KP, SL, KF ab 1/84	KF bis 12/83 WU bis 12/83
zugehörige Getriebekennzeichnung		KAE	bis 12/87: KAM ab 1/88: KAX	KAP	KAW	RDC	RDN	RDG
Aggregate-Nr.		089	089	089	089	087	087	087
Übersetzungen	1. Gang	2,71	2,71	2,71	2,71	2,71	2,71	2,71
	2. Gang	1,50	1,50	1,50	1,50	1,50	1,50	1,50
	3. Gang	1,00	1,00	1,00	1,00	1,00	1,00	1,00
	Rückwärtsgang	2,43	2,43	2,43	2,43	2,43	2,43	2,43
	Achsantrieb	3,42	3,42	3,42	3,42	3,45	3,45	3,45

Kraftübertragung Fortsetzung Automatikgetriebe

Motor-Kennbuchstaben		WC	KU bis 12/87	NF bis 12/87	RT ab 1/88	KU ab 1/88	NF ab 1/88
zugehörige Getriebekennzeichnung		RDK, RDR, RDD, RDQ	RDV, RDT	RDX	REA	REG	REH
Aggregate-Nr.		087	087	087	087	087	087
Übersetzungen	1. Gang	2,71	2,71	2,71	2,71	2,71	2,71
	2. Gang	1,50	1,50	1,50	1,50	1,50	1,50
	3. Gang	1,00	1,00	1,00	1,00	1,00	1,00
	Rückwärtsgang	2,43	2,43	2,43	2,43	2,43	2,43
	Achsantrieb	3,25	3,25	3,25	3,45	3,25	3,25

Drehzahlen und Geschwindigkeiten

Drehzahlen und Geschwindigkeiten für bestimmte Gänge und Reifengrößen können Sie anhand der folgenden Formeln errechnen:

$$n_m = \frac{V \times i_{ges}}{U \times 0{,}06} \qquad V = \frac{n_m \times U \times 0{,}06}{i_{ges}}$$

Hierbei bedeuten: n_m = Motordrehzahl in 1/min
V = Geschwindigkeit in km/h
U = Reifenabrollumfang in m (Audi gibt für den Audi 100 einheitlich ca. 1,9 m als Richtmaß an)
i_{ges} = Gangübersetzung multipliziert mit der Achsantriebsübersetzung

Rechenbeispiele: 1. Sie suchen die Motordrehzahl eines 66-kW-Audi (DS) mit Fünfganggetriebe (HF) bei 150 km/h im 5. Gang:

$$n_m = \frac{150 \times 0{,}68 \times 4{,}11}{1{,}9 \times 0{,}06} = 3677 \text{ 1/min}$$

2. Sie suchen die Geschwindigkeit eines 101-kW-Audi (KU) mit Automatikgetriebe (RDT) bei einer Motordrehzahl von 3000/min in der 3. Gangstufe:

$$V = \frac{3000 \times 1{,}9 \times 0{,}06}{1{,}00 \times 3{,}25} = 105 \text{ km/h}$$

Fahrwerk

Vorderradaufhängung	Einzelradaufhängung mit Querlenkern unten, Federbeinen und Stabilisator	
Lenkung	Nachstellbare Zahnstangenlenkung mit Lenkungsdämpfer und Sicherheits-Lenksäule; bei Fahrzeugen mit Zentralhydraulik als Servolenkung ohne Lenkungsdämpfer	
Vorderachseinstellung	Serien-Ausführung	Schlechtwege-Ausführung
Gesamtspur (ungedrückt 14" und 15" Räder)	$0^\circ \pm {}^{5'}_{10'}$	
Sturz (in Geradeausstellung)	− 30′ ± 30′	− 10′ ± 30′
Höchstzulässiger Unterschied zwischen beiden Seiten	max. 30′	
Spurdifferenzwinkel bei 20° Lenkeinschlag nach links und rechts	− 1°40′ ± 30′	
Nachlauf (nicht einstellbar)		
Fahrzeuge mit Servolenkung	+ 50′ ± 40′	+ 1°5′ ± 40′
Fahrzeuge mit Servolenkung und Niveauregelung	+ 1°5′ ± 40′	+ 1°5′ ± 40′
Fahrzeuge mit mechanischer Lenkung		
bis Fahrgestell-Nr. 43GA 024 418	− 15′ ± 40′	− 5′ ± 40′
ab Fahrgestell-Nr. 43GA 024 419	+ 50′ ± 40′	+ 1°5′ ± 40′

Höchstzulässiger Unterschied zwischen beiden Seiten	max. 1°
Hinterachse	Torsionskurbelachse mit Federbeinen und Panhardstab
Hinterachseinstellung	Serien-Ausführung
Sturz bis 12/87	− 40′ ± 30′
Sturz ab 1/88 (geändertes Fahrwerk)	− 50′ ± 30′ (!)
Höchstzulässiger Unterschied zwischen beiden Seiten	max. 30′
Spur je Rad (bei vorgeschriebenem Radsturz nicht einstellbar)	
bis Fahrgestell-Nr. . . EA 085 288 Trommelbremse	+ 15′ ± 10′
bis Fahrgestell-Nr. . . EA 082 448 Scheibenbremse	+ 15′ ± 10′
ab Fahrgestell-Nr. . . EA 085 289 Trommelbremse	+ 10′ ± 5′
ab Fahrgestell-Nr. . . EA 082 449 Scheibenbremse	+ 10′ ± 5′
Höchstzulässige Abweichung von der Laufrichtung	25′

Felgen	Siehe Tabelle Seite 158
Reifen	Siehe Tabelle Seite 157

Bremsanlage

Fußbremse vorn		Einkolben-Faustsattelbremse von Ate oder Girling. Bei 100-/101-kW-Motor und beim Avant innenbelüftete Bremsscheiben Bei 15"-Fahrwerk: Doppelkolben-Faustsattelbremse vorn
Bremsscheiben-Durchmesser		256 mm
Bremsscheibenstärke neu/mindestens	mm	13/11; innenbelüftete Scheiben: 22/20
Bremsscheibenstärke bei 15"-Fahrwerk ab 1/86 neu/mindestens	mm	25/23
Belagstärke ohne Trägerplatte neu/mindestens	mm	14 bzw. 13[1]/2
Belagstärke mit Trägerplatte neu/mindestens	mm	19 bzw. 18[1]/7

[1] bei 15"-Fahrwerk ab 1/86

Trommelbremse	hinten	Simplex-Innenbacken-Trommelbremse mit automatischer Nachstellung
Bremstrommel-Durchmesser neu/höchstens	mm	230/231
Bremsbelagstärke mindestens	mm	2,5 (ohne Bremsbacke)
Scheibenbremse	hinten	Faustsattelbremse mit automatischer Nachstellung; separate Nachstellvorrichtung für Handbremse
Bremsscheibenstärke neu/mindestens	mm	10/8
Belagstärke ohne Trägerplatte neu/mindestens	mm	12/2
Belagstärke mit Trägerplatte neu/mindestens	mm	17/7

Elektrische Anlage

Bordspannung	12 V
Batterie	Siehe Seite 180
Generator	14 V/65 A/910 W oder 14 V/90 A/1260 W
Keilriemen	Siehe Tabelle Seite 185
Zündanlage	Elektronische Transistorzündung (TSZ) oder Vollelektronische Zündung (VEZ)
Zündzeitpunkt	Siehe Tabelle Seite 202
Zündkerzen	Siehe Tabelle Seite 204
Zündkerzen-Elektrodenabstand	Siehe Tabelle Seite 204

Füllmengen in Liter

Motor:	Vierzylinder ohne/mit Filterwechsel	2,5/3,0
	Fünfzylinder ohne/mit Filterwechsel	4,0/4,5
Kühlsystem mit Heizung:	Vierzylinder	7
	Fünfzylinder	8
Kraftstofftank		80
Getriebe bis 12/87:	Viergang	1,7
	Fünfgang bei Vierzylinder	2,0
	Fünfzylinder Vergaser	2,35
	Fünfzylinder Einspritzer	2,6
Getriebe ab 1/88:	alle Modelle	2,35

Automatikgetriebe	Vierzylinder	ATF-Neufüllung	6,0
		ATF-Wechsel	ca. 3,0
		Achsantrieb	0,75
	Fünfzylinder	ATF-Neufüllung	6,0
		ATF-Wechsel	ca. 3,0
		Achsantrieb	1,0
Zentralhydraulik	kleiner Behälter		1,6
	großer Behälter		2,7
Scheibenwaschanlage bis 7/87			1,8
Scheinwerferwaschanlage bis 7/87			5,3
Scheibenwaschanlage mit/ohne Scheinwerferreinigungsanlage ab 8/87			5,3
Heckscheibenwaschanlage (Avant)			1,8

Abmessungen

Limousine/Avant		
Länge	mm	4792/4792
Breite	mm	1814/1814
Höhe bei Leergewicht	etwa mm	1422/1422
Überhang vorn	mm	1016/1016
hinten	mm	1089/1089
Bodenfreiheit bei zulässigem Gesamtgewicht	mm	123/140

Radstand bei Leergewicht	mm	2687,5/2687,5
Spurweite vorn bei Leergewicht	mm	1468/1468
hinten mit Trommelbremse bis 12/87	mm	1467/1467
hinten mit Scheibenbremse bis 12/87	mm	1469/1469
hinten mit Trommelbremse ab 1/88	mm	1483/1483
hinten mit Scheibenbremse ab 1/88	mm	1485/1485
Wendekreisdurchmesser	etwa mm	11,45/11,45

Historchen

Im Rahmen der Modellpflege erfahren die Fahrzeuge immer wieder Verbesserungen. Darüber informiert Sie das folgende Kapitel.

1982

September: Vorstellung des völlig überarbeiteten Audi 100 mit extrem strömungsgünstiger Karosserie, die geringen Verbrauch und hohe Endgeschwindigkeiten zuläßt. Die schon beim alten Modell nur in geringen Stückzahlen gebauten Zweitürer sind nun völlig aus dem Programm gestrichen. An Motoren stehen zur Verfügung: Ein 1,8-Liter-Vierzylinder-Vergasermotor mit 75 PS, ein 1,9-Liter-Fünfzylinder-Vergasermotor mit 74 kW (100 PS), ein 2,14-Liter-Fünfzylinder-Einspritzmotor mit 100 kW (136 PS) sowie ein Dieseltriebwerk mit 51 kW (70 PS).

1983

März: Wie schon das Vorgängermodell, so bekommt jetzt auch der neue Audi 100 die Karosserievariante »Avant« zur Seite gestellt. Bei umgeklappten Rückenlehnen steht in dieser Kombi-Limousine ein Gepäckraum von 1920 Litern zur Verfügung. Neu im Motorenangebot ist der Turbodieselmotor mit 64 kW (87 PS). Nicht im Avant erhältlich ist dagegen der 74-kW-Benzinmotor.

September: Als zusätzliche Motorenversion steht nun der 1,8-Liter-Vierzylinder-Vergasermotor mit 66 kW (90 PS) zur Verfügung. Der Motor benötigt im Gegensatz zum »kleinen« 1,8-Liter Superbenzin, wartet jedoch mit einer Schubabschaltung auf, die hilft, Kraftstoff zu sparen. Bis dato war dieser Motor nur im Audi Coupé eingebaut.

Dezember: Im Zuge der Diskussion über abgasentgiftete Autos liefert Audi den ansonsten nur für USA gebauten 2,14-Liter-Fünfzylindermotor mit Katalysator und Lambdasonde nun auch in der Bundesrepublik. Die Leistung beträgt 77 kW (105 PS).

1984

September: Neue und optimierte Motoren kennzeichnen das beginnende Modelljahr 1985: Der 74-kW-(100 PS)-Vergasermotor wird ersetzt durch einen Einspritzer mit 85 kW (115 PS); der Hubraum steigt von 1,9 auf 2,0 Liter. Bereits in zurückliegender Zeit lief diese Maschine im Audi 80 CD sowie im Coupé GT. Bei gleichfalls leicht vergrößertem Hubraum (nunmehr 2,23 Liter) steigt die Leistung des stärksten Einspritzers auf 101 kW (138 PS). Wichtiger als die Leistungssteigerung ist jedoch bei dieser Maschine die Verbesserung der Drehmomentcharakteristik bei gleichzeitiger Senkung des Kraftstoffverbrauchs. Ebenfalls optimiert präsentiert sich nun der abgasentgiftete Motor: Aus ebenfalls 2,23 Liter Hubraum sind nun 85 kW (115 PS) zu entlocken. Beide 2,23-Liter-Motoren besitzen hydraulischen Ventilspielausgleich, der ein Nachstellen der Ventile erübrigt.

November: Auch der Audi 100 ist nun mit permanentem Allradantrieb lieferbar. Mit 66- und 101-kW-Motor (90 bzw. 138 PS) wird der Wagen unter der Bezeichnung Audi 100 quattro und Audi 100 CS quattro angeboten. Beide Motorversionen sind auch als Avant erhältlich.

1985

Januar: Der V.A.G.-Händler Bischofberger in Backnang bei Stuttgart beginnt mit der Fertigung seines Audi 100 family – eines Wohnmobils auf Audi-100-Basis.

April: Die Vierzylindermotoren bekommen Zahnstangen am Spannbügel der Lichtmaschine zum leichteren Einstellen der Keilriemenspannung. Beim Fünfzylinder setzt dieselbe Änderung erst im August ein.

Juli: Audi und VW führen ein neues Wartungssystem ein, das erheblich verlängerte Wartungsintervalle aufweist. Technische Voraussetzung hierfür sind nachstellfreie Ventile (zunächst nicht für den 55-kW-Motor) und Zündkerzen mit längerer Lebensdauer.

September: Zur IAA in Frankfurt präsentiert Audi den 100er mit vollverzinkter Karosserie. Der Audi ist damit die erste Großserienlimousine mit diesem Korrosionsschutz, den Porsche im Sportwagenbau schon seit längerer Zeit anwendet.
Die Übersetzung des Lenkgetriebes wurde bei Fahrzeugen ohne Servolenkung von 24,6:1 in 26,6:1 geändert.

Dezember: Außendurchmesser der vorderen Radlager vergrößert. Der bessere Preßsitz verhindert Knackgeräusche beim Anfahren mit eingeschlagener Lenkung.

1986

März: Audi inszeniert einen spektakulären Werbefilm: Der Audi 100 quattro erklimmt die Bahn einer finnischen Ski-Sprung-Schanze (Steigung 85%), nachdem der Wagen zuvor mit einem Hubschrauber auf der Rampe abgesetzt wurde.

Mai: Der Audi 100 ist nun auch mit dem 121 kW starken Turbomotor lieferbar (in diesem Band nicht behandelt). Die neue Motorisierung ist nur mit Katalysator lieferbar.

Juli: Die Pedalerie wird geändert. Das Kupplungspedal besteht jetzt statt aus Aluminiumguß aus Stahlblech.

August: Neuer 2,3-Liter-Motor mit geregeltem Katalysator, Kennfeldzündung mit Klopfregelung für Betrieb mit Eurosuper und (notfalls) auch bleifreiem Normalbenzin. Die »CS«-Ausstattung ist neu überarbeitet. Die Zentralverriegelung läßt sich nun auch vom Beifahrer-Türschloß aus betätigen.

Oktober: Der 55-kW-Motor ist nun auch mit nachstellfreien Ventilen versehen.

1987

Februar: Ein Elektromagnet läßt bei Wagen mit Automatikgetriebe das Einlegen eines Fahrbereichs nur bei getretener Bremse zu und soll damit Fehlbedienungen ausschließen.
Audi bietet offiziell nur noch »schadstoffarme« Motoren an – also Benzinmotoren mit geregeltem oder ungeregeltem Katalysator. Daneben sind Motoren ohne Kat aber weiterhin lieferbar.

August: Das Heckklappenschloß wird bei der Limousine nach rechts unten neben das Rücklicht in die nun bei allen Modellen serienmäßige Heckblende verlegt und macht oben Platz für die vier Audi-Ringe.

1988

Januar: »Große Modellpflege« am Audi 100 mit zahlreichen Neuerungen: Neue Armaturentafel mit neu gesaltetem Kombiinstrument und elektronischem Tachometer. Im gleichen Zug neue Türverkleidungen und Sitzstoffe.
Neu ist auch die Zentraleinspritzung »Mono-Jetronic« beim 1,8-Liter-Motor mit geregeltem Katalysator (bisher K-Jetronic). Dazu kommt ein 2-Liter-85-kW-Fünfzylinder mit geregeltem Katalysator, Vollelektronischer Zündung und Klopfregelung für Eurosuper (notfalls Normal bleifrei). Wahlweise ist er auch ohne Kat lieferbar. Der neue Motor ersetzt den 2,23-Liter mit 85 kW sowie den 2,0-Liter mit 83 kW. Aus dem Programm genommen wurde auch der 55-kW-Motor.
Das für den Audi 80/90 neu entwickelte Getriebe wird jetzt auch im Audi 100 eingebaut. Damit erhält er eine einheitliche Getriebetype für Vier- und Fünfzylindermotor. Alle Modelle besitzen nun serienmäßig 5 Gänge.
Die Ausstattungshierarchie ist neu geordnet: Die Bezeichnungen »CC«, »CS« und »CD« entfallen, dafür wird die Grundausstattung aufgewertet und kann nach Belieben ergänzt werden. Die Ausstattungsversion ist nicht mehr am Heckdekkel abzulesen, dafür stehen dort Hinweise auf die (stärkeren) Motorisierungen. Ab dem 2. Januar zugelassene Fahrzeuge kommen in den Genuß einer 10-Jahres-Garantie gegen Durchrostung. Diese Garantie ist gültig ohne Nacharbeiten der Hohlraumversiegelung und setzt lediglich die übliche Fahrzeugpflege voraus.

August: Der 65-kW-Vergasermotor mit ungeregeltem Katalysator erhält einen Keihin-II-Vergaser. Resultat: 66 kW. Die Fehlerlampe im Armaturenbrett bei Fahrzeugen mit elektronischen Systemen entfällt zugunsten einer Diagnose-Steckdose im Fahrer-Fußraum. Der rechte Außenspiegel ist jetzt serienmäßig, der Tankdekkel erhält einen Schraubverschluß.

Dezember: 2,5 Millionen Audi 100 sind seit September 1982 produziert worden.

1989

März: Den Audi 100 quattro gibt es jetzt in der »Sport«-Ausführung mit tiefergelegtem Fahrwerk, Kotflügelverbreiterung, Breitreifen und Leichtmetallfelgen.

1990

November: Produktionsende wegen Einführung einer neuen Audi 100-Generation.

Suchen und finden

Kolibri 360 GmbH
Ferdinand-Jühlke-Straße 7
99095 Erfurt, Deutschland
produktsicherheit@kolibri360.de